现代声学科学与技术丛书

声弹性理论与方法
（下卷）

俞孟萨 著

科学出版社

北 京

内 容 简 介

声弹性作为力学与声学交叉研究的一个分支，主要研究弹性结构耦合振动和声辐射特征及规律。本书全面系统介绍结构声弹性理论及振动和声辐射计算与建模方法，注重理论性、规律性和应用性。全书分为上下两卷，上卷第 1~6 章，下卷第 7~10 章。下卷介绍数值方法和统计方法，主要针对任意形状弹性结构耦合振动和声辐射，介绍有限元和边界元方法、等效源法、无限元法、半解析/半数值法及解析/数值混合等低频方法，统计能量法，功率流法及数值与统计混合法等中高频方法，还介绍弹性腔体结构内部声场及声弹性耦合模型和求解方法。

本书可供弹性结构振动和噪声控制相关专业的高年级本科生、研究生阅读，也可供从事船舶、飞机及车辆振动和噪声控制的科研人员与工程师参考。

图书在版编目(CIP)数据

声弹性理论与方法. 下卷/俞孟萨著. —北京：科学出版社，2022.8
（现代声学科学与技术丛书）

ISBN 978-7-03-072170-9

Ⅰ. ①声⋯　Ⅱ. ①俞⋯　Ⅲ. ①声-弹性力学-研究　Ⅳ. ①O421

中国版本图书馆 CIP 数据核字（2022）第 072464 号

责任编辑：刘凤娟／责任校对：杨聪敏
责任印制：吴兆东／封面设计：陈　敬

科 学 出 版 社 出版
北京东黄城根北街 16 号
邮政编码：100717
http://www.sciencep.com

北京建宏印刷有限公司 印刷
科学出版社发行　各地新华书店经销
*
2022 年 8 月第 一 版　　开本：720×1000　1/16
2022 年 8 月第一次印刷　　印张：30 1/4
字数：590 000
定价：239.00 元
(如有印装质量问题，我社负责调换)

序

　　喜闻俞孟萨教授提笔写书，并受邀作序，感谢之余，欣然接受。鉴于我们各自工作性质的限制，直接合作的机会并不多，但和俞教授仍有数面之缘并与其带领的科研团队进行交流，深感他对科学研究特别是结构声学的热爱和执着，也对其在结构噪声控制方面的深厚学术造诣甚感钦佩。

　　近代科学技术的发展和工程应用的迫切需求促进了结构声学在近半个世纪以来的长足发展。新材料、新工艺以及轻型结构在高速、高效系统中的应用，都对结构声学提出了前所未有的要求及挑战。如何实现高性能、低噪音的产品设计及开发已成为科技工作者及工程技术人员需要解决的急迫问题。通过几十年的探索和摸索，西方高端民用产业以及军工行业已充分认识到将结构声学特性的考量纳入产品设计开发的最初设计阶段的重要性，而此目的的实现更是有赖于对结构振动声学特性的深入理解、高效模拟工具的开发、可靠分析方法的建立以及其在综合设计中的应用。

　　结构声学涉及多个学科的交叉及融合，物理、力学、材料、机械、机电耦合及控制等都构成其重要组成部分，其各种元素之间相互的耦合及背后的复杂丰富的物理现象更给我们提供了无限的探讨空间和挑战。复杂结构的处理往往都基于对基本结构单元的物理机理的深入理解以及对基本模拟分析手段的掌握及应用。尽管基于大数据的数值计算方法已渐趋成熟，传统以及更加基于物理性的模拟分析方法对于结构基本物理现象的深层次了解、模型简化以及有效设计方法的开发更有着无法取代的作用，扎实的掌握基本的分析方法以及系统的了解学科的发展历史，对于年轻的科技工作者来讲，更是一门必修的功课。《声弹性理论与方法》这本书汇总了近四十年来结构声学方面的主要工作，内容贯穿了整个学科近代的发展历程，所涉及的结构由简到繁，针对包括梁、板、壳以及复杂声振耦合系统的声辐射特性、解析、半解析及典型数值模拟方法等议题进行了系统深入的阐述。俞教授通过其深厚的理论功底以及长期的工作经验，对主要发表在 *Journal of Sound and Vibration* 和 *Journal of the Acoustical Society of America* 的重要工作进行了翔实且系统的总结及升华。本人在这两个振动声学领域的标杆杂志服务多年，分别担任其副总主编和副主编，因此对俞教授的这本书也注入了更多的个人情感，对其出版也倍感欣慰。

　　我相信该书的出版将促进国内结构声学及结构噪声控制的发展，并为该领域的科技工作者和研究生提供一本不可多得的宝贵参考文献。

成 利

香港理工大学机械工程讲座教授

加拿大工程院院士

前　　言

为了有效规避声呐的远程探测，提高作战性能与生命力，安静性已成为舰船尤其是潜艇等海上军事装备不懈追求的基本特性和主要的性能衡量指标。贸易全球化带来了海洋船舶航行的高度发展，且民用船舶水下噪声普遍偏高，严重影响到海洋生物的生存环境，近几年开始倡导绿色船舶，一方面要求控制民船水下噪声，另一方面提高舱室噪声控制标准，改善船员工作和生活环境。随着民用航空的不断普及，以及列车和汽车等交通工具速度的显著提升，在追求快捷的同时，人们对安静舒适环境的要求也越来越高，在现代化城市日益扩张的背景下，飞机、列车和汽车噪声对都市宜居性影响的控制也越来越严格，交通工具噪声将比以往更加引起重视。

无论是舰船及潜艇和鱼雷，还是飞机和车辆，随着时代的发展，安静性目标不断提高，为了有效控制振动和辐射噪声，依赖于传统的经验性声学设计已不能满足需求，而应该逐步进入基于定量计算的声学设计模式，因此涉及一个核心内容就是结构在不同激励力作用下的振动和声辐射计算问题。任意弹性结构在外力作用下产生强迫振动，并向周围或内部声介质中辐射声波，声波又以负载形式反作用在弹性结构上，形成激励—结构振动—声场耦合的力学系统。声弹性作为力学与声学交叉研究的一个分支，主要研究和分析弹性结构耦合振动和声辐射的特征和规律，为结构声学设计提供理论基础和方法。

自 20 世纪 70 年代以来，国内外已有多种专著介绍弹性结构振动和声辐射，M.C.Junger 的专著 *Vibration Sound and Their Interaction* (The MIT Press, 1972) 主要介绍弹性平板、球壳和圆柱壳等典型结构的耦合振动和声辐射计算模型与方法；L.Cremer 和 M.Heckl 的专著 *Structure-Borne Sound* (Spring-Verlag,1973) 则以介绍典型简单结构波动及阻尼和阻抗特性为主，包括了典型结构振动传递及平板结构声辐射等方面的内容；F.Fahy 的专著 *Sound and Structural Vibration* (Academic Press, 1985; 2nd ed, 2007) 仍以弹性平板和圆柱壳为对象介绍振动和声辐射的机理与特性，增加了结构声传输、腔室结构振动与内部声场耦合及数值计算方法等方面的内容；E.A.Skelton 和 J.H.James 的专著 *Theoretical Acoustics of Underwater Structures* (Imperial College Press,1997)，在球壳、圆柱壳和平板耦合振动及声辐射和声散射的基础上，进一步介绍了加肋平板、多层球壳和圆柱壳及多层声介质的声辐射和声散射模型；D.Ross 的专著 *Mechanics of Underwater*

Noise (Pergamon Press, 1976) 和 W. K. Blake 的专著 Mechanics of Flow-induced Sound and Vibration (Academic Press INC, 1986; 2nd ed, 2017) 侧重介绍船舶水下噪声机理和基本规律，包含了弹性平板结构在湍流边界层脉动压力随机激励下的耦合振动和声辐射计算方法。阿·斯·尼基福罗夫的专著《船体结构声学设计》(谢信、王轲, 译. 国防工业出版社，1998) 介绍了典型结构波动特性和船体结构振动传递规律，其中包含了平板结构声辐射，重点介绍了船体振动和声辐射控制的基本方法。何祚镛的专著《结构振动与声辐射》(哈尔滨工程大学出版社，2001) 在介绍随机振动分析方法的基础上，重点介绍了平板、加肋平板、球壳和圆柱壳的声辐射模型及流激振动和声辐射；A.C.Nilsson 和刘碧龙的专著 Vibro-Acoustics(科学出版社，2012) 介绍基本波动理论及典型梁、板结构振动及其求解方法，也包含了平板、圆柱壳耦合振动及声辐射和声传输模型；R.H. Lyon 及 R.G. DeJong 的专著 Statistical Energy Analysis of Dynamical Systems, Theory and Applications(The MIT Press,1975)、Theory and Application of Statistical Energy Analysis(Butterworth-Heinemann,1995) 主要介绍统计能量法原理和应用，以及弹性梁、平板、圆柱壳及矩形腔的统计参数获取。R.Ohayon 和 C.Soiz 的专著 Structural Acoustics and Vibration(Academic Press, 1998) 侧重介绍模糊结构及中频耦合振动及声辐射理论。B. 巴普柯夫、C.B. 巴普柯夫的专著《机械与结构振动》(杨利华等, 译. 国防工业出版社，2015) 重点介绍结构及管路和隔振器的机械阻抗概念及其测量方法。汤渭霖和范军的专著《水中目标声散射》(科学出版社，2018) 主要介绍水中结构的声散射理论及建模和计算方法。汤渭霖、俞孟萨和王斌的专著《水动力噪声理论》(科学出版社，2019) 重点介绍水动力噪声的基本概念、理论及典型结构受湍流边界层脉动压力激励的辐射噪声计算方法。

　　本书在梳理上述专著中关于平板、球壳和圆柱壳等典型结构振动与声辐射计算模型的基础上，主要依据 20 世纪 80 年代以来 JASA、JSV 等杂志发表的相关文献，重点充实弹性结构振动和声辐射计算及建模方法，全面系统地介绍结构声弹性理论，注重理论性、规律性和应用性，按照结构不同几何特征及不同的建模方法，详细给出振动和声辐射计算模型的推导过程，分析振动和声辐射的基本特性和规律，阐述相关物理意义，明确计算模型的适用性及建模规则，同时考虑文献性，在给出基本内容的同时，列出表明发展脉络与方向的相关文献，为进一步深化研究提供方便及参考。

　　全书共分 10 章：第 1 章绪论，概述结构振动和声辐射机理及控制技术、结构振动和声辐射计算方法及模型；第 2 章无限大弹性板结构耦合振动与声辐射，除介绍无限大弹性平板耦合振动和声辐射模型外，还有无限大加肋弹性平板、无限大多层弹性平板及无限大非均匀弹性平板耦合振动和声辐射模型；第 3 章有限弹性板梁结构耦合振动和声辐射，在介绍无限大声障板上简支边界弹性矩形板耦合振动与声辐射的基础上，增加了任意边界弹性矩形板及加肋和复合结构矩形弹性板，还有表面声介质为流动状态和无声障板的弹性矩形板，以及弹性梁的耦合振动与声辐射；第 4 章弹性球壳耦合振动和声辐射，不仅介绍弹性薄圆球壳，而且介绍弹性厚壁圆球壳、椭球壳及类球壳和细长壳的振动与声辐射；第 5 章无限长弹性圆柱壳耦合振动与声辐射，在介绍无限长弹性薄壁圆柱壳振动和声辐射的基础上，扩展了无限长厚壁圆柱壳及加肋和双层圆柱壳、无限长敷设黏弹性层圆柱壳及复合材料圆柱壳的振动和声辐射模型；第 6 章有限长弹性圆柱壳耦合振动与声辐射，将有限长薄壁弹性圆柱壳模型扩展到有限长加肋圆柱壳及复合圆柱壳和圆锥壳耦合振动与声辐射模型；第 7 章复杂弹性结构耦合振动和声辐射，重点介绍结构振动与声有限元方法及边界积分方法，进一步介绍基于有限元和边界元方法的复杂结构耦合振动与声辐射建模和应用及流体负载近似计算方法；第 8 章弹性结构耦合振动与声辐射的其他数值方法，专门介绍波元叠加法、无限元法、半解析/半数值法及解析/数值混合法等结构振动与声辐射数值计算的衍生方法；第 9 章弹性腔体结构内部声场及声弹性耦合，在矩形腔与弹性板声振耦合及内部声场计算模型的基础上，介绍腔体与弹性结构声弹性模型、有限长圆柱壳和任意形状腔体声振耦合及内部声场求解方法；第 10 章弹性结构高频振动和声辐射，介绍统计能量法的基本理论、参数获取方法及算例，进一步介绍渐近模态法、功率流等其他高频方法及适用于中频的数值与统计混合法。

在本书编写过程中，华中科技大学陈美霞教授、西北工业大学盛美萍教授、哈尔滨工程大学张超副教授、中国船舶科学研究中心庞业珍研究员及王世彦博士为查找文献资料提供了诸多帮助；中国船舶科学研究中心白振国研究员、朱正道高工、胡东森工程师、高岩高工、李凯高工、张峰研究员、庞业珍研究员、俞白兮工程师，还有刘璐璐工程师、胡昊灏副教授为书稿打字及插图修整提供了帮助，付出了辛勤的劳动，在此一并致谢。还要特别感谢香港理工大学教授、加拿大工程院院士成利先生拨冗为本书作序，在走向智能的时代结构声学理论及数学模型仍不可或缺的本意得到了他的肯定。

由于作者水平所限，本书不足之处难免，敬请读者批评指正。

目　录

（下　卷）

(上　卷)

第 7 章　复杂弹性结构耦合振动和声辐射

前面章节中，将潜艇、鱼雷及飞机等航行体的声弹性问题，简化为经典的球壳、圆柱壳和平板等模型，并采用解析方法求解耦合振动和声辐射，应该说这是一定程度的近似处理。这些声弹性计算模型虽然比较完整给出了典型结构声弹性及其声辐射的规律，定性或半定量地建立了清晰的结构辐射声场的物理图像。然而，这些方法不适合于直接解决复杂的实际工程问题。我们知道，为了提高舰艇的海上综合作战能力，在权衡提高舰艇总体性能的同时，水下辐射噪声指标成为必不可少的技术指标，将声学设计作为舰艇设计和建造的重要组成部分，并贯穿在舰艇设计和建造的全过程中。为此，依赖于经验性的声学设计难以满足舰艇安静化不断提高的需要。一般来说，舰艇定量声学设计中，结构振动和声辐射计算是确定声学技术指标及可行性评估的一个主要技术途径。发展适用性更强的结构振动和声辐射数值计算方法，可满足舰艇定量声学设计的工程需求，飞机及车辆声学设计存在同样的需求。

基于有限元和边界元的声弹性数值分析方法，原则上可以处理任意形状结构的振动和声辐射问题，已成为船舶及水中兵器等结构辐射噪声计算的一种通用方法和软件工具。本章共分五节，7.1 和 7.2 节介绍结构外场声辐射计算的边界积分方法，并简要讨论边界积分的唯一性和奇异性，7.3 节介绍结构与声有限元方法的基础，7.4 节则介绍复杂结构耦合振动与声辐射的有限元和边界元建模方法及应用。为了改善边界元方法计算量大、计算效率低的缺陷，7.5 节介绍双渐近近似法和状态空间法等流体负载近似计算方法，以提高数值计算的效率。

7.1　外场声辐射计算的边界积分方法

潜艇、鱼雷及飞机和车辆结构，都是具有复杂外形的三维结构，严格地计算它们的声辐射，应该在一定的空间域内求解声压所满足的 Helmholtz 方程，并使声压满足物面边界条件和空间域的界面条件，如果空间域为无限空间，则声压应满足辐射条件。这一问题归结为边界值问题的求解，基本的方法为边界积分方法 (boundary integral equation method)。计算任意形状物体的外场声辐射，有三种形式的积分方程，其一为简单源方程 (simple source formulation)，其二为表面 Helmholtz 积分方程 (surface Helmholtz integral formulation)，其三为内部 Helmholtz 积分方程 (internal Helmholtz integral formulation)。

任意形状结构的声辐射研究,可以追溯到 20 世纪 60 年代 Chen[1], Copley[2,3], Chertock[4] 和 Pond[5] 的研究。考虑图 7.1.1 所示的任意形状结构,其外表面积为 S, 所在区域为 R_1, 浸没在无限的理想声介质区域 R_2 中,声介质的声速和密度分别为 C_0 和 ρ_0 (参见文献 [6])。设外场空间任一点位置为 $x \in R_2$, 结构表面任一点位置为 $\xi \in S$。假设声压随时间简谐变化,结构表面法向振速已知为 $v_n(\xi)$, 并设结构表面 S 上任意点 ξ 的单位法向矢量 $\boldsymbol{n}_\xi$ 指向区域 R_2 为正。在区域 R_2 中,声压满足 Helmholtz 方程:

$$\nabla^2 p(x) + k_0^2 p(x) = 0, x \in R_2 \tag{7.1.1}$$

在结构表面,声压满足边界条件:

$$\frac{\partial p(x)}{\partial n_\xi} = \boldsymbol{n}_\xi \cdot [\nabla p(x)]_{x=\xi} = \mathrm{i}\omega\rho_0 v_n(\xi), \xi \in S \tag{7.1.2}$$

同时声压满足辐射条件:

$$\lim_{d \to \infty} d\left(\frac{\partial p}{\partial n_\xi} - \mathrm{i}k_0 p\right) = 0 \tag{7.1.3}$$

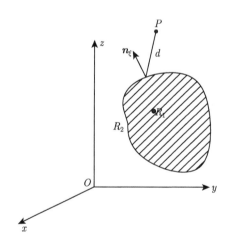

图 7.1.1   任意形状结构外场声辐射模型
(引自文献 [6], fig1)

对于任意形状结构,求解 (7.1.1)~(7.1.3) 式,外场空间 R_2 任一点的声压由 Helmholtz 积分方程形式给出

$$p(x) = \int_S \left[p(\xi)\frac{\partial G(x,\xi)}{\partial n_\xi} - \mathrm{i}\omega\rho_0 v_n(\xi)G(x,\xi) \right] \mathrm{d}S(\xi) \tag{7.1.4}$$

式中 $G(x, \xi)$ 为 Green 函数，无限空间 Green 函数为

$$G(x, \xi) = \frac{\mathrm{e}^{\mathrm{i}k_0 d(x, \xi)}}{4\pi d(x, \xi)} \tag{7.1.5}$$

其中，$d(x, \xi)$ 为外场空间任一点 x 到结构表面任一点 ξ 的距离。

(7.1.4) 式的详细推导过程可参考文献 [7]，外场空间任一点的辐射声压取决于结构表面的声压和法向振速，对应双层势和单层势的面积分，相当于偶极子和单极子声辐射的叠加。虽然计算外场声辐射需要已知结构表面声压和法向振速，但它们并不是相互独立的函数，如果结构表面法向振速已知，则也可以确定表面声压。当外场空间点趋于结构表面 $x \to \eta$，则表面声压为

$$\frac{1}{2}p(\eta) = \int_S \left[p(\xi)\frac{\partial G(\xi, \eta)}{\partial n_\xi} - \mathrm{i}\omega\rho_0 v_n(\xi)G(\xi, \eta) \right] \mathrm{d}S(\xi) \tag{7.1.6}$$

依据 (7.1.6) 式可以由已知的结构表面法向振速求解表面声压，或者由已知的表面声压求解表面法向振速。当场点限于结构表面 S 内部，即内部空间 R_1，则相应的积分方程为

$$0 = \int_S \left[p(\xi)\frac{\partial G(\xi, \eta)}{\partial n_\xi} - \mathrm{i}\omega\rho_0 v_n(\xi)G(\xi, \eta) \right] \mathrm{d}S(\xi) \tag{7.1.7}$$

如果结构表面法向振速 $v_n(\xi)$ 已知，(7.1.7) 式提供了另一种求解表面声压的方法。为了方便起见，常常将 (7.1.4) 式、(7.1.6) 式、(7.1.7) 式统一表示为

$$\alpha(x)p(x) = \int_S \left[p(\xi)\frac{\partial G(x, \xi)}{\partial n_\xi} - \mathrm{i}\omega\rho_0 v_n(\xi)G(x, \xi) \right] \mathrm{d}S(\xi) \tag{7.1.8}$$

式中，$\alpha(x)$ 的取值取决于场点 x 的位置。当场点 x 位于外场空间 R_2，则 $\alpha(x) = 1$，当场点 x 位于光滑表面 S，则 $\alpha(x) = 1/2$，当场点 x 位于内部空间 R_1，则 $\alpha(x) = 0$。一般的情况，当场点位于非光顺表面 S 的边缘或角上，则 $\alpha(x) = \Omega/4\pi$，这里 Ω 为表面 S 上 x 点的局部空间角。

进一步为了简明起见，(7.1.8) 式表示为算子形式

$$\alpha(x)p(x) = (Dp)(x) + (Sv_n)(x) \tag{7.1.9}$$

式中，

$$(Sv_n)(x) = -\mathrm{i}\omega\rho_0 \int_S v_n(\xi)G(x, \xi)\mathrm{d}S(\xi) \tag{7.1.10}$$

$$(Dp)(x) = \int_S p(\xi) \frac{\partial G(x,\xi)}{\partial n_\xi} \mathrm{d}S(\xi) \tag{7.1.11}$$

(7.1.10) 和 (7.1.11) 式分别表示单层势和双层势。对 (7.1.9) 式作微分运算，得到

$$\alpha(x) \frac{\partial p(x)}{\partial n_\eta} = (D_n p)(x) + \left(S_n \frac{\partial p}{\partial n_\eta} \right)(x) \tag{7.1.12}$$

式中，

$$(D_n p)(x) = \int_S \frac{\partial^2 G(x,\xi)}{\partial n_\xi \partial n_\eta} p(\xi) \mathrm{d}S(\xi) \tag{7.1.13}$$

$$\left(S_n \frac{\partial p}{\partial n_\eta} \right)(x) = -\mathrm{i}\omega\rho_0 \int_S \frac{\partial G(x,\xi)}{\partial n_\eta} v_n(\xi) \mathrm{d}S(\xi) \tag{7.1.14}$$

边界积分方程 (7.1.9) 和 (7.1.12) 式是任意形状结构声辐射计算的基础，一旦已知结构表面声压和法向振速，即可计算其他声学参数，如声强的实部和虚部：

$$I_r(x) = \frac{1}{2} \mathrm{Re}[p(x)v_n^*(x)] \tag{7.1.15}$$

$$I_i(x) = \frac{1}{2} \mathrm{Im}[p(x)v_n^*(x)] \tag{7.1.16}$$

相应的声辐射功率为

$$P = \frac{1}{2} \int_S \mathrm{Re}[p(x)v_n^*(x)] \mathrm{d}S \tag{7.1.17}$$

这里，上标 "*" 表示复数共轭。

应该说，边界积分确定了辐射声场，同时也确定了声辐射功率，更详细的任意形状弹性结构的声辐射功率计算可参见 Koopmann 和 Cunefare 等 [8,9] 的文献。Chen 和 Ginsberg, Cunefrae, Fahnline 和 Marburg 等 [10-13] 还提出了 "速度辐射模态" 等多种计算复杂结构声辐射功率的方法。在有些情况下，任意形状结构的表面振速可以采用诸如非接触式的激光测量等方法获得，这样可以建立一个直接采用结构表面振速积分计算辐射声场的方法，而不需要已知表面声压 [14]。

为此，考虑 Euler 方程：

$$\nabla p(x) = \mathrm{i}\omega\rho_0 \boldsymbol{v}(x) \tag{7.1.18}$$

式中，$\boldsymbol{v}(x)$ 为质点振速。

沿着连接场点 x 和 x' 的连线，对 (7.1.18) 式进行线积分，有

$$
\begin{aligned}
\int_{(x' \to x)} \nabla p(x) \cdot \boldsymbol{e} \mathrm{d}l &= \int_{(x' \to x)} \mathrm{d}p(x) \\
&= \mathrm{i}\omega\rho_0 \int_{(x' \to x)} \boldsymbol{v} \cdot \boldsymbol{e} \mathrm{d}l
\end{aligned}
\tag{7.1.19}
$$

式中，$\boldsymbol{e}$ 为 x' 点到点 x 线积分方向的单位矢量，$\mathrm{d}p(x)$ 的积分只与积分起止点位置有关，而与积分的路径无关，于是 (7.1.19) 式可表示为

$$
p(x) = p(x') + \mathrm{i}\omega\rho_0 \int_{(x' \to x)} \boldsymbol{v} \cdot \boldsymbol{e} \mathrm{d}l
\tag{7.1.20}
$$

(7.1.20) 式表明：任一点 x 的复声压可以表示为另一点 x' 的声压与连接这两点的任意路径上单位体积力的线积分之和。因为积分路径没有任意限制，不妨选择它位于某控制表面 S 上，相应有

$$
p(\xi) = p(\eta) + \mathrm{i}\omega\rho_0 \int_{(\eta \to \xi)} [v_n(\xi)\mathrm{d}n + v_\tau(\xi)\mathrm{d}\tau]
\tag{7.1.21}
$$

式中，v_n 和 v_τ 分别为 S 面上法向和切向质点振速，$\mathrm{d}n$ 和 $\mathrm{d}\tau$ 为法向和切向的积分步长。

假设控制面与结构表面吻合，则法向质点振速 u_n 等于结构表面振速，但切向振速不相等。因为积分路径垂直于法线方向，相应地有 $\mathrm{d}n = 0$，于是 (7.1.21) 右边积分的第一项为零，可简化为

$$
p(\xi) = p(\eta) + \mathrm{i}\omega\rho_0 \int_{(\eta \to \xi)} v_\tau(\xi)\mathrm{d}\tau
\tag{7.1.22}
$$

将 (7.1.22) 式代入 (7.1.6) 式，注意到 $p(\eta)$ 表示表面固定点 η 上的声压，与积分参量无关，可以提到积分符号外面，从而得到

$$
\begin{aligned}
p(\eta) = \mathrm{i}\omega\rho_0 \int_S &\left[\frac{\partial G(\xi,\eta)}{\partial n_\xi} \int_{(\eta \to \xi)} v_\tau(\xi)\mathrm{d}\tau - v_n(\xi)G(\xi,\eta) \right] \mathrm{d}S \\
&\times \left[\frac{1}{2} - \int_S \frac{\partial G(\xi,\eta)}{\partial n_\xi} \mathrm{d}S \right]^{-1}
\end{aligned}
\tag{7.1.23}
$$

再将 (7.1.23) 式代入 (7.1.22) 式，得到 $p(\xi)$ 的积分表达式，进一步代入 (7.1.4) 式，则得到外场辐射声压的表达式：

$$
p(x) = I_1(v_\tau) + I_2(v_n)
\tag{7.1.24}
$$

式中,

$$I_1(v_\tau) = \mathrm{i}\omega\rho_0 \int_S \left\{ \frac{\partial G(x,\xi)}{\partial n_\xi} \left[\iint_{S'} \frac{\partial G(\xi',\eta)}{\partial n_{\xi'}} \left(\int_{(\eta'\to\xi')} v_\tau(\xi') \right) \mathrm{d}S' \right] \right.$$
$$\left. \left[\frac{1}{2} - \int_{S'} \frac{\partial G(\xi',\eta)}{\partial n_{\xi'}} \mathrm{d}S' \right]^{-1} \right\} \mathrm{d}S + \mathrm{i}\omega\rho_0 \int_S \frac{\partial G(x,\xi)}{\partial n_\xi} \left[\iint_{\eta\to\xi} v_\tau(\xi)\mathrm{d}\tau \right] \mathrm{d}S$$

$$(7.1.25)$$

$$I_2(v_n) = -\mathrm{i}\omega\rho_0 \int_S \left\{ \frac{\partial G(x,\xi)}{\partial n_\xi} \left[\iint_{S'} v_n(\xi')G(\xi',\eta)\mathrm{d}S' \right] \cdot \left[\frac{1}{2} - \int_{S'} \frac{\partial G(\xi',\eta)}{\partial n_{\xi'}} \mathrm{d}S' \right]^{-1} \right\} \mathrm{d}S$$
$$-\mathrm{i}\omega\rho_0 \int_S v_n(\xi)G(x,\xi)\mathrm{d}S$$

$$(7.1.26)$$

　　利用 (7.1.8) 式及 (7.1.24)~(7.1.26) 式可以计算已知表面振速的任意形状结构的声辐射,具体操作时需要采用边界元方法对结构表面进行离散处理,详细方法可参考文献 [15]。实际上,早期的边界元方法采用简单元离散模型,也就是将复杂结构表面离散为一组平面单元,每个单元的变量及其导数都假设为常数,离散处理只模拟物理量的变化,而不模拟结构表面几何形状的变化。Chen 和 Schweikert[1]采用球面上的活塞和水中加肋圆柱壳模型验证边界元方法计算声辐射的精度,后一种模型的计算与试验结果存在较大偏差。为了提高边界元方法计算的精度,减少单元数量和计算时间,将等参元引入到声辐射计算 [16,17],采用二阶插值函数同时模拟声场参数和结构表面几何形状,将结构外表面离散为 N 个四边形或三角形单元,参见图 7.1.2,每个单元分别有 8 个或 6 个节点,在总笛卡儿坐标系,单元任一点坐标可以表示为节点的坐标:

$$\xi_m(\delta) = \sum_j N_j(\delta)\xi_{mj}, \quad j = 1,2,\cdots,6 \text{ 或 } 8 \qquad (7.1.27)$$

式中,ξ_m 为单元任一点坐标,ξ_{mj} 为单元节点坐标,$N_j(\delta)$ 为局部坐标 $\delta \equiv (\delta_1,\delta_2)$ 下的二阶形状函数。

　　四边形单元的形状函数为

$$N_1(\delta) = \frac{1}{4}(\delta_1+1)(\delta_2+1)(\delta_1+\delta_2-1)$$
$$N_2(\delta) = \frac{1}{4}(\delta_1-1)(\delta_2+1)(\delta_1-\delta_2+1)$$
$$N_3(\delta) = \frac{1}{4}(1-\delta_1)(\delta_2-1)(\delta_1+\delta_2+1)$$
$$N_4(\delta) = \frac{1}{4}(\delta_1+1)(\delta_2-1)(\delta_2-\delta_1+1)$$

$$N_5(\delta) = \frac{1}{2}(\delta_1 + 1)(1 - \delta_2^2)$$

$$N_6(\delta) = \frac{1}{2}(\delta_2 + 1)(1 - \delta_1^2)$$

$$N_7(\delta) = \frac{1}{2}(\delta_1 - 1)(\delta_2^2 - 1)$$

$$N_8(\delta) = \frac{1}{2}(1 - \delta_2)(1 - \delta_1^2)$$

三角单元的形状函数为

$$N_1(\delta) = \delta_1(2\delta_1 - 1)$$

$$N_2(\delta) = \delta_2(2\delta_2 - 1)$$

$$N_3(\delta) = \delta_3(2\delta_3 - 1)$$

$$N_4(\delta) = 4\delta_1\delta_3$$

$$N_5(\delta) = 4\delta_1\delta_2$$

$$N_6(\delta) = 4\delta_2\delta_3$$

且有

$$\delta_1 + \delta_2 + \delta_3 = 1$$

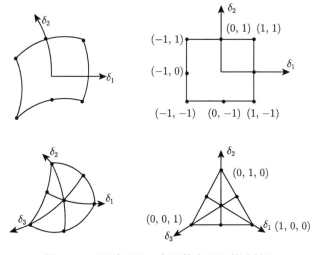

图 7.1.2 四边形和三角形等参元及其映射元
(引自文献 [16], fig1)

(7.1.27) 式可以将表面四边形和三角单元映射为平面矩形和三角形单元。结构表面单元声压和法向振速也采用形状函数及节点声压和法向振速表示:

$$p^{(m)}(\delta) = \sum_j N_j(\delta) p_j^{(m)} \tag{7.1.28}$$

$$v_n^{(m)}(\delta) = \sum_j N_j(\delta) v_{nj}^{(m)} \tag{7.1.29}$$

式中, $p^{(m)}(\delta)$ 和 $v_n^{(m)}(\delta)$ 为第 m 个单元的声压和法向振速, $p_j^{(m)}$ 和 $v_{nj}^{(m)}$ 为第 m 个单元的节点声压和节点法向振速。将 (7.1.28) 和 (7.1.29) 式代入 (7.1.6) 式, 得到

$$\frac{1}{2} p_i = \sum_{m=1}^M \sum_j A_{ij}^{(m)} p_j^{(m)} + \sum_{m=1}^M \sum_j B_{ij}^{(m)} v_{nj}^{(m)}, \qquad i=1,2,\cdots,N, j=1,2,\cdots,6\text{或}8 \tag{7.1.30}$$

式中, p_i 为第 i 个节点上的声压, M 为单元数, N 为总节点数。

$$A_{ij}^{(m)} = \int_{S_m} N_j(\delta) \frac{\partial}{\partial n_\delta} \left(\frac{\mathrm{e}^{\mathrm{i}k_0 d_j(\delta)}}{4\pi d_j(\delta)} \right) \cdot J(\delta) \mathrm{d}\delta \tag{7.1.31}$$

$$B_{ij}^{(m)} = \mathrm{i}\omega\rho_0 \int_{S_m} N_j(\delta) \left(\frac{\mathrm{e}^{\mathrm{i}k_0 d_j(\delta)}}{4\pi d_j(\delta)} \right) \cdot J(\delta) \mathrm{d}\delta \tag{7.1.32}$$

式中, $J(\delta)$ 为 (7.1.27) 式坐标变换的 Jacobian 变换关系, S_m 为第 m 个单元的面积, $d_j(\delta)$ 为第 m 个单元内任一点到节点 j 的距离。

注意到 (7.1.30) 式对于每个节点 $i(i=1,2,\cdots,N)$ 成立, 从而形成一个以 $p_j^{(m)}$ 和 $v_{nj}^{(m)}$ 为未知量的线性方程组, 表示为矩阵形式为

$$[A]\{p\} = [B]\{v_n\} \tag{7.1.33}$$

式中, $\{p\}$ 和 $\{v_n\}$ 分别为未知节点声压 $p_j^{(m)}$ 和节点质点振速 $v_{nj}^{(m)}$ 组成的列矩阵, 矩阵 $[A]$ 和 $[B]$ 的元素为

$$A_{ij} = \frac{1}{2}\delta_{ij} - A_{ij}^{(m)}, \quad j=1,2,\cdots,6\text{或}8, \quad m=1,2,\cdots,M, \quad i=1,2,\cdots,N$$
$$B_{ij} = B_{ij}^{(m)}, \quad j=1,2,\cdots,6\text{或}8, \quad m=1,2,\cdots,M, \quad j=1,2,\cdots,N$$

一旦已知了 $\{p\}$ 和 $\{v_n\}$, 则可以利用 (7.1.4) 计算外场辐射声压。积分计算 (7.1.31) 和 (7.1.32) 式时, 会遇到奇点, 可以通过单元细化, 并将坐标变换到局部坐标来消除奇点, 这种奇点称为弱奇异性[18]。Seybert 和 Soenarko 等[16] 采用脉动球和摆动球声源辐射声压的解析解计算结果验证边界元方法的计算精度。他

们将球表面分为 8 个三角等参元, 共有 18 个节点, 进一步将单元细化为 24 个等参元, 即每个三角等参元细化 3 个小的三角等参单元, 共 50 个节点, 参见图 7.1.3。图 7.1.4 给出了脉动球声源表面归一化声压的实部和虚部。由图可见, 边界元法与解析法的计算结果吻合。球表面划分为 8 个单元时, 数值解与解析解在 $k_0a < 2$ 时吻合较好, 在 $k_0a > 2$ 时有一定的偏差, 尤其在 $k_0a = \pi$(对应第一阶内部频率) 时, 偏差最大, 约为 10%。当球表面划分为 24 个单元时, 在计算的 $k_0a = 0 \sim 5$ 范围内, 数值解和解析解都吻合很好。进一步取 $r = 10a$ 的远场位置, 计算 $k_0a = 0.5, 1, 5$ 三种情况下脉动球和摆动球的远场声压分布, 计算结果与解析解也吻合很好, 参见图 7.1.5。Wu 和 Hu[14] 考虑一圆柱体, 其长径比为 10, 一单极子源放置在圆柱体中心位置, 将其在圆柱体表面产生的质点振速作为输入, 采用 (7.1.24)~(7.1.26) 式计算圆柱体产生的远场声压, 并与单极子直接产生的远场声压比较, 当取径向距离为 20m, $k_0b = 50$ 和 100 时 (这里 b 为圆柱体半长), 数值与解析计算的远场声压基本重合, 参见图 7.1.6。

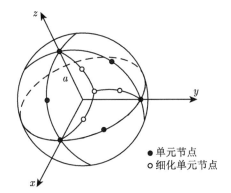

图 7.1.3 脉动球源表面等参元离散模型
(引自文献 [16], fig2)

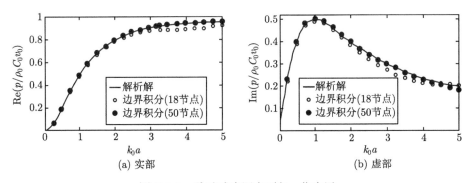

(a) 实部   (b) 虚部

图 7.1.4 脉动球声源表面归一化声压
(引自文献 [16], fig3, fig4)

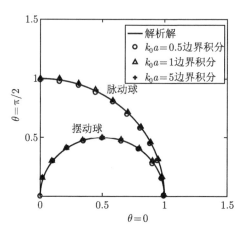

图 7.1.5   脉动球和摆动球远场声压的数值与解析计算结果比较

(引自文献 [16], fig5)

为了减小边界积分方法计算辐射声场的计算量，可以充分利用辐射表面的几何对称特性，如回转体辐射的面积分可简化为线积分，显著减少边界元积分的计算量。Chertock[4] 最早考虑回转体声辐射的边界元积分简化。Seybert 和 Soenarko 等 [19] 针对如图 7.1.7 所示的回转体辐射面，将边界元面积分化为线积分，他们考虑有入射声波存在的情况，并采用以速度势形式给出的 Helmholtz 积分方程：

$$\phi(x) = \int_S \left[\phi(\xi) \frac{\partial G(x,\xi)}{\partial n_\xi} - G(x,\xi) \frac{\partial \phi(\xi)}{\partial n_\xi} \right] \mathrm{d}S(\xi) + \phi^I(x) \qquad (7.1.34)$$

式中 $\phi^I(x)$ 为入射声波速度势。

为了将边界元面积分简化为线积分，采用柱坐标

$$\phi(\xi) = \phi[r(\xi), z(\xi)] \qquad (7.1.35)$$

$$\frac{\partial \phi(\xi)}{\partial n_\xi} = \frac{\partial \phi[r(\xi), z(\xi)]}{\partial n_\xi} \qquad (7.1.36)$$

$$\mathrm{d}S(\xi) = r(\xi)\mathrm{d}\varphi(\xi)\mathrm{d}l(\xi) \qquad (7.1.37)$$

由 (7.1.35)~(7.1.37) 式，(7.1.34) 式中的积分可以表示为

$$\int_l \phi(\xi) \left[\int_0^{2\pi} \frac{\partial}{\partial n_\xi} \left(\frac{\mathrm{e}^{ik_0 d(x,\xi)}}{4\pi d(x,\xi)} \right) \mathrm{d}\varphi \right] r\,\mathrm{d}l - \int_l \frac{\partial \phi(\xi)}{\partial n_\xi} \left[\int_0^{2\pi} \frac{\mathrm{e}^{ik_0 d(x,\xi)}}{4\pi d(x,\xi)} \mathrm{d}\varphi \right] r\,\mathrm{d}l \qquad (7.1.38)$$

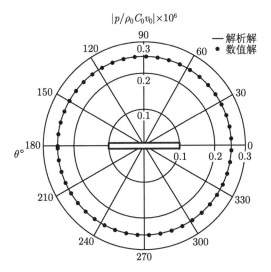

图 7.1.6 圆柱壳远场声压的数值与解析计算结果比较
(引自文献 [14], fig3)

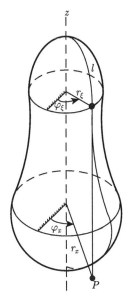

图 7.1.7 回转体辐射面
(引自文献 [19], fig1)

为了计算 (7.1.38) 式, 定义:

$$I^A(x, \xi) = \int_0^{2\pi} \frac{\mathrm{e}^{\mathrm{i}k_0 d(x, \xi)}}{4\pi d(x, \xi)} \mathrm{d}\varphi \qquad (7.1.39)$$

$$I^B(x,\xi) = \int_0^{2\pi} \frac{\partial}{\partial n_\xi} \left[\frac{e^{ik_0 d(x,\xi)}}{4\pi d(x,\xi)} \right] d\varphi \tag{7.1.40}$$

(7.1.39) 和 (7.4.40) 式中的被积函数存在奇异点，需要去除，为此令

$$I^A(x,\xi) = I_1^A(x,\xi) + I_2^A(x,\xi) \tag{7.1.41}$$

其中，

$$I_1^A(x,\xi) = \int_0^{2\pi} \frac{e^{ik_0 d(x,\xi)} - 1}{4\pi d(x,\xi)} d\varphi \tag{7.1.42}$$

$$I_2^A(x,\xi) = \int_0^{2\pi} \frac{1}{4\pi d(x,\xi)} d\varphi \tag{7.1.43}$$

(7.4.42) 式给出的积分 I_1^A 为非奇异的，可以采用高斯积分方法进行数值积分计算，而 (7.1.43) 式给出的积分是奇异的，需要进一步处理。考虑到

$$\begin{aligned} d(x,\xi) &= \left[(r_\xi \cos\varphi_\xi - r_x \cos\varphi_x)^2 + (r_\xi \sin\varphi_\xi - r_x \sin\varphi_x)^2 + (z_\xi - z_x)^2 \right]^{1/2} \\ &= [r_\xi^2 + r_x^2 - 2r_\xi r_x \cos\varphi + (z_\xi - z_x)^2]^{1/2} \end{aligned} \tag{7.1.44}$$

式中，$\varphi = \varphi_\xi - \varphi_x$，且令 $\bar{d}^2 = (r_\xi^2 + r_x^2)^2 + (z_\xi^2 - z_x^2)^2$，则有

$$d(x,\xi) = \left[\bar{d}^2 - 2r_\xi r_x (1 + \cos\varphi) \right]^{1/2} \tag{7.1.45}$$

将 (7.1.45) 式代入 (7.1.43) 式，得到

$$I_2^A(x,\xi) = \frac{1}{4\pi} \int_0^{2\pi} \frac{d\varphi}{\left[\bar{d}^2 - 2r_\xi r_x (1 + \cos\varphi) \right]^{1/2}} \tag{7.1.46}$$

再令

$$\beta^2 = 4r_\xi r_x / \bar{d}^2$$

则 (7.1.46) 式可化为

$$I_2^A(x,\xi) = \frac{1}{4\pi} \frac{1}{\bar{d}} \int_0^{2\pi} \frac{d\varphi}{[1 - (\beta^2/2)(1 + \cos\varphi)]^{1/2}} \tag{7.1.47}$$

设 $\eta = \frac{\pi}{2} - \frac{\varphi}{2}$，(7.1.47) 式化为椭圆积分：

$$I_2^A(x,\xi) = \frac{1}{\pi\bar{d}} \int_0^{\pi/2} \frac{d\eta}{\left[(1 - \beta^2)\sin^2\eta \right]^{1/2}} = \frac{4}{\bar{d}} F\left(\frac{\pi}{2}, \beta \right) \tag{7.1.48}$$

式中, $F\left(\dfrac{\pi}{2}, \beta\right)$ 表示模量为 β 的第一类全椭圆积分, 可以采用标准算法精确计算.

(7.1.40) 式可以采用类似的方法处理, 令

$$I^B = I_1^B(x, \xi) + I_2^B(x, \xi) \tag{7.1.49}$$

其中,

$$I_1^B(x, \xi) = \int_0^{2\pi} \frac{\partial}{\partial n_\xi} \left[\frac{e^{ik_0 d(x, \xi)} - 1}{4\pi d(x, \xi)} \right] d\varphi \tag{7.1.50}$$

$$I_2^B(x, \xi) = \int_0^{2\pi} \frac{\partial}{\partial n_\xi} \left[\frac{1}{4\pi d(x, \xi)} \right] d\varphi \tag{7.1.51}$$

注意到

$$\frac{\partial}{\partial n_\xi} \left[\frac{e^{ik_0 d(x, \xi)} - 1}{4\pi d(x, \xi)} \right] = \frac{\partial}{\partial d} \left[\frac{e^{ik_0 d(x, \xi)} - 1}{4\pi d(x, \xi)} \right] \cdot \frac{\partial d(x, \xi)}{\partial n_\xi} \tag{7.1.52}$$

由此可见, (7.1.50) 式中被积函数为非奇异的, 可以采用数值积分. 进一步考虑 (7.1.51) 式, 有

$$
\begin{aligned}
I_2^B(x, \xi) &= \frac{1}{4\pi} \int_0^{2\pi} \frac{\partial}{\partial n_\xi} \left[\frac{1}{d(x, \xi)} \right] d\varphi \\
&= \frac{1}{4\pi} \frac{\partial}{\partial n_\xi} \int_0^{2\pi} \frac{1}{d(x, \xi)} d\varphi \\
&= \frac{1}{4\pi} \frac{\partial}{\partial n_\xi} [I_2^A(x, \xi)] = \frac{\partial}{\partial n_\xi} \left[\frac{1}{\pi \bar{d}} F\left(\frac{\pi}{2}, \beta\right) \right]
\end{aligned}
\tag{7.1.53}
$$

(7.1.53) 式求导得到

$$I_2^B(x, \xi) = \frac{1}{\pi \bar{d}^{\,2}} \left[\left(\bar{d} \frac{\partial F}{\partial \beta} \cdot \frac{\partial \beta}{\partial r_\xi} - F \frac{\partial \bar{d}}{\partial r_\xi} \right) n_r + \left(\bar{d} \frac{\partial F}{\partial \beta} \cdot \frac{\partial \beta}{\partial z_\xi} - F \frac{\partial \bar{d}}{\partial z_\xi} \right) n_z \right] \tag{7.1.54}$$

式中, n_r 和 n_z 为单位法向矢量的方向余弦. 第一类全椭圆函数的导数为

$$\frac{\partial F}{\partial \beta} = \frac{E - \bar{\beta}^2 F}{\beta \bar{\beta}^2} \tag{7.1.55}$$

其中,

$$\bar{\beta} = (1 - \beta^2)^{1/2} \tag{7.1.56}$$

E 为第二类全椭圆函数，类似第一类全椭圆函数 F，其积分也可以采用标准方法计算。

$$E = \int_0^{\pi/2} (1 - \beta^2 \sin \eta) \mathrm{d}\eta \tag{7.1.57}$$

利用 (7.1.39) 和 (7.1.40) 式及 (7.1.38) 式，(7.1.34) 式可以表示为

$$\phi(x) = \int_l \left[\phi(\xi) I^A(x, \xi) - \frac{\partial \phi(\xi)}{\partial n_\xi} I^B(x, \xi) \right] r \mathrm{d}l + \phi^I(x) \tag{7.1.58}$$

可见，针对回转体声辐射，边界元面积分 (7.1.34) 式简化为沿回转体母线的线积分，可以采用 Gaussian 法进行数值积分计算，为此，任意形状回转体需要沿母线离散为线单元，参见图 7.1.8。

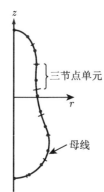

图 7.1.8　回转体母线离散的线单元
(引自文献 [19], fig2)

假设回转体母线上任一线单元的节点坐标为 r_i 和 z_i，则三节点单元内任一点的坐标为

$$r(\delta) = \sum_{i=1}^{3} N_i(\delta) r_i \tag{7.1.59}$$

$$z(\delta) = \sum_{i=1}^{3} N_i(\delta) z_i \tag{7.1.60}$$

式中，$N_i(\delta)$ 为形状函数，δ 为局部坐标，$-1 \leqslant \delta \leqslant 1$，且有

$$N_1(\delta) = -\frac{1}{2}\delta + \frac{1}{2}\delta^2$$
$$N_2(\delta) = 1 - \delta^2$$
$$N_3(\delta) = \frac{1}{2}\delta + \frac{1}{2}\delta^2$$

回转体母线上速度势及其导数 $\partial\phi/\partial n_\xi = \phi'$ 也采用相同的形状函数表示，其中第 m 个单元的速度势及其导数为

$$\phi^{(m)}(\delta) = \sum_{j=1}^{3} N_j(\delta)\phi_j^{(m)} \tag{7.1.61}$$

$$\phi'^{(m)}(\delta) = \sum_{j=1}^{3} N_j(\delta)\phi_j'^{(m)} \tag{7.1.62}$$

式中，$\phi_j^{(m)}$ 和 $\phi_j'^{(m)}$ 分别为 ϕ 和 ϕ' 在第 m 个单元的第 j 个节点上的值。

将 (7.1.59)~(7.1.62) 式代入 (7.1.58) 式，得到离散的边界线积分方程：

$$\begin{aligned} \phi(x) = \sum_{m=1}^{M} &\left[\sum_{j=1}^{3} \phi_j^{(m)} \int_{-1}^{1} I^A(x,\delta)N_j(\delta)r(\delta)J_m(\delta)\mathrm{d}\delta \right. \\ &\left. - \sum_{j=1}^{3} \phi_j'^{(m)} \int_{-1}^{1} I^B(x,\delta)N_j(\delta)r(\delta)J_m(\delta)\mathrm{d}\delta \right] + \phi^I(x) \end{aligned} \tag{7.1.63}$$

式中，M 为线单元数量，$J_m(\delta)$ 为坐标变换的 Jacobian 变换关系。

令 ϕ_i 为第 i 个节点上的速度势值，(7.1.63) 式可以表示代数方程：

$$\sum_{m=1}^{M}\sum_{j=1}^{3} A_{ij}^{(m)}\phi_j^{(m)} - \frac{1}{2}\phi_i = \sum_{m=1}^{N}\sum_{\alpha=1}^{3} B_{ij}^{(m)}\phi_j'^{(m)} + \phi_i^I \tag{7.1.64}$$

式中，

$$A_{ij}^{(m)} = \int_{-1}^{1} I^A(x_i,\delta)N_j(\delta)r(\delta)J_m(\delta)\mathrm{d}\delta$$

$$B_{ij}^{(m)} = \int_{-1}^{1} I^B(x_i,\delta)N_j(\delta)r(\delta)J_m(\delta)\mathrm{d}\delta$$

类似 (7.1.31) 式，(7.1.64) 式表示矩阵形式，则有

$$[A]\{\phi\} = [B]\{\phi'\} + \{\phi^I\} \tag{7.1.65}$$

式中，$\{\phi\}$，$\{\phi'\}$，$\{\phi^I\}$ 分别为每个节点上的速度势及其导数 ϕ_j，ϕ_j'，ϕ_j^I 组成的列矩阵，$[A]$ 和 $[B]$ 为对应元素 $A_{ij}^{(m)}$ 和 $B_{ij}^{(m)}$ 组成的矩阵。

Seybert 和 Soenarko 采用边界元法与解析法，计算了 $k_0 a = 2$ 和 4 情况下刚性球的散射声场，线单元节点数分别为 9 和 17，由图 7.1.9 可见，两种方法计算

得到的归一化散射声场吻合很好。他们还针对半径为 a、长度为 $4a$ 的径向振速均匀分布的圆柱，计算了 $k_0a = 1$ 和 2 情况的远场声辐射。计算结果表明：17 节点的线单元与 120 个面单元 (204 个节点) 的计算结果吻合，参见图 7.1.10，轴对称边界元具有明显的单元数量少、计算效率高的优势。

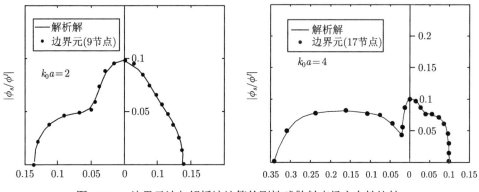

图 7.1.9　边界元法与解析法计算的刚性球散射声场方向性比较
(引自文献 [19], fig3, fig4)

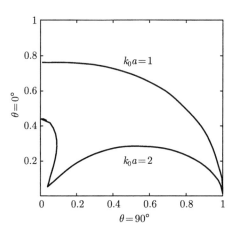

图 7.1.10　线单元与面单元计算的圆柱辐射声场比较
(引自文献 [19], fig11)

Soenarko[20] 在文献 [19] 的基础上，采用周向 Fourier 展开计算回转体的辐射声场。场点和源点速度势展开为

$$\phi(\xi) = \frac{\phi_0^\xi}{2} + \sum_{n=1}^{\infty} \left[\phi_{1n}^\xi \sin n\varphi_\xi + \phi_{2n}^\xi \cos n\varphi_\xi \right] \tag{7.1.66}$$

$$\phi(x) = \frac{\phi_0^x}{2} + \sum_{q=1}^{\infty} \left[\phi_{1q}^x \sin q\varphi_x + \phi_{2q}^x \cos q\varphi_x \right] \tag{7.1.67}$$

同样，Green 函数及其导数也周向 Fourier 展开为

$$\frac{\mathrm{e}^{\mathrm{i}k_0 d(x,\xi)}}{4\pi d(x,\xi)} = \frac{G_0}{2} + \sum_{n=1}^{\infty} \left[G_n^1 \sin n\varphi_\xi + G_n^2 \cos n\varphi_\xi \right] \tag{7.1.68}$$

$$\frac{\partial}{\partial n_\xi} \left[\frac{\mathrm{e}^{\mathrm{i}k_0 d(x,\xi)}}{4\pi d(x,\xi)} \right] = \frac{H_0}{2} + \sum_{n=1}^{\infty} \left[H_n^1 \sin n\varphi_\xi + H_n^2 \cos n\varphi_\xi \right] \tag{7.1.69}$$

$$\frac{\partial \phi(\xi)}{\partial n_\xi} = \frac{\phi_0'}{2} + \sum_{n=1}^{\infty} \left[\phi_{1n}' \sin n\varphi_\xi + \phi_{2n}' \cos n\varphi_\xi \right] \tag{7.1.70}$$

在 (7.1.66)～(7.1.70) 式中，展开系数的定义相同，例如：

$$G_n^1 = \frac{1}{\pi} \int_0^{2\pi} \frac{\mathrm{e}^{\mathrm{i}k_0 d(x,\xi)}}{4\pi d(x,\xi)} \sin n\varphi_\xi \mathrm{d}\varphi_\xi \tag{7.1.71}$$

由关系 $\varphi = \varphi_\xi - \varphi_x$，有 $\mathrm{d}\varphi = \mathrm{d}\varphi_\xi$，(7.1.71) 式可化为

$$G_n^1 = \frac{1}{\pi} \int_0^{2\pi} \frac{\mathrm{e}^{\mathrm{i}k_0 d(x,\xi)}}{4\pi d(x,\xi)} \sin n(\varphi + \varphi_x) \mathrm{d}\varphi \tag{7.1.72}$$

利用三角函数关系，(7.1.72) 式表示为

$$G_n^1 = \frac{1}{\pi} \int_0^{2\pi} \frac{\mathrm{e}^{\mathrm{i}k_0 d(x,\xi)}}{4\pi d(x,\xi)} \sin n\varphi \cos n\varphi_x \mathrm{d}\varphi + \frac{1}{\pi} \int_0^{2\pi} \frac{\mathrm{e}^{\mathrm{i}k_0 d(x,\xi)}}{4\pi d(x,\xi)} \cos n\varphi \sin n\varphi_x \mathrm{d}\varphi$$
$$\tag{7.1.73}$$

考虑到 $\sin n\varphi$ 为奇函数，(7.1.73) 式的第一项积分为零，于是简化为

$$G_n^1 = \frac{1}{\pi} I_n \sin n\varphi_x \tag{7.1.74}$$

其中，

$$I_n = \int_0^{2\pi} \frac{\mathrm{e}^{\mathrm{i}k_0 d(x,\xi)}}{4\pi d(x,\xi)} \cos n\varphi \mathrm{d}\varphi \tag{7.1.75}$$

同样，有

$$G_n^2 = \frac{1}{\pi} I_n \cos n\varphi_x \tag{7.1.76}$$

且有

$$H_n^1 = \frac{1}{\pi} I_n' \sin n\varphi_x \tag{7.1.77}$$

$$H_n^2 = \frac{1}{\pi} I_n' \cos n\varphi_x \tag{7.1.78}$$

其中，

$$I_n' = \int_0^{2\pi} \cos n\varphi \cdot \frac{\partial}{\partial n_\xi} \left[\frac{\mathrm{e}^{\mathrm{i} k_0 d(x,\xi)}}{4\pi d(x,\xi)} \right] \mathrm{d}\varphi \tag{7.1.79}$$

将 (7.1.66)~(7.1.70) 式代入 (7.1.34) 式，若不考虑入射声波速度势，则有

$$
\begin{aligned}
& \frac{\phi_0^x}{2} + \sum_{q=1}^{\infty} [\phi_{1q}^x \sin q\varphi_x + \phi_{2q}^x \cos q\varphi_x] \\
= {} & \int_l \int_0^{2\pi} \left[\frac{\phi_0^\xi}{2} + \sum_{n=1}^{\infty} (\phi_{1n}^\xi \sin n\varphi_\xi + \phi_{2n}^\xi \cos n\varphi_\xi) \right] \\
& \times \left[\frac{H_0}{2} + \sum_{n=1}^{\infty} \frac{I_n'}{\pi} (\sin n\varphi_\xi \sin n\varphi_x + \cos n\varphi_\xi \cos n\varphi_x) \right] r(\xi)\mathrm{d}\varphi_\xi \mathrm{d}l(\xi) \\
& - \int_l \int_0^{\pi} \left[\frac{\phi_n'}{2} + \sum_{n=1}^{\infty} (\phi_{1n}' \sin n\varphi_\xi + \phi_{2n}' \cos n\varphi_\xi) \right] \\
& \times \left[\frac{G_0}{2} + \sum_{n=1}^{\infty} \frac{I_n}{\pi} (\sin n\varphi_\xi \sin n\varphi_x + \cos n\varphi_\xi \cos n\varphi_x) \right] r(\xi)\mathrm{d}\varphi_\xi \mathrm{d}l(\xi)
\end{aligned}
\tag{7.1.80}
$$

由 (7.1.80) 式两边同类项系数相等，并对 φ_ξ 积分，仅当 $q=n$ 时 $\sin q\varphi_\xi \sin n\varphi_\xi$ 和 $\sin q\varphi_\xi \cos n\varphi_\xi$ 对应的项不为零，其他项的积分均为零，于是，可得与 φ_ξ 无关的等式：

$$\phi_{1q}^x = \int_l \left[\phi_{1q}^\xi I_q' - \phi_{1q}' I_q \right] r \, \mathrm{d}l \tag{7.1.81}$$

$$\phi_0^x = \int_l \left[\phi_0^\xi I_0' - \phi_0' I_0 \right] r \, \mathrm{d}l \tag{7.1.82}$$

$$\phi_{2q}^x = \int_l \left[\phi_{2q}^\xi I_q' - \phi_{2q}' I_q \right] r \, \mathrm{d}l \tag{7.1.83}$$

这样，将 (7.1.81)~(7.1.83) 式代入 (7.1.67) 式，得到回转体结构外场任一点的速度势：

$$\phi(x) = \int_l \left[(\phi_0^\xi I_0' - \phi_0' I_0) \right.$$

$$+ \sum_{n=1}^{\infty} (\phi_{1n}^{\xi} I_n' - \phi_{1n}' I_n) \sin n\phi_x + \sum_{n=1}^{\infty} (\phi_{2n}^{\xi} I_n' - \phi_{2n}' I_n) \sin n\phi_x \Bigg] r\mathrm{d}l \quad (7.1.84)$$

在 (7.1.84) 式中 I_n 和 I_n' 的详细表达式由 (7.1.75) 和 (7.1.79) 式给出，可采用计算 (7.1.39) 和 (7.1.40) 式的方法求解，其中 (7.1.75) 式可表示为

$$I_n = I_{1n} + I_{2n} \quad (7.1.85)$$

式中，

$$I_{1n} = \int_0^{2\pi} \frac{\mathrm{e}^{\mathrm{i}k_0 d(x,\xi)} - 1}{4\pi d(x,\xi)} \cos n\varphi \mathrm{d}\varphi \quad (7.1.86)$$

$$I_{2n} = \int_0^{2\pi} \frac{1}{4\pi d(x,\xi)} \cos n\varphi \mathrm{d}\varphi \quad (7.1.87)$$

(7.1.86) 式给出的积分 I_{1n} 为非奇异的，可采用高斯法数值积分计算。计算 (7.1.87) 式可采用类似 (7.1.48) 式的推导过程，得到

$$I_{2n} = \frac{1}{\pi \bar{d}} (-1)^n \int_0^{\pi/2} \frac{\cos 2n\eta}{(1 - \eta^2 \sin^2 \eta)^{\frac{1}{2}}} \mathrm{d}\eta \quad (7.1.88)$$

(7.1.88) 式中的积分也归结为椭圆积分。(7.1.79) 式积分类似于 (7.1.40) 式，也分为两部分，第一部分为非奇异的，采用数值积分，第二部分则采用类似 (7.1.54) 式的推导过程计算。求解得到可 I_n 和 I_n' 后，进一步由 (7.1.84) 式计算外场速度势，离散处理方法类似 (7.1.64) 和 (7.1.65) 式推导，这里不再重复。图 7.1.11 给出了轴对称和非轴对称边界元计算的半振动球的辐射声压，当 $k_0a = 1$ 且 $r = 5a$ 时，两种模型的计算结果偏差小于 3%。文献 [21] 针对任意边界条件的轴对称表面，采用分布计算系统和并行计算方法，进一步大幅减少远场辐射声压的计算时间。

前面介绍的边界元积分方法计算任意形状结构声辐射，针对无限空间情况。在很多实际情况下，如潜艇近水面航行或接近海底航行，水面和海底边界对潜艇辐射声场会有影响，应该考虑半无限空间中结构声辐射计算的边界元模型，Seybert 和 Wu[22] 将半无限空间界面的声反射等效为一个虚源，相应在边界元积分方程中的 Green 函数增加一个虚源项，建立半无限空间结构声辐射所满足的 Helmholtz 积分方程修正形式。文献 [23] 进一步研究无限大刚性和柔性界面对复杂结构声辐射影响的大小，实际上对应于辐射结构近海底或近海面的情况。

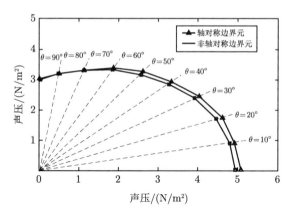

图 7.1.11　　轴对称和非轴对称边界元计算辐射声压比较

(引自文献 [20], fig6)

考虑如图 7.1.12 所示的任意形状结构位于无限平面上方的半无限空间, 在场点可能位于非光顺表面 S 的边界或角上等一般情况下, 类似 (7.1.8) 式和 (7.1.34) 式, 半无限空间中声场速度势的边界元积分方程为

$$\alpha(x)\phi(x) = \int_S \left[\phi(\xi) \frac{\partial G_H(x,\xi)}{\partial n_\xi} - G_H(x,\xi) \frac{\partial \phi(\xi)}{\partial n_\xi} \right] \mathrm{d}S + \phi^I(x) \qquad (7.1.89)$$

式中 $G_H(x,\xi)$ 为半无限空间的 Green 函数,

$$G_H(x,\xi) = \frac{\mathrm{e}^{\mathrm{i}k_0 d(x,\xi)}}{4\pi d(x,\xi)} + R_H \frac{\mathrm{e}^{\mathrm{i}k_0 d_1(x,\xi)}}{4\pi d_1(x,\xi)} \qquad (7.1.90)$$

其中, $d_1(x,\xi)$ 场点 x 的虚源位置到源点位置 ξ 的距离, R_H 为半空间无限大平面的反射系数, 当无限大平面为软边界或硬边界时, $R_H = -1$ 或 1。

在半无限空间情况下, 入射声波势函数 $\phi^I(x)$ 包含了给定的入射声波和无限大平面反射的声波两部分, 只有当入射声波完全平行于无限大平面, $\phi^I(x)$ 仅为给定入射声波速度势。

$$\phi^I(x) = \phi_i(x) + \phi_r(x) \qquad (7.1.91)$$

式中, $\phi_i(x)$ 为给定入射声波速度势函数, $\phi_r(x)$ 为任意结构存在情况下无限大平面反射入射声波的速度势函数。

如果任意结构位于无限大平面上方的半无限空间中, 则 (7.1.89) 式的求解与 (7.1.34) 式求解一样, 只是 Green 函数中增加了一个虚源项, 并没有带来其他困难。但如果任意结构位于无限大平面上, 如图 7.1.13 所示, 则边界元积分需修正, 尤其需要考虑 (7.1.89) 式中 $\alpha(x)$ 的计算。在图 7.1.13 所示情况下, 积分面分为

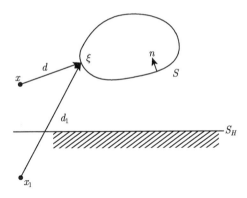

图 7.1.12 半无限空间中任意形状结构声辐射模型
(引自文献 [22], fig1)

两部分，其一为结构与无限大平面 S_H 接触的面积 S_C，其二为结构与声介质接触的面积 S_0。因为 S_C 不是与声场交界的表面，对辐射声场没有直接贡献，所以 (7.1.89) 式修正为

$$\alpha(x)\phi(x) = \int_{S_0}\left[\phi(\xi)\frac{\partial G_H(x,\xi)}{\partial n_\xi} - G_H(x,\zeta)\frac{\partial\phi(\xi)}{\partial n_\xi}\right]\mathrm{d}S + \phi^I(x) \qquad (7.1.92)$$

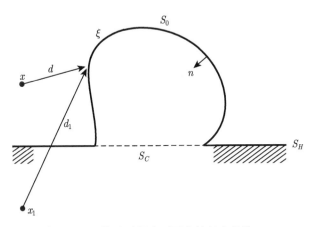

图 7.1.13 位于无限大平面上的任意结构
(引自文献 [22], fig2)

注意 (7.1.92) 式的积分表面为 S_0，而不是 $S = S_0 + S_C$，且式中 $\alpha(x)$ 的取值与 (7.1.8) 式基本一样，但当场点 x 位于表面 S_0 上时，有两种特殊情况，需要仔细考虑 $\alpha(x)$ 的计算。第一种情况为场点在表面 S_0 上，但不与表面 S_H 接触，

按照文献 [24]，$\alpha(x)$ 可按下式计算:

$$\alpha(x) = 1 - \frac{1}{4\pi} \int_{S_0+S_C} \frac{\partial}{\partial n_\xi} \left(\frac{1}{d}\right) \mathrm{d}S \qquad (7.1.93)$$

第二种情况为场点不仅在表面 S_0 上，而且与表面 S_H 接触，参见图 7.1.14。此时，取一个面元 S_ε 将场点 x 与外场分开，这样，不包含场点 x 和源点 ξ 的外场积分方程为

$$0 = \int_{S_0+S_\varepsilon} \left[\phi(\xi)\frac{\partial G_H(x,\xi)}{\partial n_\xi} - G_H(x,\xi)\frac{\partial \phi(\xi)}{\partial n_\xi}\right] \mathrm{d}S + \phi^I(x) \qquad (7.1.94)$$

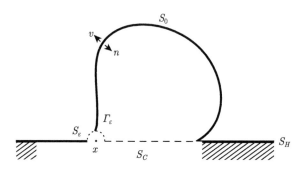

图 7.1.14　任意结构及场点位于无限大平面上
(引自文献 [22], fig3)

考虑到 S_H 面上的场点，Green 函数由 (7.1.90) 式简化为

$$G_H(x,\xi) = (1+R_H)\frac{\mathrm{e}^{\mathrm{i}k_0 d(x,\xi)}}{4\pi d(x,\xi)} \qquad (7.1.95)$$

由于 Green 函数 G_H 的弱奇异性，有

$$\lim_{\varepsilon\to 0} \int_{S_\varepsilon} G_H \frac{\partial \phi}{\partial n_\xi} \mathrm{d}S = 0 \qquad (7.1.96)$$

奇异性问题下一节详细讨论。将 (7.1.96) 式代入 (7.1.94) 式，并与 (7.1.92) 式比较，则有

$$\alpha(x) = \lim_{\varepsilon\to 0} \int_{S_\varepsilon} \frac{\partial G_H}{\partial n_\xi} \mathrm{d}S \qquad (7.1.97)$$

当 $d \to 0$ 时，$\mathrm{e}^{\mathrm{i}k_0 d}$ 趋近于 1，将 (7.1.95) 式代入 (7.1.97) 式，得到

$$\alpha(x) = (1+R_H)\lim_{\varepsilon\to 0}\frac{1}{4\pi}\int_{S_\varepsilon}\frac{\partial}{\partial n_\xi}\left(\frac{1}{d}\right)\mathrm{d}S \qquad (7.1.98)$$

因为 S_ε 和 Γ_ε 组成了一个半球面, 它们分别表示此半球面的外侧和内侧部分。在此半球面上 $\dfrac{\partial}{\partial n}\left(\dfrac{1}{d}\right)$ 的面积分为 2π, 于是 (7.1.98) 式变为

$$\alpha(x) = (1 + R_H)\left[\frac{1}{2} - \frac{1}{4\pi}\lim_{\varepsilon \to 0}\int_{\Gamma_\varepsilon}\frac{\partial}{\partial n_1}\left(\frac{1}{d}\right)\mathrm{d}S\right] \qquad (7.1.99)$$

式中, Γ_ε 和 n_1 可参见图 7.1.14, n_1 为指向外场的法线方向, 与 n_ξ 的方向相反。

在表面 S_0, S_C 和 Γ_ε 组成的内部区域求解 Laplace 方程, 则有

$$\int_{S_0 + S_C + \Gamma_\varepsilon}\frac{\partial}{\partial n_1}\left(\frac{1}{d}\right)\mathrm{d}S = 0 \qquad (7.1.100)$$

将 (7.1.100) 式代入 (7.1.99) 式, 可以得到场点在 S_H 面上的 $\alpha(x)$ 表达式:

$$\alpha(x) = (1 + R_H)\left[\frac{1}{2} - \frac{1}{4\pi}\int_{S_0 + S_C}\frac{\partial}{\partial n_\xi}\left(\frac{1}{d}\right)\mathrm{d}S\right] \qquad (7.1.101)$$

前面已经提到, (7.1.92) 式中的边界面积分表面为 S_0, 没有 S_C 的贡献, 但是 (7.1.93) 和 (7.1.101) 式的积分包含了表面 S_C, 为此在 S_C 面上采用 "伪单元" 进行边界元离散积分。"伪单元" 不涉及声学参数, 其尺度只需满足 $1/d$ 的法向导数积分即可, 详细的离散处理可参考文献 [22] 及 [24]。采用半无限空间中修正的 Helmholtz 积分方程, 计算的无限大平面上半脉动球和半矩形体归一化散射速度势与无限空间等效的脉动球和矩形体结果完全一致, 其中半矩形体归一化散射速度势计算模型和结果由图 7.1.15 给出, 图中共有 31 个节点, 其中 4 个空心节点为不涉及声学参数的 "伪节点"。

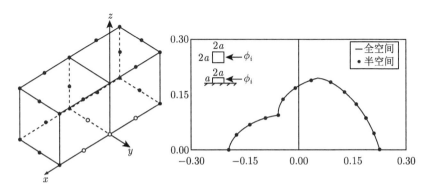

图 7.1.15 矩形体归一化散射速度势计算模型和结果
(引自文献 [22], fig8, fig9)

在实际工程中，结构内部区域和外部区域通过开孔相互连通，如潜艇指挥台围壳、轻外壳，因为存在开口及流水孔，使得围壳和轻外壳的内外区域连通，还有房间打开的窗户也使内外区域相连通。考虑一个典型的内外区域连通耦合结构，如图 7.1.16 所示 [25]。设内部区域为 R_1，外部区域为 R_2，内部区域的边界为表面 $S_1 + S_0$，外部区域的边界为 $S_2 + S_0$，其中 S_0 为连通内外区域的开口表面，如果区域 R_1 包含声源，其表面也作为 S_1 的一部分。内部区域 R_1 的声介质密度和声速分别为 ρ_1, C_1，外部区域 R_2 的声介质密度和声速分别为 ρ_2, C_2。

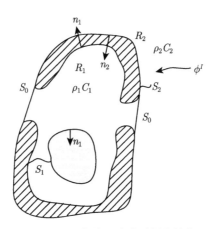

图 7.1.16　内外区域连通耦合结构
(引自文献 [25]，fig1)

区域 R_1 和区域 R_2 的声场解对应两个不同的边界积分方程，区域 R_1 的边界积分方程为

$$\alpha_0(x)\phi_1(x) = \int_{S_1+S_0} \left[\phi_1(\xi)\frac{\partial G(x,\xi)}{\partial n_1} - G(x,\xi)\frac{\partial \phi_1(\xi)}{\partial n_1} \right] \mathrm{d}S \tag{7.1.102}$$

式中，$\phi_1(x)$ 为区域 R_1 的声场速度势，n_1 为区域 R_1 外法向单位矢量，且

$$\alpha_0(x) = -\int_{S_1+S_0} \frac{\partial}{\partial n_1}\left(\frac{1}{d}\right) \mathrm{d}S \tag{7.1.103}$$

区域 R_2 的边界积分方程为

$$\alpha(x)\phi_2(x) = \int_{S_2+S_0} \left[\phi_2(\xi)\frac{\partial G(x,\xi)}{\partial n_2} - G(x,\xi)\frac{\partial \phi_2(\xi)}{\partial n_2} \right] \mathrm{d}S \tag{7.1.104}$$

式中，$\phi_2(x)$ 为区域 R_2 的声场速度势，n_2 为区域 R_2 外法向单位矢量。

在连通表面 S_0 上, 区域 R_1 和区域 R_2 法向质点振速和声压连续,

$$\frac{\partial \phi_1}{\partial n_1} = -\frac{\partial \phi_2}{\partial n_2} \tag{7.1.105}$$

$$\rho_1 \phi_1 = \rho_2 \phi_2 \tag{7.1.106}$$

类似于 (7.1.6) 式及 (7.1.28) 和 (7.1.29) 式的边界元离散求解, 这里假设单元速度势及其法向导数采用相同的形状函数表示:

$$\phi(\xi) = \sum_j^3 N_j(\xi)\phi_j \tag{7.1.107}$$

$$\frac{\partial \phi(\xi)}{\partial n} = \sum_j^3 N_j(\xi)\phi_j' \tag{7.1.108}$$

将 (7.1.107) 和 (7.1.108) 式代入 (7.1.102) 和 (7.1.104) 式, 并假设在表面 S_1 和 S_2 上, 速度势法向导数 $\partial \phi / \partial n$ 已知, 待求的未知量为表面 S_1, S_2 上速度势和表面 S_0 上的速度势及速度势法向导数, 于是内外区域连通的耦合边界元积分离散方程为

$$\left\{ \begin{array}{cccc} [E_1] & [E_1]_{S_0} & -[F_1]_{S_0} & 0 \\ 0 & (\rho_1/\rho_2)[E_2]_{S_0} & [F_2]_{S_0} & [E_2] \end{array} \right\} \left\{ \begin{array}{c} \{\phi_1\} \\ \{\phi_1\}_{S_0} \\ \{\phi_1'\}_{S_0} \\ \{\phi_2\} \end{array} \right\} = \left\{ \begin{array}{c} [F_1]\{\phi_1'\} \\ [F_2]\{\phi_2'\} + 4\pi\{\phi^I\} \end{array} \right\} \tag{7.1.109}$$

式中,

$$[E_i] = \sum_m \int_{S_m^i} \frac{\partial G}{\partial n}[N] \mathrm{d}S, \quad i = 1, 2 \tag{7.1.110}$$

$$[F_i] = \sum_m \int_{S_m^i} G[N] \mathrm{d}S, \quad i = 1, 2 \tag{7.1.111}$$

这里, $\{N\}$ 为形状函数 N_j 组成的矩阵, $[E_i]$, $[F_i](i = 1, 2)$ 为整合的系数矩阵, 其下标 $i = 1$ 或 $i = 2$ 表示单元分别在表面 S_1 和 S_2 上, S_m^i 为边界元单元面积, 下标 S_0 则表示单元在表面 S_0 上, 且 $\alpha(x)$ 和 $\alpha_0(x)$ 相应的项也归入到整合矩阵 $[E_i](i = 1, 2)$ 中。$\{\phi_1\}$, $\{\phi_2\}$ 分别为表面 S_1 和 S_2 上节点速度势组成的列矩阵, $\{\phi_1\}_{S_0}$ 和 $\{\phi_1'\}_{S_0}$ 分别为表面 S_0 上节点速度势及节点速度势法向导数组成的列

矩阵，$\{\phi_1'\}$，$\{\phi_2'\}$ 为表面 S_1 和 S_2 上已知节点速度势法向导数的列矩阵。$\{\phi^I\}$ 为入射波对应的节点速度势列矩阵。

利用 (7.1.109) 式，Seybert 和 Cheng 等[25] 计算了一个立方箱体的声辐射，箱体长为 0.5m，内部中心有 1 个半径为 0.1m 的球形声源。箱体上开有两个边长为 0.1m 的正方形孔，并假设箱体壁面为刚性的，参见图 7.1.17(a)。边界元离散处理时，球形声源作为内部区域表面的一部分，由 74 个节点模拟，两个开孔有四个三角形单元模拟，内外区域表面所有节点数为 946 个。计算得到的开孔中心位置的声压如图 7.1.17(b) 所示。图中近似计算的结果是先将内外区域分开处理，开口由圆形活塞的声辐射阻抗近似模拟，作为边界条件，由区域 1 边界元积分计算内部声场，得到开口的法向振速，并以此作为边界条件，再由区域 2 边界元积分计算外部声场。由图可见，内外区域连通的耦合方法与近似方法计算的结果吻合较好。在此基础上，Cheng 和 Seybert 等[26] 还提出了多区域边界元积分方法，可适用于求解复杂结构辐射声场。

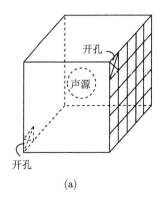
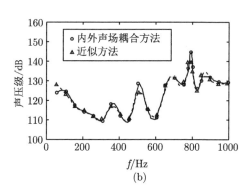

图 7.1.17　立方箱体模型及开孔部位声压
(引自文献 [25], fig7, fig8)

当边界元方法用于薄型结构，如潜艇尾翼、导管及推进器叶片的声辐射和声散射计算时，薄型结构两面的单元相距很近，直接应用常规的边界元积分方程，会产生奇异现象。Martinez[27,28] 从数学上证明了 Helmholtz 积分方程用于薄型结构出现的退化，称之为 "薄型失效"(thin-shape breakdown)，并提出适用于薄型结构声辐射计算的边界积分方程，其中增加了一项与结构两面压差相关的积分项。Wu 和 Wan 考虑如图 7.1.18 所示的组合结构[29,30]，即一薄型体与一非规则结构相连接或位于非规则结构附近。在声辐射或声散射研究中，假设这种组合结构的振动已知或入射声源已知。设非规则结构表面为 S_r，薄型结构表面为 S_t，为了推导混合结构的边界积分方程，构造一虚拟面 S_i，将声介质区域分为内部区域 R_1 和外部区域 R_2，应注意到虚拟面 S_i 仅仅用于推导边界积分方程，在边界元数值积分时无需进行离散处理。当场点位于区域 R_1 时，积分边界为表面 S_t 和 S_i，而当场点位于区域 R_2 时，积分边界为表面 S_r, S_t 和 S_i。一般来说，场点声压采用一个速度势函数 $\phi(x)$ 表示即可，但薄型结构两个表面分别为区域 R_1 和区域 R_2 的边界面，相应定义速度势 $\phi_1(x)$ 和 $\phi_2(x)$，而在虚拟面 S_i 上，内外表面的速度势及其导数连续，$\phi_1(x)$ 与 $\phi_2(x)$ 相等。设表面 S_r, S_t 和 S_i 的外法向矢量 n 指向区域 R_2。

在区域 R_1 和区域 R_2 中，Helmholtz 积分方程分别为

$$\alpha_0(x)\phi(x) = \int_{S_t+S_i} \left[\phi_1(\xi)\frac{\partial G(x,\xi)}{\partial n} - G(x,\xi)\frac{\partial\phi_1(\xi)}{\partial n} \right] \mathrm{d}S, \quad x \in R_1 \quad (7.1.112)$$

$$\begin{aligned}
\alpha(x)\phi(x) = {}& \int_{S_t+S_i} \left[-\phi_2(\xi)\frac{\partial G(x,\xi)}{\partial n} + G(x,\xi)\frac{\partial\phi_2(\xi)}{\partial n} \right] \mathrm{d}S \\
& + \int_{S_r} \left[-\phi(\xi)\frac{\partial G(x,\xi)}{\partial n} + G(x,\xi)\frac{\partial\phi(\xi)}{\partial n} \right] \mathrm{d}S + \phi^I(x), \quad x \in R_2
\end{aligned}$$
$$(7.1.113)$$

式中，当场点 x 位于区域 R_1 或区域 R_2 时，$\alpha_0(x)$ 分别为 1 或 0，$\alpha(x)$ 分别为 0 或 1；当场点 x 位于界面上，则 $\alpha_0(x)$ 和 $\alpha(x)$ 都等于 1/2。

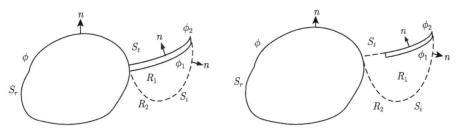

图 7.1.18 薄型与非规则结构的组合模型
(引自文献 [30], fig1)

考虑到薄型结构表面 S_t 的法向振速可以认为是连续的，即

$$\frac{\partial\phi_1}{\partial n} = \frac{\partial\phi_2}{\partial n}, \qquad x \in S_t \qquad (7.1.114)$$

于是，将 (7.1.112) 和 (7.1.113) 式相加，注意到虚拟面上的边界积分为 0，可得到

$$
\int_{S_t} \frac{\partial G}{\partial n}[\phi_1(\xi) - \phi_2(\xi)] \mathrm{d}S + \int_{S_r} \left[G(x,\xi)\frac{\partial\phi(\xi)}{\partial n} - \phi(\xi)\frac{\partial G(x,\xi)}{\partial n} \right] \mathrm{d}S
$$

$$
+ \phi^I(x) = \begin{cases} \phi(x), & x \in R_1 \cup R_2 \\ \dfrac{1}{2}\phi(x), & x \in S_r \\ \dfrac{1}{2}[\phi_1(x) + \phi_2(x)], & x \in S_t \end{cases} \tag{7.1.115}
$$

由 (7.1.115) 式的第三式可见，方程中有两个未知量，且没有与边界条件相关的法向振速，还需要补充一个方程才能求解。为此，给 (7.1.115) 式中第一式两边求法向导数，并注意到 (7.1.114) 式，得到

$$
\int_{S_t} \frac{\partial G^2(x,\xi)}{\partial n \partial n_x}[\phi_1(\xi) - \phi_2(\xi)] \mathrm{d}S + \int_{S_r} \left[\phi\frac{\partial^2 G(x,\xi)}{\partial n \partial n_x} - \frac{\partial G(x,\xi)}{\partial n_x}\frac{\partial\phi(\xi)}{\partial n} \right] \mathrm{d}S
$$

$$
+ \frac{\partial\phi^I(x)}{\partial n} = \frac{\partial\phi(x)}{\partial n}
$$

$$
\tag{7.1.116}
$$

式中，$\partial/\partial n_x$ 为场点 x 的法向偏微分，其中第一项积分为超奇异积分，详细的求解方法下一节介绍。

针对表面 S_t 和 S_r 上已知 $\partial\phi/\partial n$ 的声辐射或声散射问题，联立求解 (7.1.115) 式的第二式和 (7.1.116) 式，可同时求解得到表面 S_r 上的速度势 $\phi(x)$ 和表面 S_t 上的速度势 $\phi_1(x) - \phi_2(x)$，相应的矩阵方程为

$$
\left\{ \begin{matrix} [A_{rr}] & [A_{rt}] \\ [A_{tr}] & [A_{tt}] \end{matrix} \right\} \left\{ \begin{matrix} \{\phi\} \\ \{\phi_1 - \phi_2\} \end{matrix} \right\} = \left\{ \begin{matrix} \{B_r\} \\ \{B_t\} \end{matrix} \right\} \tag{7.1.117}
$$

式中，$[A_{rr}]$ 为规则结构的边界元系数矩阵，$[A_{tt}]$ 为薄型结构的边界元系数矩阵，$[A_{rt}]$ 和 $[A_{tr}]$ 则为规则结构与薄型结构相互作用的边界元系数矩阵，子矩阵 $[A_{ij}]\,(i,j=r,t)$ 的第一个下标对应场点 x，第二个下标对应源点 ξ，其中 r 表示在表面 S_r 上，t 表示在表面 S_t 上。已知的物面边界条件对应方程右边的 $\{B_r\}$ 和 $\{B_t\}$，其中包含了入射波的贡献。

求解 (7.1.117) 式得到表面 S_r 上的速度势 $\phi(x)$ 及表面 S_t 上的速度势 $\phi_1(x) - \phi_2(x)$，进一步由 (7.1.115) 式的第三式求解得到 S_t 上的速度势 $\phi_1(x) + \phi_2(x)$，从而可得表面 S_t 上 $\phi_1(x)$ 和 $\phi_2(x)$，最后再由 (7.1.115) 式的第一式求解任意给定场点的速度势 $\phi(x)$。计算 (7.1.117) 式子矩阵 $[A_{rr}]$ 时，会遇到 Helmholtz 表面积分的唯一性问题，具体的求解方法将在下一节介绍。Wu 考虑了一个底部为厚平板结构的薄壁圆柱，浸没在无限流体介质中，圆柱壳半径为 a，高度为 $1.5a$，底

部厚度为 $0.5a$, 其内表面的均匀振动为已知。建模时将圆柱壳作为薄型结构, 图 7.1.19 给出了近场速度势沿垂直线 z 轴方向的分布, 垂直线距圆柱壳圆心为 $2a$。采用基于 CHIEF 方法的边界元法与多区域边界元方法的计算结果一致, 前一种方法为解决唯一性的 Helmholtz 表面积分方法, 详细内容可参见下一节。

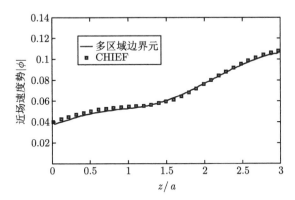

图 7.1.19　薄型结构辐射声场的边界元方法计算结果比较
(引自文献 [30], fig3)

7.2　边界积分的唯一性和奇异性问题

边界积分方程计算辐射声场, 会遇到两个基本问题, 一是被积函数的奇异性, 二是积分的非唯一性。简单来说, 当场点和源点吻合时, Helmholtz 积分方程中的核函数产生奇异, 影响积分的精度。边界积分方程用于计算外场声辐射时, 如果频率接近内部 Dirichlet 问题的本征值所对应的特征频率, 则边界积分方程的解不能保证唯一性。虽然这些内部本征值相应的共振没有实际的物理意义, 但会使外部声辐射频谱计算结果中出现多余的峰值。解决积分方程唯一性的方法主要有两类, 一类是由 Schenck[6] 提出的 CHIEF 方法 (combined Helmholtz integral equation formulation); 另一类为 Reut[31] 命名的 CONDOR 方法 (composite outward normal derivative overlap relation)。由于 CONDOR 方法的组合积分方程中包含了超奇异积分, 给计算带来了新的困难, 这里先介绍唯一性的解决方法, 然后再介绍奇异性的解决方法。

边界积分方程解的唯一性涉及复杂的数学表征, 这里仅仅给出一个简单的说明 [32]。7.1 节中以速度势形式给出的 Helmholtz 积分方程为

$$\int_S \left[\phi(\xi) \frac{\partial G(x,\xi)}{\partial n_\xi} - G(x,\xi) \frac{\phi(\xi)}{\partial n_\xi} \right] \mathrm{d}S = \begin{cases} \phi(x), & x \in R_2 \\ \dfrac{1}{2}\phi(x), & x \in S \\ 0, & x \in R_1 \end{cases} \quad (7.2.1)$$

(7.2.1) 式给出的三个方程分别称为外部、表面和内部积分方程。当物面上的法向速度已知时，(7.2.1) 式的第三式可以作为求解表面速度势的积分方程。积分方程理论认为，在无限多个离散的特征波数 $\bar{k}_n(n=1,2,\cdots)$ 时，表面积分方程解不具有唯一性，这是积分方程的一个固有特性。对于一个外部 Neumann(Dirichlet) 边界值问题，$\bar{k}_n$ 是物面 S 内部 Dirichlet (Neumann) 问题的特征波数。若表面上 $\partial\phi/\partial n_\xi$ 已知，即所谓外部 Neumann 边界值问题，可以将表面积分方程表示为第二类 Fredholm 积分方程：

$$\phi(x) - \bar{\lambda} \int_S K(x,\xi)\phi(\xi)\mathrm{d}S = f(x) \tag{7.2.2}$$

其中，$\bar{\lambda}=1$，且有核函数：

$$K(x,\xi) = \frac{\partial G(x,\xi)}{\partial n_\xi} \tag{7.2.3}$$

$$f(x) = \int_S \frac{\partial\phi(\xi)}{\partial n_\xi} G(x,\xi)\mathrm{d}S \tag{7.2.4}$$

按照积分方程理论，对于给定的 $\bar{\lambda}$，对应 (7.2.2) 式的齐次方程：

$$\phi(x) - \bar{\lambda} \int_S K(x,\xi)\phi(\xi)\mathrm{d}S = 0 \tag{7.2.5}$$

存在一系列特征波数 $\bar{k}_n$，当待求的非齐次方程的波数不等于 $\bar{k}_n$ 时，积分方程有唯一解，而当波数等于 $\bar{k}_n$ 时，积分方程无解。实际上，由 (7.2.4) 式可见，齐次方程对应于 $\partial\phi/\partial n_\xi = 0$，(7.2.5) 式正是第一类 Dirichlet 边界值问题，此时又有 $\phi = 0$，必然积分方程无解。若假设表面上 ϕ 已知，则有同样的结论。Ciskowski 和 Brebbia[15] 采用内部 Dirichlet 边界值问题，也简要说明了在已知物面 $\partial\phi/\partial n_\xi$ 的情况下，外部区域的 Helmholtz 积分方程在内部 Dirichlet 问题特征值时存在非唯一解。

针对表面积分方程求解的非唯一性，这里需要解决如何克服非唯一性而获得辐射声场唯一解的问题。Schenck[6] 组合表面和内部 Helmholtz 积分方程，提出了 CHIEF 方法，其具体做法是由表面 Helmholtz 积分方程离散得到表面上各单元节点上的声压系数矩阵，同时在内部区域选取若干点，由内部 Helmholtz 积分方程得到若干补充方程，组合构成超定线性方程组，再采用最小二乘法求解。

将结构表面分为 N_s 个单元，对 (7.2.1) 式的第二式进行离散，得到

$$\frac{1}{2}\phi(\xi) - \sum_{i=1}^{N_s} \phi(\xi_i) \int_{S_i} \frac{\partial G(\varsigma,\xi)}{\partial n_\xi}\mathrm{d}S(\xi) = -\sum_{i=1}^{N_s} \frac{\partial\phi(\xi_i)}{\partial n_\xi} \int_{S_i} G(\varsigma,\xi)\mathrm{d}S(\xi), \quad \varsigma \in S \tag{7.2.6}$$

同时离散 (7.2.1) 式的第三式, 得到

$$\sum_{i=1}^{N_s} \phi(\xi_i) \int_{S_i} \frac{\partial G(y, \xi)}{\partial n_\xi} \mathrm{d}S(\xi) = \sum_{i=1}^{N_s} \frac{\partial \phi(\xi_i)}{\partial n_\xi} \int_{S_i} G(y, \xi) \mathrm{d}S(\xi), \quad y \in R_1 \quad (7.2.7)$$

(7.2.6) 式对应 N_s 个表面点 $\xi = \xi_i$ 都成立, 且 $i = j$ 时, $\xi_i = \xi_j$, 而 (7.2.7) 式对应 N_i 个内部点 y_i 成立。取 $j = 1, 2, \cdots, N_s$, 则有

$$A_{ij} = \begin{cases} \dfrac{1}{2}\delta_{ij} - \displaystyle\int_{S_j} \frac{\partial G(\varsigma_i, \xi)}{\partial n_\xi} \mathrm{d}S(\xi), & i = 1, 2, \cdots, N_s \\ \displaystyle\int_{S_j} \frac{\partial G(y_i, \xi)}{\partial n_\xi} \mathrm{d}S(\xi), & i = N_s + 1, N_s + 2, \cdots, N_s + N_i \end{cases} \quad (7.2.8)$$

若取 $k = 1, 2, \cdots, N_s$, 则有

$$B_{ik} = \begin{cases} -\displaystyle\int_{S_k} G(\varsigma_i, \xi) \mathrm{d}S(\xi), & i = 1, 2, \cdots, N_s \\ \displaystyle\int_{S_k} G(y_i, \xi) \mathrm{d}S(\xi), & i = N_s + 1, N_s + 2, \cdots, N_s + N_i \end{cases} \quad (7.2.9)$$

组合 (7.2.8) 和 (7.2.9) 式, 得到超定线性方程组:

$$A_{ij}\phi_j = B_{ik}\frac{\partial \phi_k}{\partial n_\xi}, \quad i = 1, 2, \cdots, N_s + N_i; j, k = 1, 2, \cdots, N_s \quad (7.2.10)$$

式中, $\phi_j = \phi(\xi_j), \dfrac{\partial \phi_k}{\partial n_\xi} = \dfrac{\phi(\xi_k)}{\partial n_\xi}$。

采用最小二乘法求解 (7.2.10) 式, 可以得到表面速度势和速度势法向导数, 进一步可由 (7.2.1) 式第一式计算外场辐射声压对应的速度势:

$$\phi(x) = \phi_j E_j(x) + \frac{\partial \phi_k(x, \xi)}{\partial n_\xi} F_k(x), \quad x \in R_2 \quad (7.2.11)$$

式中,

$$E_j(x) = \int_{S_j} \frac{\partial G(x, \xi)}{\partial n} \mathrm{d}S(\xi) \quad (7.2.12)$$

$$F_k(x) = \int_{S_k} G(x, \xi) \mathrm{d}S(\xi) \quad (7.2.13)$$

为了验证 CHIEF 方法的有效性, Schenck 采用均匀振动的球体, 将球表面分为四个环形带, 每个环形带又分为 8 个单元, 共计 32 个单元, 并在球体中

心选取了一个内部点 (CHIEF 点)。图 7.2.1 给出了 Helmholtz 表面积分 (SHI) 和 CHIEF 积分与解析法计算得到的表面声压之间的相对误差比较, 其中实线为 Helmholtz 表面积分计算结果, 虚线为 CHIEF 积分结果。由图可见, 在 $k_0a = \pi$ 附近, CHIEF 方法对提高球体表面声压计算精度有明显的作用。针对一有限长圆柱体, 其表面振速已知为点源产生的振速, 归一化的远场辐射声压计算结果表明, 采用 Helmholtz 表面积分和 CHIEF 积分 (选取两个内部 CHIEF 点) 的结果与解析解结果完全一致, 参见图 7.2.2。图 7.2.3 给出了采用简单源方法和 CHIEF 方法计算得到的矩形体远场辐射声压与试验结果的比较, 其中实线为试验结果, + 和 。分别为简单源法和 CHIEF 法计算结果。由图可见, 内部 CHIEF 点由 8 个 (图 7.2.3(a)) 增加到 24 个 (图 7.2.3(b)) 时, CHIEF 方法的计算结果与试验结果的吻合程度明显提高。

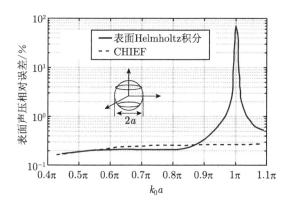

图 7.2.1　SHI 与 CHIEF 法计算的球声源表面声压误差比较
(引自文献 [6], fig3)

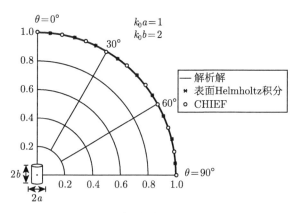

图 7.2.2　SHI 和 CHIEF 法与解析法计算的柱声源表面声压比较
(引自文献 [6], fig7)

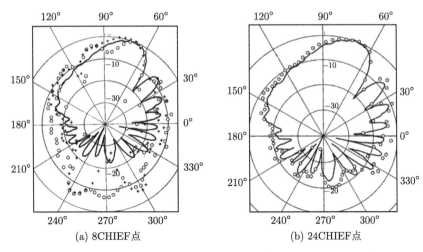

(a) 8CHIEF点   (b) 24CHIEF点

图 7.2.3   CHIEF 法计算的矩形体远场辐射声压与试验结果比较
(引自文献 [6], fig14, fig15)

    虽然 CHIEF 方法可以获得唯一解, 消除外部声辐射频谱计算出现的 "伪峰值", 但这种方法适用于低频情况, 在高频情况下应用存在一定的困难, 其原因是内点选择在内部域驻波节点的可能性较大, 从而使唯一解得不到保证。内点数量和位置的选择, 是 CHIEF 方法的一个基本问题。Seybert 和 Rengarajan[33] 使用 CHIEF 方法时, 采用内部速度势作为指示函数, 对球体和有限长圆柱体的声辐射进行数值试验分析, 认为只要选取一个 "好" 的 CHIEF 点, 即可保证积分解的唯一性, 修正了 Schenck 认为应选取少量几个 CHIEF 点的观点。对于球体来说, "好"CHIEF 点位于球中心, 而分布在节点面上的 CHIEF 点则为 "差" 点, 图 7.2.4 和图 7.2.5 分别给出了球体和圆柱体内部 "好" 与 "差" 的 CHIEF 点, 其中空心点为 "好" 点, 实心点为 "差" 点。表 7.2.1 给出不同 CHIEF 点选取时, 脉动球外部 $r = 3a$ 处和内部 $r = 0.3a$ 处速度势积分解计算结果与精确解的比较, 计算的 $k_0 a$ 值为 6。当选取了一个 "好"CHIEF 点时, 两者吻合很好, 否则误差较大, 即使增加 "差"CHIEF 点数量, 也没有很好的效果。

表 7.2.1   选取不同 CHIEF 点对边界积分精度的影响

CHIEF 点数量		速度势幅值 $\times 10^{-2}$			
		$(r, z) = (3a, 0)$		$(r, z) = (0.3a, 0)$	
差点	好点	精确解	边界积分解	精确解	边界积分解
0	0	5.239	5.848	0	99.5
0	1		5.239		5.4×10^{-4}
1	0		2.297		70.6
3	0		3.701		82.5
5	0		5.864		6.7
5	1		5.239		7.7×10^{-4}

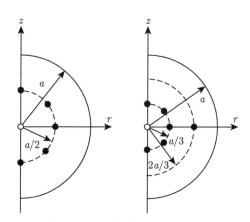

图 7.2.4　球体内部 CHIEF 点
(引自文献 [33], fig3)

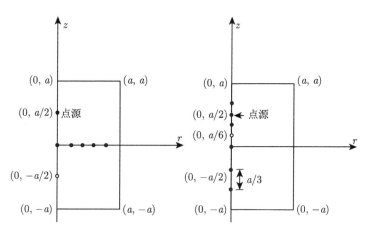

图 7.2.5　柱体内部 CHIEF 点
(引自文献 [33], fig4)

Chen 等 [34] 采用奇异值分解法寻找 CHIEF 点，认为只需要仔细选择两个内点，即可消除所有频率上的非唯一性。文献 [15] 还介绍了增强 CHIEF 方法 (enhanced CHIEF method)。此方法对内部积分方程的 CHIEF 点求导，得到新的约束方程。针对 (7.2.1) 式的第三式，注意到其中的 y 点为内部 CHIEF 点，对 y 求导可得

$$\int_s \left[\phi(\xi) \frac{\partial^2 G(y,\xi)}{\partial y_j \partial n_\xi} - \frac{\partial G(y,\xi)}{\partial y_j} \cdot \frac{\partial \phi(\xi)}{\partial n_\xi} \right] \mathrm{d}S = 0 \qquad (7.2.14)$$

式中，$j = 1, 2, 3$ 表示三个方向。且有

$$\frac{\partial G(x,\xi)}{\partial y_j} = \frac{\mathrm{e}^{\mathrm{i}k_0 d}}{4\pi d^2}(\mathrm{i}k_0 d - 1)\frac{\partial d}{\partial y_j} \tag{7.2.15}$$

$$\frac{\partial^2 G(x,\xi)}{\partial y_j \partial n_\xi} = \frac{\mathrm{e}^{\mathrm{i}k_0 d}}{4\pi d^3}\left[(\mathrm{i}k_0 d - 1)n_j - (k_0^2 d^2 - 3\mathrm{i}k_0 d + 3)\frac{\partial d}{\partial y_j}\frac{\partial d}{\partial n_\xi}\right] \tag{7.2.16}$$

将 (7.2.14) 式与 (7.2.1) 式的第二式和第三式联合求解, 也得到超定线性方程组。研究表明, 采用增强 CHIEF 方法, 即使 CHIEF 点在节点面上, 也能得到很好的计算结果。Segalman 和 Lobitz[35] 采用高阶导数扩展 CHIEF 方法, 建立了超 CHIEF 方法 (super CHIEF method), 只需选择更少内点, 而且内点的选择要求可以降低, 也能得到唯一解, 或者说内点的选取对结果的影响较小, 尤其在较高频率情况下, 内点的选取即使接近节点线时, 它对超 CHIEF 方法也基本没有影响。赵健等 [36] 将 CHIEF 方法与表面积分导数方程线性组合以保证解的唯一性, 但当组合导数为节点面切线方向时, 则 CHIEF 点再度无效。Wu 和 Seybert[37] 对 CHIEF 方程作加权计算, 将原方程中的 Green 函数及其导数变为 Green 函数及其导数的加权体积分, 在数值计算时采用 CHIEF 块而不是 CHIEF 点的概念, 使解的唯一性可以扩展到几个节点面的交线上。Tobocman 认为 [38], 在高频短波长情况下, CHIEF 方法的有效性降低, 但是特征频率时 Helmholtz 积分方程仍然可用, 其精度退化较小。

前面介绍的几种消除非唯一解的边界积分方法, 都是利用内部边界积分方程。Piaszczyk 和 Klosner[39] 结合表面积分方程和外部积分方程, 发展了外部超定方法 (exterior overdeter-mination method), 采用外点产生附加方程, 避免内点落在节点面上的可能性, 但外场是未知的, 需要估算初始表面值, 由迭代方法得到最终结果。为此选择一个相对简单的声阻抗函数作为初始值。假设表面声阻抗函数为 $Z_s(\xi)$, 相应的表面声压为

$$p(\xi) = Z_s(\xi)v(\xi) \tag{7.2.17}$$

相应的速度势与其导数的关系为

$$\phi = -\frac{Z_s}{\mathrm{i}\omega\rho_0}\frac{\partial\phi}{\partial n_\xi} \tag{7.2.18}$$

由 (7.2.1) 式的第一式可以近似计算外场速度势为

$$\phi^{(1)}(x) = \int_S \left[-\frac{Z_s}{\mathrm{i}\omega\rho_0}\frac{\partial\phi}{\partial n_\xi}\frac{\partial G(x,\xi)}{\partial n_\xi} - G(x,\xi)\frac{\partial\phi(x,\xi)}{\partial n_\xi}\right]\mathrm{d}S \tag{7.2.19}$$

由 (7.2.19) 式计算得到了外场场点的速度势, 将其作为已知量, 可以将外场积分

方程作为辅助方程

$$\int_S \left[\phi(\xi) \frac{\partial G(x,\xi)}{\partial n_\xi} - G(x,\xi) \frac{\partial \phi(\xi)}{\partial n_\xi} \right] \mathrm{d}S = \phi^{(1)}(x) \tag{7.2.20}$$

再将 (7.2.20) 式与表面积分方程组合, 可得到超定的线性代数方程组, 并求解得到表面速度势及其法向导数, 进一步计算外场速度势 $\phi^{(2)}(x)$, 按此迭代计算即可得到收敛结果。注意到表面声阻抗函数的选取与表面几何形状相关, 选取最简单的平面波阻抗即可得到满意的结果, 其表达式为

$$Z_s(\xi) = \rho_0 C_0 \tag{7.2.21}$$

随着基于 Kirchhoff 积分方程的时域边界元方法的发展 (time domain boundary element method, TBEM), Jang 等提出了时域 CHIEF 方法计算外部声场, 解决非唯一性问题, 为此附加封闭域内点声压为零的约束方程, 并考虑边界节点与内点之间最短的时间延迟, 详细内容参见文献 [40]。

采用 CHIEF 方法给出的单元面积分 (7.2.8) 和 (7.2.9) 式, 会出现奇异积分。(7.2.8) 和 (7.2.9) 式对应常数单元积分, 若采用等参元, 则 CHIEF 方法中出现的两种奇异积分为

$$I_1 = \int_{S_i} \frac{\mathrm{e}^{\mathrm{i}k_0 d(x,\xi)}}{4\pi d(x,\xi)} N_1(\xi) \mathrm{d}S(\xi) \tag{7.2.22}$$

$$I_2 = \int_{S_i} \frac{\partial}{\partial n_\xi} \left[\frac{\mathrm{e}^{\mathrm{i}k_0 d(x,\xi)}}{4\pi d(x,\xi)} \right] N_2(\xi) \mathrm{d}S(\xi) \tag{7.2.23}$$

式中 $N_1(\xi)$ 和 $N_2(\xi)$ 为形状函数。

(7.2.22) 式和 (7.2.23) 分别为一阶和二阶奇异积分, 其中具有 $1/r$ 奇异性的积分为弱奇异积分, 其计算只需以奇异点为顶点, 将正方形单元划分为两个或四个三角形单元, 然后通过坐标变换, 在被积函数的奇异点处由 Jacobian 矩阵引入零点, 从而消除原有的奇异性, 但这种方法不能用于二阶奇异积分, 参见文献 [41]。针对上述两种奇异积分, 文献 [42] 给出了更适用的奇异积分方法, 设封闭曲面上点的位置采用正交面坐标 α, β 表示, 单元面积 S_i 定义在 $\alpha_1 < \alpha < \alpha_2$, $\beta_1 < \beta < \beta_2$ 范围。当单元面积 S_i 足够小时, 曲面上点的直角坐标 (x_0, y_0, z_0) 可近似按二次函数展开式表示:

$$x_0 = a_1 \alpha_0^2 + a_2 \alpha_0 \beta_0 + a_3 \beta_0^2 + a_4 \alpha_0 + a_5 \beta_0 + a_6 \tag{7.2.24}$$

$$y_0 = b_1 \alpha_0^2 + b_2 \alpha_0 \beta_0 + b_3 \beta_0^2 + b_4 \alpha_0 + b_5 \beta_0 + b_6 \tag{7.2.25}$$

$$z_0 = c_1 \alpha_0^2 + c_2 \alpha_0 \beta_0 + c_3 \beta_0^2 + c_4 \alpha_0 + c_5 \beta_0 + c_6 \tag{7.2.26}$$

其中，

$$\alpha_0 = \alpha - \frac{\alpha_1 + \alpha_2}{2}, \quad \beta_0 = \beta - \frac{\beta_1 + \beta_2}{2}$$

当参考点 x 正好位于 $\alpha = \dfrac{\alpha_1 + \alpha_2}{2}, \beta = \dfrac{\beta_1 + \beta_2}{2}$ 时，相当于 $\alpha_0 = \beta_0 = 0$，则其直角坐标为 (a_6, b_6, c_6)，于是有场点到源点的距离为

$$d^2 = (x_0 - a_6)^2 + (y_0 - b_6)^2 + (z_0 - c_6)^2 \tag{7.2.27}$$

考虑到 Green 函数的表面法向导数为

$$\frac{\partial}{\partial n_\xi}\left[\frac{\mathrm{e}^{\mathrm{i}k_0 d(x,\xi)}}{4\pi d(x,\xi)}\right] = \frac{1 - \mathrm{i}k_0 d}{4\pi d^2}\frac{\boldsymbol{n}_\xi}{|\boldsymbol{n}_\xi|} \cdot \frac{\nabla d}{|\nabla d|}\mathrm{e}^{\mathrm{i}k_0 d(x,\xi)} \tag{7.2.28}$$

这里

$$\boldsymbol{n}_\xi = \pm[-\frac{\partial z_0}{\partial x_0}\boldsymbol{i} - \frac{\partial z_0}{\partial y_0}\boldsymbol{j} + \boldsymbol{k}] \tag{7.2.29}$$

$$\nabla d = \frac{1}{d}[(x_0 - a_6)\boldsymbol{i} + (y_0 - b_6)\boldsymbol{i} + (z_0 - c_6)\boldsymbol{k}] \tag{7.2.30}$$

其中，$\boldsymbol{i}, \boldsymbol{j}, \boldsymbol{k}$ 分别为 x, y, z 方向的单位矢量。当曲面的外法线方向在 z 轴上投影为正时取正号，反之取负号。

将 (7.2.29) 和 (7.2.30) 式代入 (7.2.28) 式，则有

$$\frac{\partial}{\partial n_\xi}\left[\frac{\mathrm{e}^{\mathrm{i}k_0 d(x,\xi)}}{4\pi d(x,\xi)}\right] = \mp\frac{1 - \mathrm{i}k_0 d}{d^3}\left[\frac{-(x_0 - a_6)\dfrac{\partial z_0}{\partial x_0} - (y_0 - b_6)\dfrac{\partial z_0}{\partial y_0} + (z_0 - c_6)}{4\pi\sqrt{1 + \left(\dfrac{\partial z_0}{\partial x_0}\right)^2 + \left(\dfrac{\partial z_0}{\partial y_0}\right)^2}}\right]\mathrm{e}^{\mathrm{i}k_0 d(x,\xi)}$$

$$\tag{7.2.31}$$

考虑隐函数的偏微分公式：

$$\frac{\partial z_0}{\partial x_0} = \begin{vmatrix} \dfrac{\partial z_0}{\partial \alpha_0} & \dfrac{\partial y_0}{\partial \alpha_0} \\ \dfrac{\partial z_0}{\partial \beta_0} & \dfrac{\partial y_0}{\partial \beta_0} \end{vmatrix} \cdot \begin{vmatrix} \dfrac{\partial x_0}{\partial \alpha_0} & \dfrac{\partial y_0}{\partial \alpha_0} \\ \dfrac{\partial x_0}{\partial \beta_0} & \dfrac{\partial y_0}{\partial \beta_0} \end{vmatrix}^{-1} \tag{7.2.32}$$

$$\frac{\partial z_0}{\partial y_0} = \begin{vmatrix} \dfrac{\partial x_0}{\partial \alpha_0} & \dfrac{\partial z_0}{\partial \alpha_0} \\ \dfrac{\partial x_0}{\partial \beta_0} & \dfrac{\partial z_0}{\partial \beta_0} \end{vmatrix} \cdot \begin{vmatrix} \dfrac{\partial x_0}{\partial \alpha_0} & \dfrac{\partial y_0}{\partial \alpha_0} \\ \dfrac{\partial x_0}{\partial \beta_0} & \dfrac{\partial y_0}{\partial \beta_0} \end{vmatrix}^{-1} \tag{7.2.33}$$

利用 (7.2.24)~(7.2.26) 式, 可以得到

$$\frac{\partial z_0}{\partial x_0} = \frac{\Delta x}{\Delta z} \tag{7.2.34}$$

$$\frac{\partial z_0}{\partial y_0} = \frac{\Delta y}{\Delta z} \tag{7.2.35}$$

式中,

$$\begin{aligned}\Delta x =& 2(c_1 b_2 - c_2 b_1)\alpha_0^2 + 4(c_1 b_3 - c_3 b_1)\alpha_0 \beta_0 \\ &+ 2(c_2 b_3 - c_3 b_2)\beta_0^2 + (c_4 b_2 - c_2 b_4 + 2c_1 b_5 - 2c_5 b_1)\alpha_0 \\ &+ (2c_4 b_3 - c_3 b_4 + c_2 b_5 - c_5 b_2)\beta_0 + (c_4 b_5 - c_5 b_4)\end{aligned} \tag{7.2.36}$$

$$\begin{aligned}\Delta y =& 2(a_1 c_2 - a_2 c_1)\alpha_0^2 + 4(a_1 c_3 - a_3 c_1)\alpha_0 \beta_0 \\ &+ 2(a_2 c_3 - a_3 c_2)\beta_0^2 + (a_4 c_2 - a_2 c_4 + 2a_1 c_5 - 2a_5 c_1)\alpha_0 \\ &+ (2a_4 c_3 - 2a_3 c_4 + a_2 c_5 - a_5 c_2)\beta_0 + (a_4 c_5 - a_5 c_4)\end{aligned} \tag{7.2.37}$$

$$\begin{aligned}\Delta z =& 2(a_1 b_2 - b_1 a_2)\alpha_0^2 + 4(a_1 b_3 - a_3 b_1)\alpha_0 \beta_0 \\ &+ 2(a_2 b_3 - a_3 b_2)\beta_0^2 + (a_4 b_2 - a_2 b_4 + 2a_1 b_5 - 2a_5 b_1)\alpha_0 \\ &+ (2a_4 b_3 - 2a_3 b_4 + a_2 b_5 - a_5 b_2)\beta_0 + (a_4 b_5 - a_5 b_4)\end{aligned} \tag{7.2.38}$$

将 (7.2.34) 和 (7.2.35) 式代入 (7.2.31) 式, 得到

$$\frac{\partial}{\partial n_\xi}\left[\frac{\mathrm{e}^{\mathrm{i}k_0 d(x,\xi)}}{4\pi d(x,\xi)}\right] = \mp\frac{1-\mathrm{i}k_0 d}{d^3}\frac{[-(x_0-a_6)\Delta x - (y_0-b_6)\Delta y + (z_0-c_6)\Delta z]}{4\pi\sqrt{\Delta x^2 + \Delta y^2 + \Delta z^2}} \\ \times \mathrm{sign}(\Delta z)\mathrm{e}^{\mathrm{i}k_0 d(x,\xi)} \tag{7.2.39}$$

式中, $\mathrm{sign}(\Delta z) = \dfrac{\Delta z}{|\Delta z|}$ 为符号函数。

当单元较小时, α_0, β_0 都是小量, 由 (7.2.24)~(7.2.26) 式可得以下近似:

$$x_0 - a_6 = a_4\alpha_0 + a_5\beta_0 \tag{7.2.40}$$

$$y_0 - b_6 = b_4\alpha_0 + b_5\beta_0 \tag{7.2.41}$$

$$z_0 - c_6 = c_4\alpha_0 + c_5\beta_0 \tag{7.2.42}$$

相应地有

$$d = \sqrt{h_1\alpha_0^2 + 2h_2\alpha_0\beta_0 + h_3\beta_0^2} \tag{7.2.43}$$

$$\Delta x = e_1\alpha_0 + e_2\beta_0 + e_3 \tag{7.2.44}$$

$$\Delta y = f_1\alpha_0 + f_2\beta_0 + f_3 \tag{7.2.45}$$

$$\Delta z = g_1\alpha_0 + g_2\beta_0 + g_3 \tag{7.2.46}$$

于是

$$\frac{\partial}{\partial n_\xi}\left[\frac{\mathrm{e}^{\mathrm{i}k_0 d(x,\xi)}}{4\pi d(x,\xi)}\right] = \mp\frac{1 - \mathrm{i}k_0 d}{4\pi d^3}\mathrm{sign}(\Delta z)\frac{q_1\alpha_0^2 + q_2\alpha_0\beta_0 + q_3\beta_0^2}{q_0}\mathrm{e}^{\mathrm{i}k_0 d} \tag{7.2.47}$$

其中，

$$h_1 = a_4^2 + b_4^2 + c_4^2, \quad h_2 = a_4a_5 + b_4b_5 + c_4c_5, \quad h_3 = a_5^2 + b_5^2 + c_5^2$$

$$e_1 = c_4b_2 - c_2b_4 + 2c_1b_5 - 2c_5b_1, \quad e_2 = 2c_4b_3 - c_3b_4 + c_2b_5 - c_5b_2$$

$$e_3 = c_4b_5 - c_5b_4, \quad f_1 = a_4c_2 - a_2c_4 + 2a_1c_5 - 2a_5c_1$$

$$f_2 = 2a_4c_3 - 2a_3c_4 + a_2c_5 - a_5c_2, \quad f_3 = a_4c_5 - a_5c_4$$

$$g_1 = a_4b_2 - a_2b_4 + 2a_1b_5 - 2a_5b_1, \quad g_2 = 2a_4b_3 - 2a_3b_4 + a_2b_5 - a_5b_2$$

$$g_3 = a_4b_5 - a_5b_4, \quad q_1 = -a_4e_1 - b_4f_1 + c_4g_1$$

$$q_2 = -(a_5e_1 + a_4e_2) - (b_5f_1 + b_4f_2) + c_5g_1 + c_4g_2, \quad q_3 = -a_5e_2 + b_5f_2 + c_5g_2$$

$$q_0 = \sqrt{(a_4b_5 - a_5b_4)^2 + (a_4b_5 - c_5b_4)^2 + (a_4c_5 - a_5c_4)^2}$$

另外，曲面上微元面积 $\mathrm{d}S = \lambda_1\lambda_2\mathrm{d}\alpha_0\mathrm{d}\beta_0$，其中 λ_1, λ_2 为曲面微元的尺度因子。这样，考虑到 (7.2.43) 和 (7.2.47) 式，积分 (7.2.22) 和 (7.2.23) 式可以表示为

$$I_1 = \int_{-\Delta\alpha}^{\Delta\alpha}\int_{-\Delta\beta}^{\Delta\beta}\frac{\mathrm{e}^{\mathrm{i}k_0\sqrt{h_1\alpha_0^2 + h_2\alpha_0\beta_0 + h_3\beta_0^2}}}{4\pi\sqrt{h_1\alpha_0^2 + h_2\alpha_0\beta_0 + h_3\beta_0^2}}N_1(\alpha_0,\beta_0)\cdot\lambda_1\lambda_2\mathrm{d}\alpha_0\mathrm{d}\beta_0 \tag{7.2.48}$$

$$I_2 = \int_{-\Delta\alpha}^{\Delta\alpha}\int_{-\Delta\beta}^{\Delta\beta}\mp\frac{1 - \mathrm{i}k_0\sqrt{h_1\alpha_0^2 + h_2\alpha_0\beta_0 + h_3\beta_0^2}}{4\pi[h_1\alpha_0^2 + h_2\alpha_0\beta_0 + h_3\beta_0^2]^{3/2}}\mathrm{e}^{\mathrm{i}k_0\sqrt{h_1\alpha_0^2 + h_2\alpha_0\beta_0 + h_3\beta_0^2}}$$

$$\times\frac{q_1\alpha_0^2 + q_2\alpha_0\beta_0 + q_3\beta_0^2}{q_0}\mathrm{sign}(\Delta z)\cdot N_2(\alpha_0,\beta_0)\cdot\lambda_1\lambda_2\mathrm{d}\alpha_0\mathrm{d}\beta_0 \tag{7.2.49}$$

其中积分上下限为 $\Delta\alpha = \dfrac{\alpha_2 - \alpha_1}{2}$, $\Delta\beta = \dfrac{\beta_2 - \beta_1}{2}$。

进一步将积分化为极坐标下的积分，为此，令

$$\alpha_0 = \eta\Delta\alpha\cos\theta \tag{7.2.50}$$

$$\beta_0 = \eta\Delta\beta\sin\theta \tag{7.2.51}$$

则有

$$\mathrm{d}\alpha_0\mathrm{d}\beta_0 = \eta\Delta\alpha\Delta\beta\mathrm{d}\eta\mathrm{d}\theta$$

这样 (7.2.48) 和 (7.2.49) 式化为

$$
\begin{aligned}
I_1 = {} & \int_0^{2\pi}\int_0^1 \frac{\mathrm{e}^{\mathrm{i}k_0\eta\sqrt{h_1\Delta\alpha^2\cos^2\theta + h_2\Delta\alpha\Delta\beta\sin\theta\cos\theta + h_3\Delta\beta^2\sin^2\theta}}}{4\pi\sqrt{h_1\Delta\alpha^2\cos^2\theta + h_2\Delta\alpha\Delta\beta\sin\theta\cos\theta + h_3\Delta\beta^2\sin^2\theta}} \\
& \times N_1(\eta,\theta)\lambda_1\lambda_2\Delta\alpha\cdot\Delta\beta\mathrm{d}\theta\mathrm{d}\eta
\end{aligned}
\tag{7.2.52}
$$

$$
\begin{aligned}
I_2 = {} & \int_0^{2\pi}\int_0^1 \mp \frac{[1 - \mathrm{i}k_0 d(\eta,\theta)]}{4\pi\left[h_1\Delta\alpha^2\cos^2\theta + h_2\Delta\alpha\Delta\beta\sin\theta\cos\theta + h_3\Delta\beta^2\sin^2\theta\right]^{3/2}} \\
& \times \frac{q_1\Delta\alpha^2\cos^2\theta + q_2\Delta\alpha\Delta\beta\sin\theta\cos\theta + q_3\Delta\beta^2\sin^2\theta}{q_0} \\
& \times \mathrm{e}^{\mathrm{i}k_0\eta\sqrt{h_1\Delta\alpha^2\cos^2\theta + h_2\Delta\alpha\Delta\beta\sin\theta\cos\theta + h_3\Delta\beta^2\sin^2\theta}}\mathrm{sign}(\Delta z) \\
& \times N_2(\eta,\theta)\lambda_1\lambda_2\Delta\alpha\cdot\Delta\beta\mathrm{d}\theta\mathrm{d}\eta
\end{aligned}
\tag{7.2.53}
$$

这样将奇异积分化为普通积分，只要单元适当小，就可以获得较好的积分精度。Zhao 等 [43] 针对轴对称情况，还提出了对角项复制技术 (reproduction diagonal terms)，即采用三个内部点源计算表面声压和振速矩阵的对角元素，用于避免面积分的奇异性。这种方法计算球体、椭球体和柱体远场声场的精度增加 10 倍，且适用于高频，但需要细化表面单元。为了克服积分的奇异性，Koo 等 [44] 还利用一维波动传播的基本解，重新组合 Helmholtz 积分方程和基本解，建立了奇异性降阶的边界积分方程，对于光滑物面，积分方程变为非奇异方程，对于非光滑物面，积分方程变为弱奇异性方程。Hwang[45] 在表面积分函数中减去一项已知解析积分结果的奇异核函数，得到一个非奇异的核函数，可以由 Gauss 积分计算面积分，再依据 Gauss 通量理论及等势面特性，在积分方程中加上解析积分结果即可。

解决边界积分方程唯一性的方法，除上述 CHIEF 方法外，还有 CONDOR 方法。Burton 和 Miller[46-48] 等较早提出所谓的 HGF(Helmholtz gradient formulation) 方法解决唯一性问题。他们将表面 Helmholtz 积分方程及其法向导数积分

方程线性组合成一个新的方程，虽然这两个方程在特征频率上都没有唯一解，但是他们有一个共同的解，只要适当选择线性组合的常数因子，则组合方程在所有频率都具有唯一解。为了解决组合方程中的超奇异积分，Meyer 和 Bell[47] 提出了切向运算 (tangent operator) 的计算方法，针对 (7.2.1) 式的第二式作微分运算，有

$$\int_S \left[\phi(\xi) \frac{\partial^2 G(x,\xi)}{\partial n_\xi \partial n} - \frac{\partial G(x,\xi)}{\partial n} \frac{\partial \phi(\xi)}{\partial n_\xi} \right] \mathrm{d}S = \frac{1}{2} \frac{\partial \phi(x)}{\partial n} \tag{7.2.54}$$

将 (7.2.54) 式与 (7.2.1) 式的第二式组合，得到

$$\int_S \left[\phi(\xi) \frac{\partial G(x,\xi)}{\partial n_\xi} - G(x,\xi) \frac{\partial \phi(\xi)}{\partial n_\xi} \right] \mathrm{d}S$$

$$+ \alpha \int_S \left[\phi(\xi) \frac{\partial^2 G(x,\xi)}{\partial n_\xi \partial n} - \frac{\partial G(x,\xi)}{\partial n} \frac{\partial \phi(\xi)}{\partial n_\xi} \right] \mathrm{d}S \tag{7.2.55}$$

$$= \frac{1}{2} \left[\phi(x) + \alpha \frac{\partial \phi(x)}{\partial n} \right]$$

式中，α 为耦合常数，它与波数 k_0 有如下关系：$\mathrm{Im}\,(\alpha) \neq 0$，对应 k_0 为实数或虚数，$\mathrm{Im}\,(\alpha) = 0$，对应 k_0 为复数，从而保证所有波数情况下 (7.2.55) 式有唯一解。

实际上，构造 (7.2.55) 式比较容易，困难在于求解时，此式含有积分项

$$I = \int_S \phi(\xi) \frac{\partial^2 G(x,\xi)}{\partial n_\xi \partial n} \mathrm{d}S \tag{7.2.56}$$

这是一个强奇异积分，不能直接数值求解，具体的积分方法需要详细介绍。实际上，求解强奇异积分是一项专门数学研究内容 [49]，这里仅给出 Meyer 和 Bell[47] 有针对性的强奇异积分方程的解法，他们利用 Helmholtz 方程的任何基本解所满足的关系，将 (7.2.56) 式表示为

$$I = \int_S \phi(\xi) \frac{\partial^2 H(x,\xi)}{\partial n_\xi \partial n} \mathrm{d}S = \int_S \phi(\xi)(\boldsymbol{n} \cdot \boldsymbol{n}_\xi) \nabla \cdot \nabla' H(x,\xi) \mathrm{d}S$$

$$+ \int_S \phi(\xi)(\boldsymbol{n} \times \boldsymbol{n}_\xi) \cdot [\nabla \times \nabla' H(x,\xi)] \mathrm{d}S - \int_S \phi(\xi) \boldsymbol{n}_\xi \cdot \nabla' \times [\boldsymbol{n} \times \nabla H(x,\xi)] \mathrm{d}S \tag{7.2.57}$$

式中，∇ 和 ∇' 分别为关于场点和源点的微分运算算子。

(7.2.57) 式中，第一和第二项积分为非奇异的，第三项为奇异积分，即

$$J = -\int_S [\phi(\xi)\boldsymbol{n}_\xi \cdot \nabla' \times [\boldsymbol{n} \times \nabla H(x,\xi)]]\mathrm{d}S \tag{7.2.58}$$

为奇异积分。采用矢量运算，(7.2.58) 式可以表示为

$$J = -\int_S [\boldsymbol{n}_\xi \times \nabla'\phi(\xi)][\boldsymbol{n} \times \nabla H(x,\xi)]\mathrm{d}S \tag{7.2.59}$$

(7.2.59) 式给出的积分也是非奇异的，这样奇异积分 (7.2.56) 式分解为三个非奇异积分之和。

在 (7.2.58) 式中加上一项同时减去一项，则有

$$J = -\int (\phi(\xi)-\phi(x))\boldsymbol{n}_\xi \cdot \nabla' \times [\boldsymbol{n} \times \nabla H(x,\xi)]\mathrm{d}S - \phi(x)\int_S \boldsymbol{n}_\xi \cdot \nabla' \times [\boldsymbol{n} \times \nabla H(x,\xi)]\mathrm{d}S \tag{7.2.60}$$

注意到在 (7.2.59) 式中，若 $\phi(\xi)$ 为常数，有 $\boldsymbol{n}_\xi \times \nabla'\phi(\xi) = 0$，则相应的积分 J 为零。而当 $x \to \xi$ 时，(7.2.60) 式第一项也为零，这相当于该式第一和第二项相等，而第二项即为 (7.2.57) 式的第三项，于是，(5.2.57) 式积分 I 可以表示为

$$I = \int_S \phi(\xi)(\boldsymbol{n} \cdot \boldsymbol{n}_\xi)\nabla \cdot \nabla' H(x,\xi)\mathrm{d}S$$

$$+ \int_S \phi(\xi)(\boldsymbol{n} \times \boldsymbol{n}_\xi) \cdot [\nabla \times \nabla' H(x,\xi)]\mathrm{d}S$$

$$- \int_S [\phi(\xi) - \phi(x)]\boldsymbol{n}_\xi \cdot \nabla' \times [\boldsymbol{n} \times \nabla H(x,\xi)]\mathrm{d}S \tag{7.2.61}$$

若取基本解 $H(x,\xi)$ 为自由空间的 Green 函数，则有

$$\nabla \cdot \nabla' G(x,\xi) = k_0^2 G(x,\xi) \tag{7.2.62}$$

$$\nabla \times \nabla' G(x,\xi) = 0 \tag{7.2.63}$$

这样，(7.2.61) 式可简化为

$$I = -\int_S \phi(\xi)(\boldsymbol{n} \cdot \boldsymbol{n}_\xi)(\mathrm{i}k_0)^2 G(x,\xi)\mathrm{d}S$$

$$- \int_S [\phi(\xi) - \phi(x)]\boldsymbol{n}_\xi \cdot \nabla' \times [\boldsymbol{n} \times \nabla G(x,\xi)]\mathrm{d}S \tag{7.2.64}$$

为了进一步简化 (7.2.64) 式, 令 $\phi(\xi) = 1$, 并考虑 (7.2.60) 式第二项为零, 则有

$$\int_S \frac{\partial^2 G(x,\xi)}{\partial n_\xi \partial n} \mathrm{d}S = -\int (\boldsymbol{n} \cdot \boldsymbol{n}_\xi)(\mathrm{i}k_0)^2 G(x,\xi) \mathrm{d}S \tag{7.2.65}$$

在 (7.2.56) 式左边加一项, 同时减一项, 再利用 (7.2.65) 式, 则得到

$$\begin{aligned}
I &= \int_S \phi(\xi) \frac{\partial^2 G(x,\xi)}{\partial n_\xi \partial n} \mathrm{d}S \\
&= \int_S [\phi(\xi) - \phi(x)] \frac{\partial^2 G(x,\xi)}{\partial n_\xi \partial n} \mathrm{d}S - \phi(x) \int_S (\boldsymbol{n} \cdot \boldsymbol{n}_\xi)(\mathrm{i}k_0)^2 G(x,\xi) \mathrm{d}S
\end{aligned} \tag{7.2.66}$$

考虑自由空间 Green 函数的具体表达式, (7.2.66) 式给出的积分可化为

$$\begin{aligned}
I = &\int_S [\phi(\xi) - \phi(x)] \frac{\mathrm{e}^{\mathrm{i}k_0 d}}{4\pi d} \left\{ \left[(\mathrm{i}k_0)^2 - \frac{3\mathrm{i}k_0}{d} + \frac{3}{d^2} \right] \cdot \frac{\partial d}{\partial n} \frac{\partial d}{\partial n_\xi} - \frac{\boldsymbol{n} \cdot \boldsymbol{n}_\xi}{d} \left[\mathrm{i}k_0 - \frac{1}{d} \right] \right\} \mathrm{d}S \\
&- \phi(x) \int_S \frac{\mathrm{e}^{\mathrm{i}k_0 d}}{4\pi d} (\mathrm{i}k_0)^2 (\boldsymbol{n} \cdot \boldsymbol{n}_\xi) \mathrm{d}S
\end{aligned} \tag{7.2.67}$$

式中, $\dfrac{\partial d}{\partial n} = \nabla d \cdot \boldsymbol{n}$。

这样, 组合方程 (7.2.55) 式可以表示为

$$\begin{aligned}
&\int_S \phi(\xi) \frac{\mathrm{e}^{\mathrm{i}k_0 d}}{4\pi d} \left[\mathrm{i}k_0 - \frac{1}{d} \right] \frac{\partial d}{\partial n_\xi} \mathrm{d}S - \alpha \phi(x) \int_S \frac{\mathrm{e}^{\mathrm{i}k_0 d}}{4\pi d} (\mathrm{i}k_0)^2 (\boldsymbol{n} \cdot \boldsymbol{n}_\xi) \mathrm{d}S \\
&+ \alpha \int_S [\phi(\xi) - \phi(x)] \frac{\mathrm{e}^{\mathrm{i}k_0 d}}{4\pi d} \left\{ \left[(\mathrm{i}k_0)^2 - \frac{3\mathrm{i}k_0}{d} + \frac{3}{d^2} \right] \cdot \frac{\partial d}{\partial n} \cdot \frac{\partial d}{\partial n_\xi} - \frac{\boldsymbol{n} \cdot \boldsymbol{n}_\xi}{d} \left(\mathrm{i}k_0 - \frac{1}{d} \right) \right\} \mathrm{d}S \\
&- \int_S \frac{\partial \phi}{\partial n_\xi} \cdot \frac{\mathrm{e}^{\mathrm{i}k_0 d}}{4\pi d} \mathrm{d}S - \alpha \int_S \frac{\partial \phi(\xi)}{\partial n} \frac{\mathrm{e}^{\mathrm{i}k_0 d}}{4\pi d} \left(\mathrm{i}k_0 - \frac{1}{d} \right) \frac{\partial d}{\partial n} \mathrm{d}S \\
&= \frac{1}{2} \left[\phi(x) + \alpha \frac{\partial \phi(x)}{\partial n} \right]
\end{aligned} \tag{7.2.68}$$

(7.2.68) 式看上去虽然比较复杂, 但数值积分比较简单, 不再存在奇异性, 且对所有波数都成立。针对球面上振动活塞产生的表面和远场速度势, 图 7.2.6 给出了精确解与数值积分解计算的结果比较, 相对偏差 1%~2%, 具有较高的计算精度。数值计算时, 耦合系数 α 取纯虚数, k_0 为实数。Francis[50] 注意到, Meyer 等提出的方法一般适用于平面单元。如果选用二阶单元, 直接使用原来形式的 Buton

和 Miller 公式有一定的困难，若在单元中心而不是在单元节点取法向导数，则困难可以避免。文献 [42] 则注意到 Buton 和 Miller 方程积分计算量较大，提出了一种改进的方程，其要点是对 (7.2.1) 式的第三式进行关于内点坐标的导数运算，并与原方程叠加，得到的补充方程更为完善，虽然 (7.2.1) 式第三式及其关于内点坐标求导的方程都存在失效的可能，但不会同时失效，所出现的奇异性问题前面已作介绍。图 7.2.7 给出了针对均匀脉动球计算的表面声压与理论值的相对误差，并与表面 Helmholtz 积分和 CHIEF 方法的结果作了比较。在频率为 $f=750\text{Hz}$ 和 1500Hz 时，表面 Helmholtz 积分失效，频率为 $f=1500\text{Hz}$，CHIEF 方法失效，而文献 [42] 则仍有较好的精度。

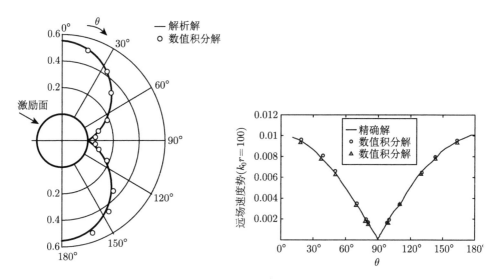

图 7.2.6　球面振动活塞表面和远场速度势的精确解与数值积分解比较
(引自文献 [47], fig7, fig8)

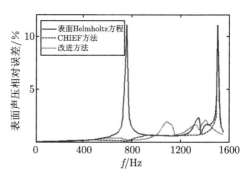

图 7.2.7　不同方法计算的均匀脉动球表面声压相对误差比较
(引自文献 [42], fig4)

如果结构为轴对称的，(7.2.56) 式给出的奇异积分可以有较大的简化。考虑到轴对称结构上 ξ 点和 x 点的距离 d 为

$$d^2(\eta, \varphi) = r_x^2 + r_\xi^2 - 2r_x r_\xi \cos(\varphi_\xi - \varphi_x) + (z_\xi - z_x)^2 \qquad (7.2.69)$$

式中，(r_x, z_x, φ_x) 和 $(r_\xi, z_\xi, \varphi_\xi)$ 为 x 点和 ξ 点的极坐标。为简单起见，令

$$\varphi = \varphi_\xi - \varphi_x$$

$$\eta = \sqrt{(r_x + r_\xi)^2 + (z_x - z_\xi)^2}$$

$$\lambda = 2\sqrt{r_x r_\xi}/\eta$$

于是 (7.2.69) 式可以简化为

$$d = \eta \sqrt{1 - \lambda^2 \cos^2 \frac{\varphi}{2}} \qquad (7.2.70)$$

在 r-z 平面上，轴对称表面的法向矢量为

$$\boldsymbol{n} = n_r \boldsymbol{e}_r + n_z \boldsymbol{e}_z \qquad (7.2.71)$$

相应有

$$\boldsymbol{n}_x \cdot \boldsymbol{n}_\xi = n_{rx} n_{r\xi} \cos \varphi + n_{zx} n_{z\xi} \qquad (7.2.72)$$

$$[\boldsymbol{n}_x \times \nabla_x] \cdot [\boldsymbol{n}_\xi \times \nabla_\xi] = (n_{rx} n_{r\xi} + n_{zx} n_{z\xi} \cos \varphi) \frac{1}{r_x r_\xi} \frac{\partial}{\partial \varphi_x} \frac{\partial}{\partial \varphi_\xi}$$

$$+ \sin \varphi \left[\frac{n_{z\xi}}{r_\xi} \frac{\partial}{\partial \tau_x} \frac{\partial}{\partial \varphi_\xi} - \frac{n_{zx}}{r_x} \frac{\partial}{\partial \varphi_x} \frac{\partial}{\partial \tau_\xi} \right] + \cos \varphi \frac{\partial}{\partial \tau_x} \frac{\partial}{\partial \tau_\xi}$$

$$(7.2.73)$$

式中，$\boldsymbol{n}_\xi$ 和 $\boldsymbol{n}_x$ 为表面 ξ 点和 x 点的法向矢量，$\partial/\partial \tau$ 为沿轴对称体母线的切向导数，在 r-z 平面内，有

$$\frac{\partial}{\partial \tau} = -n_z \frac{\partial}{\partial r} + n_r \frac{\partial}{\partial z} \qquad (7.2.74)$$

设轴对称表面速度势及其导数可表示为

$$\phi(r, \varphi, z) = \sum_{m=-\infty}^{\infty} \phi_m(r, z) \mathrm{e}^{\mathrm{i}m\varphi} \qquad (7.2.75)$$

$$\frac{\phi(r,\varphi,z)}{\partial n} = \sum_{m=-\infty}^{\infty} \frac{\partial \phi_m}{\partial n} e^{im\varphi} \tag{7.2.76}$$

(7.2.57) 式第三项由 (7.2.59) 式替换，考虑到 (7.2.63) 式，(7.2.57) 式的第二项为零，这样将 (7.2.72) 和 (7.2.73) 式代入 (7.2.57) 式，有

$$
\begin{aligned}
I =& \int_S \phi(\xi) \cdot [n_{rx}n_{r\xi} \cos\varphi + n_{zx}n_{z\xi}](ik_0)^2 G(x,\xi) \mathrm{d}S \\
& - \int_S \left[(n_{rx}n_{r\xi} + n_{zx}n_{z\xi} \cos\varphi) \frac{1}{r_x r_\xi} \frac{\partial G(x,\xi)}{\partial \varphi_x} \frac{\partial \phi(\xi)}{\partial \varphi_\xi} \right. \\
& + \sin\varphi \left(\frac{n_{z\xi}}{r_\xi} \frac{\partial G(x,\xi)}{\partial \tau_x} \frac{\partial \phi(\xi)}{\partial \varphi_\xi} - \frac{n_{zx}}{r_x} \frac{\partial G(x,\xi)}{\partial \varphi_x} \frac{\partial \phi(\xi)}{\partial \tau_\xi} \right) \\
& \left. + \cos\varphi \frac{\partial G(x,\xi)}{\partial \tau_x} \frac{\partial \phi(\xi)}{\partial \tau_\xi} \right] \mathrm{d}S
\end{aligned}
\tag{7.2.77}
$$

再将 (7.2.77) 式及 (7.2.75) 和 (7.2.76) 式代入 (7.2.55) 式，得到轴对称情况的组合方程：

$$
\begin{aligned}
& \sum_m \left[\phi_m(x) + \alpha \frac{\partial \phi_m(x)}{\partial n} \right] e^{im\varphi_x} \\
=& \sum_m \int_S \left[\phi_m(\xi) \frac{\partial G(x,\xi)}{\partial n_\xi} - \frac{\partial \phi_m}{\partial n_\xi} G(x,\xi) \right] e^{im(\varphi+\varphi_x)} \mathrm{d}S \\
& + \alpha \sum_m \int_S \left[k_0^2 (n_{rx}n_{r\xi} \cos\varphi + n_{zx}n_{z\xi}) \phi_m G(x,\xi) \right. \\
& - (n_{rx}n_{r\xi} + n_{zx}n_{z\xi} \cos\varphi) \frac{im}{r_x r_\xi} \frac{\partial G(x,\xi)}{\partial \varphi_x} \phi_m(\xi) \\
& + \sin\varphi \left(\frac{im n_{z\xi}}{r_\xi} \frac{\partial G(x,\xi)}{\partial \tau_x} \phi_m(\xi) - \frac{n_{zx}}{r_x} \frac{\partial G(x,\xi)}{\partial \varphi_x} \frac{\partial \phi_m(\xi)}{\partial \tau_\xi} \right) \\
& \left. + \cos\varphi \frac{\partial G(x,\xi)}{\partial \tau_x} \frac{\partial \phi_m(\xi)}{\partial \tau_\xi} - \frac{\partial \phi_m(\xi)}{\partial n_\xi} \frac{G(x,\xi)}{\partial n_x} \right] e^{im(\varphi+\varphi_x)} \mathrm{d}S
\end{aligned}
\tag{7.2.78}
$$

注意到有

$$\frac{\partial G}{\partial \varphi_x} = -\frac{\partial G}{\partial \varphi}$$

在 (7.2.78) 式中 $e^{im\varphi_x}$ 为线性独立项，(7.2.78) 式可以简化为

$$\left[\phi_m(x) + \alpha\frac{\partial\phi_m(x)}{\partial n_x}\right]$$

$$= \int_S \left[\phi_m(\xi)\frac{\partial G(x,\xi)}{\partial n_q} - \frac{\partial\phi_m(\xi)}{\partial n_q}G(x,\xi)\right]\mathrm{e}^{\mathrm{i}m\varphi}\,\mathrm{d}S$$

$$+ \alpha\int_S \left\{ k_0^2(n_{rx}n_{r\xi}\cos\varphi + n_{zx}n_{z\xi})\phi_m(\xi)G(x,\xi)\right.$$

$$- (n_{rx}n_{r\xi} + n_{zx}n_{z\xi}\cos\varphi)\frac{\mathrm{i}m}{r_x r_\xi}\frac{\partial G(x,\xi)}{\partial\varphi}\phi_m(\theta)$$

$$+ \sin\varphi\left(\frac{\mathrm{i}mn_{z\xi}}{r_\xi}\frac{G(x,\xi)}{\tau_x}\phi_m(\xi) + \frac{n_{zx}}{r_x}\frac{\partial G(x,\xi)}{\partial\varphi}\frac{\phi_m(\xi)}{\partial\tau_\xi}\right)$$

$$\left. + \cos\varphi\frac{\partial G(x,\xi)}{\partial\tau_x}\frac{\partial\phi_m(\xi)}{\partial\tau_\xi} - \frac{\partial\phi_m(\xi)}{\partial n_\xi}\frac{\partial G(x,\xi)}{\partial n_x}\right\}\mathrm{e}^{\mathrm{i}m\varphi}\,\mathrm{d}S \tag{7.2.79}$$

在 (7.2.79) 式中, 面积分单元为 $\mathrm{d}S = r_\xi\mathrm{d}\varphi\mathrm{d}l$, 对 φ 积分后 (7.2.79) 式表示为

$$\left[\phi_m(x) + \alpha\frac{\partial\phi_m(x)}{\partial n_x}\right]$$

$$= \int_l h_m\phi_m(\xi)r_\xi\mathrm{d}l + \alpha\int_l \left\{ k_0^2\left(n_{rx}n_{r\xi}\frac{g_{m+1}+g_{m-1}}{2} + n_{zx}n_{z\xi}g_m\right)\right.$$

$$+ \frac{m(j_{m+1}-j_{m-1})n_{z\xi}}{2r_\xi} - \left[n_{rx}n_{r\xi}mg_m\right.$$

$$\left.\left. + n_{zx}n_{z\xi}\left(\frac{m+1}{2}g_{m+1} + \frac{m-1}{2}g_{m-1}\right)\right]\frac{m}{r_x r_\xi}\right\}\cdot\phi_m(\xi)r_\xi\mathrm{d}l$$

$$+ \alpha\int_l \left(\frac{j_{m+1}+j_{m-1}}{2} - \frac{n_{zx}}{2r_x}[(m+1)g_{m+1} - (m-1)g_{m-1}]\right)\frac{\partial\phi_m(\xi)}{\partial\tau_\xi}r_\xi\mathrm{d}l$$

$$- \int_l (g_m + \alpha h_m)\frac{\partial\phi_m(\theta)}{\partial n_\xi}r_\xi\mathrm{d}l \tag{7.2.80}$$

式中,

$$g_m = \int_0^{2\pi} G(\eta,\varphi)\mathrm{e}^{\mathrm{i}m\varphi}\,\mathrm{d}\varphi \tag{7.2.81}$$

$$h_m = \int_0^{2\pi} \frac{\partial G(\eta,\varphi)}{\partial n}\mathrm{e}^{\mathrm{i}m\varphi}\,\mathrm{d}\varphi = \frac{\partial g_m}{\partial n} \tag{7.2.82}$$

$$j_m = \int_0^{2\pi} \frac{\partial G(\eta,\varphi)}{\partial\tau}\mathrm{e}^{\mathrm{i}m\varphi}\,\mathrm{d}\varphi = \frac{\partial g_m}{\partial\tau} \tag{7.2.83}$$

这里，g_m 的积分类似 7.1 节中 (7.1.39) 式的积分，将其构造为两项，一项为与频率有关的非奇异积分，另一项为与频率无关的奇异积分，h_m 和 j_m 的积分可由 g_m 的积分导出，详细结果可参见文献 [51]。

针对脉动球和摆动球，在 $k_0 a = 0.1 \sim 10$ 的范围内，采用 6 个二次曲线单元 (共计 13 个自由度) 计算的表面声压，精度优于其他方法采用 40 个三维二阶单元 (共计 122 个自由度) 计算的结果，参见图 7.2.8 和图 7.2.9。在 Burton 和 Miller 公式的基础上，Chien 等 [52] 利用 Laplace 方程在内部域的积分方程解，将超奇异积分变为弱奇异积分，再采用极坐标变换求解，针对球表面声压，计算结果与解析解的吻合度优于 Meyer 的结果。Wu[53] 采了另一种形式的弱奇异性的法向导数边界积分方程，并采用 Cauchy 主值积分，通过局部变换得到非奇异解。Hwang[54] 针对超奇异积分，增加和减去 Laplace 方程的 Green 函数导数项，将超奇异核函数化为有限不连续的核函数，可以直接采用 Gauss 方法计算。

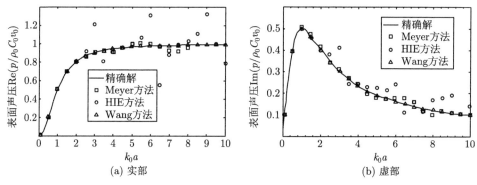

图 7.2.8　脉动球表面声压计算结果比较
(引自文献 [51]，fig3, fig4)

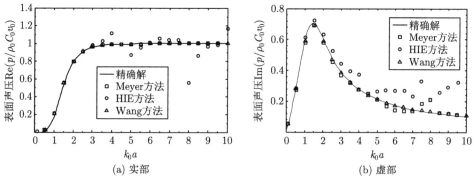

图 7.2.9　摆动球表面声压计算结果比较
(引自文献 [51]，fig5, fig6)

除了前面介绍的 CHIEF 方法和 CONDOR 方法外，还有一些其他方法用于解决表面积分方程的非唯一性。Cunefare 和 Koopmann[55] 改变 CONDOR 方法中选择表面积分方程求法向导数的做法，而选择对内部积分方程求法向导数作为辅助方程，并得到组合积分方程

$$\int_S \left[\phi(\xi) \frac{\partial G(x,\xi)}{\partial n_\xi} + \alpha \phi(\xi) \frac{\partial^2 G(x,\xi)}{\partial n \partial n_\xi} \right] \mathrm{d}S = \int_S \left[G \frac{\partial \phi(\xi)}{\partial n_\xi} + \alpha \frac{\partial G(x,\xi)}{\partial n} \cdot \frac{\partial \phi(\xi)}{\partial n_\xi} \right] \mathrm{d}S$$

(7.2.84)

因为积分核的场点限于内部区域，不可能与辐射边界重合，所以积分不再存在奇异性，避免了 CONDOR 方法中的超奇异积分。为了有效积分，内部场点的选取，要求它到所有表面点的距离差别不应太大。Tsinopoulos[56] 给出了更具一般性的组合方程，并采用周向快速 Fourier 变换方法简化边界积分方程，使边界面积分变换为沿母线的线积分和周向 Fourier 积分，用于计算轴对称声辐射和声散射问题。Hwang 等 [57] 还提出了一种不同于单层势、双层势概念的混合层势 (mixed-layer potential) 积分方程，选择真实物面内部的辅助面为积分面，相应积分方程可解且唯一，避免了奇异性、非唯一性和导数不连续等问题。内部辅助面的选取应使场点到源点的距离大于 1/4 单元尺寸。Brod[58] 和 Stupfel[59] 等采用零场方程作为附加方程解决唯一性问题。我们知道，采用球函数等正交函数族展开内部 Helmholtz 积分方程中的三维自由空间 Green 函数，得到一组新的积分方程，称为零场方程。它对于所有波数可解且唯一。数值计算零场方程时，则利用截断近似求解，对于 Neumann 问题，已知速度势法向导数，求解关于速度势的方程组；对于 Dirichlet 问题，已知速度势，求解关于速度势法向导数的方程组。速度势及其法向导数都已知了，则可进一步计算外场速度势，但在高频和物面长宽比较大的情况下收敛较慢。

Yang[60] 采用简单源积分方程计算辐射声场，为了消除非唯一性，在物面内部取一个辅助面，一般为球面。在物面和辅助面分别为 Neumann 和 Dirichlet 边界条件时，给出简单源的边界积分方程，虽然物面上简单源边界积分方程可能存在非唯一性，但物面和辅助面上简单源边界积分方程的组合，在所有波数情况下都存在唯一解，且 Yang 采用类似于 Hwang[54] 的方法消除奇异积分，针对均匀脉动球，图 7.2.10 给出了表面速度势计算的均方根误差及其与简单源法和 CHIEF 方法计算结果的比较，在 $k_0 a = \pi, 2\pi$ 等多个波数时，简单源方法失效，在这些波数上 CHIEF 方法的计算结果虽然有明显的改进，但也不都令人满意，而在所有波数时，Yang 的结果则与解析解更加吻合，且辅助面半径的选取对计算误差影响不大。

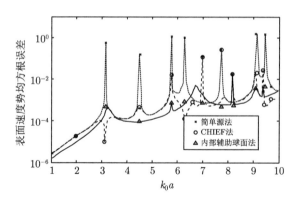

图 7.2.10　　基于内部辅助球面的脉动球表面速度势计算误差及比较
(引自文献 [60]，fig1)

7.3　结构振动与声有限元基础

前两节介绍了计算任意形状表面声辐射的边界积分方程及相关问题。实际的工程结构物不仅外形复杂，而且内部结构更加复杂，不可能采用解析方法严格求解结构振动及声辐射，数值方法应该是目前唯一有效的求解方法。有限元方法 (finite element method) 是一种结构动力分析的有效工具，原则上讲，它可用于任意形状结构的振动计算分析，比较方便地处理复杂几何形状及各种复杂边界条件和不同材质的结构振动问题。随着计算机技术的日益发展，有限元方法在结构动力特性及振动和声辐射计算中的应用越来越普遍。

按照文献 [61] 的说法，有限元是将分布连续结构离散为有限个单元，首先建立单元节点位移与节点力之间的关系，即节点的质量和刚度矩阵，然后根据相邻单位节点力的平衡条件建立结构动平衡方程，求出节点振动位移，并进一步计算结构任意点的振动位移。有限元的离散过程，可以理解为将连续结构分解为一系列单元，每个单元相当于一个多自由度的质量-弹簧振子，每个自由度对应单元节点不同方向的振动，每个节点的各个方向振动的质量和刚度都不相同，而且不同单元的振动相互耦合，也就是不同的质量-弹簧振子相互关联，构成了一个多维度的质量-弹簧振子动力系统。一般来说，薄壳结构采用薄壳单元离散，为了计算方便，常将薄壳单元简化为平面单元或只有单向曲度的单元，例如圆柱壳离散为有限个矩形单元，轴对称回转壳离散为有限个锥形壳单元，参见图 7.3.1，而任意形状的薄壳则离散为有限个三角形平板单元或其他形状单元的组合。这种离散在几何形状上是一种简化，也是一种近似，但随着单元尺度的减小，最终能够得到收敛的结果。

考虑到潜艇等结构一般为薄壳结构，这里以求解轴对称薄壳结构振动为例简要介绍有限元建模方法。

设回转壳体沿轴向、周向和法向的振动位移为 U, V, W,绕周向的转角为 β。考虑到轴对称性,回转壳体振动位移沿周向可以展开为

$$U = \sum_n U_n \cos n\varphi \tag{7.3.1}$$

$$V = \sum_n V_n \sin n\varphi \tag{7.3.2}$$

$$W = \sum_n W_n \cos n\varphi \tag{7.3.3}$$

$$\beta = \sum_n \beta_n \cos n\varphi \tag{7.3.4}$$

式中,U_n, V_n, W_n 和 β_n 为振动位移的周向展开系数。

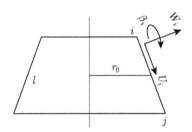

图 7.3.1 回转薄壳锥形单元
(引自文献 [61],图 6.2)

采用有限元方法求解展开系数 U_n, V_n, W_n 和 β_n,即可求解得到回转壳体振动位移。为此将回转壳体离散为若干截顶锥形单元,每个单元有两个节点 i 和 j,相应的节点振动位移为 $U_{ni}, V_{ni}, W_{ni}, \beta_{ni}$ 和 $U_{nj}, V_{nj}, W_{nj}, \beta_{nj}$,可表示为

$$\{\delta_i\} = \{U_{ni} \quad V_{ni} \quad W_{ni} \quad \beta_{ni}\}^{\mathrm{T}} \tag{7.3.5}$$

$$\{\delta_j\} = \{U_{nj} \quad V_{nj} \quad W_{nj} \quad \beta_{nj}\}^{\mathrm{T}} \tag{7.3.6}$$

相应地,单元节点位移矢量为

$$\{\delta_e\} = \{\delta_i \quad \delta_j\}^{\mathrm{T}} \tag{7.3.7}$$

选用包括八个常数的位移函数表征单元位移

$$U_n = \alpha_1 + \alpha_2 s \tag{7.3.8}$$

$$V_n = \alpha_3 + \alpha_4 s \tag{7.3.9}$$

$$W_n = \alpha_5 + \alpha_6 s + \alpha_7 s^2 + \alpha_8 s^3 \tag{7.3.10}$$

将节点 i 和 j 的局部坐标 $s = 0$, $s = l$ 代入 (7.3.8)~(7.3.10) 式及 (7.3.7) 式，并考虑到 $\beta = -\mathrm{d}W/\mathrm{d}s$，可以得到节点位移与常数 $\alpha_i \, (i = 1, 2, \cdots, 8)$ 的关系：

$$\{\delta_e\} = [A]\{\alpha\} \tag{7.3.11}$$

式中，

$$A = \begin{bmatrix} 1 & 0 & 0 & 0 & 0 & 0 & 0 & 0 \\ 0 & 0 & 1 & 0 & 0 & 0 & 0 & 0 \\ 0 & 0 & 0 & 0 & 1 & 0 & 0 & 0 \\ 0 & 0 & 0 & 0 & 0 & -1 & 0 & 0 \\ 1 & l & 0 & 0 & 0 & 0 & 0 & 0 \\ 0 & 0 & 1 & l & 0 & 0 & 0 & 0 \\ 0 & 0 & 0 & 0 & 1 & l & l^2 & l^3 \\ 0 & 0 & 0 & 0 & 0 & -1 & -2l & -3l^2 \end{bmatrix} \tag{7.3.12}$$

$$\alpha = \{\alpha_1 \quad \alpha_2 \quad \alpha_3 \quad \alpha_4 \quad \alpha_5 \quad \alpha_6 \quad \alpha_7 \quad \alpha_8 \quad \}^{\mathrm{T}} \tag{7.3.13}$$

这里，l 为单元母线长度。由 (7.3.11) 可得

$$\{\alpha\} = [A]^{-1}\{\delta^e\} \tag{7.3.14}$$

再将 (7.3.14) 式代入 (7.3.8)~(7.3.10) 式，得到单元位移与单元节点位移的关系：

$$\{d_n\} = \left\{ \begin{array}{c} U_n \\ V_n \\ W_n \end{array} \right\} = [N_s]\{\delta^e\} \tag{7.3.15}$$

式中，$[N_s]$ 为壳体单元形状函数矩阵，其表达式为

$$[N_s] = \begin{bmatrix} 1-\dfrac{s}{l} & 0 & 0 & 0 & \dfrac{s}{l} & 0 & 0 & 0 \\ 0 & 1-\dfrac{s}{l} & 0 & 0 & 0 & \dfrac{s}{l} & 0 & 0 \\ 0 & 0 & 1-\dfrac{3s^2}{l^2}+\dfrac{2s^3}{l^3} & -\dfrac{s}{l}+\dfrac{2s^2}{l}-\dfrac{s^3}{l^2} & 0 & 0 & \dfrac{3s^2}{l^2}-\dfrac{2s^3}{l^3} & \dfrac{s^2}{l}-\dfrac{s^3}{l^2} \end{bmatrix}$$
$$\tag{7.3.16}$$

考虑回转薄壳的几何方程，应变与振动位移的关系为

$$
\{\varepsilon\} = \begin{bmatrix} \dfrac{\partial}{\partial s} & 0 & 0 \\[2mm] \dfrac{\cos\theta}{r_0} & \dfrac{1}{r_0}\dfrac{\partial}{\partial \varphi} & \dfrac{\sin\theta}{r_0} \\[2mm] \dfrac{1}{r_0}\dfrac{\partial}{\partial \varphi} & -\dfrac{\cos\theta}{r_0} + \dfrac{\partial}{\partial s} & 0 \\[2mm] 0 & 0 & -\dfrac{\partial^2}{\partial s^2} \\[2mm] 0 & \dfrac{\sin\theta}{r_0^2}\dfrac{\partial}{\partial \varphi} & -\dfrac{\cos\theta}{r_0}\dfrac{\partial}{\partial s} - \dfrac{1}{r_0}\dfrac{\partial^2}{\partial \varphi^2} \\[2mm] 0 & \dfrac{\partial}{\partial s}\left(\dfrac{1}{r_0}\sin\theta\right) & -\dfrac{1}{r_0}\dfrac{\partial^2}{\partial s \partial \varphi} \end{bmatrix} \begin{Bmatrix} U \\ V \\ W \end{Bmatrix} \tag{7.3.17}
$$

式中，$\{\varepsilon\}$ 为应变分量组成的列矢量，$\{\varepsilon\} = \{\varepsilon_s, \varepsilon_\varphi, \varepsilon_{s\varphi}, \kappa_s, \kappa_\varphi, \kappa_{s\varphi}\}^{\mathrm{T}}$，其中 $\varepsilon_s, \varepsilon_\varphi, \varepsilon_{s\varphi}$ 为中面应变，$\kappa_s, \kappa_\varphi, \kappa_{s\varphi}$ 曲率应变，r_0 为单元截面圆半径，$r_0 = R_2 \sin\theta$，其中 R_2 为回转体单元 φ 方向的主曲率半径。

将 (7.3.1)~(7.3.3) 式代入 (7.3.17) 式，并考虑 (7.3.15) 式，可以推导得到单元应变矢量与节点位移的关系：

$$
\{\varepsilon\} = \begin{bmatrix} T & 0 \\ 0 & T \end{bmatrix} [B_n]\{\delta^e\} \tag{7.3.18}
$$

式中，$[T]$ 为周向展开函数组成的对角阵，$[B_n]$ 为周向展开子空间的几何矩阵。

$$
[T] = \begin{bmatrix} \cos n\varphi & 0 & 0 \\ 0 & \cos n\varphi & 0 \\ 0 & 0 & \sin n\varphi \end{bmatrix} \tag{7.3.19}
$$

且有

$$
B_{11} = \frac{\partial N_{11}}{\partial s}, \quad B_{12} = B_{13} = B_{14} = 0
$$

$$
B_{15} = \frac{\partial N_{15}}{\partial s}, \quad B_{16} = B_{17} = B_{18} = 0
$$

$$
B_{21} = \frac{N_{11}\cos\theta}{r_0}, \quad B_{22} = \frac{nN_{22}}{r_0}, \quad B_{23} = \frac{N_{33}\sin\theta}{r_0}
$$

$$B_{24} = \frac{N_{34}\sin\theta}{r_0}, \quad B_{25} = \frac{N_{15}}{r_0}\cos\theta, \quad B_{26} = \frac{nN_{26}}{r_0}$$

$$B_{27} = \frac{N_{37}\sin\theta}{r_0}, \quad B_{28} = \frac{N_{38}\sin\theta}{r_0}$$

$$B_{31} = -\frac{nN_{11}}{r_0}, \quad B_{32} = -\frac{N_{22}\cos\theta}{r_0} + \frac{\partial N_{22}}{\partial s}, \quad B_{33} = B_{34} = 0$$

$$B_{35} = -\frac{nN_{15}}{r_0}, \quad B_{36} = -\frac{N_{26}\cos\theta}{r_0} + \frac{\partial N_{26}}{\partial s}, \quad B_{37} = B_{38} = 0$$

$$B_{41} = B_{42} = 0, \quad B_{43} = -\frac{\partial^2 N_{33}}{\partial s^2}, \quad B_{44} = -\frac{\partial^2 N_{34}}{\partial s^2}$$

$$B_{45} = B_{46} = 0, \quad B_{47} = -\frac{\partial^2 N_{37}}{\partial s^2}, \quad B_{48} = -\frac{\partial^2 N_{38}}{\partial s^2}$$

$$B_{51} = 0, \quad B_{52} = \frac{nN_{22}\sin\theta}{r_0^2}, \quad B_{53} = \frac{-\cos\theta}{r_0}\frac{\partial N_{33}}{\partial s} + \frac{n^2}{r_0^2}N_{33}$$

$$B_{54} = \frac{-\cos\theta}{r_0}\frac{\partial N_{34}}{\partial s} + \frac{n^2}{r_0^2}N_{34}, \quad B_{55} = 0$$

$$B_{56} = \frac{nN_{26}\sin\theta}{r_0^2}, \quad B_{57} = \frac{-\cos\theta}{r_0}\frac{\partial N_{37}}{\partial s} + \frac{n^2}{r_0^2}N_{37}$$

$$B_{58} = \frac{-\cos\theta}{r_0}\frac{\partial N_{38}}{\partial s} + \frac{n^2}{r_0^2}N_{38}$$

$$B_{61} = 0, \quad B_{62} = \frac{\sin\theta}{r_0}\frac{\partial N_{22}}{\partial s}, \quad B_{63} = \frac{n}{r_0}\frac{\partial N_{33}}{\partial s}$$

$$B_{64} = \frac{n}{r_0}\frac{\partial N_{34}}{\partial s}, \quad B_{65} = 0, \quad B_{66} = \frac{\sin\theta}{r_0}\frac{\partial N_{26}}{\partial s}$$

$$B_{67} = \frac{n}{r_0}\frac{\partial N_{37}}{\partial s}, \quad B_{68} = \frac{n}{r_0}\frac{\partial N_{38}}{\partial s}$$

再考虑回转薄壳应力与应变的关系

$$\{\sigma\} = [D]\{\varepsilon\} \tag{7.3.20}$$

式中, $\{\sigma\}$ 为应力分量组成的列矢量, $\{\sigma\} = \{N_s, N_\varphi, N_{s\varphi}, M_s, M_\varphi, M_{s\varphi}\}^{\mathrm{T}}$, 其中 N_s, N_φ, $N_{s\varphi}$ 为内应力, M_s, M_φ, $M_{s\varphi}$ 为内力矩。$[D]$ 为弹性矩阵, 其表达式为

$$[D] = \frac{Eh}{1-\nu^2} \begin{bmatrix} 1 & \nu & 0 & 0 & 0 & 0 \\ \nu & 1 & 0 & 0 & 0 & 0 \\ 0 & 0 & \dfrac{1-\nu}{2} & 0 & 0 & 0 \\ 0 & 0 & 0 & \dfrac{h^2}{12} & \dfrac{\nu h^2}{12} & 0 \\ 0 & 0 & 0 & \dfrac{\nu h^2}{12} & \dfrac{h^2}{12} & 0 \\ 0 & 0 & 0 & 0 & 0 & \dfrac{(1-\nu)h^2}{24} \end{bmatrix} \quad (7.3.21)$$

式中，E, ν, h 分别为壳体的杨氏模量、柏松比和壁厚。

将 (7.3.18) 式代入 (7.3.20) 式，得到单元应力矢量与节点位移的关系：

$$\{\sigma\} = [D] \begin{bmatrix} T & 0 \\ 0 & T \end{bmatrix} [B_n]\{\delta^e\} \quad (7.3.22)$$

我们知道，壳体单元的应变能为

$$E_e = \frac{1}{2} \int_0^l \int_0^{2\pi} \{\varepsilon\}^{\mathrm{T}}[\sigma] r_0 \mathrm{d}\varphi \mathrm{d}s \quad (7.3.23)$$

将 (7.3.18) 和 (7.3.22) 式代入 (7.3.23) 式，有

$$E_e = \frac{1}{2} \int_0^l \int_0^{2\pi} \{\delta^e\}^{\mathrm{T}}[B_n]^{\mathrm{T}} \begin{bmatrix} T & 0 \\ 0 & T \end{bmatrix} [D] \begin{bmatrix} T & 0 \\ 0 & T \end{bmatrix} [B_n]\{\delta^e\} r_0 \mathrm{d}\varphi \mathrm{d}s \quad (7.3.24)$$

(7.3.24) 式中矩阵 $[D]$ 为对称矩阵，它与对角阵的位置可以互换，于是 (7.2.24) 式对 φ 积分后简化为

$$\begin{aligned} E_e &= \frac{\pi \varepsilon_n r_0}{2} \int_0^l \{\delta^e\}^{\mathrm{T}}[B_n]^{\mathrm{T}}[D][B_n]\{\delta^e\} \mathrm{d}s \\ &= \frac{1}{2}\{\delta^e\}^{\mathrm{T}}[k]\{\delta^e\} \end{aligned} \quad (7.3.25)$$

式中，$\varepsilon_n = 2(n=0)$ 或 $=1(n \neq 0)$，$[k]$ 为单元刚度矩阵，其表达式为

$$[k] = \pi \varepsilon_n r_0 \int_0^l [B_n]^{\mathrm{T}}[D][B_n] \mathrm{d}s \quad (7.3.26)$$

壳体单元的动能为

$$T_e = \frac{m_s}{2} \int_0^l \int_0^{2\pi} [\dot{U}^2 + \dot{V}^2 + \dot{W}^2] r_0 \mathrm{d}\varphi \mathrm{d}s \quad (7.3.27)$$

式中，m_s 分别为单元面密度。

将 (7.3.1)~(7.3.3) 式代入 (7.3.27) 式，并考虑到 (7.3.15) 式，有

$$T_e = -\frac{\omega^2 m_s}{2}\int_0^l\int_0^{2\pi}\{\delta^e\}^{\mathrm{T}}[N_s]^{\mathrm{T}}[T_1]^{\mathrm{T}}[T_1][N_s]\{\delta^e\}r_0\mathrm{d}\varphi\mathrm{d}s \quad (7.3.28)$$

式中，

$$[T_1] = \begin{bmatrix} \cos n\phi & 0 & 0 \\ 0 & \sin n\phi & 0 \\ 0 & 0 & \cos n\phi \end{bmatrix}$$

(7.3.28) 式对 φ 积分，可简化为

$$T_e = \frac{\omega^2 m_s\pi\varepsilon_n r_0}{2}\int_0^l\{\delta^e\}^{\mathrm{T}}[N][\delta^e]\mathrm{d}s$$
$$= -\frac{\omega^2}{2}\{\delta^e\}^{\mathrm{T}}[m]\{\delta^e\} \quad (7.3.29)$$

式中，$[m]$ 为单元质量矩阵，其表达式为

$$[m] = m_s\pi\varepsilon_n r_0\int_0^l[N_s]^{\mathrm{T}}[N_s]\mathrm{d}s \quad (7.3.30)$$

设作用在回转壳的外载荷为 f_u, f_v 和 f_w，将它们也作周向展开：

$$f_u = \sum_n f_{un}\cos n\varphi \quad (7.3.31)$$

$$f_v = \sum_n f_{vn}\sin n\varphi \quad (7.3.32)$$

$$f_w = \sum_n f_{wn}\cos n\varphi \quad (7.3.33)$$

外载荷对单元作的虚功为

$$W_e = \int_0^l\int_0^{2\pi}\{U,V,W\}\{f_u,f_v,f_w\}^{\mathrm{T}}r_0\mathrm{d}\varphi\mathrm{d}s \quad (7.3.34)$$

将 (7.3.1)~(7.3.3) 式和 (7.3.31)~(7.3.33) 式代入 (7.3.34) 式，并考虑 (7.3.15) 式，有

$$W_e = \int_0^l \int_0^{2\pi} \{\delta^e\}^{\mathrm{T}} [N_s]^{\mathrm{T}} [T_1]^{\mathrm{T}} [T_1] \{f_{un}, f_{vn}, f_{wn}\}^{\mathrm{T}} r_0 \mathrm{d}\varphi \mathrm{d}s \tag{7.3.35}$$

(7.3.35) 式对 φ 积分, 可简化为

$$W_e = \pi \varepsilon_n r_0 \int_0^l \{\delta^e\}^{\mathrm{T}} [N_s]^{\mathrm{T}} \{f_{un}, f_{vn}, f_{wn}\}^{\mathrm{T}} \mathrm{d}s$$

$$= \{\delta^e\}^{\mathrm{T}} \{f_e\} \tag{7.3.36}$$

式中, $\{f_e\}$ 为广义节点力矢量, 其表达式为

$$\{f_e\} = \pi \varepsilon_n r_0 \int_0^l [N_s]^{\mathrm{T}} \{f_{un}, f_{vn}, f_{wn}\}^{\mathrm{T}} \mathrm{d}s \tag{7.3.37}$$

注意到回转壳的端点, 亦即 $\theta = 0$ 和 π 处, 是两个奇点, 需要对 (7.3.17) 式给出的几何关系进行修正。根据文献 [62] 和 [63], 为了端点处应变为有限值, 振动位移应满足下列条件:

$$U = V = -\frac{\partial W}{\partial s} + \frac{U}{a} = 0, \qquad n = 0 \tag{7.3.38}$$

$$U + V = W = 0, \qquad n = 1 \tag{7.3.39}$$

$$U = V = W = \frac{\partial W}{\partial s}, \qquad n = 2 \tag{7.3.40}$$

于是, 在端点附近应变与位移的关系如下。

当 $n = 0$ 时,

$$\varepsilon_s = \frac{\partial U}{\partial s} + \frac{W}{a} \tag{7.3.41}$$

$$\varepsilon_\varphi = \frac{\partial U}{\partial s} + \frac{W}{a} \tag{7.3.42}$$

$$\varepsilon_{s\varphi} = 0 \tag{7.3.43}$$

$$\kappa_s = \frac{1}{a}\frac{\partial U}{\partial s} - \frac{\partial^2 W}{\partial s^2} \tag{7.3.44}$$

$$\kappa_\varphi = \frac{1}{a}\frac{\partial U}{\partial s} - \frac{\partial^2 W}{\partial s^2} \tag{7.3.45}$$

$$\kappa_{s\varphi} = 0 \tag{7.3.46}$$

当 $n \geqslant 1$ 时,

$$\varepsilon_s = \frac{\partial U}{\partial s} \tag{7.3.47}$$

$$\varepsilon_\varphi = \frac{\partial U}{\partial s} + \frac{\partial^2 V}{\partial \varphi \partial s} \tag{7.3.48}$$

$$\varepsilon_{s\varphi} = \frac{1}{2}\frac{\partial^2 U}{\partial s \partial \varphi} \tag{7.3.49}$$

$$\kappa_s = -\frac{\partial^2 W}{\partial s^2} + \frac{1}{a}\frac{\partial U}{\partial s} \tag{7.3.50}$$

$$\kappa_\varphi = \frac{1}{a}\frac{\partial U}{\partial s} - \frac{\partial^2 W}{\partial s^2} - \frac{1}{2}\frac{\partial^4 W}{\partial \varphi^2 \partial s^2} + \frac{1}{a}\frac{\partial^2 V}{\partial s \partial \varphi} \tag{7.3.51}$$

$$\kappa_{s\varphi} = -\frac{\partial^3 W}{\partial s^2 \partial \varphi} + \frac{1}{a}\frac{\partial^2 U}{\partial s \partial \varphi} \tag{7.3.52}$$

这里 a 为端点单元的半径。类似 (7.3.18) 式的推导,由 (7.3.41)~(7.3.46) 和 (7.3.47)~(7.3.52) 式,可以得到 $n = 0$ 和 $n \geqslant 1$ 时端点单元应变矢量与节点位移的关系,进一步利用 (7.3.20) 式,可以推导得到端点单元的刚度矩阵,详细过程和结果这里从略。

已知了每个单元的刚度矩阵、质量矩阵及广义节点力矢量,需要进一步将它们整合为回转壳体结构的刚度矩阵、质量矩阵和广义节点力矢量。为此先要将单元坐标转换到结构整体坐标中,设单元振动位移 (U, V, W, β) 在结构整体坐标中表示为 $(\bar{U}, \bar{V}, \bar{W}, \bar{\beta})$,按照图 7.3.2 给出的关系,两个坐标系中振动位移的转换关系为

$$\left\{ \begin{array}{c} \bar{U} \\ \bar{V} \\ \bar{W} \\ \bar{\beta} \end{array} \right\} = [t] \left\{ \begin{array}{c} U \\ V \\ W \\ \beta \end{array} \right\} \tag{7.3.53}$$

式中,$[t]$ 为坐标转换矩阵。

$$[t] = \begin{bmatrix} \cos\alpha & 0 & \sin\alpha & 0 \\ 0 & 1 & 0 & 0 \\ -\sin\alpha & 0 & \cos\alpha & 0 \\ 0 & 0 & 0 & 1 \end{bmatrix} \tag{7.3.54}$$

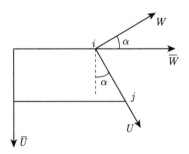

图 7.3.2 单元与整体坐标的关系

同理，单元节点 i 和 j 在两个坐标系中的位移满足关系：

$$\{\overline{\delta_i}\} = [t]\{\delta_i\} \tag{7.3.55}$$

$$\{\overline{\delta_j}\} = [t]\{\delta_j\} \tag{7.3.56}$$

相应地，单元节点位移满足

$$\{\overline{\delta_e}\} = [\lambda]\{\delta_e\} \tag{7.3.57}$$

式中，

$$[\lambda] = \left[\begin{array}{cc} t & 0 \\ 0 & t \end{array} \right]$$

将 (7.3.57) 式代入 (7.3.25) 式，并考虑到矩阵 $[\lambda]$ 的转置矩阵等于逆矩阵，有

$$E_e = \frac{1}{2}\{\overline{\delta_e}\}^{\mathrm{T}}[\lambda][k][\lambda]^{-1}\{\overline{\delta_e}\} \tag{7.3.58}$$

可见，在整体坐标系中，单元的刚度矩阵为

$$[\bar{k}] = [\lambda][k][\lambda]^{-1} \tag{7.3.59}$$

同理，可得整体坐标系中的单元质量矩阵和广义节点力为

$$[\bar{m}] = [\lambda][m][\lambda]^{-1} \tag{7.3.60}$$

$$[\overline{f_e}] = [\lambda]\{f_e\} \tag{7.3.61}$$

上面得到了整体坐标系中单元的刚度矩阵、质量矩阵及广义节点力，下面进一步整合得到总体刚度矩阵、质量矩阵及广义节点力，为此，依次先对每个单元

编号，设第 i 节点两侧单元的编号为 $n-1$ 和 n，相应的节点分别为 $i-1$ 和 i,i 和 $i+1$，为了方便起见，将 (7.3.59) 式给出的第 n 个单元的刚度矩阵表示为

$$[\overline{k_n}]^{(n)} = \left[\begin{array}{cc} \bar{k}_{ii}^{(n)} & \bar{k}_{i,i+1}^{(n)} \\ \bar{k}_{i+1,i}^{(n)} & \bar{k}_{i+1,i+1}^{(n)} \end{array} \right] \qquad (7.3.62)$$

于是，第 n 个单元作用在第 i 和第 $i+1$ 个节点上的弹性力为

$$\left\{ \begin{array}{c} F_i^{(n)} \\ F_{i+1}^{(n)} \end{array} \right\} = \left[\begin{array}{cc} \bar{k}_{ii}^{(n)} & \bar{k}_{i,i+1}^{(n)} \\ \bar{k}_{i+1,i}^{(n)} & \bar{k}_{i+1,i+1}^{(n)} \end{array} \right] \left\{ \begin{array}{c} \bar{\delta}_i \\ \bar{\delta}_{i+1} \end{array} \right\} \qquad (7.3.63)$$

同理，第 $n-1$ 个单元作用在第 $i-1$ 和第 i 个节点上的弹性力为

$$\left\{ \begin{array}{c} F_{i-1}^{(n-1)} \\ F_i^{(n-1)} \end{array} \right\} = \left[\begin{array}{cc} \bar{k}_{i-1,i-1}^{(n-1)} & \bar{k}_{i-1,i}^{(n-1)} \\ \bar{k}_{i,i-1}^{(n-1)} & \bar{k}_{i,i}^{(n-1)} \end{array} \right] \left\{ \begin{array}{c} \bar{\delta}_{i-1} \\ \bar{\delta}_i \end{array} \right\} \qquad (7.3.64)$$

相邻两个单元的弹性力相加得到第 $i-1$ 个、第 i 个和第 $i+1$ 个节点上的弹性力：

$$\left\{ \begin{array}{c} F_{i-1} \\ F_i \\ F_{i+1} \end{array} \right\} = \left\{ \begin{array}{c} F_{i-1}^{(n-1)} \\ F_i^{(n-1)} + F_i^{(n)} \\ F_{i+1}^{(n)} \end{array} \right\}$$

$$= \left[\begin{array}{ccc} \bar{k}_{i-1,i-1}^{(n-1)} & \bar{k}_{i-1,i}^{(n-1)} & 0 \\ \bar{k}_{i,i-1}^{(n-1)} & \bar{k}_{i,i}^{(n-1)} + \bar{k}_{i,i}^{(n)} & \bar{k}_{i,i+1}^{(n)} \\ 0 & \bar{k}_{i+1,i}^{(n)} & \bar{k}_{i+1,i+1}^{(n)} \end{array} \right] \left\{ \begin{array}{c} \bar{\delta}_{i-1} \\ \bar{\delta}_i \\ \bar{\delta}_{i+1} \end{array} \right\} \qquad (7.3.65)$$

由 (7.3.65) 式可见，作用第 i 个节点上弹性力为相邻第 $n-1$ 和 n 单元的节点弹性力在此节点上相加的结果。同理可以得到相邻两个单元对第 i 个节点作用的惯性力，进一步将第 i 个节点的弹性力、惯性力以及负载广义节点力相加，得到节点的力平衡方程，将全部节点力平衡方程整合，就可以得到回转壳体结构的有限元振动方程：

$$\left\{ [K] - \omega^2 [M] \right\} \{U\} = \{f\} \qquad (7.3.66)$$

式中，$[K]$ 和 $[M]$ 为整体刚度矩阵和质量矩阵，$\{U\}$ 为整体节点位移列矩阵，$\{f\}$ 为整体广义节点力列矩阵。

实际上刚度和质量矩阵整合时, 将每个单元的刚度和质量矩阵放置在相应的矩阵位置上, 单元子矩阵的下标决定了它在整体矩阵中的位置, 其中第一个下标决定了子矩阵在整体矩阵中行的位置, 第二个下标决定了子矩阵在整体矩阵中列的位置, 两个下标相同的子矩阵在整体矩阵的同一个位置相加. 对于任意形状的薄壳结构, 可以采用三角形单元或四边形单元离散, 为了有效模拟薄壳形状的变化, 应采用三角形等参单元和四边形等参单元. 任意形状薄壳有限元建模的方法及过程与回转壳体类似, 只是相应的形状函数及整体刚度和质量矩阵的整合比较复杂, 具体内容可参阅文献 [64] 和 [65].

如果考虑结构的阻尼, 则 (7.3.66) 式中需要增加阻尼项, 一般来说, 阻尼力与结构振动速度成正比, 于是有

$$\left\{ [K] + \mathrm{i}\omega[C] - \omega^2[M] \right\} \{U\} = \{f\} \tag{7.3.67}$$

为了方便模态法求解结构振动的有限元方程 (7.3.67) 式, 常常采用结构刚度和质量矩阵的线性组合表征阻尼矩阵 $[C]$, 即

$$[C] = \alpha[M] + \beta[K] \tag{7.3.68}$$

式中, α 和 β 为两个常数, 可由结构的两个模态频率及阻尼比确定.

在 (7.3.68) 式中, 假设阻尼矩阵及其作用外力为零, 则有结构自由振动方程为

$$\left([K] - \omega^2[M] \right) \{U\} = 0 \tag{7.3.69}$$

设自由振动的本征解为

$$\{U\} = [\Phi] \{q\} \tag{7.3.70}$$

式中, $[\Phi]$ 为 (7.3.69) 式的本征矢量构成的模态矩阵, 每个本征矢量即为结构的模态振型, $\{q\}$ 为结构模态位移组成的矢量. 模态矩阵 $[\Phi]$ 满足:

$$[\Phi]^{\mathrm{T}}[M][\Phi] = [I] \tag{7.3.71}$$

$$[\Phi]^{\mathrm{T}}[K][\Phi] = [\Lambda] \tag{7.3.72}$$

其中, $[I]$ 为单位矩阵, $[\Lambda]$ 为本征值 (即模态频率的平方) 组成的对角阵.

将 (7.3.70) 式代入 (7.3.67) 式, 并左乘 $[\Phi]^{\mathrm{T}}$, 利用 (7.3.71) 和 (7.3.72) 式, 可以得到结构振动的模态方程:

$$\left[\omega_n^2 + \mathrm{i}\omega\omega_n \left(\frac{\alpha}{\omega_n} + \beta\omega_n \right) - \omega^2 \right] q_n = f_n \tag{7.3.73}$$

式中，ω_n 为模态频率，q_n 为模态振动位移，f_n 为模态力。

$$f_n = [\Phi_n]^{\mathrm{T}}\{f\} \tag{7.3.74}$$

其中，$[\Phi_n]$ 为矩阵 $[\Phi]$ 中第 n 个本征矢量。

令模态阻尼因子为

$$\eta_n = \frac{\alpha}{\omega_n} + \beta\omega_n \tag{7.3.75}$$

则由 (7.3.73) 式可得振动模态位移解为

$$q_n = \frac{f_n}{\omega_n^2 + \mathrm{i}\omega\omega_n\eta_n - \omega^2} \tag{7.3.76}$$

若由试验测量获得结构两个模态的频率 ω_i, ω_j 及阻尼因子 η_i, η_j，则由 (7.3.75) 式可求解得到常数 α 和 β 的值：

$$\alpha = \frac{\omega_i\omega_j[\eta_i\omega_j - \eta_j\omega_i]}{\omega_i^2 - \omega_j^2} \tag{7.3.77}$$

$$\beta = \frac{[\eta_i\omega_j - \eta_j\omega_j]}{\omega_i^2 - \omega_j^2} \tag{7.3.78}$$

再由 (7.3.75) 式可计算其他模态的阻尼因子。

由 (7.3.76) 式求解得到结构振动模态位移，进一步可由 (7.3.70) 式求解结构振动位移。这里以轴对称回转薄壳为例，介绍了有限元法求解结构振动的建模方法。原则上讲，有限元法也可用于声场分析计算，但是不适合用于远场辐射声场计算，而只适用于有限空间声场的数值分析，Petyt 在文献 [66] 和 [67] 中详细介绍了有限空间声场分析的有限元方法，这里只介绍声学有限元方法，有限空间声场的有限元求解将在第 9 章中详细介绍。

考虑如图 7.3.3 所示的非规则形状的腔体，其体积为 V，边界由三部分组成，其中 S_0 为刚性边界条件，S_1 为表面法向振动等于 v_n 的弹性边界，S_2 为声阻抗等于 Z_s 的阻抗边界。腔体内部声压满足波动方程：

$$\nabla^2 p + k_0^2 p = 0 \tag{7.3.79}$$

边界条件可以表示为

$$\frac{\partial p}{\partial n} = 0, \quad \in S_0 \tag{7.3.80}$$

$$\frac{\partial p}{\partial n} = \mathrm{i}\rho_0\omega v_n, \quad \in S_1 \tag{7.3.81}$$

$$\frac{\partial p}{\partial n} = \mathrm{i}\rho_0\omega\frac{p}{Z_s}, \quad \in S_2 \tag{7.3.82}$$

其中，ρ_0 为腔体内声介质密度，$\boldsymbol{n}$ 为腔体表面外法线方向。

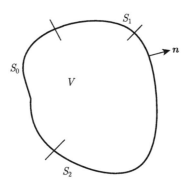

图 7.3.3　任意形状腔体
(引自文献 [67]，fig1.1)

采用加权留数法 (weighted residual techniques) 求解 (7.3.79) 式及 (7.3.80)~(7.3.82) 式。设腔体内的声压为

$$p = \sum_{n=1}^{N} A_n\varphi_n(x,y,z) \tag{7.3.83}$$

式中，A_n 为待定系数，φ_n 为线性独立的基函数，满足连续和完备性条件。

将 (7.3.83) 式分别代入 (7.3.79) 式及 (7.3.80)~(7.3.82) 式，(7.3.83) 式作为一种近似解，会使波动方程及边界条件产生一定的误差，即

$$\nabla^2 p + k_0^2 p = \varepsilon_1 \neq 0, \quad \in V \tag{7.3.84}$$

$$\frac{\partial p}{\partial n} = \varepsilon_2 \neq 0, \quad \in S_0 \tag{7.3.85}$$

$$\frac{\partial p}{\partial n} - \mathrm{i}\rho_0\omega v_n = \varepsilon_3 \neq 0, \quad \in S_1 \tag{7.3.86}$$

$$\frac{\partial p}{\partial n} - \mathrm{i}\rho_0\omega\frac{p}{Z_s} = \varepsilon_4 \neq 0, \quad \in S_2 \tag{7.3.87}$$

令这些误差 $\varepsilon_i(i=1,2,3,4)$ 的加权平均为零，可以确定待定系数 A_n，于是有

$$
\begin{aligned}
&\int_V \left[\nabla^2 p + k_0^2 p\right]\delta p\mathrm{d}V - \int_{S_0}\frac{\partial p}{\partial n}\delta p\mathrm{d}S \\
&- \int_{S_1}\left[\frac{\partial p}{\partial n} - \mathrm{i}\rho_0\omega v_n\right]\delta p\mathrm{d}S - \int_{S_2}\left[\frac{\partial p}{\partial n} - \mathrm{i}\rho_0\omega\frac{p}{Z_s}\right]\delta p\mathrm{d}S = 0
\end{aligned}
\tag{7.3.88}
$$

式中,

$$\delta p = \sum_{n=1}^{N} \varphi_n \delta A_n \tag{7.3.89}$$

利用 Green 公式, (7.3.88) 式可以变为

$$-\int_V \nabla p \cdot \nabla (\delta p) \mathrm{d}V + \int_V k_0^2 p \delta p \mathrm{d}V$$
$$+\int_{S_1} \mathrm{i}\rho_0 \omega v_n \delta p \mathrm{d}S + \int_{S_2} \mathrm{i}\rho_0 \omega \frac{p}{Z_s} \delta p \mathrm{d}S = 0 \tag{7.3.90}$$

(7.3.90) 式等效为变分方程

$$\delta \left[\frac{1}{2} \int_V \left((\nabla p)^2 - k_0^2 p^2 \right) \mathrm{d}V + \int_{S_1} \mathrm{i}\rho_0 \omega p v_n \mathrm{d}S \right.$$
$$\left. + \frac{1}{2} \int_{S_2} \mathrm{i}\rho_0 \omega \frac{p^2}{Z_s} \mathrm{d}S \right] = 0 \tag{7.3.91}$$

当腔体边界全部为刚性边界条件时, (7.3.91) 式简化为

$$\delta \int_V \frac{1}{2} \left[(\nabla p)^2 - k_0^2 p^2 \right] \mathrm{d}V = 0 \tag{7.3.92}$$

(7.3.92) 式中第一项对应声介质的动能, 第二项对应声介质的应变能。经上述推导, 求解波动方程 (7.3.79) 式及边界条件 (7.3.80)~(7.3.82) 式等效为求解变分方程 (7.3.91) 式。下面详细介绍采用有限元方法求解 (7.3.91) 和 (7.3.92) 式。为简单起见, 先考虑如图 7.3.4 所示的二维腔体。即腔体两个刚性端面相互平行, 且所有横截面相同。设腔体平行端面位置为 $z = 0$ 和 l, 则腔内声压可以表示为

$$p(x,y,z) = p(x,y) \cos \frac{n\pi z}{l}, \quad n = 0, 1, 2, \cdots \tag{7.3.93}$$

将 (7.3.93) 式代入 (7.3.92) 式, 有

$$\delta \int_{A_0} \frac{1}{2} \left[(\nabla p)^2 - k_1^2 p^2 \right] \mathrm{d}A = 0 \tag{7.3.94}$$

式中, A_0 为腔体横截面积, k_1 满足下式:

$$k_1^2 = k_0^2 - \left(\frac{n\pi}{l} \right)^2 \tag{7.3.95}$$

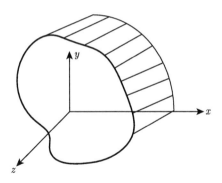

图 7.3.4　二维腔体
(引自文献 [67], fig1.4)

采用有限元方法求解二维不规则腔体声场，最简单和最常用的单元为三角形单元，参见图 7.3.5。单元三个节点的坐标为 $x_i, y_i (i = 1, 2, 3)$，其内部声压设为

$$p = \alpha_1 + \alpha_2 x + \alpha_3 y \qquad (7.3.96)$$

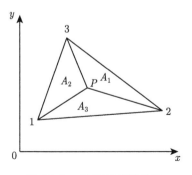

图 7.3.5　线性三角形单元
(引自文献 [67], fig1.6)

由节点声压 $p_i (i = 1, 2, 3)$ 可以求解确定待定系数 $\alpha_i (i = 1, 2, 3)$，从而得到三角形单元内任一点声压与节点声压的关系：

$$p = [N(x, y)]\{p_e\} \qquad (7.3.97)$$

式中, $[N(x, y)]$ 为形状函数矩阵, $\{p_e\}$ 为节点声压列矢量, 它们的表达式为

$$[N(x, y)] = [N_1, N_2, N_3] \qquad (7.3.98)$$

$$\{p_e\}^{\mathrm{T}} = [p_1, p_2, p_3] \qquad (7.3.99)$$

这里，

$$N_i = \frac{1}{2A}(A_i + a_i x + b_i y) \tag{7.3.100}$$

其中，A 为三角单元的面积，其表达式为

$$A = \frac{1}{2}(a_1 b_2 - a_2 b_1)$$

其他参数表达式为

$$A_i = x_j y_l - x_l y_j \tag{7.3.101}$$

$$a_i = y_j - y_l \tag{7.3.102}$$

$$b_i = x_l - x_j \tag{7.3.103}$$

　　注意到 (7.3.100)~(7.3.103) 式中，$i = 1$ 时，$j = 2, l = 3$；或 $i = 2$ 时，$j = 3$，$l = 1$；或 $i = 3$ 时，$j = 1, l = 2$。将 (7.3.97) 式代入 (7.3.94) 式，可以得到单元有限元方程：

$$\left\{ [k_a] - \omega_1^2 [m_a] \right\} \{p_e\} = 0 \tag{7.3.104}$$

式中，$\omega_1^2 = \omega^2 - (n\pi C_0/l)^2$，$[k_a]$ 和 $[m_a]$ 分别为三角形单元的刚度和质量矩阵，它们的表达式为

$$[k_a] = \int_A [B]^{\mathrm{T}} [B] \mathrm{d}A \tag{7.3.105}$$

$$[m_a] = \frac{1}{C_0^2} \int_A [N]^{\mathrm{T}} [N] \mathrm{d}A \tag{7.3.106}$$

其中，

$$[B] = \left[\begin{array}{c} \dfrac{\partial}{\partial x} \\[2mm] \dfrac{\partial}{\partial y} \end{array} \right] [N]$$

　　为了简化 (7.3.105) 式的积分计算，定义三角形单元内任一点的面积坐标 (L_1, L_2, L_3)：

$$L_i = A_i/A, \quad i = 1, 2, 3 \tag{7.3.107}$$

式中，$A_i (i = 1, 2, 3)$ 为三角形单元的三个子三角形的面积。三角形单元三个顶点的面积坐标分别为 $(1, 0, 0), (0, 1, 0)$ 和 $(0, 0, 1)$，参见图 7.3.5。面积坐标与直角坐标的关系为

$$L_i = \frac{1}{2A}(A_i + a_i x + b_i y) \tag{7.3.108}$$

在面积坐标下，有

$$N_i = L_i \tag{7.3.109}$$

这样，(7.3.105) 式中的微分运算可以表示为

$$\frac{\partial N_i}{\partial x} = \sum_{j=1}^{3} \frac{\partial N_i}{\partial L_j} \cdot \frac{\partial L_j}{\partial x} \tag{7.3.110}$$

$$\frac{\partial N_i}{\partial y} = \sum_{j=1}^{3} \frac{\partial N_i}{\partial L_j} \cdot \frac{\partial L_j}{\partial y} \tag{7.3.111}$$

将 (7.3.109) 式及 (7.3.108) 式代入 (7.3.110) 和 (7.3.111) 式，可以得到

$$[B] = \frac{1}{2A} \begin{bmatrix} a_1 & a_2 & a_3 \\ b_1 & b_2 & b_3 \end{bmatrix} \tag{7.3.112}$$

再将 (7.3.112) 式代入 (7.3.105) 式，得到三角形单元刚度矩阵元素的表达式为

$$k_{ij} = \frac{1}{4A}(a_i a_j + b_i b_j) \tag{7.3.113}$$

而将 (7.3.109) 式代入 (7.3.106) 式，利用积分等式

$$\int_A L_1^p L_2^q L_3^r \mathrm{d}A = \frac{2Ap!q!r!}{(p+q+r+2)!}$$

得到三角形单元质量矩阵元素的表达式为

$$m_{ij} = \frac{1}{C_0^2} \int_A L_i L_j \mathrm{d}A = \begin{cases} \dfrac{A}{6C_0}, & i=j \\ \dfrac{A}{12C_0}, & i \neq j \end{cases} \tag{7.3.114}$$

三节点的三角形单元是最简单的单元，相应的计算精度也较差，因此，提出了 6 节点的二阶三角形单元，参见图 7.3.6，单元内的声压表示为

$$p = \alpha_1 + \alpha_2 x + \alpha_3 y + \alpha_4 x^2 + \alpha_5 xy + + \alpha_6 y^2 \tag{7.3.115}$$

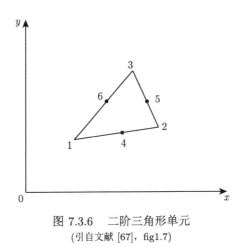

图 7.3.6　二阶三角形单元
(引自文献 [67]，fig1.7)

由 6 个节点声压 $p_i(i = 1, 2, \cdots, 6)$ 确定待定常数 $\alpha_i(i = 1, 2, \cdots, 6)$，从而得到形状函数 $N_i(i = 1, 2, \cdots, 6)$，单元内声压表示为

$$p = \sum_{i=1}^{6} N_i(L_1, L_2, L_3)p_i \tag{7.3.116}$$

式中，

$$
\begin{aligned}
N_1 &= (2L_1 - 1)L_1, &\quad N_4 &= 4L_1L_2 \\
N_2 &= (2L_2 - 1)L_2, &\quad N_5 &= 4L_2L_3 \\
N_3 &= (2L_3 - 1)L_3, &\quad N_6 &= 4L_3L_1
\end{aligned}
\tag{7.3.117}
$$

由 (7.3.116) 式，同样可采用 (7.3.105) 和 (7.3.106) 式计算得到二阶三角形单元的刚度和质量矩阵，详细的表达式可参见文献 [68]。除了三角形单元外，还有一阶和二阶的四边形单元，见图 7.3.7。定义无量纲坐标 $\xi = x/a$，$\eta = y/b$，这里，a 和 b 分别为单元的长和宽。一阶四边形单元的声压可以表示为

$$p = \sum_{i=1}^{4} N_ip_i \tag{7.3.118}$$

式中，N_i 形状函数表达式为

$$N_i = \frac{1}{4}(1 + \xi\xi_i)(1 + \eta\eta_i) \tag{7.3.119}$$

二阶四边形单元的声压可以表示为

$$p = \sum_{i=1}^{8} N_ip_i \tag{7.3.120}$$

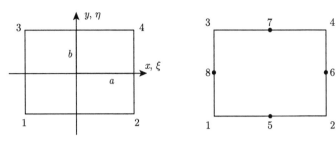

图 7.3.7　一阶和二阶四边形单元
(引自文献 [67]，fig1.8)

式中，N_i 形状函数表达式为

$$N_i = \frac{1}{4}(1+\xi\xi_i)(1+\eta\eta_i)(\xi\xi_i+\eta\eta_i-1), \quad i = 1,2,3,4 \tag{7.3.121}$$

$$N_i = \frac{1}{2}(1-\xi^2)(1+\eta\eta_i), \quad i = 5,7 \tag{7.3.122}$$

$$N_i = \frac{1}{2}(1+\xi\xi_i)(1-\eta^2), \quad i = 6,8 \tag{7.3.123}$$

这里，ξ_i, η_i 为节点的无量纲坐标。同样将 (7.3.118) 和 (7.3.120) 式分别代入 (7.3.105) 和 (7.3.106) 式，可以得到四边形单元的刚度和质量矩阵。

为了同时模拟声压和几何形状的变化，可以采用三角形等参元和四边形等参元，参见图 7.3.8。四边形等参元的坐标变换为

$$x = \sum_{i=1}^{8} N_i(\xi,\eta)x_i \tag{7.3.124}$$

$$y = \sum_{i=1}^{8} N_i(\xi,\eta)y_i \tag{7.3.125}$$

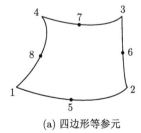

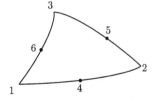

(a) 四边形等参元　　　　　　(b) 三角形等参元

图 7.3.8　三角形和四边形等参元
(引自文献 [67]，fig1.10)

式中，形状函数 N_i 由 (7.3.121)~(7.3.123) 式给出。

三角形等参元的坐标变换为

$$x = \sum_{i=1}^{6} N_i(L_1, L_2, L_3)x_i \tag{7.3.126}$$

$$y = \sum_{i=1}^{6} N_i(L_1, L_2, L_3)y_i \tag{7.3.127}$$

式中，形状函数 N_i 由 (7.3.117) 式给出。

将 (7.3.120) 式、(7.3.124) 和 (7.3.125) 式，(7.3.116) 式、(7.3.126) 和 (7.3.127) 式分别代入 (7.3.105) 和 (7.3.106) 式，并考虑到坐标变换，则有

$$[k_a] = \int_{-1}^{1}\int_{-1}^{1} [B]^{\mathrm{T}}[B]\det[J]\mathrm{d}\xi\mathrm{d}\eta \tag{7.3.128}$$

$$[m_a] = \int_{-1}^{1}\int_{-1}^{1} [N]^{\mathrm{T}}[N]\det[J]\mathrm{d}\xi\mathrm{d}\eta \tag{7.3.129}$$

式中，$\det[J]$ 为 Jacobian 行列式，

$$[J] = \begin{vmatrix} \dfrac{\partial x}{\partial \xi} & \dfrac{\partial y}{\partial \xi} \\[2mm] \dfrac{\partial x}{\partial \eta} & \dfrac{\partial y}{\partial \eta} \end{vmatrix} \tag{7.3.130}$$

(7.3.128) 和 (7.3.129) 式积分需要采用 Gauss 数值积分方法计算。注意到，对于三角形等参元，无量纲坐标 (ξ, η) 为

$$L_1 = \xi, \quad L_2 = \eta, \quad L_3 = 1 - \xi - \eta \tag{7.3.131}$$

相应有

$$\frac{\partial}{\partial \xi} = \sum_{i=1}^{3} \frac{\partial}{\partial L_i}\frac{\partial L_i}{\partial \xi} = \frac{\partial}{\partial L_1} - \frac{\partial}{\partial L_3} \tag{7.3.132a}$$

$$\frac{\partial}{\partial \eta} = \sum_{i=1}^{3} \frac{\partial}{\partial L_i}\frac{\partial L_i}{\partial \eta} = \frac{\partial}{\partial L_2} - \frac{\partial}{\partial L_3} \tag{7.3.132b}$$

对于三维腔体，需要采用三维单元离散，一般采用如图 7.3.9 所示的 20 节点等参元，相应的单元声压及坐标变换为

$$p = \sum_{i=1}^{20} N_i(\xi, \eta, \zeta)p_i \tag{7.3.133}$$

$$x = \sum_{i=1}^{20} N_i(\xi, \eta, \zeta)x_i \tag{7.3.134}$$

$$y = \sum_{i=1}^{20} N_i(\xi, \eta, \zeta)y_i \tag{7.3.135}$$

$$z = \sum_{i=1}^{20} N_i(\xi, \eta, \zeta)z_i \tag{7.3.136}$$

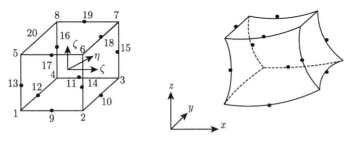

图 7.3.9   20 节点三维等参元
(引自文献 [67]，fig1.12)

其中的形状函数为
对于角节点：

$$N_i = \frac{1}{8}(1+\xi\xi_i)(1+\eta\eta_i)(1+\varsigma\varsigma_i)(\xi\xi_i+\eta\eta_i+\varsigma\varsigma_i-2), \quad i=1,2,\cdots,8 \tag{7.3.137}$$

对于边中节点，

$$N_i = \frac{1}{4}(1-\xi^2)(1+\eta\eta_i)(1+\varsigma\varsigma_i), \quad i=9,11,17,19 \tag{7.3.138}$$

$$N_i = \frac{1}{4}(1+\xi\xi_i)(1-\eta^2)(1+\varsigma\varsigma_i), \quad i=10,22,18,20 \tag{7.3.139}$$

$$N_i = \frac{1}{4}(1+\xi\xi_i)(1+\eta\eta_i)(1-\varsigma^2), \quad i=13,14,15,16 \tag{7.3.140}$$

将 (7.3.133) 式及 (7.3.134)~(7.3.136) 式代入 (7.3.92) 式，可得三维等参元的刚度和质量矩阵：

$$[k_a] = \int_{-1}^{1}\int_{-1}^{1}\int_{-1}^{1} [B]^{\mathrm{T}}[B]\det[J]\mathrm{d}\xi\mathrm{d}\eta\mathrm{d}\varsigma \tag{7.3.141}$$

$$[m_a] = \int_{-1}^{1} \int_{-1}^{1} \int_{-1}^{1} [N]^{\mathrm{T}}[N] \det[J] \mathrm{d}\xi \mathrm{d}\eta \mathrm{d}\varsigma \tag{7.3.142}$$

式中,

$$[N] = [N_1 \quad N_2 \cdots N_{20}] \tag{7.3.143}$$

$$[J] = \begin{bmatrix} \dfrac{\partial x}{\partial \xi} & \dfrac{\partial y}{\partial \xi} & \dfrac{\partial z}{\partial \xi} \\[2mm] \dfrac{\partial x}{\partial \eta} & \dfrac{\partial y}{\partial \eta} & \dfrac{\partial z}{\partial \eta} \\[2mm] \dfrac{\partial x}{\partial \varsigma} & \dfrac{\partial y}{\partial \varsigma} & \dfrac{\partial z}{\partial \varsigma} \end{bmatrix} \tag{7.3.144}$$

$$[B] = [J]^{-1} \begin{bmatrix} \dfrac{\partial}{\partial \xi} \\[2mm] \dfrac{\partial}{\partial \eta} \\[2mm] \dfrac{\partial}{\partial \varsigma} \end{bmatrix} [N] \tag{7.3.145}$$

(7.3.141) 和 (7.3.142) 式积分同样需要采用 Gauss 数值积分方法, 文献 [69] 采用 27 点 Gauss 积分可以达到 64 点积分的精度。

当腔体为轴对称形状时, 腔内声压可以表示为

$$p = p_n(r, z) \cos n\varphi, \quad n = 0, 1, \cdots \tag{7.3.146}$$

相应的变分公式 (7.3.92) 式可化为

$$\delta \int \frac{1}{2} \left[\frac{\partial^2 p_n}{\partial z^2} + \frac{\partial^2 p_n}{\partial r^2} + \left(\frac{n}{r}\right)^2 p_n^2 - k_0^2 p_n^2 \right] r \mathrm{d}A \tag{7.3.147}$$

可以采用三节点和六节点的三角形单元、或四节点的四边形单元或八节点的四边形等参元离散轴对称腔体, 相应的单元刚度和质量矩阵为

$$[k_a] = \int_A r[B]^{\mathrm{T}}[B] \mathrm{d}A + n^2 \int_A \frac{1}{r} [N]^{\mathrm{T}}[N] \mathrm{d}A \tag{7.3.148}$$

$$[m_a] = \frac{1}{C_0^2} \int r[N]^{\mathrm{T}}[N] \mathrm{d}A \tag{7.3.149}$$

式中,

$$[B] = \begin{bmatrix} \dfrac{\partial}{\partial z} \\[2mm] \dfrac{\partial}{\partial r} \end{bmatrix} [N]$$

一般情况下，腔体壁面为弹性边界或阻抗边界，设弹性边界也采用有限元离散，且单元法向振速可以表示为

$$v_n = [N_s]\{v_e\} \tag{7.3.150}$$

式中，$[N_s]$ 为腔体边界有限元离散的形状函数矩阵，$\{v_e\}$ 为单元节点振速列矢量。

将 (7.3.97) 式和 (7.3.150) 式代入 (7.3.91) 式，除了得到单元刚度和质量矩阵外，还有两项：

$$\int_{s_e} \mathrm{i}\rho_0 \omega p v_n \mathrm{d}S = \mathrm{i}\omega \{p_e\}^{\mathrm{T}}[g_1]\{v_e\} \tag{7.3.151}$$

$$\int_{s_e} \mathrm{i}\rho_0 \omega \frac{p^2}{Z_s} \mathrm{d}S = \mathrm{i}\omega \{p_e\}^{\mathrm{T}}[g_2]\{p_e\} \tag{7.3.152}$$

式中，$[g_1]$ 和 $[g_2]$ 为腔体弹性边界和阻抗边界的耦合矩阵，它们的表达式为

$$[g_1] = \int_{s_e} \rho_0 [N]^{\mathrm{T}}[N_s]\mathrm{d}S \tag{7.3.153}$$

$$[g_2] = \int_{s_e} \frac{\rho_0}{Z_s}[N]^{\mathrm{T}}[N_s]\mathrm{d}S \tag{7.3.154}$$

考虑到 (7.3.91) 式、(7.3.104) 式、(7.3.151) 和 (7.3.152) 式，可以得到弹性边界和阻抗边界腔体有限元离散的单元耦合方程：

$$\left\{[k_a] - \omega^2[m_a] + \mathrm{i}\omega[g_2]\right\}\{p_e\} = -\mathrm{i}\omega[g_1]\{v_e\} \tag{7.3.155}$$

注意到，这里引用的 (7.3.97) 式和 (7.3.104) 式是针对二维腔体的方程，但形式上与三维腔体的方程是一样的，所以 (7.3.155) 式推导没有问题。得到了腔体有限元离散的单元运动方程 (7.3.104) 式和 (7.3.155) 式，也需要对整个腔体单元进行整合，整合的方法及原则与壳体结构有限元模型一样，只是每个节点相关的单元数量增多，单元刚度和质量矩阵叠加时更为复杂，得到的弹性边界和阻抗边界腔体有限元耦合方程为

$$\left\{[K_a] - \omega^2[M_a] + \mathrm{i}\omega[G_2]\right\}\{p\} = -\mathrm{i}\omega[G_1]\{v_n\} \tag{7.3.156}$$

式中，$[K_a]$ 和 $[M_a]$ 为腔体整体刚度矩阵和质量矩阵，$[G_1]$ 为整体弹性耦合矩阵，$[G_2]$ 为整体阻抗耦合矩阵，$\{p\}$ 为整体节点声压列矩阵，$\{v_n\}$ 为整体节点法向振速列矩阵。

这一节建立了壳体结构的有限元振动方程和腔体声场有限元方程，具体的应用及求解将分别在 7.4 节和第 9 章中介绍。

7.4　弹性结构耦合振动与声辐射的有限元和边界元方法

任意形状弹性结构产生的振动和声辐射噪声计算，有效的方法是结合有限元和边界元方法，其一般思路是有限元方法离散弹性结构得到振动方程，边界元方法离散表面积分方程，得到表面声压与振动位移的关系，联立这两个方程即可得到耦合振动方程，并求解得到振动位移和表面声压，再由边界积分方程计算远场辐射声场。早期的研究见于文献 [3]，后来 Wilton[70] 和 Mathews[71] 建立了有限元和边界元方法计算水下结构声辐射的一般模型，已成为声弹性研究的一种经典模型。建立有限元和边界元的耦合运动方程时，将有限元方程代入边界元方程，称为流体变量法，将边界元方程代入有限元方程，则称为结构变量法。下面介绍具体求解过程。

由 7.1 节采用边界元方法离散表面积分方程，得到表面节点声压和法向节点振速满足的关系：

$$[A]\{p\} = [B]\{v_n\} \tag{7.4.1}$$

式中，矩阵 $[A]$ 和 $[B]$ 为复矩阵，详细表达式见 7.1 节，$\{p\}$ 和 $\{v_n\}$ 分别为表面节点声压和法向振速列矢量。

另外，由 7.3 节采用有限元方法离散结构，得到振动方程为

$$\left\{[K] + \mathrm{i}\omega[C] - \omega^2[M]\right\}\{U\} = \{f\} + \{f_p\} \tag{7.4.2}$$

式中，$[K]$, $[C]$ 和 $[M]$ 分别为结构整体刚度矩阵、阻尼矩阵和质量矩阵，$[U]$ 为节点位移列矢量，$\{f\}$ 为激励外力对应的广义节点力列矢量，$\{f_p\}$ 为外场声压作用在结构上的广义节点力列矢量，相应的广义节点力表达式为

$$\{f_p^i\} = -\int p(\boldsymbol{r}')[N_i^s]\boldsymbol{n}\,\mathrm{d}S \tag{7.4.3}$$

式中，$[N_i^s]$ 为结构单元的形状函数矩阵，$\boldsymbol{n}$ 为外法线方向。

注意到，采用边界元离散结构表面声压和法向振动位移，有

$$p(\boldsymbol{r}') = [N_j^a]\{p_e\} \tag{7.4.4}$$

$$W(\boldsymbol{r}') = [N_i^s]\{W_e\} \tag{7.4.5}$$

式中，$\{p_e\}$ 和 $\{W_e\}$ 分别为表面单元的节点声压和法向振动位移矢量。

将 (7.4.4) 式代入 (7.4.3) 式，得到外场声压对应的广义节点力与单元节点声压的关系：

$$\{f_p^i\} = [h]\{p_e\} \tag{7.4.6}$$

式中，$[h]$ 为单元耦合矩阵，其表达式为

$$[h] = \int_S [N_j^a][N_i^s]\boldsymbol{n}\,\mathrm{d}S \tag{7.4.7}$$

类似于单元刚度和质量矩阵整合为整体刚度和质量矩阵，单元耦合矩阵 $[h]$ 也整合为整体耦合矩阵，相应地 (7.4.6) 式扩展为全部单元和节点，则有

$$\{f_p\} = [H]\{p\} \tag{7.4.8}$$

式中，$[H]$ 为整体耦合矩阵。

假设在结构与声介质界面上结构单元与声单元吻合，且取同样的形状函数，则结构振动位移与声介质法向振速连续的关系可以表示为

$$\{v_n\} = -\mathrm{i}\omega[L]\{U\} \tag{7.4.9}$$

式中，$[L]$ 为适配矩阵，其元素为声单元节点的外法向方向。

已知了结构表面节点声压与节点法向振速的关系、结构有限元振动方程及外场声压作用于结构的广义节点力，下面可以有两种方法求解 (7.4.1) 式、(7.4.2) 式、(7.4.8) 和 (7.4.9) 式组成的耦合方程组，第一种为结构变量法，将 (7.4.9) 式代入 (7.4.1) 式，可得结构表面节点声压与节点位移的关系：

$$\{p\} = -\mathrm{i}\omega[A]^{-1}[B][L]\{U\} \tag{7.4.10}$$

再将 (7.4.10) 式代入 (7.4.8) 式，得到外场声压对应的广义节点力与结构表面节点位移的关系：

$$\{f_p\} = -\mathrm{i}\omega[H][A]^{-1}[B][L]\{U\} \tag{7.4.11}$$

进一步将 (7.4.11) 式代入 (7.4.2) 式，得到以结构变量为待求参数的耦合方程：

$$\left\{[K] + \mathrm{i}\omega[C] - \omega^2[M] + \mathrm{i}\omega[H][A]^{-1}[B][L]\right\}\{U\} = \{f\} \tag{7.4.12}$$

令

$$[H][A]^{-1}[B][L] = \omega\left\{[R_1] + \mathrm{i}[R_2]\right\} \tag{7.4.13}$$

则 (7.4.12) 式可以变为

$$\left\{[K] + \mathrm{i}\omega\left([C] + \omega[R_1]\right) - \omega^2\left([M] + [R_2]\right)\right\}\{U\} = \{f\} \tag{7.4.14}$$

这里，(7.4.13) 式相当于将外场声场对结构的作用分为两部分，一部分为辐射阻 $\omega[R_1]$，另一部分为辐射抗 $\mathrm{i}\omega[R_2]$，于是在耦合振动方程中，增加了相应的辐射阻尼项 $\omega[R_1]$ 和附加质量项 $[R_2]$。如果外场介质是不可压缩的，不存在辐射声场，在这种情况下，只有附加质量项 $[R_2]$，没有辐射阻尼项 $[R_1]$。

第二种方法为流体变量法，将 (7.4.9) 式代入 (7.4.1) 式，有

$$[A]\{p\} = -\mathrm{i}\omega[B][L]\{U\} \tag{7.4.15}$$

同时将 (7.4.8) 式代入 (7.4.2) 式，得到

$$\{U\} = [Z]^{-1}\{f\} - [Z]^{-1}[H]\{p\} \tag{7.4.16}$$

式中，

$$[Z] = [K] + \mathrm{i}\omega[C] - \omega^2[M] \tag{7.4.17}$$

再将 (7.4.16) 式代入 (7.4.15) 式，可得到结构表面节点声压与激励外力对应的节点力的关系：

$$\{[A] - [D][H]\}\{p\} = [D]\{f\} \tag{7.4.18}$$

式中，

$$[D] = -\mathrm{i}\omega[B][L][Z]^{-1}$$

由 (7.4.14) 式和 (7.4.18) 式可以分别求解得到结构表面节点位移和节点声压，再由 (7.4.9) 式得到结构表面节点法向振速，在两种情况下，分别采用 (7.4.1) 式，由节点声压求解节点法向振速，或者由节点法向振速求解节点声压，当两者都已知时，可以由 7.1 节给出的远场辐射声压公式计算相应的声场分布及声辐射功率。实际上，两种求解方法没有本质差别，无非是先求解表面节点位移还是表面节点声压。从计算的角度来看，(7.4.18) 式中的矩阵运算为稠密的非对称复矩阵运算，计算 $[D][H]$ 和 $[D]\{f\}$ 时需要考虑 $[Z]^{-1}$ 的计算，(7.4.14) 式中的矩阵运算为相对稠密的非对称复矩阵运算，需要考虑 $[A]^{-1}[B]$ 的计算。Mathews[71] 针对球壳进行计算后认为，流体变量法比结构变量法的计算精度高，且计算效率高二倍。为了降低计算量，可以利用结构在真空中的模态解，即

$$\{U\} = [\Phi]\{q\} \tag{7.4.19}$$

(7.4.14) 式和 (7.4.18) 式可以分别变为

$$\left\{[\Lambda] + \mathrm{i}\omega[\Phi]^{\mathrm{T}}\left([C] + [H][A]^{-1}[B][L]\right)[\Phi] - \omega^2[I]\right\}\{q\} = [\Phi]\{f\} \tag{7.4.20}$$

$$\{[A] + [E][H]\}\{p\} = [E]\{f\} \tag{7.4.21}$$

式中,

$$[E] = -\mathrm{i}\omega[B][L][\varPhi]\left([\varLambda] + \mathrm{i}\omega[\varPhi]^{\mathrm{T}}[C][\varPhi] - \omega^2[I]\right)^{-1}[\varPhi]^{\mathrm{T}} \tag{7.4.22}$$

这里, $[\varPhi]$ 为结构自由振动的本征矢量矩阵, $[\varLambda]$ 为结构自由振动本征值组成的对角阵。

Seybert[72] 等采用球壳验证了有限元和边界元方法计算结构声辐射的收敛性,在声辐射峰值频率附近,收敛性要比其他频率慢一些。作为有限元 + 边界元方法计算结构耦合振动和声辐射的例子, Jeans 和 Mathews[73] 选取一个半径为 1m、壁厚为 1cm 的钢质薄球壳,浸没在无限水介质中。球壳极点受单位点力激励,计算得到的归一化远场辐射声压如图 7.4.1 所示,数值计算与解析计算结果吻合较好,在 350Hz 以上频段,由于球壳干模态计算的偏差,导致归一化远场辐射声压出现了附加的峰值和谷点,如果细化离散单元,可以消除这些峰值和谷点。图 7.4.2 给出了悬臂板的归一化远场辐射声压。计算的悬臂板一端固支,一端自由,长和宽分别为 0.4064m 和 0.2032m、厚 2.67mm,材料为钢材,浸没在无限水介质中,自由端两侧受一对单位力激励。Chen 等 [74] 针对大型结构,将结构自由度分为内部和表面法向两部分,还将边界元离散 Helmholtz 积分方程得到的声负载表示为对称复矩阵形式,使有限元和边界元的存储空间和计算时间大为节省,他们计算的水中钢质球壳的声辐射功率如图 7.4.3 所示。针对细长椭球壳,壳体离散的节点数为 2634 个,相应的自由度为 15804 个,离散的网格图参见图 7.4.4,计算得到的声辐射功率由图 7.4.5 给出。

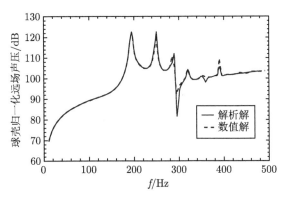

图 7.4.1 有限元与边界元计算的球壳归一化远场辐射声压
(引自文献 [73], fig2)

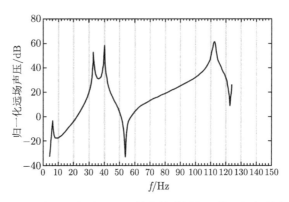

图 7.4.2   有限元与边界元计算的悬臂板归一化远场辐射声压
(引自文献 [73], fig4)

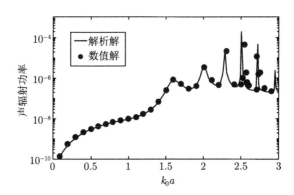

图 7.4.3   有限元与边界元计算的水中钢质球壳声辐射功率
(引自文献 [74], fig8)

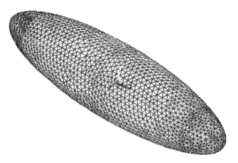

图 7.4.4   细长椭球壳离散网格
(引自文献 [74], fig9)

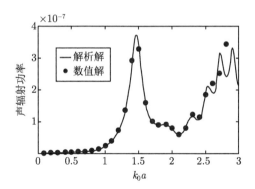

图 7.4.5　细长椭球壳声辐射功率计算结果
(引自文献 [74], fig15)

采用模态分解法精确描述 "干" 结构动态响应所需的本征矢量数量较大, 为了克服这一缺陷, Jeans 和 Mathews[75] 采用 Lanczos 矢量表示结构动力矩阵, 可以明显降低流固耦合方程的阶数; Ettouney[76,77] 采用湿模态复矢量分解流体-结构湿表面的振动位移和声压, 继而计算远场辐射声场, 具有振动与声辐射对应关系清晰等优点。Chen[78,79] 采用辐射模态概念, 将表面声压和振速分别用辐射声模态和振速模态展开, 并结合压缩的结构有限元方程, 得到耦合运动方程, 远场声辐射计算也用辐射模态展开 Helmholtz 积分方程来实现, 这种方法能够提供强辐射模态和弱辐射模态的振动及远场声辐射方向特性。Mariem[80] 和 Jeans[81] 等针对非封闭曲面薄壳内外表面法向速度连续的特征, 简化边界积分方程, 仅保留双层势项, 结构有限元采用变分原理建立流固耦合方程, 具有奇异积分易处理, 流体矩阵有对称性等优点。

Chen 等 [82] 考虑如图 7.4.6 所示的对称浮体, 采用有限元 + 边界元方法计算了结构表面声压、振速以及远场辐射声压方向性。他们针对浮体的对称性和水面的压力释放条件, 利用虚源原理, 给出表面积分方程中的 Green 函数为

$$G(x,\xi) = \frac{1}{4\pi}\left[\frac{\mathrm{e}^{\mathrm{i}k_0|x-\xi|}}{|x-\xi|} + \frac{\mathrm{e}^{\mathrm{i}k_0|x_3-\xi|}}{|x_3-\xi|} - \frac{\mathrm{e}^{\mathrm{i}k_0|x_1-\xi|}}{|x_1-\xi|} - \frac{\mathrm{e}^{\mathrm{i}k_0|x_2-\xi|}}{|x_2-\xi|}\right] \quad (7.4.23)$$

式中, x 为场点位置, x_1, x_2 和 x_3 为虚源位置, x_3 为对应同相虚源, x_1, x_2 对应的反向虚源。

将 (7.4.23) 式给出的 Green 函数代入表面积分方程, 离散后仍得到如 (7.4.1) 式的表面节点与表面法向振速的关系。另外, 将 (7.4.2) 式表示为

$$\left\{\begin{bmatrix} K_{nn} & K_{ni} \\ K_{in} & K_{ii} \end{bmatrix} + \mathrm{i}\omega\begin{bmatrix} C_{nn} & C_{ni} \\ C_{in} & C_{ii} \end{bmatrix} - \omega^2\begin{bmatrix} M_{nn} & M_{ni} \\ M_{in} & M_{ii} \end{bmatrix}\right\}\left\{\begin{array}{c} U_n \\ U_i \end{array}\right\}$$

$$= \left\{ \begin{array}{c} f_n \\ f_i \end{array} \right\} + \left\{ \begin{array}{c} f_p \\ 0 \end{array} \right\} \tag{7.4.24}$$

式中, $[K_{pq}]$, $[C_{pq}]$, $[M_{pq}]$ $(p,q=n,i)$ 为结构刚度、阻尼和质量矩阵, 其下标 n,i 分别对应结构法向位移自由度和其他位移自由度; U_n, U_i 分别为节点法向位移矢量和节点其他方向位移矢量; $\{f_n,f_i\}^{\mathrm{T}}$ 为作用在结构上激励外力对应的法向和其他方向的广义节点力列矢量。

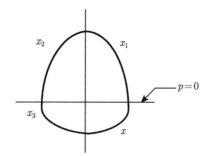

图 7.4.6　对称浮体声辐射计算模型
(引自文献 [82], fig1)

若考虑表面法向坐标与整体坐标的变换及湿表面, 则有如下关系:

$$\left\{ \begin{array}{c} U_n \\ U_i \end{array} \right\} = \left[\begin{array}{cc} T_1 & 0 \\ T_2 & T_3 \end{array} \right] \left\{ \begin{array}{c} U_w \\ U_d \end{array} \right\} \tag{7.4.25}$$

式中, U_w 表示整体坐标下湿表面的三个线性振动位移, U_d 为除 U_w 以外的所有其他振动位移, 包括所有转动自由度的振动位移; $[T_1]$ 为湿表面法向振动位移与整体线性位移的转换关系, $[T_2]$ 为湿表面线性位移与湿表面切向振动位移的转换关系, $[T_3]$ 为两个坐标中干表面振动位移及所有转动自由度振动位移的转换关系。

将 (7.4.25) 式代入 (7.4.24) 式, 并考虑到 (7.4.1) 和 (7.4.8) 式, 再左乘 (7.4.25) 式中的转换矩阵, 可得整体坐标系中的耦合振动方程:

$$\begin{aligned} & \left[\begin{array}{cc} T_1 & 0 \\ T_2 & T_3 \end{array} \right]^{\mathrm{T}} \left[\begin{array}{cc} Z_{nn} & Z_{ni} \\ Z_{in} & Z_{ii} \end{array} \right] \left[\begin{array}{cc} T_1 & 0 \\ T_2 & T_3 \end{array} \right] \left\{ \begin{array}{c} U_w \\ U_d \end{array} \right\} \\ & + \left[\begin{array}{cc} \mathrm{i}\omega[T_1]^{\mathrm{T}}[H][A]^{-1}[B][T_1] & 0 \\ 0 & 0 \end{array} \right] \left\{ \begin{array}{c} U_w \\ U_d \end{array} \right\} = \left[\begin{array}{cc} T_1 & 0 \\ T_2 & T_3 \end{array} \right]^{\mathrm{T}} \left\{ \begin{array}{c} f_n \\ f_i \end{array} \right\} \end{aligned} \tag{7.4.26}$$

式中,

$$[Z_{pq}] = [K_{pq}] + \mathrm{i}\omega[C_{pq}] - \omega^2[M_{pq}], \quad p,q=n,i$$

Chen 等以界面上的半球壳为例,计算球壳表面振动位移和声压,得到的结果与解析解吻合较好,参见图 7.4.7。

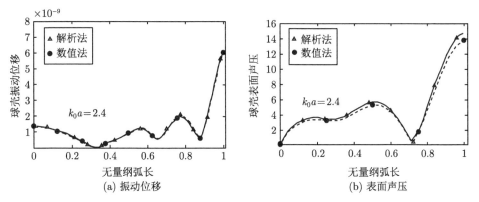

图 7.4.7 半球壳表面法向振动位移和表面声压分布比较
(引自文献 [82], fig5, fig6)

为了提高计算效率,文献 [83] 将剩余模态概念用于有限元 + 边界元建模中,提出修正的模态分解法用于计算回转壳体的耦合振动及声辐射。引入的剩余模态矩阵:

$$[\Psi] = [K]^{-1} - [\Phi_N][\Lambda_N]^{-1}[\Phi_N]^{\mathrm{T}} \tag{7.4.27}$$

式中,$[\Phi_N]$ 为保留的前 N 阶模态的本征矢量组成的矩阵,$[\Lambda_N]$ 为保留的前 N 阶模态的本征值组成的对角阵。

(7.4.27) 式定义的剩余模态矩阵 $[\Psi]$ 表征了被删除的高阶模态对节点位移矢量 $[U]$ 的准静态响应,由于它是被删除模态的某种线性组合,因而具有以下正交性:

$$[\Phi_N]^{\mathrm{T}}[M][\Psi] = \left([\Psi]^{\mathrm{T}}[M][\Phi_N]\right)^{\mathrm{T}} = 0 \tag{7.4.28}$$

$$[\Phi_N]^{\mathrm{T}}[K][\Psi] = \left([\Psi]^{\mathrm{T}}[K][\Phi_N]\right)^{\mathrm{T}} = 0 \tag{7.4.29}$$

采用保留模态和剩余模态分解振动位移:

$$\{U\} = [\Phi_N]\{\xi_N\} + [\Psi]\{\eta\} \tag{7.4.30}$$

式中,$\{\xi_N\}$ 和 $\{\eta\}$ 分别为保留模态和剩余模态的广义坐标。

将 (7.4.30) 式代入 (7.4.2) 式,为简单起见,不考虑其中的阻尼矩阵,分别左乘 $[\xi_N]^{\mathrm{T}}$ 和 $[\Psi]^{\mathrm{T}}$,并利用 (7.4.28) 和 (7.4.29) 式,可得

$$\left([\Lambda] - \omega^2[I]\right)\{\xi_N\} = [\Phi_N]^{\mathrm{T}}\{f\} + [\Phi_N]^{\mathrm{T}}\{f_p\} \tag{7.4.31}$$

$$\left([\Psi]^{\mathrm{T}}[K][\Psi] - \omega^2[\Psi]^{\mathrm{T}}[M][\Psi]\right)\{\eta\} = [\Psi]^{\mathrm{T}}\{f\} + [\Psi]^{\mathrm{T}}\{f_p\} \tag{7.4.32}$$

在 (7.4.32) 式忽略 ω^2 的相关项, 并代入 (7.4.27) 式, 利用 (7.4.29) 式, 可以得到

$$[\Psi]^{\mathrm{T}}\{\eta\} = [\Psi]^{\mathrm{T}}\{f\} + [\Psi]^{\mathrm{T}}\{f_p\} \tag{7.4.33}$$

考虑到 $[\Psi]$ 为非奇异矩阵, 因此有

$$\{\eta\} = \{f\} + \{f_p\} \tag{7.4.34}$$

将 (7.4.34) 式代入 (7.4.30) 式, 得到节点位移矢量的修正模态展开表达式:

$$\{U\} = [\Phi_N]\{\xi_N\} + [\Psi]\{f\} + [\Psi]\{f_p\} \tag{7.4.35}$$

再将 (7.4.35) 式代入 (7.4.9) 式, 并利用 (7.4.1) 和 (7.4.8) 式, 得到表面节点声压:

$$\{p\} = \mathrm{i}\omega[G]^{-1}[B][L]\left\{[\Phi_N]\{\xi_N\} + [\Psi]\{f\}\right\} \tag{7.4.36}$$

式中,

$$[G] = [A] + \mathrm{i}\omega[B][L][\Psi][H]$$

最后考虑 (7.4.8) 式, 将 (7.4.36) 式代入 (7.4.31) 式, 则可求解得到广义模态位移解:

$$\{\xi_N\} = \left([\varLambda] - \omega^2[I] + [Z][\Phi_N]\right)^{-1} \cdot \left([\Phi_N]^{\mathrm{T}} - [Z][\Psi]\right)\{f\} \tag{7.4.37}$$

式中,

$$[Z] = \mathrm{i}\omega[\Phi_N]^{\mathrm{T}}[H][G]^{-1}[B][L] \tag{7.4.38}$$

当剩余模态矩阵为零时, (7.4.37) 式退化为常规的模态解 (7.4.20) 式。由 (7.4.37) 式求解得到模态位移 $\{\xi_N\}$ 后, 进一步可由 (7.4.36) 式求解节点声压, 再由 (7.4.35) 式和 (7.4.9) 式求解得到节点法向振速。采用剩余模态修正方法后, 增加了矩阵的运算, 但并没有增加难点, 针对水中球壳声辐射的验证计算表明, $k_0 a = 1 \sim 2$ 和 $k_0 a = 3 \sim 4$ 时分别取 7 个和 20 个模态, 可以达到常规模态法取 15 个和 30 个模态的计算精度, 而且球壳壁厚与半径的比值 h/a 较小时, 修正模态法的效果更显著些, 这是因为 h/a 较小时, 球壳模态频率间距较小, 模态截断后剩余的高阶模态对耦合振动和声辐射的贡献较大。

在 7.2 节介绍表面 Helmholtz 积分方程时, 一个主要的困难是积分的寄异性。为了能够避免这一问题, Wu 等 [84] 在结构表面外作一个人工边界, 将外部无限声介质区哉分为两部分, 参见图 7.4.8, 人工边界内部采用有限元离散, 振动面采

用边界元离散，获得振动面边界值，再计算声辐射声场。这样积分方程中的核函数不可能出现奇异性。当然为了避免唯一性，表面积分方程还是采用 Burton 和 Miller 的组合 Helmholtz 积分方程。

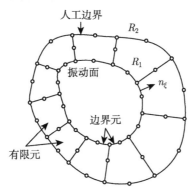

图 7.4.8　结构表面外的人工边界
(引自文献 [84], fig1)

　　经过几十年的发展，采用有限元和边界元方法计算任意形状结构的受激振动和声辐射，已经形成功能强大、界面方便的商用软件，如 NASTRAN, ANSYS, SYSNOISE 等，推动了有限元和边界元方法在复杂结构声辐射计算方面的工程应用 [85,86]，并进一步往虚拟现实方向发展 [87]。虽然有限元 + 边界元方法具有很强的声学建模能力，但是实际潜艇和船舶的结构还是太复杂了，很难在一个较宽的频率范围内进行精细化建模。Langley 称 [88]，一个 8m 长的飞机舱段采用有限元建模，计算上限频率为 225Hz 的振动，需要 550000 个自由度。因此，有限元 + 边界元方法不仅仅只适用于低频，而且即使低频，也需要针对不同的频率范围建立不同的结构有限元模型，从而一方面保证有效的模拟及计算精度，另一方面也不至于计算量过大。Ross[89] 将舰艇声辐射划分为低频、中频和高频三个区域，分频段建立相应的声辐射模型。一般认为低频区从 1Hz 到声波波长等于艇体长度一半的频率，对于 150m 长的舰艇，低频区的上限频率约为 20Hz。在这个频段艇体为整体运动，除了刚体平动和转动外，还有艇体的梁式弯曲振动和手风琴式的纵向振动。中频区为低频区的上限频率到声波波长等于横截面等效半径的频率，对于直径为 10m 的圆截面艇体，中频区上限频率为 300Hz，在这个频段艇体振动以舱段振动为主，其余舱段部分可以看作为圆柱声障板。Ross 认为中频区需要重点考虑舱段的共振，结构的微小变化虽然只使共振频率变化百分之几，但一定激励下的振动和声响应会产生明显的差异。高频区为中频区上限频率到壳体的吻合频率，在这个频段艇体振动以局部壳板振动为主，其余部分也看作为声障板。

　　由于实际艇体结构的复杂性，按低、中、高三个频率区域建立艇体有限元模型，仍需要对具体的结构进行取舍，相应的原则有两条：从振动角度来讲，艇体变截面梁模型、舱段模型及板壳模型的模态频率应该反映实际情况的振动频率；再从声学角度来讲，除了模拟模态频率外，还要求变截面梁、舱段和板壳三种模型的振动模态能够反映实际的振动分布特性。因此，低频区建模时，需要模拟艇体结构及外板、肋板、纵向主加强材和具有主纵向加强材的上层建筑，还需要模拟横舱壁及尺度大于舱室长度一半的纵向隔壁、甲板、铺板、液舱等艇内结构，另外，质量较大的机械设备及舱内液体也需要模拟。中频区建模以舱段为单位进行模拟，除了低频区模拟的位于该舱室的主要结构外，还需要模拟肋骨、隔壁、铺板、甲板、壳体连接件及基座、肘板、支承板和其他局部加强结构件。高频区建模选取舱室的局部结构，其尺寸的选择应满足所研究的频率范围要求，对于选定的局部结构应力求详细模拟结构特征。

7.5 复杂弹性结构流体负载的近似计算方法

有限元 + 边界元方法计算任意结构受激振动和声辐射，由 Helmholtz 表面积分方程计算结构表面振速和声压的关系获得流体负载，需要针对每个单元在每个频率下进行两次曲面积分，计算远场声压时也要两次曲面积分，相应的计算量很大，因此，往往会采取一些近似处理的方法[4]。如果不能同时已知复杂结构表面声压和法向振速，且当声源波长远小于辐射表面的平均曲率半径，也远小于振动速度明显变化的范围时，局部表面声压可以利用球表面声压与振速在高频段 $(k_0a \gg 1)$ 的关系近似计算：

$$p(\xi) = \rho_0 C_0 v_n(\xi)(1 - \mathrm{i}/k_0 a) \tag{7.5.1}$$

式中，a 为辐射表面平均曲率半径。

在高频段利用表面振速计算声压，可以采用更近似的平面波近似，即

$$p(\xi) = \rho_0 C_0 v_n(\xi) \tag{7.5.2}$$

如果辐射表面声压已知，也可以利用平面波近似计算振速，并进一步计算远场辐射声压。还有一种较宽频段适用的近似，就是当辐射表面外形近似椭球时，可以采用椭球表面振速与声压的解析关系，由辐射面已知振速计算相应的声压，详细的计算关系可参见第 4 章。7.4 节提到建立舰艇耦合振动和声辐射计算模型时，只有在低频段才需要建立较复杂的整体模型。在低频段考虑流体负载，可以忽略流体介质的压缩性，由求解 Laplace 方程替代求解 Helmholtz 方程，Deruntz 和 Geers[90] 详细给出了 Laplace 方程的求解方法及附加质量计算表达式，由于忽略了流体介质的压缩性，流体负载只有质量负载而没有能量损耗的阻性负载，而且负载积分计算与频率无关，可以显著减少计算量。

考虑一个三维物体在无限大的理想不可压缩流体中运动，其速度势 ϕ 满足 Laplace 方程：

$$\nabla^2\phi = 0 \tag{7.5.3}$$

在物体表面和无限远处，速度势分别满足

$$\phi' = \frac{\partial\phi}{\partial n} = -v_n \tag{7.5.4}$$

$$\nabla\phi = 0 \tag{7.5.5}$$

式中，ϕ' 为速度势法向导数，v_n 为物面法向速度。

Laplace 方程也可以采用外场表面积分方程求解，与 Helmholtz 积分方程的不同之处在于自由场 Green 函数不含 $\mathrm{e}^{\mathrm{i}k_0 d}$ 项。这里给出简单源的积分方程解：

$$\phi(x) = \int_S \frac{\sigma(\xi)}{d(x,\xi)}\mathrm{d}S(\xi) \tag{7.5.6}$$

$$\phi'(x) = -2\pi\sigma(x) + \int_S \frac{\sigma(\xi)\cos\theta(x,\xi)}{d^2(x,\xi)}\mathrm{d}S(\xi) \tag{7.5.7}$$

式中，$d(x,\xi)$ 为场点 x 到源点 ξ 的距离，$\theta(x,\xi)$ 为场点矢量与物面法向矢量 $\boldsymbol{n}$ 之间的夹角，$\sigma(\xi)$ 为源强度。

相应的流体动能为

$$T_f = -\frac{1}{2}\rho_0 \int_S \phi'(x)\phi(x)\mathrm{d}S \tag{7.5.8}$$

采用常数单元离数物体表面积分方程 (7.5.6) 和 (7.5.7)，有

$$\{\phi\} = [A]\{\sigma\} \tag{7.5.9}$$

$$\{\phi'\} = -[B]\{\sigma\} \tag{7.5.10}$$

式中，$\{\phi\}$ 和 $\{\phi'\}$ 分别为表面单元节点速度势和节点速度势导数组成的列矩阵，$\{\sigma\}$ 为单元源强度组成的列矩阵，且有

$$A_{ij}(x_i) = \int_{S_j} \frac{1}{d(x_i,\xi_j)}\mathrm{d}S(\xi_j) \tag{7.5.11}$$

$$B_{ij}(x_i) = 2\pi\delta_{ij} - \int_S \frac{\cos\theta(x_i,\xi_j)}{d^2(x_i,\xi_j)}dS(\xi_j) \tag{7.5.12}$$

考虑到 (7.5.4) 式，由 (7.5.10) 式，可得到源强度：

$$\{\sigma\} = [B]^{-1}\{v_n\} \tag{7.5.13}$$

将 (7.5.9) 式、(7.5.10) 式、(7.5.13) 式代入 (7.5.8) 式，得到流体动能的有限元近似表达式：

$$T_f = \begin{cases} \dfrac{1}{2}\rho_0\{v_n\}^{\mathrm{T}}[E]\{v_n\} \\[2mm] \text{或者} \\[2mm] \dfrac{1}{2}\rho_0\{v_n\}^{\mathrm{T}}[E]^{\mathrm{T}}\{v_n\} \end{cases} \tag{7.5.14}$$

式中，

$$[E] = [B]^{-\mathrm{T}}\left\{\iint_S [B]^{\mathrm{T}}[A]\mathrm{d}S\right\}[B]^{-1} \tag{7.5.15}$$

且有

$$[B]^{-\mathrm{T}} = ([B]^{-1})^{\mathrm{T}}$$

再将 (7.5.14) 式表示为

$$T_f = \frac{1}{2}\{v_n\}^{\mathrm{T}}[M_f]\{v_n\} \tag{7.5.16}$$

式中，$[M_f]$ 为流体质量矩阵，其表达式为

$$[M_f] = \frac{1}{2}\rho_0\left\{[E] + [E]^{\mathrm{T}}\right\} \tag{7.5.17}$$

考虑法向流体速度 v_n 与物体表面振速的关系

$$\{v_n\} = [L]\{\dot{U}\} \tag{7.5.18}$$

这样，(7.5.16) 可表示为

$$T_f = \frac{1}{2}\{\dot{U}\}^{\mathrm{T}}[M_a]\{\dot{U}\} \tag{7.5.19}$$

式中，$[M_a]$ 为附加质量矩阵，其表达式为

$$[M_a] = [L]^{\mathrm{T}}[M_f]\{L\} \tag{7.5.20}$$

于是，结构在流体介质中的耦合振动方程为

$$\{[M_s] + [M_a]\}\{\ddot{U}\} + [K_s]\{U\} = \{f\} \tag{7.5.21}$$

由 (7.5.21) 式可见, 在低频情况下, 不考虑流体的压缩性, 流体对结构的作用可以近似等效为附加质量。附加质量增加了结构的有效质量, 可降低结构的模态频率和振动响应, 但对结构模态振型的影响较小。附加质量矩阵 $[M_a]$ 与频率无关, 只要在结构表面进行一次面积分计算即可, 与 Helmholtz 表面积分相比, 计算简化很多, 而且求解也没有增加困难。在计算复杂结构低频声辐射时, 常利用 (7.5.21) 式计算得到结构的耦合振动, 再由远场 Helmholtz 表面积分计算得到辐射声场。

为了既不增加很大的计算量, 又提高流体负载计算的适用性, Geers[91] 提出了双渐近近似法计算流体负载。他针对水下结构在瞬态冲击载荷作用下, 流固耦合的两个基本特性, 其一, 早期瞬态 (高频) 响应主要为声辐射问题 (可压缩流体), 即平面波或曲面波近似解, 其二, 后期瞬态 (低频) 响应主要是 "附加质量" 问题 (不可压缩流体), 采用渐进展开匹配法, 建立可用于中间频段的流固耦合方程, 高频时其解趋近于早期近似解, 低频时其解则趋近于后期近似解。基于文献 [92] 和 [64] 的延迟势解, 这里给出双渐进近似的主要思路和结果, 不给出详细的推导过程。对于早期解, 某场点的响应只有在该点周围 $d < C_0 t$ 的很小表面区域才有影响, 声压与结构法向振动满足曲面波近似 (curved wave approximation):

$$\dot{p} + C_0 \kappa p = \rho_0 C_0 \ddot{W} \tag{7.5.22}$$

式中, κ 为表面场点的平均曲率。

当表面平均曲率 $\kappa \to 0$ 时, (7.5.22) 式退化为与 (7.5.2) 式一样的平面波近似:

$$p = \rho_0 C_0 \dot{W} \tag{7.5.23}$$

采用常数单元离散 (7.5.22) 式和 (7.5.23) 式, 可以分别得到声压与法向振动位移的矩阵关系:

$$[S]\{\dot{p}\} + C_0[S][\kappa]\{p\} = \rho_0 C_0[S]\{\ddot{W}\} \tag{7.5.24}$$

$$[S]\{p\} = \rho_0 C_0[S]\{\dot{W}\} \tag{7.5.25}$$

式中, $[S]$ 为表面单元面积对角阵, $[\kappa]$ 为表面单元平均曲率对角阵。

对于后期解, 场点延迟势响应计算需要扩大到整个湿表面积分, 考虑到频率较低, 忽略高阶时间导数项, 可以得到附加质量近似和修正附加质量近似的声压:

$$p = \frac{1}{2\pi} \int_S \frac{p}{d^2} \frac{\partial d}{\partial n} \mathrm{d}S - \frac{1}{2\pi} \int_S \rho_0 \frac{\ddot{W}}{d} \mathrm{d}S \tag{7.5.26}$$

$$p = \frac{1}{2\pi} \int_S \frac{p}{d^2} \frac{\partial d}{\partial n} \mathrm{d}S - \frac{1}{2\pi} \int_S \frac{\rho_0}{d} \left(\ddot{W} - \frac{\dddot{W}}{C_0} \right) \mathrm{d}S \tag{7.5.27}$$

注意到 (7.5.26) 式实际上为不考虑流体压缩性的 Laplace 方程外场积分方程解, 而修正的附加质量近似解比附加质量近似多了一项考虑流固界面法向加加速度的修正项。如果整个湿表面的法向加加速度平均值为零, 则此修正项为零, 因此, 只有对 "呼吸" 振动模态, 修正项的影响才会明显。离散 (7.5.26) 和 (7.5.27) 式, 分别得到声压与法向振动位移的矩阵关系:

附加质量近似:

$$[S]\{p\} = [M]\{\ddot{W}\} \tag{7.5.28}$$

修正附加质量近似:

$$[S]\{p\} = [M]\{\ddot{W}\} + [Q]\{\dddot{W}\} \tag{7.5.29}$$

式中,

$$[M] = \rho_0 [S][B]^{-1}[A] \tag{7.5.30}$$

$$[Q] = \frac{\rho_0}{C_0} [S][B]^{-1}[S] \tag{7.5.31}$$

这里, 矩阵 $[A]$ 和 $[B]$ 为离散 (7.5.26) 和 (7.5.27) 式得到的系数矩阵。质量矩阵 $[M]$ 与 (7.5.17) 式给出的 $[M_f]$ 具有相同的物理含义, 但由于推导方式不一样, 使得表达形式稍有不同, 相差一个表面单元面积对角阵 $[S]$。

双渐近近似是一种采用渐进展开匹配法推导流固耦合微分方程的摄动方法。考虑一阶双渐进近似 (DAA1), 取早期高频近似解和后期低频近似解作为两个单边渐近表达式, 即高频平面波和低频附加质量近似, 考虑 (7.5.23) 和 (7.5.28) 式, 在 Laplace 变换空间, 两种近似下的声阻抗分别为

$$Z_H = \rho_0 C_0 \tag{7.5.32}$$

$$Z_L = ms \tag{7.5.33}$$

式中, s 为 Laplace 变换量, m 为附加质量, 由 (7.5.26) 式可得其表达式:

$$m = -\frac{\rho_0}{2\pi} \left[1 - \frac{1}{2\pi} \int_S \frac{1}{d^2} \frac{\partial d}{\partial n} \mathrm{d}S \right]^{-1} \int_S \frac{1}{d} \mathrm{d}S \tag{7.5.34}$$

设一阶双渐进近似的声阻抗为

$$Z_{DAA_1} = \frac{p}{\dot{W}} = \frac{as}{1 + bs} = \begin{cases} \dfrac{a}{b}, & s \to \infty \\ as, & s \to 0 \end{cases} \tag{7.5.35}$$

式中，a 和 b 为待定参数，将 (7.5.35) 式与 (7.5.32) 和 (7.5.33) 式匹配比较，可得

$$a = m \tag{7.5.36}$$

$$b = \frac{m}{\rho_0 C_0} \tag{7.5.37}$$

将 (7.5.36) 和 (7.5.37) 式代入 (7.5.35) 式，并回到时间域，则有表面声压与法向振动位移的关系：

$$m\dot{p} + \rho_0 C_0 p = \rho_0 C_0 m \ddot{W} \tag{7.5.38}$$

离散 (7.5.38) 式，则有一阶渐近近似的声压与振动位移的矩阵关系：

$$[M]\{\dot{p}\} + \rho_0 C_0 [S]\{p\} = \rho_0 C_0 [M]\{\ddot{W}\} \tag{7.5.39}$$

再考虑二阶双渐近近似 (DAA2)，高频时取曲面波近似，低频时取修正的附加质量近似。考虑 (7.5.24) 式和 (7.5.29) 式，两种近似下的声阻抗分别为

$$Z_H = \frac{\rho_0 C_0 s}{s - \kappa C_0} = \rho_0 C_0 + \rho_0 C_0^2 \kappa s^{-1} \tag{7.5.40}$$

$$Z_L = ms + qs^2 \tag{7.5.41}$$

其中，算子 q 的表达式可由 (7.5.27) 式得到

$$q = \frac{\rho_0}{2\pi C_0} \left[1 - \frac{1}{2\pi} \int_S \frac{1}{d^2} \frac{\partial d}{\partial n} \mathrm{d}S \right]^{-1} \int_S \frac{1}{d} \mathrm{d}S \tag{7.5.42}$$

设二阶双渐近近似的声阻抗为

$$Z_{DAA_2} = \frac{p}{\dot{W}} = \frac{a_1 s + a_2 s^2}{1 + b_1 s + b_2 s^2} \tag{7.5.43}$$

式中，a_1, a_2 和 b_1, b_2 为待定参数。

(7.5.43) 式在高频和低频展开，有

$$Z_{DAA_2}^H = \frac{a_2}{b_2} + \frac{a_1 b_2 - a_2 b_1}{b_2^2} s^{-1} \tag{7.5.44}$$

$$Z_{DAA_2}^L = a_1 s + (a_2 - a_1 b_1) s^2 \tag{7.5.45}$$

将 (7.5.44) 式、(7.5.45) 式分别与 (7.5.40) 式、(7.5.41) 式比较可得

$$a_1 = m$$

$$a_2 = \frac{m^2 + \kappa C_0 q}{C_0(\rho_0 - \kappa m)}$$

$$b_1 = \frac{m + \kappa C_0 q}{C_0(\rho_0 - \kappa m)}$$

$$b_2 = \frac{m^2 + \kappa C_0 q}{C_0 \omega^2(\rho_0 - \kappa m)}$$

待定参数 a_1, a_2 和 b_1, b_2 确定后, 利用 (7.5.43) 式, 同样回到时间域, 可以得到表面声压与法向振动位移的关系:

$$\begin{aligned}
(m + \rho_0 C_0 q m^{-1})\ddot{p} &+ \rho_0 C_0(1 - \kappa C_0 q m^{-1})\dot{p} + \rho_0 C_0(\rho_0 C_0 m^{-1} - \kappa C_0)p \\
&= \rho_0 C_0(\rho_0 C_0 + \kappa C_0 m)\ddot{W} + \rho_0 C_0(m + \rho_0 C_0 q m^{-1})\dddot{W}
\end{aligned} \tag{7.5.46}$$

离散 (7.5.46) 式, 则有二阶双渐近近似的表面声压与振动位移的矩阵关系:

$$\begin{aligned}
\{[M] + \rho_0 C_0[N][S]\}\{\ddot{p}\} &+ \rho_0 C_0\left([I] - C_0[\kappa][N]\right) \cdot [S]\{\dot{p}\} + \rho_0 C_0[\Omega][S]\{p\} \\
&= \rho_0 C_0[\Omega][M]\{\ddot{W}\} + \rho_0 C_0\left([M] + \rho_0 C_0[N][S]\right)\{\dddot{W}\}
\end{aligned}$$

$$\tag{7.5.47}$$

其中, $[I]$ 为单位矩阵, 且有

$$[\Omega] = \rho_o C_0[S][M]^{-1} + C_0[\kappa] \tag{7.5.48}$$

$$[N] = [Q][S][M]^{-1} \tag{7.5.49}$$

若不精确讨论呼吸振动模态, 可取 $[Q] = 0$, 则 (7.5.47) 式简化为

$$\begin{aligned}
[M]\{\ddot{p}\} &+ \rho_0 C_0[S]\{\dot{p}\} + \rho_0 C_0[\Omega][S]\{p\} \\
&= \rho_0 C_0[\Omega][M]\{\ddot{W}\} + \rho_0 C_0[M]\{\dddot{W}\}
\end{aligned} \tag{7.5.50}$$

(7.5.39) 和 (7.5.50) 式适用于从低频到高频的整个频段。图 7.5.1 给出了 DAA1 和 DAA2 方法计算的球壳归一化表面声阻抗与精确解的比较。由图可见, $n = 0$ 时, DAA1 方法计算结果与精确解吻合, $n = 0$ 和 $n = 1$ 时, DAA2 方法计算结果与精确解吻合, $n = 2$ 时, DAA2 与精确解的结果存在一定的偏差。

利用 (7.5.50) 式及结构振动有限元方程, 并将表面法向振动位移扩展到所有振动位移, Geers 和 Felippa[93] 建立了基于 DAA2 方法的结构声振耦合方程

$$\begin{bmatrix} E_{ss} & E_{sa} \\ E_{as} & E_{aa} \end{bmatrix} \left\{ \begin{array}{c} U \\ p \end{array} \right\} = \left\{ \begin{array}{c} f \\ p \end{array} \right\} \qquad (7.5.51)$$

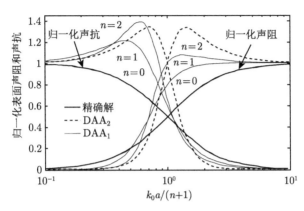

图 7.5.1 双渐进近似与精确解计算的球壳表面归一化声阻和声抗比较
(引自文献 [91], fig2)

式中,

$$[E_{ss}] = -\omega^2[M_s] + \mathrm{i}\omega[C_s] + [K_s]$$

$$[E_{sa}] = [L][S]$$

$$[E_{as}] = \rho_0 C_0 \left(\mathrm{i}\omega^3[M][L]^{\mathrm{T}} + \omega^2[\Omega][M][G]^{\mathrm{T}} \right)$$

$$[E_{aa}] = -\omega^2[M] + \rho_0 C_0 \left(\mathrm{i}\omega[S] + [\Omega][S] \right)$$

注意到 (7.5.51) 式中,矩阵 $[K_s]$, $[M_s]$, $[C_s]$, $[L]$, $[M]$ 和 $[\Omega]$ 都与频率无关,数值计算时相应的计算只需一次,尤其是矩阵 $[M]$ 和 $[\Omega]$ 相关的面积分计算也只需一次,可极大地减少计算量。Geers 和 Felippa 针对半径与壁厚之比为 100 的钢质球壳,采用 DAA 方法计算流体负载,得到的表面径向振速和声压如图 7.5.2 所示。采用 DAA2 的计算结果与精确解的吻合程度好于 DAA1 的结果,尤其在共振峰值附近,基于 DAA1 的计算结果比精确解要小 10dB 以上。Huang 和 Wang[94] 基于 DAA 方法计算的壁厚与半径之比为 0.03 的钢质球壳远场辐射声压方向性由图 7.5.3 给出。在 $k_0a = 2$ 的较低频段,基于 DAA2 计算的远场辐射声压与精确解吻合较好,而基于 DAA1 的计算结果则精度较差,当 $k_0a = 5$ 时,基于 DAA2 的计算结果较好,但采用平面波近似的计算精度则要差一些。当 $k_0a \geqslant 6$ 时,即使采用平面波近似,计算的远场辐射声压也与精确解比较一致。计算结构低频声辐射时,为了保证一定的计算精度,流体负载需要采用 DAA2 方法近似计算。

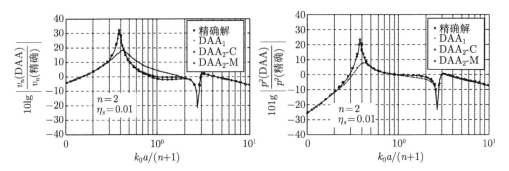

图 7.5.2　DAA 方法计算得到的钢质球壳表面径向振速和声压
(引自文献 [93], fig6, fig7)

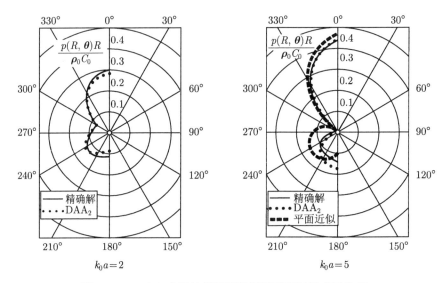

图 7.5.3　DAA 方法计算得到的钢质球壳远场声压分布
(引自文献 [94], fig4, fig6)

Ginsberg[95,96] 利用单极子辐射声压修正低频附加质量的结果，进一步建立了基于变分原理和双渐近近似的湿表面声辐射阻抗计算方法，以波数为变量，可以直接估算流体负载。为了减少流体负载计算时面积分的计算量，Giordano 和 Koopmann[97] 提出了称为状态空间法 (state space method) 处理流体负载和流固耦合的方法，将流体负载分解为以结构表面节点振动位移矢量的一阶、二阶直至 $k+1$ 阶导数为参数的多项式，使流体负载不隐含频率变量。联立流体负载多项式与结构振动有限元方程，得到以表面节点振动位移矢量的各阶导数为待解状态矢量的流固耦合方程。这种方法的优点为流体负载直接包含在结构振动的状态空间中，不仅避免了每个频率下的面积分，而且还可以直接求解湿模态。

考虑外声场作用的任意结构有限元振动方程为

$$
\begin{bmatrix} M_{11} & M_{12} \\ M_{21} & M_{22} \end{bmatrix} \begin{Bmatrix} \ddot{U} \\ \ddot{W} \end{Bmatrix} + \begin{bmatrix} C_{11} & C_{12} \\ C_{21} & C_{22} \end{bmatrix} \begin{Bmatrix} \dot{U} \\ \dot{W} \end{Bmatrix} + \begin{bmatrix} K_{11} & K_{12} \\ K_{21} & K_{22} \end{bmatrix} \begin{Bmatrix} U \\ W \end{Bmatrix}
$$

$$
= \begin{Bmatrix} 0 \\ \{f\} \end{Bmatrix} + \begin{Bmatrix} 0 \\ \{f_p\} \end{Bmatrix} \tag{7.5.52}
$$

式中, $\{W\}$ 为结构法向振动节点位移列矢量, $\{U\}$ 为结构其他方向的振动节点位移列矢量, $M_{ij}, C_{ij}, K_{ij}(i, j = 1, 2)$ 为对应的质量矩阵、阻尼矩阵和刚度矩阵。

(7.5.52) 式可以缩聚为

$$
[M_c]\{\ddot{W}\} + [C_c]\{\dot{W}\} + [K_c]\{W\} = \{f\} + \{f_p\} \tag{7.5.53}
$$

式中, $[M_c], [C_c], [K_c]$ 分别为缩聚的质量矩阵、阻尼矩阵和刚度矩阵, 它们的表达式为

$$
[J_c] = [J_{21}][J_{11}]^{-1}[J_{12}] + [J_{22}]
$$

这里, $[J_c]$ 分别表示 $[M_c], [C_c], [K_c], [J_{ij}](i, j = 1, 2)$ 分别表示 $[M_{ij}], [C_{ij}], [K_{ij}](i, j = 1, 2)$, $\{f_p\}$ 为外声场作用的广义节点力:

$$
\{f_p\} = -\int_s [N]^{\mathrm{T}} p \mathrm{d}S \tag{7.5.54}
$$

因为结构表面节点声压与节点法向速度满足

$$
\{p\} = [Z]\{v_n\} \tag{7.5.55}
$$

式中, $[Z]$ 为声阻抗矩阵。

利用结构表面的声压与节点声压的关系及 (7.5.55) 式, 可得

$$
\{f_p\} = -[G][Z]\{v_n\} \tag{7.5.56}
$$

式中,

$$
[G] = \int_S [N]^{\mathrm{T}} [N] \mathrm{d}S \tag{7.5.57}
$$

将 (7.5.56) 式代入 (7.5.53) 式, 得到以结构法向振动位移为求解参数的有限元方程:

$$
[M_c]\{\ddot{W}\} + [C_c]\{\dot{W}\} + [K_c]\{W\} + [G][Z]\{\dot{W}\} = \{f\} \tag{7.5.58}
$$

其中，$[G][Z]$ 为外场流体负载项。只要已知声阻抗矩阵 $[Z]$，即可以求解 (7.5.58) 式，前面采用边界元方法和双渐进近似方法，求解得到了表征流体负载的声阻抗项，这里提出另外一种方法，将与频率有关的声阻抗项采用频率的级数展开：

$$\{GZ(\omega)\}_{ij} \simeq \sum_{k=0}^{N} R_{ij}\omega^k \tag{7.5.59}$$

其中 $[R]$ 的矩阵元素 R_{ij} 为拟合得到的复系数，与频率无关。利用位移矢量的 $k+1$ 阶导数表征的简谐运动，替代频域中不同阶数圆频率幂级数与速度的乘积，形成状态空间方程。声阻抗的渐进近似展开式为

$$[G][Z]\{v_n\} = -\mathrm{i}[R_3]\{\dddot{W}\} - [R_2]\{\ddot{W}\} + \mathrm{i}[R_1]\{\ddot{W}\} + [R_0]\{\dot{W}\} \tag{7.5.60}$$

通过计算部分频点的声阻抗，拟合得到整个频段的声阻抗。拟合的复系数矩阵 $[R]$ 的有效范围取决于声阻抗被拟合的波数 k_0a 范围，为了得到更好的拟合结果，计算的频率点需要事先有所判断，最好用于声阻抗随频率缓变的情况。将 (7.5.60) 式代入 (7.5.58) 式，得到基于状态空间法的流固耦合方程：

$$
\begin{Bmatrix}
\mathrm{i}[R_3] & 0 & 0 & 0 \\
0 & [I] & 0 & 0 \\
0 & 0 & [I] & 0 \\
0 & 0 & 0 & [I]
\end{Bmatrix}
\begin{Bmatrix}
\ddddot{W} \\
\dddot{W} \\
\ddot{W} \\
\dot{W}
\end{Bmatrix}
$$

$$
+ \begin{Bmatrix}
[R_2] & [M_c] - \mathrm{i}[R_1] & [C_c] - [R_0] & [K_c] \\
-[I] & 0 & 0 & 0 \\
0 & -[I] & 0 & 0 \\
0 & 0 & -[I] & 0
\end{Bmatrix}
\begin{Bmatrix}
\dddot{W} \\
\ddot{W} \\
\dot{W} \\
W
\end{Bmatrix}
= \begin{Bmatrix}
f(t) \\
0 \\
0 \\
0
\end{Bmatrix}
$$

$$\tag{7.5.61}$$

(7.5.61) 式可以简记为

$$[\bar{M}]\{\dot{q}\} + [\bar{K}]\{q\} = \{F(t)\} \tag{7.5.62}$$

为了求解 (7.5.62) 式，将矩阵 $[\bar{M}]$ 分解为

$$[\bar{M}] = [V][U] \tag{7.5.63}$$

式中，$[V]$ 和 $[U]$ 分别为下三角阵和上三角阵。

对 (7.5.62) 式作线性变换：

$$[U]\{q\} = \{y\} \tag{7.5.64}$$

将 (7.5.64) 式代入 (7.5.62) 式, 得到

$$\{\dot{y}\} - [H]\{y\} = [V]^{-1}\{F(t)\} \tag{7.5.65}$$

式中, $[H]$ 为特征矩阵, 其表达式为

$$[H] = -[V]^{-1}[\bar{K}][U]^{-1} \tag{7.5.66}$$

令 (7.5.65) 式右边为零, 得到结构与外声场耦合的本征方程, 并可求解得到本征值和本征矢量. 设非对称矩阵 $[\Phi]$ 和 $[\Psi]$ 为双正交矩阵 (biorthogonality), 它们满足双正交条件:

$$[\Phi]^{\mathrm{T}}[\Psi] = [I] \tag{7.5.67}$$

$$[\Phi]^{\mathrm{T}}[H][\Psi] = [\Psi]^{-1}[H][\Psi] = [\Lambda] \tag{7.5.68}$$

式中, $[\Lambda]$ 为矩阵 $[H]$ 的本征值组成的正则矩阵. 这里, 左本征矢量和右本征矢量的双正交性, 可使矩阵 $[H]$ 对角化, 从而采用模态展开求解 (7.5.65) 式. 设广义振动响应 $\{y\}$ 的模态解为

$$\{y\} = [\Psi]\{A\} = \sum_{i=1}^{N} \Psi_i A_i \tag{7.5.69}$$

式中, Ψ_i 为第 i 阶右乘矢量, A_i 为广义坐标.

将 (7.5.69) 式代入 (7.5.65) 式, 利用 (7.5.67) 和 (7.5.68) 式, 可以得到

$$\{\dot{A}\} - [\Lambda]\{A\} = [\Phi]^{\mathrm{T}}[V]^{-1}\{F(t)\} \tag{7.5.70}$$

若 $\{F(t)\}$ 为 $\{F_0\}\mathrm{e}^{-\mathrm{i}\omega t}$, 则有

$$A_i = -\frac{[\Phi]^{\mathrm{T}}[V]^{-1}\{F_0\}}{\lambda_i - \mathrm{i}\omega_f}, \qquad i = 1, 2, \cdots, N \tag{7.5.71}$$

式中, λ_i 为矩阵 $[H]$ 的本征值.

由 (7.5.71) 式求解得到模态展开系数 A_i 后, 再由 (7.5.69) 和 (7.5.64) 式计算结构的耦合振动响应. 这种方法与以结构–声场耦合问题求解方法相比, 其优点在于直接求解声质量负载和声辐射阻, 且状态空间矢量的双正交条件, 可使结构与声场相互作用方程解耦. Giordano 选取面积为 305m×152m、厚度为 2.54mm 的平板, 计算验证状态空间法的有效性. 平板单面有半无限水介质, 计算模型分为 70 个单元, 315 个节点, 图 7.5.4 为三阶近似展开与解析计算得到归一化声阻抗比较, 图中曲线为三阶近似展开计算结果, 圆点为解析计算结果, 两者基本吻

合。图 7.5.5 给出了计算得到的矩形平板在空气中和水中的前三阶模态振型比较，可见在空气中模态完全呈对称分布，而水中的模态振型的形状及对称性则稍有畸变。半径为 5m，壁厚为 5mm 的钢质球壳浸没在水中，采用状态空间法计算的球壳结构振动响应与解析解的比较由图 7.5.6 给出，计算的声辐射功率由图 7.5.7 给出。计算只采用了状态空间耦合系统的前 12 阶模态，就得到了与解析解吻合的计算结果。

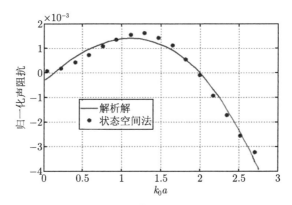

图 7.5.4   近似展开与解析计算的归一化声阻抗比较
(引自文献 [97], fig1)

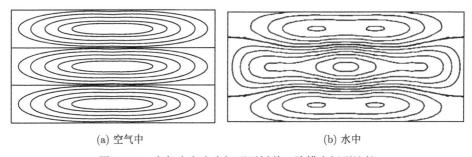

(a) 空气中   (b) 水中

图 7.5.5   空气中和水中矩形平板前三阶模态振型比较
(引自文献 [97], fig3)

在 (7.5.55) 式中，给出的声阻抗为声压与法向振速的关系，Cunefare 和 Rosa[98] 则提出声压与法向位移的声阻抗，降低流固耦合方程的阶数。设声阻抗满足：

$$\{p\} = [Z]\{W\} \tag{7.5.72}$$

类似于 (7.5.60) 式，声阻抗的三阶近似展开式为

$$[G][Z]\{W\} = -\mathrm{i}[R_3]\{\dddot{W}\} - [R_2]\{\ddot{W}\} + \mathrm{i}[R_1]\{\dot{W}\} + [R_0]\{W\} \tag{7.5.73}$$

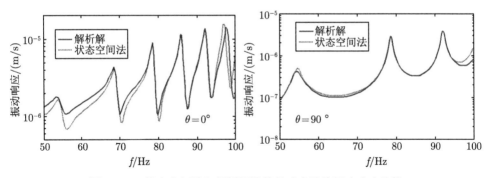

图 7.5.6   状态空间法与解析解计算的球壳结构振动响应比较
(引自文献 [97], fig6)

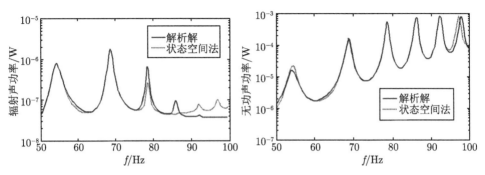

图 7.5.7   状态空间法与解析解计算的球壳声辐射功率比较
(引自文献 [97], fig7)

这样，利用结构振动有限元方法，可以得到基于降阶状态空间法的结构振动与声场耦合方程:

$$
\left\{
\begin{array}{ccc}
-\mathrm{i}[R_3] & 0 & 0 \\
0 & [I] & 0 \\
0 & 0 & [I]
\end{array}
\right\}
\left\{
\begin{array}{c}
\dddot{W} \\
\ddot{W} \\
\dot{W}
\end{array}
\right\}
$$

$$
+
\left\{
\begin{array}{ccc}
-[R_2]+[M_c] & \mathrm{i}[R_1] & [R_0]+[K_c] \\
-[I] & 0 & 0 \\
0 & -[I] & 0
\end{array}
\right\}
\left\{
\begin{array}{c}
\ddot{W} \\
\dot{W} \\
W
\end{array}
\right\}
=
\left\{
\begin{array}{c}
f(t) \\
0 \\
0
\end{array}
\right\}
\tag{7.5.74}
$$

(7.5.74) 式与 (7.5.61) 式相比，方程阶数由 4N 降低为 3N，响应的计算效率和精度将有所提高。Li[99] 采用状态矢量法将 Rayleigh 积分中隐含频率的被积函数表示为显含频率的级数函数，改变文献 [97] 和 [98] 所采用的最小二乘拟合获得显含频率的声阻抗表达式，可以与结构有限元方程直接联立耦合求解。针对双向垂直的四根肋骨加强的方形钢板，钢板边长 1m，厚度为 5cm，肋骨为矩形截面，高和宽分别为 7.5cm 和 5cm，垂向激励力作用在 (7.5cm，7.5cm) 处，计算得到的声辐射功率由图 7.5.8 给出。结果表明：在 1100Hz 以下频率范围，直接状态矢量法与最小二乘拟合的状态矢量法所计算的声辐射功率吻合较好，后者在所计算的 0~1500Hz 频率范围内与常规数值方法计算结果一致。

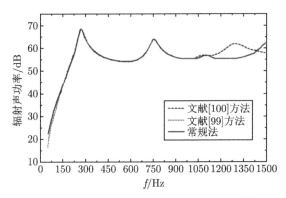

图 7.5.8　状态空间法计算的加肋矩形板声辐射功率
(引自文献 [99], fig3)

参 考 文 献

[1] Chen L H, Schweikert D G. Sound radiation from a arbitrary body. J. Acoust. Soc. Am., 1963, 35(10): 1626-1632.

[2] Copley L G. Fundamental results concerning integral representation in acoustic radiation. J. Acoust. Soc. Am., 1968, 44(1): 28-32.

[3] Copley L G. Integral equation method for radiation from vibrating bodies. J. Acoust. Soc. Am., 1967, 41(4): 807-816.

[4] Chertock G. Sound radiation from vibrating surface. J. Acoust. Soc. Am., 1964, 36(7): 1305-1313.

[5] Pond H L. Low frequency sound radiation from slender bodies of revolution. J. Acoust. Soc. Am., 1966, 40(3): 711-720.

[6] Schenck H A. Inproved integral formulation for acoustic radiation problems. J. Acoust. Soc. Am., 1968, 44(1): 41-58.

[7] 何祚镛，赵玉芳. 声学理论基础. 北京: 国防工业出版社，1981.

[8] Koopmann G H, Benner H. Method computing the sound power of machines based on the Helmholtz integral. J. Acoust. Soc. Am., 1982, 71(1): 78-88.

[9] Cunefare K A, Koopmann G H. A boundary element approach to optimization of active noise control surface on three-dimensional structure. J. Vib. and Acoust., 1991, 113: 387-394.

[10] Chen P T, Ginsberg J H. Complex power reciprocity and radiation modes for submerged bodies. J. Acoust. Soc. Am., 1995, 98(6): 3343-3351.

[11] Cunefare K A, et al. The radiation efficiency grouping of free-space acoustic radiation modes. J. Acoust. Soc. Am., 2001, 109(1): 203-215.

[12] Fahnline J B, Koopmann G H. A lumped parameter method for the acoustic power output from a vibrating structure. J. Acoust. Soc. Am., 1996, 100(6): 3539-3547.

[13] Marburg S, et al. Surface contribution to radiated sound power. J. Acoust. Soc. Am., 2013, 133(6): 3700-3705.

[14] Wu S F, Hu Q. An alternative formulation for predicting sound radiation from a vibrating object. J. Acoust. Soc. Am., 1998, 103(4): 1763-1774.

[15] Ciskowski R O, Brebbia C A. Boundary element method in acoustics. New York: Elseiver Applied Science, 1991.

[16] Seybert A F, Soenarko B. An advanced computational method for radiation and scattering of acoustic waves in three dimensions. J. Acoust. Soc. Am., 1985, 77(2): 362-368.

[17] Bai M R. Application of BEM(boundary element method)based acoustic holography to radiation analysis of sound sources with arbitrarily shaped geometries. J. Acoust. Soc. Am., 1992, 92(1): 533-549.

[18] Brebbia C A, Dominguez J. Boundary elements: An introductory course, computational mechanics. New York: Publications, Southampton and McGraw Hill, 1989.

[19] Seybert A F, Soenarko B. A special integral equation formulation for acoustic radiation and scattering for axisymmetric bodies and boundary conditions. J. Acoust. Soc. Am., 1986, 80(4): 1241-1247.

[20] Soenarko B. A boundary element formulation for radiation of acoustic waves from axisymmetric bodies with arbitrary boundary conditions. J. Acoust. Soc. Am., 1993, 93(2): 631-639.

[21] Wright L. Prediction of acoustic radiation from axisymmetric surface with arbitrary boundary conditions using the boundary element method on distributed computing system. J. Acoust. Soc. Am., 2009, 125(3): 1374-1383.

[22] Seybert A F, Wu T W. Modified Helmholtz integral equation for bodies sitting on an infinite plane. J. Acoust. Soc. Am., 1989, 85(1): 19-23.

[23] 黎胜, 赵德有. 半空间内结构声辐射研究. 船舶力学, 2004, 8(1): 106-112 .

[24] Seybert A F, et al. An advanced computational method for radiation and scattering of acoustic waves in three dimensions. J. Acoust. Soc. Am., 1985, 77(2): 362-368.

[25] Seybert A F, Cheng C Y R, Wu T W. The solution of coupled interior/exterior acoustic problems using the boundary element method. J. Acoust. Soc. Am., 1990, 88(3): 1612-1618.

[26] Cheng C Y R, Seybert A F, Wu T W. A multidomain boundary element solution for silence and muffler performance prediction. J. Sound and Vibration, 1991, 151(1): 119-129.

[27] Martinez R. A boundary integral formulation for thin-walled shapes of revolution. J. Acoust. Soc. Am., 1990, 87(2): 523-531.

[28] Martinez R. The thin-shaped breakdown(TSB) of the Helmholtz integral equation. J.

Acoust. Soc. Am., 1991, 90(5): 2728-2738.

[29] Wu T W, Wan G C. Numerical modeling of acoustic radiation and scattering from thin bodies using a Cauthy principal integral equation. J. Acoust. Soc. Am., 1992, 92(5): 2900-2906.

[30] Wu T W. A direct boundary element method for acoustic radiation and scattering from mixed regular and thin bodies. J. Acoust. Soc. Am., 1995, 97(1): 84-91.

[31] Reut Z. On the boundary integral methods for the exterior acoustic problem. J. Sound and Vibration, 1985, 103: 297-298.

[32] 汤渭霖，范军. 水中目标声散射. 北京: 科学出版社，2018.

[33] Seybert A F, Rengarajan T K. The use of CHIEF to obtain unique solutions for acoustic radiation using boundary integral equations. J. Acoust. Soc. Am., 1987, 81(5): 1299-1306.

[34] Chen I L, Chen J T, Liang M T. Analytical study and numerical experiments for radiation and scattering problems using the CHIEF method. J. Sound and Vibration, 2001, 248(5): 809-829.

[35] Segalman D J, Lobitz D W. A method to overcome computational difficulties in the exterior acoustic problems. J. Acoust. Soc. Am., 1992, 91(4): 1855-1861.

[36] 赵健，汪鸿振. 边界元法计算已知振速封闭面的声辐射. 声学学报，1989, 14(4): 250-257.

[37] Wu T W, Seybert A F. A weighted residual formutation for the CHIEF method in acoustics. J. Acoust. Soc. Am., 1991, 90(3): 1608-1614.

[38] Tobocman W. Extension of the Helmholtz integral equation method to shorter wavelength. J. Acoust. Soc. Am., 1986, 80(6): 1828-1837.

[39] Piaszczyk C M, Klosner J M. Acoustic radiation from vibrating surface at characteristic frequencies. J. Acoust. Soc. Am., 1984, 75(2): 363-375.

[40] Hae-Won Jang, Jeong-Guon Ih. Stabilization of time domain acoustic boundary element method for the exterior problem avoiding the nonuniqueness. J. Acoust. Soc. Am., 2013, 133(3): 1237-1244.

[41] 姚振汉，王海涛. 边界元方法. 北京: 高等教育出版社，2010.

[42] 赵健，汪鸿振. 用边界积分方程法计算封闭体的声辐射//第二届船舶及水中兵器水下噪声学术讨论会论文集. 扬州: 中国造船编辑部，1987: 170-183.

[43] Zhao J, Liu G R, Zheng H. A novel technique in boundary integral equation for analyzing acoustic radiation from axisymmetric bodies. J. Sound and Vibration, 2001, 248(3): 461-475.

[44] Koo B U, Lee B C, Ih J G. A non-singular boundary integral equation for acoustic problems. J. Sound and Vibration, 1996, 192(1): 263-279.

[45] Hwang W S. A boundary integral method for acoustic radiation and scattering. J. Acoust. Soc. Am., 1997, 101(6): 3330-3335 .

[46] Burton A J, Miller G F. The application of integral equation to the numerical solution of some exterior boundary-value problems. Proc. Roy. Soc. Lond. A, 1971, 323: 201-210.

[47] Meyer W L, Bell W A. Boundary integral solutions of three dimensional acoustic radiation problems. J. Sound and Vibration, 1978, 59(2): 245-262.

[48] Meyer W L, Bell W A. Prediction of the sound field radiated from axisymmetric surfaces. J. Acoust. Soc. Am., 1979, 65(3): 631-638.

[49] Zhang W, Xu H R. A general and effective way for evaluating the integrals with various orders of singularity in the direct boundary element method. Inter. J. for Num. meth. in Eng., 1989, 28: 2059-2064.

[50] Francis D T I. A gradient formulation of the Helmholtz integral equation for acoustic radiation and scattering. J. Acoust. Soc. Am., 1993, 93(4): 1700-1708.

[51] Wang W, Atalla N, Nicolas J. A boundary integral approach for acoustic radiation of axisymmetric bodies with arbitrary boundary conditions valid for all wave numbers. J. Acoust. Soc. Am., 1997, 101(3): 1468-1478.

[52] Chien C C, Rajiyah H, Atluri S N. An effective method for solving the hypersingular integral equation 3-D acoustics. J. Acoust. Soc. Am., 1990, 88(2): 918-937.

[53] Wu T W, Seybert A F. On the numerical implementation of a Cauchy principal value integral to insure a unique solution for acoustic radiation and scattering. J. Acoust. Soc. Am., 1991, 90(1): 554-560.

[54] Hwang W S. Hypersingular boundary integral equations for exterior acoustic problems. J. Acoust. Soc. Am., 1997, 101(6): 3336-3342.

[55] Cunefare K A, Koopmann G. A boundary element method for acoustic radiation valid for all wavenumbers. J. Acoust. Soc. Am., 1989, 85(1): 39-48.

[56] Tsinopoulos S V. An advanced boundary element/fast Fourier transform axisymmetric formulation for acoustic radiation and wave scattering problems. J. Acoust. Soc. Am., 1999, 105(3): 1517-1526.

[57] Hwang J Y, Chang S C. A retracted boundary integral equation for exterior acoustic problem with unique solution for all wave numbers. J. Acoust. Soc. Am., 1991, 90(2): 1167-1180.

[58] Brod K. On the uniqueness of solution for all wavenumbers in acoustic radiation. J. Acoust. Soc. Am., 1984, 76(4): 1238-1243.

[59] Stupfel B, Lavie A, Decarpigny J N. Combined integral equation formulation and null-field method for the exterior acoustic problem. J. Acoust. Soc. Am., 1988, 83(3): 927-941.

[60] Yang S A. An integral equation approach to three-dimensional acoustic radiation and scattering problems. J. Acoust. Soc. Am., 2004, 116(3): 1372-1380.

[61] 陈铁云, 陈伯真. 弹性薄壳力学. 武汉: 华中工学院出版社, 1983.

[62] Budiansky B, Radkowski P P. Numerical analysis of unsymmetrical bending of shells of revolution. AIAA.J., 1963, 1(8): 1833-1842.

[63] Greenbeum G A. Comments on "numerical analysis of unsymmetrical bending of shells of revolution". AIAA J., 1964, 2(3): 590-591.

[64] 唐照千, 黄文虎. 第一卷: 基本理论和分析方法 //振动与冲击手册. 北京: 国防工业出版

社，1988.

[65] 监凯维奇 O C. 有限元法. 尹泽勇，柴家振译. 北京: 科学出版社，1985.

[66] Petyt M. Finite element techniques for acoustics// Noise and Vibration. New York: Ellis Howood Limited, 1982.

[67] Petyt M. Finite element techniques for acoustics// Theoretical Acoustics and Numerical Techniques. Berlin: Springer-Verlag, 1983.

[68] Richards T L, Jha S K. A simplified finite element for studying acoustic characteristics inside a car cavity. J. Sound and Vibration, 1979, 63(1): 61-72.

[69] Shuku T, Ishihara K. The analysis of the acoustic field in irregularly shaped room by finite element method. J. Sound and Vibration, 1973, 29(1): 67-76.

[70] Wilton D T. Acoustic radiation and scattering from elastic structures. Inter. J. for Num. Meth. in Eng., 1978, 13: 123-138.

[71] Mathews I C. Numerical techniques for three-dimensional steady-state fluid-structure interaction. J. Acoust. Soc. Am., 1986, 79(5): 1317-1325.

[72] Seybert A F, Wu T W, Wu X F. Radiation and scattering of acoustic wave from elastic solids and shells using the boundary element method. J. Acoust. Soc. Am., 1988, 84(5): 1903-1912.

[73] Jeans R A, Mathews I C. Solution of fluid-structure interaction problems using a coupled finite element and variational boundary element technique. J. Acoust. Soc. Am., 1990, 88(5): 2459-2466.

[74] Chen P T, Ju S H, Cha K C. A symmetric formulation of coupled BEM/FEM in solving response of submerged elastic structures for large degrees of freedom. J. Sound and Vibration, 2000, 233(3): 407-422.

[75] Jeans R, Mathews I C. Use of Lanczos vectors in fluid/structures interaction problems. J. Acoust. Soc. Am., 1992, 92(6): 3239-3248.

[76] Ettouney M M, et al. Wet modes of submerged structures. Part 1:Theory. J.Vib and Acoust, 1992, 114: 433-439.

[77] Ettouney M M, et al. Wet modes of submerged structures. Part 2: Application. J. Vib and Acoust, 1992, 114: 440-448.

[78] Chen P T. Vibration of submerged structures in a heavy acoustic medium using radiation mode. J. Sound and Vibration, 1997, 208(1): 55-71.

[79] Chen P T. A modal type analysis of the interaction for submerged elastic structures with the surrounding heavy acoustic medium. J. Acoust. Soc. Am., 1999, 105(1): 106-121.

[80] Mariem J B, Hamdi M A. A new boundary finite element method for fluid-structure interzction problems. Inter. J. for Num. Meth. in Eng., 1987, 24: 1251-1267.

[81] Jeans R A, Mathews I C. Solution of fluid-structure interaction problems using a coupled finite element and variational boundary element technique. J. Acoust. Soc. Am., 1990, 88(5): 2459-2466.

[82] Chen P T, Lin C S, Yang T. Response of partially immersed elastic structures using

a symmetric formulation for coupled boundary element and finite element methods. J. Acoust. Soc. Am., 2002, 112(3): 866-875.

[83] 张敬东, 何祚镛. 有限元 + 边界元——修正的模态分解法预报水下旋转薄壳的振动和声辐射. 声学学报, 1990, 15(1): 12-19.

[84] Wu S W, Lian S H, Hsu L H. A finite element method for acoustic radiation. J. Sound and Vibration, 1998, 215(3): 489-498.

[85] Lagier Y, Steiehen W. Modeling of surface ship noise using FEM and BEM. UDT'92, 1992: 128-133.

[86] 田中昭隆. 船舶水中辐射噪声的预报和实船实验 (日文). 石川技报, 1990, 30(3): 165-172.

[87] Kim S J, Song J Y. Virtual reality of sound generated from vibrating structures. J. Sound and Vibration, 2002, 258(2): 309-325.

[88] Langley R S. Spatially averaged frequency response envelopes for one or two dimensional structural components. J. Sound and Vibration, 1994, 178(4): 483-500.

[89] Ross D. Mechanics of underwater noise. Oxford: Pergramon Press, 1976.

[90] Deruntz J A, Geers T L. Added mass computation by the boundary integral method, Inter. J. Numer. Mech., 1978, 12: 531-549.

[91] Geers T L. Doubly asymptotic approximations for transient motions of submerged structures. J. Acoust. Soc. Am., 1978, 64(5): 1500-1508.

[92] Geers T L. Residual potential and approximate method for three-dimensional fluid-structure interaction problems. J. Acoust. Soc. Am., 1971, 49(5), Part 2: 1505-1510.

[93] Geers T L, Felippa C A. Doubly asymptotic approximations for vibration analysis of submerged structures. J. Acoust. Soc. Am., 1983, 73(4): 1152-1159.

[94] Huang H, Wang Y F. Asymptotic fluid-structure interaction theories for acoustic radiation prediction. J. Acoust. Soc. Am., 1985, 77(4): 1389-1394.

[95] Ginsberg J H. Wave-number-based assessment of the doubly asymptotic approximation, I. Frequency domain wetsurface impedance. J. Acoust. Soc. Am., 2000, 107(4): 1898-1905.

[96] Ginsberg J H. Wave-number-based assessment of the doubly asymptotic approximation, II, Frequency and time domain response. J. Acoust. Soc. Am., 2000, 107(4): 1906-1914.

[97] Giordano J A, Koopmann G H. State space boundary element-finite coupling for fluid-structure interaction analysis. J. Acoust. Soc. Am., 1995, 98(1): 363-372.

[98] Cunefare K A, Rosa S D. An improved state-space method for coupled fluid-structure interaction analysis. J. Acoust. Soc. Am., 1999, 105(1): 206-210.

[99] Li S. A state-space coupling method for fluid structure interaction analysis of plates. J. Acoust. Soc. Am., 2005, 116(2): 800-805.

第 8 章　弹性结构耦合振动与声辐射的
其他数值方法

虽然有限元和边界元方法构建了任意形状结构受激振动和声辐射计算模型的基本框架，但计算量大、计算频率范围受限等问题并没有得到解决，需要进一步寻找更有效更简便的耦合振动和声辐射计算方法。文献 [1] 采用传输矩阵法结合边界元方法，求解任意形状回转体的受激振动和声辐射，具有数据量少、计算方便等优点。Seybert[2] 同时采用边界积分方法求解结构振动和辐射声场，离散积分方程并考虑界面连续条件，可以得到流固耦合矩阵方程。Chen 和 Liu[3] 发展了边界元方法统一求解声场和结构振动的数值计算方法，他们认为利用了边界元的半解析性质，计算精度较高，且共用界面单元，耦合效应能够有效模拟。Slepyan 和 Sorokin[4] 将边界元方法用于组合结构振动和声辐射计算，分层次模拟组合部件、声介质及部件界面相互作用力和位移。但这些改进的方法都没有对任意形状结构耦合振动和声辐射计算带来很大的影响，而同时期及稍后发展起来的波元叠加法、无限元法、半解析/半数值法及解析/数值混合法或已成为结构声辐射计算的工具性方法，或具有较好的发展前景。本章将分为四节重点介绍这几种方法。

8.1　等效源模拟法求解弹性结构耦合振动和声辐射

任意形状结构的声辐射可以看作为由一组位于结构内部假想封闭曲面上的简单声源的声场叠加而成。Koopmann 等 [5] 依据这一概念，提出了波元叠加法 (wave superposition method)，利用结构表面法向振速与简单声源产生的表面法向振速之间的等效关系，得到简单声源的强度，再由简单声源强度计算辐射声场。

考虑如图 8.1.1 所示的任意结构，等效的简单声源位于结构内部，相应的辐射声压为

$$p\left(\boldsymbol{r}\right) = \mathrm{i}\rho_0\omega \int_V q\left(\boldsymbol{r}_0\right) G\left(\boldsymbol{r}, \boldsymbol{r}_0\right) \mathrm{d}V \tag{8.1.1}$$

式中，$q\left(\boldsymbol{r}_0\right)$ 为区域 V 内位于 $\boldsymbol{r}_0$ 的简单声源强度，$G\left(\boldsymbol{r}, \boldsymbol{r}_0\right)$ 为 Green 函数，它满足波动方程：

$$\left(\nabla^2 + k_0^2\right) G\left(\boldsymbol{r}, \boldsymbol{r}_0\right) = \delta\left(\boldsymbol{r} - \boldsymbol{r}_0\right) \tag{8.1.2}$$

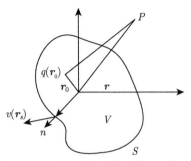

图 8.1.1 任意结构的简单等效模型

(引自文献 [5], fig1)

在自由空间:

$$G\left(\boldsymbol{r}, \boldsymbol{r}_0\right) = \frac{\mathrm{e}^{\mathrm{i}k_0|\boldsymbol{r}-\boldsymbol{r}_0|}}{4\pi\left|\boldsymbol{r} - \boldsymbol{r}_0\right|} \tag{8.1.3}$$

可以证明 (8.1.1) 式等效为 Helmholtz 积分方程, 为此利用质量守恒关系:

$$\frac{\partial\rho\left(\boldsymbol{r}_0\right)}{\partial t} + \nabla \cdot \left[\rho\left(\boldsymbol{r}_0\right)\boldsymbol{v}\left(\boldsymbol{r}_0\right)\right] = \rho\left(\boldsymbol{r}_0\right)q\left(\boldsymbol{r}_0\right) \tag{8.1.4}$$

式中, $\rho\left(\boldsymbol{r}_0\right)$ 为声介质密度, $\boldsymbol{v}\left(\boldsymbol{r}_0\right)$ 为质点振速。(8.1.4) 式中忽略非线性项, 利用声速表达式, 可以简化为

$$-\mathrm{i}\omega p\left(\boldsymbol{r}_0\right) + \rho_0 C_0^2 \nabla \cdot \boldsymbol{v}\left(\boldsymbol{r}_0\right) = \rho_0 C_0^2 q\left(\boldsymbol{r}_0\right) \tag{8.1.5}$$

将 (8.1.5) 式代入 (8.1.1) 式, 得到

$$p\left(\boldsymbol{r}\right) = \int_V \left[k_0^2 p\left(\boldsymbol{r}_0\right) + \mathrm{i}\omega\rho_0 \nabla \cdot \boldsymbol{v}\left(\boldsymbol{r}_0\right)\right] G\left(\boldsymbol{r}, \boldsymbol{r}_0\right)\mathrm{d}V \tag{8.1.6}$$

利用矢量恒等式

$$\nabla \cdot \left(\boldsymbol{v}G\right) = G\nabla \cdot \boldsymbol{v} + \boldsymbol{v} \cdot \nabla G \tag{8.1.7}$$

$$\nabla \cdot \left(p\nabla G\right) = \nabla p \cdot \nabla G + p\nabla^2 G \tag{8.1.8}$$

先将 (8.1.2) 式代入 (8.1.8) 式, 有

$$\nabla \cdot \left(p\nabla G\right) = \nabla p \cdot \nabla G + p\left[\delta\left(\boldsymbol{r} - \boldsymbol{r}_0\right) - k_0^2 G\right] \tag{8.1.9}$$

再考虑到 Euler 方程:

$$\mathrm{i}\omega\rho_0\boldsymbol{v}\left(\boldsymbol{r}_0\right) = \nabla p\left(\boldsymbol{r}_0\right) \tag{8.1.10}$$

将 (8.1.9) 式代入 (8.1.6) 式，再代入 (8.1.10) 式，得到

$$p\left(\boldsymbol{r}\right)=\int_{V}[\mathrm{i}\omega\rho_{0}\nabla\cdot\boldsymbol{v}\left(\boldsymbol{r}_{0}\right)G+\mathrm{i}\omega\rho_{0}\boldsymbol{v}\cdot\nabla G-\nabla\cdot\left(p\nabla G\right)+p\delta\left(\boldsymbol{r}-\boldsymbol{r}_{0}\right)]\mathrm{d}V$$

(8.1.11)

考虑 (8.1.7) 式，(8.1.11) 式可以简化为

$$p\left(\boldsymbol{r}\right)=\int_{V}p\left(\boldsymbol{r}_{0}\right)\delta\left(\boldsymbol{r}-\boldsymbol{r}_{0}\right)\mathrm{d}V$$
$$-\int_{V}\nabla\cdot\left[p\left(\boldsymbol{r}_{0}\right)\nabla G\left(\boldsymbol{r}-\boldsymbol{r}_{0}\right)-\mathrm{i}\omega\rho_{0}\boldsymbol{v}\left(\boldsymbol{r}_{0}\right)G\left(\boldsymbol{r}-\boldsymbol{r}_{0}\right)\right]\mathrm{d}V$$

(8.1.12)

利用 Green 定理，(8.1.12) 式可进一步化为外场辐射的 Helmholtz 积分方程：

$$p\left(\boldsymbol{r}\right)=\int_{V}p\left(\boldsymbol{r}_{0}\right)\delta\left(\boldsymbol{r}-\boldsymbol{r}_{0}\right)\mathrm{d}V$$
$$-\int_{S}\left[p\left(\boldsymbol{r}_{0}\right)\nabla G\left(\boldsymbol{r}-\boldsymbol{r}_{0}\right)-\mathrm{i}\omega\rho_{0}\boldsymbol{v}\left(\boldsymbol{r}_{0}\right)G\left(\boldsymbol{r}-\boldsymbol{r}_{0}\right)\right]\cdot\boldsymbol{n}\mathrm{d}S$$

(8.1.13)

由此可见，复杂形状结构的等效声源积分方程 (8.1.1) 式等价于 Helmholtz 积分方程 (8.1.13) 式。已知声源分布，可由 (8.1.1) 式替代 (8.1.13) 式计算辐射声场。为了便于数值计算，利用 Euler 方程将 (8.1.1) 式转化为质点振速的积分方程：

$$\boldsymbol{v}\left(\boldsymbol{r}\right)=\int_{V}q\left(\boldsymbol{r}_{0}\right)\nabla G\left(\boldsymbol{r},\boldsymbol{r}_{0}\right)\mathrm{d}V$$

(8.1.14)

结构表面的法向质点振速则为

$$v_{n}\left(\boldsymbol{r}_{s}\right)=\int_{V}q\left(\boldsymbol{r}_{0}\right)\nabla_{n}G\left(\boldsymbol{r}_{s},\boldsymbol{r}_{0}\right)\mathrm{d}V$$

(8.1.15)

式中，$\boldsymbol{r}_{s}$ 为结构表面位置矢量，∇_{n} 为法向散度算子。简单声源 $q\left(\boldsymbol{r}_{0}\right)$ 位于结构内部，为简单起见，假设简单声源分布在一虚拟球壳上，球壳厚度为 δ_{τ}，参见图 8.1.2。

针对此球声源，(8.1.15) 式可表示为

$$v_{n}\left(\boldsymbol{r}_{s}\right)=\delta_{\tau}\int_{S_{0}}q\left(\boldsymbol{r}_{s_{0}}\right)\nabla_{n}G\left(\boldsymbol{r},\boldsymbol{r}_{s_{0}}\right)\mathrm{d}S$$

(8.1.16)

式中，S_{0} 为球壳声源表面，$\boldsymbol{r}_{s_{0}}$ 为球面 S_{0} 上位置矢量。

注意到 $\boldsymbol{r}_{s_0}$ 总是可以小于 $\boldsymbol{r}_s$, 所以 (8.1.16) 式不存在奇异性。将球面 S_0 分为 N 部分, 每一部分的面积为 S_i, 积分 (8.1.16) 式进一步表示为

$$v_n\left(\boldsymbol{r}_s\right) = \delta_\tau \sum_{i=1}^{N} \int_{S_i} q\left(\boldsymbol{r}_{s_0}\right) \nabla_n G\left(\boldsymbol{r}, \boldsymbol{r}_{s_0}\right) \mathrm{d}S \tag{8.1.17}$$

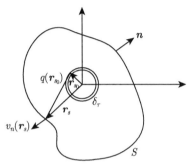

图 8.1.2　任意结构内部虚拟球面上的简单声源

(引自文献 [5], fig2)

如果 S_i 足够小, (8.1.17) 式中的被积函数可近似为常数, 则结构表面法向质点振速近似为

$$v_n\left(\boldsymbol{r}_s\right) = \sum_{i=1}^{N} Q_i \nabla_n G\left(\boldsymbol{r}, \boldsymbol{r}_{s_i}\right) \tag{8.1.18}$$

式中, Q_i 为位于球面 $\boldsymbol{r}_{s_i}$ 处的等效声源强度。

利用结构表面的法向振速, 可以确定等效声源的强度:

$$\{Q\} = [T]^{-1}\{v_n\} \tag{8.1.19}$$

式中, $\{Q\}$ 为等效声源强度矢量, $\{v_n\}$ 为法向振速矢量, $[T]$ 为系数矩阵, 其元素为

$$T_{ij} = \frac{1}{4\pi} \frac{\mathrm{i}k_0\left|\boldsymbol{r}_j - \boldsymbol{r}_i\right| - 1}{\left|\boldsymbol{r}_j - \boldsymbol{r}_i\right|^2} \mathrm{e}^{\mathrm{i}k_0\left|\boldsymbol{r}_j - \boldsymbol{r}_i\right|} \cos\theta_{ij} \tag{8.1.20}$$

式中, $\boldsymbol{r}_j$ 为结构表面位置矢量, $\boldsymbol{r}_i$ 为球面等效源位置矢量, $\cos\theta_{ij}$ 为表面法线方向与矢量 $\boldsymbol{r}_j - \boldsymbol{r}_i$ 的夹角, 参见图 8.1.3。

等效声源强度一旦已知, 即可直接计算辐射声场

$$p\left(\boldsymbol{r}\right) = \sum_{i=1}^{N} S\left(\boldsymbol{r}, \boldsymbol{r}_i\right) Q_i \tag{8.1.21}$$

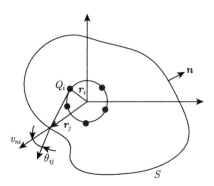

图 8.1.3　　虚拟球面上简单源的几何关系

(引自文献 [5]，fig3)

式中，

$$S\left(\boldsymbol{r}, \boldsymbol{r}_i\right) = \mathrm{i}\omega\rho_0 G\left(\boldsymbol{r}, \boldsymbol{r}_i\right) \tag{8.1.22}$$

考虑一个立方形辐射体，每个面上均匀分布 9 个节点，每个节点给定参考振速，作为 (8.1.19) 式的输入参数，由 54 个参考振速可计算得到辐射体内部 54 个点源的强度，再由 (8.1.21) 式计算 54 个表面节点上的声压，比较参考点源产生的表面声压与等效源产生的表面声压，两者符合程度很高。在立方形辐射体内部考虑两种等效源分布，一种为立方形，另一种为球形，将内部立方形的半边长或内部球形半径 (记为 b) 与立方形辐射体半边长 (记为 a) 的比值作为特征参数，当 b/a 在 $0.05 \sim 1.0$ 范围变化时，计算参考点源与等效点源产生的立方形辐射体表面声压，结果比较表明，当 b/a 小于 0.05 时，因为 (8.1.19) 式中矩阵 $[T]$ 的元素值很接近，求逆出现病态，而当 $b/a > 0.5$ 时，因为 Green 函数及其导数接近奇异，矩阵 $[T]$ 的对角元素值过于增加，也导致偏差有所增大。当 b/a 接近于 1 时，因为矩阵 $[T]$ 中元素的奇异阶数高于矩阵 $[S]$ 中元素的奇异阶数，基于等效源计算的声压趋于零，使得其与参考点源计算的声压相比，偏差较大。一般来说在 $b/a = 0.05 \sim 0.7$ 的范围内，参考点源与等效点源计算的立方形辐射体表面声压还是很一致，参见图 8.1.4 和图 8.1.5。

Koopmann 不仅证明波元叠加法产生的声场数学上与 Helmholtz 表面积分方程等效，而且波元叠加法还具有三个优点：其一，不存在奇异性和非唯一性问题；其二，矩阵形成时只需考虑节点，不需考虑单元，相应地计算简便；其三，计算精度比普通边界元法提高一个量级。为了提高等效声源强度的计算精度，Fahnline 和 Koopmann[6] 采用奇异值分解法求解 (8.1.19) 式中的逆矩阵 $[T]^{-1}$，Song[7] 等认为波元叠加法的精度与结构表面振速重构精度有关，因而取决于结构表面振速分布、波数大小及表面节点的数量和位置。他建议随着波数增加，重构表面振速的表面节点应增加，一个波长内应有三个节点。除了增加节点数以外，为了提高等效源的重构精度，虚拟源的位置也很重要，针对如图 8.1.6 所示的圆柱辐射体，其半径为 a，圆柱辐射体内有一个半径为 b 的等效源圆柱面。等效源位置的优选与辐射体表面振速分布有极大的关系，对于图 8.1.6 中已知节点振速分布的圆柱辐射体，要求每一个等效源对应一个已知振速的节点，且它们的间距要小于此等效源到其他节点的距离，通过调整 b/a 值，可以找到一个最优的等效源位置，使其重构偏差最小。图 8.1.7 给出了 $k_0 a = 1$ 时，不同 b/a 值情况下圆柱体表面振速重构的结果，当 b/a 比值为 0.1 到 0.5 时，重构结果比较合适；当 $b/a = 0.9$ 时，则偏差较大。图 8.1.8 则给出了表面振速和声压重构的归一化均方误差随 b/a 值的变化，这些结果与文献 [5] 一致。

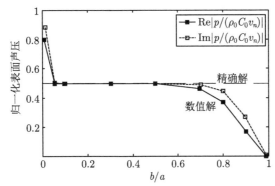

图 8.1.4　内部球形面点源分布时立方形辐射体表面声压比较

(引自文献 [5]，fig4)

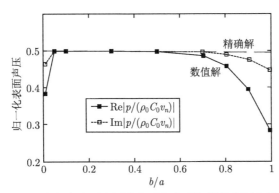

图 8.1.5　内部立方形点源分布时立方形辐射体表面声压比较

(引自文献 [5]，fig10)

虽然 Koopmann 等认为波元叠加法不存在非唯一性和奇异性问题，但 Mathews, Jeans 和 Wilton 等 [8,9] 则认为，因为等效源区域的选择是任意的，波元叠加的体积分简化为一定厚度表面的面积分，相应地，在特定波数下，波元叠加积分并非不存在非唯一性，当等效源虚拟面接近辐射面时，奇异性也必定存在。但是，采用单极子和偶极子组合的简单声源，可以克服解的非唯一性，结构内部的虚拟等效源面应离开结构表面一定距离，以免奇异性影响声源计算精度。但距离过大，也会使求解等效源强度的线性方程出现病态。

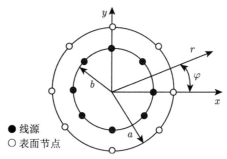

图 8.1.6　已知节点振速分布的圆柱辐射体

(引自文献 [7]，fig1)

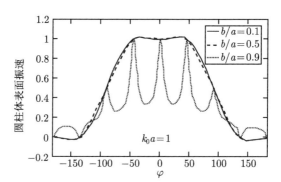

图 8.1.7　圆柱体表面振速重构结果

(引自文献 [7]，fig10b)

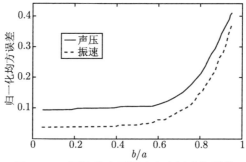

图 8.1.8　圆柱体表面振速和声压重构误差

(引自文献 [7]，fig10c)

前面讨论波元叠加法时，给出的算例都是给定已知节点振速的情况，实际上，研究结构的耦合振动和声辐射，需要考虑结构振动与外场声场的耦合，第 7 章中重点建立了结构振动有限元方程和辐射声场边界元方程的耦合，这里也需要联立结构振动有限元方程与波元叠加法的等效源方程，建立基于波元叠加法的声振耦合方程。

由前面推导得到的等效源强度与辐射声压的关系 (8.1.21) 式，可以建立结构表面声压与等效源之间的矩阵关系：

$$\{p\} = [S]\{Q\} \tag{8.1.23}$$

式中，$\{p\}$ 为结构表面节点声压组成的列矢量，矩阵 $[S]$ 由元素 S_{ij} 组成。

$$S_{ij} = \mathrm{i}\omega\rho_0 G\left(\boldsymbol{r}_j, \boldsymbol{r}_i\right) \tag{8.1.24}$$

其中，$\boldsymbol{r}_j$ 为结构表面节点位置矢量，$\boldsymbol{r}_i$ 为等效源位置矢量。

考虑第 7 章推导得到的结构振动有限元方程：

$$\left\{[K] + \mathrm{i}\omega\,[C] - \omega^2\,[M]\right\}\{U\} = \{f\} + \{f_p\} \tag{8.1.25}$$

式中，$[K], [C], [M]$ 分别为结构刚度矩阵、阻尼矩阵和质量矩阵。$\{f\}$ 为机械激励力对应的广义节点力，$\{f_p\}$ 为外声场对结构作用的广义节点力。

$$\{f_p\} = -[H]\{p\} \tag{8.1.26}$$

再考虑到结构表面振动位移与表面法向振速的关系：

$$\{v_n\} = -\mathrm{i}\omega\,[L]\{U\} \tag{8.1.27}$$

将 (8.1.26) 式代入 (8.1.25) 式，再代入 (8.1.23) 和 (8.1.27) 式，并考虑 (8.1.19) 式，可以得到以等效声源强度为参数的耦合方程：

$$\{[T] + [R]\,[H]\,[S]\}\{Q\} = [R]\{f\} \tag{8.1.28}$$

式中，

$$[R] = -\mathrm{i}\omega\,[L]\,[Z]^{-1} \tag{8.1.29a}$$

$$[Z] = [K] + \mathrm{i}\omega\,[C] - \omega^2\,[M] \tag{8.1.29b}$$

在已知激励力的情况下，可由 (8.1.28) 式求解得到等效声源的强度，进一步由 (8.1.19) 和 (8.1.23) 式计算结构表面法向振速和声压，并由 (8.1.21) 式计算外场辐射声压。Miller 和 Moyer[10] 的研究表明：波元叠加法与边界元法相比具有计算简便和精度高的优点。

在波元叠加法研究的基础上,Stepanishen[11,12] 参考轴对称物体绕流问题的求解思路,针对回转体结构,沿轴线布置一系列虚拟的点源,采用类似于波元叠加法的做法, 由点源在回转体表面产生的速度与回转体表面速度的等效关系确定点源强度,再由点源强度计算表面声压,并确定表面声辐射阻抗。它也避免了 Helmholtz 积分方程的唯一性和奇异性问题。此方法称为内部声源密度法 (internal source density method)。

考虑一长为 $2l$ 的线声源, 位于回转体壳的轴线上, 参见图 8.1.9, 在外场产生的速度势为

$$\phi\left(\boldsymbol{r}\right) = \int_{-l}^{l} q\left(y\right) G\left(\boldsymbol{r}, y\right) \mathrm{d}y \tag{8.1.30}$$

式中, $q(y)$ 为沿回转壳轴线的未知单极子线源密度, $G\left(\boldsymbol{r}, y\right)$ 为 Green 函数, $\boldsymbol{r}$ 为场点矢量, y 为轴线源点位置, 且有

$$G\left(\boldsymbol{r}, y\right) = \frac{\mathrm{e}^{\mathrm{i}k_0 d}}{4\pi d} \tag{8.1.31}$$

式中, d 为场点和源点的距离。

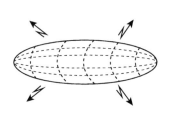 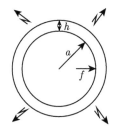

图 8.1.9　基于等效源的回转体声辐射模型

(引自文献 [11], fig1)

相应的回转壳体表面声压和法向振速分别为

$$p\left(\boldsymbol{r}_s\right) = \mathrm{i}\rho_0\omega \int_{-l}^{l} q\left(y\right) G\left(\boldsymbol{r}_s, y\right) \mathrm{d}y \tag{8.1.32}$$

$$v_n\left(\boldsymbol{r}_s\right) = \int_{-l}^{l} q\left(y\right) \frac{\partial G\left(\boldsymbol{r}_s, y\right)}{\partial n} \mathrm{d}y \tag{8.1.33}$$

式中,

$$\frac{\partial G}{\partial n} = \frac{1}{4\pi d^2} \left[(\cos k_0 d + k_0 d \sin k_0 d) - \mathrm{i} \left(k_0 d \cos k_0 d - \sin k_0 d \right) \right] \frac{\boldsymbol{d} \cdot \boldsymbol{n}}{|d|} \quad (8.1.34)$$

注意到 (8.1.34) 式和 (8.1.20) 式是一致的。为了确定 (8.1.32) 式中的单极子线源分布，采用点配值法对 (8.1.33) 式进行离散，得到

$$v_n \left(\boldsymbol{r}_s \right) = \sum_{j=1}^{N} \int_{-l}^{l} q \left(y \right) \left(\frac{\partial G \left(\boldsymbol{r}_s, y \right)}{\partial n} \right) \delta \left(y - y_j \right) \mathrm{d}y \quad (8.1.35)$$

式中，y_j 为回转体轴线上离散单极子源的位置。

(8.1.35) 式积分可得

$$v_n \left(\boldsymbol{r}_{si} \right) = \sum_{j=1}^{N} \frac{\partial G \left(\boldsymbol{r}_{si}, y_j \right)}{\partial n_i} q \left(y_j \right) \quad (8.1.36)$$

式中，$\boldsymbol{r}_{si}$ 为回转体母线上第 i 单元的场点位置，n_i 为第 i 个单元的外法线方向，$q \left(y_j \right)$ 为第 j 个单极子的等效源强度。

将 (8.1.36) 式表示为矩阵形式：

$$\{v_n\} = [T] \{Q\} \quad (8.1.37)$$

式中，$\{Q\}$ 为 $q \left(y_j \right)$ 组成的列矢量。

由 (8.1.37) 式可得类似 (8.1.19) 式的单极子声源强度：

$$\{Q\} = [T]^{-1} \{v_n\} \quad (8.1.38)$$

如果回转体轴线上单极子数量与母线上单元数量相等，则矩阵 $[T]$ 为方阵，直接由 (8.1.38) 式计算等效源单极子强度。如果母线上单元数量大于轴线上单极子数量，则矩阵 $[T]$ 不再为方阵，此时需要采用广义逆矩阵求解得到等效源单极子强度：

$$\{Q\} = \left([T]^* [T] \right)^{-1} [T]^* \{v_n\} \quad (8.1.39)$$

由回转体表面振动可确定其轴线上等效单极子的源强度，进一步可由 (8.1.32) 式及 (8.1.21) 式计算辐射声场：

$$p \left(\boldsymbol{r} \right) = \sum_{j=1}^{N} S \left(\boldsymbol{r}, y_j \right) q \left(y_j \right) \quad (8.1.40)$$

Stepanishen 以球壳和椭球壳模态振动作为输入参数，计算轴线上等效单极子源分布。对于球壳零阶 "呼吸" 模态，相应的单极子源位于坐标原点，在轴线 -0.75

到 0.75 范围内分布 15 个点源，计算得到的等效单极子也位于坐标原点，其源强度的实部和虚部参见图 8.1.10。对于球壳 1 阶和 2 阶振动模态，计算得到的等效点源分布呈现为偶极子和四极子特征，参见图 8.1.11，可见等效单极子分布的特征对应壳体振动模态分布。对于长径比为 2 的椭球壳，采用 15 个轴线上的点源计算得到的等效点源分布比球壳分散，但分布的基本特征还是与振动模态分布对应的，参见图 8.1.12。

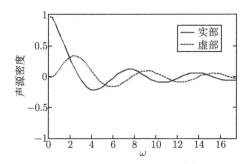

图 8.1.10　球壳 "呼吸" 模态的等效单极子声源强度
(引自文献 [11], fig3)

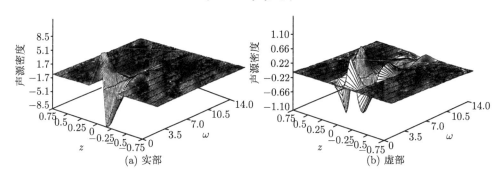

图 8.1.11　球壳一阶模态的等效声源强度
(引自文献 [11], fig4)

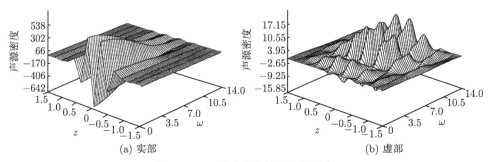

图 8.1.12　椭球壳的等效声源强度
(引自文献 [11], fig8)

一般来说,轴线上设置的点源分布不同,计算得到的等效源分布也会有所不同。轴线两端的等效源强度会比较小,如果不是这样,则需要增加轴线上设置的点源数量。利用内部声源密度,也可以计算结构的模态声阻抗,其具体步骤:采用有限元模型计算法向振动模态,并归一化处理;将归一化的法向振动模态分布作为已知的结构表面单元振速分布,并计算内部声源密度;再由计算得到的内部声源密度,计算结构表面的声压分布,然后对表面声压与法向振动模态函数的乘积进行面积分计算声辐射功率,即可得到模态声阻抗,注意到所计算的声压分布对应给定的振动模态,如果声功率面积分所用的声压分布和法向振动模态的模态数相同,则得到自辐射声阻抗,若声压分布与法向振动模态不同,则得到互辐射声阻抗。由此计算的结果与解析解一致,但积分简单。

在单极子等效源研究基础上,Stepanishen 和 Ramakrishna[13-15] 进一步针对二维椭圆柱壳,参见图 8.1.13,采用单极子和偶极子作为虚拟声源,分别由最小二乘法和奇异值分解法求解内部声源密度。

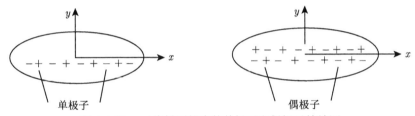

图 8.1.13 二维椭圆柱壳的单极子和偶极子等效源

(引自文献 [15], fig2)

设椭圆柱体表面的法向振速关于长轴对称,虚拟等效源分布在长轴上,为清晰起见,图 8.1.13 左图中声源位置有所下移,相应的声压和表面法向振速可由 (8.1.32) 和 (8.1.33) 给出,但二维自由空间的 Green 函数为

$$G\left(r_s, y\right) = \frac{\mathrm{i}}{4} H_0^{(1)}\left(k_0 d\right) \tag{8.1.41}$$

式中,d 为二维椭圆柱体表面场点 r_s 到对称长轴上虚拟源点 y 的距离。且有

$$\frac{\partial G}{\partial n} = \frac{\partial G}{\partial d}\frac{\partial d}{\partial n} = \frac{-\mathrm{i}k_0}{4} H_1^{(1)}\left(k_0 d\right) \frac{\boldsymbol{d} \cdot \boldsymbol{n}}{|d|} \tag{8.1.42}$$

类似于 (8.1.35) 式,可得

$$\{Q_M\} = [T_M]^{-1}\{v_n\} \tag{8.1.43}$$

式中，$\{Q_M\}$ 为对称轴线上单极子等效源强度列矢量，矩阵 $[T_M]$ 的元素为

$$T_M\,(i,j) = -\frac{\mathrm{i}k_0}{4} H_1^{(1)}\,(k_0 d_{ij}) \cos\theta_{ij} \tag{8.1.44}$$

其中，d_{ij} 椭圆柱体表面第 i 个单元到对称轴线上第 j 个等效单极子位置的距离，θ_{ij} 见 (8.1.20) 式。

由求得的等效源强度可求解得到声压：

$$\{p_M\} = [S_M]\,\{Q_M\} \tag{8.1.45}$$

式中，$\{p_M\}$ 为椭圆柱体表面声压列矢量，矩阵 $[S_M]$ 的元素为

$$S_M\,(i,j) = -\frac{\omega\rho_0}{4} H_0^{(1)}\,(k_0 d_{ij}) \tag{8.1.46}$$

当椭圆柱体表面的法向振速关于长轴是反对称的，则长轴上等效虚拟源为偶极子源，设其强度为 Q_D，相应的辐射声场为

$$p_D\,(r) = -\frac{\omega\rho_0}{4} Q_D \left[H_0^{(1)}\,(k_0 d_+) - H_0^{(1)}\,(k_0 d_-) \right] \tag{8.1.47}$$

$$d_\pm = d \mp \frac{l}{2} \sin\theta \tag{8.1.48}$$

式中，d_+ 和 d_- 为偶极子两个点源到场点的距离，l 为两点源间距，θ 为场点极角。

(8.1.47) 式可以表示为

$$p_D\,(d) = -\frac{\omega\rho_0 Q_D}{4} \left[\varepsilon \frac{H_0^{(1)}\,(k_0 d - \varepsilon) - H_0^{(1)}\,(k_0 d + \varepsilon)}{\varepsilon} \right] \tag{8.1.49}$$

式中，$\varepsilon = \dfrac{k_0 l}{2} \sin\theta$。

简化 (8.1.49) 式，可得

$$p_D\,(r) = -\frac{k_0^2 \rho_0 C_0 l}{8} Q_D H_1^{(1)}\,(k_0 d) \sin\theta \tag{8.1.50}$$

由偶极子源产生的质点速度为

$$\boldsymbol{v}_D = \frac{\mathrm{i}}{\omega\rho_0} \nabla p_D \tag{8.1.51}$$

在柱坐标下，梯度算子为

$$\nabla = \frac{\partial}{\partial r} \boldsymbol{n}_r + \frac{\partial}{r\partial\theta} \boldsymbol{n}_\theta \tag{8.1.52}$$

式中，$\boldsymbol{n}_r$ 和 $\boldsymbol{n}_\theta$ 为圆柱坐标 (r, θ) 的单位方向矢量。再考虑到椭圆柱体表面外法线方向：

$$\boldsymbol{n} = \cos(\theta - \gamma)\,\boldsymbol{n}_r + \sin(\theta - \gamma)\,\boldsymbol{n}_\theta \tag{8.1.53}$$

式中，γ 为椭圆柱体表面场点法线方向与 x 轴夹角，θ 为等效源点和场点矢量与 x 轴夹角。

这样可以得到椭圆柱体表面法向振速：

$$v_n = \boldsymbol{v}_D \cdot \boldsymbol{n} = (S_1 + S_2)\,Q_D \tag{8.1.54}$$

其中，

$$S_1 = -\frac{\mathrm{i}k_0^2 l}{16} Q_D \left[H_0^{(1)}(k_0 d) - H_2^{(1)}(k_0 d) \right] \sin\theta \cos(\theta - \gamma) \tag{8.1.55}$$

$$S_2 = -\frac{\mathrm{i}k_0 l}{8d} Q_D H_1^{(1)}(k_0 d) \cos\theta \sin(\theta - \gamma) \tag{8.1.56}$$

从而得到对称轴线上偶极子等效源强度：

$$\{Q_D\} = [T_D]^{-1} \{v_n\} \tag{8.1.57}$$

式中，$[T_D]$ 的元素为

$$\begin{aligned} T_D(i,j) &= -\frac{\mathrm{i}k_0^2 l}{16} \sin\theta_{ij} \cos(\theta_{ij} - \gamma_{ij}) \left[H_0^{(1)}(k_0 d_{ij}) - H_2^{(1)}(k_0 d_{ij}) \right] \\ &\quad - \frac{\mathrm{i}k_0 l}{8d_{ij}} H_1^{(1)}(k_0 d_{ij}) \cos\theta_{ij} \sin(\theta_{ij} - \gamma_{ij}) \end{aligned} \tag{8.1.58}$$

再由 (8.1.50) 式求解椭圆柱表面声压：

$$\{P_D\} = [S_D]\{Q_D\} \tag{8.1.59}$$

式中，

$$S_D(i,j) = \frac{k_0^2 \rho_0 C_0 l}{8} H_1^{(1)}(k_0 d_{ij}) \sin\theta_{ij} \tag{8.1.60}$$

为了验证内部声源法的精度，考虑刚性二维椭圆柱表面设置均匀振动条带，其宽度为 $\pi/4$，参见图 8.1.14。算例分为三种情况：其一，椭圆柱上表面有振动条带，采用单极子和偶极子为内部源；其二，椭圆柱上下表面有同相振动条带，采用单极子为内部源；其三，椭圆柱上下表面有反相振动条带，采用偶极子为内部源。在椭圆柱退化为圆柱的特殊情况下，$k_0 a = 0.1 \sim 10$ 范围内，内部声源法计算的圆柱体表面声压与解析解计算结果吻合很好，只是在 $k_0a = 10$ 附近两者的计算结果略有偏差，参见图 8.1.15。内部声源法计算时，k_0a 为 0.1，1 和 10 时，内部点源数量分别为 7，12 和 22，相应的表面场点数分别为 45，50 和 80。对于 b/a 为 0.5 的椭圆柱及算例二情况，由内部声源法计算的椭圆柱表面声压由图 8.1.16 给出，计算时对应 k_0a 取 0.1，1 和 10，内部点源数量分别为 9，12 和 22，表面场点数分别为 50，60 和 80。

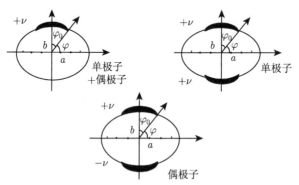

图 8.1.14　刚性二维椭圆柱表面的振动条带布置

(引自文献 [13]，fig9)

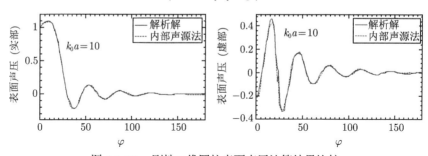

图 8.1.15　刚性二维圆柱表面声压计算结果比较

(引自文献 [13]，fig12)

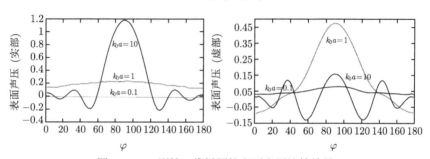

图 8.1.16　刚性二维椭圆柱表面声压计算结果

(引自文献 [13]，fig20)

在文献 [16] 中，Stepanishen 针对回转壳体，将虚拟点源设为连续分布的线声源，并结合 Fourier 变换计算辐射声压。假设轴线上的声源密度为

$$q(y) = \sum_{i=1}^{N} h_i(y) q_i \tag{8.1.61}$$

式中，$h_i(y)$ 为一组局部基函数或插值函数。

将 (8.1.61) 式代入 (8.1.33) 式，有

$$v_n(\boldsymbol{r}_s) = \sum_{i=1}^{N} I_v(\boldsymbol{r}_s, y) q_i \tag{8.1.62}$$

式中，

$$I_v(\boldsymbol{r}_s, y) = \int \frac{\partial G(\boldsymbol{r}_s, y)}{\partial n} h_i(y) \, \mathrm{d}y \tag{8.1.63}$$

由 (8.1.62) 式求解得到声源密度 q_i，并考虑远场条件下自由空间 Green 函数可以表示为

$$G(r, y) = \frac{\mathrm{e}^{\mathrm{i}k_0 R}}{4\pi R} \mathrm{e}^{\mathrm{i}k_0 y \cos\theta} \tag{8.1.64}$$

式中，(R, θ) 为场点球坐标。

将 (8.1.64) 式代入 (8.1.32) 式，得到远场声压表达式：

$$p(R, \theta) = \mathrm{i}\rho_0 \omega \frac{\mathrm{e}^{\mathrm{i}k_0 R}}{4\pi R} \bar{q}(k_0 \cos\theta) \tag{8.1.65}$$

式中，$\bar{q}(k_0 \cos\theta)$ 为声源密度的 Fourier 变换：

$$\bar{q}(k_y) = \int_{-\infty}^{\infty} q(y) \, \mathrm{e}^{\mathrm{i}k_y y} \mathrm{d}y \tag{8.1.66}$$

若取 $h_i(y) = \delta(y - y_i)$，则有

$$q(y) = \sum_{i=1}^{N} \delta(y - y_i) q_i \tag{8.1.67}$$

于是 (8.1.66) 式简化为

$$\bar{q}(k_y) = \sum_{i=1}^{N} \mathrm{e}^{\mathrm{i}k_y y_i} q_i \tag{8.1.68}$$

采用 (8.1.65) 式计算平面波入射的刚性球散射声场，并与解析解计算结果比较，两者吻合很好，图 8.1.17 给出了 $k_0a = 20$ 时刚性球表面散射声场及对应的线声源分布。

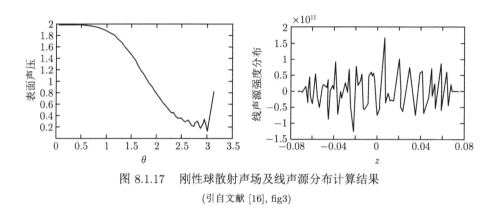

图 8.1.17   刚性球散射声场及线声源分布计算结果

(引自文献 [16], fig3)

Stepanishen[17] 进一步发展了广义的内部声源密度法 (generalized internal source density method)，他在任意形状弹性结构外部作一个虚拟的回转封闭曲面，假设封闭曲面上的法向振速或声压由试验或其他方法确定，并沿周向作 Fourier 展开，据此沿回转体封闭曲面轴线，布置与周向模态匹配的虚拟环形声源，环形声源沿轴向的分布，采用内部声源密度法的方法和过程确定，其中的核心是计算环形声源的声场，详细的推导及结果可参阅该文献，将内部声源密度法推广到时域求解流体负载，则可参阅文献 [18]。Ochmann[19] 将波元法、内部声源密度法等归纳为结构声辐射计算的声模拟技术，他 [20] 还基于外场 Helmholtz 积分方程，发展了另一种声源模拟技术，即在结构外围构建一个虚拟的球面，在球面上采用球函数展开 Helmholtz 外场积分方程中的 Green 函数和声压，将 Helmholtz 积分方程化为全场方程 (full field equation)，由此方程可以求解声压的球函数展开系数，从而计算辐射声场。

8.2   半数值半解析法求解弹性结构耦合振动和声辐射

为了减小 Helmholtz 积分方程的计算量，提高数值方法计算任意形状弹性结构受激振动和声辐射的效率，除了 8.1 节提到的采用球函数展开 Helmholtz 外场方程得到全场方程外，早在 20 世纪六七十年代 Williams[21] 和 Butler[22] 采用球函数及配值法和最小二乘法，由已知的振动分布或近场测量的声压数据，计算远场辐射声场；Borgiotti[23] 和 Bouchet[24] 等进一步由已知的表面法向振速，采用球函数和等效球声源模型计算声辐射功率或辐射声场。但是，这些研究只是利用了球函数近似计算辐射声场,没有考虑声场与结构振动的耦合。实际上,Hunt 等[25]在 20 世纪 70 年代提出了一种半数值半解析的混合方法,计算声呐基阵的声辐射,他们在声呐基阵外围作一个封闭球面,声呐结构振动采用有限元求解,球面内声场采用声有限元求解,球面外声场采用球函数分离变量法求解,并利用球面上的边界条件得到作用在外围声有限元上的广义节点力,联立结构和声有限元方程建立流固耦合方程,再由求解得到的球面上的节点声压值,高效计算远场辐射声场。这种计算方法同样适用于弹性结构受激振动和声辐射求解,且不需要计算面积分,计算速度较快,只是声有限元所占内存较大。

考虑如图 8.2.1 所示的任意形状弹性结构,围绕结构作一个封闭球面 S_0,其半径为 a。将空间分为三部分,其中 R_1 为结构,R_2 为球面内声介质,R_3 为球面外声介质。

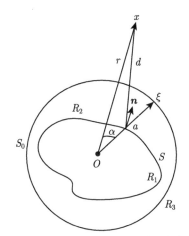

图 8.2.1　任意结构振动和声辐射的半数值半解析计算模型

(引自文献 [25], fig1)

利用第 7 章的结果,弹性结构振动的有限元方程为

$$\left\{[K_s] - \omega^2 [M_s]\right\} \{U\} - [G] \{p\} = \{f\} \tag{8.2.1}$$

式中,$[K_s]$ 和 $[M_s]$ 为结构刚度和质量矩阵,$[G]$ 为结构与声场耦合矩阵,$\{f\}$ 为作用在结构上的激励力对应的广义节点力列矢量。$\{U\}$ 为结构有限元节点位移列矢量,$\{p\}$ 为声有限元节点声压列矢量。

区域 R_2 内声有限元方程为

$$\left\{[K_a] - \omega^2 [M_a]\right\} \{p\} - \rho_0 [G]^{\mathrm{T}} \{U\} = \{f_p\} \tag{8.2.2}$$

式中,$[K_a]$ 和 $[M_a]$ 为声有限元刚度和质量矩阵,$\{f_p\}$ 为区域 R_3 中声场作用在区域 R_2 中有限元的广义节点力。

在区域 R_3 中，声压满足波动方程和无穷远辐射条件，在球面 S_0 上，利用球函数展开 Helmholtz 积分方程，得到声压和法向振速的关系。Helmholtz 积分方程中，Green 函数及其法向导数采用球函数展开为

$$\frac{\mathrm{e}^{\mathrm{i}k_0 d}}{4\pi d} = \frac{k_0}{4\pi} \sum_{l=0}^{\infty} (2l+1)\, \mathrm{j}_l(k_0\xi)\, \mathrm{h}_l^{(1)}(k_0 r)\, \mathrm{P}_l(\cos\alpha) \tag{8.2.3}$$

$$\frac{\partial}{\partial n}\left[\frac{\mathrm{e}^{\mathrm{i}k_0 d}}{4\pi d}\right] = \frac{k_0}{4\pi} \sum_{l=0}^{\infty} (2l+1)\left[\frac{\partial}{\partial n}\mathrm{j}_l(k_0\xi)\right] \mathrm{h}_l^{(1)}(k_0 r)\, \mathrm{P}_l(\cos\alpha) \tag{8.2.4}$$

式中，j_l 和 $\mathrm{h}_l^{(1)}$ 分别为球 Bessel 函数和球 Hankel 函数，P_l 为 Legendre 函数，ξ 为球面 S_0 上的点 (a,θ_0,φ_0)，x 为区域 R_3 中的场点 (r,θ,φ)，α 为坐标原点到 ξ 点与 x 点的矢量夹角。

考虑到 Legendre 函数的加法公式：

$$\mathrm{P}_l(\cos\alpha) = \frac{4\pi}{2l+1} \sum_{m=-l}^{l} \mathrm{P}_l^{m*}(\theta,\varphi)\, \mathrm{P}_l^{m}(\theta_0,\varphi_0) \tag{8.2.5}$$

以及球面 S_0 上的边界条件：

$$\frac{\partial p}{\partial n} = \mathrm{i}\omega\rho_0 v_n \tag{8.2.6}$$

这里 $\mathrm{P}_l^m(\theta,\varphi)$ 为球谐函数，v_n 为球面法向质点振速。

将 (8.2.3)∼(8.2.6) 式代入外场 Helmholtz 积分方程，则外场声压为

$$\begin{aligned}
p(x) = k_0 \int_{S_0} &\left\{ p(\xi) \sum_{l=0}^{\infty} \sum_{m=-l}^{l} \left[\frac{\partial}{\partial n}\mathrm{j}_l(k_0\xi)\right]_{\xi=a} \mathrm{h}_l^{(1)}(k_0 r)\, \mathrm{P}_l^{m*}(\theta,\varphi)\, \mathrm{P}_l^{m}(\theta_0,\varphi_0) \right. \\
&\left. - \mathrm{i}\omega\rho_0 v_n(\xi) \sum_{l=0}^{\infty} \sum_{m=-l}^{l} \mathrm{j}_l(k_0\xi)_{\xi=a}\, \mathrm{h}_l^{(1)}(k_0 r)\, \mathrm{P}_l^{m*}(\theta,\varphi)\, \mathrm{P}_l^{m}(\theta_0,\varphi_0) \right\} \mathrm{d}S(\xi)
\end{aligned} \tag{8.2.7}$$

再将球面上的声压、法向振速及场点声压用球谐函数展开：

$$p(\xi) = \sum_{\bar{l}=0}^{\infty} \sum_{\bar{m}=-\bar{l}}^{\bar{l}} p_{\bar{l},\bar{m}}(a)\, \mathrm{P}_{\bar{l}}^{\bar{m}}(\theta_0,\varphi_0) \tag{8.2.8}$$

$$v_n(\xi) = \sum_{\bar{l}=0}^{\infty} \sum_{\bar{m}=-\bar{l}}^{\bar{l}} V_{\bar{l},\bar{m}}^{n}(a)\, \mathrm{P}_{\bar{l}}^{\bar{m}}(\theta_0,\varphi_0) \tag{8.2.9}$$

$$p\left(x\right)=\sum_{l=0}^{\infty}\sum_{m=-l}^{l}p_{l,m}\left(r\right)\mathrm{P}_l^m\left(\theta,\varphi\right) \tag{8.2.10}$$

这样，将 (8.2.8)~(8.2.10) 式代入 (8.2.7) 式，并利用正交关系和递推关系：

$$\int \mathrm{P}_{\bar{l}}^{\bar{m}}\left(\theta,\varphi\right)\mathrm{P}_l^{m*}\left(\theta,\varphi\right)\sin\theta\mathrm{d}\theta\mathrm{d}\varphi=\delta_{l\bar{l}}\delta_{m\bar{m}} \tag{8.2.11}$$

$$\frac{\partial}{\partial n}\mathrm{j}_l\left(k_0\xi\right)\bigg|_{\xi=a}=k_0\left[\mathrm{j}_{l-1}\left(k_0a\right)-\frac{l+1}{k_0a}\mathrm{j}_l\left(k_0a\right)\right] \tag{8.2.12}$$

可以得到

$$p_{l,m}\left(r\right)=k_0a^2\left\{p_{l,m}\left(a\right)k_0\left[\mathrm{j}_{l-1}\left(k_0a\right)-\frac{l+1}{k_0a}\mathrm{j}_l\left(k_0a\right)\right]\cdot\mathrm{h}_l^{(1)}\left(k_0r\right)\right.$$
$$\left.-\mathrm{i}\omega\rho_0V_{l,m}^n\left(a\right)\mathrm{j}_l\left(k_0a\right)\mathrm{h}_l^{(1)}\left(k_0r\right)\right\} \tag{8.2.13}$$

当场点逼近球面 S_0，取 $r=a$，再利用 Wronshian 关系式：

$$\left(k_0a\right)^2\left[\mathrm{h}_l\left(k_0a\right)\mathrm{j}_{l-1}\left(k_0a\right)-\mathrm{j}_l\left(k_0a\right)\mathrm{h}_{l-1}\left(k_0a\right)\right]=1 \tag{8.2.14}$$

由 (8.2.13) 式可得到球面 S_0 上声压与法向振速的球谐函数展开系数的关系：

$$V_{l,m}^n\left(a\right)=\frac{\mathrm{i}}{\omega\rho_0a}\frac{1}{\lambda_l\left(k_0a\right)}p_{l,m}\left(a\right) \tag{8.2.15}$$

其中，

$$\frac{1}{\lambda_l\left(k_0a\right)}=l+1-k_0a\left[\frac{\mathrm{h}_{l-1}^{(1)}\left(k_0a\right)}{\mathrm{h}_l^{(1)}\left(k_0a\right)}\right] \tag{8.2.16}$$

若将 (8.2.15) 式代入 (8.2.13) 式，再利用 (8.2.14) 式，则可推导得到

$$p_{l,m}\left(r\right)=p_{l,m}\left(a\right)\left[\frac{\mathrm{h}_l^{(1)}\left(k_0r\right)}{\mathrm{h}_l^{(1)}\left(k_0a\right)}\right] \tag{8.2.17}$$

于是，将 (8.2.17) 式代入 (8.2.10) 式，得到区域 R_3 内任一点的声压：

$$p\left(x\right)=\sum_{l=0}^{\infty}\sum_{m=-l}^{l}p_{l,m}\left(a\right)\left[\frac{\mathrm{h}_l^{(1)}\left(k_0r\right)}{\mathrm{h}_l^{(1)}\left(k_0a\right)}\right]\mathrm{P}_l^m\left(\theta,\varphi\right) \tag{8.2.18}$$

在 (8.2.2) 式中，区域 R_3 中声场对球面 S_0 上声有限元单元作用的节点力正比于声压的法向导数：

$$\{f_p^e\} = \int [N]^{\mathrm{T}} \frac{\partial p}{\partial n} \mathrm{d}S \tag{8.2.19}$$

式中，$[N]$ 为声有限元单元形状函数矩阵。

考虑到 (8.2.6) 式，并利用球面 S_0 上单元法向振速 v_n 与节点法向振速 $\{v_n^e\}$ 的关系：

$$v_n = [N]\{v_n^e\} \tag{8.2.20}$$

有

$$\{f_p^e\} = \mathrm{i}\omega\rho_0 [m_e]\{v_n^e\} \tag{8.2.21}$$

式中，$[m_e]$ 为单元等效质量矩阵。

$$[m_e] = \int [N]^{\mathrm{T}}[N]\mathrm{d}S \tag{8.2.22}$$

将 $\{f_p^e\}$ 扩展到球面上所有单元，则有

$$\{f_p\} = \mathrm{i}\omega\rho_0 [M]\{v_n\} \tag{8.2.23}$$

式中，$\{v_n\}$ 为球面 S_0 表面的节点法向振速组成的列矩阵。

为了进一步得到区域 R_3 中声场与球面 S_0 上单元的耦合关系，假设球面 S_0 上共有 N 个单元节点，利用 (8.2.8) 式和 (8.2.9) 式，可以将球面 S_0 上节点声压与其球谐函数展开系数表示为矩阵关系：

$$\{p_o\} = [L]\{P_{lm}\} \tag{8.2.24}$$

式中，$\{p_o\}$ 为球面 S_0 表面的节点声压组成的列矩阵，$\{P_{lm}\}$ 为声压的球谐函数展开系数 $p_{l,m}$ 组成的列矩阵，矩阵 $[L]$ 的元素为

$$L_{ij} = \mathrm{P}_{\bar{l}}^{\bar{m}}(\theta_{0i}, \varphi_{0i}), \quad j = 1, 2, \cdots, N \tag{8.2.25}$$

注意到 (8.2.25) 式下标 j 按 $\bar{l} = 0, 1, \cdots, L$，$\bar{m} = -L, \cdots, L$ 的排列序号取值，且按节点数 N 确定 $\bar{l}$ 的截断阶数 L。同理，球面 S_0 上节点法向振速与其球谐函数展开系数的矩阵关系为

$$\{v_n\} = [L]\{V_{lm}\} \tag{8.2.26}$$

式中，$\{V_{lm}\}$ 为法向振速的球谐函数展开系数 $V_{\bar{l},\bar{m}}^n$ 组成的列矩阵。

另外, 将 (8.2.15) 式也表示为矩阵列式:

$$\{V_{lm}\} = \frac{\mathrm{i}}{\omega \rho_0 a} [\Lambda] \{P_{lm}\} \tag{8.2.27}$$

式中, $[\Lambda]$ 为对角矩阵, 其元素为 $\Lambda_i = 1/\lambda_i (k_0 a)$。

将 (8.2.27) 式代入 (8.2.26) 式, 再代入 (8.2.24) 式, 得到球面 S_0 上节点法向振速与节点声压的关系:

$$\{v_n\} = \frac{\mathrm{i}}{\omega \rho_0 a} [L] [\Lambda] [L]^{-1} \{p_o\} \tag{8.2.28}$$

再将 (8.2.28) 式代入 (8.2.23) 式, 则有区域 R_3 中声场作用于球面 S_0 的节点力:

$$\{f_p\} = -[F] \{p_o\} \tag{8.2.29}$$

式中,

$$[F] = \frac{1}{a} [M] [L] [\Lambda] [L]^{-1} \tag{8.2.30}$$

注意到区域 R_3 中声场与球面 S_0 的作用仅仅了考虑表面节点, 为了将 (8.2.29) 式代入 (8.2.2) 式, 需要将区域 R_2 中声有限元节点声压分为球表面节点声压 $\{p_o\}$ 和球面内节点声压 $\{p_i\}$, 相应的声有限元刚度和质量矩阵元素也作相应的行和列的位置交换, 重新排列后的声有限元方程为

$$\left\{ \begin{pmatrix} [K_a]_{o,o} & [K_a]_{o,i} \\ [K_a]_{i,o} & [K_a]_{i,i} \end{pmatrix} - \omega^2 \begin{pmatrix} [M_a]_{o,o} & [M_a]_{o,i} \\ [M_a]_{i,o} & [M_a]_{i,i} \end{pmatrix} \right\} \left\{ \begin{array}{c} \{p_o\} \\ \{p_i\} \end{array} \right\}$$
$$- \rho_0 [G]^{\mathrm{T}} \{U\} = \left\{ \begin{array}{c} \{f_a\} \\ 0 \end{array} \right\} \tag{8.2.31}$$

将 (8.2.29) 式代入 (8.2.31) 式, 得到考虑了外声场耦合的声有限元方程:

$$\left\{ \begin{pmatrix} [K_a]_{o,o} & [K_a]_{o,i} \\ [K_a]_{i,o} & [K_a]_{i,i} \end{pmatrix} - \omega^2 \begin{pmatrix} [M_a]_{o,o} & [M_a]_{o,i} \\ [M_a]_{i,o} & [M_a]_{i,i} \end{pmatrix} \right\} \left\{ \begin{array}{c} \{p_o\} \\ \{p_i\} \end{array} \right\}$$
$$+ \begin{pmatrix} [F] & 0 \\ 0 & 0 \end{pmatrix} \left\{ \begin{array}{c} \{p_o\} \\ \{p_i\} \end{array} \right\} - \rho_0 [G]^{\mathrm{T}} \{U\} = 0 \tag{8.2.32}$$

为了进一步将 (8.2.1) 式与 (8.2.32) 式联立求解, 需要将 (8.2.1) 式中的耦合矩阵 $[G]$ 也按 $\{p_o\}$ 和 $\{p_i\}$ 重新排列为 $[G_o]$ 和 $[G_i]$, 这样可以给出结构与声有限

元的声振耦合方程：

$$
\left\{ \begin{pmatrix} [K_a]_{o,o} & [K_a]_{o,i} & 0 \\ [K_a]_{i,o} & [K_a]_{i,i} & 0 \\ -[G_o] & -[G_i] & [K_s] \end{pmatrix} - \omega^2 \begin{pmatrix} [M_a]_{o,o} & [M_a]_{o,i} & \rho_0 [G_o]^{\mathrm{T}} \\ [M_a]_{i,o} & [M_a]_{i,i} & \rho_0 [G_i]^{\mathrm{T}} \\ 0 & 0 & [M_s] \end{pmatrix} \right.
$$
$$
\left. + \begin{pmatrix} [F] & 0 & 0 \\ 0 & 0 & 0 \\ 0 & 0 & 0 \end{pmatrix} \right\} \left\{ \begin{matrix} \{p_o\} \\ \{p_i\} \\ \{U\} \end{matrix} \right\} = \left\{ \begin{matrix} 0 \\ 0 \\ \{f\} \end{matrix} \right\} \tag{8.2.33}
$$

由 (8.2.33) 式可以求解得到球面 S_0 上的节点声压等参数，再由 (8.2.24) 式计算声压的球谐函数展开系数，利用 (8.2.18) 式即可计算外场辐射声压。Hunt 针对直径为 0.387m，高为 0.127m 的圆柱形换能器，采用上述模型计算的远场垂向方向性图与试验结果吻合很好，计算的频率为 3kHz 和 7kHz，参见图 8.2.2。

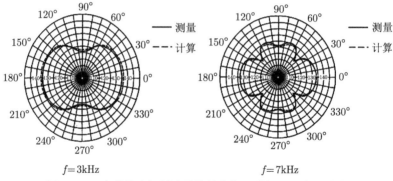

$$f = 3\text{kHz} \qquad\qquad\qquad f = 7\text{kHz}$$

图 8.2.2　半数值半解析法计算的换能器结构远场声压分布

(引自文献 [25], fig5, fig6)

在球面 S_0 外面，Hunt 采用球函数解析求解外场声场，建立振动与声场耦合方程，Bossut 等[26] 则将结构外球面上的单元视为声波吸收器，称为阻尼单元 (damping element)，它们吸收结构向外辐射的声波，将无限声场问题化为有限声场问题，使得在球面 S_0 内声场可以采用有限元处理，并在球面上施加给声有限元一个与声压法向导数成正比的作用力，球面外的声场可以采用单极子、偶极子及多极子的辐射声场描述，从而建立与 Hunt 形式上一致的流固耦合方程，但声场计算量较少。仍然考虑如图 8.2.1 所示的结构，在球面 S_0 内，联立结构有限元和声有限元方程 (8.2.1) 和 (8.2.2) 式，有

$$
\begin{pmatrix} [K_s] - \omega^2 [M_s] & -[G] \\ -\rho_0 [G]^T & [K_a] - \omega^2 [M_a] \end{pmatrix} \left\{ \begin{matrix} \{U\} \\ \{p\} \end{matrix} \right\} = \left\{ \begin{matrix} \{f\} \\ \{f_p\} \end{matrix} \right\} \tag{8.2.34}
$$

注意到 (8.2.19) 式定义了外声场作用在球面单元的节点力，如果球面 S_0 位于远场，向外辐射的球面波声压可以表示为

$$p = \frac{\mathrm{e}^{\mathrm{i}k_0 r}}{k_0 r} D_0 (\theta, \varphi) \tag{8.2.35}$$

式中，$D_0 (\theta, \varphi)$ 为远场方向性函数。

由 (8.2.35) 式可得

$$\frac{\partial p}{\partial n} = -\left(\frac{1}{a} - \mathrm{i}k_0\right) p \tag{8.2.36}$$

将 (8.2.36) 式代入 (8.2.19) 式，则有球面 S_0 外声场对球面单元的作用力：

$$\{f_a\} = \left(\mathrm{i}k_0 - \frac{1}{a}\right) [M] \{p_o\} \tag{8.2.37}$$

式中，矩阵 $[M]$ 计算表达式与 (8.2.23) 式一样。

一般情况下，球面 S_0 外辐射声压除了 (8.2.35) 式给出的远场分量外，还有高阶项，可以表示为

$$p(r, \theta, \varphi) = \frac{\mathrm{e}^{\mathrm{i}k_0 r}}{k_0 r} \sum_{n=0}^{\infty} \frac{D_n (\theta, \varphi)}{(\mathrm{i}k_0 r)^n} \tag{8.2.38}$$

式中，方向性函数 $D_n (\theta, \varphi)$ 可以由远场方向性函数 $D_0 (\theta, \varphi)$ 的递推关系得到

$$D_n (\theta, \varphi) = \frac{1}{2n} [n(n-1) + Q] D_{n-1} (\theta, \varphi) \tag{8.2.39}$$

式中，

$$Q = \frac{1}{\sin\theta} \frac{\partial}{\partial\theta} \left(\sin\theta \frac{\partial}{\partial\theta}\right) + \frac{1}{\sin^2\theta} \frac{\partial^2}{\partial\varphi^2} \tag{8.2.40}$$

利用算子序列：

$$B_m = \prod_{l=1}^{m} \left(\frac{\partial}{\partial r} - \mathrm{i}k_0 + \frac{2l-1}{r}\right)$$

$$= \left(\frac{\partial}{\partial r} - \mathrm{i}k_0 + \frac{2m-1}{r}\right) B_{m-1} \tag{8.2.41}$$

(8.2.38) 式中对于截断的 $n < m$ 的声压 p_m，存在 $B_m p_m = 0$。取 $m = 1$，则有

$$B_1 p|_{r=a} = \frac{\partial p}{\partial r} + \left(\frac{1}{r} - \mathrm{i}k_0\right) p \bigg|_{r=a} = 0 \tag{8.2.42}$$

(8.2.42) 式完全等同于 (8.2.36) 式。为了提高阻尼单元的精度，进一步考虑高阶的多极子声压表达式：

$$p = \frac{\mathrm{e}^{\mathrm{i}k_0 r}}{k_0 r} \left[D_0\left(\theta, \varphi\right) - \frac{\mathrm{i} D_1\left(\theta, \varphi\right)}{k_0 r} \right] \tag{8.2.43}$$

相应有

$$B_2 p|_{r=a} = 0 \tag{8.2.44}$$

其中的 B_2 可由 (8.2.41) 式令 $m = 2$ 得到，利用 Helmholtz 方程中 Laplace 算子在球坐标系中的表达式，消除 $\partial^2/\partial r^2$，得到 B_2 的表达式：

$$B_2 = 2\left(\frac{1}{r} - \mathrm{i}k_0\right)\frac{\partial}{\partial r} + 2\left(\frac{1}{r} - \mathrm{i}k_0\right)^2 - \frac{1}{r^2 \sin\theta}\frac{\partial}{\partial \theta}\left(\sin\theta \frac{\partial}{\partial \theta}\right) - \frac{1}{r^2 \sin^2\theta}\frac{\partial^2}{\partial \varphi^2} \tag{8.2.45}$$

这样由 (8.2.44) 式及 (8.2.43) 式，可得

$$\frac{\partial p}{\partial r} = \left\{ -\left(\frac{1}{r} - \mathrm{i}k_0\right)p + \frac{1}{2r^2(1/r - \mathrm{i}k_0)\sin\theta}\frac{\partial}{\partial \theta}\left(\sin\theta \frac{\partial p}{\partial \theta}\right)\right.$$
$$\left. + \frac{1}{2r^2(1/r - \mathrm{i}k_0)\sin^2\theta}\frac{\partial^2 p}{\partial \varphi^2} \right\}\bigg|_{r=a} \tag{8.2.46}$$

在轴对称情况下 (8.2.46) 式中最后一项为零。将 (8.2.46) 式代入 (8.2.19) 式，采用分步积分消除二阶导数项，得到多极子声场对球面单元的作用力：

$$\{f_p\} = -(1/a - \mathrm{i}k_0)[M]\{p_o\} + \frac{1/a + \mathrm{i}k_0}{2\left(1 + k_0^2 a^2\right)}[M_1]\{p_o\} \tag{8.2.47}$$

式中，

$$[M_1] = \int_s \left[\frac{\partial N}{\partial \theta}\right]^{\mathrm{T}}\left[\frac{\partial N}{\partial \theta}\right]\pi a^2 \sin\theta \mathrm{d}\theta \tag{8.2.48}$$

前面推导得到了单极子和偶极子声场模拟虚拟球面 S_0 上的阻尼单元，建立了边界无反射的结构有限元和声有限元耦合方程，将 (8.2.37) 式或 (8.2.47) 式代入 (8.2.34) 式，可以求解得到球面 S_0 上的声压分布。为了验证此方法的有效性及精度，选取半径为 1m 的摆动刚性球作为声源，已知其振速为 v_0，虚拟球面 S_0 的半径为 2m，球面内声介质采用 120 个等参元离散，计算频率为 20Hz 到 6kHz，当频率大于 750Hz($k_0 a = 2\pi$) 时，可以认为球面 S_0 处于远场区域。计算得到的刚性球表面和球面 S_0 表面的声压与理论解的相对偏差由图 8.2.3 和图 8.2.4 给出。

图中实线为单极子阻尼单元结果，虚线为偶极子阻尼单元结果。在 k_0a 小于 4 以下频段，相应频率小于 1kHz，此时，单极子阻尼边界位于近场区域，虚拟球面反射一部分偶极子辐射声波，计算偏差随频率降低而增加；当 $k_0a = 4 \sim 12$，相应频率为 1~3kHz 时，单极子和偶极子阻尼边界都有较小的计算偏差；当 $k_0a > 12$，相应频率大于 3kHz 时，离散的单元数不能满足要求，单元尺寸大于 1/3 波长，也使计算偏差增加。

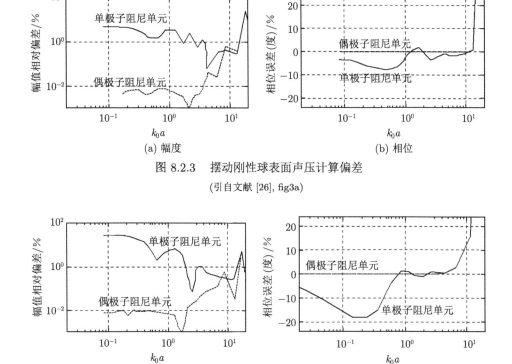

图 8.2.3　摆动刚性球表面声压计算偏差

(引自文献 [26], fig3a)

图 8.2.4　虚拟球面表面声压计算偏差

(引自文献 [26], fig3b)

在二维情况下，在满足 $k_0a > 2$ 的圆柱面 S_0 外，结构辐射声压可以表示为 [27]

$$p(r, \theta) = \mathrm{H}_0^{(1)}(k_0 r) \sum_{n=0}^{\infty} \frac{D_n(\theta)}{(k_0 r)^n} \tag{8.2.49}$$

式中，$\mathrm{H}_0(k_0 r)$ 为零阶 Hankel 函数，$D_n(\theta)$ 为仅与 θ 角有关的多极子方向性函数。

类似 (8.2.41) 式，二维情况下的算子序列为

$$B_m = \prod_{l=1}^{m} \left(\frac{\partial}{\partial r} - \mathrm{i}k_0 + \frac{2l - 3/2}{r} \right)$$

$$= \left(\frac{\partial}{\partial r} - \mathrm{i}k_0 + \frac{2m - 3/2}{r} \right) B_{m-1} \tag{8.2.50}$$

假设虚拟圆柱面半径满足 $k_0 a > 1$, 远场辐射声压仅取 (8.2.49) 式的一项, 有

$$p(r, \theta) = \mathrm{H}_0^{(1)}(k_0 r) D_0(\theta) \tag{8.2.51}$$

利用

$$B_1 p(r, \theta)|_{r=a} = 0 \tag{8.2.52}$$

可以得到虚拟圆柱面上声压的法向导数:

$$\frac{\partial p}{\partial r} = \left(\mathrm{i}k_0 a - \frac{1}{2} \right) \frac{p}{a} \tag{8.2.53}$$

相应地, 虚拟圆柱面外声场对柱面单元的作用力为

$$\{f_a\} = \left(\mathrm{i}k_0 - \frac{1}{2a} \right) [M] \{p_o\} \tag{8.2.54}$$

式中, 矩阵 $[M]$ 对应的单元矩阵 $[m_e]$, 其表达式形式上与 (8.2.22) 式一样。

$$[m_e] = \int_l [N]^{\mathrm{T}} [N] \, a\mathrm{d}\theta \tag{8.2.55}$$

如果圆柱面不满足远场条件, 则辐射声压需要考虑 (8.2.49) 式的前两项, 有

$$p(r, \theta) = \mathrm{H}_0^{(1)}(k_0 a) \left(D_0(\theta) + \frac{D_1(\theta)}{k_0 a} \right) \tag{8.2.56}$$

利用 Helmholtz 方程中 Laplace 算子在柱坐标中的表达式, 消除 $\partial^2/\partial r^2$ 项, 由 (8.2.50) 式, 得到二维情况的 B_2 表达式, 进一步利用二维情况下的 (8.2.44) 式, 可以得到虚拟圆柱面上声压的法向导数:

$$\frac{\partial p}{\partial r}\bigg|_{r=a} = \left[-\left(\frac{1}{2} - \mathrm{i}k_0 a \right) + \frac{1}{2(1 - \mathrm{i}k_0 a)} \left(\frac{\partial^2}{\partial \theta^2} + \frac{1}{4} \right) \right] \frac{p(a, \theta)}{a} \tag{8.2.57}$$

于是虚拟圆柱面外声场对柱面单元的作用力为

$$\{f_p\} = \left[-\left(\frac{1}{2} - \mathrm{i}k_0 a \right) [M] + \frac{1 + \mathrm{i}k_0 a}{1 + (k_0 a)^2} [M_1] \right] \frac{1}{a} \{p_o\} \tag{8.2.58}$$

式中,

$$[M_1] = \frac{[M]}{8} + \frac{1}{2}\int_l \left[\frac{\partial N}{\partial \theta}\right]^{\mathrm{T}} \left[\frac{\partial N}{\partial \theta}\right] a\mathrm{d}\theta \qquad (8.2.59)$$

推导得到了 (8.2.54) 和 (8.2.58) 式, 即可由虚拟圆柱面内的结构有限元和声有限元耦合方程求解虚拟圆柱面上的声压分布, 注意到当 k_0a 较大时, (8.2.58) 式可以退化为 (8.2.54) 式, 所以虚拟圆柱面较大时, 可以只考虑单极子圆柱面边界, 若虚拟圆柱面半径变小, 则需要考虑多极子圆柱面边界。实际上, 计算声场的目的不只是计算虚拟面的声压分布, 而是要进一步计算远场辐射声场。Bossut 和 Decarpigny[26] 认为: 计算远场辐射声压, 只需已知 (8.2.43) 和 (8.2.56) 式中 D_0 和 D_1, 而求解 D_0 和 D_1 可以由两个相近的不同半径虚拟面上的节点声压, 或者同一虚拟面上节点声压及其法向导数计算得到。这种方法虽然简单, 但其精度依赖于节点声压值的计算精度, 不能给出较好的结果。为此, 他们采用正交函数展开远场方向性函数, 并利用递推关系 (8.2.39) 式, 建立更有效的远场辐射声场外推计算方法。为简单起见, 考虑轴对称情况, 设

$$D_0(\theta) = \sum_{m=0}^{N-1} a_m \cos(m\theta) \qquad (8.2.60)$$

式中, N 小于或等于虚拟球面上的节点数。

(8.2.60) 式表示为矩阵形式:

$$D_0(\theta) = [T]\{A_0\} \qquad (8.2.61)$$

式中, $[T] = [1, \cos\theta, \cos 2\theta, \cdots, \cos(N-1)\theta]$, $\{A_0\}$ 为展开系数 a_m 组成的列矩阵。

由 (8.2.39) 式可得

$$D_n(\theta) = G_n D_{n-1}(\theta) = G_n G_{n-1} \cdots G_1 D_0(\theta) \qquad (8.2.62)$$

式中,

$$G_n = \frac{n(n-1) + Q}{2n} \qquad (8.2.63)$$

且有

$$Q = \frac{1}{\sin\theta}\frac{\partial}{\partial\theta}\left(\sin\theta\frac{\partial}{\partial\theta}\right) \qquad (8.2.64)$$

将 $\cos 2m\theta$ 代入 (8.2.63) 式, 可得

$$G_n(\cos 2m\theta) = \frac{(n+2m)(n-2m-1)}{2n}\cos 2m\theta - \frac{m}{n}\frac{\sin(2m\theta - \theta)}{\sin\theta} \qquad (8.2.65)$$

可证:

$$\sin\left(2m\theta - \theta\right) = 2\sum_{l=1}^{m-1}\cos\left[2\left(m-l\right)\theta\right]\sin\theta - m\sin\theta \tag{8.2.66}$$

于是, (8.2.65) 式可表示为

$$G_n\left(\cos 2m\theta\right)$$

$$= \frac{1}{n}\left[\frac{\left(n+2m\right)\left(n-2m-1\right)}{2}\cos 2m\theta - 2m\sum_{l=1}^{m-1}\cos\left[2\left(m-l\right)\theta\right] - m\right] \tag{8.2.67}$$

同理有

$$G_n\left[\cos\left(2m+1\right)\theta\right] = \frac{1}{n}\left[\frac{\left(n+2m+1\right)\left(n-2m-2\right)}{2}\cos\left(2m+1\right)\theta\right.$$

$$\left. - \left(2m+1\right)\sum_{l=1}^{m}\cos\left[2\left(m-l\right)+1\right]\theta\right] \tag{8.2.68}$$

将 (8.2.61) 式代入 (8.2.62) 式, 利用 (8.2.67) 和 (8.2.68) 式, 可以得到

$$D_1 = G_1 D_0\left(\theta\right) = [T]\left[S_1\right]\left\{A_0\right\} \tag{8.2.69}$$

依次类推, 有

$$D_n = [T]\left[S_n\right]\left[S_{n-1}\right]\cdots\left[S_1\right]\left\{A_0\right\}$$

$$= [T][S]\left\{A_0\right\} \tag{8.2.70}$$

式中, $[S] = [S_n]\left[S_{n-1}\right]\cdots\left[S_1\right]$。其中, $[S_i]\left(i = 1, 2, \cdots, n\right)$ 为上三角矩阵, 其元素为 (8.2.67) 和 (8.2.68) 式中 n 取不同值时余弦函数的系数。

再将 (8.2.70) 式代入 (8.2.38) 式, 则得到远场辐射声压的计算表达式:

$$p\left(r, \theta, \varphi\right) = [T]\left[\frac{\mathrm{e}^{\mathrm{i}k_0 r}}{k_0 r}\sum_{n=0}^{N-1}\frac{1}{\left(\mathrm{i}k_0 r\right)^n}[S]\right]\left\{A_0\right\} \tag{8.2.71}$$

注意到 (8.2.71) 式中方括号内的表达式仅与 r 有关, 给定 r 值, 对于不同 θ 角, 只需计算一次。由虚拟球面上的节点声压及 (8.2.71) 式, 可以得到虚拟球面节点声压列矩阵与展开系数列矩阵的关系:

$$\left\{p_o\right\} = [H]\left\{A_0\right\} \tag{8.2.72}$$

式中，$[H]$ 为传递矩阵。

由 (8.2.72) 求解得到 $\{A_0\}$，再由 (8.2.71) 式即可计算远场辐射声压。Bossut 和 Decarpigny[26] 采用水中刚性声障板上的活塞声源验证计算精度，虚拟半球面半径为活塞半径的 1.25 倍，半球面内声介质离散为 96 个单元，球面上分布 16 个阻尼单元，刚性障板上假设为零压力梯度，计算的上限频率为 3000Hz$(k_0 a = 13)$，方向性函数数值计算结果与解析解的相对误差由图 8.2.5 给出。由图可见，偶极子阻尼单元比单极子阻尼单元的计算精度高，单极子阻尼单元在 $k_0 a = 1.6$ 时，计算误差就达到 10%，而同样单元离散情况下，偶极子阻尼单元在 $k_0 a = 8$ 时，计算误差才达到 10%。外推的阶数也显著影响计算精度，但在 $k_0 a$ 小于 2 的低频段，阶数高于 2 阶的作用不明显，提高外推阶数对于提高高频计算精度有一定作用。因为虚拟球面半径在低频段不满足远场条件，不采用外推法的计算误差不仅比较大，而且在低频段近似为常数，二维情况下远场辐射声压的外推计算，文献 [27] 中有详细介绍。

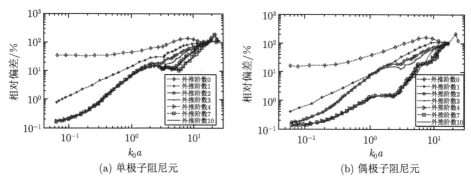

(a) 单极子阻尼元   (b) 偶极子阻尼元

图 8.2.5   水中刚性声障板上活塞声源远场声场的计算精度

(引自文献 [26], fig5)

前面采用阻尼单元不仅解决了有限区域的边界吸收问题，而且将一个复杂声源等效为一定距离上的多极子声源。利用这种声源，有可能将复杂声源的声辐射和声传播问题衔接求解，利用现有的声传播计算方法及软件，计算复杂波导空间中潜艇分布声源的声传播特性。

我们知道，边界积分方程求解波动方程时，具有自动满足 Sommerfeld 辐射条件的特点，如果人为构建一个包围辐射结构的有限封闭界面，并使此界面没有对内的声反射，相当于辐射声波在此界面上满足等效的辐射条件，则在有限的封闭界面内可以采用有限元方法求解波动方程，前面介绍的阻尼单元就是源于这种性质的辐射条件。Keller[28] 又发展了一种在虚拟界面将 Dirichlet 边界条件转化为 Neumann 边界条件的方法，实现无反射边界条件，称为 DtN 边界条件。一般情况下，选取球面为虚拟界面，在球面以外区域声场有解析解，根据解析解可以容易地由速度势得到速度势导数的表达式，实现边界条件的转换。Harari 等 [29] 将 DtN 方法用于二维结构的声辐射计算，Giljohann 和 Bittner[30] 则将此方法用于三维弹性结构的声辐射计算。

同样考虑任意结构外设置一虚拟的封闭球面 S_0，将声介质分为内外两部分：区域 R_2 和区域 R_3，参见图 8.2.6。在区域 R_2 中，其体积为 V，声介质采用有限元离散，类似 7.3 节给出的变分方程为

$$\int_V \left[k_0^2 \phi^2 - (\nabla \phi)^2\right] dV + \int_{S_0} \phi \frac{\partial \phi}{\partial n} dS = \int_S \phi v_n dS \qquad (8.2.73)$$

式中，ϕ 为声压速度势，$\partial \phi / \partial n$ 为速度势法向导数，v_n 为结构表面法向振速，S_0 和 S 分别为虚拟球面和结构表面。

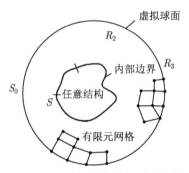

图 8.2.6　基于 DtN 方法的任意结构声辐射计算模型

(引自文献 [30], fig1)

采用声有限元离散 (8.2.73) 式，其中体积分项得到区域 R_2 声场的质量矩阵和刚度矩阵，等式右边的面积分项得到结构振动与区域 R_2 声场的耦合矩阵，等式左边的面积分项则为区域 R_2 声场与区域 R_3 声场的耦合项，现在面临的问题在于虚拟球面 S_0 上 $\partial \phi / \partial n$ 是未知的。为了求解得到虚拟球面内外声场的耦合矩阵，可以由虚拟球面外的声场解，将 (8.2.73) 式左边第二项中的 $\partial \phi / \partial n$ 用 ϕ 来替代。在区域 R_3 中，辐射声场速度势 ϕ 的解析解为

$$\phi(r, \theta, \varphi) = \sum_{n=0}^{\infty} \sum_{l=0}^{n} \varepsilon_n \mathrm{h}_n^{(1)}(k_0 r) \, \mathrm{P}_n^l(\cos \theta) \left[A_{nl} \sin(l\varphi) + B_{nl} \cos(l\varphi)\right] \quad (8.2.74)$$

式中，$\mathrm{h}_n^{(1)}$ 为球 Hankel 函数，P_n^l 为缔合 Legendre 函数。待定系数 A_{nl} 和 B_{nl} 可以由虚拟面的速度势得到

$$A_{nl} = \frac{(2n+1)(n-l)!}{2\pi a^2 \mathrm{h}_n^{(1)}(k_0 a)(n+l)!} \int_S \mathrm{P}_n^l(\cos \theta) \sin(l\varphi) \phi(a, \theta, \varphi) \, dS \qquad (8.2.75)$$

$$B_{nl} = \frac{(2n+1)(n-l)!}{2\pi a^2 \varepsilon_n \mathrm{h}_n^{(1)}(k_0 a)(n+l)!} \int_S \mathrm{P}_n^l(\cos\theta)\cos(l\varphi)\,\phi(a,\theta,\varphi)\,\mathrm{d}S \qquad (8.2.76)$$

对 (8.2.74) 式求法向导数，并将 (8.2.75) 和 (8.2.76) 式代入，可得

$$\left.\frac{\partial\phi(r,\theta,\phi)}{\partial n}\right|_{r=a} = \left.\frac{\partial\phi(r,\theta,\phi)}{\partial r}\right|_{r=a}$$

$$= \frac{1}{2\pi a^2}\sum_{n=0}^{\infty}\sum_{l=0}^{n}\beta_{nl}\varepsilon_n \int_S \mathrm{P}_n^l(\cos\theta)\,\mathrm{P}_n^l(\cos\theta')\cos[l(\varphi-\varphi')]\,\phi(a,\theta,\varphi)\,\mathrm{d}S$$

$$(8.2.77)$$

式中，

$$\beta_{nl} = \frac{(2n+1)(n-l)!}{(n+l)!}\frac{k_0 \mathrm{h}_n^{(1)\prime}(k_0 a)}{\mathrm{h}_n^{(1)}(k_0 a)} \qquad (8.2.78)$$

(8.2.77) 式给出了虚拟球面上 $\partial\phi/\partial n$ 与 ϕ 的关系，可以简化表示为

$$\frac{\partial\phi}{\partial n} = M\phi \qquad (8.2.79)$$

这样，在虚拟球面上将 Dirichlet 边界条件转化为 Neumann 边界条件，将 (8.2.79) 式代入 (8.2.73) 式左边第二项，有

$$\int_S \phi\frac{\partial\phi}{\partial n}\,\mathrm{d}S = \int_S \phi M\phi\,\mathrm{d}S \qquad (8.2.80)$$

离散 (8.2.80) 式右边积分项的速度势，可以得到虚拟球面内外声场的耦合矩阵元素：

$$G_{ij} = \int_S N_i M N_j\,\mathrm{d}S \qquad (8.2.81)$$

式中，N_i 为区域 R_2 中有限元第 i 个节点对应的形状函数。

由 (8.2.77) 式得到 (8.2.79) 式中 M 的具体形式，代入 (8.2.81) 式，则有

$$G_{ij} = \frac{1}{2\pi a^2}\int_S\left\{N_i(\theta,\varphi)\sum_{n=0}^{\infty}\sum_{l=0}^{n}\beta_{nl}\varepsilon_n\int_{\Gamma_R}\mathrm{P}_n^l(\cos\theta)\,\mathrm{P}_n^l(\cos\theta')\right.$$

$$\left. \times\cos[l(\varphi-\varphi')]\,N_j(\theta,\varphi)\,\mathrm{d}S\right\}\mathrm{d}S' \qquad (8.2.82)$$

进一步可以表示为

$$G_{ij} = \frac{1}{2\pi} \sum_{n=0}^{\infty} \sum_{l=0}^{n} \beta_{nl} \varepsilon_n \left[I_{ci}^{nl} I_{cj}^{nl} + I_{si}^{nl} I_{sj}^{nl} \right] \tag{8.2.83}$$

式中，

$$I_{ci}^{nl} = \int_0^{2\pi} \int_0^{\pi} \mathrm{P}_n^l \left(\cos\theta \right) \cos\left(l\varphi \right) N_i \left(\varphi, \theta \right) \sin\theta \mathrm{d}\theta \mathrm{d}\varphi \tag{8.2.84}$$

$$I_{cj}^{nl} = \int_0^{2\pi} \int_0^{\pi} \mathrm{P}_n^l \left(\cos\theta \right) \cos\left(l\varphi \right) N_j \left(\varphi, \theta \right) \sin\theta \mathrm{d}\theta \mathrm{d}\varphi \tag{8.2.85}$$

将 (8.2.84) 和 (8.2.85) 式中 $\cos\left(l\varphi \right)$ 改为 $\sin\left(l\varphi \right)$，即得到 I_{si}^{nl} 和 I_{sj}^{nl} 的积分表达式。求解得到了虚拟球面上 DtN 边界条件的耦合矩阵，可以进一步利用前面推导的结构有限元和声有限元方程，建立任意结构振动与辐射声场的耦合方程，将一个无限区域的声振耦合问题转化为有限区域的声振耦合问题，而且在虚拟球面上的 DtN 边界条件由球面外的声场解析解得到，能够保证虚拟球面无反射波的辐射条件。联立求解 DtN 边界条件下的结构振动与区域 R_2 声场的耦合方程，可以得到虚拟球面的速度势分布，进一步利用 (8.2.74) 式及 (8.2.75) 和 (8.2.76)式，可解析计算远场辐射声场。Giljohann 和 Bittner 针对齿轮箱，采用 DtN 方法计算的声辐射功率与试验结果比较，最大偏差小于 6dB，参见图 8.2.7，而与其他计算方法的结果则很一致。

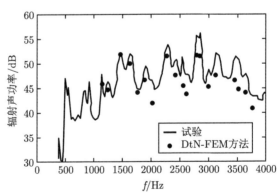

图 8.2.7　DtN 方法计算的声辐射功率与试验结果比较

(引自文献 [30], fig7)

8.3　无限元方法求解弹性结构耦合振动和声辐射

弹性结构受激振动和声辐射的计算，还有一种方法可以避开 Helmholtz 边界积分方程计算，提高数值计算的效率，这种方法为无限元方法 (infinite element method)。无限元方法于 20 世纪 70 年代提出，它扩展了有限元的概念，主要用于无限区域求解微分方程 [31]。无限元方法基于物理假设和渐近理论关系，数值模拟无限远区域的辐射特征，考虑到这个距离上辐射声压趋近于零，在声学应用中有两种无限元模型，其一为指数衰减元 (exponential decay element)，其二为映射元 (mapped element)。采用无限元方法求解结构振动和声辐射，其过程有点类似 8.2 节介绍的半数值半解析方法，即弹性结构及其附近的声介质分别采用结构有限元和声有限元离散，声介质外层采用无限元模拟无限空间，建立振动与声场耦合方程。

Zienkiewicz 等 [32] 提出的映射无限元 (mapped infinite element) 将一个半无限区域映射到有限元区域，并采用多项式形状函数用于映射得到不同阶数的 $1/r$ 幂函数，满足外声场计算精度的要求。考虑如图 8.3.1 所示的一维单元 [33]，由 x_1 点经 x_2 点扩展到无限远的 x_3 点，将此单元映射到有限区域 $-1 \leqslant \xi \leqslant 1$，为此令

$$x = N_0\left(\xi\right) x_0 + N_2\left(\xi\right) x_2 \tag{8.3.1}$$

式中，

$$N_0\left(\xi\right) = \frac{-\xi}{1-\xi} \tag{8.3.2}$$

$$N_2\left(\xi\right) = 1 + \frac{\xi}{1-\xi} \tag{8.3.3}$$

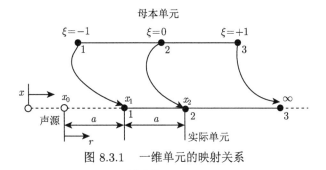

图 8.3.1   一维单元的映射关系

(引自文献 [33], fig2)

相应的映射关系为

$$\xi = +1: \quad x = \frac{\xi}{1-\xi}\left(x_2 - x_0\right) + x_2 = \infty = x_3 \tag{8.3.4}$$

$$\xi = 0: \quad x = x_2 \tag{8.3.5}$$

$$\xi = -1: \quad x = \frac{x_0}{2} + \frac{x_2}{2} = x_1 \tag{8.3.6}$$

这里 x_1 点可以选在 x_0 和 x_2 的中间位置, 也可以不在中间位置, 一般情况下可选:

$$x_1 = \gamma x_2 + (1 - \gamma) x_0 \tag{8.3.7}$$

但在大部分情况下, 取 $\gamma = 0.5$, 也就是选取 x_1 点在 x_0 和 x_2 的中间位置。令 $a = x_2 - x_1 = x_1 - x_0$, 于是 (8.3.1) 式也可以表示为

$$x = (2x_1 - x_2) N_0 + x_2 N_2 \tag{8.3.8}$$

为了保证映射不受坐标原点选取的影响, 要求形状函数满足:

$$N_0 (\xi) + N_2 (\xi) = 1 \tag{8.3.9}$$

(8.3.2) 和 (8.3.3) 式给出的形状函数满足 (8.3.9) 式, 也可以证明按 (8.3.2) 和 (8.3.3) 式的映射不受坐标原点选取的影响。映射方法可以直接从一维扩展到二维, 单元映射函数沿 ξ 方向将 x 方向的无限区域映射为有限区域, 相应地 y 方向采用标准形状函数随之变换到 η 方向, 参见图 8.3.2。

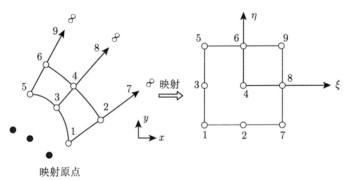

图 8.3.2　二维单元的映射关系

(引自文献 [32], fig2)

二维情况下的映射表达式为

$$x = M_1 (\eta) \left[(2x_1 - x_2) N_0(\xi) + x_2 N_2(\xi) \right]$$
$$+ M_2 (\eta) \left[(2x_3 - x_4) N_0(\xi) + x_4 N_2(\xi) \right]$$
$$+ M_3 (\eta) \left[(2x_5 - x_6) N_0(\xi) + x_6 N_2(\xi) \right] \tag{8.3.10}$$

式中, $M_1 (\eta), M_2 (\eta)$ 和 $M_3 (\eta)$ 为标准的二次 Lagrange 形状函数, 它们的表达式分别为 $M_1 (\eta) = \eta (\eta - 1) / 2, M_2 (\eta) = 1 - \eta^2, M_3 (\eta) = \eta (1 + \eta) / 2$。

同样，在三维情况下，无限区域映射为有限区域的映射图参见图 8.3.3，相应的线性单元映射表达式为

$$x = M_1(\eta) M_1(\varsigma) [(2x_1 - x_2) N_0(\xi) + x_2 N_2(\xi)]$$
$$+ M_2(\eta) M_1(\varsigma) [(2x_3 - x_4) N_0(\xi) + x_4 N_2(\xi)]$$
$$+ M_2(\eta) M_2(\varsigma) [(2x_7 - x_8) N_0(\xi) + x_8 N_2(\xi)]$$
$$+ M_1(\eta) M_2(\varsigma) [(2x_5 - x_6) N_0(\xi) + x_6 N_2(\xi)] \tag{8.3.11}$$

为了保证单元间的连续性，形状函数的阶数应与单元 η 方向的节点数匹配。

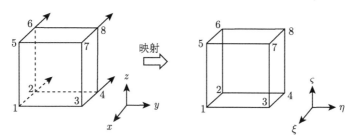

图 8.3.3 三维单元的映射关系

(引自文献 [32], fig3)

在映射空间中若采用标准多项式表征某未知函数 f 的变化：

$$f = \alpha_0 + \alpha_1 \xi + \alpha_2 \xi^2 + \cdots \tag{8.3.12}$$

则由 (8.3.1) 式可得

$$\xi = 1 - \frac{2a}{x - x_0} = 1 - \frac{2a}{r} \tag{8.3.13}$$

式中，$r = x - x_0$。

于是，将 (8.3.13) 式代入 (8.3.12) 式，有

$$f = \beta_0 + \frac{\beta_1}{r} + \frac{\beta_2}{r^2} + \cdots \tag{8.3.14}$$

如果在无限远处函数 f 趋近于零，则 (8.3.14) 式中 β_0 应取为零。二维和三维情况下，不同的精度要求，可以取不同阶数的多项式。Zienkiewicz 等 [34] 依据零阶柱 Hankel 函数的渐近关系，针对二维情况下辐射声压与距离呈 $r^{-1/2}$ 的变化规律，采用 $r^{1/2}$ 因子修正形状函数，给出了无限元求解 Helmholtz 方程的形式解及相关积分的方法。通过计算浅水中圆柱体和椭圆柱体的声散射，表明映射无限元方法

的计算精度优于指数衰减无限元和二阶阻尼单元。Goransson 和 Davidsson[35] 采用映射无限元方法计算了球声源的声辐射，计算结果与解析解吻合。

在映射无限元的基础上，20 世纪 90 年代中期，借鉴无限元和波包元法 (wave envelope approach) 概念 [36,37]，进一步提出了一种新的无限元方法，称为映射波包元方法 [38](mapped wave envelope element)。实际上，映射波包元方法类似映射无限元，主要差别在于其映射单元的形状函数中考虑了波动因子。映射波包元方法需要考虑三个基本问题：无限几何区域的映射及单元形状函数和加权函数的选取。下面先考虑一维情况的映射波包元方法。

一维球对称的 Helmholtz 方程为

$$\frac{1}{x^2}\frac{\partial}{\partial x}\left(x^2\frac{\partial p}{\partial x}\right) + k_0 p = 0 \tag{8.3.15}$$

实际上，(8.3.15) 式描述一维圆锥号筒的声场，参见图 8.3.4。在号筒一端为已知振速为 v 的活塞，另一端为远场消声边界，相应的边界条件分别为

$$\frac{\partial p}{\partial x} = \mathrm{i}k_0\rho_0 C_0 v, \quad x = a \tag{8.3.16}$$

$$x\left(\frac{\partial p}{\partial x} - \mathrm{i}k_0 p\right) \to 0, \quad x \to \infty \tag{8.3.17}$$

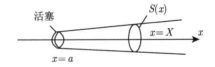

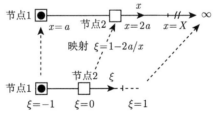

图 8.3.4　一维映射波包元及其映射关系

(引自文献 [38], fig1)

采用加权残数法求解 (8.3.15) 式及 (8.3.16) 和 (8.3.17) 式，为此先考虑在有限区域 $[0, X]$ 求解，再扩展到无限区域，这里 $X \gg a$。为此，辐射条件 (8.3.17) 式重新表示为

$$x\left(\frac{\partial p}{\partial x} - \mathrm{i}k_0 p\right)\bigg|_{x=X} = 0 \tag{8.3.18}$$

设声压的形式解为

$$p(x) = \sum_{i=1}^{N} A_i \psi_i(x) \tag{8.3.19}$$

式中，$\psi_i(x)$ 为基函数，A_i 为待定系数。

在区域 $[a, X]$，(8.3.15) 式的残数及 (8.3.16) 式和 (8.3.18) 式在 $x = a$ 和 $x = X$ 的残数分别为

$$R_1(x) = \frac{1}{x^2} \frac{\mathrm{d}}{\mathrm{d}x} \left(x^2 \frac{\mathrm{d}p}{\mathrm{d}x} \right) + k_0 p \tag{8.3.20}$$

$$R_2(x) = \left. \frac{\mathrm{d}p}{\mathrm{d}x} \right|_{x=a} - \mathrm{i} k_0 \rho_0 C_0 v \tag{8.3.21}$$

$$R_3(x) = \left. \left(\frac{\mathrm{d}p}{\mathrm{d}x} - \mathrm{i} k_0 p \right) \right|_{x=X} \tag{8.3.22}$$

相应的加权残数方程为

$$\int_a^X [W_i(x) R_1(x)] S(x) \mathrm{d}x = \int_a^X W_i(x) \left[\frac{\mathrm{d}}{\mathrm{d}x} \left(x^2 \frac{\mathrm{d}p}{\mathrm{d}x} \right) + x^2 k_0^2 p \right] \alpha \mathrm{d}x = 0 \tag{8.3.23}$$

$$[W_i(a) R_2(x)] S(a) = \left[W_i(x) \left(\frac{\mathrm{d}p}{\mathrm{d}x} - \mathrm{i} k_0 \rho_0 C_0 v \right) \alpha x^2 \right]\Bigg|_{x=a} = 0 \tag{8.3.24}$$

$$[W_i(X) R_3(x)] S(X) = \left[W_i(x) \left(\frac{\mathrm{d}p}{\mathrm{d}x} - \mathrm{i} k_0 p \right) \alpha x^2 \right]\Bigg|_{x=X} = 0 \tag{8.3.25}$$

式中，$W_i(x)$ 为加权函数，$S(a)$ 和 $S(X)$ 为圆锥号筒两端的截面积，$S(x) = \alpha x^2$ 为 x 处的截面积，α 为常数。

为了得到唯一解，先对 (8.3.23) 式作分步积分，可得

$$\int_a^X \left[-\frac{\mathrm{d}W_i}{\mathrm{d}x} \frac{\mathrm{d}p}{\mathrm{d}x} + k_0^2 W_i p \right] \alpha x^2 \mathrm{d}x - \left[W_i(x) \frac{\mathrm{d}p}{\mathrm{d}x} \alpha x^2 \right]\Bigg|_{x=a}^{x=X} = 0 \tag{8.3.26}$$

将 (8.3.24) 和 (8.3.25) 式代入 (8.3.26) 式，则有

$$\int_a^X \left[-\frac{\mathrm{d}W_i}{\mathrm{d}x} \frac{\mathrm{d}p}{\mathrm{d}x} + k_0^2 W_i p \right] x^2 \mathrm{d}x - \mathrm{i} k_0 X^2 W_i(X) p(X) + \mathrm{i} k_0 \rho_0 C_0 a^2 W_i(a) v = 0 \tag{8.3.27}$$

再将 (8.3.19) 式代入 (8.3.27) 式，得到

$$\left\{ [K] + \mathrm{i} k_0 [C] - k_0^2 [M] \right\} \{A\} = \{f\} \tag{8.3.28}$$

式中，$\{A\} = [A_1, A_2, \cdots, A_N]^{\mathrm{T}}$，$\{f\} = [f_1, f_2, \cdots, f_N]^{\mathrm{T}}$。

$$K_{ij} = \int_a^X \frac{\mathrm{d}W_i}{\mathrm{d}x} \frac{\mathrm{d}\psi_j}{\mathrm{d}x} x^2 \mathrm{d}x \tag{8.3.29}$$

$$M_{ij} = \int_a^X W_i \psi_j x^2 \mathrm{d}x \tag{8.3.30}$$

$$C_{ij} = X^2 W_i (X) \psi_j (X) \tag{8.3.31}$$

$$f_i = \mathrm{i}k_0 \rho_0 C_0 a^2 W_i (a) v \tag{8.3.32}$$

在常规有限元中，一般取基函数 ψ_i 作为加权函数 W_i，相应的刚度矩阵、质量矩阵和阻尼矩阵为对称矩阵，而在波包元方法中，加权函数与基函数选取相互独立，相应的刚度、质量及阻尼矩阵不一定对称。

现在需要考虑将区域 $[a, X] (X \to \infty)$ 映射到有限区域。参照映射无限元的概念，将 x 轴上的半无限波包元，映射为 ξ 轴上的有限元，称为母本有限元，其中的映射关系为

$$x (\xi) = N_1 (\xi) x_1 + N_2 (\xi) x_2 \tag{8.3.33}$$

式中，$x_1 = a$，$x_2 = 2a$，映射函数为

$$N_1 (\xi) = \frac{-2\xi}{1-\xi}, \quad N_2 (\xi) = \frac{1+\xi}{1-\xi} \tag{8.3.34}$$

由 (8.3.33) 式，映射的逆关系为

$$\xi = 1 - \frac{2a}{x} \tag{8.3.35}$$

(8.3.35) 式将 $\xi = -1$ 和 $\xi = 0$ 映射为节点 $x = a$ 和 $x = 2a$，并将 $\xi = 1$ 映射为无限元点 $X \to \infty$，于是可由无限单元映射得到有限单元。

选取 (8.3.19) 式中的基函数作为波包元的形状函数：

$$\psi_1 (x) = P_1 (\xi) \, \mathrm{e}^{\mathrm{i}k_0(x-a)} \tag{8.3.36}$$

式中，$P_1 (\xi) = \dfrac{1-\xi}{2}$。

(8.3.36) 式中 $\psi_1 (x)$ 由两部分组成，其一，多项式 $P_1 (\xi)$ 为常规的线性插值函数，表征幅度的变化，其二，因子 $\mathrm{e}^{\mathrm{i}k_0(x-a)}$ 则表征相位的变化。在节点 $x = a$ 位置上，$\psi_1 (x)$ 为 1，而当 $x \to \infty$ 时，$\psi_1 (x)$ 趋近于零，相当于映射单元中声压以 $1/x$ 规律趋近于零。注意到形状函数在节点 $x = a$ 的值已归一化为 1，(8.3.19)

式中的待定系数 A_1, 即为该节点的声压值。(8.3.36) 式可以完全采用物理坐标 x 表示, 也可完全采用局部坐标 ξ 表示, 相应的表达式分别为

$$\psi_1(x) = \frac{a}{x} e^{ik_0(x-a)} \tag{8.3.37}$$

或者

$$\psi_1(\xi) = P_1(\xi) e^{ik_0 a \frac{1+\xi}{1-\xi}} \tag{8.3.38}$$

在波包元方法中, 加权函数一般取为形状函数的共轭函数。将 (8.3.37) 式的形状函数 $\psi_1(x)$ 及加权函数 $W_1(x)$ 一并代入 (8.3.29)~(8.3.32) 式, 得到刚度和质量矩阵等表达式:

$$K_{11} = \int_a^X \left(\frac{a}{x^2} + \frac{ik_0 a}{x} \right) \left(\frac{a}{x^2} - \frac{ik_0 a}{x} \right) x^2 dx$$
$$= \left(a - \frac{a^2}{X} \right) + (k_0 a)^2 (X - a) \tag{8.3.39}$$

$$M_{11} = \int_a^X \left(\frac{a}{x} \right) \left(\frac{a}{x} \right) x^2 dx = a^2 (X - a) \tag{8.3.40}$$

$$C_{11} = X^2 \left(\frac{a}{X} \right) \left(\frac{a}{X} \right) = a^2 \tag{8.3.41}$$

$$f_1 = ik_0 \rho_0 C_0 a^2 v \tag{8.3.42}$$

注意到当 $X \to \infty$ 时, K_{11} 和 M_{11} 表达式中有无限项 $(X - a)$, 但 (8.3.39)~(8.3.42) 式代入 (8.3.28) 式, 相应的无限项被消除了, 从而求解得到待定系数:

$$A_1 = ik_0 \rho_0 C_0 av \Big/ \left(1 + ik_0 a - \frac{a}{X} \right) \tag{8.3.43}$$

相应的声压为

$$p(x) = A_1 \psi_1(x) = \frac{ik_0 \rho_0 C_0 av}{1 + ik_0 a - \dfrac{a}{X}} \frac{a}{x} e^{ik_0(x-a)} \tag{8.3.44}$$

当 $X \to \infty$ 时, (8.3.44) 式简化的结果与解析解一致。注意到, 推导 (8.3.44) 式时, 解析积分得到质量矩阵和刚度矩阵表达式, 并将它们相加时消除了无限项, 而在二维和三维情况下, 不可能得到质量和刚度的解析表达式, 也就不可能按一维情况消除无限项。另外, (8.3.41) 式给出的阻尼项, 即使当 $X \to \infty$ 时仍是一个有限项。这样, 在二维和三维情况下, 组合已设定的无限表面上的有限积分存在一定困难。为了解决这两个问题, 人为给出将映射波包元方法推广到二维和三

维情况的条件, 为此, 先考虑在加权函数乘上一个附加因子 $(a/x)^2$, 有

$$W_1(x) = \left(\frac{a}{x}\right)^2 \psi_1^*(x) = \left(\frac{a}{x}\right)^3 \mathrm{e}^{-\mathrm{i}k_0(x-a)} \tag{8.3.45}$$

应该明确, 选择 a/x 的二次幂作为附加因子, 有一定的任意性, 但它是消除质量和刚度矩阵无限项的最低幂次, 当然更高阶幂次也可以满足要求。将 (8.3.45) 式代入 (8.3.29)~(8.3.32) 式, 得到

$$\begin{aligned} K_{11} &= \int_a^X \left(\frac{3a^3}{x^4} - \frac{\mathrm{i}k_0 a^3}{x^3}\right)\left(\frac{a}{x^2} - \frac{\mathrm{i}k_0 a}{x}\right)x^2\mathrm{d}x \\ &= \left(a - \frac{a^4}{X^3}\right) + \mathrm{i}k_0\left(a^2 - \frac{a^4}{X^2}\right) + k_0^2\left(a^3 - \frac{a^4}{X}\right) \end{aligned} \tag{8.3.46}$$

$$M_{11} = \int_a^X \left(\frac{a}{x}\right)^3\left(\frac{a}{x}\right)x^2\mathrm{d}x = a^3 - \frac{a^4}{X} \tag{8.3.47}$$

$$C_{11} = X^2\left(\frac{a}{X}\right)^3\left(\frac{a}{X}\right) = \frac{a^4}{X^2} \tag{8.3.48}$$

将 (8.3.46)~(8.3.48) 及 (8.3.42) 式代入 (8.3.28) 式, 可得

$$\left[\left(a - \frac{a^4}{X^3}\right) - \mathrm{i}k_0\left(a^2 - \frac{a^4}{X^2}\right) + k_0^2\left(a^3 - \frac{a^4}{X}\right) + \mathrm{i}k_0\frac{a^4}{X^2} - k_0^2\left(a^3 - \frac{a^4}{X}\right)\right]A_1$$
$$= \mathrm{i}k_0\rho_0 C_0 a^2 v \tag{8.3.49}$$

当 $X \to \infty$ 时, (8.3.49) 式左边所有项都是有限的, 简化可求解得到

$$A_1 = \mathrm{i}k_0\rho_0 C_0 av / (1 - \mathrm{i}k_0 a - a^3/X^3) \tag{8.3.50}$$

相应有

$$p(x) = A_1\psi_1(x) = \frac{\mathrm{i}k_0\rho_0 C_0 av}{1 + \mathrm{i}k_0 a - a^3/X^3}\left(\frac{a}{x}\right)\mathrm{e}^{\mathrm{i}k_0(x-a)} \tag{8.3.51}$$

当 $X \to \infty$ 时, (8.3.51) 式同样简化为解析解, 而且比 (8.3.44) 式收敛更快。注意到, 当 $X \to \infty$ 时, (8.3.46) 和 (8.3.47) 式给出的刚度和质量矩阵为有限项, 而且阻尼项趋近零, 这样, 一方面刚度和质量矩阵数值积分时可以采用标准的 Gauss 积分, 另一方面无限远边界面积分不再需要计算。

将映射波包元扩展到二维和三维情况, 设任意结构表面 S 外面为无限声介质区域, 远场 $r = X$ 处的封闭球面 S_x 包围了一个有限区域 R_x。这个有限区域又分为近场区 R_i 和远场区 R_o, 分界面为 Γ, 可以取任意形状, 但要求从坐标原点

向外的任一径向射线与分界面 Γ 只有一个交点, 参见图 8.3.5。对应 (8.3.28) 式, 当 $S_x \to \infty$ 时, 阻抗矩阵为零, 相应有

$$([K] - k_0^2 [M]) \{A\} = \{f\} \tag{8.3.52}$$

式中, 刚度、质量矩阵及声负载矢量表达式为

$$K_{ij} = \int_V (\nabla W_i \cdot \nabla \psi_j) \, \mathrm{d}V \tag{8.3.53}$$

$$M_{ij} = \int_V W_i \cdot \psi_j \mathrm{d}V \tag{8.3.54}$$

$$f_i = \mathrm{i}k_0 \rho_0 C_0 \int_S W_i v \mathrm{d}S \tag{8.3.55}$$

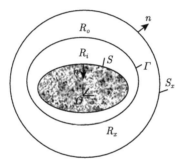

图 8.3.5 任意结构的三维映射波包元模型

(引自文献 [39], fig1)

在近场区 R_i 内, 声场采用常规有限元方法求解, 在远场区 R_o 内, 声场则采用映射波包元方法求解。为了近场区和远场区声场兼容, 若近场区单元为线性单元, 则远场区采用四节点为基点的波包元, 若近场单元为二阶单元, 则远场采用八节点为基点的波包元。考虑到映射波包元将无限区域映射为有限区域时, 基于母本单元的多项式 (8.3.12) 式, (8.3.14) 式给出了无限区域展开式 $(\beta_1/r + \beta_2/r^2 + \cdots + \beta_n/r^n)$, 为了更好地模拟声辐射, Cremers 和 Fyfe 等[33] 提出了变阶的无限波包元, 他们采用 Lagrange 多项式作为母本单元的形状函数, 任意选取 $1/r$ 展开式的阶数, 用于模拟向外辐射声波幅度随距离的衰减, 参见图 8.3.6。选取一阶单元 $(n = 1)$ 可模拟单极子的径向辐射, 选取二阶和三阶单元则可模拟偶极子和四极子的径向辐射, 如此可类推。Cremers 和 Fyfe 等认为, 采用一般的波包元, 需要在结构外面构建几层常规有限单元以便较好地模拟近场区声场, 而采用了高阶的波包元不仅可以更好地模拟近场区声场, 而且某些情况下可以不用常规有限单元, 使用单层的变阶无限波包元就能通过映射模拟辐射声场,

他们建立的模型适用二维和轴对称情况。Astley 和 Macaulay[39] 等进一步建立了适用于三维情况的变阶波包元模型，其映射关系参见图 8.3.7 和图 8.3.8。

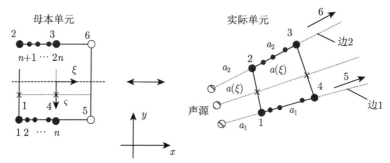

图 8.3.6　二维变阶波包元及其映射关系
(引自文献 [33], fig3)

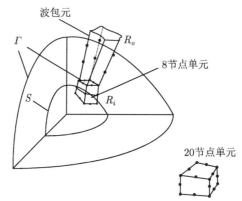

图 8.3.7　任意结构的三维变阶波包元计算模型
(引自文献 [39], fig2)

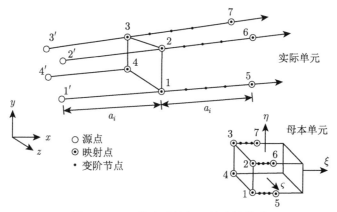

图 8.3.8　三维变阶波包元其映射关系
(引自文献 [39], fig3)

在二维情况下，径向无限区域的映射与一维情况相同，角向映射为线性映射，两个方向结合在一起，相应的映射关系为两个方向的映射函数相乘得到

$$x\left(\xi,\varsigma\right)=\sum_{i=1}^{4}M_{i}\left(\xi,\varsigma\right)x_{i} \tag{8.3.56}$$

$$y\left(\xi,\varsigma\right)=\sum_{i=1}^{4}M_{i}\left(\xi,\varsigma\right)y_{i} \tag{8.3.57}$$

式中，

$$M_{1}\left(\xi,\varsigma\right)=\frac{-\xi\left(1+\varsigma\right)}{1-\xi},\quad M_{2}\left(\xi,\varsigma\right)=\frac{-\xi\left(1-\varsigma\right)}{1-\xi}$$

$$M_{3}\left(\xi,\varsigma\right)=\frac{\left(1+\xi\right)\left(1-\varsigma\right)}{2\left(1-\xi\right)},\quad M_{4}\left(\xi,\varsigma\right)=\frac{\left(1+\xi\right)\left(1+\varsigma\right)}{2\left(1-\xi\right)}$$

类似 (8.3.9) 式，映射不受坐标原点选取的影响，有

$$\sum_{i=1}^{4}M_{i}\left(\xi,\varsigma\right)=1 \tag{8.3.58}$$

由 (8.3.56) 和 (8.3.57) 式可得映射的逆关系：

$$\xi=1-\frac{2a_{i}}{r},\quad i=1,2 \tag{8.3.59}$$

式中，a_i 为图 8.3.6 中实际单元中节点 1 到节点 4，节点 2 到节点 3 的距离。

在三维情况下，参见图 8.3.8 中四个基点的节点标注为 1,2,3 和 4，相应的原点位置标注为 $1',2',3'$ 和 $4'$，定义 $1'-1,2'-2$ 等为径向无限扩展的方向，$a_i\,(i=1,2,3,4)$ 表示由 i' 到 i 的距离 ($i'=i=1,2,3,4$)。映射点 5,6,7 和 8 定义在基点向外相距 a_i 的位置上。这样定义的无限元映射为一个 (ξ,η,ς) 坐标系中的立方体，相应的映射关系为

$$x=\sum_{i=1}^{8}M_{i}\left(\xi,\eta,\varsigma\right)x_{i} \tag{8.3.60}$$

式中，x_i 为映射节点的坐标矢量，x 为任一点矢量。映射函数 $M_{i}\left(\xi,\eta,\varsigma\right)$ 的具体表达式可参见文献 [40]。

类似 (8.3.59) 式，三维情况下映射坐标 ξ 与径向距离 r 之间仍存在关系：

$$\xi = 1 - \frac{2a_i}{r}, \quad i = 1,2,3,4 \tag{8.3.61}$$

或者表示为

$$r - a_i = a_i \frac{1+\xi}{1-\xi} \tag{8.3.62}$$

在图 8.3.8 中，四条径向线段 1-5,2-6,3-7 和 4-8 的 $a_i\,(i=1,2,3,4)$ 内，设置 m 个节点，分别位于 $\xi_1,\xi_2,\cdots,\xi_m$，其中 ξ_1 位于 $\xi=-1$ 位置上，其他节点在 $\xi=-1$ 和 $\xi=0$ 之间等间距分布。设第 l 个典型节点的基函数为

$$\psi_l(x) = p_l(x)\,\mathrm{e}^{\mathrm{i}k_0\mu(x)} \tag{8.3.63}$$

式中，$p_l(x)$ 为插值函数，$\mu(x)$ 为相位函数。

为了近场区常规有限元与远场区无限波包元的兼容，(8.3.63) 式中的相位因子在 $\xi=-1$ 处应为零，于是，考虑 (8.3.62) 式，有

$$\mathrm{e}^{\mathrm{i}k_0\mu} = \mathrm{e}^{\mathrm{i}k_0(r-a)} = \mathrm{e}^{\mathrm{i}k_0 a(\eta,\varsigma)\frac{1+\xi}{1-\xi}} \tag{8.3.64}$$

式中，$a(\eta,\varsigma)$ 为外插的声源位置，表示向外传播的声波从声源到有限元和无限元的距离为 a，其表达式为

$$a(\eta,\varsigma) = \sum_{i=1}^{4} S_i(\eta,\varsigma)\,a_i \tag{8.3.65}$$

这里 S_i 为二维形状函数：

$$\begin{aligned}
S_1(\eta,\varsigma) &= \frac{1+\varsigma}{2}\frac{1+\eta}{2} \\
S_2(\eta,\varsigma) &= \frac{1+\varsigma}{2}\frac{1-\eta}{2} \\
S_3(\eta,\varsigma) &= \frac{1-\varsigma}{2}\frac{1+\eta}{2} \\
S_4(\eta,\varsigma) &= \frac{1-\varsigma}{2}\frac{1-\eta}{2}
\end{aligned} \tag{8.3.66}$$

考虑到波包元径向和横向声压分布，采用 m 阶 Lagrange 多项式表征声压的幅度特征：

$$p_l(x) = \frac{1}{2}S_i(\eta,\varsigma)(1-\xi)L_j^m(\xi) \tag{8.3.67}$$

式中, $L_j^m(\xi)$ 为 Lagrange 多项式, 详细表达式可见文献 [41]:

$$L_j^m(\xi) = \frac{\prod\limits_{\substack{k=1,m \\ (k \neq j)}} (\xi - \xi_k)}{\prod\limits_{\substack{k=1,m \\ (k \neq j)}} (\xi_j - \xi_k)} \qquad (8.3.68)$$

这里, 节点 l 为区间 $\xi = -1$ 和 0 内的第 j 个径向点, 位于 $\xi = \xi_j$ 位置, 其起始点为基点 i ($i = 1, 2, 3, 4$)。按照 (8.3.45) 式, 为了保证数值积分有限, 加权函数取为

$$W_l(x) = D(x) p_l(x) e^{-ik_0 \mu(x)} \qquad (8.3.69)$$

式中, $D(x) = \left(\dfrac{1-\xi}{2}\right)^2$。

将 (8.3.63) 和 (8.3.69) 式分别代入 (8.3.53)~(8.3.55) 式, 可以得到波包元的刚度矩阵、质量矩阵:

$$K_{ij} = \int_V [(p_i \nabla D + D \nabla p_i) \nabla p_j \qquad (8.3.70)$$
$$+ ik_0 (D p_i \nabla \mu \cdot \nabla p_j - p_i p_j \nabla D \cdot \nabla \mu) - D p_j \nabla p_i \cdot \nabla \mu] \, dV$$

$$M_{ij} = \int_V D p_i p_j (1 + \nabla \mu \cdot \nabla \mu) \, dV \qquad (8.3.71)$$

注意到由于选取的基函数和加权函数不一样, 这里的 K_{ij} 为非对称矩阵。在近场区采用常规有限元离散, 可以得到相应的质量矩阵、刚度矩阵及弹性结构振动与声场耦合的载荷。经整合近场区常规有限元和远场区波包元的质量和刚度矩阵, 并与结构有限元方法耦合, 就可以求解结构耦合振动及声辐射。

图 8.3.9 给出了 Astley 采用波包元计算的二维偶极子声辐射。圆柱体附近 $1/4 \sim 1/2$ 波长内采用常规有限元离散, 每个波长内约 7~10 个单元, 选取的矩形界面内由 120 个单元离散, 矩形界面上设置单层波包元。结果表明: 线性波包元得到的偶极子声场分布比较粗, 且在常规有限元和波包元界面附近存在声反射, 采用二阶波包元, 则声反射消失。四极子声场计算也存在类似的情况, 参见图 8.3.10, 若采用三次元则计算精度会有明显增加。图 8.3.11 给出了 Cremers 等采用变阶波包元计算的二维圆柱壳偶极子和四极子辐射声压, 图中 (a) 和 (b) 分别为解析和波包元方法计算的偶极子声场, (c) 和 (d) 则为四极子声场, 可见数值解与解析解的吻合程度较好。他们计算的单极子球声源的声辐射参见图 8.3.12, 径向采用变阶波包元, 角向采用线性单元和二次单元。结果表明: 角向线性单元时, 不同

阶数的波包元计算的辐射声压有一定的差别，但角向二次元的计算结果则很一致，进一步采用三次元已无必要。Astley 等针对一个设备外罩在消声室的三维辐射声场计算问题，采用 888 个 8 节点的内部等参元，并在一个半径为 0.5m 的球面外设置 177 个变阶波包元，计算的不同位置上的声压级与边界元的计算结果很一致，参见图 8.3.13。波包元方法计算声辐射，不仅与有限元有很好的兼容性，适合求解流固耦合问题，不存在边界元方法所具有的缺陷，而且不需要进行表面积分计算，计算量要比边界元低 2~3 个量级，计算的后处理时间也比边界元方法显著减少。映射波包元方法还可以推广用于有均匀流动情况下的结构声辐射计算[43,44]。

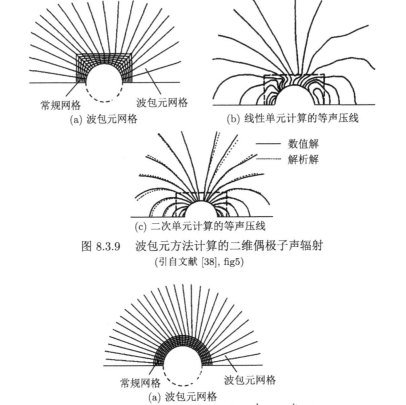

(a) 波包元网格　　　　　　　　　(b) 线性单元计算的等声压线

—— 数值解
······ 解析解

(c) 二次单元计算的等声压线

图 8.3.9　波包元方法计算的二维偶极子声辐射
(引自文献 [38], fig5)

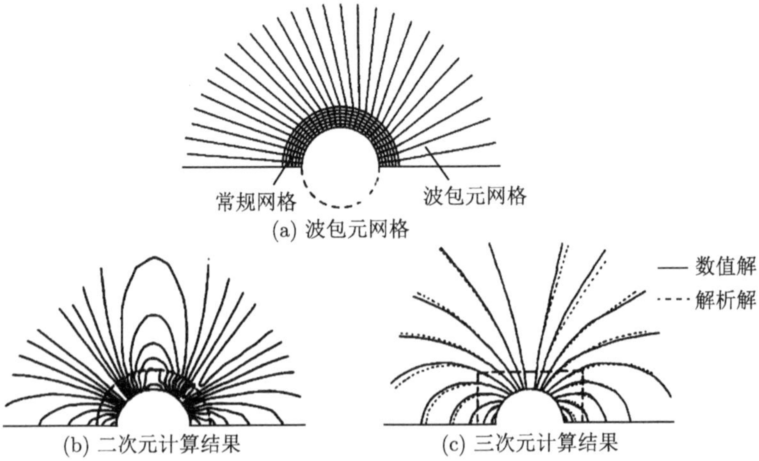

(a) 波包元网格

—— 数值解
······ 解析解

(b) 二次元计算结果　　　　　　　(c) 三次元计算结果

图 8.3.10　波包元计算的二维四极子声辐射
(引自文献 [38], fig6)

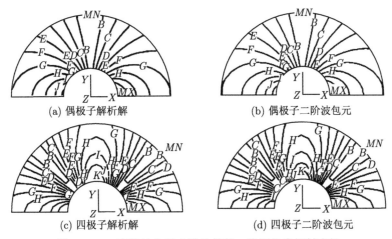

(a) 偶极子解析解　　　　　　　　　　(b) 偶极子二阶波包元

(c) 四极子解析解　　　　　　　　　　(d) 四极子二阶波包元

图 8.3.11　变阶波包元方法计算的二维圆柱壳辐射声场

(引自文献 [33], fig11)

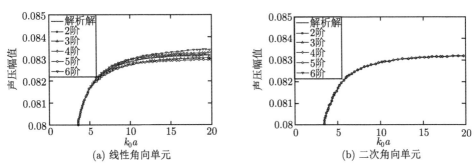

(a) 线性角向单元　　　　　　　　　　(b) 二次角向单元

图 8.3.12　线性与二次角向单元计算的球源辐射声压 $(r = 5a)$

(引自文献 [42], fig6, fig7)

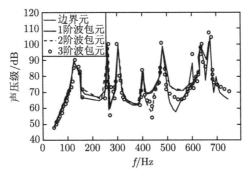

图 8.3.13　设备典型部位声压级计算结果

(引自文献 [39], fig23)

Burnett[45] 比较边界元与无限元方法计算声辐射和声散射后认为：无限元方法比边界元方法有更高的计算效率，同样的计算精度下，计算速度要高上百倍。这是因为无限元的单元为局部 "连接"，只要在结构外面设置一到二层有限元，再配置径向的二次或三次无限元，相应的自由度只有径向的自由度需要考虑，而边界元方法为整体 "连接"，需要考虑整个结构表面的自由度，参见图 8.3.14，图中 B_{rms} 为表征径向自由度数量的参数，边界元方法相应的带状矩阵带较宽，形成和求解矩阵方程两个过程都费时，相比较而言，无限元方法求解矩阵方程耗时多一些，但形成矩阵基本不费时。

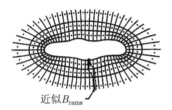 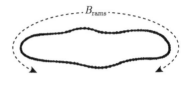

图 8.3.14　　无限元局部连接与边界元整体连接比较
(引自文献 [45], fig1)

前面提到无限元主要有指数衰减元和映射元，实际上，指数衰减元用于声场计算，由于声压空间衰减表征方式的原因，会导致在远离人工界面时出现精度迅速变差的结果。理论上讲，映射元不受形状及取向的限制，即不要求与球面吻合，也就是允许不同单元可以有不同的源心位置。但是这样难以保证以 (8.3.14) 式给出的声压能够汇聚，而且没有选择不同单元径向延长线源心的原则,也可以认为无法确定声中心。按照多极子声源的幂级数展开形式及其汇聚的特性，最好要求映射单元应分布在包络结构的最小球面上，且所有单元的径向延长线源于同一个球心点。考虑到在结构与虚拟球面之间的声介质需要用有限元离散，当结构长径比较大时，虚拟球面内声介质的有限元单元数量较大，降低了数值分析的效率。为了克服这些缺点，Burnett 和 Holford 等[46,47] 建立了椭球声无限元方法 (ellipsoidal acoustic infinite element)。8.2 节采用结构有限元和虚拟球面内声有限元及多极子源，建立了弹性结构的声辐射计算模型，Burnett 和 Holford 则进一步基于多极子声源概念，采用无限元建立弹性结构的声辐射计算模型，为了减少虚拟球面内声有限元的单元数，将虚拟面取为椭球面，并依据结构的不同长径比，选取不同的椭球虚拟面。我们知道，按照长、宽、高的比值，可以将结构分为短胖体、扁平体、细长体和扁长体。针对这四种形体的结构，为了尽量减少虚拟面内的声有限元单元数量，一般有针对性地选取圆球 (spherical)、扁椭球 (oblate spheroidal)、长椭球 (prelates spheroidal) 和椭球 (ellipsoidal)，分别作为围绕短胖体、扁平体、细长体和扁长体的虚拟包络面，使包络面最小化，四种球面参见图 8.3.15。下面以长椭球为例介绍椭球声无限元方法。

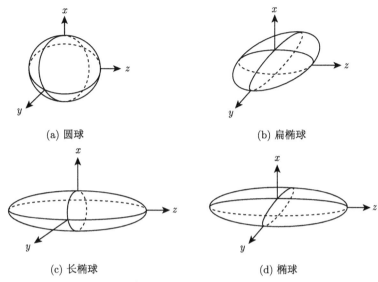

(a) 圆球 (b) 扁椭球

(c) 长椭球 (d) 椭球

图 8.3.15　典型包络球面

(引自文献 [47], fig1)

针对类似潜艇外形的回转细长体，采用长椭球作为虚拟面 S 包围细长体结构，最小包络半径为 r_0，参见图 8.3.16，采用长椭球坐标 (r, θ, φ)，虚拟面 S 外的声场也可以采用多极子源表示：

$$p(r, \theta, \varphi) = \frac{\mathrm{e}^{\mathrm{i}k_0 r}}{r} \sum_{n=0}^{\infty} \frac{G_n(\theta, \varphi, k_0)}{r^n} \tag{8.3.72}$$

最小包络半径

r_0

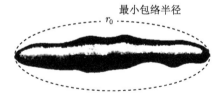

图 8.3.16　回转细长体的长椭球包络虚拟面

(引自文献 [45], fig10)

虽然 (8.3.72) 式形式上与球面情况一样，但其中的 r 几何意义不同，在长椭球中，r 为半长轴参数。当长椭球的偏心率 ε 为零时，长椭球退化为圆球，两者的 r 含义才一致。应该说，长椭球作为虚拟面比圆球更有适用性。研究表明：当 $r \geqslant r_0 + \varepsilon > r_0$ 时，(8.3.72) 式能够收敛，而且在 r 为常数的长椭球表面，在 $\theta = \pi/2$ 方向上，$1/r^n$ 衰减大于 $\theta = 0$ 方向。在远场，长椭球接近圆球，则每个方向的衰减接近一样。

　　围绕长椭球虚拟面，可称为 "无限元椭球 (infinite element spheroid)"，设置无限元时，要求无限元的一面，也就是 "基础面" 与虚拟面相接并与虚拟面共形。单元基础面可以采用四边形或三角形曲面单元，在半径为 r_1 的无限元椭球表面形成完整二维网络，网格的取向可以不与 θ 和 φ 坐标吻合，参见图 8.3.17，图中椭球表面虚线为 θ 和 φ 坐标线。针对 m 阶多极子需要在无限元椭球外面设置 m 层节点，这些节点分别位于椭球半径为 $r_1, r_2, \cdots, r_m$ 的共焦椭球面上。无限元的两侧应与共焦双曲面相吻合，参见图 8.3.18。为了构建无限元，应针对结构的最小包络虚拟面，确定长椭球的两个焦点，从而方便地给出共焦椭球面和双曲面。

　　围绕结构及无限元椭球构建的无限元计算模型如图 8.3.19 所示，图中结构为

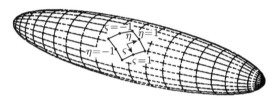

图 8.3.17　长椭球无限元的基础面

(引自文献 [46], fig5a)

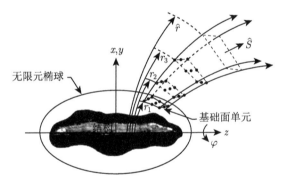

图 8.3.18　长椭球无限元与结构耦合模型

(引自文献 [45], fig11)

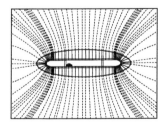

图 8.3.19　长椭球无限元计算模型

(引自文献 [45], fig13)

典型的圆柱壳加两端的圆锥壳,在结构与无限元椭球之间,设置了两层声有限元,无限元椭球外面则为一层无限元。无限元的外表面为椭球半径为 $\hat{r}$ 的椭球面 $\hat{S}$,可以延伸到无限处,满足无限远辐射条件。

前面提到在无限元椭球表面,无限元基础面网格取向可以不与 θ 和 φ 角吻合,这里定义基础面网格坐标为 η 和 ς,它们与 θ 和 φ 角的映射关系为

$$\theta(\eta,\varsigma) = \sum_{j=1}^{n} \theta_j N_j(\eta,\varsigma) \tag{8.3.73}$$

$$\varphi(\eta,\varsigma) = \sum_{j=1}^{n} \varphi_j N_j(\eta,\varsigma) \tag{8.3.74}$$

式中,n 为四边形或三角形网格节点数,θ_j, φ_j 为第 n 个节点的长椭球角坐标,$N_j(\eta,\varsigma)$ 为插值函数。

在无限元中,声压可以表示为

$$p(\eta,\varsigma,r) = \sum_{i=1}^{N} \psi_i(\eta,\varsigma,r) p_i \tag{8.3.75}$$

式中,

$$\psi_i(\eta,\varsigma,r) = \psi_k^{(a)}(\eta,\varsigma) \psi_l^{(r)}(r)$$

$$k = 1,2,\cdots,n, \quad l = 1,2,\cdots,m, \quad N = n \times m \tag{8.3.76}$$

这里 $\psi_k^{(a)}(\eta,\varsigma)$ 为角向插值函数,表征与无限元表面共焦的椭球面上的声压分布;$\psi_l^{(r)}(r)$ 为径向插值函数,表征沿双曲面的声压分布。n 为不同椭球半径 $r_1, r_2, \cdots,$ r_m 的椭球面上的节点数,m 为无限元的节点层数,$N = n \times m$ 为总节点数。第一层的节点为 $1,2,\cdots,n$,第二层的节点为 $n+1, n+2,\cdots,2n$,第 m 层的节点为 $(m-1)n+1, (m-1)n+2,\cdots N$,参见图 8.3.20。

对于二次 Lagrange 四边形单元,角向插值函数 $\psi_k^{(a)}(\eta,\varsigma)$ 为

$$\psi_k^{(a)}(\eta,\varsigma) = M_\alpha(\varsigma) M_\beta(\eta) \tag{8.3.77}$$

$$k = 1,2,\cdots,9, \quad \alpha = \beta = 1,2,3$$

这里 $M_\alpha(\varsigma)$ 和 $M_\beta(\eta)$ 的具体形式已由 (8.3.10) 式给出。若 (8.3.73) 和 (8.3.74) 式中的插值函数 $N_j(\eta,\varsigma)$ 也采用 (8.3.77) 式给出的 $\psi_k^{(a)}(\eta,\varsigma)$,则单元为角向等参元。进一步考虑径向插值函数,依据 (8.3.72) 式给出的多极子源形式,选取径

向插值函数为 m 阶多极子展开式：

$$\psi_l^{(r)}(r) = \mathrm{e}^{\mathrm{i}k_0(r-r_l)} \sum_{p=1}^{m} \frac{H_{lp}}{(k_0 r)^p}, \quad l = 1, 2, \cdots, m \qquad (8.3.78)$$

式中，H_{lp} 为待定的系数。

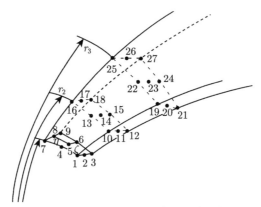

图 8.3.20   椭球无限元单元及其节点

(引自文献 [45], fig15)

在区域 $(1/r_1, 0)$ 范围内，一共有 $1/r_1, 1/r_2, \cdots, 1/r_m$ 和 0 等 $m+1$ 个插值点，其中 $1/r \to 0$ 对应 $\psi_l^{(r)}(r) \to 0$，相应的声压多项式中忽略常数项，其他插值点用于确定待定系数 H_{lp}。为了在区域内声压连续，要求 $\psi_l^{(r)}(r)$ 在第 l 层为 1，其他层为零，即

$$\psi_l^{(r)}(r_p) = \delta_{lp} \qquad (8.3.79)$$

由 (8.3.78) 式可以确定待定系数 H_{lp}，考虑到 $p = l$ 时，相位因子 $\mathrm{e}^{\mathrm{i}k_0(r-r_k)}$ 为 1，$p \neq l$ 时，对于给定的 l 有相同的相位因子，所以计算待定系数 H_{lp} 可以不考虑相位因子。由 (8.3.78) 和 (8.3.79) 式可得 m 组 m 项线性方程组：

$$[H][S] = [I] \qquad (8.3.80)$$

式中，$[I]$ 为单位矩阵。

$$[H] = \begin{bmatrix} H_{11} & H_{12} & \cdots & H_{1m} \\ H_{21} & H_{22} & \cdots & H_{2m} \\ \vdots & \vdots & \ddots & \vdots \\ H_{m1} & H_{m2} & \cdots & H_{mm} \end{bmatrix}$$

$$[S] = \begin{bmatrix} (k_0 r_1)^{-1} & (k_0 r_2)^{-1} & \cdots & (k_0 r_m)^{-1} \\ (k_0 r_1)^{-2} & (k_0 r_2)^{-2} & \cdots & (k_0 r_m)^{-2} \\ \vdots & \vdots & \ddots & \vdots \\ (k_0 r_1)^{-m} & (k_0 r_2)^{-m} & \cdots & (k_0 r_m)^{-m} \end{bmatrix}$$

作为一个例子，考虑 $m = 2$ 的偶极子情况，有

$$\psi_l^r(r) = \mathrm{e}^{\mathrm{i}k_0(r-r_l)} \left[\frac{H_{l1}}{(k_0 r)} + \frac{H_{l2}}{(k_0 r)^2} \right] \quad (l = 1, 2) \tag{8.3.81}$$

相应的系数矩阵为

$$\begin{bmatrix} H_{11} & H_{12} \\ H_{21} & H_{22} \end{bmatrix} = \frac{1}{r_2 - r_1} \begin{bmatrix} -k_0 r_1^2 & k_0^2 r_1^2 r_2 \\ k_0 r_2^2 & -k_0^2 r_1 r_2^2 \end{bmatrix} \tag{8.3.82}$$

将 (8.3.82) 式代入 (8.3.81) 式，可以发现 (8.3.78) 式实际上类似于 Lagrange 多项式插值函数。

类似有限元情况，针对无限元椭球外面的一层无限元，采用 Galerkin 加权残数法，选用插值函数 ψ_i 为加权函数，并考虑到无限元外表面的椭球半径 $\hat{r}$ 趋于 ∞，则可得单元的刚度和质量矩阵及载荷分别为

$$K_{ij} = \lim_{\hat{r} \to \infty} \int_V \nabla \psi_i \cdot \nabla \psi_j \mathrm{d}V \tag{8.3.83}$$

$$M_{ij} = \lim_{\hat{r} \to \infty} \int_V \psi_i \psi_j \mathrm{d}V \tag{8.3.84}$$

$$f_i = \lim_{\hat{r} \to \infty} \int_S \psi_i \frac{\partial p}{\partial n} \mathrm{d}S \tag{8.3.85}$$

这里载荷列矢量计算的面积分包含单元整个表面积 S，分为两部分：一部分为椭球半径 $\hat{r}$ 上的单元外表面 $\hat{S}$，另外一部分为单元内表面和侧面面积 $S - \hat{S}$。

$$f_i = \lim_{\hat{r} \to \infty} \int_{\hat{S}} \psi_i \frac{\partial p}{\partial n} \mathrm{d}S + \lim_{\hat{r} \to \infty} \int_{S - \hat{S}} \psi_i \frac{\partial p}{\partial n} \mathrm{d}S \tag{8.3.86}$$

当 $\hat{r} \to \infty$ 时，长椭球面趋近于圆球面，有 $\dfrac{\partial p}{\partial n} = \dfrac{\partial p}{\partial r}$，利用辐射条件及 (8.3.75) 式，(8.3.86) 式的第一项可以化为

$$\lim_{\hat{r} \to \infty} \int_{\hat{S}} \psi_i \frac{\partial p}{\partial n} \mathrm{d}S = \mathrm{i}k_0 \sum_{j=1}^m p_j \lim_{\hat{r} \to \infty} \int_{\hat{S}} \psi_i \psi_j \mathrm{d}S \tag{8.3.87}$$

(8.3.86) 式的第二项可表示为

$$\lim_{\hat{r}\to\infty}\int_{S-\hat{S}}\psi_i\frac{\partial p}{\partial n}\mathrm{d}S = \mathrm{i}k_0\rho_0C_0\lim_{\hat{r}\to\infty}\int_{S-\hat{S}}\psi_i v\mathrm{d}S \tag{8.3.88}$$

其中，v 为单元底面和侧面的振速。

于是，得到载荷列矢量为

$$\{f\} = \mathrm{i}k_0\left[C\right]\{p\} + [D] \tag{8.3.89}$$

式中，

$$C_{ij} = \lim_{\hat{r}\to\infty}\int_{\hat{S}}\psi_i\psi_j\mathrm{d}S \tag{8.3.90}$$

$$D_i = \mathrm{i}k_0\rho_0C_0\lim_{\hat{r}\to\infty}\int_{S-\hat{S}}\psi_i v\mathrm{d}S \tag{8.3.91}$$

这里矩阵 $[C]$ 相当于无限远辐射阻尼矩阵，矩阵 $[D]$ 则为与其他单元的耦合矩阵。类似于 (8.3.52) 式，椭球无限元矩阵方程为

$$\left\{[K] + \mathrm{i}k_0\left[C\right] - k_0^2\left[M\right]\right\}\{p\} = [D] \tag{8.3.92}$$

接下来详细考虑 (8.3.83) 式、(8.3.84) 式、(8.3.90) 和 (8.3.91) 式定义的单元矩阵元素如何计算。因为无限元表面与椭球表面角向和径向共形，单元矩阵元素的积分可以分为角向和径向积分两部分，且体积分微元和面积分微元分别为 $\mathrm{d}V = J_v\mathrm{d}r\mathrm{d}\theta\mathrm{d}\varphi$ 和 $\mathrm{d}S = J_s\mathrm{d}\theta\mathrm{d}\varphi$，这里 J_v 和 J_s 分别为体雅可比和面雅可比因子。于是有

$$K_{ij} = \lim_{\hat{r}\to\infty}\iint_{\sigma}\int_{r_1}^{\hat{r}}\nabla\psi_i\cdot\nabla\psi_j J_v\mathrm{d}r\mathrm{d}\theta\mathrm{d}\varphi \tag{8.3.93}$$

$$M_{ij} = \lim_{\hat{r}\to\infty}\iint_{\sigma}\int_{r_1}^{\hat{r}}\psi_i\psi_j J_v\mathrm{d}r\mathrm{d}\theta\mathrm{d}\varphi \tag{8.3.94}$$

$$C_{ij} = \lim_{\hat{r}\to\infty}\iint_{\sigma}\psi_i\psi_j J_s\mathrm{d}\theta\mathrm{d}\varphi \tag{8.3.95}$$

这里，σ 为共焦长椭球面上的单元截面积，计算 C_{ij} 时 σ 等于 $\hat{S}$ 上的单元面积。

利用长椭球坐标与直角坐标的关系，可以得到 J_v 和 J_s 的表达式，详细过程可见文献 [45]：

$$J_v = r^2\sin\theta - f^2\cos^2\theta\sin\theta \tag{8.3.96}$$

$$J_s = \sqrt{\hat{r}^2 - f^2\cos^2\theta}\sqrt{\hat{r}^2 - f^2}\sin\theta \tag{8.3.97}$$

式中, f 为长椭球的焦距。

当 $\hat{r} \to \infty$ 时, 有

$$\lim_{\hat{r} \to \infty} J_s = \hat{r}^2 \sin \theta \tag{8.3.98}$$

同样, 利用长椭球坐标下的梯度表达式, 可以得到

$$\nabla \psi_i \cdot \nabla \psi_j J_v = r^2 \sin \theta \frac{\partial \psi_i}{\partial r} \frac{\partial \psi_j}{\partial r} + \sin \theta \frac{\partial \psi_i}{\partial \theta} \frac{\partial \psi_j}{\partial \theta} + \frac{1}{\sin \theta} \frac{\partial \psi_i}{\partial \varphi} \frac{\partial \psi_j}{\partial \varphi}$$
$$- f^2 \sin \theta \frac{\partial \psi_i}{\partial r} \frac{\partial \psi_j}{\partial r} + \frac{f^2}{r^2 - f^2} \sin \theta \frac{\partial \psi_i}{\partial \varphi} \frac{\partial \psi_j}{\partial \varphi} \tag{8.3.99}$$

将 (8.3.99) 式及 (8.3.96) 和 (8.3.98) 式分别代入 (8.3.93)~(8.3.95) 式, 并将角向和径向积分分离, 则有刚度、质量及阻尼矩阵元素的表达式:

$$K_{ij} = A_{kk'}^{(1)} \tilde{R}_{ll'}^{(1)} + A_{kk'}^{(2)} R_{ll'}^{(2)} - \varepsilon^2 A_{kk'}^{(1)} R_{ll'}^{(3)} + \varepsilon^2 A_{kk'}^{(3)} R_{ll'}^{(4)} \tag{8.3.100}$$

$$M_{ij} = r_1^2 \left[A_{kk'}^{(1)} \tilde{R}_{ll'}^{(5)} - \varepsilon^2 A_{kk'}^{(4)} R_{ll'}^{(2)} \right] \tag{8.3.101}$$

$$C_{ij} = A_{kk'}^{(1)} \lim_{\hat{r} \to \infty} \left[\psi_l^{(r)} \psi_l'^{(r)} \right] \hat{r}^2 \tag{8.3.102}$$

式中, $\varepsilon = f/r_1$ 为无限元椭球的偏心率。

$$A_{kk'}^{(1)} = \iint_\sigma \psi_k^{(a)} \psi_{k'}^{(a)} \sin \theta \mathrm{d}\theta \mathrm{d}\varphi \tag{8.3.103}$$

$$A_{kk'}^{(2)} = \iint_\sigma \left[\frac{\partial \psi_k^{(a)}}{\partial \theta} \frac{\partial \psi_{k'}^{(a)}}{\partial \theta} \sin \theta + \frac{\partial \psi_k^{(a)}}{\partial \varphi} \frac{\partial \psi_{k'}^{(a)}}{\partial \varphi} \frac{1}{\sin \theta} \right] \mathrm{d}\theta \mathrm{d}\varphi \tag{8.3.104}$$

$$A_{kk'}^{(3)} = \iint_\sigma \frac{\partial \psi_k^{(a)}}{\partial \varphi} \frac{\partial \psi_{k'}^{(a)}}{\partial \varphi} \sin \theta \mathrm{d}\theta \mathrm{d}\varphi \tag{8.3.105}$$

$$A_{kk'}^{(4)} = \iint_\sigma \psi_k^{(a)} \psi_{k'}^{(a)} \cos^2 \theta \sin \theta \mathrm{d}\theta \mathrm{d}\varphi \tag{8.3.106}$$

$$\tilde{R}_{ll'}^{(1)} = \lim_{\hat{r} \to \infty} \int_{r_1}^{\hat{r}} r^2 \frac{\mathrm{d}\psi_l^{(r)}}{\mathrm{d}r} \frac{\mathrm{d}\psi_{l'}^{(r)}}{\mathrm{d}r} \mathrm{d}r \tag{8.3.107}$$

$$R_{ll'}^{(2)} = \lim_{\hat{r} \to \infty} \int_{r_1}^{\hat{r}} \psi_l^{(r)} \psi_{l'}^{(r)} \mathrm{d}r \tag{8.3.108}$$

$$R_{ll'}^{(3)} = \lim_{\hat{r} \to \infty} \int_{r_1}^{\hat{r}} r^2 \frac{\mathrm{d}\psi_l^{(r)}}{\mathrm{d}r} \frac{\mathrm{d}\psi_{l'}^{(r)}}{\mathrm{d}r} \mathrm{d}r \tag{8.3.109}$$

$$R_{ll'}^{(4)} = \lim_{\hat{r} \to \infty} \int_{r_1}^{\hat{r}} \frac{r_1^2}{r^2 - f^2} \psi_l^{(r)} \psi_{l'}^{(r)} \mathrm{d}r \tag{8.3.110}$$

$$\tilde{R}_{ll'}^{(5)} = \lim_{\hat{r} \to \infty} \int_{r_1}^{\hat{r}} \frac{r^2}{r_1^2} \psi_l^{(r)} \psi_{l'}^{(r)} \mathrm{d}r \tag{8.3.111}$$

(8.3.103)～(8.3.106) 式积分可以采用常规的 Gauss 数值积分, 注意到 (8.3.73) 和 (8.3.74) 式, 有 $\mathrm{d}\theta\mathrm{d}\varphi = J\mathrm{d}\eta\mathrm{d}\varsigma$, 且有

$$J = \begin{vmatrix} \dfrac{\partial\theta}{\partial\eta} & \dfrac{\partial\varphi}{\partial\eta} \\[2mm] \dfrac{\partial\theta}{\partial\varsigma} & \dfrac{\partial\varphi}{\partial\varsigma} \end{vmatrix} \tag{8.3.112}$$

$$\begin{bmatrix} \dfrac{\partial\psi_k^{(a)}}{\partial\theta} \\[3mm] \dfrac{\partial\psi_k^{(a)}}{\partial\varphi} \end{bmatrix} = [J]^{-1} \begin{bmatrix} \dfrac{\partial\psi_k^{(a)}}{\partial\eta} \\[3mm] \dfrac{\partial\psi_k^{(a)}}{\partial\varsigma} \end{bmatrix} \tag{8.3.113}$$

计算 $\tilde{R}_{ll'}^{(1)}$ 时, 由 (8.3.78) 式, 有

$$\frac{\mathrm{d}\psi_l^{(r)}}{\mathrm{d}r} = k_0 \mathrm{e}^{\mathrm{i}k_0(r-r_l)} \sum_{p=1}^{m+1} \frac{G_{lp}}{(k_0 r)^p} \tag{8.3.114}$$

式中,

$$G_{lp} = \mathrm{i}H_{lp} - (p-1)\,H_{l,p-1} \tag{8.3.115}$$

注意到, $H_{l0} = H_{l,m+1} = 0$, 故有 $p = 1$ 和 $p = m + 1$ 时 (8.3.115) 式成立, 于是有

$$\frac{\mathrm{d}\psi_l^{(r)}}{\mathrm{d}r} \frac{\mathrm{d}\psi_{l'}^{(r)}}{\mathrm{d}r} = k_0^2 \mathrm{e}^{-\mathrm{i}k_0(r_l+r_{l'})} \sum_{q=2}^{m+2} \frac{C_q}{(k_0 r)^q} \mathrm{e}^{\mathrm{i}2k_0 r} \tag{8.3.116}$$

式中,

$$C_q = \sum_{\alpha=1}^{q-2} G_{l'\alpha} G_{l,q-\alpha} \tag{8.3.117}$$

将 (8.3.116) 式代入 (8.3.107) 式, 可得

$$\tilde{R}_{ll'}^{(1)} = L_{ll'} \lim_{\hat{r} \to \infty} \left[C_2 \int_{r_1}^{\hat{r}} k_0 \mathrm{e}^{\mathrm{i}2k_0 r} \mathrm{d}r + \int_{r_1}^{\hat{r}} \left[\sum_{q=1}^{2m} \frac{C_{q+2}}{(k_0 r)^q} \right] k_0 \mathrm{e}^{\mathrm{i}2k_0 r} \mathrm{d}r \right] \tag{8.3.118}$$

式中,

$$L_{ll'} = \frac{1}{k_0} \mathrm{e}^{-\mathrm{i}k_0(r_l+r_{l'})} \tag{8.3.119}$$

对 (8.3.118) 式中第一项进行积分，再将结果代回，得到

$$\tilde{R}_{ll'}^{(1)} = -L_{ll'} \frac{\mathrm{i}C_2}{2} \lim_{\hat{r} \to \infty} \mathrm{e}^{\mathrm{i}2k_0\hat{r}} + R_{ll'}^{(1)} \tag{8.3.120}$$

式中，

$$R_{ll'}^{(1)} = L_{ll'} \left[\frac{\mathrm{i}C_2}{2} \mathrm{e}^{\mathrm{i}2\mu} + \sum_{q=1}^{2m} C_{q+2} I_q \right] \tag{8.3.121}$$

其中，

$$I_q = \int_{r_1}^{\infty} \frac{\mathrm{e}^{\mathrm{i}2k_0 r}}{(k_0 r)^q} k_0 \mathrm{d}r \quad q \geqslant 1 \tag{8.3.122}$$

$$\mu = k_0 r_1 \tag{8.3.123}$$

再令

$$z = k_0 r - \mu \tag{8.3.124}$$

则积分 (8.3.122) 式可化为

$$I_q = \mathrm{e}^{\mathrm{i}2\mu} \left[\int_0^{\infty} \frac{\cos 2z}{(z+\mu)^q} \mathrm{d}z + \mathrm{i} \int_0^{\infty} \frac{\sin 2z}{(z+\mu)^q} \mathrm{d}z \right] \tag{8.3.125}$$

(8.3.125) 式可利用 Fourier 正弦或余弦变换计算。

同理，由 (8.3.78) 式可得

$$\psi_l^{(r)} \psi_{l'}^{(r)} = L_{ll'} \left[\sum_{q=2}^{2m} \frac{D_q}{(k_0 r)^q} \mathrm{e}^{\mathrm{i}2k_0 r} k_0 \right] \tag{8.3.126}$$

式中，

$$D_q = \sum_{\alpha=1}^{q-1} H_{l'\alpha} H_{l,q-\alpha} \tag{8.3.127}$$

这样，积分 (8.3.108) 式可化为

$$R_{ll'}^{(2)} = L_{ll'} \sum_{q=2}^{2m} D_q I_q \tag{8.3.128}$$

同样，积分 (8.3.109) 和 (8.3.110) 式可化为

$$R_{ll'}^{(3)} = \mu^2 L_{ll'} \sum_{q=2}^{2m+2} C_q I_q \tag{8.3.129}$$

$$R_{ll'}^{(4)} = \mu^2 L_{ll'} \sum_{q=2}^{2m} D_q J_q \qquad (8.3.130)$$

式中,

$$J_q = \int_{r_1}^{\infty} \frac{\mathrm{e}^{\mathrm{i}2k_0 r} k_0 \mathrm{d}r}{\left[(k_0 r)^2 - \varepsilon^2 \mu^2\right] (k_0 r)^q} \qquad (8.3.131)$$

可采用计算 (8.3.122) 式的方法计算 (8.3.131) 式。再将 (8.3.126) 式代入 (8.3.111) 式, 类似于计算 $\tilde{R}_{ll'}^{(1)}$, 可得

$$\tilde{R}_{ll'}^{(5)} = -\frac{1}{\mu^2} L_{ll'} \frac{\mathrm{i}D_2}{2} \lim_{\hat{r}\to\infty} \mathrm{e}^{2\mathrm{i}k_0\hat{r}} + R_{ll'}^{(5)} \qquad (8.3.132)$$

式中,

$$R_{ll'}^{(5)} = \frac{1}{\mu^2} L_{ll'} \left[\frac{\mathrm{i}D_2}{2} \mathrm{e}^{\mathrm{i}2\mu} + \sum_{q=1}^{2m-2} D_{q+2} I_q \right] \qquad (8.3.133)$$

最后再由 (8.3.126) 式, 计算 (8.3.102) 式, 有

$$C_{ij} = A_{kk'}^{(1)} \lim_{\hat{r}\to\infty} \frac{1}{k_0} L_{ll'} \left[\sum_{q=2}^{2m} \frac{D_q}{(k_0\hat{r})^q} \mathrm{e}^{\mathrm{i}2k_0\hat{r}} (k_0\hat{r})^2 \right] \qquad (8.3.134)$$

当 $\hat{r} \to \infty$ 时, (8.3.134) 式只有 $q = 2$ 时不为零, 其他项均为零。

$$C_{ij} = A_{kk'}^{(1)} L_{ll'} \frac{D_2}{k_0} \lim_{\hat{r}\to\infty} \mathrm{e}^{\mathrm{i}2k_0\hat{r}} \qquad (8.3.135)$$

将 (8.3.120) 和 (8.3.121) 式、(8.3.128)~(8.3.130) 式及 (8.3.133) 式, 分别代入 (8.3.100) 和 (8.3.101) 式, 并考虑 (8.3.135) 式, (8.3.92) 式左边可以重新表示为

$$[K] + \mathrm{i}k_0 [C] - k_0^2 [M] = [K_\infty] - k_0^2 [M_\infty] + R \qquad (8.3.136)$$

式中, 矩阵 $[K_\infty]$ 和 $[M_\infty]$ 的元素表达式为

$$K_{ij}^\infty = A_{kk'}^{(1)} R_{ll'}^{(1)} + A_{kk'}^{(2)} R_{ll'}^{(2)} - \varepsilon^2 A_{kk'}^{(1)} R_{ll'}^{(3)} + \varepsilon^2 A_{kk'}^{(3)} R_{ll'}^{(4)} \qquad (8.3.137)$$

$$M_{ij}^\infty = r_1^2 \left[A_{kk'}^{(1)} R_{ll'}^{(5)} - \varepsilon^2 A_{kk'}^{(4)} R_{ll'}^{(2)} \right] \qquad (8.3.138)$$

R 为剩余的振荡项, 其表达式为

$$R = -A_{kk'}^{(1)} L_{ll'} \frac{\mathrm{i}C_2}{2} \lim_{\hat{r}\to\infty} \mathrm{e}^{\mathrm{i}2k_0\hat{r}} + A_{kk'}^{(1)} k_0^2 L_{ll'} \frac{r_1^2}{\mu^2} \frac{\mathrm{i}D_2}{2} \lim_{\hat{r}\to\infty} \mathrm{e}^{\mathrm{i}2k_0\hat{r}}$$

$$-\,\mathrm{i}A_{kk'}^{(1)}L_{ll'}D_2 \lim_{\hat{r}\to\infty} \mathrm{e}^{\mathrm{i}2k_0\hat{r}}$$

$$=-\frac{\mathrm{i}}{2}\left(C_2+D_2\right)A_{kk'}^{(1)}L_{ll'} \lim_{\hat{r}\to\infty} \mathrm{e}^{\mathrm{i}2k_0\hat{r}} \tag{8.3.139}$$

由 (8.3.117) 及 (8.3.115) 式, 可得 $C_2 = -H_{l1}H_{l'1}$, 再由 (8.3.127) 式可得 $D_2 = H_{l1}H_{l'1}$, 这样可证明振荡项 R 为零, 在 (8.3.136) 式中辐射条件消除了刚度和质量矩阵中的振荡项。于是, 由 (8.3.103)~(8.3.106) 式数值积分得到 $A_{kk'}^{(1)} \sim A_{kk'}^{(4)}$, 并由 (8.3.121) 式、(8.3.128)~(8.3.130) 式及 (8.3.133) 式计算得到 $R_{kk'}^{(1)} \sim R_{kk'}^{(5)}$。注意到计算这些参数时, 每一个无限元的径向积分都是一样的, 只需计算一次, 形成 $[K_\infty]$ 和 $[M_\infty]$ 的主要计算为每个无限元的角向积分, 角向积分与频率无关, 再将它们代入 (8.3.137) 和 (8.3.138) 式得到无限元的刚度和质量矩阵, 进一步与无限元椭球内的声有限元和结构有限元方程耦合, 即可求结构耦合振动和声辐射。针对长径比 6:1 的两端带半球帽的圆柱壳, 受轴向点作用力激励, 采用椭球无限元方法计算的远场声压 ($k_0a = 1.9$, a 为圆柱壳半径) 与解析解结果相比, 误差为 0.1%~1%, 具有很高的精度, 且计算时间远小于边界元方法, 参见图 8.3.21。一般来说, 椭球无限元建模时, 平行于壳体结构的内层有限元径向尺度为 $3\lambda/32$, 无限元椭球内表面的外层有限元, 在半短轴和半长轴方向的尺度为 $13\lambda/32$, 这样, 无限元椭球离开壳体结构的距离为 $\lambda/2$。另外, 采用偶极子模拟时, 无限元外层的共焦椭球半径 $r_2 = 2r_1$, 而采用四极子和八极子模拟时, 则共焦椭球半径分别为 $r_3 = 3r_1$ 和 $r_4 = 4r_1$, 相应的计算精度优于偶极子模拟。计算声辐射时, 激励力作用点附近无限元椭球内的径向网格应适当细化, 可以在径向采用四阶单元替代二层的二阶单元。

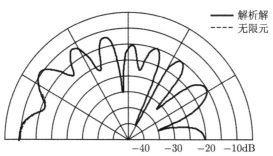

图 8.3.21　椭球无限元方法计算的圆柱壳远场声场

(引自文献 [45], fig17)

前面提到对于扁平和扁长体结构, 应采用扁椭球和椭球作为无限元椭球面, 建立无限元模型相应的方法及推导过程与长椭球情况一致, 详细内容可参考文献 [46] 和 [47], Gerdes 和 Demkowicz[48] 还提出了 Hp 无限元方法, 适用于可分离变量的几何结构声辐射计算。

8.4　解析/数值混合法求解弹性结构耦合振动和声辐射

　　前几节采用等效源法、半解析半数值法及无限元法求解复杂结构振动和声辐射，都侧重提高辐射声场的计算效率，在结构建模方面实际上默认了有限元方法的有效性和适用性。除了寻找更高效的辐射声场的计算方法以外，如果能够提高结构建模及计算的效率，无疑也是提高结构振动及声辐射计算效率的有效途径。与数值方法相比，解析方法计算结构振动和声辐射具有计算效率高和适用频率宽的优势，唯一的缺陷是只适用于平板、圆柱壳等典型结构，即使对于内部含有基座结构的圆柱壳而言，一般也难以采用解析方法建立振动和声辐射模型。所幸的是潜艇及飞机结构主要为加肋圆柱壳，如果能将圆柱壳和内部基座结构分别采用解析与数值方法求解，则可以明显改进结构振动和声辐射的计算效率。

　　Bliss 等 [49-51] 最初提出解析/数值匹配法 (analytical numerical matching) 用于计算尾涡和非定常流场。实际上，Wu 和 Lin[52,53] 更早提出解析/数值组合法 (analytical and numerical combined method) 用于求解带点质量的均匀悬臂梁自由振动，并扩展到求解带点质量和弹簧支撑的矩形板自由振动，其中采用解析法推导本征方程，采用数值方法计算本征值。基于他们的方法，Dozio 和 Ricciardi [54] 采用模态展开法，建立平板与肋骨耦合的解析方程，数值求解加肋平板自由振动本征频率和振型。Cuschieri 和 Feit[55] 则针对带有线状不连续性及流体负载的弹性板，采用数值/解析混合法，求解声散射及振动响应的 Green 函数。应该说，解析/数值法是一个比较宽泛的概念，Epstein 和 Bliss 将此方法用于边界元方法的改进 [56]，将辐射声场解分解为低分辨率的整体数值解和高分辨率的局部解析解，通过渐近匹配得到精确的组合解，不仅不再存在奇异积分，而且精度高、收敛快。Loftman 和 Bliss[57] 针对周期线支撑的弹性膜声散射问题，采用局部解析解用于结构不连续部位的快变区域求解，整体解则采用数值解。他们进一步利用阻抗概念，将此方法扩展到求解有轴向和周向约束的圆柱壳声散射 [58,59]。

　　我们知道，圆柱壳、平板等结构的振动模态，分为强辐射模态和弱辐射模态。这些典型结构常常带有肋骨、加强筋及内部舱壁板等不连续结构，不连续结构与壳、板的相互作用会导致强辐射模态与弱辐射模态的耦合，从而改变板壳结构的声辐射特性。为了提高加肋圆柱壳和平板等结构的声辐射计算精度，需要精确模拟肋骨，以往一般将加强筋和舱壁板与圆柱壳和平板的相互作用简化为点作用力和线作用力，不能精确表征它们相互作用的动力特性，如果采用有限元方法细化计算模型，又势必会增加计算量，降低计算的效率。板壳不连续部位的模拟精度影响了振动响应和声辐射的计算精度，为了解决这个问题，Franzoni 和 Park 等 [60,61]

将解析/数值法引入到结构振动和声辐射计算建模中，考虑如图 8.4.1 所示的壳体结构，结构上有典型的不连续内部肋骨。将壳体结构与肋骨的相互作用等效为两个分别作用在壳体和肋骨上的大小相等、方向相反的作用力，为了精细模拟壳体与肋骨的相互作用，等效作用力不再采用空间 δ 函数表征，而是光顺的分布作用力。这样，可以将加肋壳体结构的振动响应求解分解为壳体受光顺分布作用力激励的整体振动响应求解问题，以及局部加肋结构受反向光顺分布作用力激励的振动响应求解问题。在光顺分布力作用下壳体整体振动响应的空间分布比较平缓，相应地，壳体可以采用近似的低阶振动表征，即可以采用粗网格有限元离散。在肋骨附近的局部区域，肋骨的实际作用力和等效的光顺分布力产生的振动为局部振动，它们在光顺分布力以外部位产生的合成振动为零。于是，可以将肋骨附近光顺分布力作用的区域分离为固定边界的局部结构，并将局部振动响应再分解为两个子问题：其一为带有肋骨且边界固定的局部结构，其振动响应求解称为局部问题；其二为不带肋骨且有相同固定边界的局部结构，受到反向的光顺分布力作用，其振动响应求解称为匹配问题。在局部问题中，壳体局部结构与肋骨相互作用，振动响应的空间分布变化较大，需要采用高分辨率的细化网格有限元离散求解，在匹配问题中，局部结构只受光顺分布力作用，振动响应空间分布变化较小，也可以采用低阶近似振动方程表征，且采用解析方法求解。按照叠加原理，将加肋壳体振动响应求解分解为三个子问题，这个过程没有引入近似，进一步采用数值和解析方法求解，所引入的近似是数值和解析方法本身的近似问题。针对三个子问题，求解将分为三步：第一步采用精细有限元方法求解局部问题，针对包含肋骨的固定边界局部结构及作用在肋骨上的外激励力，可以求解得到局部结构固定边界上的归一化力矩和剪切力及局部振动位移；第二步针对匹配问题，假设局部结构的振动位移解为含有多个待定系数的多项式，且在固定边界上，位移及位移导数为零，另外，局部区域的光顺分布力及其导数在固定边界上也为零，由局部解得到的固定边界上的力矩和剪切力，可以确定假设振动位移匹配解的多个待定系数，得到局部结构的振动位移匹配解，再由局部结构振动方程，反算得到作用在局部结构的光顺分布力，第三步则由匹配解得到的光顺分布力，采用有限元方法计算整体振动响应。最后将三个子问题的解叠加得到加肋壳体振动响应的完整解。Franzoni 和 Park[60] 针对三点非周期支撑的梁结构，计算验证了解析/数值法的有效性，并将此方法扩展到求解加肋圆柱壳的振动响应 [62]，他们的研究着眼于从壳体与肋骨相互作用的局部细节处理上提高计算的精度，而不是一味地细化整个结构的离散网格。但实际工程计算中更多地要求在保证精度的前提下，提高大型复杂结构振动和声辐射的计算效率，为此需要建立更一般的结构相互作用计算模型 [63]。

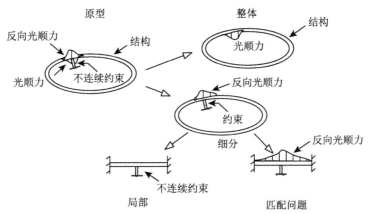

图 8.4.1   肋骨与壳体相互作用的局部和整体模型

(引自文献 [60], fig1)

在频域内，线性结构系统的振动方程为

$$\left([K] - \omega^2 [M] + \mathrm{i}\omega [C]\right) \{q\} = \{f\} \tag{8.4.1}$$

式中，$[K], [M], [C]$ 分别为结构系统的刚度矩阵、质量矩阵和阻尼矩阵，$\{q\}$ 为结构系统的广义响应列矩阵，$\{f\}$ 为广义激励力列矩阵。

(8.4.1) 式可以表示为更简约的形式:

$$[Z] \{q\} = \{f\} \tag{8.4.2}$$

式中，$[Z]$ 为结构系统的阻抗矩阵。

(8.4.2) 式求逆运算，得到

$$[Y] \{f\} = \{q\} \tag{8.4.3}$$

式中，$[Y]$ 为结构系统的导纳矩阵，也称为频率响应函数矩阵，其元素 Y_{ij} 表示广义力作用在结构系统的第 j 个自由度时，第 i 个自由度产生的动态响应。

求解子系统相互作用的耦合力和力矩，要基于子系统界面作用力和位移连续的基本关系。我们知道，结构系统阻抗矩阵可以由子系统阻抗矩阵合成得到，其阶数取决于表征结构动态特性的精度要求，而结构系统的导纳模型便于从中抽取出部分自由度，构成为一个子模型，其阶数取决于需要分析的自由度响应数量，整体频率响应函数矩阵可以由子矩阵合成得到。因此，以结构系统的原型导纳矩阵为出发点，可推导子系统的相互作用力和力矩，为此将 (8.4.3) 式分解为

$$\left\{ \begin{array}{c} \{q_i\} \\ \{q_c\} \end{array} \right\} = \left(\begin{array}{cc} [Y_{ii}] & [Y_{ic}] \\ [Y_{ci}] & [Y_{cc}] \end{array} \right) \left\{ \begin{array}{c} \{f_i\} \\ \{f_c\} \end{array} \right\} \tag{8.4.4}$$

式中，$\{q_i\}$ 和 $\{f_i\}$ 为结构系统中对应内部自由度的广义振动响应和广义激励力列矩阵，这些自由度可以与单个结构相关或与多个结构相关；$\{q_c\}$ 和 $\{f_c\}$ 为结构系统中对应耦合界面作用自由度的广义振动响应和广义力列矩阵，这些自由度也可以与单个结构相关或与多个结构相关。$[Y_{ii}]$ 和 $[Y_{ic}]$ 等矩阵分别为对应内部自由度和耦合界面自由度的导纳矩阵。

几个结构合成可分为直接连接约束和中间设置连接阻抗单元两种方式，连接阻抗单元可以为集中参数，也可以为分布参数。一般情况下，结构界面连接自由度上受外力和耦合力的作用，表示为

$$\{f_c\} = \{f_c^{ex}\} + \{f_c^{cp}\} \tag{8.4.5}$$

式中，$\{f_c^{ex}\}$ 为广义外激励力列矩阵，$\{f_c^{cp}\}$ 为广义耦合激励力列矩阵。

在结构内部非耦合界面上，只有广义外激励力：

$$\{f_i\} = \{f_i^{ex}\} \tag{8.4.6}$$

由 (8.4.5) 和 (8.4.6) 式，(8.4.4) 式可以表示为

$$\left\{ \begin{array}{c} \{q_i\} \\ \{q_c\} \\ \{q_c\} \end{array} \right\} = \left(\begin{array}{ccc} [Y_{ii}] & [Y_{ic}] & [Y_{ic}] \\ [Y_{ci}] & [Y_{cc}] & [Y_{cc}] \\ [Y_{ci}] & [Y_{cc}] & [Y_{cc}] \end{array} \right) \left\{ \begin{array}{c} \{f_i^{ex}\} \\ \{f_c^{ex}\} \\ \{f_c^{cp}\} \end{array} \right\} \tag{8.4.7}$$

进一步将作用力分为两组，分别为广义外激励力和广义耦合力，这样 (8.4.7) 式重新表示为

$$\left\{ \begin{array}{c} \{q_e\} \\ \{q_c\} \end{array} \right\} = \left(\begin{array}{cc} [Y_{ee}] & [Y_{ec}] \\ [Y_{ce}] & [Y_{cc}] \end{array} \right) \left\{ \begin{array}{c} \{f_e\} \\ \{f_c\} \end{array} \right\} \tag{8.4.8}$$

式中，$\{q_e\}, \{q_c\}, [Y_{ee}], [Y_{ec}]$ 分别为对应广义外激励力和广义耦合力的振动响应列矩阵和导纳矩阵，且有

$$\{f_e\} = \left(\begin{array}{cc} \{f_i^{ex}\} & \{f_c^{ex}\} \end{array} \right)^{\mathrm{T}}, \quad \{f_c\} = \{f_c^{cp}\}$$

(8.4.8) 式将广义耦合力分离出来单独考虑，可以将子系统相互作用分离作为一种负载，而这种负载可以认为是结构变化引起的耦合力。

$$\{f_c\} = - \left([K_z] - \omega^2 [M_z] + \mathrm{i}\omega [C_z] \right) \{q_c\} \tag{8.4.9}$$

或者表示为

$$\{f_c\} = - [Z_z] \{q_c\} \tag{8.4.10}$$

式中，$[K_z]$，$[M_z]$ 和 $[C_z]$ 为结构变化对应的刚度矩阵、质量矩阵和阻尼矩阵，$[Z_z]$ 为互连接阻抗矩阵，表示结构变化带来的阻抗变化矩阵，负号表示结构变化引起的耦合力作用在原结构上，参见图 8.4.2。

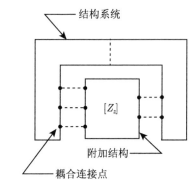

图 8.4.2　附加结构及其互连接阻抗单元

(引自文献 [63], fig2)

定义矩阵变换：

$$\left\{ \begin{array}{c} \{f_e\} \\ \{f_c\} \end{array} \right\} = \left(\begin{array}{cc} [I] & 0 \\ 0 & -[Z_z] \end{array} \right) \left\{ \begin{array}{c} \{f_e\} \\ \{q_c\} \end{array} \right\} \tag{8.4.11}$$

$$\left\{ \begin{array}{c} \{q_e\} \\ \{f_c\} \end{array} \right\} = \left(\begin{array}{cc} [I] & 0 \\ 0 & -[Z_z] \end{array} \right) \left\{ \begin{array}{c} \{q_e\} \\ \{q_c\} \end{array} \right\} \tag{8.4.12}$$

将 (8.4.11) 和 (8.4.12) 式代入 (8.4.8) 式，有

$$\left\{ \begin{array}{c} \{q_e\} \\ \{f_c\} \end{array} \right\} = \left(\begin{array}{cc} [Y_{ee}] & -[Y_{ec}][Z_z] \\ -[Z_z][Y_{ce}] & [Z_z][Y_{cc}][Z_z] \end{array} \right) \left\{ \begin{array}{c} \{f_e\} \\ \{q_c\} \end{array} \right\} \tag{8.4.13}$$

由 (8.4.13) 和 (8.4.11) 式中的第二式可得

$$\{q_c\} = ([I] + [Y_{cc}][Z_z])^{-1} [Y_{ce}] \{f_e\} \tag{8.4.14}$$

(8.4.14) 式给出了广义外激励力与连接界面自由度振动响应的关系，将其代入 (8.4.11) 式中的第一式，并与 (8.4.8) 式比较，可以得到

$$\left[\bar{Y}_{ee} \right] = [Y_{ee}] - [Y_{ec}][Z_z] \left([I] + [Y_{cc}][Z_z] \right)^{-1} [Y_{ce}] \tag{8.4.15}$$

进一步简化可得

$$\left[\bar{Y}_{ee} \right] = [Y_{ee}] - [Y_{ec}] \left([Z_z]^{-1} + [Y_{cc}] \right)^{-1} [Y_{ce}] \tag{8.4.16}$$

形式上比较 (8.4.16) 式与 (8.4.7) 式,可以得到经合成的结构系统导纳矩阵与原结构导纳矩阵的关系:

$$
\left(\begin{array}{cc} [\bar{Y}_{ii}] & [\bar{Y}_{ic}] \\ [\bar{Y}_{ci}] & [\bar{Y}_{cc}] \end{array}\right) = \left(\begin{array}{cc} [Y_{ii}] & [Y_{ic}] \\ [Y_{ci}] & [Y_{cc}] \end{array}\right) - \left(\begin{array}{c} [Y_{ic}] \\ [Y_{cc}] \end{array}\right) \left([Z_z]^{-1} + [Y_{cc}]\right)^{-1} \left(\begin{array}{c} [Y_{ic}] \\ [Y_{cc}] \end{array}\right)^{\mathrm{T}}
$$
(8.4.17)

式中,$[\bar{Y}_{ii}]$ 等矩阵表示合成后的结构系统导纳矩阵。

结构合成可以看作为结构系统连接方式的一种改变。对应 (8.4.4) 式,(8.4.17) 式给出了表征结构系统合成后广义振动响应与广义作用力关系的导纳矩阵,它可以由原结构系统的导纳矩阵及互连接阻抗矩阵 $[Z_z]$ 计算得到,而原型结构系统导纳矩阵可以由计算或测量子结构导纳矩阵获得。在静态合成情况下,矩阵 $[Z_z]$ 退化为刚度矩阵。若将 (8.4.14) 式代入 (8.4.13) 式中的第二式,则可以得到耦合力与外力的关系。

Gordis 等给出了结构合成的基本方程,为了有进一步的直观认识,这里再介绍 Huang 和 Soedel[64-66] 基于解析方法建立的壳板组合结构振动模型。考虑如图 8.4.3 所示的圆柱壳与内部圆板组合结构,圆板在任意轴向位置与圆柱壳内壁连接,由于连接的轴对称性,采用线导纳表征圆柱壳与圆板的相互作用,类似于点导纳,其定义为某点振动位移或位移导数与该点和其他点的简谐线力或线力矩的比值。一般情况下,圆柱壳与圆板连接处,需要考虑三个方向位移和两个方向位移导数、三个方向作用力和两个方向力矩的衔接。但如果不考虑圆板的面内弹性振动,仅考虑圆板的弯曲振动及面内刚体运动,并忽略圆柱壳切平面内的位移小量,使圆柱壳与圆板的衔接简化为两个模式,即圆板边界径向斜率变化与圆柱壳轴向斜率变化的耦合,还有圆板径向刚体运动与圆柱壳弯曲振动位移的耦合。在这种情况下,图 8.4.3(a) 中的圆柱壳 (记为 A) 与两块圆板 (分别记为 B 和 C) 的相互作用关系如图 8.4.3(b) 所示。图中圆柱壳 A 上的点 1、点 2、点 3 和点 4 分别为与圆板 B 和 C 的相互作用点,点 5 和点 6 则分别为圆柱壳外力作用点和响应计算点,圆板 B 上的点 7 和点 8 分别为其外力作用点和响应计算点,圆板 C 上的点 9 和点 10 也分别为其外力作用点和响应计算点。

圆柱壳 A 的振动位移与作用力的关系为

$$
\{q_A\} = [Y_A]^{\mathrm{T}} \{f_A\}
$$
(8.4.18)

式中,$\{q_A\}$ 为圆柱壳振动位移 $q_{Ai}\,(i=1,2,3,4,6)$ 组成的列矩阵,包括了连接点和非连接点的振动位移,其中 q_{A6} 为圆柱壳点 6 的振动位移。$\{f_A\}$ 为圆柱壳的作用力 $f_{Aj}\,(j=1,2,3,4,5)$ 组成的列矩阵,包括了激励外力和内力,其中 f_{A5} 为作用在圆柱壳点 5 上的外激励力。$[Y_A]$ 为圆柱壳的导纳 Y_{ij}^A 组成的矩阵,其中 i

和 j 取值同上。

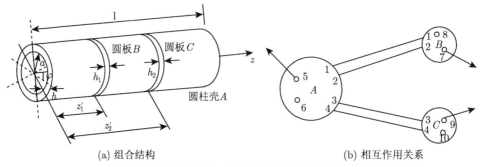

(a) 组合结构　　　　　　　　　　　　　(b) 相互作用关系

图 8.4.3　圆柱壳与内部圆板组合结构及其连接关系

(引自文献 [64], fig1)

同理, 圆板 B 振动位移与作用力的关系为

$$\{q_B\} = [Y_B]^\mathrm{T} \{f_B\} \tag{8.4.19}$$

式中, $\{q_B\}$ 为圆板 B 振动位移 $q_{Bp}\,(p = 1, 2, 8)$ 组成的列矩阵, 其中 q_{B8} 为圆板 B 上点 8 的振动位移, $\{f_B\}$ 为圆板 B 的作用力 $f_{Br}\,(r = 1, 2, 7)$ 组成的列矩阵, 其中 f_{B7} 为圆板 B 点 7 上的外激励力, $[Y_B]$ 为圆板 B 的导纳 Y_{pr}^B 组成的矩阵, 其中 p 和 r 取值同上。

圆板 C 振动位移与作用力的关系为

$$\{q_C\} = [Y_C]^\mathrm{T} \{f_C\} \tag{8.4.20}$$

式中, $\{q_C\}$ 为圆板 C 的振动位移 $q_{Cs}\,(s = 3, 4, 10)$ 组成的列矩阵, 其中 q_{C10} 为圆板 C 上点 10 的振动位移, $\{f_C\}$ 为圆板 C 的作用力 $f_{Ct}\,(t = 3, 4, 9)$ 组成的列矩阵, 其中 f_{C9} 为圆板 C 上点 9 的外激励, $[Y_C]$ 为圆板 C 的导纳 Y_{st}^C 组成的矩阵, 其中 s 和 t 取值同上。

当圆柱壳与两块圆板相连接时, 若外激励力作用在结构系统的任何位置而不是子结构的连接部位, 则子系统的内力满足的力 (力矩) 平衡关系为

$$f_{Br} = -f_{Ar}, \quad r = 1, 2 \tag{8.4.21}$$

$$f_{Ct} = -f_{At}, \quad t = 3, 4 \tag{8.4.22}$$

同时, 子系统振动位移满足连续条件:

$$q_{Bp} = q_{Ap}, \quad p = 1, 2 \tag{8.4.23}$$

$$q_{Cs} = q_{As}, \quad s = 3, 4 \tag{8.4.24}$$

将 (8.4.18)~(8.4.24) 式联立，得到相互作用内力与激励外力、振动响应与内力和外力的耦合矩阵方程：

$$
\begin{bmatrix}
Y_{11}^A + Y_{11}^B & Y_{12}^A + Y_{12}^B & Y_{13}^A & Y_{14}^A \\
Y_{21}^A + Y_{21}^B & Y_{22}^A + Y_{22}^B & Y_{23}^A & Y_{24}^A \\
Y_{31}^A & Y_{32}^A & Y_{33}^A + Y_{33}^C & Y_{34}^A + Y_{34}^C \\
Y_{41}^A & Y_{42}^A & Y_{43}^A + Y_{43}^C & Y_{44}^A + Y_{44}^C
\end{bmatrix}
\begin{Bmatrix}
f_{B1} \\
f_{B2} \\
f_{C3} \\
f_{C4}
\end{Bmatrix}
$$

$$
=
\begin{bmatrix}
-Y_{17}^B & Y_{15}^A & 0 \\
-Y_{27}^B & Y_{25}^A & 0 \\
0 & Y_{35}^A & -Y_{39}^C \\
0 & Y_{45}^A & -Y_{49}^C
\end{bmatrix}
\begin{Bmatrix}
f_{B7} \\
f_{A5} \\
f_{C9}
\end{Bmatrix}
\tag{8.4.25}
$$

$$
\begin{Bmatrix}
q_{B8} \\
q_{A6} \\
q_{C10}
\end{Bmatrix}
=
\begin{bmatrix}
Y_{81}^B & Y_{82}^B & 0 & 0 \\
-Y_{61}^A & -Y_{62}^A & -Y_{63}^A & -Y_{64}^A \\
0 & 0 & Y_{10,3}^C & Y_{10,4}^C
\end{bmatrix}
\begin{Bmatrix}
f_{B1} \\
f_{B2} \\
f_{C3} \\
f_{C4}
\end{Bmatrix}
$$

$$
+
\begin{bmatrix}
Y_{87}^B & 0 & 0 \\
0 & Y_{65}^A & 0 \\
0 & 0 & Y_{10,9}^C
\end{bmatrix}
\begin{Bmatrix}
f_{B7} \\
f_{A5} \\
f_{C9}
\end{Bmatrix}
\tag{8.4.26}
$$

如果不考虑圆板面内振动与弯曲振动的耦合，则 $Y_{12}^B, Y_{21}^B, Y_{34}^C, Y_{43}^C$ 为零。若有 k 块圆板与圆柱壳连接时，其结构及相互作用如图 8.4.4 所示。类似 (8.4.25) 和 (8.4.26) 式，可以得到相互作用内力与激励外力、振动响应与内力和外力的耦合矩阵方程为

$$
\begin{bmatrix}
Y_{11}^A + Y_{11}^B & Y_{12}^A & Y_{13}^A & Y_{14}^A & Y_{15}^A & Y_{16}^A & \cdots \\
Y_{21}^A & Y_{22}^A + Y_{22}^B & Y_{23}^A & Y_{24}^A & Y_{25}^A & Y_{26}^A & \cdots \\
Y_{31}^A & Y_{32}^A & Y_{33}^A + Y_{33}^C & Y_{34}^A & Y_{35}^A & Y_{36}^A & \cdots \\
Y_{41}^A & Y_{42}^A & Y_{43}^A & Y_{44}^A + Y_{44}^C & Y_{45}^A & Y_{46}^A & \cdots \\
Y_{51}^A & Y_{52}^A & Y_{53}^A & Y_{54}^A & Y_{55}^A + Y_{55}^D & Y_{56}^A & \cdots \\
Y_{61}^A & Y_{62}^A & Y_{63}^A & Y_{64}^A & Y_{65}^A & Y_{66}^A + Y_{66}^D & \cdots \\
\vdots & \vdots & \vdots & \vdots & \vdots & \vdots & \cdots
\end{bmatrix}
$$

$$
\cdot \left\{ \begin{array}{c} f_{B1} \\ f_{B2} \\ f_{C3} \\ f_{C4} \\ f_{D5} \\ f_{D6} \\ \vdots \end{array} \right\}
=
\left[\begin{array}{ccccc}
-Y^{B}_{1,2k+3} & Y^{A}_{1,2k+1} & 0 & 0 & \cdots \\
-Y^{B}_{2,2k+3} & Y^{A}_{2,2k+1} & 0 & 0 & \cdots \\
0 & Y^{A}_{3,2k+1} & -Y^{C}_{3,2k+5} & 0 & \cdots \\
0 & Y^{A}_{4,2k+1} & -Y^{C}_{4,2k+5} & 0 & \cdots \\
0 & Y^{A}_{5,2k+1} & 0 & -Y^{D}_{5,2k+7} & \cdots \\
0 & Y^{A}_{6,2k+1} & 0 & -Y^{D}_{6,2k+7} & \cdots \\
\vdots & \vdots & \vdots & \vdots & \vdots
\end{array} \right]
\left\{ \begin{array}{c} f_{B,2k+3} \\ f_{A,2k+1} \\ f_{C,2k+5} \\ f_{D,2k+7} \\ \vdots \end{array} \right\}
$$

$$(8.4.27)$$

$$
\left\{ \begin{array}{c} q_{B,2k+4} \\ q_{A,2k+2} \\ q_{C,2k+6} \\ q_{D,2k+8} \\ \vdots \end{array} \right\}
$$

$$
=
\left[\begin{array}{ccccccc}
Y^{B}_{2k+4,1} & Y^{B}_{2k+4,2} & 0 & 0 & 0 & 0 & \cdots \\
-Y^{A}_{2k+2,1} & -Y^{A}_{2k+2,2} & -Y^{A}_{2k+2,3} & -Y^{A}_{2k+2,4} & -Y^{A}_{2k+2,5} & -Y^{A}_{2k+2,6} & \cdots \\
0 & 0 & Y^{C}_{2k+6,3} & Y^{C}_{2k+6,4} & 0 & 0 & \cdots \\
0 & 0 & 0 & 0 & Y^{D}_{2k+8,5} & Y^{D}_{2k+8,6} & \cdots \\
\vdots & \vdots & \vdots & \vdots & \vdots & \vdots & \cdots
\end{array} \right]
\left\{ \begin{array}{c} f_{B1} \\ f_{B2} \\ f_{C3} \\ f_{C4} \\ f_{D5} \\ f_{D6} \\ \vdots \end{array} \right\}
$$

$$
+
\left[\begin{array}{ccccc}
Y^{B}_{2k+4,2k+3} & & & & \cdots \\
 & -Y^{A}_{2k+2,2k+1} & & & \cdots \\
 & & Y^{C}_{2k+6,2k+5} & & \cdots \\
 & & & Y^{D}_{2k+8,2k+7} & \cdots \\
\vdots & \vdots & \vdots & \vdots & \cdots
\end{array} \right]
\left\{ \begin{array}{c} f_{B,2k+3} \\ f_{A,2k+1} \\ f_{C,2k+5} \\ f_{D,2k+7} \\ \vdots \end{array} \right\}
$$

$$(8.4.28)$$

将 (8.4.25)~(8.4.28) 式表示为简约形式:

$$[Y]\{f_c\} = [A]\{f_e\} \tag{8.4.29}$$

$$\{q\} = [B]\{f_c\} + [D]\{f_e\} \tag{8.4.30}$$

式中, $\{f_c\}$ 和 $\{f_e\}$ 分别为圆柱壳圆板结构耦合内力 (力矩) 列矩阵、激励外力列矩阵，$\{q\}$ 为振动响应位移列矩阵，$[Y]$，$[A]$，$[B]$，$[D]$ 分别对应 (8.4.25)～(8.4.28) 式所列的系数矩阵。

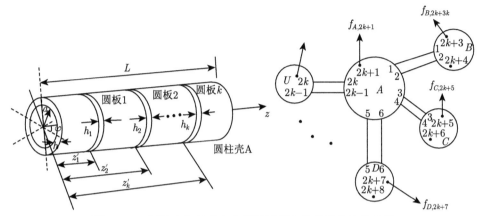

图 8.4.4 圆柱壳与任意个内部圆板组合结构及其连接关系

(引自文献 [64], fig2)

将 (8.4.29) 式代入 (8.4.30) 式，得到圆柱壳与圆板组合结构振动响应:

$$\{q\} = \left([B][Y]^{-1}[A] + [D]\right)\{f_e\} \tag{8.4.31}$$

只要已知子结构界面耦合点、外力激励点及振动响应计算点的自导纳和互导纳，即可计算给定激励外力情况下的组合结构振动响应点的振动位移。下面需要求解子结构的自导纳和互导纳函数表达式。

先考虑圆柱壳的导纳，在径向力 $f_w(z', \varphi, t)$ 作用下，圆柱壳弯曲振动位移及其轴向导数分别为 $W(z', \varphi, t)$ 和 $\vartheta(z', \varphi, t)$。考虑到圆柱壳与圆板相互作用力为线力，圆柱壳受到的线作用力为

$$f_w(z, \varphi, t) = f_w(\varphi, t)\,\delta(z - z') \tag{8.4.32}$$

式中，z' 为圆板的轴向位置，$\delta(z - z')$ 为 Dirac delta 函数。

将 $f_w(\varphi, t)$ 沿周向 Fourier 展开，并忽略简谐时间因子，则线作用力可以表示为

$$f_w(z, \varphi) = F_0 \cos n\varphi \cdot \delta(z - z') \tag{8.4.33}$$

式中，F_0 为线力单位长度的幅值，$n = 0, 1, 2, \cdots$。

圆柱壳在两端简支边界条件下，文献 [67] 求解得到受 $f_w(z, \varphi)$ 激励时圆柱壳的弯曲振动位移为

$$W(z, \varphi)$$

$$= \sum_{i=1}^{3} \sum_{m=1}^{\infty} \frac{2F_0 \sin \dfrac{m\pi z'}{l} \sin \dfrac{m\pi z}{l} \cos n\varphi}{m_s l \left[(A_{imn}/C_{imn})^2 + (B_{imn}/C_{imn})^2 + 1 \right] (\omega_{imn}^2 - \omega^2 + \mathrm{i}\eta_{imn}\omega_{imn}\omega)}$$

$$(8.4.34)$$

式中, m_s 和 l 为圆柱壳面密度和长度, ω_{imn} 和 η_{imn} 为圆柱壳模态频率和损耗因子。A_{imn}/C_{imn} 和 B_{imn}/C_{imn} 的具体表达式由文献 [67] 的 (5.5.85) 和 (5.5.86) 式给出。

由 (8.4.34) 式求导得到

$$\vartheta = \frac{\partial W}{\partial z}$$

$$= \sum_{i=1}^{3} \sum_{m=1}^{\infty} \cdot \frac{2F_0 m\pi \sin \dfrac{m\pi z'}{l} \cos \dfrac{m\pi z}{l} \cos n\varphi}{m_s l^2 \left[(A_{imn}/C_{imn})^2 + (B_{imn}/C_{imn})^2 + 1 \right] (\omega_{imn}^2 - \omega^2 + \mathrm{i}\eta_{imn}\omega_{imn}\omega)}$$

$$(8.4.35)$$

另外, 除了线力以外, 圆柱壳与圆板的相互作用还有线力矩, 设圆柱壳受到的线力矩为

$$M_z(z, \varphi, t) = M_z(\varphi, t) \delta(z - z') \tag{8.4.36}$$

将 $M_z(\varphi, t)$ 沿周向 Fourier 展开, 并忽略简谐时间因子, 则线力矩可以表示为

$$M_z(z, \varphi) = M_0 \cos n\varphi \cdot \delta(z - z') \tag{8.4.37}$$

式中, M_0 为线力矩单位长度的幅值。

文献 [67] 求解简支边界圆柱壳在线力矩 M_z 激励下的振动位移及其导数分别为

$$W(z, \varphi) = \sum_{i=1}^{3} \sum_{m=1}^{\infty}$$

$$\times \frac{2M_0\pi m \cos \dfrac{m\pi z'}{l} \sin \dfrac{m\pi z}{l} \cos n\varphi}{m_s l^2 \left[(A_{imn}/C_{imn})^2 + (B_{imn}/C_{imn})^2 + 1 \right] (\omega_{imn}^2 - \omega^2 + \mathrm{i}\eta_{imn}\omega_{imn}\omega)}$$

$$(8.4.38)$$

$$\vartheta(z, \varphi) = \sum_{i=1}^{3} \sum_{m=1}^{\infty}$$

$$\times \frac{2M_0 m^2 \pi^2 \cos \dfrac{m\pi z'}{l} \cos \dfrac{m\pi z}{l} \cos n\varphi}{m_s l^3 \left[(A_{imn}/C_{imn})^2 + (B_{imn}/C_{imn})^2 + 1 \right] (\omega_{imn}^2 - \omega^2 + \mathrm{i}\eta_{imn}\omega_{imn}\omega)}$$

$$(8.4.39)$$

按照导纳的定义:

$$Y_{11}^A = W(z', \varphi)/f_w(z', \varphi) \qquad (8.4.40)$$

$$Y_{21}^A = \vartheta(z', \varphi)/f_w(z', \varphi) \qquad (8.4.41)$$

$$Y_{22}^A = \vartheta(z', \varphi)/M_z(z', \varphi) \qquad (8.4.42)$$

$$Y_{12}^A = W(z', \varphi)/M_z(z', \varphi) \qquad (8.4.43)$$

将 (8.4.34) 式、(8.4.35) 式、(8.4.38) 和 (8.4.39) 式, 分别代入 (8.4.40)~(8.4.43) 式, 并考虑到 (8.4.33) 和 (8.4.37) 式给出的 $f_w(z', \varphi)$ 和 $M_z(z', \varphi)$, 可以得到圆柱壳轴向 $z = z'_i (i = 1, 2)$ 处振动位移与 $z = z'_j (j = 1, 2)$ 处耦合线力的自导纳和互导纳 (对应点 1 和点 3):

$$Y_{bd}^A = \sum_{i=1}^{3} \sum_{m=1}^{\infty} \frac{2 \sin \left(\dfrac{m\pi z'_i}{l} \right) \sin \left(\dfrac{m\pi z'_j}{l} \right) \mathrm{e}^{-\mathrm{i}\phi_{imn}}}{m_s l \Psi_{imn} \omega_{imn}^2 Q_{imn}^{1/2}} \qquad (8.4.44)$$

式中, $b = 1, 3, d = 1, 3$; $z'_i (i = 1, 2), z'_j (j = 1, 2)$ 为圆板的轴向位置, 且有

$$\Psi_{imn} = \left[(A_{imn}/C_{imn})^2 + (B_{imn}/C_{imn})^2 + 1 \right]$$

$$Q_{imn} = \left[1 - (\omega/\omega_{imn})^2 \right]^2 + \eta_{imn}^2 (\omega/\omega_{imn})^2$$

$$\phi_{imn} = \arctan \left[\frac{\eta_{imn}(\omega/\omega_{imn})}{1 - (\omega/\omega_{imn})^2} \right]$$

圆柱壳 $z = z'_i (i = 1, 2)$ 处振动位移与 $z = z'_j (j = 1, 2)$ 处耦合线力矩的自导纳和互导纳 (对应点 1 和点 3, 点 2 和点 4):

$$Y_{bg}^A = \sum_{i=1}^{3} \sum_{m=1}^{\infty} \frac{2m\pi \sin \left(\dfrac{m\pi z'_i}{l} \right) \cos \left(\dfrac{m\pi z'_j}{l} \right) \mathrm{e}^{-\mathrm{i}\phi_{imn}}}{m_s l^2 \Psi_{imn} \omega_{imn}^2 Q_{imn}^{1/2}} \qquad (8.4.45)$$

式中, $b = 1, 3$, $g = 2, 4$。

还有 $z = z_i'(i = 1, 2)$ 处振动位移导数与 $z = z_j'(j = 1, 2)$ 处耦合线力的自导纳和互导纳:

$$Y_{fd}^A = \sum_{i=1}^{3} \sum_{m=1}^{\infty} \frac{2m\pi \cos\left(\dfrac{m\pi z_i'}{l}\right) \sin\left(\dfrac{m\pi z_j'}{l}\right) \mathrm{e}^{-\mathrm{i}\phi_{imn}}}{m_s l^2 \Psi_{imn} \omega_{imn}^2 Q_{imn}^{1/2}} \tag{8.4.46}$$

式中, $f = 2, 4$, $d = 1, 3$。

$z = z_i'(i = 1, 2)$ 处振动位移导数与 $z = z_j'(j = 1, 2)$ 处耦合线力矩的自导纳和互导纳:

$$Y_{fg}^A = \sum_{i=1}^{3} \sum_{m=1}^{\infty} \frac{2\left(m\pi\right)^2 \cos\left(\dfrac{m\pi z_i'}{l}\right) \cos\left(\dfrac{m\pi z_j'}{l}\right) \mathrm{e}^{-\mathrm{i}\phi_{imn}}}{m_s l^3 \Psi_{imn} \omega_{imn}^2 Q_{imn}^{1/2}} \tag{8.4.47}$$

式中, $f = 2, 4$, $g = 2, 4$。

前面给出了圆柱壳与圆板相互作用位置上圆柱壳的导纳, 还需要进一步考虑圆柱壳外力作用点 (点 5) 和响应计算点 (点 6) 对圆柱壳与圆板耦合部位的作用, 求解圆柱壳 $z = z_5'$ 位置、$z = z_6'$ 位置与 $z = z_i'(i = 1, 2)$ 位置的导纳, 包括圆柱壳 $z = z_i'(i = 1, 2)$ 位置振动位移和位移导数与 $z = z_5'$ 位置外激励线力的导纳, 圆柱壳响应计算点 $z = z_6'$ 位置振动位移与 $z_i'(i = 1, 2)$ 位置耦合线力和耦合线力矩的导纳, $z = z_6'$ 位置振动位移与 $z = z_5'$ 位置外激励线力的导纳, 以及圆板径向位移与切向力的自导纳、圆板弯曲振动位移导数与耦合线力矩的自导纳、圆板弯曲振动位移导数与外激励力的互导纳、响应点弯曲振动位移与连接处力矩的互导纳, 详细的过程及结果可参阅文献 [65] 和 [66]。

由推导得到的圆柱壳与圆板在连接处的导纳, 利用 (8.4.31) 式可计算圆柱壳和圆板组合结构受外力激励的振动响应。在推导圆柱壳和圆板的导纳时, 只是假设了它们相互作用的力和力矩形式, 分别针对两个独立的子结构求解得到假设作用力和力矩的导纳。为了对推导的过程有一个直观的了解, 这里采用解析方法分别求解了圆柱壳和圆板的导纳, 实际上, 对于独立求解的圆柱壳和圆板子结构而言, 可以同时采用解析法或数值法求解, 也可以分别采用解析法和数值法求解, 下面会进一步介绍采用解析法求解圆柱壳振动及声辐射, 而采用数值法求解内部结构振动。Grice 和 Pinnington[68,69] 将典型的船底结构简化为控制输入功率和振动传递通道的主梁结构和接收振动能量的柔性板结构, 采用有限元方法模拟主梁结构振动, 得到其导纳矩阵, 而采用解析方法计算柔性结构的机械阻抗矩阵, 并利用主梁结构和柔性板结构界面的力和位移连续条件, 得到组合结构的导纳矩阵, 然后计算主梁结构的振动响应, 再计算柔性板振动响应。计算主梁结构振动响应时,柔性板阻抗作为其负载。Maxit 和 Ginoux[70] 考虑浸没在水介质中的圆柱壳, 其内部带有肋骨、横舱壁等轴对称结构, 分别采用解析方法和有限元方法计算圆柱壳和内部结构的导纳。内部结构非周期分布在圆柱壳内表面, 且内部结构与圆柱壳刚性线连接, 三个平动和一个转动振动位移连续, 三个内力和一个内力矩平衡, 相应地有

$$([Y_s] + [Y_f]) \{f_c\} = \{W_f\} - \{W_s\} \tag{8.4.48}$$

式中, $[Y_s]$ 和 $[Y_f]$ 分别为圆柱壳和内部结构导纳, $\{f_c\}$ 为圆柱壳与内部结构相互作用的耦合力和力矩列矩阵, $\{W_f\}$ 和 $\{W_s\}$ 分别为内部结构和圆柱壳在外力激励下的振动位移列矩阵。

(8.4.48) 式等价于 (8.4.29) 式, 只是表达形式不同。如果求解得到了圆柱壳和内部结构导纳, 以及非耦合情况下圆柱壳和内部结构受外力激励的振动位移响应, 则由 (8.4.48) 式可计算得到圆柱壳和内部结构相互作用的内力和内力矩, 进一步将其作为圆柱壳的激励载荷, 可计算圆柱壳在外力和内力作用下的耦合振动和声辐射。Meyer 和 Maxit 等 [71] 将此方法扩展到非轴对称内部结构, 可适用于复杂内部结构与圆柱壳振动和声辐射的数值/解析混合建模。

在前面这些研究的基础上, Chen 等 [72] 基于解析/数值混合法建立了完整的圆柱壳及内部结构振动计算模型。考虑如图 8.4.5 所示的圆柱壳及内部基座结构, 除了圆柱壳和基座受到的外激励力以外, 还有圆柱壳与基座的耦合作用力。一旦确定了耦合作用力, 则可以方便地计算圆柱壳的振动。

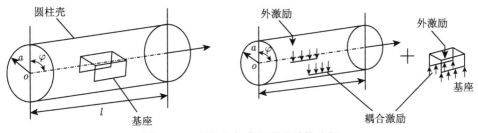

图 8.4.5   圆柱壳与内部基座结构分解

(引自文献 [72], fig1)

有限长圆柱壳作为典型的规则结构, 适用解析方法求解振动, 设圆柱壳轴向、周向和径向振动位移分别为 U, V, W, 按照 Flügge 壳体结构振动理论, 任意边界条件的圆柱壳振动的形式解为

$$U = U^s + U^a = \sum_{n=0}^{N} \sum_{m=1}^{8} \left[U_{nm}^s e^{ik_{nm}^s z} \cos n\varphi + U_{nm}^a e^{ik_{nm}^a z} \sin n\varphi \right] \tag{8.4.49}$$

$$V = V^s + V^a = \sum_{n=0}^{N} \sum_{m=1}^{8} \left[V_{nm}^s e^{ik_{nm}^s z} \sin n\varphi + V_{nm}^a e^{ik_{nm}^a z} \cos n\varphi \right] \tag{8.4.50}$$

$$W = W^s + W^a = \sum_{n=0}^{N} \sum_{m=1}^{8} \left[W_{nm}^s e^{ik_{nm}^s z} \cos n\varphi + W_{nm}^a e^{ik_{nm}^a z} \sin n\varphi \right] \tag{8.4.51}$$

式中,上标 s 和 a 分别表示周向对称和非对称振动模式,$U_{nm}^s, V_{nm}^s, W_{nm}^s (U_{nm}^a, V_{nm}^a, W_{nm}^a)$ 分别为振动模态位移,k_{nm}^s 和 k_{nm}^a 为轴向波数,z 为轴向坐标。

在圆柱壳与基座连接处,除了考虑振动位移 U, V 和 W 外,还需要考虑径向位移导数 $\vartheta = \partial W / \partial z$,以及轴向力、弯曲力矩、周向力及侧向剪切力,为了表达方便,这里将它们分别表示为 N, M, T 和 S,在 Flügge 近似下它们的表达式分别为

$$N = \frac{D}{a^3} \frac{1}{\beta^2} \left[a \frac{\partial U}{\partial z} + \nu \left(\frac{\partial V}{\partial \varphi} + W \right) - \beta^2 a^2 \frac{\partial^2 W}{\partial z^2} \right] \tag{8.4.52}$$

$$T = \frac{D}{a^3} \frac{1-\nu}{2\beta^2} \left[\frac{\partial U}{\partial \varphi} + (1 + 3\beta^2) a \frac{\partial V}{\partial z} - 3\beta^2 a \frac{\partial^2 W}{\partial z \partial \varphi} \right] \tag{8.4.53}$$

$$S = \frac{D}{a^3} \left[a^3 \frac{\partial^3 W}{\partial x^3} + (2 - \nu) a \frac{\partial^3 W}{\partial z \partial \varphi^2} - \frac{3-\nu}{2} a \frac{\partial^2 V}{\partial z \partial \varphi} - a^2 \frac{\partial^2 U}{\partial z^2} + \frac{1-\nu}{2} \frac{\partial^2 U}{\partial \varphi^2} \right] \tag{8.4.54}$$

$$M = \frac{D}{a^2} \left[a^2 \frac{\partial^2 W}{\partial z^2} + \nu \left(\frac{\partial^2 W}{\partial \varphi^2} - \frac{\partial V}{\partial \varphi} \right) - a \frac{\partial U}{\partial z} \right] \tag{8.4.55}$$

式中,D 为弯曲刚度,ν 为泊松比,$\beta^2 = h^2 / 12a^2$ 为壳壁厚度参数。

利用圆柱壳振动的 Flügge 方程,将 (8.4.49)~(8.4.51) 式代入振动方程及 (8.4.52)~(8.4.55) 式和 $\vartheta = \partial W / \partial z$,可以得到圆柱壳振动位移及内力和内力矩的模态展开表达式:

$$\{U, V, W, \vartheta, N, T, S, M\}^{\mathrm{T}}$$

$$= \sum_{n=0}^{N} \left\{ [G_n^s] \left\{ \begin{array}{c} [D_n^s] \\ [F_n^s] \end{array} \right\} \{W_n^s\}^{\mathrm{T}} + [G_n^a] \left\{ \begin{array}{c} [D_n^a] \\ [F_n^a] \end{array} \right\} \{W_n^a\}^{\mathrm{T}} \right\} \tag{8.4.56}$$

式中,

$$[G^s] = \mathrm{diag} \left[\cos n\varphi, \sin n\varphi, \cos n\varphi, \cos n\varphi, \cos n\varphi, \sin n\varphi, \cos n\varphi, \cos n\varphi \right] \tag{8.4.57}$$

$$[G^a] = \mathrm{diag} \left[\sin n\varphi, \cos n\varphi, \sin n\varphi, \sin n\varphi, \sin n\varphi, \cos n\varphi, \sin n\varphi, \sin n\varphi \right] \tag{8.4.58}$$

$$\{W_n^s\} = \{W_{n1}^s, W_{n2}^s, \cdots, W_{n8}^s\} \tag{8.4.59}$$

$$\{W_n^a\} = \{W_{n1}^a, W_{n2}^a, \cdots, W_{n8}^a\} \tag{8.4.60}$$

且有

$$[D_n^s] = \begin{bmatrix} U_{n1}^s(z) & U_{n2}^s(z) & \cdots & U_{n8}^s(z) \\ V_{n1}^s(z) & V_{n2}^s(z) & \cdots & V_{n8}^s(z) \\ W_{n1}^s(z) & W_{n2}^s(z) & \cdots & W_{n8}^s(z) \\ \vartheta_{n1}^s(z) & \vartheta_{n2}^s(z) & \cdots & \vartheta_{n8}^s(z) \end{bmatrix} \tag{8.4.61}$$

$$[F_n^s] = \begin{bmatrix} N_{n1}^s(z) & N_{n2}^s(z) & \cdots & N_{n8}^s(z) \\ T_{n1}^s(z) & T_{n2}^s(z) & \cdots & T_{n8}^s(z) \\ S_{n1}^s(z) & S_{n2}^s(z) & \cdots & S_{n8}^s(z) \\ M_{n1}^s(z) & M_{n2}^s(z) & \cdots & M_{n8}^s(z) \end{bmatrix} \tag{8.4.62}$$

其中,

$$U_{nm}^s(z) = A_{nm}^s \mathrm{e}^{\mathrm{i}k_{nm}^s z} \tag{8.4.63}$$

$$V_{nm}^s(z) = B_{nm}^s \mathrm{e}^{\mathrm{i}k_{nm}^s z} \tag{8.4.64}$$

$$W_{nm}^s(z) = \mathrm{e}^{\mathrm{i}k_{nm}^s z} \tag{8.4.65}$$

$$N_{nm}^s(z) = \frac{D}{\beta^2 a^3}\left[\mathrm{i}ak_{nm}^s A_{nm}^s + \nu\left(nB_{nm}^s + 1\right) + \beta^2 a^2\left(k_{nm}^s\right)^2\right]\mathrm{e}^{\mathrm{i}k_{nm}^s z} \tag{8.4.66}$$

$$T_{nm}^s(z) = \frac{D}{a^3}\frac{1-\nu}{2\beta^2}\left[-nA_{nm}^s + \mathrm{i}\left(1+3\beta^2\right)ak_{nm}^s B_{nm}^s - \mathrm{i}3\beta^2 ank_{nm}^s\right]\mathrm{e}^{\mathrm{i}k_{nm}^s z} \tag{8.4.67}$$

$$S_{nm}^s(z) = \frac{D}{a^3}\left[-\mathrm{i}a^3\left(k_{nm}^s\right)^3 - \mathrm{i}a\left(2-\nu\right)n^2 k_{nm}^s - \mathrm{i}a\frac{3-\nu}{2}nk_{nm}^s B_{nm}^s \right.$$
$$\left. +a^2 k_{nm}^s A_{nm}^s - \frac{1-\nu}{2}n^2 A_{nm}^s\right]\mathrm{e}^{\mathrm{i}k_{nm}^s z} \tag{8.4.68}$$

$$M_{nm}^s(z) = \frac{D}{a^2}\left[-a^2\left(k_{nm}^s\right)^2 - \nu\left(n^2 + nB_{nm}^s\right) + \mathrm{i}ak_{nm}^s A_{nm}^s\right]\mathrm{e}^{\mathrm{i}k_{nm}^s z} \tag{8.4.69}$$

且有 $A_{nm}^s = U_{nm}^s/W_{nm}^s$ 和 $B_{nm}^s = V_{nm}^s/W_{nm}^s$,注意到,对于周向对称和反对称模型,矩阵 $[D_n^s]$ 和 $[F_n^s]$ 的表达式相同。

设圆柱壳两端边界条件为弹性边界,引入人工弹簧,边界条件为

$$K_u U \pm N = 0 \tag{8.4.70}$$

$$K_v V \pm T = 0 \tag{8.4.71}$$

$$K_w W \pm S = 0 \qquad\qquad (8.4.72)$$

$$K_\vartheta \vartheta \pm M = 0 \qquad\qquad (8.4.73)$$

式中，K_u, K_v, K_w 和 K_ϑ 为不同方向人工弹簧的刚度系数，"±" 分别表示圆柱壳右端和左端。

在第 6 章研究加肋圆柱壳振动和声辐射时，都认为圆柱壳的振型不受肋骨的影响，在肋骨尺寸较小及低频情况下这种近似处理是可以的，但在肋骨或横舱壁尺寸较大时，有必要考虑它们对圆柱壳振型的影响，这涉及到与振型直接相关的声辐射特性。为此，需要在结构不连续处或有作用力的位置，将圆柱壳分为若干圆柱段，在横截面上考虑振动位移连续和内力 (内力矩) 平衡条件，参见图 8.4.6。

$$U_i^R = U_{i+1}^L, \quad V_i^R = V_{i+1}^L, \quad W_i^R = W_{i+1}^L, \quad \vartheta_i^R = \vartheta_{i+1}^L \qquad (8.4.74)$$

$$N_i^R = N_{i+1}^L, \quad T_i^R = T_{i+1}^L, \quad S_i^R = S_{i+1}^L, \quad M_i^R = M_{i+1}^L \qquad (8.4.75)$$

式中，i 为圆柱段编号，$i = 1, 2, \cdots, N$，N 为圆柱段段数，上标 R 和 L 表示某个圆柱段的右侧和左侧端面。当第 i 个圆柱段与第 $i+1$ 个圆柱段连接位置有作用力 $f = \{f_u, f_v, f_w, M_v\}^{\mathrm{T}}$ 时，圆柱壳力平衡方程 (8.4.75) 式修正为

$$N_i^R - N_{i+1}^L = f_u/a \qquad\qquad (8.4.76)$$

$$T_i^R - T_{i+1}^L = f_v/a \qquad\qquad (8.4.77)$$

$$S_i^R - S_{i+1}^L = f_w/a \qquad\qquad (8.4.78)$$

$$M_i^R - M_{i+1}^L = M_v/a \qquad\qquad (8.4.79)$$

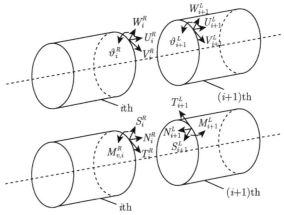

图 8.4.6　圆柱壳分段横截面上振动位移和内力

(引自文献 [72], fig3)

除了基座或肋骨与圆柱壳相互作用产生的耦合力外，还有外加激励力作用在圆柱壳上，在一般情况下，外激励力由三个力和三个力矩组成，若作用点为 (a, θ_0, z_0)，则外激励力表示为

$$\{f\} = \{F_0\} \delta(z - z_0) \delta(\varphi - \varphi_0)/a \tag{8.4.80}$$

式中，$\{F_0\}$ 为外激励力和力矩的幅值，$\{F_0\} = \{F_{u0}, F_{v0}, F_{w0}, M_{u0}, M_{v0}, M_{w0}\}^{\mathrm{T}}$。

注意到，相邻圆柱段连接处满足 4 个内力平衡条件，这里又给出的轴向弯矩 M_u 和径向弯矩 M_w 无法直接引入到圆柱壳的振动方程，但为了获得圆柱壳与内部基座结构的完备耦合，有必要除力矩 M_v 外考虑力矩 M_u 和 M_w。为此，将力矩 M_u 和 M_w 的幅值等效为力偶：

$$M_{u0} = F_1 L \tag{8.4.81}$$

$$M_{w0} = F_2 L \tag{8.4.82}$$

式中，F_1 和 F_2 为力偶等效力，L 为力偶的力臂，由图 8.4.7 可知，力臂满足 $L = 2a \sin \varphi'$。可以证明，当力臂较小时，力偶与力矩激励圆柱壳产生的振动响应相同。

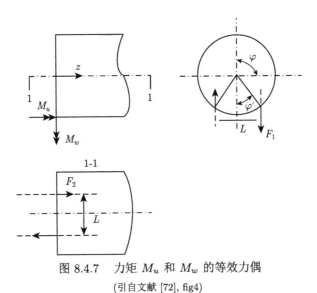

图 8.4.7　力矩 M_u 和 M_w 的等效力偶

(引自文献 [72], fig4)

将 (8.4.80) 式代入 (8.4.76)~(8.4.79) 式，并考虑到 (8.4.81) 和 (8.4.82) 式，将力偶等效力投影到轴向、周向和径向，有

$$\begin{aligned}
f_u = {} & F_{u0} \delta(z - z_0) \delta(\varphi - \varphi_0) - F_2 \delta(z - z_0) \delta(\varphi - \varphi_0 + \varphi') \\
& + F_2 \delta(z - z_0) \delta(\varphi - \varphi_0 - \varphi')
\end{aligned} \tag{8.4.83}$$

$$f_v = F_{v0}\delta\left(z - z_0\right)\delta\left(\varphi - \varphi_0\right) + F_1 \sin\varphi' \cdot \delta\left(z - z_0\right)\delta\left(\varphi - \varphi_0 + \varphi'\right)$$
$$+ F_1 \sin\varphi' \cdot \delta\left(z - z_0\right)\delta\left(\varphi - \varphi_0 - \varphi'\right) \tag{8.4.84}$$

$$f_w = F_{w0}\delta\left(z - z_0\right)\delta\left(\varphi - \varphi_0\right) + F_1 \cos\varphi' \cdot \delta\left(z - z_0\right)\delta\left(\varphi - \varphi_0 + \varphi'\right)$$
$$- F_1 \cos\varphi' \cdot \delta\left(z - z_0\right)\delta\left(\varphi - \varphi_0 - \varphi'\right) \tag{8.4.85}$$

$$M_v = M_{v0}\delta\left(z - z_0\right)\delta\left(\varphi - \varphi_0\right) \tag{8.4.86}$$

在 (8.4.76)~(8.4.79) 式两边同乘以 $\cos n\varphi$ 或 $\sin n\varphi$, 并沿周向积分, 在每个圆柱段连接处可以得到

$$\left.\{F_n^s\}\right|_{z=l_i} - \left.\{F_n^s\}\right|_{z=0} = [T_n^s]\{F_0\} \tag{8.4.87}$$

$$\left.\{F_n^a\}\right|_{z=l_i} - \left.\{F_n^a\}\right|_{z=0} = [T_n^a]\{F_0\} \tag{8.4.88}$$

式中, l_i 为第 i 个圆柱段的长度, $z = 0$ 为第 $i+1$ 个圆柱段的起点。$\{F_n^s\}(\{F_n^a\})$ 为圆柱壳内力和内力矩的周向 Fourier 展开分量组成的列矩阵, 激励传递矩阵 $[T_n^s]([T_n^a])$ 的元素表达式为

$$T_n^s\left(1, 1\right) = \varepsilon_n \cos n\varphi_0$$

$$T_n^s\left(1, 6\right) = \frac{\varepsilon_n}{L}\cos n\left(\varphi - \varphi'\right) + \frac{\varepsilon_n}{L}\cos n\left(\varphi + \varphi'\right)$$

$$T_n^s\left(2, 2\right) = \varepsilon_n \sin n\varphi_0$$

$$T_n^s\left(2, 4\right) = \frac{\varepsilon_n}{L}\sin\varphi' \sin n\left(\varphi - \varphi'\right) + \frac{\varepsilon_n}{L}\sin\varphi' \sin n\left(\varphi + \varphi'\right)$$

$$T_n^s\left(3, 3\right) = \varepsilon_n \cos n\varphi_0$$

$$T_n^s\left(3, 4\right) = \frac{\varepsilon_n}{L}\cos\varphi' \cos n\left(\varphi - \varphi'\right) - \frac{\varepsilon_n}{L}\cos\varphi' \cos n\left(\varphi + \varphi'\right)$$

$$T_n^s\left(4, 4\right) = \varepsilon_n \cos n\varphi_0$$

其中, $\varepsilon_n = \begin{cases} \dfrac{1}{2\pi a} & n = 0 \\[2mm] \dfrac{1}{\pi a} & n \neq 0 \end{cases}$ 。

将作用在圆柱壳的作用力分为两组, 分别为外激励力 $\{f_{se}\}$ 和耦合激励力 $\{f_{sc}\}$。前面假设外激励力为点力, 建立了圆柱段连接处内力与外激励力的关系 (8.4.87) 和 (8.4.88) 式, 考虑到内部基座振动计算建模将采用有限元方法, 为此, 也可以将基座与圆柱壳的耦合作用力, 假设为一组沿它们的连接线分布的点力, 这样 (8.4.87) 和 (8.4.88) 式也适用于耦合作用力。于是, 由圆柱壳边界条件

$(8.4.70)\sim(8.4.73)$ 式、圆柱段横截面的振动位移连续条件 $(8.4.74)$ 式，还有表达圆柱段截面上力平衡关系的 $(8.4.87)$ 和 $(8.4.88)$ 式，可以得到

$$[K_n]\{W_n\} = [T_n]\left\{ \begin{array}{c} \{f_{se}\} \\ \{f_{sc}\} \end{array} \right\} \tag{8.4.89}$$

式中，$[K_n]$ 为广义刚度矩阵，$[K_n] = \mathrm{diag}\left(\begin{array}{cc} [K_n^s] & [K_n^a] \end{array} \right)$，$[T_n]$ 为总激励传递矩阵，$[T_n] = \left(\begin{array}{cc} [T_n^s] & [T_n^a] \end{array} \right)^{\mathrm{T}}$，$\{W_n\}$ 为总模态位移矩阵。它们的表达式分别为

$$[K_n^s] = \left\{ \begin{array}{cccccc} [B_n^s(0)] & & & & & \\ [D_n^s(l_1)] & -[D_n^s(0)] & & & [0] & \\ [F_n^s(l_1)] & -[F_n^s(0)] & & & & \\ & & [D_n^s(l_2)] & -[D_n^s(0)] & & \\ & & [F_n^s(l_2)] & -[F_n^s(0)] & & \\ & & & & \ddots & \\ & & & & [D_n^s(l_{N-1})] & -[D_n^s(0)] \\ & [0] & & & [F_n^s(l_{N-1})] & -[F_n^s(0)] \\ & & & & & [B_n^s(l_p)] \end{array} \right\} \tag{8.4.90}$$

其中，$[D_n^s]$ 和 $[F_n^s]$ 由 $(8.4.61)$ 和 $(8.4.62)$ 式给出，且有

$$[B_n^s(0)] = [K_B][D_n^s(0)] - [F_n^s(0)]$$

$$[B_n^s(l_p)] = [K_B][D_n^s(l_N)] + [F_n^s(l_N)]$$

$$[K_B] = \mathrm{diag}\left(\begin{array}{cccc} K_u & K_v & K_w & K_\vartheta \end{array} \right)$$

$$\{W_n\} = \left\{ \begin{array}{ccccccc} \{W_{n,1}^s\} & \{W_{n,2}^s\} & \cdots & \{W_{n,N}^s\} & \{W_{n,1}^a\} & \{W_{n,2}^a\} & \cdots & \{W_{n,N}^a\} \end{array} \right\}^{\mathrm{T}}$$

这里 $\{W_{n,i}^s\}$，$\{W_{n,i}^a\}$ $(i = 1, 2, \cdots, N)$，由表示每一圆柱段振动模态位移的 $(8.4.59)$ 和 $(8.4.60)$ 式给出。

$$[T_n^s] = \left\{ \begin{array}{cccc} [0]_{4\times 6} & & & \\ [0]_{4\times 6} & & & \\ [T_n^s(\varphi_1)] & & & \\ & [0]_{4\times 6} & & \\ & [T_n^s(\varphi_2)] & & \\ & & \ddots & \\ & & & [0]_{4\times 6} \\ & & & [T_n^s(\varphi_{N_c+N_f})] \\ & & & [0]_{4\times 6} \end{array} \right\} \tag{8.4.91}$$

其中，$\varphi_1, \varphi_2, \cdots, \varphi_{N_c+N_f}$ 为激励力的周向坐标，N 为圆柱段数目，矩阵 $[T_n^s]$ 为 $8p \times 6(N_c + N_f)$ 阶矩阵，N_c 和 N_f 分别为耦合力作用点数目和外激励力作用点数目。

由 (8.4.89) 式，可求解得到圆柱壳模态位移：

$$\{W_n\} = [K_n]^{-1} [T_n] \left\{ \begin{array}{c} \{f_{se}\} \\ \{f_{sc}\} \end{array} \right\} \tag{8.4.92}$$

求解得到了圆柱壳模态位移 $\{W_n\}$，利用 (8.4.56) 式，可以得到外激励力作用点的振动位移 $\{U_{se}\}$ 和耦合力作用点的振动位移 $\{U_{sc}\}$。注意到前面推导过程中只考虑了圆柱壳的三个平动位移 U, V, W 和一个转动位移 ϑ，为了建立圆柱壳与基座的耦合关系，还需要考虑轴向和径向的转动位移：

$$\phi = \frac{1}{a} \left(V - \frac{\partial W}{\partial \varphi} \right) \tag{8.4.93}$$

$$\psi = \frac{1}{2} \left(\frac{\partial U}{a \partial \varphi} - \frac{\partial V}{\partial z} \right) \tag{8.4.94}$$

于是，利用求解得到的圆柱壳模态位移 $\{W_n\}$，可以给出圆柱壳上外激励力和耦合力作用点的振动位移与外激励力和耦合力的关系：

$$\left\{ \begin{array}{c} \{U_{se}\} \\ \{U_{sc}\} \end{array} \right\} = \sum_{n=0}^{N} \left(\begin{array}{c} [R_{n1}] \\ [R_{n2}] \end{array} \right) \{W_n\}$$

$$= [Y] \left\{ \begin{array}{c} \{f_{se}\} \\ \{f_{sc}\} \end{array} \right\} \tag{8.4.95}$$

式中，$[Y]$ 为圆柱壳导纳矩阵，考虑 (9.4.92) 式，有

$$[Y] = \left(\begin{array}{cc} [Y_{11}] & [Y_{12}] \\ [Y_{21}] & [Y_{22}] \end{array} \right) = \sum_{n=0}^{\infty} \left(\begin{array}{c} [R_{n1}] \\ [R_{n2}] \end{array} \right) [K_n]^{-1} [T_n] \tag{8.4.96}$$

这里 $[R_{n1}]$ 和 $[R_{n2}]$ 为圆柱壳作用力位置的振动位移与圆柱壳模态振动位移之间的传递关系，分别对应外激励力和耦合力。$[R_{n1}] = [[R_{n1}^s], [R_{n1}^a]]$，$[R_{n2}] = [[R_{n2}^s], [R_{n2}^a]]$，它们的表达式为

$$[R_{n1}^s] = \left[\begin{array}{ccc} U_{n1}^s(z) & \cdots & U_{n8}^s(z) \\ V_{n1}^s(z) & \cdots & V_{n8}^s(z) \\ W_{n1}^s(z) & \cdots & W_{n8}^s(z) \\ \phi_{n1}^s(z) & \cdots & \phi_{n8}^s(z) \\ \vartheta_{n1}^s(z) & \cdots & \vartheta_{n8}^s(z) \\ \psi_{n1}^s(z) & \cdots & \psi_{n8}^s(z) \end{array} \right]$$

其中，

$$U_{nm}^{s}(z) = A_{nm}^{s}\mathrm{e}^{\mathrm{i}k_{nm}^{s}z}\cos n\varphi$$

$$V_{nm}^{s}(z) = B_{nm}^{s}\mathrm{e}^{\mathrm{i}k_{nm}^{s}z}\sin n\varphi$$

$$W_{nm}^{s}(z) = \mathrm{e}^{\mathrm{i}k_{nm}^{s}z}\cos n\varphi$$

$$\phi_{nm}^{s}(z) = \frac{1}{a}\left(B_{nm}^{s}+n\right)\mathrm{e}^{\mathrm{i}k_{nm}^{s}z}\sin n\varphi$$

$$\vartheta_{nm}^{s}(z) = \mathrm{i}k_{nm}^{s}\mathrm{e}^{\mathrm{i}k_{nm}^{s}z}\cos n\varphi$$

$$\psi_{nm}^{s}(z) = -\frac{1}{2}\left[\frac{nA_{nm}^{s}}{a}+\mathrm{i}k_{nm}^{s}B_{nm}^{s}\right]\sin n\varphi, \quad m = 1\sim 8$$

$$[R_{n1}^{a}] = \begin{bmatrix} U_{n1}^{a}(z) & \cdots & U_{n8}^{a}(z) \\ V_{n1}^{a}(z) & \cdots & V_{n8}^{a}(z) \\ W_{n1}^{a}(z) & \cdots & W_{n8}^{a}(z) \\ \phi_{n1}^{a}(z) & \cdots & \phi_{n8}^{a}(z) \\ \vartheta_{n1}^{a}(z) & \cdots & \vartheta_{n8}^{a}(z) \\ \psi_{n1}^{a}(z) & \cdots & \psi_{n8}^{a}(z) \end{bmatrix}$$

其中，

$$U_{nm}^{a}(z) = A_{nm}^{a}\mathrm{e}^{\mathrm{i}k_{nm}^{a}z}\sin n\varphi$$

$$V_{nm}^{a}(z) = B_{nm}^{a}\mathrm{e}^{\mathrm{i}k_{nm}^{a}z}\cos n\varphi$$

$$W_{nm}^{a}(z) = \mathrm{e}^{\mathrm{i}k_{nm}^{a}z}\sin n\varphi$$

$$\phi_{nm}^{a}(z) = \frac{1}{a}\left(B_{nm}^{a}-n\right)\mathrm{e}^{\mathrm{i}k_{nm}^{a}z}\cos n\varphi$$

$$\vartheta_{nm}^{a}(z) = \mathrm{i}k_{nm}^{a}\mathrm{e}^{\mathrm{i}k_{nm}^{a}z}\sin n\varphi$$

$$\psi_{nm}^{a}(z) = \frac{1}{2}\left[\frac{nA_{nm}^{a}}{a}-\mathrm{i}k_{nm}^{a}B_{nm}^{a}\right]\cos n\varphi, \quad m = 1\sim 8$$

矩阵 $[R_{n1}^{s}]$ 和 $[R_{n1}^{a}]$ 为 $6N_c \times 8p$ 阶矩阵，矩阵 $[R_{n2}^{s}]$ 和 $[R_{n2}^{a}]$ 为 $6N_f \times 8N$ 阶矩阵，它们的元素表达式与 $[R_{n1}^{s}]$ 和 $[R_{n1}^{a}]$ 一样。

　　采用解析方法得到了圆柱壳外激励力和耦合力作用点的导纳，接下来采用有限元方法建立基座及其与圆柱壳耦合的模型。基座有限元振动方程为

$$\left([K_b]-\omega^2[M_b]\right)\{U_b\} = \{f_b\} \tag{8.4.97}$$

式中，$[K_b]$ 和 $[M_b]$ 为基座的刚度和质量矩阵，$\{U_b\}$ 为基座节点振动位移列矩阵，$\{f_b\}$ 为作用在基座上的广义节点力列矩阵。

将节点振动位移列矩阵分为外激励力和耦合力作用的节点位移列矩阵 $\{U_{bm}\}$、其他剩余节点位移列矩阵 $\{U_{bs}\}$，(8.4.97) 式可以表示为

$$\left(\begin{bmatrix} K_{bmm} & K_{bms} \\ K_{bsm} & K_{bss} \end{bmatrix} - \omega^2 \begin{bmatrix} M_{bmm} & M_{bms} \\ M_{bsm} & M_{bss} \end{bmatrix} \right) \left\{ \begin{array}{c} \{U_{bm}\} \\ \{U_{bs}\} \end{array} \right\} = \left\{ \begin{array}{c} \{f_{bm}\} \\ 0 \end{array} \right\} \tag{8.4.98}$$

由 (8.4.98) 式中的第二式可得

$$\{U_{bs}\} = - \left([K_{bss}] - \omega^2 [M_{bss}]\right)^{-1} \left([K_{bsm}] - \omega^2 [M_{bsm}]\right) \{U_{bm}\} \tag{8.4.99}$$

将 (8.4.99) 式代入 (8.4.98) 式的第一式，可得

$$[Z_b] \{U_{bm}\} = \{f_{bm}\} \tag{8.4.100}$$

式中，

$$[Z_b] = \left\{ \left([K_{bmm}] - \omega^2 [M_{bmm}]\right) - \left([K_{bms}] - \omega^2 [M_{bms}]\right) \right\}$$
$$\times \left([K_{bss}] - \omega^2 [M_{bss}]\right)^{-1} \left([K_{bsm}] - \omega^2 [M_{bsm}]\right)$$

进一步将 $\{U_{bm}\}$ 分为两部分：

$$\{U_{bm}\} = \left\{ \begin{array}{c} \{U_{be}\} \\ \{U_{bc}\} \end{array} \right\} \tag{8.4.101}$$

式中，$\{U_{be}\}$ 和 $\{U_{bc}\}$ 分别为外激励力和耦合力作用点对应的节点振动位移列矩阵。

这样，(8.4.100) 式可以表示为

$$\left(\begin{bmatrix} [Z_{b11}] & [Z_{b12}] \\ [Z_{b21}] & [Z_{b22}] \end{bmatrix} \right) \left\{ \begin{array}{c} \{U_{be}\} \\ \{U_{bc}\} \end{array} \right\} = \left\{ \begin{array}{c} \{f_{be}\} \\ \{f_{bc}\} \end{array} \right\} \tag{8.4.102}$$

式中，$\{f_{be}\}$ 和 $\{f_{bc}\}$ 分别为对应外激励力和耦合力的广义节点力列矩阵。

另外，圆柱壳与基座的耦合可以是刚性耦合，也可以是弹性耦合。在弹性耦合的情况下，圆柱壳与基座之间设置有弹性元件，这是前面提到过的连接阻抗单元的一种特例，参见文献 [63]。设在圆柱壳与基座的每个耦合点上，有三个平动弹簧，刚度为 k_u, k_v 和 k_w，三个转动弹簧，刚度为 k_ϕ, k_ϑ 和 k_ψ，如图 8.4.8 所示。耦合弹性元件在每个耦合点上满足关系：

$$\{f_{sc}\} = [K_c] \left(\{U_{bc}\} - \{U_{sc}\}\right) \tag{8.4.103}$$

式中，$[K_c]$ 为圆柱壳与基座之间引入的耦合刚度矩阵，$[K_c] = \mathrm{diag}([k_1], [k_2], \cdots,$
$[k_{N_c}])$，下标 N_c 为圆柱壳与基座的耦合点数，其中 $[k_i] = \mathrm{diag}(k_u, k_v, k_w, k_\phi, k_\vartheta, k_\psi)$。

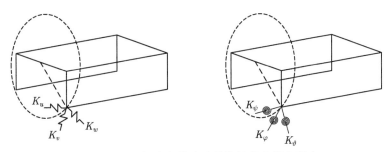

图 8.4.8 圆柱壳与基座连接的等效点耦合刚度

(引自文献 [72], fig5)

在耦合点上，作用在圆柱壳上的耦合力与作用在基座上的耦合力，大小相等
且方向相反，即

$$\{f_{sc}\} = -\{f_{bc}\} \tag{8.4.104}$$

将 (8.4.97) 式、(8.4.102) 式、(8.4.103) 及 (8.4.104) 式联立，可得

$$\left(\begin{matrix} [Z_{b11}] & [Z_{b12}]\left([Y_{22}] + [K_c]^{-1}\right) \\ [Z_{b21}] & [Z_{b22}]\left([Y_{22}] + [K_c]^{-1}\right) + [I] \end{matrix} \right) \left\{ \begin{matrix} \{U_{be}\} \\ \{f_{sc}\} \end{matrix} \right\}$$
$$= \left\{ \begin{matrix} \{f_{be}\} - [Z_{b12}][Y_{21}]\{f_{se}\} \\ -[Z_{b22}][Y_{21}]\{f_{se}\} \end{matrix} \right\} \tag{8.4.105}$$

由 (8.4.105) 式求解得到圆柱与基座的耦合作用力 $\{f_{sc}\}$，可以将其作为作用
在圆柱壳的激励力，再考虑直接作用在圆柱壳和基座上的外激励力 $\{f_{se}\}$ 和 $\{f_{be}\}$，
进一步计算圆柱壳的振动。如果在建立圆柱壳振动的解析模型时考虑了外声场的
耦合作用，则可以计算圆柱壳在外激励力和耦合力作用下的耦合振动，在此基础上
计算圆柱壳的声辐射，从而得到内部有基座结构的圆柱壳辐射声场。在 (8.4.105)
式中，若基座与圆柱壳的连接刚度较大，$[K_c]^{-1}$ 趋于零，则相当于基座与圆柱壳
刚性连接。

针对长 9.6m、半径 3.5m、壁厚 28mm 的钢质圆柱壳，内部有长 4.8m(从
$z = 2.4\mathrm{m}$ 至 $z = 7.2\mathrm{m}$) 的钢质基座，基座宽 2m，高 1.2m，面板和腹板分别厚 56mm
和 52mm。幅值为 1N 的外激励力作用在基座面板中心位置。圆柱壳两端的人工弹
性元件刚度系数及圆柱壳与基座耦合点的弹性元件刚度系数都取 $10^{16}\mathrm{N/m}$，相当
于圆柱壳两端固支、圆柱壳与基座刚性连接的情况。采用有限元方法和解析/数值

混合法计算得到的基座激励点的法向振动位移和圆柱壳均方振动位移由图 8.4.9 给出。两种方法的计算结果很吻合。如果取圆柱壳与基座的连接刚度为 $10^5 \mathrm{N/m}$，相当于两者弹性耦合，计算得到的基座激励点法向振动位移的峰值产生迁移，并出现新增的低频峰值，而圆柱壳的均方振动位移则明显低于刚性耦合情况下的均方振动位移，参见图 8.4.10。基于解析方法求解圆柱壳振动和有限元方法求解基座振动的混合法，不仅降低了计算模型的阶数，提高了计算效率，而且在修改内部基座结构时，只需要局部调整内部基座结构的有限元模型，也有利于提高效率。

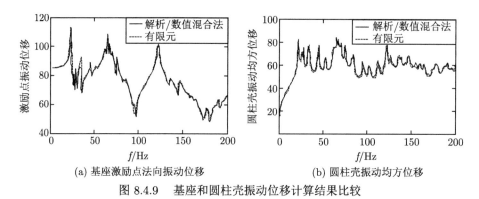

(a) 基座激励点法向振动位移　　　　　(b) 圆柱壳振动均方位移

图 8.4.9　　基座和圆柱壳振动位移计算结果比较

(引自文献 [72], fig8)

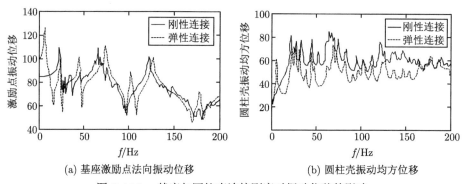

(a) 基座激励点法向振动位移　　　　　(b) 圆柱壳振动均方位移

图 8.4.10　　基座与圆柱壳连接刚度对振动位移的影响

(引自文献 [72], fig15)

参 考 文 献

[1] 张敬东. 水下弹性旋转壳体受激振动和声辐射研究//第一届船舶水下噪声学术讨论会议论文集. 中国造船编辑部, 1985: 191-208.

[2] Seybert A F, et al. Radiation and scattering of acoustic waves from elastic solids and shells using the boundary element method. J. Acoust. Soc. Am., 1988, 84(5): 1906-1912.

[3] Chen S, Liu Y. A unified boundary element method for the analysis of sound and shell-like structure interaction I,Formulation and verification. J. Acoust. Soc. Am., 1999, 106(3): 1247-1254.

[4] Slepyan L I, Sorokin S V. Analysis of structural acoustic coupling problems by a two-level boundary integral method, Part I: A general formulation and test problems. J. Sound and Vibration, 1995, 184(2): 195-211.

[5] Koopmann G H, Song L, Fahnline J B. A method for computing acoustic fields based on the principle of wave superposition. J. Acoust. Soc. Am., 1989, 86(6): 2433-2438.

[6] Fahnline J B, Koopmann G H. A numerical solution for the general radiation problem based on the combined methods of superposition and singular-value decomposition. J. Acoust. Soc. Am., 1991, 90(5): 2808-2819.

[7] Song L, Koopmann G H, Fahnline J B. Numerical errors associated with the method of superposition for computing acoustic fields. J. Acoust. Soc. Am., 1991, 89(6): 2625-2633.

[8] Jeans R, Mathews I C. The wave superposition method as a robust technique for computing acoustic fields. J. Acoust. Soc. Am., 1992, 92(2): 1156-1166.

[9] Wilton D T. A clarification of nonexistence problems with the superposition method. J. Acoust. Soc. Am., 1993, 94(3): 1676-1680.

[10] Miller R D, Moyer T. A comparison between the boundary element method and the wave superposition approach for the analysis of the scattered field from rigid bodies and elastic shells. J. Acoust. Soc. Am., 1991, 89(5): 2185-2196.

[11] Stepanishen P R, Chen H W. Surface pressure and harmonic loading on shells of revolution using an internal source density method. J. Acoust. Soc. Am., 1992, 92(4): 2248-2259.

[12] Stepanishen P R, Chen H W. Acoustic harmonic radiation and scattering from shells of revolution using finite element and internal source density method. J. Acoust. Soc. Am., 1992, 92(6): 3343-3357.

[13] Stepanishen P R, Ramakrishna S. Acoustic radiation from cylinders with a plane of symmetry using internal multipole line source distribution I. J. Acoust. Soc. Am., 1993, 93(2): 658-672.

[14] Ramakrishna S, Stepanishen P R. Acoustic scattering from cylinders with a plane of symmetry using internal multipole line source distribution II. J. Acoust. Soc. Am., 1993, 93(2): 673-682.

[15] Stepanishen P R, Ramakrishna S. Acoustic radiation impedances and impulse responses for elliptical cylinders using internal source density and singular value decomposition methods. J. Sound and Vibration, 1994, 176(1): 49-68.

[16] Stepanishen P R. Acoustic axisymmetric radiation and scattering from bodies of revolution using the internal source density and Fourier methods. J. Acoust. Soc. Am., 1997, 102(2): 726-732.

[17] Stepanishen P R. A generalized internal source density method for the forward and

backward projection of harmonic pressure field from complex bodies. J. Acoust. Soc. Am., 1997, 101(6): 3270-3277.

[18] Stepanishen P R, Chen H W. Acoustic time-dependent loading on elastic shells of revolution using the internal source density and singular value decomposition method. J. Acoust. Soc. Am., 1996, 99(4): 1913-1923.

[19] Ochmann M. The source simulation technique for acoustic radiation problems. Acoustica, 1995, 81: 512-527.

[20] Ochmann M. The full-field equations for acoustic radiation and scattering. J. Acoust. Soc. Am., 1999, 105(5): 2574-2584.

[21] Williams W, Parke N G, et al. Acoustic radiation from a finite cylinder. J. Acoust. Soc. Am., 1964, 36(12): 2316-2322.

[22] Butler J L. Solution of acoustical-radiation problems by boundary collocation. J. Acoust. Soc. Am., 1970, 48(1): 325-336.

[23] Borgiotti G V. The power radiated by a vibration body in an acoustic fluid and its determination from boundary measurements. J. Acoust. Soc. Am., 1990, 88(4): 1884-1893.

[24] Bouchet L, Loyau T. Calculation of acoustic radiation using equivalent-sphere methods. J. Acoust. Soc. Am., 2000, 107(5): 2387-2397.

[25] Hunt J T, Knittel M R. Finite element approach to acoustic radiation from elastic structures. J. Acoust. Soc. Am., 1974, 55(2): 269-280.

[26] Bossut R, Decarpigny J N. Finite element modeling of radiating structures using dipolar damping elements. J. Acoust. Soc. Am., 1989, 86(4): 1234-1244.

[27] Assaad J, Decarpigny J N. Application of the finite element method to two-dimensional radiation problems. J. Acoust. Soc. Am., 1993, 94(1): 562-573.

[28] Keller J B, Givoli D. Exact non-reflecting boundary conditions. J. of Computational Physics, 1989, 82: 172-192.

[29] Harari I, Barbone P E, Montgomery J M. Finite element formulations for exterior problems: Application to hybrid methods, non-reflecting boundary condition and infinite elements. Inter. J. Num. Meth. in Eng., 1997, 40: 2791-2805.

[30] Giljohann D, Bittner M. The three-dimensional DtN finite element method for radiation problems of the Helmholtz equation. J. Sound and Vibration, 1998, 212(3): 383-394.

[31] Bettess P. Infinite elements. Inter. J. for Num. Meth. in Eng., 1977, 11: 53-64.

[32] Zienkiewicz O C, Emson C, Bettess P. A novel boundary infinite element. Inter. J. for Num. Meth. in Eng., 1983, 19: 393-404.

[33] Cremers L, Fyfe K R. A variable order infinite acoustic wave envlope element. J. Sound and Vibration, 1994, 171(4): 483-508.

[34] Zienkiewicz O C, Bando K, Bettess P. Mapped infinite elements for exterior wave problems. Inter. J. for Num. Meth. in Eng., 1985, 21: 1229-1251.

[35] Goransson J P E, Davidsson C F. A three dimensional infinite element for wave propagation. J. Sound and Vibration, 1987, 115(3): 556-559.

[36] Astley R J, Eversman W. A note on the utility of a wave envelope approach in finite element duct transmission studies. J. Sound and Vibration, 1981, 76(4): 595-601.

[37] Astley R J. Wave envelope and infinite elements for acoustical radiation. Inter. J. for Num. Meth. in Fluids, 1983, 3: 507-526.

[38] Astley R J, Macaulay G J, Coyette J P. Mapped wave envelope elements for acoustical radiation and scattering. J. Sound and Vibration, 1994, 170(1): 97-118.

[39] Astley R J, Macaulay G J. Three-dimensional wave envelope elements of variable order for acoustic radiation and scattering, Part I: Formulation in the frequency domain. J. Acoust. Soc. Am., 1998, 103(1): 49-63.

[40] Marques J M M C. Infinite element in quasi-static materially nonlinear problems, Computers and Structures, 1984, 18(4): 739-751.

[41] 《数学手册》编写组. 数学手册. 北京: 人民教育出版社, 1979, 第十七章.

[42] Cremers L, Fyfe K R. On the use of variable order infinite wave envelope elements for acoustic radiation and scsttering. J. Acoust. Soc. Am., 1995, 97(4): 2028-2040.

[43] Astley R J. A finite element wave envelope formulation for acoustic radiation in moving flows. J. Sound and Vibration, 1985, 103(4): 471-485.

[44] Eversman W. Mapped infinite wave envelope elements for acoustic radiation in a uniformly moving medium. J. Sound and Vibration, 1999, 224(4): 665-687.

[45] Burnett D S. A three-dimensional acoustic infinite element based on a probate spheroidal multipole expansion. J. Acoust. Soc. Am., 1994, 96(5): 2798-2816.

[46] Burnett D S, Holford R L. Prolate and oblate spheroidal acoustic infinite elements. Comput Meth. Appl. Mech. Eng., 1998, 158: 117-141.

[47] Burnett D S, Holford R L. An ellipsoidal acoustic infinite element. Comput Meth. Appl. Mech. Eng., 1998, 164: 49-76.

[48] Gerdes K, Demkowicz L. Solution of 3D-Laplace and Helmholtz equation in exterior domains using Hp-infinite element. Comput Meth. Appl. Mech. Eng., 1996, 137: 239-273.

[49] Bliss D B, Miller W O. Efficient free wake calculations using analytical/numerical matching. J. Am. Helicopter, 1993, 38: 870-879.

[50] Bliss D B, Epstein R J. Free vortex problems using analytical/numerical matching with solution pyramiding. AIAA. J., 1995, 33: 894-903.

[51] Bliss D B, Epstein R J. Novel approach to aerodynamic analysis using analytical/numerical matching. AIAA. J., 1996, 34: 2225-2232.

[52] Wu J S, Lin T L. Free vibration analysis of a uniform cantilever beam with point masses by an analytical and numerical combined method. J. Sound and Vibration, 1990, 136(2): 201-213.

[53] Wu J S, Luo S S. Use of the analytical and numerical combined method in the free vibration analysis of a rectangular plate with any number of point masses and translational springs. J. Sound and Vibration, 1997, 200(2): 179-194.

[54] Dozio L, Ricciardi M. Free vibration analysis of ribbed plates by combined analytical-numerical method. J. Sound and Vibration, 2009, 319: 681-697.

[55] Cuschieri J M, Feit D. A hybrid numerical and analytical solution for the Green's function of a fluid loaded elastic plate. J. Acoust. Soc. Am., 1994, 95(4): 1998-2005.

[56] Epstein R J, Bliss D B. An acoustic boundary element method using analytical/numerical matching. J. Acoust. Soc. Am., 1997, 101(1): 92-106.

[57] Loftman R C, Bliss D B. The application of analytical/numerical matching to structural discontinuities in structural/acoustic problems. J. Acoust. Soc. Am., 1997, 101(2): 925-935.

[58] Loftman R C, Bliss D B. Analytical/numerical matching for efficient calculation of scattering from cylindrical shells with lengthwise constrains. J. Acoust. Soc. Am., 1998, 103(4): 1885-1896.

[59] Loftman R C, Bliss D B. Scattering from fluid loaded cylindrical shell with periodic circumferentical constraints using analytical/numerical matching. J. Acoust. Soc. Am., 1999, 106(3): 1271-1283.

[60] Franzoni L P, Park C D. An illustration of analytical/numerical matching with finite element analysis for structural vibration problems. J. Acoust. Soc. Am., 2000, 108(6): 2856-2864.

[61] Park C D. An efficient method for solving the structural dynamics of finite elastic structures containing discontinuities using analytical/numerical matching with finite element analysis. Durham: Duke University PH.D. Thesis, 2001.

[62] Park C D, Franzoni L P, Bliss D B. Analytical-numerical matching for the fluid-loaded structures with discontinuities. J. Acoust. Soc. Am., 2004, 116(5): 2956-2968.

[63] Gordis J H, Bielawa R L, Flannelly W G. A general theory for frequency domain structural synthesis. J. Sound and Vibration, 1991, 150(1): 139-158.

[64] Huang D T, Soedel W. Study of the forced vibration of shell-plate combinations using the receptance method. J. Sound and Vibration, 1993, 166(2): 341-369.

[65] Huang D T, Soedel W. Natural frequencies and modes of a circular plate welded to a circular cylindrical shell at arbitrary axial positions. J. Sound and Vibration, 1993, 162(3): 403-427.

[66] Huang D T, Soedel W. On the free vibrations of multiple plates weled to a cylindrical shell with special attention to mode pairs. J. Sound and Vibration, 1993, 166(2): 315-339.

[67] Soedel W. Vibrations of shells and plates. New York: Marcel Dekker inc. 1981.

[68] Grice R M, Pinnington R J. A method for the vibration analysis of built-up structures, Part I: Introdunction and analytical analysis of the plate-stiffened beam. J. Sound and Vibration, 2000, 230(4): 825-849.

[69] Grice R M, Pinnington R J. A method for the vibration analysis of built-up structures, Part II: Analysis of the plate-stiffened beam using a combination of finite element analysis and analytical impedance. J. Sound and Vibration, 2000, 230(4): 851-875.

[70] Maxit L, Ginoux J M. Prediction of the vibro-acoustic behavior of a submerged shell non periodically stiffened by internal frames. J. Acoust. Soc. Am., 2010, 128(1): 137-151.

[71] Meyer V, Maxit L, et al. Prediction of the vibro-acoustic behavior of a submerged shell with non-axisymmetric internal substructures by a condensed transfer function method. J. of Sound and Vibration, 2016, 360: 260-276.

[72] Chen Meixia, Zhang Lei, Xie Kun. Vibration analysis of a cylindrical shell coupled with interior structures using a hybrid analytical-numerical approach. Ocean Eng., 2018, 154: 81-93.

第 9 章　弹性腔体结构内部声场及声弹性耦合

　　前面章节基本上以介绍弹性结构的外场声辐射为主，实际工程中，舰船声呐罩内部噪声及舰船、列车和汽车的舱室噪声计算与控制也是提高安静性及舒适性的重要研究方向。舰船声呐罩和飞机、列车舱室内部噪声场及房间声场，局限在以罩壁、舱壁和墙壁为界面的有限区域内。内部声场不仅与声源特性或激励方式有关，而且与壁面的声学和力学性质有关。壁面结构的振动也不仅与外部无限区域的声场耦合，而且还与内部有限区域的声场耦合。内部声场没有辐射引起的能量损耗，只有界面吸收或声介质吸收引起的能量损耗，对结构振动的耦合作用主要表现为抗性负载，不像外部无限区域声场对结构振动的作用，除了抗性负载还有阻性负载。船舶与车辆舱室及建筑房间形状基本为矩形腔，飞机、潜艇舱室接近圆柱腔，对于这类形状规则的腔体，常常采用内部区域声模态与结构振动模态耦合求解，建立声弹性耦合运动方程，求解腔体结构振动及内外声场。但是，舰船声呐罩除了少数矩形空腔以外，绝大部分都是复杂形状，车辆、飞机舱室也不是严格的规则形状腔室。在这种情况下，一般采用有限元方法等数值方法，求解内部声场及其与结构的相互作用问题。应该说，有限元方法处理非规则区域声场具有较强的适用性，不受区域形状和边界条件的制约，而且没有奇异性问题，结合结构有限元方法，原则上可以处理任意有限区域声场和结构的声弹性耦合问题。

　　本章分为四节，第 1 节介绍矩形腔与弹性板相互作用及内部声场，第 2 和第 3 节介绍腔体与弹性结构耦合的声弹性模型、有限长圆柱壳声振耦合及内部声场，第 4 节介绍腔体内部声场及声振耦合求解的数值方法。

9.1　矩形腔内声场与弹性板振动耦合模型

　　最简单的矩形腔与弹性板相互作用的耦合模型，来源于建筑声学中房间窗户的透声问题，即矩形腔的一面为弹性矩形板，另外五个面为刚性壁面。Guy 和 Bhattacharya[1,2] 针对此模型，采用 Laplace 变换和模态分析法，研究平面声波通过弹性矩形板在矩形腔内部产生的声场。矩形腔内部声场采用声模态求解，弹性矩形板采用振动模态求解，外部声场的作用表征为模态声阻抗，建立弹性矩形板与内外声场相互作用的耦合方程，然后再求解内部声场。这种矩形腔与弹性平板的声振耦合模型，虽然形状与大部分声呐罩、舱室等实际腔室的形状相差较大，但通过求解有限尺寸的腔室结构振动模态和声腔声模态以及它们的相互作用，可以得到不同激励情况下腔室内部声场的基本特性。

考虑图 9.1.1 所示的计算模型，简支边界条件的矩形板覆盖在刚性壁面的矩形腔上，矩形腔的长宽高分别为 l_x, l_y, l_z，弹性平板的长和宽为 l_x, l_y。假设弹性矩形板外侧和矩形腔内的声介质为理想声介质，腔内外声场和弹性平板振动为小振幅波动和弯曲振动，它们分别满足：

$$\nabla^2 p_i - \frac{1}{C_0^2}\frac{\partial^2 p_i}{\partial t^2} = 0, \quad i = \begin{cases} 1 & \text{腔内} \\ 2 & \text{平板外侧} \end{cases} \tag{9.1.1}$$

$$D\nabla^4 W + m_s \frac{\partial^2 W}{\partial t^2} = f(x,y,t) - (p_1 - p_2)|_{z=0} \tag{9.1.2}$$

式中，D 和 m_s 为弹性平板弯曲刚度和面密度，$p_1(x,y,z,t)$ 和 $p_2(x,y,z,t)$ 分别为矩形腔内和弹性平板外侧半无限空间声压，$W(x,y,t)$ 为弹性平板弯曲振动位移。

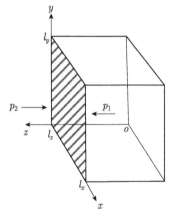

图 9.1.1　矩形腔与弹性矩形板声振耦合模型

(引自文献 [1]，fig1)

弹性平板四周为简支边界条件，振动位移满足：

$$W(0,y,t) = \frac{\partial^2 W(0,y,t)}{\partial x^2} = 0 \tag{9.1.3}$$

$$W(l_x,y,t) = \frac{\partial^2 W(l_x,y,t)}{\partial x^2} = 0 \tag{9.1.4}$$

$$W(x,0,t) = \frac{\partial^2 W(x,0,t)}{\partial y^2} = 0 \tag{9.1.5}$$

$$W(x,l_y,t) = \frac{\partial^2 W(x,l_y,t)}{\partial y^2} = 0 \tag{9.1.6}$$

矩形腔内声压满足边界条件:

$$\frac{\partial p_1(x,y,0,t)}{\partial z} = 0 \tag{9.1.7}$$

$$\frac{\partial p_1(x,y,l_z,t)}{\partial z} = \rho_0 \omega^2 W(x,y) \tag{9.1.8}$$

$$\frac{\partial p_1(x,0,z,t)}{\partial y} = \frac{\partial p_1(x,l_y,z,t)}{\partial y} = 0 \tag{9.1.9}$$

$$\frac{\partial p_1(0,y,z,t)}{\partial x} = \frac{\partial p_1(l_x,y,z,t)}{\partial x} = 0 \tag{9.1.10}$$

在弹性板外表面, 声压满足边界条件:

$$\frac{\partial p_2(x,y,0,t)}{\partial z} = -\rho_0 \omega^2 W(x,y) \tag{9.1.11}$$

采用时域 Fourier 变换和分离变量法求解波动方程 (9.1.1) 式, 矩形腔在 x 和 y 方向均为刚性壁面情况下, 声压可以表示为

$$p_1(x,y,z,\omega) = \sum_{m,n} \tilde{p}_1(m,n,z,\omega) \cos\frac{m\pi}{l_x} \cos\frac{n\pi}{l_y} \tag{9.1.12}$$

式中,

$$\tilde{p}_1(m,n,z,\omega) = A\cos(k_z z) + B\sin(k_z z) \tag{9.1.13}$$

其中,

$$k_z = \frac{1}{C_0}\sqrt{\omega^2 - \omega_{mn}^2} \tag{9.1.14}$$

$$\omega_{mn} = C_0 \sqrt{\left(\frac{m\pi}{l_x}\right)^2 + \left(\frac{n\pi}{l_x}\right)^2} \tag{9.1.15}$$

且有

$$\tilde{p}_1(m,n,z,\omega) = \int_0^{l_x}\int_0^{l_y} p_1(x,y,z,\omega)\cos\frac{m\pi}{l_x}\cos\frac{n\pi}{l_y}\mathrm{d}x\mathrm{d}y \tag{9.1.16}$$

(9.1.13) 式中的待定系数 A 和 B 可以利用边界条件 (9.1.7) 和 (9.1.8) 式确定, 经时域 Fourier 变换和模态展开, 这两个边界条件表示为

$$\frac{\partial \tilde{p}_1(m,n,0,\omega)}{\partial z} = 0 \tag{9.1.17}$$

$$\frac{\partial \tilde{p}_1(m, n, l_z, \omega)}{\partial z} = \rho_0 \omega^2 \tilde{W}(m, n, \omega) \tag{9.1.18}$$

其中，$\tilde{W}(m, n, \omega)$ 为 $W(x, y, \omega)$ 的余弦变换：

$$\tilde{W}(m, n, \omega) = \int_0^{l_x} \int_0^{l_y} W(x, y, \omega) \cos \frac{m\pi}{l_x} \cos \frac{n\pi}{l_y} \mathrm{d}x \mathrm{d}y \tag{9.1.19}$$

将 (9.1.13) 式代入 (9.1.17) 和 (9.1.18) 式，求解得到待定系数，再由 (9.1.13) 式得到矩形腔内模态声压与弹性平板振动模态位移的关系：

$$\tilde{p}_1(m, n, z, \omega) = \frac{\rho_0 \omega^2 \cos(k_z z) \tilde{W}(m, n, \omega)}{k_z \sin(k_z l_z)} \tag{9.1.20}$$

同样采用时域 Fourier 变换和分离变量法求解弹性平板弯曲振动方程 (9.1.2) 式。在简支边界条件下，弹性平板的模态解为

$$W(x, y, \omega) = \sum_{p, q} W_{pq} \sin\left(\frac{p\pi x}{l_x}\right) \sin\left(\frac{q\pi y}{l_y}\right) \tag{9.1.21}$$

将 (9.1.21) 式代入 (9.1.2) 式，得到弹性平板的模态解：

$$Z_{pq}^s W_{pq} = f_{pq} - p_{pq}^{(1)}\big|_{z=l_z} + p_{pq}^{(2)}\big|_{z=l_z} \tag{9.1.22}$$

这里，W_{pq} 为弹性平板振动模态位移，$f_{pq}, p_{pq}^{(1)}, p_{pq}^{(2)}$ 为对应 f, p_1, p_2 的模态作用力和模态声压，Z_{pq}^s 为弹性平板模态机械阻抗。它们的表达式为

$$Z_{pq}^s = \frac{l_x l_y}{4} m_s (\omega_{pq}^2 - \omega^2) \tag{9.1.23}$$

$$f_{pq}(\omega) = \int_0^{l_x} \int_0^{l_y} f(x, y, \omega) \sin\left(\frac{p\pi x}{l_x}\right) \sin\left(\frac{q\pi y}{l_y}\right) \mathrm{d}x \mathrm{d}y \tag{9.1.24}$$

$$p_{pq}^{(i)}(\omega) = \int_0^{l_x} \int_0^{l_y} p_i(x, y, z = l_z, \omega) \sin\left(\frac{p\pi x}{l_x}\right) \sin\left(\frac{q\pi y}{l_y}\right) \mathrm{d}x \mathrm{d}y$$

$$i = 1, 2 \tag{9.1.25}$$

另外，考虑到弹性平板外侧半无限空间声场对弹性平板的耦合作用，假设弹性平板面上有无限大声障板，求解半空间波动方程 (9.1.1) 式，可以得到模态声压 $p_{pq}^{(2)}$ 与模态位移的关系：

$$p_{pq}^{(2)} = -\mathrm{i}\omega \sum_{p'q'} Z_{pqp'q'}^a W_{p'q'} \tag{9.1.26}$$

式中，$Z^a_{pqp'q'}$ 为弹性平板的模态声辐射阻抗，详细的表达式由 (3.1.23) 式给出。

将 (9.1.26) 式代入 (9.1.22) 式，可得弹性平板与外声场耦合的振动方程：

$$\left(Z^s_{pq} + \mathrm{i}\omega \sum_{p'q'} Z^a_{pqp'q'} \right) W_{pq} = f_{pq} - p^{(1)}_{pq} \tag{9.1.27}$$

由 (9.1.27) 式求解得到弹性平板振动模态位移，代入 (9.1.21) 式，则有弹性平板振动位移

$$W(x,y,\omega) = \sum_{p,q} \frac{f_{pq} - p^{(1)}_{pq}}{Z^s_{pq} + \mathrm{i}\omega \sum\limits_{p'q'} Z^a_{pqp'q'}} \sin\left(\frac{p\pi x}{l_x}\right) \sin\left(\frac{q\pi y}{l_y}\right) \tag{9.1.28}$$

按照 (9.1.19) 式再对 (9.1.28) 式两边作余弦变换，得到弹性平板模态位移与模态力的关系：

$$\tilde{W}(m,n,\omega) = \sum_{pq} G_{mnpq} \frac{f_{pq} - p^{(1)}_{pq}}{Z^s_{pq} + \mathrm{i}\omega \sum\limits_{p'q'} Z^a_{pqp'q'}} \tag{9.1.29}$$

式中，G_{mnpq} 为弹性平板振动模态与矩形腔声模态的耦合系数。

$$
\begin{aligned}
G_{mnpq} &= \int_0^{l_x} \int_0^{l_y} \sin\left(\frac{p\pi x}{l_x}\right) \sin\left(\frac{q\pi y}{l_y}\right) \cos\left(\frac{m\pi}{l_x}\right) \cos\left(\frac{n\pi}{l_y}\right) \mathrm{d}x\mathrm{d}y \\
&= \frac{l_x l_y}{\pi^2} \frac{p}{m^2 - p^2} \frac{q}{n^2 - q^2} [\cos(p\pi)\cos(m\pi) - 1][\cos(q\pi)\cos(n\pi) - 1]
\end{aligned}
\tag{9.1.30}
$$

将 (9.1.29) 式代入 (9.1.20) 式，有

$$\tilde{p}_1(m,n,z,\omega) = \sum_{pq} \frac{\rho_0 \omega^2}{k_z} G_{mnpq} \frac{\cos(k_z z)}{\sin(k_z l_z)} \frac{f_{pq} - p^{(1)}_{pq}}{Z^s_{pq} + \mathrm{i}\omega \sum\limits_{p'q'} Z^a_{pqp'q'}} \tag{9.1.31}$$

由 (9.1.25) 式可知，矩形腔内声场作用在弹性平板上的声压可以表示为

$$p_1(x,y,z = l_z,\omega) = \sum_{m,n} p^{(1)}_{pq} \sin\left(\frac{p\pi x}{l_x}\right) \sin\left(\frac{q\pi y}{l_y}\right) \tag{9.1.32}$$

对 (9.1.32) 式作余弦变换，可得

$$\tilde{p}_1(m, n, z = l_z, \omega) = \sum_{pq} G_{mnpq} p_{pq}^{(1)} \tag{9.1.33}$$

在 (9.1.31) 式中令 $z = l_z$，并与 (9.1.33) 式合并，得到矩形腔内声场作用在弹性平板上的模态声压：

$$p_{pq}^{(1)} = \frac{\rho_0 \omega^2}{k_z} \mathrm{ctan}(k_z l_z) f_{pq} \cdot \left[Z_{pq}^s + \sum_{p'q'} \mathrm{i}\omega Z_{pqp'q'}^a + \frac{\rho_0 \omega^2}{k_z} \mathrm{ctan}(k_z l_z) \right]^{-1} \tag{9.1.34}$$

再将 (9.1.34) 式代入 (9.1.31) 式，得到矩形腔内模态声压与作用在弹性平板上的激励模态力之间的关系：

$$\tilde{p}_1(m, n, z, \omega) = \sum_{pq} G_{mnpq} f_{pq} \frac{\cos(k_z z)}{\cos(k_z l_z)} \frac{Z_{pq}^c}{Z_{pq}^s + Z_{pq}^c + \mathrm{i}\omega \sum_{p'q'} Z_{pqp'q'}^a} \tag{9.1.35}$$

式中，Z_{pq}^c 为矩形腔模态声阻抗，在形式上与末端刚性封闭管子的管口声阻抗一样。

$$Z_{pq}^c = \frac{\rho_0 \omega^2}{k_z} \mathrm{ctan}(k_z l_z) \tag{9.1.36}$$

进一步将 (9.1.35) 式代入 (9.1.12) 式，得到矩形腔内部的声场表达式：

$$p_1(x, y, z, \omega) = \sum_{mn} \sum_{pq} G_{mnpq} f_{pq} \frac{Z_{pq}^c}{Z_{pq}^s + Z_{pq}^c + \mathrm{i}\omega \sum_{p'q'} Z_{pqp'q'}^a}$$

$$\times \frac{\cos(k_z z)}{\cos(k_z l_z)} \cos\left(\frac{m\pi}{l_x}\right) \cos\left(\frac{n\pi}{l_y}\right) \tag{9.1.37}$$

由 (9.1.37) 式可见，矩形腔内的声场分布，由不同的模态声压叠加而成，每一个声模态的贡献取决于矩形腔模态声阻抗、弹性平板模态阻抗和弹性平板的声辐射阻抗，以及弹性平板振动模态和空腔声模态的耦合关系和广义模态力。从 (9.1.30) 式给出的 G_{mnpq} 可以看到，弹性平板在外力激励下，其模态振动并不一定都会对空腔内的声压有贡献，只有弹性平板的偶数模态和空腔的奇数模态，或者弹性平板的奇数模态和空腔的偶数模态才会产生耦合，使弹性板的模态振动在空腔内产生相应的声压，换句话说，弹性平板的偶数、奇数模态振动对空腔内相应的偶数、奇数声模态声场没有贡献。当弹性平板的振动模态数与空腔内的声模态数满足 $p = m + 1$ 或者 $q = n + 1$ 时，弹性平板与空腔的声耦合最强。振动模态和声模态发生耦合的模态中, 模态数相差越大, 它们的耦合强度变弱。

进一步分析 (9.1.37) 式可见, 当弹性平板满足声振耦合共振条件时, 即

$$Z_{pq}^s + \mathrm{i}\omega \sum_{p'q'} Z_{pqp'q'}^a = 0 \tag{9.1.38}$$

空腔内的声压与空腔的声阻抗 Z_{mn}^c 无关, 它仅仅取决于耦合系数 G_{mnpq}。为了简单起见, 忽略弹性平板模态的互辐射阻抗, (9.1.38) 式简化为

$$Z_{pq}^s + \mathrm{i}\omega Z_{pq}^a = 0 \tag{9.1.39}$$

这样可以方便地确定平板声弹性共振的频率:

$$\omega_{pqFL}^2 = \omega_{pq}^2 \left(\frac{m_s}{m_s + m_{pq}} \right) \tag{9.1.40}$$

其中, m_{pq} 为弹性平板的模态附加质量。

另外一方面, 当矩形腔的深度 l_z 满足条件 $k_z l_z = l\pi$, 此条件相当于矩形空间的驻波条件 $(m\pi/l_x)^2 + (n\pi/l_y)^2 + (l\pi/l_z)^2 = k_0^2$, $l = 0, 1, 2, \cdots$, 这时空腔产生共振现象, 空腔的模态声阻抗 Z_{mn}^c 趋于无穷大, 腔内声场出现谷点, 且与弹性平板的声阻抗无关, 而同样只取决于耦合系数 G_{mnpq}; 当矩形腔深度 l_z 满足 $k_z l_z = (l + 1/2)\pi$ 时, 矩形腔的模态声阻抗为零, 这时弹性平板的振动就好像矩形腔不存在一样, 使矩形腔内相应的模态声压增大。假定矩形腔的深度不变, 声波的频率逐渐升高, 矩形腔声阻抗在一系列的零值和无限大值之间变化, 相应的矩形腔的声压也随之发生变化。

注意到在 (9.1.37) 式中, 模态作用力可以对应作用在弹性平板上的点激励力, 也可以对应入射的平面波。Guy 和 Bhattacharya 针对 3.048m×4.572m 的房间, 计算了平面波入射时 9.525mm 厚玻璃的插入损失, 参见图 9.1.2, 由于矩形房间内声模态的驻波效应, 玻璃的插入损失出现负的峰值。David 和 Menelle[3] 采用半径 160mm 的圆柱体内部的充水矩形腔, 试验验证腔体内部声场的计算精度。矩形腔长 170mm、宽 150mm、高 310mm, 一端为 4mm 厚的固支弹性板, 由厚30mm 的压环及 20 个螺栓固定, 另一端为 30mm 的厚板, 参见图 9.1.3。在弹性板受点力激励情况下, 验证了弹性板振动响应和腔内声压测量与计算结果吻合较好, 参见图 9.1.4。他们 [4] 还基于位移势函数, 修正了矩形腔与矩形板声振耦合模型, 采用上述试验模型验证其更加适用于求解腔内为重质流体的腔体与结构的声振耦合, 当然也适用于腔内为轻质流体的情况。

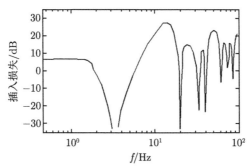

图 9.1.2 平面波入射时玻璃平板的插入损失

(引自文献 [1]，fig6)

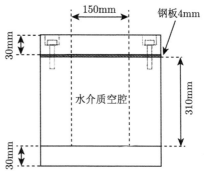

图 9.1.3 矩形腔内部声场计算精度的验证模型

(引自文献 [3]，fig2, fig3)

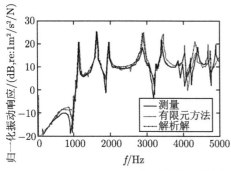

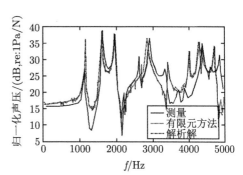

图 9.1.4 矩形腔的弹性板振动和内部声压计算精度验证结果

(引自文献 [3]，fig8, fig10)

Narayanan 和 Shanbhag[5] 研究了平面波通过三层夹心弹性板在矩形腔内产生的声场，结果表明：在夹心弹性板结构共振频率上，约束阻尼层能够明显提高插入损失，但在矩形腔共振频率上，其作用不大，而矩形腔内部声介质的阻尼则能够降低腔内噪声。Oldham 和 Hillarby[6,7] 仍然采用模态法并考虑内外声场的耦合，建立了矩形腔内已知声源产生的噪声通过弹性板辐射到外场的计算模型，在声源波长远大于弹性板几何尺寸的低频情况下，认为作用在矩形板的声压均匀分布，只需取 (1,1) 阶振动模态，因而计算模型大大简化。这种模型虽然是针对隔声罩提出的，但也可用于舷侧声呐的低频声传输建模及特性分析。

假设图 9.1.5 中矩形腔中振动表面为平面声源，相当于设备振动面或声呐基阵面，其振速已知为 v_0。在低频情况下，声源面与弹性板之间为平面波，作用在弹性板上的声压均匀，相当于 (9.1.12) 式中 $m = n = 0$，且仅仅考虑弹性板的 (1,1) 阶模态，其他高阶模态均略去。在这种情况下，只考虑弹性板内外声压的作用，没有其他激励，则由 (9.1.22) 式可以得到简化的弹性板振动方程：

$$Z_{11}^s W_{11} = -p_{11}^{(1)}(\omega, z = l_z) + p_{11}^{(2)}(\omega, z = l_z) \tag{9.1.41}$$

式中，Z_{11}^s 为弹性平板 (1,1) 模态的阻抗，$p_{11}^{(1)}$ 和 $p_{11}^{(2)}$ 为作用在弹性平板上的声压 p_1 和 p_2 对应的 (1,1) 模态声压，它们的表达式为

$$Z_{11}^s = \frac{l_x l_y}{4}\left[D\pi^4 \left(\frac{1}{l_x^4} + \frac{2}{l_x^2 l_y^2} + \frac{1}{l_y^4} \right) - m_s \omega^2 \right] \tag{9.1.42}$$

$$p_{11}^{(1)} = \int_0^{l_x}\int_0^{l_y} p_1(\omega, z = l_z)\sin\frac{\pi x}{l_x}\sin\frac{\pi y}{l_y}\mathrm{d}x\mathrm{d}y = \frac{4l_x l_y}{\pi^2} p_1, \quad \omega, z = l_z \tag{9.1.43}$$

$$p_{11}^{(2)}(\omega) = -\mathrm{i}\omega Z_{11}^a W_{11} \tag{9.1.44}$$

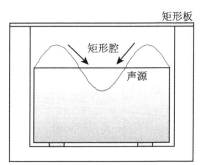

图 9.1.5　矩形腔与矩形板声振耦合的低频简化模型

(引自文献 [6], fig1)

依据无限大刚性障板上矩形板模态声阻抗表达式 (3.1.23) 式，可以计算 (9.1.26) 式中 (1,1) 阶模态声阻抗，有

$$p_{11}^{(2)}(\omega) = -\mathrm{i}\omega\left[R + \mathrm{i}X\right] W_{11} \tag{9.1.45}$$

式中, R 和 X 分别为 (1,1) 模态声辐射阻抗的实部与虚部。

这样将 (9.1.43) 和 (9.1.45) 式代入 (9.1.41) 式, 有

$$ZW_{11} = -p_1(\omega, z = l_z) \tag{9.1.46}$$

式中,

$$Z = \frac{\pi^2}{4l_x l_y}[Z_{11}^s + \mathrm{i}\omega(R + \mathrm{i}X)] \tag{9.1.47}$$

当腔内声场为近似平面波时, 由 (9.1.12) 式及 (9.1.13) 式, 声压可简化为

$$p_1(z,\omega) = \tilde{p}_1(z,\omega) = A\cos k_0 z + B\sin k_0 z \tag{9.1.48}$$

在声源面和弹性板下表面有边界条件:

$$\left.\frac{p_1}{v}\right|_{z=l_z} = Z_p \tag{9.1.49}$$

$$v|_{z=0} = v_0 \tag{9.1.50}$$

利用 (9.1.49) 和 (9.1.50) 式, 可求解得到 (9.1.48) 式中待定系数 A 和 B, 再代入 (9.1.48) 式, 则有作用在弹性平板下表面的声压:

$$p_1(z = l_z, \omega) = \frac{Z_p v_0}{\mathrm{i}\dfrac{Z_p}{\rho_0 C_0}\sin k_0 l_z + \cos k_0 l_z} \tag{9.1.51}$$

这里, Z_p 为弹性板声阻抗, 它定义为弹性板上的作用力与平均振速之比。只考虑 (1,1) 模态时, 弹性板振速为

$$v_p = -\mathrm{i}\omega W_{11}\sin\frac{\pi x}{l_x}\sin\frac{\pi y}{l_y} \tag{9.1.52}$$

对 (9.1.52) 式的弹性板振速求平均值:

$$\bar{v}_p = -\frac{\mathrm{i}4\omega}{\pi^2}W_{11} \tag{9.1.53}$$

将 (9.1.46) 式代入 (9.1.53) 式, 可得

$$Z_p = \frac{p_1}{\bar{v}_p} = -\frac{\mathrm{i}\pi^2 Z}{4\omega} \tag{9.1.54}$$

这样，将 (9.1.54) 式代入 (9.1.51) 式后，再代入 (9.1.46) 式，即得到弹性板振动位移与声源振速的关系：

$$W_{11} = \frac{\mathrm{i}\dfrac{\pi^2}{4\omega}v_0}{\dfrac{\pi^2 Z}{4\rho_0 C_0 \omega}\sin k_0 l_z + \cos k_0 l_z} \tag{9.1.55}$$

若利用第 3 章给出的弹性板 (1,1) 模态的声辐射效率，则弹性板的声辐射功率为

$$P_1 = \sigma_{11} l_x l_y \rho_0 C_0 \bar{v}_p^2 \tag{9.1.56}$$

式中，$\bar{v}_p^2$ 为弹性板均方振速。

利用 (9.1.52) 式，可求得 $\bar{v}_p^2$ 再代入 (9.1.56) 式，则有

$$P_1 = \sigma_{11} \rho_0 C_0 \frac{l_x l_y}{4}\omega^2 W_{11}^2 \tag{9.1.57}$$

为了计算弹性板的插入损失，需要考虑没有弹性板时声源面直接辐射的声功率。不失一般性，假设声源面振速 v_0 取为相同振动分布的平均振速，由 (9.1.53) 式，相应的振动位移为

$$W_0 = \mathrm{i}\frac{\pi^2}{4\omega}v_0 \tag{9.1.58}$$

对应的声辐射功率为

$$P_0 = \sigma_{11} \rho_0 C_0 \frac{l_x l_y}{4}\omega^2 W_0^2 \tag{9.1.59}$$

定义插入损失

$$IL = 10\lg(P_0/P_1) \tag{9.1.60}$$

将 (9.1.55) 和 (9.1.58) 式分别代入 (9.1.57) 和 (9.1.59) 式，再代入 (9.1.60) 式，则有插入损失为

$$IL = 10\lg \frac{16\rho_0^2 C_0^2 \omega^2}{(\pi^2 Z_R \sin k_0 l_z + 4\omega \rho_0 C_0 \cos k_0 l_z)^2 + (\pi^2 Z_I \sin k_0 l_z)^2} \tag{9.1.61}$$

式中，Z_R 和 Z_I 分别为考虑了流体负载的弹性板阻抗 Z 的实部和虚部。

由 (9.1.47) 式计算阻抗 Z_R 和 Z_I，再由 (9.1.61) 式计算弹性板的插入损失。这里没有给出固支边界弹性板情况的插入损失计算公式，相关内容可参阅文献 [6]。Oldham 和 Hillarby 针对 $0.7\mathrm{m} \times 0.7\mathrm{m} \times 0.3\mathrm{mm}$ 的简支和固支边界铝板，计算弹性板与声源面距离为 0.16m 和 0.27m 时的插入损失，算例没有考虑流体负载对

弹性板的作用，在 1kHz 以下的低频段，计算与试验结果吻合较好，尤其在考虑弹性板阻尼的情况，吻合度增加，参见图 9.1.6，在高频段计算结果则存在较大偏差。一般来说，弹性板与矩形腔系统的声传输特性主要取决于三方面因素：矩形腔模态声阻抗、弹性板模态阻抗以及它们的耦合关系。弹性板 (1,1) 模态振动，某种意义上相当于 "类活塞" 辐射，在声波长与弹性板模态波长大致相当的频率段，这种 "类活塞" 产生平面波，即使单独选用 (1,3) 和 (3,3) 阶等高阶模态，计算的弹性板插入损失也有较好的精度。注意到在矩形腔共振频率附近，由于作用在弹性板上的模态力较大，相应的弹性板振动较大。矩形腔共振相当于一个放大因子，使矩形腔内部声压大于没有弹性板情况下的声压，相应的插入损失出现负值。

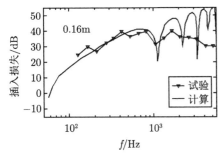 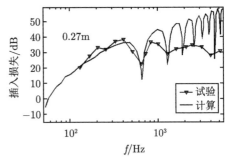

图 9.1.6 矩形腔与矩形板低频简化模型计算的插入损失

(引自文献 [7], fig8)

前面建立矩形腔与弹性板耦合模型时，采用弹性板在真空中的振动模态和刚性壁矩形腔的声模态，建立相应的空间耦合关系及声振耦合模型，Pan 等 [8] 认为，这种模态耦合方法只适用于弱耦合，而不适用于薄板、浅腔及重质声介质等强耦合的情况。另外，刚性壁矩形腔声模态不能满足矩形腔与弹性板界面的速度连续条件。当然，在实际工程中，矩形腔上的弹性板边界条件一般都不是理想的简支或固支边界条件，而是弹性支撑边界条件，因此，Du 和 Li[9] 等考虑如图 9.1.7 所示矩形腔，其一面为弹性支撑边界的弹性板，其他五面内壁为刚性壁面。弹性板受机械点力激励，矩形腔内声场和弹性板振动分别满足 (9.1.1) 和 (9.1.2) 式，为简单起见，这里不考虑弹性板外侧声介质，弹性板与矩形腔界面满足边界条件 (9.1.8) 式。弹性板四周边界条件则为

$$K_{txi}W(x,y) = -D\left(\frac{\partial^3 W}{\partial x^3} + (2-\nu)\frac{\partial^3 W}{\partial x \partial y^2}\right) \tag{9.1.62}$$

$$K_{rxi}\frac{\partial W}{\partial x} = D\left(\frac{\partial^2 W}{\partial x^2} + \nu\frac{\partial^2 W}{\partial y^2}\right) \tag{9.1.63}$$

其中，$x=0$ 时，$i=0$; $x=l_x$ 时，$i=1$。

$$K_{tyi}W(x,y) = D\left(\frac{\partial^3 W}{\partial y^3} + (2-\nu)\frac{\partial^3 W}{\partial x^2 \partial y}\right) \tag{9.1.64}$$

$$K_{ryi}\frac{\partial W}{\partial y} = -D\left(\frac{\partial^2 W}{\partial y^2} + \nu\frac{\partial^2 W}{\partial x^2}\right) \tag{9.1.65}$$

其中，$y=0$ 时，$i=0$；$y=l_y$ 时，$i=1$。

这里，K_{txi}, K_{rxi} 和 K_{tyi}, K_{ryi} 分别为弹性板在 $x=0$ 和 $l_x, y=0$ 和 l_y 处弹性支撑的平动刚度和转动刚度。

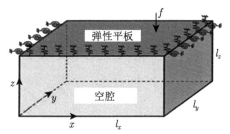

图 9.1.7　弹性支撑边界的弹性板与矩形腔耦合模型

(引自文献 [9], fig1)

针对弹性支撑边界的弹性板，文献 [10] 给出了弯曲振动的模态解：

$$W(x,y) = \sum_{m=0}^{\infty}\sum_{n=0}^{\infty} A_{mn}\cos(m\pi x/l_x)\cos(n\pi y/l_y)$$
$$+ \sum_{l=1}^{4}\left[f_{yl}(y)\sum_{m=0}^{\infty} a_m^l \cos(m\pi x/l_x) + f_{xl}(x)\sum_{n=0}^{\infty} b_n^l \cos(n\pi y/l_y)\right] \tag{9.1.66}$$

式中，$f_{yl}(y)$ 和 $f_{xl}(x)$ 为引入的补充函数，它们的具体形式为

$$f_{x1}(x) = \frac{9l_x}{4\pi}\sin\left(\frac{\pi x}{2l_x}\right) - \frac{l_x}{12\pi}\sin\left(\frac{3\pi x}{2l_x}\right) \tag{9.1.67}$$

$$f_{x2}(x) = -\frac{9l_x}{4\pi}\cos\left(\frac{\pi x}{2l_x}\right) - \frac{l_x}{12\pi}\cos\left(\frac{3\pi x}{2l_x}\right) \tag{9.1.68}$$

$$f_{x3}(x) = \frac{l_x^3}{\pi^3}\sin\left(\frac{\pi x}{2l_x}\right) - \frac{l_x^3}{3\pi^3}\sin\left(\frac{3\pi x}{2l_x}\right) \tag{9.1.69}$$

$$f_{x4}(x) = -\frac{l_x^3}{\pi^3}\cos\left(\frac{\pi x}{2l_x}\right) - \frac{l_x^3}{3\pi^3}\cos\left(\frac{3\pi x}{2l_x}\right) \tag{9.1.70}$$

这里，$f_{yi}(y), i = 1, 2, 3, 4$ 的表达式只需将 (9.1.67)~ (9.1.70) 式中的 x 和 l_x 替换为 y 和 l_y。理论上讲，补充函数 f_{xi} 和 f_{yi} 可以有很多种选择，但为了保证选择的函数适用于任意边界条件，要求它们在 $[0, l_x]$ 或 $[0, l_y]$ 范围内足够光顺，这里的所谓光顺意指它们的三阶导数存在且连续，补充函数还要求能够保证提高收敛性。

前面求解弹性板与矩形腔声振耦合时，x 和 y 方向采用模态展开求解，z 方向则利用弹性板与矩形腔的边界条件及腔内驻波解，求解它们的耦合关系。针对弹性支撑边界的弹性板，若搬用前面的方法，则矩形腔与弹性板在 x 和 y 方向的空间耦合会很复杂，需要采用新的方法求解，相应也需要先给出刚性壁面矩形腔内部声压的模态解：

$$p_1(x, y, z) = \sum_{p=0}^{\infty} \sum_{q=0}^{\infty} \sum_{r=0}^{\infty} B_{pqr} \cos(p\pi x/l_x) \cos(q\pi y/l_y) \cos(r\pi z/l_z) \qquad (9.1.71)$$

(9.1.71) 式在弹性板与矩形腔界面上声压导数总是为零，不能准确计算界面附近的声压和振动分布。Du 和 Li 等 [11] 在研究内壁为任意阻抗边界的矩形腔声场时，提出了改进的 Fourier 级数法，构建矩形腔内部声场：

$$\begin{aligned}
p_1(x, y, z) = &\sum_{p=0}^{\infty} \sum_{q=0}^{\infty} \sum_{r=0}^{\infty} B_{pqr} \cos(p\pi x/l_x) \cos(q\pi y/l_y) \cos(r\pi z/l_z) \\
&+ \sum_{p=0}^{\infty} \sum_{q=0}^{\infty} [g_{z1}(z)C_{1pq} + g_{z2}(z)C_{2pq}] \cos(p\pi x/l_x) \cos(q\pi z/l_y) \\
&+ \sum_{p=0}^{\infty} \sum_{r=0}^{\infty} [g_{y1}(y)D_{1pr} + g_{y2}(z)D_{2pr}] \cos(p\pi x/l_x) \cos(r\pi z/l_z) \\
&+ \sum_{q=0}^{\infty} \sum_{r=0}^{\infty} [g_{x1}(x)E_{1qr} + g_{x2}(x)E_{2qr}] \cos(q\pi y/l_y) \cos(r\pi z/l_z)
\end{aligned}$$

$$(9.1.72)$$

式中，

$$g_{\alpha 1} = \alpha \left(\frac{\alpha}{l_\alpha} - 1\right)^2, \quad \alpha = x, y, z$$

$$g_{\alpha 2} = \frac{\alpha^2}{l_\alpha} \left(\frac{\alpha}{l_\alpha} - 1\right)^2, \quad \alpha = x, y, z$$

这种改进的声压表达式不仅能够快速均匀收敛，而且可以克服 (9.1.71) 式带来的缺陷。当矩形腔五面为刚性壁面、一面为弹性板时，矩形腔内的声压可以

简化为

$$p_1(x,y,z) = \sum_{p=0}^{\infty}\sum_{q=0}^{\infty}\sum_{r=0}^{\infty} B_{pqr}\cos(p\pi x/l_x)\cos(q\pi y/l_y)\cos(r\pi z/l_z)$$

$$+ g_{z2}(z)\sum_{p=0}^{\infty}\sum_{q=0}^{\infty} C_{2pq}\cos(p\pi x/l_x)\cos(q\pi z/l_y) \tag{9.1.73}$$

下面采用 Rayleigh-Ritz 法求解弹性板与矩形腔耦合振动和声场模态展开系数。弹性板的 Lagrange 函数为

$$L_p = E_p - T_p - W_f + W_p \tag{9.1.74}$$

式中，E_p 为弹性板弯曲振动势能和弹性支撑边界的势能，T_p 为弹性板弯曲振动动能，W_f 为激励外力给弹性板所做的功，W_p 为作用在弹性板上的声压所做的功。它们的具体表达式为

$$T_P = \frac{1}{2}m_s\omega^2\int_0^{l_x}\int_0^{l_y} W^2 \mathrm{d}x\mathrm{d}y \tag{9.1.75}$$

$$W_p = \int_0^{l_x}\int_0^{l_y} W\cdot p_1 \mathrm{d}x\mathrm{d}y \tag{9.1.76}$$

$$W_f = \int_0^{l_x}\int_0^{l_y} W\cdot f \mathrm{d}x\mathrm{d}y \tag{9.1.77}$$

$$U_p = \frac{D}{2}\int_0^{l_x}\int_0^{l_y}\left\{\left(\frac{\partial^2 W}{\partial x^2}\right)^2 + \left(\frac{\partial^2 W}{\partial y^2}\right)^2 + 2\nu\left(\frac{\partial^2 W}{\partial x^2}\right)\left(\frac{\partial^2 W}{\partial y^2}\right)\right.$$

$$\left. + 2(1-\nu)\left(\frac{\partial^2 W}{\partial x\partial y}\right)^2\right\}\mathrm{d}x\mathrm{d}y + \frac{1}{2}\int_0^{l_y}\left[K_{tx0}W^2 + K_{rx0}\left(\frac{\partial W}{\partial x}\right)^2\right]_{x=0}\mathrm{d}y$$

$$+ \frac{1}{2}\int_0^{l_y}\left[K_{tx1}W^2 + K_{rx1}\left(\frac{\partial W}{\partial x}\right)^2\right]_{x=l_x}\mathrm{d}y$$

$$+ \frac{1}{2}\int_0^{l_x}\left[K_{ty0}W^2 + K_{ry0}\left(\frac{\partial W}{\partial y}\right)^2\right]_{y=0}\mathrm{d}x$$

$$+ \frac{1}{2}\int_0^{l_x}\left[K_{ty1}W^2 + K_{ry1}\left(\frac{\partial W}{\partial y}\right)^2\right]_{y=l_y}\mathrm{d}x \tag{9.1.78}$$

将 (9.1.66) 和 (9.1.73) 式分别代入 (9.1.75)~(9.1.78) 式, 得到弹性板振动与矩形腔声场的耦合方程:

$$[K_p]\{W\} - \omega^2 [M_p]\{W\} + [G]\{p_1\} = \{f\} \tag{9.1.79}$$

式中, $[K_p]$ 和 $[M_p]$ 分别为弹性板刚度和质量矩阵, $[G]$ 为弹性板与矩形腔的耦合矩阵, $\{f\}$ 作用在弹性板上的广义激励力列矩阵, $\{W\}$ 为弹性板模态位移列矩阵, $\{p_1\}$ 为矩形腔模态声压列矩阵, 它们的具体表达式罗列如下:

$$\{W\}$$

$$= \{A_{00}, A_{01}, \cdots, A_{m0}, A_{m1}, \cdots, A_{mn}, \cdots, A_{MN}, a_0^1, a_1^1, \cdots, a_M^1, a_0^2, a_1^2, \cdots, a_M^2,$$

$$a_0^3, \cdots, a_M^3, a_0^4, \cdots, a_M^4, b_0^1, b_1^1, \cdots, b_N^1, b_0^2, b_1^2, \cdots, b_N^2, b_0^3, b_1^3, \cdots, b_N^3, b_0^4, b_1^4, \cdots, b_N^4\}$$

$$\tag{9.1.80}$$

$$\{p_1\} = \{\{p_b\}, \{p_c\}\}^{\mathrm{T}} \tag{9.1.81}$$

其中,

$$\{p_b\} = \{B_{000}, B_{001}, \cdots, B_{00R}, \cdots, B_{0q0}, B_{0q2}, \cdots, B_{0qR}, \cdots, B_{pqR}, \cdots, B_{PQR}\}^{\mathrm{T}}$$

$$\tag{9.1.82}$$

$$\{p_c\} = [C_{200}, C_{201}, \cdots, C_{2q0}, \cdots, C_{2q1}, \cdots, C_{2qr}, \cdots, C_{2QR}] \tag{9.1.83}$$

$$[K_p] = \begin{bmatrix} [K_{11}^p] & [K_{12}^p] & \cdots & [K_{19}^p] \\ [K_{21}^p] & [K_{22}^p] & \cdots & [K_{29}^p] \\ \vdots & \vdots & \ddots & \vdots \\ [K_{91}^p] & [K_{92}^p] & \cdots & [K_{99}^p] \end{bmatrix} \tag{9.1.84}$$

$$[M_p] = \begin{bmatrix} [M_{11}^p] & [M_{12}^p] & \cdots & [M_{19}^p] \\ [M_{21}^p] & [M_{22}^p] & \cdots & [M_{29}^p] \\ \vdots & \vdots & \ddots & \vdots \\ [M_{91}^p] & [M_{92}^p] & \cdots & [M_{99}^p] \end{bmatrix} \tag{9.1.85}$$

$$[G] = \begin{bmatrix} [G_{11}]^{\mathrm{T}} & [G_{12}]^{\mathrm{T}} & \cdots & [G_{19}]^{\mathrm{T}} \\ [G_{21}]^{\mathrm{T}} & [G_{22}]^{\mathrm{T}} & \cdots & [G_{29}]^{\mathrm{T}} \end{bmatrix}^{\mathrm{T}} \tag{9.1.86}$$

$$\{f\} = \left\{ \begin{array}{cccc} f_1 & f_2 & \cdots & f_9 \end{array} \right\}^{\mathrm{T}} \tag{9.1.87}$$

矩阵 $[K_p], [M_p]$ 及 $[G]$ 的详细表达式罗列在本节末附录中。

矩形腔的 Lagrange 函数为

$$L_c = E_c - T_c - W_a \qquad (9.1.88)$$

式中，E_c 为矩形腔声场势能，T_c 为矩形腔声场动能，W_a 为弹性板振动所做的功，由弹性板与矩形腔界面声压和振速的连续条件，有 $W_a = W_p$。

矩形腔声场势能的表达式：

$$E_c = \frac{1}{2\rho_0 C_0^2} \int_0^{l_x} \int_0^{l_y} \int_0^{l_z} p_1^2(x, y, z) \mathrm{d}x \mathrm{d}y \mathrm{d}z \qquad (9.1.89)$$

矩形腔声场动能表达式为

$$T_c = \frac{1}{2\rho_0 \omega^2} \int_0^{l_x} \int_0^{l_y} \int_0^{l_z} \left[\left(\frac{\partial p_1}{\partial x} \right)^2 + \left(\frac{\partial p_1}{\partial y} \right)^2 + \left(\frac{\partial p_1}{\partial z} \right)^2 \right] \mathrm{d}x \mathrm{d}y \mathrm{d}z \qquad (9.1.90)$$

将 (9.1.73) 式分别代入 (9.1.89) 和 (9.1.90) 式，并利用 (9.1.76) 式，可得矩形腔声场与弹性板振动的耦合方程：

$$([K_a] - \omega^2 [M_a]) \{p_1\} + \omega^2 [G] \{W\} = 0 \qquad (9.1.91)$$

式中，$[K_a]$ 和 $[M_a]$ 分别为矩形腔刚度和质量矩阵，它们的具体表达式也罗列在本节末附录中。

将 (9.1.79) 式与 (9.1.91) 式联立，则有矩形腔与弹性板声振耦合方程：

$$\left\{ \begin{bmatrix} [K_p] & [G] \\ 0 & [K_a] \end{bmatrix} - \omega^2 \begin{bmatrix} [M_p] & 0 \\ -[G] & [M_a] \end{bmatrix} \right\} \left\{ \begin{matrix} \{W\} \\ \{p_1\} \end{matrix} \right\} = \left\{ \begin{matrix} \{f\} \\ 0 \end{matrix} \right\} \qquad (9.1.92)$$

由 (9.1.92) 式可以求解得到弹性板模态位移和矩形腔模态声压，进一步由 (9.1.66) 式和 (9.1.73) 式可以计算弹性板振动响应和矩形腔内部声压。如果考虑弹性板外面声场的作用，则在 (9.1.79) 式应增加外场声的负载项。上面的建模方法可以扩展到矩形腔壁面为多个弹性板的情况。选取 $l_x, l_y, l_y = 1.5\mathrm{m}, 0.3\mathrm{m}, 0.4\mathrm{m}$ 的矩形腔，顶部为 5mm 厚度的简支弹性板，其密度、杨氏模量和泊松比分别为 $\rho_s = 2770\mathrm{kg/m}^3, E = 71 \times 10^9 \mathrm{Pa}, \nu = 0.33$，腔内为空气介质，弹性板在单位力激励下 (激励点位置为 $13l_x/30$ 和 $l_y/2$)，计算得到的弹性板振动 (计算点位置为 $16l_x/30$ 和 $l_y/3$) 和矩形腔内部中心位置声压与其他解析解的结果基本一致，参见图 9.1.8，计算时弹性板和矩形腔模态截断数分别取为 $M = N = 12, P = 5, Q = R = 3$，计算频率的上限为 400Hz。进一步考虑一个充水的矩形腔，其尺寸为 0.29m, 0.35m, 0.14m，顶部弹性板为简支边界条件，厚度为 1.5mm，相应的材料密度、杨氏模量和泊松比分别为 $2770\mathrm{kg/m}^3, 72 \times 10^9\mathrm{Pa}, 0.3$。计算时矩形腔的模态截断数分别取 $P = Q = R = 3, 4$ 和 5，计算结果表明，在上限频率为 350Hz 的范围，弹性板振动响应和腔内声压与其他文献结果一致，参见图 9.1.9。

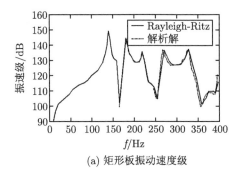
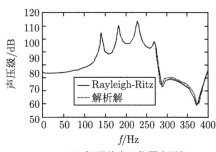

(a) 矩形板振动速度级　　　　　　　　(b) 矩形腔中心位置声压级

图 9.1.8　空气介质矩形腔与矩形板耦合响应计算结果比较

(引自文献 [9], fig3b, fig4b)

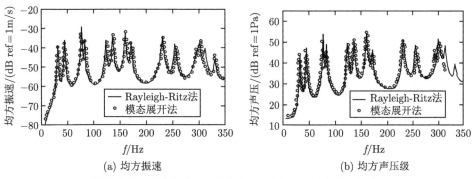

(a) 均方振速　　　　　　　　　　(b) 均方声压级

图 9.1.9　水介质矩形腔与矩形板耦合响应计算结果比较

(引自文献 [9], fig10a, fig10b)

附录

(1) 矩形板刚度矩阵 $[K_p]$

$$
\begin{aligned}
\{K_{11}^p\}_{s,t} = D \int_0^{l_x} \int_0^{l_y} \big\{ & k_{m'}^2 \cos(k_{m'}x) \cos(k_{n'}y) \cdot k_m^2 \cos(k_m x) \cos(k_n y) \\
& + k_{n'}^2 \cos(k_{m'}x) \cos(k_{n'}y) \cdot k_n^2 \cos(k_m x) \cos(k_n y) \\
& + \nu k_{n'}^2 \cos(k_{m'}x) \cos(k_{n'}y) \cdot k_m^2 \cos(k_m x) \cos(k_n y) \\
& + \nu k_{m'}^2 \cos(k_{m'}x) \cos(k_{n'}y) \cdot k_n^2 \cos(k_m x) \cos(k_n y) \\
& + 2(1 - \nu)k_{m'}k_{n'} \sin(k_{m'}x) \sin(k_{n'}y)
\end{aligned}
$$

$$\times\, k_m k_n \sin(k_m x)\sin(k_n y)\}\,\mathrm{d}x\mathrm{d}y$$

$$+\left[K_{tx0}+(-1)^{m+m'}K_{tx1}\right]\int_0^{l_y}\cos(k_{n'}y)\cos(k_n y)\,\mathrm{d}y$$

$$+\left[K_{ty0}+(-1)^{n+n'}K_{ty1}\right]\int_0^{l_x}\cos(k_{m'}x)\cos(k_m x)\,\mathrm{d}x \tag{A1}$$

$$\{K_{12}^p\}_{s,m'+1}=D\int_0^{l_x}\int_0^{l_y}\left\{k_{m'}^2 f_{1y'}(y)\cos(k_{m'}x)\cdot k_m^2\cos(k_m x)\cos(k_n y)\right.$$

$$-f_{y'1}^{(2)}(y)\cos(k_{m'}x)\cdot k_n^2\cos(k_m x)\cos(k_n y)$$

$$-\nu f_{y'1}^{(2)}(y)\cos(k_{m'}x)\cdot k_m^2\cos(k_m x)\cos(k_n y)$$

$$+\nu k_{m'}^2 f_{y1}(y)\cos(k_{m'}x)\cdot k_n^2\cos(k_m x)\cos(k_n y)$$

$$\left.-2(1-\nu)k_{m'}f_{y'1}^{(1)}(y)\sin(k_{m'}x)\cdot k_m k_n\sin(k_m x)\sin(k_n y)\right\}\mathrm{d}x\mathrm{d}y$$

$$+\left[K_{tx0}+(-1)^{m+m'}K_{tx1}\right]\int_0^{l_y}f_{y'1}(y)\cos(k_{n'}y)\,\mathrm{d}y$$

$$+\left[K_{ty0}f_{y1}(0)+(-1)^n K_{ty1}f_{y1}(l_y)\right]\int_0^{l_x}\cos(k_m x)\cos(k_{m'}x)\,\mathrm{d}x$$

$$\tag{A2}$$

子矩阵 $[K_{13}^p]$, $[K_{14}^p]$, $[K_{15}^p]$ 可以通过将 $[K_{12}^p]$ 中的带撇项的 $f_{y1}(y)$ 函数分别替换为 $f_{y3}(y)$, $f_{y4}(y)$, $f_{y5}(y)$ 得到。

$$\{K_{16}^p\}_{s,n'+1}=D\int_0^{l_x}\int_0^{l_y}\left\{-f_{x'1}^{(2)}(x)\cos(k_{n'}y)\cdot k_m^2\cos(k_m x)\cos(k_n y)\right.$$

$$+k_{n'}^2 f_{x'1}(x)\cos(k_{n'}y)\cdot k_n^2\cos(k_m x)\cos(k_n y)$$

$$+\nu k_{n'}^2 f_{x'1}(x)\cos(k_{n'}y)\cdot k_m^2\cos(k_m x)\cos(k_n y)$$

$$-\nu f_{x'1}^{(2)}(x)\cos(k_{n'}y)\cdot k_n^2\cos(k_m x)\cos(k_n y)$$

$$\left.-2(1-\nu)k_{n'}f_{x'1}^{(1)}(x)\sin(k_{n'}y)\cdot k_m k_n\sin(k_m x)\sin(k_n y)\right\}\mathrm{d}x\mathrm{d}y$$

$$+\left[K_{tx0}f_{x1}(0)+(-1)^m K_{tx1}f_{x1}(l_x)\right]\int_0^{l_y}\cos(k_{n'}y)\cos(k_n y)\,\mathrm{d}y$$

$$+\left[K_{ty0}+(-1)^{n+n'}K_{ty1}\right]\int_0^{l_x}f_{x'1}(x)\cos(k_m x)\,\mathrm{d}x \tag{A3}$$

同理，子矩阵 $[K_{17}^p]$, $[K_{18}^p]$, $[K_{19}^p]$ 可以通过将 $[K_{16}^p]$ 中的带撇项的 $f_{x1}(x)$ 函

数分别替换为 $f_{x2}(x)$, $f_{x3}(x)$, $f_{x4}(x)$ 得到。注意到 (A2) 和 (A3) 式中 $f_{x1}^{(2)}(x)$ 等上标 (2) 表示 $f_{x1}(x)$ 的二阶导数，其他类同。

$$
\begin{aligned}
\{K_{21}^p\}_{m+1,t} = & \, D \int_0^{l_x} \int_0^{l_y} \Big\{ k_{m'}^2 \cos(k_{m'}x) \cos(k_{n'}y) \cdot k_m^2 f_{y1}(y) \cos(k_m x) \\
& - k_{n'}^2 \cos(k_{m'}x) \cos(k_{n'}y) \cdot f_{y1}^{(2)}(y) \cos(k_m x) \\
& + \nu k_{n'}^2 \cos(k_{m'}x) \cos(k_{n'}y) \cdot k_m^2 f_{y1}(y) \cos(k_m x) \\
& - \nu k_{m'}^2 \cos(k_{m'}x) \cos(k_{n'}y) \cdot f_{y1}^{(2)}(y) \cos(k_m x) \\
& - 2(1-\nu) k_{m'} k_{n'} \sin(k_{m'}x) \sin(k_{n'}y) \cdot k_m f_{y1}^{(1)}(y) \sin(k_m x) \Big\} \mathrm{d}x \mathrm{d}y \\
& + \Big[K_{tx0} + (-1)^{m+m'} K_{tx1} \Big] \int_0^{l_y} \cos(k_{n'}y) f_{y1}(y) \mathrm{d}y \\
& + \Big[K_{ty0} f_{y1}(0) + (-1)^{n'} K_{ty1} f_{y1}(l_y) \Big] \int_0^{l_x} \cos(k_{m'}x) \cos(k_m x) \,\mathrm{d}x
\end{aligned}
\tag{A4}
$$

$$
\begin{aligned}
\{K_{22}^p\}_{m+1,m'+1} = & \, D \int_0^{l_x} \int_0^{l_y} \Big\{ k_{m'}^2 f_{y'1}(y) \cos(k_{m'}x) \cdot k_m^2 f_{y1}(y) \cos(k_m x) \\
& + f_{y'1}^{(2)}(y) \cos(k_{m'}x) \cdot f_{y1}^{(2)}(y) \cos(k_m x) \\
& - \nu f_{y'1}^{(2)}(y) \cos(k_{m'}x) \cdot k_m^2 f_{y1}(y) \cos(k_m x) \\
& - \nu k_{m'}^2 f_{y'1}(y) \cos(k_{m'}x) \cdot f_{y1}^{(2)}(y) \cos(k_m x) \\
& + 2(1-\nu) k_{m'} f_{y'1}^{(1)}(y) \sin(k_{n'}y) \cdot k_m f_{y1}^{(1)}(y) \sin(k_m x) \Big\} \mathrm{d}x \mathrm{d}y \\
& + \Big[K_{tx0} + (-1)^{m+m'} K_{tx1} \Big] \int_0^{l_y} f_{y'1}(y) f_{y1}(y) \mathrm{d}y \\
& + \Big[K_{ty0} f_1(0) f_1(0) + K_{ty0} f_1^{(1)}(0) f_1^{(1)}(0) + k_{y1} f_1(l_y) f_1(l_y) + k_{y1} f_1^{(1)}(l_y) f^{(1)}(l_y) \Big] \\
& \times \int_0^{l_x} \cos(k_{m'}x) \cos(k_m x) \,\mathrm{d}x
\end{aligned}
\tag{A5}
$$

子矩阵 $[K_{23}^p], [K_{24}^p], [K_{25}^p]$ 可以通过将 $[K_{22}^p]$ 中的带撇项的 $f_{y1}(x)$ 函数分别替换为 $f_{y2}(x), f_{y3}(x), f_{y4}(x)$ 得到。

$$
\begin{aligned}
\{K_{26}^p\}_{m+1,n'+1} = & \, D \int_0^{l_x} \int_0^{l_y} \Big\{ -f_{x'1}^{(2)}(x) \cos(k_{n'}y) \cdot k_m^2 f_{y1}(y) \cos(k_m x) \\
& - k_{n'}^2 f_{x'1}(x) \cos(k_{n'}y) \cdot f_{y1}^{(2)}(y) \cos(k_m x)
\end{aligned}
$$

$$+ \nu f_{x'1}^{(2)}(x) \cos(k_{n'}y) \cdot f_{y1}^{(2)}(y) \cos(k_m x)$$

$$+ \nu k_{n'}^2 f_{x'1}(x) \cos(k_{n'}y) \cdot k_m^2 f_{y1}(y) \cos(k_m x)$$

$$+ 2(1-\nu)k_{n'} f_{x'1}^{(1)}(x) \sin(k_{n'}y) \cdot k_m f_{y1}^{(1)}(y) \sin(k_m x) \Big\} \mathrm{d}x\mathrm{d}y$$

$$+ \left[K_{tx0} f_{x1}(0) + (-1)^m K_{tx1} f_{x1}(l_x) \right] \int_0^{l_y} \cos(k_{n'}y) \, f_{y1}(y)\mathrm{d}y$$

$$+ \left[K_{ty0} f_{y1}(0) + (-1)^{n'} K_{ty1} f_{y1}(l_y) \right] \int_0^{l_x} f_{x'1}(x) \cos(k_m x) \, \mathrm{d}x$$

$$(A6)$$

子矩阵 $[K_{27}^p], [K_{28}^p], [K_{29}^p]$，可以将 $[K_{26}^p]$ 中带撇的 $f_{x1}(x)$ 分别替换为 $f_{x2}(x)$, $f_{x3}(x), f_{x4}(x)$ 得到。子矩阵 $[K_{3i}^p], [K_{4i}^p], [K_{5i}^p], i=1,2,\cdots,9$，可以由 $\{K_{2i}^p\}$ 中不带撇项的 $f_{x1}(x)$ 分别替换为 $f_{x2}(x), f_{x3}(x), f_{x4}(x)$ 得到。

$$\{K_{61}^p\}_{n+1,t} = D \int_0^{l_x} \int_0^{l_y} \Big\{ -k_{m'}^2 \cos(k_{m'}x) \cos(k_{n'}y) \cdot f_{x1}^{(2)}(x) \cos(k_n y)$$

$$+ k_{n'}^2 \cos(k_{m'}x) \cos(k_{n'}y) \cdot k_n^2 f_{x1}(x) \cos(k_n y)$$

$$- \nu k_{n'}^2 \cos(k_{m'}x) \cos(k_{n'}y) \cdot f_{x1}^{(2)}(x) \cos(k_n y)$$

$$+ \nu k_{m'}^2 \cos(k_{m'}x) \cos(k_{n'}y) \cdot k_n^2 f_{x1}(x) \cos(k_n y)$$

$$- 2(1-\nu)k_{m'}k_{n'} \sin(k_{m'}x) \sin(k_{n'}y)$$

$$\times k_n f_{x1}^{(1)}(x) \sin(k_n y) \Big\} \mathrm{d}x\mathrm{d}y$$

$$+ \left[K_{tx0} f_{x1}(0) + (-1)^{m'} K_{tx1} f_{x1}(l_x) \right] \int_0^{l_y} \cos(k_{n'}y) \cos(k_n y) \, \mathrm{d}y$$

$$+ \left[K_{ty0} + (-1)^{n'+n} K_{ty1} \right] \int_0^{l_x} \cos(k_{m'}x) \, f_{x1}(x)\mathrm{d}x \qquad (A7)$$

$$\{K_{62}^p\}_{n+1,m'+1} = D \int_0^{l_x} \int_0^{l_y} \Big\{ -k_{m'}^2 f_{y'1}(y) \cos(k_{m'}x) \cdot f_{x1}^{(2)}(x) \cos(k_n y)$$

$$- k_{n'}^2 f_{y'1}^{(2)}(y) \cos(k_{m'}x) \cdot k_n^2 f_{x1}(x) \cos(k_n y)$$

$$+ \nu f_{y'1}^{(2)}(y) \cos(k_{m'}x) \cdot f_{x1}^{(2)}(x) \cos(k_n y)$$

$$+ \nu k_{m'}^2 f_{y'1}(y) \cos(k_{m'}x) \cdot k_n^2 f_{x1}(x) \cos(k_n y)$$

$$+ 2(1-\nu)k_{m'} f_{y'1}^{(1)}(y) \sin(k_{m'}x) \cdot k_n f_{x1}^{(1)}(x) \sin(k_n y) \Big\} \mathrm{d}x\mathrm{d}y$$

$$+ \left[K_{tx0}f_{x1}(0) + (-1)^{m'}K_{tx1}f_{x1}(l_x) \right] \int_0^{l_y} f_{y'1}(y)\cos(k_n y)\,\mathrm{d}y$$

$$+ \left[K_{ty0}f_{y1}(0) + (-1)^{n'}K_{ty1}f_{y1}(l_y) \right] \int_0^{l_x} \cos(k_{m'}x)f_{x1}(x)\mathrm{d}x \tag{A8}$$

子矩阵 $[K_{63}^p]$, $[K_{64}^p]$, $[K_{65}^p]$,可以将 $[K_{62}^p]$ 中带撇的 f_{y1} 分别替换为 f_{y2}, f_{y3}, f_{y4} 得到。

$$\{K_{66}^p\}_{n+1,n'+1}$$

$$= D \int_0^{l_x} \int_0^{l_y} \left\{ f_{x'1}^{(2)}(x)\cos(k_{n'}y) \cdot f_{x1}^{(2)}(x)\cos(k_n y) \right.$$

$$+ k_{n'}^2 f_{x'1}(x)\cos(k_{n'}y) \cdot k_n^2 f_{x1}(x)\cos(k_n y)$$

$$- \nu k_{n'}^2 f_{x'1}(x)\cos(k_{n'}y) \cdot f_{x1}^{(2)}(x)\cos(k_n y)$$

$$- \nu f_{x'1}^{(2)}(x)\cos(k_{n'}y) \cdot k_n^2 f_{x1}(x)\cos(k_n y)$$

$$\left. + 2(1-\nu)k_{n'}f_{x'1}^{(1)}(x)\sin(k_{m'}y) \cdot k_n f_{x1}^{(1)}(x)\sin(k_n y) \right\}\mathrm{d}x\mathrm{d}y$$

$$+ \left[K_{tx0}f_{x1}(0)f_{x'1}(0) + K_{tx0}f_{x'1}^{(1)}(0)f_{x1}^{(1)}(0) \right.$$

$$\left. + K_{tx1}f_{x'1}(l_x)f_{x1}(l_x) + K_{tx1}f_{x1}^{(1)}(l_x)f_{x1}^{(1)}(l_x) \right]$$

$$\times \int_0^{l_y} \cos(k_{n'}y)\cos(k_n y)\,\mathrm{d}y + \left[K_{ty0} + (-1)^{n'+n}K_{ty1} \right] \int_0^{l_x} f_{x'1}(x)f_{x1}(x)\mathrm{d}x \tag{A9}$$

子矩阵 $[K_{67}^p]$, $[K_{68}^p]$, $[K_{69}^p]$,可以将 $[K_{66}^p]$ 中带撇的 f_{x1} 分别替换为 f_{x2}, f_{x3}, f_{x4} 得到。子矩阵 $[K_{7i}^p]$, $[K_{8i}^p]$, $[K_{9i}^p]$, $i = 1, 2, \cdots, 9$, 可以将 $[K_{6i}^p]$ 中不带撇的 f_{x1} 分别替换为 f_{x2}, f_{x3}, f_{x4} 得到。

(2) 矩形板质量矩阵 $[M_p]$

$$\{M_{11}^p\}_{s,t} = m_s \int_0^{l_x} \int_0^{l_y} \cos(k_{m'}x)\cos(k_{n'}y) \cdot \cos(k_m x)\cos(k_n y)\,\mathrm{d}x\mathrm{d}y \tag{A10}$$

$$\{M_{12}^p\}_{s,m'+1} = m_s \int_0^{l_x} \int_0^{l_y} f_{y1}(y)\cos(k_{m'}x) \cdot \cos(k_m x)\cos(k_n y)\,\mathrm{d}x\mathrm{d}y \tag{A11}$$

$$\{M_{16}^p\}_{s,n'+1} = m_s \int_0^{l_x} \int_0^{l_y} f_{x1}(x)\cos(k_{n'}y) \cdot \cos(k_m x)\cos(k_n y)\,\mathrm{d}x\mathrm{d}y \tag{A12}$$

$$\{M_{21}^p\}_{m+1,t} = m_s \int_0^{l_x} \int_0^{l_y} \cos(k_{m'}x) \cos(k_{n'}y) \cdot f_{y1}(y) \cos(k_m x) \, \mathrm{d}x \mathrm{d}y \tag{A13}$$

$$\{M_{22}^p\}_{m+1,m'+1} = m_s \int_0^{l_x} \int_0^{l_y} f_{y'1}(y) \cos(k_{m'}x) \cdot f_{y1}(y) \cos(k_m x) \, \mathrm{d}x \mathrm{d}y \tag{A14}$$

$$\{M_{26}^p\}_{m+1,n'+1} = m_s \int_0^{l_x} \int_0^{l_y} f_{x'1}(x) \cos(k_{n'}y) \cdot f_{y1}(y) \cos(k_m x) \, \mathrm{d}x \mathrm{d}y \tag{A15}$$

$$\{M_{61}^p\}_{n+1,t} = m_s \int_0^{l_x} \int_0^{l_y} \cos(k_{m'}x) \cos(k_{n'}y) \cdot f_{x1}(x) \cos(k_n y) \, \mathrm{d}x \mathrm{d}y \tag{A16}$$

$$\{M_{62}^p\}_{n+1,m'+1} = m_s \int_0^{l_x} \int_0^{l_y} f_{y'1}(y) \cos(k_{m'}x) \cdot f_{x1}(x) \cos(k_n y) \, \mathrm{d}x \mathrm{d}y \tag{A17}$$

$$\{M_{66}^p\}_{n+1,n'+1} = m_s \int_0^{l_x} \int_0^{l_y} f_{x'1}(x) \cos(k_{n'}y) \cdot f_{x1}(x) \cos(k_n y) \, \mathrm{d}x \mathrm{d}y \tag{A18}$$

矩形板质量矩阵的其余子矩阵，也通过函数 $f_{x1}(x)$ 和 $f_{y1}(y)$ 的替换得到，替换的方法与刚度矩阵一样。刚度子矩阵和质量子矩阵中的 s 和 t 分别定义为 $s = m(M+1) + n + 1$，$t = m'(M+1) + n' + 1$，$k_m = m\pi/l_x$，$k_n = n\pi/l_y$。

(3) 矩形板与矩形腔的耦合矩阵 $[G]$

$$\{G_{11}\}_{s,l} = (-1)^r \int_0^{l_x} \int_0^{l_y} \cos(k_m x) \cos(k_n y) \cdot \cos(k_p x) \cos(k_q y) \, \mathrm{d}x \mathrm{d}y \tag{A19}$$

$$\{G_{12}\}_{m+1,l} = (-1)^r \int_0^{l_x} \int_0^{l_y} \cos(k_m x) f_{y1}(y) \cdot \cos(k_p x) \cos(k_q y) \, \mathrm{d}x \mathrm{d}y \tag{A20}$$

$$\{G_{16}\}_{n+1,l} = (-1)^r \int_0^{l_x} \int_0^{l_y} \cos(k_n y) f_{x1}(x) \cdot \cos(k_p x) \cos(k_q y) \, \mathrm{d}x \mathrm{d}y \tag{A21}$$

其中，$l = p'(Q+1)(R+1) + q'(R+1) + r' + 1$，$t = p'(Q+1) + q' + 1$，$k_p = p\pi/l_x$，$k_q = q\pi/l_y$。

(4) 矩形腔刚度矩阵 $[K_a]$

$$\begin{aligned}
\{K_{11}^a\}_{l,t} = {} & k_p k_{p'} \int_0^{l_x} \int_0^{l_y} \int_0^{l_z} \sin(k_p x) \sin(k_{p'}x) \cos(k_q y) \\
& \times \cos(k_{q'}y) \cos(k_r z) \cos(k_{r'}z) \, \mathrm{d}x \mathrm{d}y \mathrm{d}z \\
& + k_q k_{q'} \int_0^{l_x} \int_0^{l_y} \int_0^{l_z} \cos(k_p x) \cos(k_{p'}x) \sin(k_q y) \\
& \times \sin(k_{q'}y) \cos(k_r z) \cos(k_{r'}z) \, \mathrm{d}x \mathrm{d}y \mathrm{d}z
\end{aligned}$$

$$+ k_r k_{r'} \int_0^{l_x} \int_0^{l_y} \int_0^{l_z} \cos(k_p x) \cos(k_{p'} x) \cos(k_q y) \cos(k_{q'} y)$$

$$\times \sin(k_r z) \sin(k_{r'} z) \, \mathrm{d}x \mathrm{d}y \mathrm{d}z \tag{A22}$$

$$\{K_{12}^a\}_{l,t} = k_p k_{p'} \int_0^{l_x} \int_0^{l_y} \int_0^{l_z} \sin(k_p x) \sin(k_{p'} x) \cos(k_q y)$$

$$\times \cos(k_{q'} y) \cos(k_r z) g_{z_2}(z) \, \mathrm{d}x \mathrm{d}y \mathrm{d}z$$

$$+ k_q k_{q'} \int_0^{l_x} \int_0^{l_y} \int_0^{l_z} \cos(k_p x) \cos(k_{p'} x) \sin(k_q y) \sin(k_{q'} y)$$

$$\times \cos(k_r z) g_{z_2}(z) \, \mathrm{d}x \mathrm{d}y \mathrm{d}z$$

$$- k_r \int_0^{l_x} \int_0^{l_y} \int_0^{l_z} \cos(k_p x) \cos(k_{p'} x) \cos(k_q y) \cos(k_{q'} y)$$

$$\times \cos(k_r z) g_{z_2}^{(1)}(z) \, \mathrm{d}x \mathrm{d}y \mathrm{d}z \tag{A23}$$

$$\{K_{21}^a\}_{l,t} = k_p k_{p'} \int_0^{l_x} \int_0^{l_y} \int_0^{l_z} \sin(k_p x) \sin(k_{p'} x) \cos(k_q y) \cos(k_{q'} y)$$

$$\times \cos(k_r z) g_{z_2}(z) \mathrm{d}x \mathrm{d}y \mathrm{d}z$$

$$+ k_q k_{q'} \int_0^{l_x} \int_0^{l_y} \int_0^{l_z} \cos(k_p x) \cos(k_{p'} x) \sin(k_q y) \sin(k_{q'} y)$$

$$\times \cos(k_r z) g_{z_2}(z) \mathrm{d}x \mathrm{d}y \mathrm{d}z$$

$$- k_r \int_0^{l_x} \int_0^{l_y} \int_0^{l_z} \cos(k_p x) \cos(k_{p'} x) \cos(k_q y) \cos(k_{q'} y)$$

$$\times \cos(k_r z) g_{z_2}^{(1)}(z) \mathrm{d}x \mathrm{d}y \mathrm{d}z \tag{A24}$$

$$\{K_{22}^a\}_{l,t} = k_p k_{p'} \int_0^{l_x} \int_0^{l_y} \int_0^{l_z} \sin(k_p x) \sin(k_{p'} x) \cos(k_q y) \cos(k_{q'} y)$$

$$\times \sin(k_r z) \sin(k_{r'} z) \, \mathrm{d}x \mathrm{d}y \mathrm{d}z$$

$$+ k_q k_{q'} \int_0^{l_x} \int_0^{l_y} \int_0^{l_z} \cos(k_p x) \cos(k_{p'} x) \sin(k_q y) \sin(k_{q'} y) \sin(k_{r'} z)$$

$$\times \sin(k_r z) \, \mathrm{d}x \mathrm{d}y \mathrm{d}z$$

$$+ \int_0^{l_x} \int_0^{l_y} \int_0^{l_z} \cos(k_p x) \cos(k_{p'} x) \cos(k_q y)$$

$$\times \cos\left(k_{q'}y\right) g_{z_2}^{(1)}\left(z\right) g_{z_2}^{(1)}\left(z\right) \mathrm{d}x\mathrm{d}y\mathrm{d}z \tag{A25}$$

其中，$k_r = r\pi/l_z$。

(5) 矩形腔质量矩阵 $[M_a]$

$$\{M_{11}^a\}_{l,t} = -\frac{1}{C_0^2} \int_0^{l_x}\int_0^{l_y}\int_0^{l_z} \cos\left(k_p x\right)\cos\left(k_{p'}x\right)\cos\left(k_q y\right)\cos\left(k_{q'}y\right)$$

$$\times \cos\left(k_{r'}z\right)\cos\left(k_r z\right)\mathrm{d}x\mathrm{d}y\mathrm{d}z \tag{A26}$$

$$\{M_{12}^a\}_{l,t} = -\frac{1}{C_0^2} \int_0^{l_x}\int_0^{l_y}\int_0^{l_z} \cos\left(k_p x\right)\cos\left(k_{p'}x\right)\cos\left(k_q y\right)\cos\left(k_{q'}y\right)$$

$$\times g_{z_2}(z)\cos\left(k_r z\right)\mathrm{d}x\mathrm{d}y\mathrm{d}z \tag{A27}$$

$$\{M_{21}^a\}_{l,t} = -\frac{1}{C_0^2} \int_0^{l_x}\int_0^{l_y}\int_0^{l_z} \cos\left(k_p x\right)\cos\left(k_{p'}x\right)\cos\left(k_q y\right)\cos\left(k_{q'}y\right)$$

$$\times \cos\left(k_r z\right) g_{z_2}(z)\mathrm{d}x\mathrm{d}y\mathrm{d}z \tag{A28}$$

$$\{M_{22}^a\}_{l,t} = -\frac{1}{C_0^2} \int_0^{l_x}\int_0^{l_y}\int_0^{l_z} \cos\left(k_p x\right)\cos\left(k_{p'}x\right)\cos\left(k_q y\right)\cos\left(k_{q'}y\right)$$

$$\times g_{z_2}(z)g_{z_2}(z)\mathrm{d}x\mathrm{d}y\mathrm{d}z \tag{A29}$$

(6) 激励矩阵 $\{F_p\}$

$$\{F_p\}_{s,l} = F_0 \cos(k_m x_0) \cos(k_n y_0) \tag{A30}$$

式中，x_0 和 y_0 为矩形板上激励力的作用点坐标。

9.2 弹性腔体与结构耦合的声弹性模型

完整建立有限区域内部声场与弹性界面或声阻抗界面的声振耦合模型，应该归属于 Dowell 等 [12] 的研究。他们第一次提出声弹性 (acoustic elasticity) 概念，采用界面为刚性边界条件条件下有限区域的声模态函数作为内部声场展开的基本函数族，利用 Green 公式建立腔体内部声场与界面振动的关系，采用模态法求解声场和界面振动，得到描述内部声场和界面振动的两个模态方程，其中声场模态方程中含有振动对声场的作用项，振动模态方程中会有声场对振动的作用项，它们是声模态与振动模态相互耦合的结果。他们的研究为分析弹性及阻抗壁面结构的内部声场问题奠定了理论基础，可以说，后来的研究基本上都是以他们的方法和方程为出发点。

考虑一有限区域腔体[13]，其体积为 V，界面包络为 S，可分为两部分，一部分为弹性界面 S_e，另一部分为刚性界面 S_r，参见图 9.2.1，腔体内部声压满足波动方程：

$$\nabla^2 p_c - \frac{1}{C_0^2}\frac{\partial^2 p_c}{\partial t^2} = 0 \tag{9.2.1}$$

腔体界面上有边界条件：

$$\frac{\partial p_c}{\partial n} = \begin{cases} -\rho_0 \dfrac{\partial^2 W}{\partial t^2}, & \in S_e \\ 0, & \in S_r \end{cases} \tag{9.2.2}$$

式中，W 为腔体弹性界面法向振动位移，n 为外法线方向。

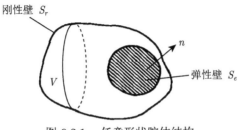

图 9.2.1   任意形状腔体结构

(引自文献 [13]，fig1)

假设腔体壁面为刚性边界情况下的模态解为 $\psi_n \mathrm{e}^{-\mathrm{i}\omega t}(n = 0, 1, 2, \cdots)$，则其满足：

$$\nabla^2 \psi_n + \frac{(\omega_n^a)^2}{C_0^2}\psi_n = 0 \tag{9.2.3}$$

且相应的边界条件为

$$\frac{\partial \psi_n}{\partial n} = 0, \quad \in S_e + S_r \tag{9.2.4}$$

这里 ω_n^a 为腔体声模态频率，模态函数 ψ_n 满足：

$$\frac{1}{V}\int_V \psi_n \psi_m \mathrm{d}V = \begin{cases} M_n^a, & n = m \\ 0, & n \neq m \end{cases} \tag{9.2.5}$$

利用 Green 公式建立腔体声场与壁面结构振动的耦合关系：

$$\int_V \left(p_c \nabla^2 \psi_n - \psi_n \nabla^2 p_c\right)\mathrm{d}V = \int_S \left(p_c \frac{\partial \psi_n}{\partial n} - \psi_n \frac{\partial p_c}{\partial n}\right)\mathrm{d}S \tag{9.2.6}$$

定义:

$$p_n = \frac{1}{\rho_0 C_0^2 V} \int_V p_c \psi_n \mathrm{d}V \qquad (9.2.7)$$

$$W_n = \frac{1}{S_e} \int_{S_e} W \psi_n \mathrm{d}S \qquad (9.2.8)$$

将 (9.2.1)~(9.2.4) 式代入 (9.2.6) 式, 并利用 (9.2.7) 和 (9.2.8) 式, 则可得腔体内部声模态方程:

$$\ddot{p}_n + (\omega_n^a)^2 p_n = -\frac{S_e}{V} \ddot{W}_n \qquad (9.2.9)$$

式中, p_n 为腔体内部声压的模态展开系数, 满足

$$\frac{p_c}{\rho_0 C_0^2 V} = \sum_{n=0}^{\infty} \frac{1}{M_n^a} p_n \psi_n \qquad (9.2.10)$$

注意到 (9.2.10) 式的腔体声模态函数满足腔体壁面为刚性边界条件的情况。若对 (9.2.10) 两边求法向导数, 可以看到在腔体弹性壁面上, 边界条件并不能满足。Ginsberg[14] 采用一个简单的例子, 进一步直观分析这个问题, 他考虑了如图 9.2.2 所示的一维波导的声振相互作用。一维波导长为 l, 截面积为 A, 其一端设置了质量为 M、刚度为 K 的活塞, 另一端为刚性边界条件。波导声场及边界条件满足:

$$\frac{\partial^2 p_c}{\partial x^2} - \frac{1}{C_0^2} \frac{\partial^2 p_c}{\partial t^2} = 0 \qquad (9.2.11)$$

$$\frac{\partial p_c}{\partial x}\big|_{x=l} = 0 \qquad (9.2.12)$$

$$\frac{\partial p_c}{\partial x}\big|_{x=0} = -\rho_0 \ddot{W} \qquad (9.2.13)$$

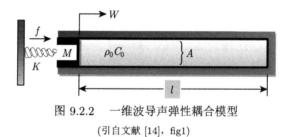

图 9.2.2　一维波导声弹性耦合模型

(引自文献 [14], fig1)

波导一端的活塞受外力 f 的作用，满足振动方程：

$$M\ddot{W} + KW = f - p_c|_{x=0}A \tag{9.2.14}$$

类似 (9.2.10) 和 (9.2.3) 式，在一维情况下有

$$p_c = \rho_0 C_0^2 \sum_{n=0}^{\infty} p_n \psi_n(x) \tag{9.2.15}$$

一维模态函数满足：

$$\frac{\partial^2 \psi_n(x)}{\partial x^2} - \frac{(\omega_n^a)^2}{C_0^2}\psi_n = 0 \tag{9.2.16}$$

$$\frac{\partial \psi_n(x)}{\partial x}\Big|_{x=0} = \frac{\partial \psi_n(x)}{\partial x}\Big|_{x=l} = 0 \tag{9.2.17}$$

求解 (9.2.16) 及 (9.2.17) 式，可得模态函数为

$$\psi_n(x) = \sqrt{2}\cos\left(\frac{n\pi x}{l}\right) \tag{9.2.18}$$

$$\omega_n^a = \frac{n\pi C_0}{l} \tag{9.2.19}$$

且 ψ_n 满足：

$$\int_0^l \psi_n^2(x)\mathrm{d}x = l \tag{9.2.20}$$

将 (9.2.18) 式代入 (9.2.15) 式并求导，可以得到 $\partial p_c/\partial x|_{x=0}$，据此可由边界条件 (9.2.13) 式推论 $\ddot{W}$ 也为零，但实际上活塞振动满足 (9.2.14) 式，与推论得到的 $\ddot{W}$ 为零并不相符。对于这种矛盾的情况，Dowell 认为，Green 公式包含的加速度连续条件实际上在整个区域成立，(9.2.10) 式适用于腔体内部及包含弹性界面在内的腔体界面上的声压。当然，应当说这是一种近似的处理方法，下面还会进一步说明。

若腔体还有部分界面为阻抗边界 S_a，局部声阻抗表征为

$$p_c = Z_A \dot{W}, \quad \in S_a \tag{9.2.21}$$

相应的界面边界条件为

$$\frac{\partial p_c}{\partial n} = -\frac{\rho_0}{Z_A}\dot{p}_c \tag{9.2.22}$$

这里, Z_A 为腔体界面的已知声阻抗。在推导 (9.2.9) 式时, 同时考虑将 (9.2.22) 式代入 (9.2.6) 式, 则有

$$\ddot{p}_n + (\omega_n^a)^2 p_n + \frac{S_a}{V}\rho_0 C_0^2 \sum_{q=0}^{\infty} \frac{1}{M_q^a} C_{nq}\dot{p}_q = -\frac{S_e}{V}\ddot{W}_n \qquad (9.2.23)$$

式中,

$$C_{nq} = \frac{1}{S_a}\int_{S_a} \frac{\psi_n\psi_q}{Z_A}\mathrm{d}S \qquad (9.2.24)$$

由 (9.2.23) 式可见, 阻抗界面与腔体所有声模态都耦合。实际上, 弹性界面也与腔体所有声模态都耦合, 考虑腔体弹性界面的振动方程:

$$\{L\}W + m_s\frac{\partial^2 W}{\partial t^2} = p_c - f \qquad (9.2.25)$$

式中, $\{L\}$ 为线性微分算子, 对于平板弯曲振动 $\{L\} \equiv D\nabla^4$, f 为作用在弹性界面上的激励力。

设弹性界面结构的振动模态为 φ_m, 满足本征方程:

$$\{L\}\varphi_m - m_s\omega_m^2\varphi_m = 0 \qquad (9.2.26)$$

式中, ω_m 为弹性界面结构的模态频率, 模态函数满足正交归一化条件:

$$\int_{S_e} m_s\varphi_m\varphi_r\mathrm{d}s = \begin{cases} M_m, & m = r \\ 0, & m \neq r \end{cases} \qquad (9.2.27)$$

设弹性界面结构振动位移解为

$$W = \sum_{m=1}^{\infty} q_m\varphi_m \qquad (9.2.28)$$

将 (9.2.28) 式代入 (9.2.25) 式, 并利用 (9.2.26) 和 (9.2.27) 式, 可得振动模态方程

$$M_m[\ddot{q}_m + \omega_m^2 q_m] = Q_m^c + Q_m^f \qquad (9.2.29)$$

式中,

$$Q_m^c = \int p_c\varphi_m\mathrm{d}S \qquad (9.2.30\text{a})$$

$$Q_m^f = -\int f\varphi_m\mathrm{d}S \qquad (9.2.30\text{b})$$

将 (9.2.10) 式代入 (9.2.30a) 式，则有

$$Q_m^c = \rho_0 C_0^2 V S_e \sum_{n=0}^{\infty} p_n L_{nm} / M_n^a \qquad (9.2.31)$$

再将 (9.2.31) 式代入 (9.2.29) 式，得到腔体弹性界面与腔体耦合的模态方程：

$$M_m[\ddot{q}_m + \omega_m^2 q_m] = \rho_0 C_0^2 V S_e \sum_{n=0}^{\infty} \frac{L_{nm}}{M_n^a} p_n + Q_m^f \qquad (9.2.32)$$

这里，腔体声模态与弹性界面结构振动模态的耦合系数 L_{nm} 为

$$L_{nm} = \frac{1}{S_e} \int_{S_e} \psi_n \varphi_m \mathrm{d}S \qquad (9.2.33)$$

由 (9.2.33) 式可见，腔体弹性界面结构振动模态与所有腔体声模态耦合。将 (9.2.28) 式代入 (9.2.8) 式，有

$$W_n = \sum_{m=1}^{\infty} L_{nm} q_m \qquad (9.2.34)$$

再将 (9.2.34) 式代入 (9.2.23) 式，则得到腔体与界面结构耦合的模态方程：

$$\ddot{p}_n + (\omega_n^a)^2 p_n + \frac{S_a \rho_0 C_0^2}{V} \sum_{q=1}^{\infty} \dot{p}_q C_{nq} / M_q^a = -\frac{S_e}{V} \sum_{m=1}^{\infty} L_{nm} \ddot{q}_m \qquad (9.2.35)$$

联立 (9.2.32) 和 (9.2.35) 式，在已知外力的情况下可以求解得到腔体模态声压 p_n 和弹性界面结构振动模态位移 q_m。为了进一步求解方便，将前面方程中的腔体声压 p_c 替换为腔体速度势 ϕ，利用关系：

$$p_c = -\rho_0 \dot{\phi} \qquad (9.2.36)$$

并将腔体速度势展开为

$$\phi = \sum_n a_n \psi_n \qquad (9.2.37)$$

由 (9.2.36) 式、(9.2.37) 和 (9.2.10) 式，可得

$$\frac{V C_0^2 p_n}{M_n^a} = -\dot{a}_n \qquad (9.2.38)$$

将 (9.2.38) 式分别代入 (9.2.35) 和 (9.2.32) 式，则有

$$VM_n^a[\ddot{a}_n + (\omega_n^a)^2 a_n] + S_a \rho_0 C_0^2 \sum_{q=0}^{\infty} \dot{a}_q C_{nq} = C_0^2 S_e \sum_{m=1}^{\infty} L_{mn} \dot{q}_m, \quad n = 0, 1, 2, \cdots$$

(9.2.39)

$$M_m[\ddot{q}_m + \omega_m^2 q_m] = -\rho_0 S_e \sum_{n=0}^{\infty} \dot{a}_n L_{nm} + Q_m^f, \quad m = 1, 2, \cdots \qquad (9.2.40)$$

在 (9.2.39) 和 (9.2.40) 式中，腔体与弹性结构的耦合项分别与 $\dot{a}_n$ 和 $\dot{q}_m$ 有关，这种耦合为回转耦合 (gyroscopic coupling)。当 C_{nq} 为零，即腔体没有阻抗界面时，声振耦合的本征频率为实数，系统相当于一个无阻尼的共振器。注意到，在 (9.2.39) 式中，n 取值从零开始，腔体第一阶模态频率 $\omega_0^a = 0$，因此，若 (9.2.39) 式表示为矩阵形式，a_n 的系数矩阵全出现奇异性。为了避免这个缺陷，在 (9.2.39) 式中不考虑腔体阻抗界面，并令 $n = 0$，相应可得

$$\dot{a}_0 = \frac{S_e C_0^2}{VM_0^a} \sum_{m=1}^{\infty} q_m L_{0m} \qquad (9.2.41)$$

不妨认为，在结构第 m 阶模态频率附近，(9.2.41) 式中贡献最大项为 $q_m L_{0m}$，其他项可以忽略，这样 (9.2.41) 式简化为

$$\dot{a}_0 = \frac{S_e C_0^2}{VM_0^a} q_m L_{0m} \qquad (9.2.42)$$

于是，在 (9.2.39) 式中不考虑 C_{nq} 项，并取 $n = 0, 1, 2, \cdots$，同时，将 (9.2.42) 式代入 (9.2.40) 式，则有

$$\frac{VM_n^a}{S_e C_0^2}[\ddot{a}_n + (\omega_n^a)^2 a_n] - \sum_{m=1}^{\infty} \dot{q}_m L_{mn} = 0, \quad n = 0, 1, 2, \cdots \qquad (9.2.43)$$

$$\frac{M_m}{\rho_0 S_e}\ddot{q}_m + \left[\frac{M_m}{\rho_0 S_e}\omega_m^2 + \frac{S_e C_0^2}{VM_0^a}L_{0m}^2\right]q_m + \sum_{n=1}^{\infty} L_{nm}\dot{a}_n = \frac{1}{\rho_0 S_e}Q_m^f, \quad m = 1, 2, \cdots$$

(9.2.44)

将 (9.2.43) 和 (9.2.44) 式表示为矩阵形式，并取腔体和弹性结构的模态数分别为 N 和 M，有

$$[M]\left\{\begin{array}{c} \ddot{a}_n \\ \ddot{q}_m \end{array}\right\} + [L]\left\{\begin{array}{c} \dot{a}_n \\ \dot{q}_m \end{array}\right\} + [K]\left\{\begin{array}{c} a_n \\ q_m \end{array}\right\} = \left\{\begin{array}{c} 0 \\ \dfrac{1}{\rho_0 S_e}Q_m^f \end{array}\right\} \qquad (9.2.45)$$

式中,

$$[M] = \begin{bmatrix} \left[\dfrac{VM_n^a}{S_e C_0^2}\right] & 0 \\ 0 & \left[\dfrac{M_m}{\rho_0 S_e}\right] \end{bmatrix} \tag{9.2.46}$$

$$[L] = \begin{bmatrix} 0 & -[L_{mn}] \\ [L_{mn}] & 0 \end{bmatrix} \tag{9.2.47}$$

$$[K] = \begin{bmatrix} \left[\dfrac{VM_n^a}{S_e C_0^2}(\omega_n^a)^2\right] & 0 \\ 0 & \left[\dfrac{M_m \omega_m^2}{\rho_0 S_e} + \dfrac{S_e C_0^2}{VM_0^a} L_{0m}^2\right] \end{bmatrix} \tag{9.2.48}$$

这里, (9.2.48) 式给出的刚度矩阵不再奇异, (9.2.45) 式的广义坐标为 $\{a_n, q_m\}^T$, 矩阵 $[L]$ 为非对称的, 求解此矩阵方程, 不能采用常规的方法, 否则即使腔体和结构都没有阻尼, 也会出现复本征矢量和复本征值。为此需要将 (9.2.48) 式变换为对称的矩阵方程。

考虑 (9.2.45) 式对应的齐次方程:

$$[M]\left\{\begin{array}{c} \ddot{a}_n \\ \ddot{q}_m \end{array}\right\} + [L]\left\{\begin{array}{c} \dot{a}_n \\ \dot{q}_m \end{array}\right\} + [K]\left\{\begin{array}{c} a_n \\ q_m \end{array}\right\} = \left\{\begin{array}{c} 0 \\ 0 \end{array}\right\} \tag{9.2.49}$$

若定义 $2(N+M)$ 阶的状态矢量:

$$\{X\} = \{\dot{a}_n \quad \dot{q}_m \quad a_n \quad q_m\}^T, \quad n = 1, 2, \cdots, N; m = 1, 2, \cdots, M \tag{9.2.50}$$

则 (9.2.45) 式可以表示为

$$[H]\{\dot{X}(t)\} + [G]\{X(t)\} = \{F(t)\} \tag{9.2.51}$$

对应 (9.2.49) 式, 有

$$[H]\{\dot{X}(t)\} + [G]\{X(t)\} = 0 \tag{9.2.52}$$

式中,

$$[H] = \begin{bmatrix} \left[\dfrac{VM_n^a}{S_eC_0^2}\right] & 0 & 0 & 0 \\[2ex] 0 & \left[\dfrac{M_m}{\rho_0 S_e}\right] & 0 & 0 \\[2ex] 0 & 0 & \left[\dfrac{VM_n^a(\omega_n^a)^2}{S_eC_0^2}\right] & 0 \\[2ex] 0 & 0 & 0 & \left[\dfrac{M_m\omega_m^2}{\rho_0 S_e}+\dfrac{S_eC_0^2}{VM_0^a}L_{om}^2\right] \end{bmatrix}$$

$$[G] = \begin{bmatrix} 0 & -[L_{nm}] & \left[\dfrac{VM_n^a(\omega_n^a)^2}{S_eC_0^2}\right] & 0 \\[2ex] [L_{nm}] & 0 & 0 & \left[\dfrac{M_m\omega_m^2}{\rho_0 S_e}+\dfrac{S_eC_0^2}{VM_0^a}L_{om}^2\right] \\[2ex] -\left[\dfrac{VM_n^a(\omega_n^a)^2}{S_eC_0^2}\right] & 0 & 0 & 0 \\[2ex] 0 & -\left[\dfrac{M_m\omega_m^2}{\rho_0 S_e}+\dfrac{S_eC_0^2}{VM_0^a}L_{om}^2\right] & 0 & 0 \end{bmatrix}$$

$$\{F\} = \left\{ \begin{array}{c} 0 \\[1ex] \dfrac{1}{\rho_0 S_e}Q_m^f \\[1ex] 0 \\[1ex] 0 \end{array} \right\}$$

这里, 矩阵 $[H]$ 为 $2(N+M) \times 2(N+M)$ 阶的正定实对角阵, $[G]$ 为 $2(N+M) \times 2(N+M)$ 阶非对称实矩阵, $[X]$ 和 $[F]$ 为 $2(N+M)$ 阶列矩阵。

设 (9.2.52) 式的解为

$$\{X\} = \{X\}\mathrm{e}^{\lambda t} \tag{9.2.53}$$

将 (9.2.53) 式代入 (9.2.52) 式, 有

$$\lambda[H]\{X\} + [G]\{X\} = 0 \tag{9.2.54}$$

(9.2.54) 式的解包含有 $2(N+M)$ 个本征值 λ_r 及相应的本征矢量 $\{X_r\}$。因为 $[H]$ 为对称阵, $[G]$ 为非对称阵, 按照回转系统的本征值理论, (9.2.54) 式的本征值为 $(N+M)$ 对共轭的纯虚数, 相应的本征值为 $(N+M)$ 对共轭复数, 即

$$\lambda = \pm\mathrm{i}\Omega_r, \quad r = 1, 2, \cdots, (N+M) \tag{9.2.55}$$

对应的本征矢量为

$$\left\{X_r\right\} = \left\{X_r^R\right\} + \mathrm{i}\left\{X_r^I\right\} \tag{9.2.56}$$

将 (9.2.56) 式代入 (9.2.54) 式，并将实部和虚部分开，可以得到

$$-\varOmega_r\left[H\right]\left\{X_r^I\right\} + \left[G\right]\left\{X_r^R\right\} = 0 \tag{9.2.57}$$

$$\varOmega_r\left[H\right]\left\{X_r^R\right\} + \left[G\right]\left\{X_r^I\right\} = 0 \tag{9.2.58}$$

求解 (9.2.57) 和 (9.2.58) 式得到两个标准形式的本征方程：

$$\varOmega_r^2\left[H\right]\left\{X_r^R\right\} = \left[T\right]\left\{X_r^R\right\} \tag{9.2.59}$$

$$\varOmega_r^2\left[H\right]\left\{X_r^I\right\} = \left[T\right]\left\{X_r^I\right\} \tag{9.2.60}$$

式中，

$$\left[T\right] = \left[G\right]^{\mathrm{T}}\left[H\right]\left[G\right]$$

这样 (9.2.54) 式给出的复本征值问题变换为 (9.2.59) 和 (9.2.60) 式两个实本征值问题，它们对应的本征值为 $\varOmega_r^2$ 及本征矢量 $\left\{X_r^R\right\}$ 和 $\left\{X_r^I\right\}$ $[r = 1, 2, \cdots, (N + M)]$。因为矩阵 $[H]$ 为非奇异的正定对角阵，矩阵 $[T]$ 也应该是正定的，于是本征矢量 $\left\{X_r^R\right\}$ 和 $\left\{X_r^I\right\}$ 具有以下正交性：

$$\left\{X_r^R\right\}^{\mathrm{T}}\left[H\right]\left\{X_s^R\right\} = \delta_{rs} \tag{9.2.61}$$

$$\left\{X_r^I\right\}^{\mathrm{T}}\left[H\right]\left\{X_s^I\right\} = \delta_{rs} \tag{9.2.62}$$

$$\left\{X_r^R\right\}^{\mathrm{T}}\left[H\right]\left\{X_s^I\right\} = \left\{X_r^I\right\}^{\mathrm{T}}\left[H\right]\left\{X_s^R\right\} = 0 \tag{9.2.63}$$

式中，δ_{rs} 为 Kronecker δ 函数，$r, s = 1, 2, \cdots, (N + M)$。

(9.2.57) 和 (9.2.58) 式分别左乘 $\left\{X_s^I\right\}^{\mathrm{T}}$ 和 $\left\{X_s^R\right\}^{\mathrm{T}}$ 或者分别左乘 $\left\{X_s^R\right\}^{\mathrm{T}}$ 和 $\left\{X_s^I\right\}^{\mathrm{T}}$，则由 (9.2.61)~(9.2.63) 式可以得到

$$\left\{X_s^I\right\}^{\mathrm{T}}\left[G\right]\left\{X_r^R\right\} = \varOmega_r\delta_{rs} \tag{9.2.64}$$

$$\left\{X_s^R\right\}^{\mathrm{T}}\left[G\right]\left\{X_r^I\right\} = -\varOmega_r\delta_{rs} \tag{9.2.65}$$

$$\left\{X_s^R\right\}^{\mathrm{T}}\left[G\right]\left\{X_r^R\right\} = \left\{X_s^I\right\}^{\mathrm{T}}\left[G\right]\left\{X_r^I\right\} = 0 \tag{9.2.66}$$

因为矢量 $\left\{X_r^R\right\}$ 和 $\left\{X_r^I\right\}$ 关于矩阵 $[H]$ 正交，它们由 $2(N + M)$ 个独立的矢量组成，矢量 $\{X\}$ 可以表示为 $\left\{X_r^R\right\}$ 和 $\left\{X_r^I\right\}$ 的线性组合：

$$\{X\} = \sum_{r=1}^{N+M} \alpha(t)\left\{X_r^R\right\} + \sum_{r=1}^{N+M} \beta(t)\left\{X_r^I\right\} \tag{9.2.67}$$

式中，$\alpha(t)$ 和 $\beta(t)$ 分别为采用 $\{X_r^R\}$ 和 $\{X_r^I\}$ 展开的广义坐标。

将 (9.2.67) 式代入 (9.2.51) 式，有

$$[H]\left\{\sum_{r=1}^{N+M}\dot{\alpha}(t)\{X_r^R\}+\sum_{r=1}^{N+M}\dot{\beta}(t)\{X_r^I\}\right\}$$

$$+[G]\left\{\sum_{r=1}^{N+M}\alpha(t)\{X_r^R\}+\sum_{r=1}^{N+M}\beta(t)\{X_r^I\}\right\}=\{F(t)\} \tag{9.2.68}$$

(9.2.68) 式两边分别乘以 $\{X_s^R\}$ 和 $\{X_s^I\}$，并利用 (9.2.61)~(9.2.63) 式和 (9.2.64) ~(9.2.66) 式，可得

$$\dot{\alpha}_r(t)-\Omega_r\beta_r(t)=F_r^R(t),\quad r=1,2,\cdots,(N+M) \tag{9.2.69}$$

$$\dot{\beta}_r(t)+\Omega_r\alpha_r(t)=F_r^I(t),\quad r=1,2,\cdots,(N+M) \tag{9.2.70}$$

其中，

$$F_r^R(t)=\{X_r^R\}^{\mathrm{T}}\{F\} \tag{9.2.71}$$

$$F_r^I(t)=\{X_r^I\}^{\mathrm{T}}\{F\} \tag{9.2.72}$$

(9.2.69) 和 (9.2.70) 式两边对 t 求导后，分别代入 (9.2.70) 和 (9.2.69) 式，再代入 (9.2.71) 和 (9.2.72) 式两边对 t 求导的表达式，经整理得到

$$\ddot{\alpha}_r(t)+\Omega_r\alpha_r(t)=\dot{F}_r^R+\Omega_rF_r^I \tag{9.2.73}$$

$$\ddot{\beta}_r(t)+\Omega_r\beta_r(t)=\dot{F}_r^I+\Omega_rF_r^R \tag{9.2.74}$$

采用 Laplace 变换求解 (9.2.73) 和 (9.2.74) 式，分别得到

$$\alpha_r(t)=\int_0^t\left[\{X_r^R\}^{\mathrm{T}}\{F(\tau)\}\cos\Omega_r(t-\tau)+\{X_r^I\}^{\mathrm{T}}\{F(\tau)\}\sin\Omega_r(t-\tau)\right]\mathrm{d}\tau$$

$$+\{X_r^R\}^{\mathrm{T}}[H]\{F(0)\}\cos\Omega_rt+\{X_r^I\}^{\mathrm{T}}[H]\{F(0)\}\sin\Omega_rt$$

$$\tag{9.2.75}$$

$$\beta_r(t)=\int_0^t\left[\{X_r^I\}^{\mathrm{T}}\{F(\tau)\}\cos\Omega_r(t-\tau)-\{X_r^R\}^{\mathrm{T}}\{F(\tau)\}\sin\Omega_r(t-\tau)\right]\mathrm{d}\tau$$

$$+\{X_r^I\}^{\mathrm{T}}[H]\{F(0)\}\cos\Omega_rt-\{X_r^R\}^{\mathrm{T}}[H]\{F(0)\}\sin\Omega_rt$$

$$\tag{9.2.76}$$

将 (9.2.75) 和 (9.2.76) 式代入 (9.2.67) 式, 可得 $2(N+M)$ 阶状态矢量 $\{X\}$ 的解:

$$
\begin{aligned}
\{X(t)\} = \sum_{r=1}^{N+M} & \left[\int_0^t [(\{X_r^R\}\{X_r^R\}^{\mathrm{T}} + \{X_r^I\}\{X_r^I\}^{\mathrm{T}})\{F(\tau)\}\cos\Omega_r(t-\tau) \right. \\
& + \left(\{X_r^R\}\{X_r^I\}^{\mathrm{T}} - \{X_r^I\}\{X_r^R\}^{\mathrm{T}}\right)\{F(\tau)\}\sin\Omega_r(t-\tau)\bigg]\mathrm{d}\tau \\
& + \left(\{X_r^R\}\{X_r^R\}^{\mathrm{T}} + \{X_r^I\}\{X_r^I\}^{\mathrm{T}}\right)\cdot[H]\{F(0)\}\cos\Omega_r t \\
& + \left(\{X_r^R\}\{X_r^I\}^{\mathrm{T}} - \{X_r^I\}\{X_r^R\}^{\mathrm{T}}\right)\cdot[H]\{F(0)\}\sin\Omega_r t
\end{aligned} \tag{9.2.77}
$$

在 (9.2.77) 式中, 若已知广义激励力 $\{F(t)\}$, 则可计算状态矢量 $\{X\}$。另由 (9.2.36) 和 (9.2.37) 式可知, 腔体内声压为

$$
p_c = -\rho_0 \left[\dot{a}_0\psi_0 + \sum_{n=1}^N \dot{a}_n\psi_n \right] \tag{9.2.78}
$$

将 (9.2.41) 式代入 (9.2.78) 式, 则有

$$
p_c = -\rho_0 \left[\frac{S_e C_0^2}{V M_0^a} \sum_{m=1}^M q_m L_{0m}\psi_0 + \sum_{n=1}^N \dot{a}_n\psi_n \right] \tag{9.2.79}
$$

由 (9.2.50) 式可知, (9.2.77) 求解得到的状态矢量 $\{X\}$, 前面 N 个元素对应 $\dot{a}_n$, 从 $2N+M$ 以后的元素对应 q_m, 这样, 腔体内的声压可以表示为

$$
p_c = -\rho_0 \left[\frac{S_e C_0^2}{V M_0^a} \sum_{m=1}^M X(2N+M+m) L_{0m}\psi_0 + \sum_{n=1}^N X(n)\psi_n \right] \tag{9.2.80}
$$

另由 (9.2.28) 式可以得到腔体弹性界面结构振动速度的表达式

$$
\dot{W} = \sum_{m=1}^M \dot{q}_m\varphi_m = \sum_{m=1}^M X(N+m)\varphi_m \tag{9.2.81}
$$

Bokil 和 Shirahatti[13] 通过两个算例验证上述方法的适用性。算例一为长 20cm、宽 20cm 和高 20cm 的矩形腔, 其中一面为壁厚 0.9144mm 简支铜板, 其对面为 2.54mm 钢板, 另外四个侧面均为 1cm 厚钢板; 算例二同样为矩形腔, 长 30.48cm、宽 15.24cm、高 15.24cm, 其中一面为壁厚 1.6256mm 铝板, 另外五面为 2.54cm 胶合板, 外覆 5.08cm 混凝土。矩形腔内部为空气, 放置在消声室

内, 采用垂直入射的平面波激励, 计算和试验得到的矩形弹性板声传输损失分别见图 9.2.3 和图 9.2.4。这里的传输损失由入射声压和腔内后壁中心声压的均方值比值计算得到。在两个算例中, 计算与试验得到的传输损失吻合较好。在算例一中, 87Hz 附近出现传输损失为负的现象, 这是因为在一阶耦合频率, 弹性板振速增大导致后壁中心声压增大, 弹性板不起声屏蔽作用, 在算例二中也有同样的现象。注意到两个算例中, 矩形腔深度方向的长度分别为 20cm 和 15.24cm, 对应的一阶驻波频率分别为 857.5Hz 和 985.6Hz, 矩形腔与弹性板耦合的一阶频率主要取决于弹性板的一阶频率, 即 (1,1) 模态, 但要稍高于弹性板的一阶频率, 矩形腔深度越小, 腔体对耦合的一阶模态影响越大, 但同样深度时对弹性板 (3,1) 模态的影响小于 (1,1) 模态。矩形腔与弹性板耦合系统的模态特性取决于腔体和弹性板, 严格地说, 对于耦合系统腔体和弹性板单独的模态是不存在的, 但是从能量的角度看, 耦合的模态主要取决于刚性壁面腔体模态或者真空中弹性板振动模态, 因此, 耦合模态也大致分为腔体模态或弹性板模态。按两种模态所具有的相对能量大小, 也称为 "腔控模态" 和 "板控模态", 腔控模态对应大部分能量在腔内声场中, 板控模态则对应大部分能量在弹性板振动中。腔体与弹性板的相互作用不仅影响耦合的模态频率, 而且影响耦合的模态形状。腔体深度较小 (0.2mm) 时, 相互作用明显改变弹性板的一阶模态振型, 当腔体深度增加 (5mm), 则腔体与弹性板相互作用减小, 弹性板的一阶模态振型基本不变。当然, 腔体与弹性板相互作用也改变了腔体的模态形状, 理论上讲, 刚性壁面矩形腔的一阶模态为余弦分布, 由于板腔相互作用, 声压为零的节点面偏移中心位置。

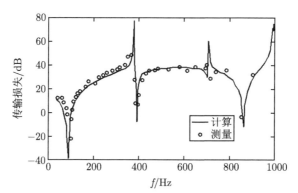

图 9.2.3　矩形腔与矩形板声振耦合算例一计算的传输损失

(引自文献 [13], fig4)

在分析腔体与弹性界面结构耦合问题时, 理论上难以确定腔体和弹性界面结构的阻尼因子, 往往需要借助试验测量。Pan 及 Bies[8,15,16] 针对此问题扩展了矩形腔与弹性平板的耦合模型, 将矩形腔除弹性平板以外的五个内壁考虑为已知声阻抗的局部阻抗壁面,并考虑不仅弹性板受机械外力激励,而且矩形腔内部有声源,扩展了模型的适用范围,可以用于分析声呐罩非透声界面敷设吸声层的作用。Sum 和 Pan[17] 进一步将矩形腔与弹性板耦合模型推广到计算有限带宽的声振响应。他们还认为 [18]:采用模态概念分析声振耦合及声辐射时,往往要考虑声腔模态之间的互耦合和结构模态之间的互耦合。我们知道,考虑自由空间平板结构声辐射时,结构模态相互耦合体现在声辐射阻抗上,每一个结构模态的响应与其他所有结构模态相关。而在矩形腔和弹性板耦合系统中,当腔体内壁为阻抗边界时,腔体声模态也相互耦合,每一个腔体模态响应与其他所有腔体模态相关。除了腔体模态耦合外,腔体与弹性结构耦合系统还存在结构模态耦合。可以说,腔体声场的声模态与结构振动模态相关而且相互耦合。同样弹性结构的振动模态与声模态相关而且相互耦合,从前面推导的声振耦合方程中可以看到这一点。因此,腔体内部声场和弹性结构振动响应计算变得十分复杂。忽略模态互耦合带来的误差,取决于模态密度、阻尼等特性以及声场和振动激励的方式,小阻尼和低频情况下误差较大。为了比较清楚理解腔体与弹性结构的声振耦合特性,Kim 和 Brennan[19] 采用阻抗和导纳集中参数概念,以简洁的矩阵形式,分析矩形腔与弹性板的声振耦合模型,计算和试验验证腔内声压和弹性板振动。Venkatesham 等 [20] 将此模型扩到矩形腔和弹性板系统的外场辐射噪声计算。

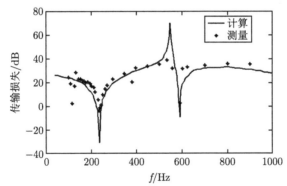

图 9.2.4　矩形腔与矩形板声振耦合算例二计算的传输损失

(引自文献 [13],fig6)

前面提到 Dowell 的声弹性方法是一种简化,在腔体的弹性界面上存在速度不连续的问题,但此方法为什么能被接受?Ginsberg[14] 认为,一个基本合理的原因是腔体弹性结构的刚度较大,使得结构振速及腔体界面的法向质点速度远小于整个腔体内部的质点速度,相应地,界面法向质点加速度较小,按照 Euler 动量方程,界面的法向声压梯度也较小。这样,实际的声压场与其在法向导数为零假设下计算得到的声压场十分接近。他针对图 9.2.2 给出的一维波导声振模型,采用模态解析解、Ritz 级数解和 Dowell 简化等方法, 计算了一维波导内的均方声压及管端活塞的振动位移, 计算的频率范围为 $k_0 l = 0 \sim 2.5\pi$, 相应有三个共振峰出现, 并比较了不同活塞质量和弹性支撑刚度对计算结果的影响。计算结果表明: 表征一维波导管端特性的质量参数 $M/\rho_0 A l$ 取 $100, 1$, 刚度参数 $\omega_s l/C_0$ 取 $0, 0.5\pi, \pi, 1.5\pi$ 时, 解析模态解和 Ritz 级数解的结果都十分吻合。这里, M 为活塞的质量, A 和 l 分别为波导的截面积和长度, ω_s 为活塞弹性支撑的共振频率。但 $M/\rho_0 A l$ 和 $\omega_s l/C_0$ 的取值对 Dowell 简化的结果有影响, 当 $M/\rho_0 A l = 100, \omega_s l/C_0 = 0$ 时, 即管端质量块没有弹性支撑, Dowell 简化计算的波导内部均方声压, 在低频段明显小于其他两种方法的结果, 且在 $k_0 l/\pi$ 附近出现的活塞振动峰值与其他两种方法的结果也有偏差, 没有对应的峰值。当 $M/\rho_0 A l = 100, \omega_s l/C_0 = 0.5\pi$ 时, 在整个计算频率范围内 Dowell 简化计算的活塞振动位移与其他两种方法的结果吻合。但在 $k_0 l/\pi < 0.5$ 的范围内计算的波导内均方声压偏小, 保持 $M/\rho_0 A l$ 不变, 增大 $\omega_s l/C_0$, 计算结果也是如此。若 $M/\rho_0 A l = 1, \omega_s l/C_0 = 0.5\pi$, 则 Dowell 简化计算的波导内均方声压与其他两种方法的结果相比, 不仅低频段结果偏小, 而且一阶共振峰值往低频偏移, 计算的活塞振动一阶共振峰值也往低频偏移, 参见图 9.2.5 ~ 图 9.2.7。应该说, Dowell 简化不符合基本的界面条件连续性要求, 在一定情况下计算结果必然导致偏差, 主要是腔体一阶共振频率下, 腔内均方声压计算的偏差较大一点。值得注意的是腔体内声介质的有效刚度影响 Dowell 简化的有效性, 当腔体内流体质量与活塞质量大致相同时, 偏差还来源于频率的偏移。从这个意义上说, Dowell 简化用于内部为水介质的腔体时, 其适用性要比空气介质腔体差一些。当然, 如果将 Dowell 简化用于计算下限频率为上百赫兹的声呐罩自噪声时, 应该仍有一定的适用性。为了避免 Dowell 声弹性方法的缺陷, Magalhaes 和 Ferguson[21] 发展了部件模态合成法 (component mode synthesis) 用于计算三维矩形腔体与结构的相互作用。Tournour 和 Atalla[22] 还采用准静态修正法 (pseudostatic correction) 求解内部声场和结构振动耦合方程, 即考虑剩余模态对解的贡献, 在不扩大耦合方程阶数的前提下, 可以减少计算时间和提高计算精度。

Dowell 声弹性方法原则上可以求解任意形状壳体的受激振动和内部声场, 但对于非规则形状的腔体, 不能直接采用解析法获得模态函数而进行求解, 需要采用声有限元方法获取腔体的声模态函数, 进一步建立声振耦合方程并求解内部声场, 相关内容将在 9.4 节详细介绍。有些情况下, 腔体形状虽然不是标准的矩形腔等规则形状, 但其形状接近矩形腔, 针对这种不规则形状的腔体, 可以采用几何形状与其相近的规则包络腔体来模拟, 并由规则包络腔体的模态函数求解其内部声场 [23,24]。原则上讲, 任何不规则腔体都可以采用规则包络腔体模拟, 但只有当规则包络腔体的几何形状与不规则腔体比较接近时, 则内部声场求解的精度才比较好。

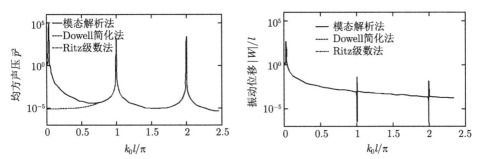

图 9.2.5 一维波导均方声压及活塞振动位移计算结果比较 $(M/\rho_0 Al = 100, \omega_s l/C_0 = 0)$

(引自文献 [14], fig3)

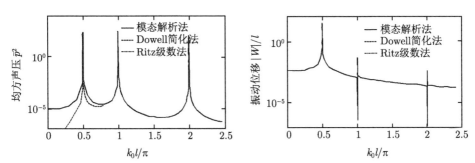

图 9.2.6 一维波导均方声压及活塞振动位移计算结果比较 $(M/\rho_0 Al = 100, \omega_s l/C_0 = 0.5\pi)$

(引自文献 [14], fig4)

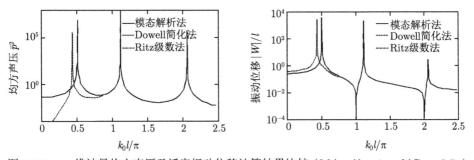

图 9.2.7 一维波导均方声压及活塞振动位移计算结果比较 $(M/\rho_0 Al = 1, \omega_s l/C_0 = 0.5\pi)$

(引自文献 [14], fig7)

考虑如图 9.2.8 所示的腔体, 其形状接近于一个矩形腔, 但有一个侧面是倾斜的, 倾斜角为 α, 表征腔体的几何形状与标准矩形腔的畸变。设腔体体积为 V, 高为 l_z, 倾斜侧面的面积为 S_1, 上表面为简支弹性板, 其面积为 S_2, 长和宽分别为 l_x 和 l_y, 腔体其他界面为刚性界面记为 S_0。针对给定的这个腔体, 不能采用解析的方法求解得到刚性壁面下的模态函数，为了解决这个问题，以腔体的底面大小为基础，作一个虚拟面 S_{1c}，上表面相应的虚拟面为 S_{2c}，从而形成一个包络腔体，其宽度和高度不变，仍为 l_y 和 l_z，而长度则为 $l_x + l_z \tan \alpha$。

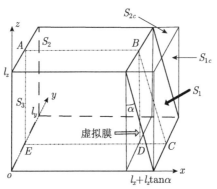

图 9.2.8　侧面倾斜的矩形腔

(引自文献 [23], fig1)

类似 (9.2.25) 式，腔体上表面的简支弹性板弯曲振动方程为

$$D\nabla^4 W + m_s \frac{\partial^2 W}{\partial t^2} = p_c - p \tag{9.2.82}$$

式中，p 为作用在弹性板上的入射声压和反射声压，为简单起见，不考虑弹性板辐射的声压，即忽略弹性板振动与外部声场的耦合作用，p_c 为腔内声压。

假设入射声压和反射声幅值相等，则激励弹性板的声压为

$$p(x,y,t) = 2P_0 e^{-i[\omega t - k_0 z \cos\varphi - k_0 x \sin\varphi\cos\theta - k_0 y \sin\varphi\sin\theta]} = \tilde{p}(\varphi,\theta)e^{-i\omega t} \tag{9.2.83}$$

式中，P_0 为入射平面波声压幅值，φ 和 θ 为方位角和极角。

采用模态法求解，类似 (9.2.28) 式，弹性板振动位移为

$$W(x,y,t) = \sum_{i=1}^{\infty}\sum_{j=1}^{\infty} \varphi_{ij}(x,y)q_{ij}(t) \tag{9.2.84}$$

式中，

$$\varphi_{ij}(x,y) = \sin\frac{i\pi x}{l_x}\sin\frac{j\pi y}{l_y} \tag{9.2.85}$$

将 (9.2.84) 式代入 (9.2.82) 式，利用模态函数的正交归一性，并考虑弹性板阻尼，可得弹性板振动模态方程：

$$M_{ij}\left[\ddot{q}_{ij}(t) + \eta_s \omega_{ij}\dot{q}_{ij}(t) + \omega_{ij}^2 q_{ij}(t)\right] = Q_{ij}^c + Q_{ij}^p \tag{9.2.86}$$

式中, ω_{ij} 和 M_{ij} 分别为简支弹性板的模态频率和模态质量, η_s 为弹性板阻尼损耗因子, Q_{ij}^c 和 Q_{ij}^p 为对应 p_c 和 p 的广义模态力:

$$Q_{ij}^c = \int p_c \varphi_{ij} \mathrm{d}S \qquad (9.2.87)$$

$$Q_{ij} = -\int \tilde{p} \varphi_{ij} \mathrm{d}S \qquad (9.2.88)$$

包络矩形腔体内的声压满足波动方程 (9.2.1) 式及边界条件 (9.2.2) 式。包络矩形腔在刚性壁面条件下的模态解为

$$\psi_{n_1 n_2 n_3} = \cos \frac{n_1 \pi x}{l_x + l_z \tan\alpha} \cos \frac{n_2 \pi y}{l_y} \cos \frac{n_3 \pi z}{l_z} \qquad (9.2.89)$$

设斜倾面腔体内的声压采用包络矩形腔模态展开, 有

$$p_c = \rho_o C_o^2 \sum_{n_1} \sum_{n_2} \sum_{n_3} p_{n_1 n_2 n_3} \psi_{n_1 n_2 n_3} \qquad (9.2.90)$$

利用 Green 公式 (9.2.6) 式, 采用类似 (9.2.9) 式的推导, 并考虑腔内声介质的能量损失, 可得腔体与简支弹性板的耦合模态方程:

$$M_{n_1 n_2 n_3}^a \left[\ddot{p}_{n_1 n_2 n_3} + \eta_a \omega_{n_1 n_2 n_3} \dot{p}_{n_1 n_2 n_3} + \omega_{n_1 n_2 n_3}^2 p_{n_1 n_2 n_3} \right]$$

$$+ \frac{C_0^2}{V} \sum_{n_1} \sum_{n_2} \sum_{n_3} p_{n_1 n_2 n_3} I_{n_1 n_2 n_3} = -\frac{S_2}{V} \ddot{W}_{n_1 n_2} \qquad (9.2.91)$$

式中, $M_{n_1 n_2 n_3}^a$ 和 $\omega_{n_1 n_2 n_3}$ 为包络腔体模态质量和模态频率, η_a 为腔内声介质阻尼损耗因子。

$$I_{n_1 n_2 n_3} = \frac{C_0^2}{V} \int_{S_0} \psi_{n_1 n_2 n_3} \frac{\partial \psi_{n_1 n_2 n_3}}{\partial n} \mathrm{d}S \qquad (9.2.92)$$

$$W_{n_1 n_2} = \frac{1}{S_2} \int W \psi_{n_1 n_2 n_3}|_{z=l_z} \mathrm{d}S \qquad (9.2.93)$$

$$M_{n_1 n_2 n_3}^a = \frac{1}{V} \int \psi_{n_1 n_2 n_3}^2 \mathrm{d}S \qquad (9.2.94)$$

(9.2.91) 式与 (9.2.9) 式比较, 可以发现多了一项 $I_{n_1 n_2 n_3}$, 称为腔体声模态的耦合声阻抗, 它是由于包络腔体声模态函数不满足腔体刚性壁面条件而引起的。利用 Green 公式, 将包络腔体不同阶模态函数 $\psi_{n_1 n_2 n_3}$ 和 $\psi_{r_1 r_2 r_3}$ 代入 (9.2.6) 式, 并注意到它们不满足腔体刚性壁面边界条件, 可以推导得到不同声模态所满足的关系

$$\left[\omega_{n_1 n_2 n_3}^2 - \omega_{r_1 r_2 r_3}^2 \right] \int \psi_{n_1 n_2 n_3} \psi_{r_1 r_2 r_3} \mathrm{d}V$$

$$= C_0^2 \left[\int \psi_{n_1 n_2 n_3} \frac{\partial \psi_{r_1 r_2 r_3}}{\partial n} dS - \int \psi_{r_1 r_2 r_3} \frac{\partial \psi_{n_1 n_2 n_3}}{\partial n} dS \right] \tag{9.2.95}$$

当腔体和包络腔体重合时，即包络腔体模态函数 $\psi_{n_1 n_2 n_3}$ 和 $\psi_{r_1 r_2 r_3}$ 满足腔体刚性壁面条件，则有

$$\int \psi_{n_1 n_2 n_3} \frac{\partial \psi_{r_1 r_2 r_3}}{\partial n} dS = \int \psi_{r_1 r_2 r_3} \frac{\partial \psi_{n_1 n_2 n_3}}{\partial n} dS = 0 \tag{9.2.96}$$

这样，(9.2.95) 式退化为腔体声模态的正交条件：

$$\int \psi_{n_1 n_2 n_3} \psi_{r_1 r_2 r_3} dV = 0, \quad n_1 \neq r_1, n_2 \neq r_2, n_3 \neq r_3 \tag{9.2.97}$$

在 (9.2.91) 式中，只有腔体与包络腔体重合时，声模态的耦合才消失。当然，如果包络腔体相对于腔体的变形较小，在低频时模态耦合项 $I_{n_1 n_2 n_3}$ 可以忽略不计。联立 (9.2.86) 式与 (9.2.91) 式求解腔体声场和界面结构振动，其过程及方法与 Dowell 方法一致，不再详述，这里重点针对倾斜壁面情况，给出 $I_{n_1 n_2 n_3}$ 的具体形式。注意到包络腔体的模态函数 (9.2.89) 式，在腔体 $y = 0$ 和 l_y，$z = 0$ 和 l_z 及 $x = 0$ 等五个壁面，模态函数的法向导数为零，只有 $x = l_x + (l_z - z)\tan\alpha$ 壁面上，模态函数的法向导数不为零。这样，(9.2.92) 式计算 $I_{n_1 n_2 n_3}$ 时只需考虑倾斜面 S_1 上的积分。倾斜面上 x 坐标与 z 坐标的关系为

$$x = l_x + (l_z - z)\tan\alpha \tag{9.2.98}$$

将 (9.2.98) 式代入 (9.2.89) 式，得到声模态函数在 S_1 面上表达式：

$$\psi_{n_1 n_2 n_3} = (-1)^{n_1} \cos \bar{k}_{n_1} z \cos k_{n_3} z \cos k_{n_2} y \tag{9.2.99}$$

式中，

$$\bar{k}_{n_1} = \frac{n_1 \pi \tan\alpha}{l_x + l_z \tan\alpha}, \quad k_{n_2} = \frac{n_2 \pi}{l_y}, \quad k_{n_3} = \frac{n_3 \pi}{l_z}$$

在 S_1 面上求声模态函数的法向导数，可得

$$\frac{\partial \psi_{n_1 n_2 n_3}}{\partial n} = [-A (-1)^{n_1} \sin \bar{k}_{n_1} z \cos k_{n_3} z$$
$$+ B (-1)^{n_1} \cos \bar{k}_{n_1} z \sin k_{n_3} z] \cos k_{n_2} y \tag{9.2.100}$$

式中，

$$A = \frac{n_1 \pi \cos\alpha}{l_x + l_z \tan\alpha}, \quad B = \frac{n_3 \pi \sin\alpha}{l_z}$$

将 (9.2.99) 和 (9.2.100) 式代入 (9.2.92) 式, 有

$$I_{n_1 n_2 n_3} = \frac{C_0^2}{V} J_y J_1 J_2 \tag{9.2.101}$$

其中,

$$J_y = \int_0^{l_y} \cos k_{n_2} y \cos k_{r_2} y \mathrm{d}y \tag{9.2.102}$$

$$J_1 = -\int_0^{l_z} A \cos k_{n_3} z \cos k_{r_3} z \cos \bar{k}_{n_1} z \sin \bar{k}_{r_1} z \mathrm{d}l \tag{9.2.103}$$

$$J_2 = \int_0^{l_z} B \cos k_{n_3} z \sin k_{r_3} z \cos \bar{k}_{n_1} z \cos \bar{k}_{r_1} z \mathrm{d}l \tag{9.2.104}$$

注意到 $\mathrm{d}l = \mathrm{d}z/\cos\alpha$, (9.2.102)~(9.2.104) 式可分别积分得到

$$J_y = \frac{l_y}{2} \left[1 - |\mathrm{sign}\,(n_2 - r_2)| \right] \tag{9.2.105}$$

$$J_1 = -\frac{n_1 \pi}{8} \frac{1}{l_x + l_z \tan\alpha} \left[a_1 - a_2 + a_3 - a_4 + a_5 - a_6 + a_7 - a_8 \right] \tag{9.2.106}$$

$$J_2 = \frac{n_3 \pi}{8} \frac{\tan\alpha}{l_z} \left[a_1 + a_2 + a_3 + a_4 + \mathrm{sign}\,(n_3 - r_3) \cdot (a_5 + a_6 + a_7 + a_8) \right] \tag{9.2.107}$$

式中,

$$\mathrm{sign}\,(n_i - r_i) = \begin{cases} 1, & n_i > r_i \\ 0, & n_i = r_i \quad (i = 2, 3) \\ -1, & n_i < r_i \end{cases}$$

$$a_1 = \frac{1 - (-1)^{n_3 + r_3} \cos(n_1 + r_1)\pi\Delta}{(n_3 + r_3)\pi/l_z + (n_1 + r_1)\pi\Delta/l_z}, \qquad a_2 = \frac{1 - (-1)^{n_3 + r_3} \cos(n_1 + r_1)\pi\Delta}{(n_3 + r_3)\pi/l_z - (n_1 + r_1)\pi\Delta/l_z}$$

$$a_3 = \frac{1 - (-1)^{n_3 + r_3} \cos(n_1 - r_1)\pi\Delta}{(n_3 + r_3)\pi/l_z + (n_1 - r_1)\pi\Delta/l_z}, \qquad a_4 = \frac{1 - (-1)^{n_3 + r_3} \cos(n_1 - r_1)\pi\Delta}{(n_3 + r_3)\pi/l_z - (n_1 - r_1)\pi\Delta/l_z}$$

$$a_5 = \frac{1 - (-1)^{n_3 - r_3} \cos(n_1 + r_1)\pi\Delta}{(n_3 - r_3)\pi/l_z + (n_1 + r_1)\pi\Delta/l_z}, \qquad a_6 = \frac{1 - (-1)^{n_3 - r_3} \cos(n_1 + r_1)\pi\Delta}{(n_3 - r_3)\pi/l_z - (n_1 + r_1)\pi\Delta/l_z}$$

$$a_7 = \frac{1 - (-1)^{n_3 - r_3} \cos(n_1 - r_1)\pi\Delta}{(n_3 - r_3)\pi/l_z + (n_1 - r_1)\pi\Delta/l_z}, \qquad a_8 = \frac{1 - (-1)^{n_3 - r_3} \cos(n_1 - r_1)\pi\Delta}{(n_3 - r_3)\pi/l_z - (n_1 - r_1)\pi\Delta/l_z}$$

$$\Delta = \frac{l_z \tan\alpha}{l_x + l_z \tan\alpha}$$

Li 和 Cheng[23,24] 针对长、宽、高分别为 0.92m × 0.15m × 0.6m 的腔体，计算了侧面 S_1 不同倾斜角 α 时的腔内模态声压分布。图 9.2.9 给出了腔体 (1, 0, 1) 模态的声压分布。当 $\alpha = 2°$ 时，模态声压分布与矩形腔相比出现了畸变，最大偏离为 4%，当 $\alpha = 10°$ 时，畸变增强，最大偏离达到 23%。由于侧面 S_1 倾斜位移小于声波波长，倾斜对腔体模态频率影响较小，α 从 2° 增加到 10°，(1, 0, 1) 模态的频率从 339Hz 下降到 331.2Hz。对于更高阶模态，声模态的畸变会更明显一些。当腔体上表面弹性板为 2mm 铝板，且弹性板和腔内声介质损耗因子为 0.005 和 0.001 时，计算了外场平面波斜入射情况下的腔内声压，比较平面波不同入射角及侧面 S_1 不同斜角时的腔内平均声压，参见图 9.2.10。随着侧面 S_1 倾斜角的增大，倾斜面对腔内平均声压的影响随之增强。腔体内声压的共振峰值对应腔体的模态和弹性板的模态，在计算的 0 ∼ 600Hz 频率范围内，除了 (0, 0, 1) 和 (0, 0, 2) 声模态对应的峰值外，由于侧面 S_1 的倾斜，使 z 方向的模态波长增大，相应的模态频率降低，声压峰值往低频移动。另外，侧面倾斜破坏了腔体的对称性，腔内声模态的耦合，使入射声波激励下腔内平均声压出现新的峰值。应注意到，对应结构模态的腔内声压峰值及弹性板均方振速受侧面倾斜的影响很小，参见图 9.2.11。计算结果还表明，侧面倾斜导致的矩形腔微小的畸变，也会明显改变声腔与弹性板的耦合，从而改变腔内的声场，这或许可以解释某些理想模型的计算结果与试验结果不能吻合的原因。

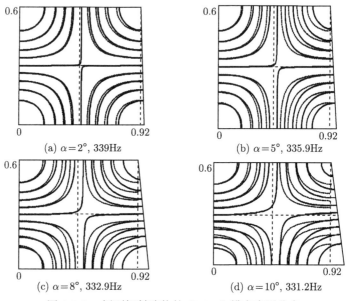

(a) $\alpha = 2°$, 339Hz   (b) $\alpha = 5°$, 335.9Hz

(c) $\alpha = 8°$, 332.9Hz   (d) $\alpha = 10°$, 331.2Hz

图 9.2.9   侧面倾斜腔体的 (1, 0, 1) 模态声压分布
(引自文献 [23], fig2)

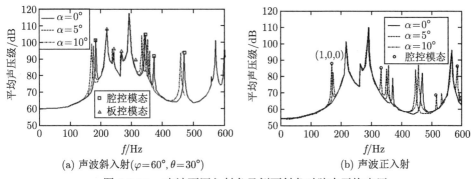

(a) 声波斜入射($\varphi=60°$, $\theta=30°$) (b) 声波正入射

图 9.2.10 声波不同入射角及侧面斜角时腔内平均声压

(引自文献 [24], fig2a, fig2b)

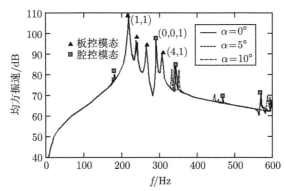

图 9.2.11 侧面不同斜角时平板均方振速

(引自文献 [24], fig4)

实际工程中, 不规则腔体并非为一面倾斜的矩形腔, 而是大致接近于矩形腔或局部形状大致接近于矩形腔的腔体, 为了计算这一类腔体的声振耦合及内部声场, Missaoui 和 Cheng[25] 提出了集成模态法 (integro-modal approach) 及虚拟膜概念, 他们将腔体分解为规则和不规则腔体, 其中规则子腔体采用通常的模态法求解, 不规则子腔体则采用几何形状与其相近的规则包络腔体的模态函数求解。子腔体之间的界面则采用无质量和无刚度的虚拟膜模拟, 保证界面上速度和声压的连续。集成模态法扩展了 Dowell 声弹性方法的适用性, 详细的建模方法及过程将在下一节介绍。采用 Dowell 声弹性方法可以将一个腔体分为几个腔体求解, 当然也可以求解几个腔体连接的声振耦合问题, 无论中间的连接结构是人为的虚拟膜还是实际的弹性板结构。Ahn 等 [26] 针对车厢等实际结构, 建立了两个由弹性板相连的矩形腔的声振耦合模型, 弹性板上开有小孔, 小孔采用等效的质量–弹簧–阻尼系统模拟, 在已知点声源条件下计算矩形腔内部声场。文献 [27] 和 [28] 分别针对由细管连接的两个矩形腔体和多个矩形腔体, 建立声振耦合模型, 研究

连接细管对矩形腔体内声场的影响。Puig 和 Ferran[29] 进一步研究了两个矩形腔带有小孔、洞口及狭缝连接时的声振模型及声场特性。这些模型是 Dowell 声弹性模型的一个扩展。

9.3 有限长圆柱壳声振耦合及内部声场

9.2 节介绍了 Dowell 的声弹性模型，并侧重介绍针对矩形腔的应用及扩展，适用于车船舱室及房间的声振耦合及内部声场分析，而针对潜艇和飞机舱室的声振耦合及内部声场，需要将 Dowell 声弹性模型扩展到有限长圆柱壳结构及其内部声场。Dowell[30] 曾针对飞机舱室噪声将声弹性方法用于有限长圆柱壳的低频噪声传输特征计算，Narayanan 和 Shanbhag[31] 采用 Dowell 声弹性方法计算分层和夹心圆柱壳内部声场，他们考虑的分层圆柱壳为薄弹性圆柱壳外表面敷设了一层自由黏弹性阻尼层，夹心圆柱壳为内部充填黏弹性阻尼材料的两个同心薄圆柱壳，参见图 9.3.1。

文献 [32] 给出了分层圆柱壳的轴对称振动方程，具体表达式可参阅 6.3 节。当弹性层厚度相同时，夹心圆柱壳的轴对称弯曲振动方程为 [31,33]

$$
D\left[W^{(6)} - g(1+\alpha)W^{(4)} + \frac{12(1-\nu^2)}{a^2 h_1^2}W^{(2)} - \frac{12g(1-\nu^2)}{a^2 h_1^2}W \right]
$$
$$
+ m_s\left[\frac{\partial^2 W^{(2)}}{\partial t^2} - g\frac{\partial^2 W}{\partial t^2} \right] = p_c - f \tag{9.3.1}
$$

式中，W 为夹心圆柱壳弯曲振动位移，其上标表示空间导数的阶数，$\alpha = 3(1 + h_2/h_1)$ 为夹心圆柱壳参数，$g = 2G(1-\nu^2)/Eh_1 h_2$，其中 G 为夹心层的复剪切模量，h_2 为夹心层厚度；D, E, ν 和 h_1, m_s 分别为弹性圆柱壳弯曲刚度、复杨氏模量、泊松比和壁厚、面密度。p_c, f 分别为作用在圆柱壳上的内部声压及激励力。

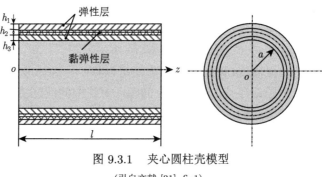

图 9.3.1   夹心圆柱壳模型

(引自文献 [31], fig1)

设夹心层圆柱壳为简支边界条件，振动解为

$$W(z,t) = \sum q_j(t)\varphi_j(z) \tag{9.3.2}$$

其中，

$$\varphi_j(z) = \sin(j\pi/l)$$

将 (9.3.2) 式代入 (9.3.1) 式得到圆柱壳振动模态方程:

$$M_j[\ddot{q}_j + \omega_j^2(1 + \mathrm{i}\eta_{sj})q_j] = Q_j^c + Q_j^f \tag{9.3.3}$$

式中，Q_j^c 和 Q_j^f 分别为对应圆柱壳内部声压和外激励力的模态力，M_j, ω_j, η_{sj} 为圆柱壳模态质量、模态频率和模态阻尼损耗因子。

$$Q_j^c = \int p_c \varphi_j \mathrm{d}S \tag{9.3.4}$$

$$Q_j^f = -\int f\varphi_j \mathrm{d}S \tag{9.3.5}$$

$$M_j = \int m_s \varphi_j^2 \mathrm{d}S \tag{9.3.6}$$

夹心圆柱壳模态频率则为

$$\omega_j^2 = \frac{D}{m_s} \frac{\left(\dfrac{j\pi}{l}\right)^6 + g(1+\alpha)\left(\dfrac{j\pi}{l}\right)^4 + \dfrac{12(1-v^2)}{a^2 h_1^2}\left[\left(\dfrac{j\pi}{l}\right)^2 + g\right]}{\left(\dfrac{j\pi}{l}\right)^2 + g} \tag{9.3.7}$$

在圆柱壳内部，声压满足波动方程:

$$\frac{\partial^2 p_c}{\partial r^2} + \frac{1}{r^2}\frac{\partial^2 p_c}{\partial \varphi^2} + \frac{1}{r}\frac{\partial p_c}{\partial r} + \frac{\partial^2 p_c}{\partial z^2} = \frac{1}{C_0^2}\frac{\partial^2 p_c}{\partial t^2} \tag{9.3.8}$$

设圆柱壳两端为刚性的声学边界条件，侧壁内部满足振速连续条件。

$$\frac{\partial p_c}{\partial z}\Big|_{z=0,l} = 0 \tag{9.3.9}$$

$$\frac{\partial p_c}{\partial r}\Big|_{r=a} = -\rho_0 \omega^2 W \tag{9.3.10}$$

假设圆柱壳内部腔体为刚性壁面，采用分离变量法求解 (9.3.8) 式，可以得到腔体模态函数:

$$\psi_i(x,r,\varphi) = \cos\frac{p\pi z}{l}\cos n\varphi \mathrm{J}_n(k_{nq}r) \tag{9.3.11}$$

式中，p, n, q 分别为圆柱腔内部声场轴向、周向和径向模态数。J_n 为 Bessel 函数，$k_{nq} = \alpha_{nq}/a$，其中 α_{nq} 为 $\mathrm{dJ}_n/\mathrm{d}r = 0$ 的第 q 个根，在圆柱壳为轴对称情况下，取 $n = 0$，圆柱腔模态函数简化为

$$\psi_i(x, l) = \cos\frac{p\pi z}{l}\mathrm{J}_0(k_{0q}r) \tag{9.3.12}$$

注意到圆柱腔内模态函数 ψ_i 满足：

$$\nabla^2\psi_i + \left(\frac{\omega_i^a}{C_0}\right)^2 \psi_i = 0 \tag{9.3.13}$$

并设圆柱腔内声压的模态解为

$$p_c = \rho_0 C_0^2 \sum_i p_i\psi_i/M_i^a \tag{9.3.14}$$

利用 Green 公式及 (9.3.8)~(9.3.10) 式和 (9.3.13)~(9.3.14) 式，类似 (9.2.9) 式推导，可以得到圆柱壳内部声场的模态方程：

$$\ddot{p}_i + \eta_c\omega_i^a\dot{p}_i + (\omega_i^a)^2 p_i = -\frac{S_e}{V}\ddot{W}_i \tag{9.3.15}$$

式中，

$$p_i = \frac{1}{\rho_0 C_0^2 V}\int p_c\psi_i\mathrm{d}V \tag{9.3.16}$$

$$W_i = \frac{1}{S_e}\int W\psi_i\mathrm{d}S \tag{9.3.17}$$

$$M_i^a = \frac{1}{V}\int \psi_i^2\mathrm{d}S \tag{9.3.18}$$

这里，S_e, V 分别圆柱壳的侧表面积和体积，ω_i^a 和 η_c 分别为圆柱壳腔体模态频率及内部声介质的损耗因子。

$$\omega_i^a = C_0\left[\left(\frac{p\pi}{l}\right)^2 + (k_{nq})^2\right]^{1/2} \tag{9.3.19}$$

将 (9.3.14) 式代入 (9.3.4) 式、(9.3.2) 式代入 (9.3.17) 式，分别得到 Q_j^c 和 W_i 的表达式，再分别代入 (9.3.3) 和 (9.3.15) 式，则有圆柱腔声模态与圆柱壳振动模态的耦合方程：

$$\ddot{p}_i + \eta_c\omega_i^a\dot{p}_i + (\omega_i^a)^2 p_i = -\frac{S_e}{V}\sum_j L_{ij}\ddot{q}_j \tag{9.3.20}$$

$$M_j[\ddot{q}_j + \omega_j^2(1 + \mathrm{i}\eta_{sj})q_j] = \rho_0 C_0^2 S_e \sum_i \frac{p_n}{M_i^a} L_{ji} + Q_j^f \tag{9.3.21}$$

式中,

$$L_{ij} = \frac{1}{S_e} \int \psi_i \varphi_j \mathrm{d}S \tag{9.3.22}$$

考虑到圆柱壳和圆柱腔模态函数的具体形式, 由 (9.3.6) 和 (9.3.18) 式可得

$$M_j = \int_0^{2\pi} \int_0^l m_s \sin^2\left(\frac{m\pi z}{l}\right) a\mathrm{d}\theta\mathrm{d}z = \pi m_s al \tag{9.3.23}$$

$$M_i^a = \frac{1}{\pi a^2 l} \int_0^a \int_0^{2\pi} \int_0^l \mathrm{J}_0^2(k_{0q}r) \cos^2\left(\frac{p\pi z}{l}\right) r\mathrm{d}r\mathrm{d}\varphi\mathrm{d}z$$

$$= \begin{cases} \mathrm{J}_0^2(k_{0q}a) + \mathrm{J}_1^2(k_{0q}a)/2, & p \neq 0, q \neq 0 \\ \mathrm{J}_0^2(k_{0q}a) + \mathrm{J}_1^2(k_{0q}a), & p = 0, q \neq 0 \\ \dfrac{1}{4}, & p \neq 0, q = 0 \\ \dfrac{1}{2}, & p = 0, q = 0 \end{cases} \tag{9.3.24}$$

$$L_{ij} = \frac{\mathrm{J}_0(k_{0q}a)}{S_e} \int_0^l \int_0^{2\pi} \sin\frac{m\pi z}{l} \cos\frac{p\pi z}{l} a\mathrm{d}\varphi\mathrm{d}z$$

$$= \frac{\mathrm{J}_0(k_{0q}a)}{2\pi} \left[\frac{1}{m+p} - \frac{\cos(m+p)\pi}{m+p} + \frac{1}{m-p} - \frac{\cos(m-p)\pi}{m-p} \right] \tag{9.3.25}$$

只有当 p 为偶数、m 为奇数, 或者 p 为奇数、m 为偶数时, L_{ij} 才不为零, 也就是说, 只有圆柱腔的偶数阶声模态与圆柱壳的奇数阶振动模态, 或者圆柱腔的奇数阶声模态与圆柱壳的偶数阶振动模态才会有耦合, (9.3.25) 式可简化为

$$L_{ij} = \frac{2m\mathrm{J}_0(k_{0q}a)}{\pi(m^2 - p^2)} \tag{9.3.26}$$

将 (9.3.20) 和 (9.3.21) 式表示为矩阵形式:

$$\begin{bmatrix} [I] & [B_1] \\ [0] & [I] \end{bmatrix} \left\{ \begin{array}{c} \{\ddot{p}\} \\ \{\ddot{q}\} \end{array} \right\} + \begin{bmatrix} [\eta_c\omega_i^a] & [0] \\ [0] & [0] \end{bmatrix} \left\{ \begin{array}{c} \{\dot{p}\} \\ \{\dot{q}\} \end{array} \right\}$$

$$+ \begin{bmatrix} [(\omega_i^a)^2] & [0] \\ [B_2] & [\omega_m^2(1 + \mathrm{i}\eta_{sj})] \end{bmatrix} \left\{ \begin{array}{c} \{p\} \\ \{q\} \end{array} \right\} = \left\{ \begin{array}{c} [0] \\ [Q] \end{array} \right\} \tag{9.3.27}$$

式中，$[I]$ 和 $[0]$ 分别为单位矩阵和零矩阵，$\{p\}$ 和 $\{q\}$ 分别为 p_i 和 q_j 组成的列矩阵，$[B_1]$ 和 $[B_2]$ 及 $[Q]$ 的矩阵元素为

$$b_{1ij} = \frac{S_e}{V} L_{ij} \tag{9.3.28}$$

$$b_{2ij} = -\frac{\rho_0 C_0^2 S_e}{M_i^a M_j} L_{ji} \tag{9.3.29}$$

$$Q_j = Q_j^f / M_j \tag{9.3.30}$$

由 (9.3.27) 式可以计算黏弹性阻尼层厚度及阻尼因子等参数对圆柱腔内声场的影响。Narayanan 和 Shanbhang 针对半径为 1.83m、长为 2m 的分层圆柱壳和夹心圆柱壳，计算了随机激励下的圆柱腔内部声场，腔内为空气介质。随机激励的具体处理方法将在第 10 章详细介绍。图 9.3.2 给出了阻尼层与弹性圆柱壳壁厚之比 $h_2/h_1 = 0.1$ 和 10 时分层圆柱壳的降噪效果，粘性阻尼层的储能杨氏模量取 $E_2^* = 4.14 \times 10^6 \text{N/m}^2$，密度为 554kg/m^3，损耗因子为 $\eta_s = 0.3$，弹性壳杨氏模量取 $E = 7.24 \times 10^{10} \text{N/m}^2$，密度 $\rho_s = 2770 \text{kg/m}^3$，壁厚取 $h_1 = 2\text{mm}$。计算结果表明，频率大于 400Hz，$h_2/h_1 = 10$ 壳体的降噪效果大于 $h_2/h_1 = 0.1$ 的降噪效果，即在较高频段及黏弹性层较厚的情况下，阻尼对降低噪声有明显作用。在圆柱腔共振频率上，降噪效果会出现负值，虽然在计算的频率范围内，难以从圆柱壳模态与圆柱腔模态的相互作用中确定耦合效应，但当 $h_2/h_1 = 0.1$ 时，可以确定 625Hz 频率上的降噪效果差是振动模态与声模态强耦合的结果。计算还表明，分层圆柱壳参数为 $E_2^* = 6.46 \times 10^6 \text{N/m}^2$，$h_2/h_1 = 1.12$ 及 $\eta_s = 0.3$，夹心圆柱壳取参数 $h_1 = 1\text{mm}$，$g = 119$，$\alpha = 31.5$，$\eta_s = 0.3$ 时，400Hz 以下频段，分层圆柱壳的降噪效果优于夹心圆柱壳，而 400Hz 以上频段结果则相反，参见图 9.3.3。

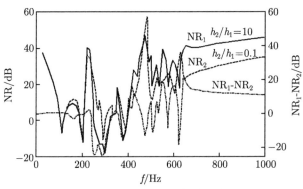

图 9.3.2　分层圆柱壳的降噪效果

(引自文献 [31], fig2)

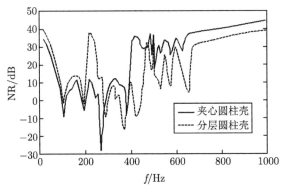

图 9.3.3   分层与夹心圆柱壳降噪效果比较

(引自文献 [31], fig8)

注意到实际的潜艇和飞机舱室为几个圆柱壳连接而成，每个舱段振动能量相互传递，为了研究这种复杂圆柱壳内部声场，Cheng 和 Nicolas[34-36] 针对一端为声学刚性支撑，另一端为弹性支承圆板的弹性圆柱壳，采用 Hamilton 原理和 Rayleigh-Ritz 法，求解有限长圆柱壳及端板产生的内部声场，研究弹性支承端板及圆柱壳侧壁振动对内部声场的影响。

考虑如图 9.3.4 所示的圆柱壳满足 Flügge 壳体方程，其半径为 a、壁厚为 h，沿轴向、周向和径向的振动位移分别为 U, V 和 W。圆柱壳两端为剪切支承，约束周向和径向位移，且圆柱壳两端配有圆板，其厚度为 h_p，沿 z 方向振动位移为 W_p。在 $z = 0$ 处，圆板一面由平动和转动弹簧 K_{t1}, K_{r1} 支承，另一面则由平动和转动弹簧 K_{t3}, K_{r3} 与圆柱壳连接，在 $z = l$ 处，圆柱壳为刚性边界，且由平动和转动弹簧 K_{t2}, K_{r2} 支承。针对这样的系统，Hamilton 函数为

$$H = \int_{t_0}^{t} (T_s - E_s + T_p - E_p - E_k + W_f)\mathrm{d}t \tag{9.3.31}$$

式中，T_s 和 E_s 为圆柱壳的动能和势能，T_p 和 E_p 为端部圆板的动能和势能，E_k 为支撑和链接弹簧的势能，W_f 为激励外力所做的功。

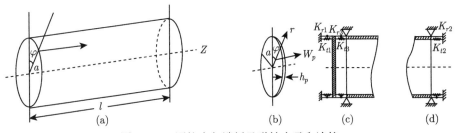

图 9.3.4   圆柱壳与端板及弹性支承和连接

(引自文献 [34], fig1)

按照弹性力学理论, 圆柱壳的动能和势能表达式分别由 (6.2.16) 和 (6.2.17) 式给出。圆板的动能和势能分别为

$$T_p = \frac{1}{2}\rho_p h_p \iint \left(\frac{\partial^2 W_p}{\partial t^2}\right)^2 r\mathrm{d}\varphi\mathrm{d}r \tag{9.3.32}$$

$$\begin{aligned} E_p = \frac{D_p}{2}\iint \Bigg\{ &\left(\frac{\partial^2 W_p}{\partial r^2} + \frac{1}{r}\frac{\partial W_p}{\partial r} + \frac{1}{r^2}\frac{\partial^2 W_p}{\partial \varphi^2}\right)^2 \\ &- 2(1-v_p)\left[\frac{\partial^2 W_p}{\partial r^2}\left(\frac{1}{r}\frac{\partial W_p}{\partial r} + \frac{1}{r^2}\frac{\partial^2 W_p}{\partial \varphi^2}\right)\right] \\ &+ 2(1-v_p)\left[\frac{\partial}{\partial r}\left(\frac{1}{r}\frac{\partial W_p}{\partial \varphi}\right)\right]^2 \Bigg\} r\mathrm{d}\varphi\mathrm{d}r \end{aligned} \tag{9.3.33}$$

支撑和连接弹簧的势能为

$$\begin{aligned} E_k = \frac{1}{2}\int \Bigg\{ &\left[K_{t1}W_p^2 + K_{r1}\left(\frac{\partial W_p}{\partial r}\right)^2\right]_{r=a} + \left[K_{t2}U^2 + K_{r2}\left(\frac{\partial W}{\partial z}\right)^2\right]_{z=l} \\ &+ \left[K_{t3}(W_p - U)^2 + K_{r3}\left(\frac{\partial W_p}{\partial r} + \frac{\partial W}{\partial z}\right)^2\right]_{z=0} \Bigg\}a\mathrm{d}\varphi \end{aligned} \tag{9.3.34}$$

这里, ρ_p, h_p, D_p, v_p 分别为圆板密度、厚度、弯曲刚度和泊松比。

设圆柱壳或圆板受点力激励, 并受内部声场作用, 为简单起见, 不考虑圆柱壳外场声压的作用, 作用力和内部声压所作的功为

$$\begin{aligned} W_f = &\iint [p_c W_p - f_p \delta(r - r_p)\delta(\varphi - \varphi_p)]r\mathrm{d}\varphi\mathrm{d}r \\ &+ \iint [p_c W - f_s \delta(z - z_s)\delta(\varphi - \varphi_s)]a\mathrm{d}\varphi\mathrm{d}z \end{aligned} \tag{9.3.35}$$

式中, f_p, f_s 分别为作用在圆板和圆柱壳上的激励力, (r_p, φ_p) 和 (z_s, φ_s) 为对应的作用点位置。

类似 (6.2.25) 式, 在两端剪切支撑边界条件下, 圆柱壳两端弯矩和轴向力为零, 相应的振动位移解为

$$\left\{\begin{array}{c} U \\ V \\ W \end{array}\right\} = \sum_{\alpha=0}^{1}\sum_{n=0}^{\infty}\sum_{m=1}^{\infty}\sum_{j=1}^{3} A_{nmj}^{\alpha}(t)F_{nmj}^{\alpha}(\alpha, n, m, j) \tag{9.3.36}$$

式中,

$$
F_{nmj}^{\alpha} = \begin{cases} D_{nmj}\sin(n\varphi+\alpha\pi/2)\cos\dfrac{m\pi z}{l} \\[2mm] E_{nmj}\cos(n\varphi+\alpha\pi/2)\sin\dfrac{m\pi z}{l} \\[2mm] \sin(n\varphi+\alpha\pi/2)\sin\dfrac{m\pi z}{l} \end{cases} \tag{9.3.37}
$$

圆板边界允许有平动和转动位移, 振动位移解取以下形式:

$$
W_p = \sum_{\alpha=0}^{1}\sum_{n=0}^{\infty}\sum_{m_p=0}^{\infty} B_{nm_p}^{\alpha}(t) G_{nm_p}^{\alpha}(\alpha,n,m_p) \tag{9.3.38}
$$

式中,

$$
G_{nm_p}^{\alpha} = \sin(n\varphi+\alpha\pi/2)\left(\frac{r}{a}\right)^{m_p} \tag{9.3.39}
$$

设 $A_{nmj}^{\alpha}(t), B_{nm_p}^{\alpha}(t)$ 随时间简谐变化, 将 (9.3.36)~(9.3.39) 式分别代入 (6.2.16) 式、(6.2.17) 式和 (9.3.32)~(9.3.35) 式, 再代入 (9.3.31) 式, 并求 Hamilton 函数最小值 $\delta H = 0$, 可得圆柱壳和圆板的模态振动方程:

$$
\begin{aligned}
& M_{nmj}[\omega_{nmj}^2(1+\mathrm{i}\eta_s)-\omega^2]A_{nmj}^{\alpha} \\
& + \sum_{m'=1}^{\infty}\sum_{j'=1}^{3} X_{nmjm'j'}^{\alpha} A_{nm'j'}^{\alpha} - \sum_{m_p=0}^{\infty} Y_{nmjm_p}^{\alpha} B_{nm_p}^{\alpha} \\
& = -f_{nmj}^{\alpha s} + p_{nmj}^{\alpha s}
\end{aligned} \tag{9.3.40}
$$

$$
\begin{aligned}
& \sum_{m_p'}^{\infty}[K_{nm_pm_p'}^{\alpha}(1+\mathrm{i}\eta_p)-\omega^2 M_{nm_pm_p'}^{\alpha}]B_{nm_p'}^{\alpha} \\
& + \sum_{m_p'}^{\infty} Z_{nm_pm_p'}^{\alpha} B_{nm_p'}^{\alpha} - \sum_{m=1}^{\infty}\sum_{j=1}^{3} Y_{nmjm_p}^{\alpha} A_{nmj}^{\alpha} \\
& = f_{nm_p}^{\alpha p} - p_{nm_p}^{\alpha p}
\end{aligned} \tag{9.3.41}
$$

式中,

$$
\begin{aligned}
X_{nmjm'j'}^{\alpha} = \alpha N_{\alpha n}^{(1)}\Bigg[& D_{nmj}D_{nm'j'}(K_{t3}+\Delta_m\Delta_{m'}K_{t2}) \\
& + \left(\frac{m\pi}{l}\right)\left(\frac{m'\pi}{l}\right)(K_{r3}+\Delta_m\Delta_{m'}K_{r2})\Bigg]
\end{aligned} \tag{9.3.42}
$$

$$Y_{nmjm_p}^{\alpha} = \alpha N_{\alpha n}^{(1)} \left[D_{nmj} K_{t3} - \left(\frac{m\pi}{l} \right) \left(\frac{m_p}{a} \right) K_{r3} \right] \tag{9.3.43}$$

$$Z_{nm_pm_p'}^{\alpha} = \alpha N_{\alpha n}^{(1)} \left[K_{t1} + K_{t3} + \left(\frac{m_p}{a} \right) \left(\frac{m_p'}{a} \right) (K_{r1} + K_{r3}) \right] \tag{9.3.44}$$

$$K_{nm_pm_p'}^{\alpha} = D_p \frac{\gamma_{m_pm_p'}}{a^2} \{ N_{\alpha n}^{(1)} [(m_p^2 - n^2)(m_p'^2 - n^2)$$
$$- (1 - v_p)m_p(m_p - 1)(m_p'^2 - n^2) - (1 - v_p)m_p'(m_p' - 1)(m_p^2 - n^2)]$$
$$+ 2(1 - \nu_p)N_{\alpha n}^{(2)} n^2 (m_p - 1)(m_p' - 1) \} \tag{9.3.45}$$

$$M_{nm_pm_p'}^{\alpha} = \alpha^2 \rho_p h_p N_{\alpha n}^{(1)} / (m_p + m_p' + 2) \tag{9.3.46}$$

其中,

$$N_{\alpha n}^{(1)} = \begin{cases} \pi, & n \neq 0 \\ 0, & n = 0, \alpha = 0 \\ 2\pi, & n = 0, \alpha = 1 \end{cases}$$

$$N_{\alpha n}^{(2)} = \begin{cases} \pi, & n \neq 0 \\ 0, & n = 0, \alpha = 1 \\ 2\pi, & n = 0, \alpha = 0 \end{cases}$$

$$\gamma_{m_pm_p'} = \begin{cases} 0, & m_p + m_p' - 2 \leqslant 0 \\ 1/(m_p + m_p' - 2), & \text{其他} \end{cases}$$

$$\Delta_m = \begin{cases} 1, & m \text{ 为奇数} \\ -1, & m \text{ 为偶数} \end{cases}$$

这里, ω_{nmj} 和 M_{nmj} 分别为圆柱壳的模态频率和模态质量, $K_{nm_pm_p'}^{\alpha}$ 和 $M_{nm_pm_p'}^{\alpha}$ 分别为圆板的模态刚度和模态质量, 而 $f_{nmj}^{\alpha s}$, $f_{nm_p}^{\alpha p}$ 则分别为作用在圆柱壳和圆板上的激励力对应的模态力, $p_{nmj}^{\alpha s}$, $p_{nm_p}^{\alpha p}$ 分别为作用在圆柱壳和圆板上的声压对应的模态力, 它们的表达式分别为

$$f_{nmj}^{\alpha s} = - \iint f_c \delta(z - z_s)\delta(\varphi - \varphi_s) F_{nmj}^{\alpha}(\alpha, n, m, j) a\mathrm{d}\varphi\mathrm{d}z \tag{9.3.47}$$

$$f_{nm_p}^{\alpha p} = \iint f_p \delta(r - r_p)\delta(\varphi - \varphi_p) G_{nm_p}^{\alpha}(\alpha, n, m_p) r\mathrm{d}\varphi\mathrm{d}r \tag{9.3.48}$$

$$p_{nmj}^{\alpha s} = \iint p_c F_{nmj}^{\alpha}(\alpha, n, m, j) a\mathrm{d}\varphi\mathrm{d}z \tag{9.3.49}$$

$$p_{nm_p}^{\alpha p} = \iint p_c G_{nm_p}^{\alpha}(\alpha, n, m_p) r \mathrm{d}\varphi \mathrm{d}r \tag{9.3.50}$$

由 (9.3.40) 和 (9.3.41) 式可知, 圆柱壳与圆板的每个模态通过参数 $Y_{nmjm_p}^{\alpha}$ 相互耦合, 而 $Y_{nmjm_p}^{\alpha}$ 与圆柱壳和圆板的弹性连接参数 K_{t3}, K_{r3} 有关。由于结构的轴对称性, 不同的周向模态和不同的对称性因子 α 的振动不耦合, 可以针对每个 n 和 α 求解 (9.3.40) 和 (9.3.41) 式。另外, 若已知作用在圆柱壳和圆板上的激励力, 由 (9.3.47) 和 (9.3.48) 式, 可以计算相应的模态力, 而计算圆柱腔内声压对应的模态力, 还需要求解圆柱腔内声场。

圆柱腔内部声压满足 (9.3.8) 式给出的波动方程及侧面和 $z = l$ 处端面边界条件 (9.3.10) 和 (9.3.9) 式, 而在 $z = 0$ 处端面边界条件为

$$\frac{\partial p_c}{\partial z} = -\rho_0 \omega^2 W_p, \quad z = 0 \tag{9.3.51}$$

类似 (9.3.11) 式, 考虑对称和非对称两种情况, 圆柱腔在假设壁面为刚性情况下的模态函数为

$$\psi_{npq} = \sin(n\varphi + \alpha\pi/2) \cos\frac{p\pi z}{l} \mathrm{J}_n(k_{nq}r) \tag{9.3.52}$$

设圆柱腔内声压的模态解为

$$p_c = \rho_0 C_0^2 \sum_{\alpha=0}^{1} \sum_{n=0}^{\infty} \sum_{p=0}^{\infty} \sum_{q=1}^{\infty} p_{npq}^{\alpha} \psi_{npq}^{\alpha} / M_{npq}^{\alpha} \tag{9.3.53}$$

类似 (9.3.20) 式的推导, 可以推导得到圆柱腔内声场与圆柱壳侧面及 $z = 0$ 端面振动的耦合方程

$$[\omega_{npq}^2 + \mathrm{i}\eta_c\omega_{npq} - \omega^2]p_{npq}^{\alpha} = \frac{\omega^2 S}{V}W_{npq}, \quad S = S_1 + S_2 \tag{9.3.54}$$

式中, S_1 和 S_2 分别圆柱壳侧面及端板面积, 且有

$$W_{npq} = \frac{1}{S}\int_{S_1} W\psi_{npq}\mathrm{d}S - \frac{1}{S}\int_{S_2} W_p\psi_{npq}\mathrm{d}S \tag{9.3.55}$$

将 (9.3.36) 和 (9.3.38) 式代入 (9.3.55) 式后, 再代入 (9.3.54) 式, 则有

$$[\omega_{npq}^2 + \mathrm{i}\eta_c\omega_{npq}\omega - \omega^2]p_{npq}^{\alpha}$$

$$= \frac{\omega^2 S}{V} \left[\sum_{m=1}^{\infty} \sum_{j=1}^{3} L_s(\alpha, n, p, m) A_{nmj}^{\alpha} - \sum_{m_p=0}^{\infty} L_p(\alpha, n, q, m_p) B_{nm_p}^{\alpha} \right] \quad (9.3.56)$$

式中, $L_s(\alpha, n, p, m)$ 和 $L_p(\alpha, n, q, m_p)$ 分别为圆柱腔声场与圆柱壳侧壁及 $z = 0$ 处端板振动的耦合系数。

$$L_s(\alpha, n, p, m) = \frac{1}{S} \int_{S_1} F_{nmj}^{\alpha} \psi_{npq} \mathrm{d}S \quad (9.3.57)$$

$$L_p(\alpha, n, q, m_p) = \frac{1}{S} \int_{S_2} G_{nm_p} \psi_{npq} \mathrm{d}S \quad (9.3.58)$$

另外, 将 (9.3.53) 和 (9.3.52) 式代入 (9.3.49) 和 (9.3.50) 式, 得到声压作用于圆柱壳及 $z = 0$ 处圆板的模态力表达式:

$$p_{nmj}^{\alpha s} = \rho_0 C_0^2 S \sum_{p=0}^{\infty} \sum_{q=1}^{\infty} L_s(\alpha, n, p, m) \frac{p_{npq}^{\alpha}}{M_{npq}^{\alpha}} \quad (9.3.59)$$

$$p_{nm_p}^{\alpha p} = \rho_0 C_0^2 S \sum_{p=0}^{\infty} \sum_{q=1}^{\infty} L_p(\alpha, n, q, m_p) \frac{p_{npq}^{\alpha}}{M_{npq}^{\alpha}} \quad (9.3.60)$$

如果由 (9.3.56) 式求出 p_{npq}^{α} 代入 (9.3.59) 和 (9.3.60) 式, 则得到利用声阻抗形式表示的模态力。

$$\begin{aligned} p_{nmj}^{\alpha s} = &\sum_{m'=1}^{\infty} \sum_{j=1}^{3} \sum_{p=1}^{\infty} \sum_{q=0}^{\infty} Z_{s1}(\alpha, n, p, m, m') A_{nm'j}^{\alpha} \\ &- \sum_{m_p=0}^{\infty} \sum_{p=1}^{\infty} \sum_{q=0}^{\infty} Z_{s2}(\alpha, n, q, p, m, m_p) B_{nm_p}^{\alpha} \end{aligned} \quad (9.3.61)$$

$$\begin{aligned} p_{nm_p}^{\alpha p} = &- \sum_{m=1}^{\infty} \sum_{j=1}^{3} \sum_{p=0}^{\infty} \sum_{q=1}^{\infty} Z_{p1}(\alpha, n, p, q, m, m_p) A_{nmj}^{\alpha} \\ &+ \sum_{m_p=0}^{\infty} \sum_{p=0}^{\infty} \sum_{q=1}^{\infty} Z_{p2}(\alpha, n, p, m_p, m_p') B_{nm_p} \end{aligned} \quad (9.3.62)$$

式中,

$$Z_{s1} = \frac{\rho_0 C_0^2 S^2 \omega^2}{V} \frac{L_s(\alpha, n, p, m) L_s(\alpha, n, p, m')}{[\omega_{npq}^2 + \mathrm{i}\eta_c \omega_{npq}\omega - \omega^2] M_{npq}^{\alpha}} \quad (9.3.63)$$

$$Z_{s2} = \frac{\rho_0 C_0^2 S^2 \omega^2}{V} \frac{L_s(\alpha, n, p, m) L_p(\alpha, n, q, m_p)}{[\omega_{npq}^2 + \mathrm{i}\eta_c \omega_{npq}\omega - \omega^2]M_{npq}^\alpha} \tag{9.3.64}$$

$$Z_{p1} = \frac{\rho_0 C_0^2 S^2 \omega^2}{V} \frac{L_p(\alpha, n, q, m_p) L_s(\alpha, n, p, m)}{[\omega_{npq}^2 + \mathrm{i}\eta_c \omega_{npq}\omega - \omega^2]M_{npq}^\alpha} \tag{9.3.65}$$

$$Z_{p2} = \frac{\rho_0 C_0^2 \omega^2}{V} \frac{L_p(\alpha, n, q, m_p) L_p(\alpha, n, q, m_p')}{[\omega_{npq}^2 + \mathrm{i}\eta_c \omega_{npq}\omega - \omega^2]M_{npq}^\alpha} \tag{9.3.66}$$

将 (9.3.59) 和 (9.3.60) 式代入 (9.3.40) 和 (9.3.41) 式, 再与 (9.3.56) 式联立, 可以求解得到 A_{nmj}^α、$B_{nm_P}^\alpha$ 和 p_{nmq}^α, 或者将 (9.3.61) 和 (9.3.62) 式代入 (9.3.40) 和 (9.3.41) 式, 先求解得到 A_{nmj}^α 和 $B_{nm_P}^\alpha$, 再由 (9.3.56) 式求解得到 p_{nmq}^α, 最后由 (9.3.36) 和 (9.3.38) 式分别计算圆柱壳和圆板振动位移, 由 (9.3.53) 式计算圆柱腔内声压。针对长为 1.2m、半径为 0.3m 的铝质圆柱壳及端部圆板, Cheng 计算了圆柱腔内部平均声压及圆柱壳和圆板的法向振速均方值, 圆柱壳及圆板壁厚为 3mm, 腔内为空气介质。作为一种特例, 取 $K_{t1} = K_{r1} = K_{t2} = K_{r2} = 0$, 仅仅 K_{t3} 和 K_{r3} 不为零, 单位点激励力作用在 $z = 0.35$m 的圆柱壳表面时, 图 9.3.5 和图 9.3.6 给出了计算得到的圆柱壳及圆板均方振速和圆柱腔内平均声压。计算时取 $\bar{K}_{t3} = \bar{K}_{r3} = 10^8$, 相当于圆板与圆柱壳刚性连接, 这里的 $\bar{K}_{t3} = K_{t3}a^3/D_p$, $\bar{K}_{r3} = K_{r3}a/D_p$。由图可见, 直接受到激励力作用的圆柱壳振动响应远大于圆板振动响应, 且在低频段圆柱壳和圆板的耦合较弱, 随着频率的增加, 圆板振动接近于圆柱壳振动。圆柱壳振动响应峰值中, 只有壳控模态及耦合模态, 没有板控模态, 而在圆板振动响应中, 不仅有壳控模态及耦合模态, 而且还有板控模态。另外, 圆柱腔内声压随频率有上升的趋势, 这是因为在低频段腔内声能主要来自圆柱壳的贡献, 而在 1000H 以下频段, 几个壳体模态与腔内声模态的耦合为弱耦合, 在现有算例中, 圆柱壳的 "呼吸" 模态 ($n = 0$) 频率为 2830Hz, 与其耦合的声模态只有相同周向模态数的模态, 因此, 对壳体振动起主要作用的模态不能有效激励对声场起主要作用的模态。当点激励作用在圆板上时, 也有相类似的结果, 在低频段, 圆板比圆柱壳振动响应高 30dB 左右, 而在高频段则高 5～10dB。值得注意的是圆柱腔声压峰值对应较多的腔体模态, 由于圆板低频刚度较小, 在 800Hz 以下频段, 圆板受激励产生的腔内声压比圆柱壳受激励情况高 30dB 左右。这些结果可以理解为圆板振动与腔体声场耦合较强。因此, 改变圆板与圆柱壳的连接刚度对腔内声压有明显的作用。若令 $\bar{K}_{r3} = 0$, 则 $\bar{K}_{t3} = 10^8$ 刚性连接和 $\bar{K}_{t3} = 0$ (自由连接) 两种情况下, 自由连接时的声压要小 10～15dB, 而将 $\bar{K}_{r3}$ 取为 10^8 和 0 时, 则只有在 1000Hz 以上高频段, 自由连接时声压才有明显减少, 低频段没有变化, 参见图 9.3.7 和图 9.3.8。

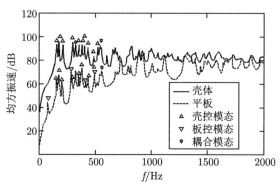

图 9.3.5　　圆柱壳与端板的均方振速

(引自文献 [36]，fig3)

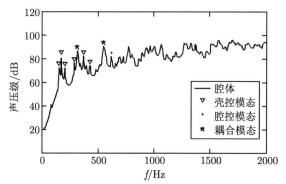

图 9.3.6　　侧壁受激励时圆柱壳腔内平均声压级

(引自文献 [36]，fig4)

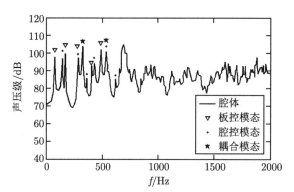

图 9.3.7　　端板受激励时圆柱壳腔内平均声压级

(引自文献 [36]，fig6)

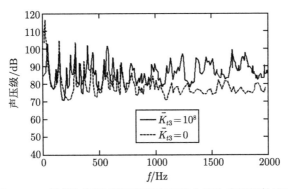

图 9.3.8　端板与圆柱壳连接刚度对腔内平均声压级的影响

(引自文献 [36]，fig7a)

我们知道，飞机和潜艇内部一般都布置水平甲板，甲板与圆柱壳侧面连接，不仅改变圆柱壳的动态特征，而且改变了圆柱壳内部的空间结构，不能直接采用 (9.3.11) 式或 (9.3.52) 式求解圆柱壳内部声场。Missaoui 和 Cheng 等 [37-39] 针对有内部甲板的有限长圆柱壳内部声场及其与结构振动耦合问题，采用 Rayleigh-Ritz 法求解结构振动，甲板与圆柱壳耦合则由多自由度弹簧模拟，并将圆柱壳内部区域划分为若干个腔体，采用集成模态法 [25] 求解内部声场。

考虑如图 9.3.9 所示的有限长薄圆柱壳，内部布置水平纵向甲板，圆柱壳和甲板在两端为简支边界条件。甲板与圆柱壳侧面连接，假设连接刚度由三个平动刚度系数 (K_x, K_y, K_z) 和一个转动刚度系数 (K_r) 表征，且连接刚度沿连接线均匀分布。设圆柱壳振动位移由 (9.3.36) 及 (9.3.37) 式给出，注意这里只考虑弯曲模态，不考虑扭转和伸缩模态。甲板面内轴向振动位移为 U_f，面内横向振动位移为 V_f，法向振动位移为 W_f，它们可以表示为

$$
\left\{
\begin{array}{c}
U_f \\
V_f \\
W_f
\end{array}
\right\}
= \sum_{\alpha=0}^{1} \sum_{m=1}^{\infty} \sum_{n_f=0}^{\infty}
\left\{
\begin{array}{l}
U_{mn_f}^{\alpha} \cos\left(\dfrac{n_f \pi y}{b} - \dfrac{\alpha \pi}{2}\right) \cos\dfrac{m\pi z}{l} \\[2mm]
V_{mn_f}^{\alpha} \sin\left(\dfrac{n_f \pi y}{b} - \dfrac{\alpha \pi}{2}\right) \sin\dfrac{m\pi z}{l} \\[2mm]
W_{mn_f}^{\alpha} \cos\left(\dfrac{n_f \pi y}{b} - \dfrac{\alpha \pi}{2}\right) \sin\dfrac{m\pi z}{l}
\end{array}
\right\}
\tag{9.3.67}
$$

式中，b 为甲板宽度，l 为甲板长度。

圆柱壳及甲板系统的 Hamilton 函数为

$$
H = \int_{t_0}^{t} [T_s - E_s + T_f - E_f - E_k + W_f] \mathrm{d}t
\tag{9.3.68}
$$

式中，T_s, E_s, W_f 的含义同 (9.3.31) 式，T_f 和 E_f 分别为甲板的动能和势能，E_k 为甲板与圆柱壳连接弹簧的势能。

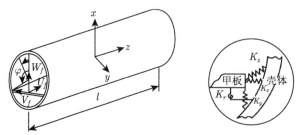

图 9.3.9　　圆柱壳及内部甲板和连接形式

(引自文献 [37], fig2)

(9.3.68) 式中，T_s 和 E_s 的计算表达式同样由 (6.2.16) 和 (6.2.17) 式给出，甲板的动能和势能分别为

$$T_f = \frac{1}{2}m_f \int_0^l \int_0^b \left[\left(\frac{\partial U_f}{\partial t} \right)^2 + \left(\frac{\partial V_f}{\partial t} \right)^2 + \left(\frac{\partial W_f}{\partial t} \right)^2 \right] \mathrm{d}y\mathrm{d}z \qquad (9.3.69)$$

$$\begin{aligned}
E_f &= \frac{D_f}{2} \int_0^l \int_0^b \left[\left(\frac{\partial^2 W_f}{\partial z^2} \right)^2 + \left(\frac{\partial^2 W_f}{\partial y^2} \right)^2 + 2\nu \frac{\partial^2 W_f}{\partial z^2} \frac{\partial^2 W_f}{\partial y^2} \right. \\
&\quad \left. + 2(1-\nu) \left(\frac{\partial^2 W_f}{\partial z \partial y} \right) \right] \mathrm{d}y\mathrm{d}z \\
&\quad + \frac{K_f}{2} \int_0^l \int_0^b \left[\left(\frac{\partial^2 U_f}{\partial z^2} \right)^2 + \left(\frac{\partial^2 V_f}{\partial y^2} \right)^2 + 2\nu \frac{\partial U_f}{\partial z} \frac{\partial V_f}{\partial y} \right. \\
&\quad \left. + \frac{(1-\nu)}{2} \left(\frac{\partial U_f}{\partial y} + \frac{\partial V_f}{\partial z} \right)^2 \right] \mathrm{d}y\mathrm{d}z
\end{aligned} \qquad (9.3.70)$$

式中，m_f 为甲板面密度，D_f 和 K_f 为甲板的弯曲刚度和膜刚度。

圆柱壳与甲板模态连接弹簧的势能为

$$\begin{aligned}
E_k &= \frac{1}{2} \int_0^l \left[K_z \left(d_z^2 \left(\frac{b}{2}, \varphi \right) + d_z^2 \left(-\frac{b}{2}, 2\pi - \varphi \right) \right) \right. \\
&\quad + K_x \left(d_x^2 \left(\frac{b}{2}, \varphi \right) + d_x^2 \left(-\frac{b}{2}, 2\pi - \varphi \right) \right) \\
&\quad + K_y \left(d_y^2 \left(\frac{b}{2}, \varphi \right) + d_y^2 \left(-\frac{b}{2}, 2\pi - \varphi \right) \right) \\
&\quad \left. + K_r \left(d_r^2 \left(\frac{b}{2}, \varphi \right) + d_r^2 \left(-\frac{b}{2}, 2\pi - \varphi \right) \right) \right] \mathrm{d}z
\end{aligned} \qquad (9.3.71)$$

式中，d_x, d_y, d_z 和 d_r 分别圆柱壳与甲板振动的相对位移，它们的表达式为

$$d_z = U_f - U \tag{9.3.72}$$

$$d_x = V_f - W \sin\varphi - V \cos\varphi \tag{9.3.73}$$

$$d_y = W_f - W \cos\varphi + V \sin\varphi \tag{9.3.74}$$

$$d_r = \frac{\partial W_f}{\partial y} - \frac{1}{a}\left(\frac{\partial W}{\partial \varphi} - V\right) \tag{9.3.75}$$

将 (9.3.36) 式、(9.3.37) 和 (9.3.67) 式代入 (9.3.72)~(9.3.75) 式，再代入 (9.3.71) 式，得到

$$
\begin{aligned}
E_k = \sum_\alpha \sum_m \Bigg\{ &\sum_{n'} \sum_n R^{(1)}_{mnn'\alpha} A^\alpha_{mn'} A^\alpha_{mn} \\
&+ \sum_{n'_f} \sum_{n_f} [R^{(2)}_{n_f n'_f \alpha} U^\alpha_{mn_f} U^\alpha_{mn'_f} + R^{(3)}_{n_f n'_f \alpha} V^\alpha_{mn_f} V^\alpha_{mn'_f} \\
&+ R^{(4)}_{n_f n'_f \alpha} W^\alpha_{mn_f} W^\alpha_{mn'_f}] + \sum_n \sum_{n_f} [R^{(12)}_{mnn_f\alpha} U^\alpha_{mn_f} \\
&+ R^{(13)}_{mnn_f\alpha} V^\alpha_{mn_f} + R^{(14)}_{mnn_f\alpha} W^\alpha_{mn_f}] A^\alpha_{mn} \Bigg\}
\end{aligned}
\tag{9.3.76}
$$

式中，

$$R^{(1)}_{mnn'\alpha} = S^z_{mnn'\alpha} + S^x_{mnn'\alpha} + S^y_{mnn'\alpha} + S^r_{mnn'\alpha} \tag{9.3.77}$$

$$R^{(2)}_{n_f n'_f \alpha} = K_z l \cos\frac{(n_f - \alpha)\pi}{2} \cos\frac{(n'_f - \alpha)\pi}{2} \tag{9.3.78}$$

$$R^{(3)}_{n_f n'_f \alpha} = K_x l \sin\frac{(n_f - \alpha)\pi}{2} \sin\frac{(n'_f - \alpha)\pi}{2} \tag{9.3.79}$$

$$
\begin{aligned}
R^{(4)}_{n_f n'_f \alpha} = l\Bigg[&K_y \cos\frac{(n_f - \alpha)\pi}{2} \cos\frac{(n'_f - \alpha)\pi}{2} \\
&+ \frac{K_r n_f n'_f \pi^2}{b^2} \sin\frac{(n_f - \alpha)\pi}{2} \sin\frac{(n'_f - \alpha)\pi}{2}\Bigg]
\end{aligned}
\tag{9.3.80}
$$

$$R^{(12)}_{mnn_f\alpha} = -K_z l D_{mn} \cos\frac{(n_f - \alpha)\pi}{2} \cos\left(n\varphi - \alpha\frac{\pi}{2}\right) \tag{9.3.81}$$

$$R^{(13)}_{mnn_f\alpha} = -K_x l \sin\frac{(n_f - \alpha)\pi}{2}\left[\cos\left(n\varphi - \frac{\alpha\pi}{2}\right)\sin\varphi + E_{mn}\cos\varphi\sin\left(n\varphi - \frac{\alpha\pi}{2}\right)\right] \tag{9.3.82}$$

$$R_{mnn_f\alpha}^{(14)} = K_y l \cos \frac{(n_f - \alpha)\pi}{2} \left[E_{mn} \sin\varphi \sin\left(n\varphi - \frac{\alpha\pi}{2}\right) - \cos\varphi \cos\left(n\varphi - \frac{\alpha\pi}{2}\right) \right]$$

$$- \frac{K_r l}{ab} n_f \pi (n + E_{mn}) \sin \frac{(n_f - \alpha)\pi}{2} \sin\left(n\varphi - \frac{\alpha\pi}{2}\right)$$

$$\text{(9.3.83)}$$

其中，(9.3.77) 式中 $S_{mnn'\alpha}^i (i = x, y, z, r)$ 的表达式为

$$S_{mnn'\alpha}^z = K_z l D_{mn} D_{mn'} \cos\left(n\varphi - \frac{\alpha\pi}{2}\right) \cos\left(n'\varphi - \alpha\frac{\pi}{2}\right)$$

$$S_{mnn'\alpha}^x = K_x l \left[\sin\varphi \cos\left(n\varphi - \frac{\alpha\pi}{2}\right) + E_{mn} \cos\varphi \sin\left(n\varphi - \alpha\frac{\pi}{2}\right) \right]$$

$$\times \left[\sin\varphi \cos\left(n'\varphi - \frac{\alpha\pi}{2}\right) + E_{mn} \cos\varphi \sin\left(n'\varphi - \alpha\frac{\pi}{2}\right) \right]$$

$$S_{mnn'\alpha}^y = K_y l \left[E_{mn} \sin\varphi \sin\left(n\varphi - \frac{\alpha\pi}{2}\right) - \cos\varphi \cos\left(n\varphi - \alpha\frac{\pi}{2}\right) \right]$$

$$\times \left[E_{mn} \sin\varphi \sin\left(n'\varphi - \frac{\alpha\pi}{2}\right) - \cos\varphi \cos\left(n'\varphi - \alpha\frac{\pi}{2}\right) \right]$$

$$S_{mnn'\alpha}^r = \frac{K_r l}{a^2} [(E_{mn} + n)(E_{mn'} + n') \sin\left(n\varphi - \frac{\alpha\pi}{2}\right) \sin\left(n'\varphi - \frac{\alpha\pi}{2}\right)$$

这里，D_{mn}, E_{mn} 对应 (9.3.37) 中的 D_{mnj}, E_{mnj}。

再计算圆柱壳和甲板的动能和势能，由 Hamilton 原理，可以得到关于 A_{mn}^α，$U_{mn_f}^\alpha, V_{mn_f}^\alpha, W_{mn_f}^\alpha$ 的方程：

$$M_{mn}(\omega_{mn}^2 - \omega^2) A_{mn}^\alpha + \sum_{n'} (R_{mnn'\alpha}^{(1)} + R_{mn'n\alpha}^{(1)}) A_{mn'}^\alpha$$

$$+ \sum_{n_f'} [R_{mnn_f'\alpha}^{(12)} U_{mn_f'}^\alpha + R_{mnn_f'\alpha}^{(13)} V_{mn_f'}^\alpha + R_{mnn_f'\alpha}^{(14)} W_{mn_f'}^\alpha] = p_{mn}^{\alpha s} - f_{mn}^{\alpha s} \qquad \text{(9.3.84)}$$

$$\sum_{n_f'} [K_{mn_f n_f'\alpha}^u + R_{n_f n_f'\alpha}^{(2)} - \omega^2 M_{mn_f n_f'\alpha}^u] U_{mn_f'}^\alpha$$

$$+ \sum_{n_f'} K_{mn_f n_f'\alpha}^{uv} V_{mn_f'\alpha}^\alpha + \sum_{n'} R_{mn'n_f'\alpha}^{(12)} A_{mn'}^\alpha = 0 \qquad \text{(9.3.85)}$$

$$\sum_{n_f'} [K_{mn_f n_f'\alpha}^v + R_{n_f n_f'\alpha}^{(3)} - \omega^2 M_{mn_f n_f'\alpha}^v] V_{mn_f'}^\alpha$$

$$+ \sum_{n_f'} K_{mn_f n_f'\alpha}^{uv} U_{mn_f'}^\alpha + \sum_{n'} R_{mn'n_f'\alpha}^{(13)} A_{mn'}^\alpha = 0 \qquad \text{(9.3.86)}$$

$$\sum_{n'_f}[K^w_{mn_fn'_f\alpha} + R^{(4)}_{n_fn'_f\alpha} - \omega^2 M^w_{mn_fn'_f\alpha}]W^\alpha_{mn'_f} + \sum_{n'}R^{(14)}_{mn'n'_f\alpha}A^\alpha_{mn'}$$

$$= -f^{\alpha f}_{mn_f} - p^{\alpha f}_{mn_f} \tag{9.3.87}$$

式中，ω_{mn}, M_{mn} 分别圆柱壳的模态频率和模态质量，$K^i_{mn_fn'_f\alpha}$ 和 $M^i_{mn_fn'_f\alpha}$ ($i = w, u, v$) 分别为甲板的模态刚度和模态质量，$R^{(i)}_{mnn'\alpha}$ (i=1 及 12, 13, 14) 和 $R^{(i)}_{n_fn'_f\alpha}$ ($i = 2, 3, 4$) 则为取决于圆柱壳与甲板连接刚度的模态耦合数。$p^{\alpha s}_{mn}$ 和 $f^{\alpha s}_{mn}$ 分别为作用在圆柱壳上的声压和激励力对应的模态力；$p^{\alpha f}_{mn_f}, f^{\alpha f}_{mn_f}$ 分别为作用在甲板上的声压和激励力对应的模态力，它们的表达式罗列如下，详细的推导过程参见文献 [40]。

$$M_{mn} = \frac{\pi m_s la}{\varepsilon_n}(1 + D^2_{mn} + E^2_{mn}) \tag{9.3.88}$$

$$K^u_{mn_fn'_f\alpha} = \frac{K_f\pi^2}{2l}\left[m^2\beta_{n_fn'_f\alpha} + \frac{1}{2}\left(\frac{l}{b}\right)^2 n_fn'_f(1-v)\gamma_{n_fn'_f\alpha}\right] \tag{9.3.89}$$

$$K^v_{mn_fn'_f\alpha} = \frac{\pi^2 K_f}{2l}\left[\frac{n_fn'_f}{b^2}\beta_{n_fn'_f\alpha} + \frac{m^2}{2l}(1-v)\gamma_{n_fn'_f\alpha}\right] \tag{9.3.90}$$

$$K^w_{mn_fn'_f\alpha} = \frac{\pi^4 D_f}{2}\left[\frac{m^4}{l^3} + \frac{m^2}{b^2l}(n_f+n'_f)^2\nu + \frac{l}{b^4}n^2_f(n'_f)^2\right]\beta_{n_fn'_f\alpha}$$
$$+ \frac{2m^2}{b^2l}(1-v)n_fn'_f\gamma_{n_fn'_f}] \tag{9.3.91}$$

$$K^{uv}_{mn_fn'_f\alpha} = \frac{\pi^2 K_f m}{4b}[-2\nu n_f\beta_{n_fn'_f\alpha} + (v-1)n'_f\gamma_{n_fn'_f\alpha}] \tag{9.3.92}$$

$$M^u_{mn_fn'_f\alpha} = \frac{m_f l}{2}\beta_{n_fn'_f\alpha} \tag{9.3.93}$$

$$M^v_{mn_fn'_f\alpha} = \frac{m_f l}{2}\gamma_{n_fn'_f\alpha} \tag{9.3.94}$$

$$M^w_{mn_fn'_f\alpha} = \frac{m_f l}{2}\beta_{n_fn'_f\alpha} \tag{9.3.95}$$

这里，

$$\beta_{n_fn'_f\alpha} = \int_{-b/2}^{b/2}\cos\left(\frac{n_f\pi y}{b} - \frac{\alpha\pi}{2}\right)\cos\left(\frac{n'_f\pi y}{b} - \frac{\alpha\pi}{2}\right)\mathrm{d}y$$

$$\gamma_{n_fn'_f\alpha} = \int_{-b/2}^{b/2}\sin\left(\frac{n_f\pi y}{b} - \frac{\alpha\pi}{2}\right)\sin\left(\frac{n'_f\pi y}{b} - \frac{\alpha\pi}{2}\right)\mathrm{d}y$$

(9.3.84) 式中 $f_{mn}^{\alpha s}$ 和 $p_{mn}^{\alpha s}$ 可由 (9.3.47) 和 (9.3.49) 式计算, 若激励力沿法向作用在甲板上, 则 (9.3.87) 式中 $p_{mn_f}^{\alpha f}$ 和 $f_{mn_f}^{\alpha f}$ 按下式计算:

$$p_{mn_f}^{\alpha f} = \int_0^l \int_0^b p_c \cos\left(\frac{n\pi y}{b} - \frac{\alpha\pi}{2}\right) \sin\frac{m\pi z}{l} \mathrm{d}z\mathrm{d}y \tag{9.3.96}$$

$$f_{mn_f}^{\alpha f} = \int_0^l \int_0^b F_0 \delta(z - z_f)\delta(y - y_f) \cos\left(\frac{n\pi y}{b} - \frac{\alpha\pi}{2}\right) \sin\frac{m\pi z}{l} \mathrm{d}z\mathrm{d}y \tag{9.3.97}$$

式中, F_0 为作用在甲板上的激励力幅值, (z_f, y_f) 为激励力作用点坐标。

由 (9.3.84)~(9.3.87) 式可见, 圆柱壳与甲板只有相同对称性的模态才能耦合, 也就是说, 圆柱壳的对称模态只与甲板对称模态耦合, 同样, 圆柱壳的反对称模态也只与甲板反对称模态耦合。为了计算圆柱壳和甲板振动与内部声场的耦合, 需要进一步求解内部声场。由于甲板的存在, 圆柱壳内部声场不能直接采用分离变量法求解, 这里采用集成模态法求解。

圆柱壳内部声场在其侧面和甲板面上满足弹性边界条件, 在圆柱壳两端面满足刚性边界条件。

$$\frac{\partial p_c}{\partial r} = -\rho_0 \ddot{W}, \quad r = a, \quad \varphi \in [-\varphi_f, \varphi_f], \quad z \in [0, l] \tag{9.3.98}$$

$$\frac{\partial p_c}{\partial x} = -\rho_0 \ddot{W}_f, \quad x = 0, y \in [-b/2, b/2], \quad z \in [0, l] \tag{9.3.99}$$

$$\frac{\partial p_c}{\partial z} = 0, \quad z = 0, l, \quad \varphi \in [-\varphi_f, \varphi_f], \quad r \in [0, a] \tag{9.3.100}$$

将圆柱壳内部空间划分为 N_c 个子空间, 其中甲板上方有四个子空间, 如图 9.3.10 所示, 假设子空间界面为零质量和零刚度的虚拟膜, 由圆柱壳侧面和端面、甲板表面及虚拟膜围成的子空间, 有规则和非规则形状, 图中第一个子空间为半圆柱形状子空间, 其他子空间为接近矩形的非规则子空间。设第 i 个子空间的包络矩形腔模态函数为 $\psi_n^{(i)}$, 内部声压可表示为

$$p_{ci} = \rho_0 C_0^2 \sum_k p_k^{(i)} \psi_k^{(i)} / M_k^{(i)}, \quad i = 1, 2, \cdots, N_c \tag{9.3.101}$$

图 9.3.10 中除了将圆柱壳内部甲板上方空间划分为四个子空间外, 甲板下方空间也划分为几个子空间。为了建立圆柱壳内部声场与圆柱壳振动的耦合方程, 记第一个子腔体的圆柱壳面积为 S_1, 第二个子腔体两侧的圆柱壳表面积为 S_2, 依次类推; 第一个与第二个子腔体之间的虚拟膜面积为 A_1, 第二个与第三个子腔体之间的虚拟膜面积为 A_2, 同样依次类推, 但需注意到第四与第五子腔体之间为

甲板面而不是虚拟膜。考虑到圆柱壳两端为刚性边界条件而与圆柱壳内部声场没有耦合，相应的端面不作标记。因为只有圆柱壳径向振动和甲板法向振动与内部声场耦合，将圆柱壳和甲板振动模态函数简记为 $\varphi_l(z, \varphi)$，同时设虚拟膜振动位移为

$$U_j = \sum_r U_r^{(j)} \chi_r^{(j)} \tag{9.3.102}$$

式中，$\chi_r^{(j)}$ 为第 j 个虚拟膜振动模态函数。

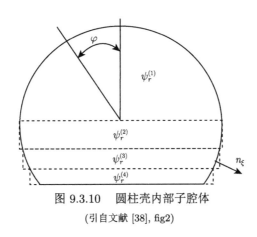

图 9.3.10   圆柱壳内部子腔体

(引自文献 [38], fig2)

利用 9.2 节给出的矩形腔体和包络矩形腔体的声弹性耦合公式，可以得到圆柱壳内部第一个子腔体的声振耦合模态方程:

$$\ddot{p}_k^{(i)} + (\omega_k^{(i)})^2 p_k^{(i)} = -\frac{S_i}{V_i} \sum_l \ddot{q}_l L_{kl}^{(i)} - \frac{A_i}{V_i} \sum_r U_r^{(j)} G_{kr}^{i,j}, \ i = 1, j = 1 \tag{9.3.103}$$

第二和三个子腔体为非规则腔体，相应的声振耦合模态方程为

$$\ddot{p}_k^{(i)} + (\omega_k^{(i)})^2 p_k^{(i)} + \frac{C_0^2}{V_i} \sum_{k'} \frac{p_{k'}^{(i)}}{M_{k'}^{(i)}} \int_{S_i} \psi_{k'}^{(i)} \frac{\partial \psi_k^{(i)}}{\partial n_i} \mathrm{d}S$$

$$= -\frac{S_i}{V_i} \sum_l \ddot{q}_l L_{kl}^i - \frac{A_i}{V_i} \sum_r U_r^{(j)} G_{kr}^{i,j-1} + \frac{A_i}{V_i} \sum_r U_r^{(j)} G_{kr}^{i,j}$$

$$i = j = 2, 3 \tag{9.3.104}$$

第四个子腔体也为非规则腔体，其上表面为虚拟膜，下表面为甲板，甲板与内部声场的耦合项归入到圆柱壳与内部声场的耦合项中，相应的声振耦合模态方

程为

$$\ddot{p}_k^{(i)} + (\omega_k^{(i)})^2 p_k^{(i)} + \frac{C_0^2}{V_i} \sum_{k'} \frac{p_{k'}^{(i)}}{M_{k'}^{(i)}} \int_{S_i} \psi_{k'}^{(i)} \frac{\partial \psi_k^{(i)}}{\partial n_i} \mathrm{d}S$$

$$= -\frac{S_i}{V_i} \sum_l \ddot{q}_l L_{kl}^i - \frac{A_i}{V_i} \sum_r U_r^{(j)} G_{kr}^{i,j-1}, \quad i = j = 4 \qquad (9.3.105)$$

甲板下面的第五个子腔体的上表面为甲板, 下表面为虚拟膜, 同样将甲板与内部声场的耦合归入到圆柱壳与内部声场的耦合项中, 相应的声耦合模态方程为

$$\ddot{p}_k^{(i)} + (\omega_k^{(i)})^2 p_k^{(i)} + \frac{C_0^2}{V_i} \sum_{k'} \frac{p_{k'}^{(i)}}{M_{k'}^{(i)}} \int_{S_i} \psi_{k'}^{(i)} \frac{\partial \psi_k^{(i)}}{\partial n_i} \mathrm{d}S$$

$$= -\frac{S_i}{V_i} \sum_l \ddot{q}_l L_{kl}^i + \frac{A_i}{V_i} \sum_r U_r^{(j)} G_{kr}^{i,j}, \quad i = j = 5 \qquad (9.3.106)$$

甲板下方其他子腔的声振耦合模态方程类似 (9.3.104) 式, 只需将 i 和 j 取为 $6 \sim N_c$。这里 $\omega_k^{(i)}$ 和 $M_k^{(i)}$ 为第 i 个子腔体或包络子腔体的模态频率和模态质量。L_{kl}^i 第 i 个子腔体声场与圆柱壳和甲板振动的模态耦合数, $G_{kr}^{i,j}$ 为第 i 个子腔体声场与第 j 个虚拟膜振动的模态耦合子数, 它们的表达式为

$$L_{kl}^i = \frac{1}{S_i} \int \varphi_l \psi_k^{(i)} \mathrm{d}S \qquad (9.3.107)$$

$$G_{kr}^{i,j} = \frac{1}{A_i} \int \psi_k^{(i)} \chi_r^{(j)} \mathrm{d}S \qquad (9.3.108)$$

注意到, 由 (9.3.107) 式计算得到了腔体声场与圆柱壳和甲板振动的模态耦合系数 L_{kl}^i, 实际上也就得到了圆柱壳内部声场对圆柱壳和甲板作用的模态声压, 只是 $p_{mn_f}^{\alpha s}$ 和 $p_{mn_f}^{\alpha f}$ 需要分区域表示。另外, 求解圆柱壳内部声场还需要考虑子腔体之间声场的耦合关系, 为此假设虚拟膜满足振动方程:

$$D_m \nabla^4 U_j + m_m \frac{\partial^2 U_j}{\partial t^2} = p_{ci} - p_{c,i+1} \qquad (9.3.109)$$

式中, D_m 和 m_m 为虚拟膜的弯曲刚度和面质量, $p_{ci}, p_{c,i+1}$ 为虚拟膜两侧子腔体内的声压。将 (9.3.102) 式代入 (9.3.109) 式得到虚拟膜的模态振动方程:

$$M_r^{(j)} \left[(\omega_r^{(j)})^2 - \omega^2 \right] U_r^{(j)} = \int_{A_j} p_{ci} \chi_r^{(j)} \mathrm{d}S - \int_{A_j} p_{c,i+1} \chi_r^{(j)} \mathrm{d}S \qquad (9.3.110)$$

式中, $M_r^{(j)}, \omega_r^{(j)}$ 分别为第 j 虚拟膜质量和频率。考虑到虚拟膜质量和刚度为零, 相应 (9.3.110) 式在左边为零, 于是可以得到

$$\int_{A_j} p_{ci}\chi_r^{(j)}\mathrm{d}S - \int_{A_j} p_{c,i+1}\chi_r^{(j)}\mathrm{d}S = 0 \tag{9.3.111}$$

将 (9.3.101) 式代入 (9.3.111) 式, 则有虚拟膜两侧子腔体的模态声压耦合方程:

$$\sum_k \frac{p_k^{(i)}}{M_k^{(i)}}G_{kr}^{i,j} - \sum_k \frac{p_k^{(i+1)}}{M_k^{(i+1)}}G_{kr}^{i+1,j} = 0 \tag{9.3.112}$$

联立 (9.3.84)~(9.3.87) 式、(9.3.103)~(9.3.106) 式及 (9.3.112) 式, 并表示为矩阵形式, 则有

$$\begin{bmatrix} [K_{SS}] & 0 & [K_{SF}] \\ 0 & 0 & [G_{FF}] \\ [B_{FS}] & [B_{FM}] & [A_{FF}] \end{bmatrix} \begin{Bmatrix} \{U_s\} \\ \{U_m\} \\ \{p\} \end{Bmatrix} = \begin{Bmatrix} \{F_{ss}\} \\ 0 \\ 0 \end{Bmatrix} \tag{9.3.113}$$

式中, $\{U_s\}$ 为圆柱壳和甲板振动模态位移列矩阵, $\{U_m\}$ 为虚拟膜振动模态位移列矩阵, $\{p\}$ 为子腔体模态声压列矩阵; $[K_{SS}]$ 为圆柱壳和甲板的动刚度矩阵, $[K_{SF}]$ 为圆柱壳和甲板结构与内部声场耦合矩阵, $[B_{FS}]$ 和 $[B_{FM}]$ 分别为内部声场与圆柱壳和甲板结构及虚拟膜耦合矩阵, $[A_{FF}]$ 为子腔体声学质量和刚度矩阵, $[G_{FF}]$ 为虚拟膜衔接关系矩阵。

由 (9.3.113) 式求解得到圆柱壳和甲板振动的模态位移、圆柱壳内子腔体模态声压, 进一步再由 (9.3.36) 式、(9.3.67) 式和 (9.3.101) 式计算圆柱壳和甲板振动响应及腔体内部声压。若按以下定义可计算声辐射效率:

$$\sigma = 10\lg\frac{E_a}{E_v} \tag{9.3.114}$$

式中, E_a 为圆柱壳及甲板结构振动在圆柱壳内产生的声势能, E_v 为圆柱壳及甲板结构的动能, 它们相应的计算表达式为

$$E_a = \frac{1}{2}\int \frac{p^2}{\rho_0 C_0^2}\mathrm{d}V \tag{9.3.115}$$

$$E_v = \frac{1}{2}m_s h_s S_c\langle v_c^2\rangle + \frac{1}{2}\rho_f h_f S_f\langle v_f^2\rangle \tag{9.3.116}$$

式中, S_c 和 S_f 为圆柱壳和甲板面积, $\langle v_c^2\rangle$ 和 $\langle v_f^2\rangle$ 为圆柱壳和甲板均方振速。

计算声辐射效率 σ 时，可以针对选定的结构振动模态进行计算。Cheng 和 Missaoui 等针对长为 1.209m、半径为 0.254m 的钢质圆柱壳，内部为空气介质，并配置水平布置的甲板，它与圆柱壳的连接位置为 $\varphi_f = 131°$。圆柱壳和甲板壁厚均为 3.2mm，激励力作用在圆柱壳的位置为 $z = 0.31\text{m}$ 和 $\varphi = 90°$，作用甲板上的位置为 $z = 0.31\text{m}$ 和 $y = 0.1\text{m}$。定义无量纲的刚度系数 $\bar{K}(\bar{K}_i = K_i a^3/D_f, i = x, y, z, \ \bar{K}_r = K_r a/D_f)$，圆柱壳及甲板振动模态计算结果表明，当 $\bar{K} = 10^{-4}$ 时，连接刚度不足以有效约束圆柱壳和甲板，它们基本上单独振动，当 $\bar{K} = 10^3$ 时，圆柱壳和甲板的振动则为耦合模态振动，当 $\bar{K} = 10^6 \sim 10^9$ 时，连接刚度增加便不再改变耦合振动模态，当然，高阶模态需要较大的连接刚度。圆柱壳与甲板的有效连接刚度，需要通过计算确定。

内部甲板不仅将圆柱壳内部腔体由规则形状改变为非规则形状，增加了声场计算的复杂性，而且引入了不同周向模态的相互耦合，更增加了复杂性，Missaoui 和 Cheng 计算的 200~1200Hz 频段内圆柱壳内部声压谱级与试验结果的偏差小于 5dB，由于焊接及试验模型的对称性等因素，试验测量的内部声压峰值比计算的峰值多，参见图 9.3.11。当激励力作用在圆柱壳上时，虽然甲板影响圆柱壳的动态特征性，但腔内声压主要由圆柱壳振动产生，只有在较低的几个频率上，甲板产生的声压与圆柱壳产生的声压同一量级。当激励力作用在甲板上时，甲板振动明显大于圆柱壳振动，产生的振动峰值受控于甲板模态及耦合模态。在高频段由甲板传递给圆柱壳的振动能量增加。虽然圆柱壳振动较小，但对腔内声压仍起主要作用，只是没有在直接激励情况下的作用大，参见图 9.3.12。在圆柱壳与甲板刚性连接和铰接 $(k_r = 0)$ 两种情况下，腔内的声压没有明显差别，除了峰值位置外，连接方式的改变对圆柱壳振动影响也不大，而对甲板振动的影响则比较明显，参见图 9.3.13 和图 9.3.14。

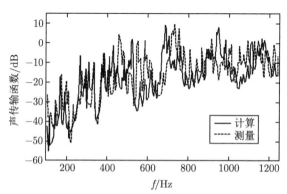

图 9.3.11　圆柱壳内部声压计算与测量结果比较

(引自文献 [38], fig7)

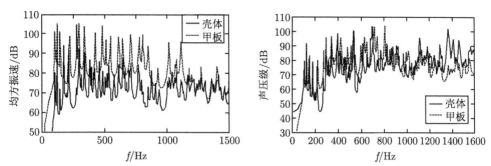

图 9.3.12 甲板受激励时圆柱壳与甲板均方振速和辐射声压比较

(引自文献 [38], fig10, fig11)

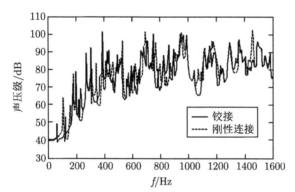

图 9.3.13 甲板刚性连接和铰接时圆柱壳内部声压比较

(引自文献 [38], fig12)

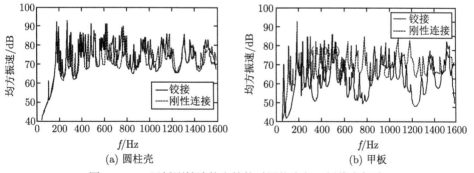

(a) 圆柱壳   (b) 甲板

图 9.3.14 甲板刚性连接和铰接时圆柱壳与甲板均方振速

(引自文献 [38], fig13, fig14)

激励力作用在圆柱壳上时，甲板产生的腔内声辐射可以忽略，此时可以假设甲板是刚性结构，在 600Hz 以下频段，轴向模态数 $m = 1$ 时，计算的前五阶模态振型及相应辐射效率由图 9.3.15 和图 9.3.16 给出。结果表明，每一个结构模态都或多或少地耦合同样的声模态, 耦合的程度取决于每个模态的特征, 在整个计算频率范围内, 模态 3 的声辐射效率最大, 模态 4 和 5 其次, 模态 1 和 2 的声辐射最弱。如果进一步分析与腔内声压直接相关的圆柱壳径向模态位移的波数谱可以发现, 径向模态位移的波数谱大小与模态声辐射的大小完全对应, 也就是说圆柱壳径向模态位移的空间分布决定了它与腔内声模态的耦合程度及其对声场的贡献量。当甲板为弹性结构时, 计算的轴向模态数 $m = 1$ 的前几阶周向模态振型参见图 9.3.17, 它们可以分为三类情况: 壳体振动为主的壳体控制模态、甲板振动为主的甲板控制模态及壳体和甲板振动同量级的耦合模态。模态 1 为甲板控制模态, 其他模态要分别计算比较圆柱壳和甲板的振速均方值, 才能确定它们的属性。前几阶周向模态的声辐射效率由图 9.3.18 给出, 由图可见, 模态 3 和模态 4 有较大的声辐射效率, 其他模态的声辐射效率要低一些。 进一步的径向模态位移

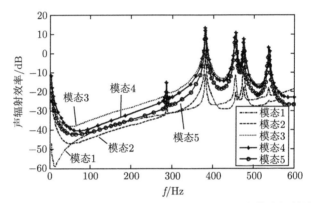

图 9.3.15　刚性甲板时模态数 $m = 1$ 的前五阶周向模态辐射效率
(引自文献 [39], fig3)

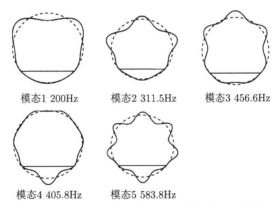

图 9.3.16　刚性甲板时模态数 $m = 1$ 的前五阶周向模态振型
(引自文献 [39], fig4)

波数谱分析也同样能够说明周向模态 3 应具有较高的声辐射效率。实际上, 三个因素影响壳体控制模态的声辐射效率: 振动的低波数分量、圆柱壳与甲板的耦合程度以及甲板的辐射能力, 波数谱分析没有考虑甲板的声辐射, 不能合理说明模态 4 声辐射效率较高的原因。由于弹性甲板与圆柱壳的相互作用, 改变了圆柱壳及甲板的模态 4 振动分布, 导致其声辐射效率变大。

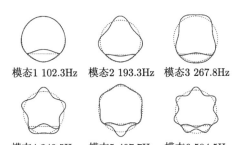

图 9.3.17　弹性甲板时模态数 $m=1$ 的前六阶模态振型

(引自文献 [39], fig9)

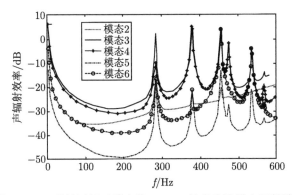

图 9.3.18　弹性甲板时模态数 $m=1$ 的前几阶模态辐射效率

(引自文献 [39], fig10)

　　集成模态法扩展了解析法求解腔体结构振动与内部声场耦合问题的范围, 文献 [41] 将集成模态法扩展用于计算复杂形状声呐罩在湍流边界层脉动压力激励下产生的内部噪声。另外一方面, 为了提高飞机舱室噪声计算模型的实用性, 也发展了圆柱壳结构振动产生内部噪声的其他计算方法, Pope 和 Wilby 等 [42] 曾考虑圆柱壳侧壁蒙皮、肋骨及甲板等结构, 建立了舱室噪声计算模型。但鉴于实际工程结构的复杂性, Graham[43] 将矩形板设置在无限长圆柱壳上, 研究声障板曲率对声辐射的影响, 计算矩形板内外场声辐射阻抗时, 分别采用无限长圆柱内外场声辐射的 Green 函数。结果表明, 当 $k_0 a$ 较大时, 圆柱壳上矩形板的外场声阻抗趋于平面声障板情况，内声场特性则要复杂的多，需要考虑损耗对声反射和近场声场的作用。在高频段对于声辐射效率接近于 1 的超音速声模态，圆柱壳的曲率效应可以忽略，而对于吻合频率以下的亚音速声模态，则有三个可能的影响：声障板柔性、反射声波及近场声场。Henry 和 Clark[44] 计算飞机舱室噪声时，也将舱室壁面划分为曲面矩形子单元，建立每个子单元产生内部声场的耦合方程，内部声场的耦合主要取决于子单元的轴向模态耦合，而与子单元的位置关系不大。Wu 和 Chen[45-47] 根据互易原理，提出了求解复杂形状腔体内部声场和声振耦合问题的区域覆盖法 (covering domain method)，采用一组规则形状的封闭壳体，如球壳或无限长圆柱壳，空间拟合复杂形状封闭腔，由前者声场的计算结果替代后者的声场。Thamburaj[48] 利用保角变换方法，将圆角方形截面柱壳变换为圆柱壳，并采用 Rayleigh-Ritz 法求解内部声模态与声场分布。应注意到，这些方法都是针对空气介质舱室提出来的，不能直接由于水下结构的声弹性问题求解，如果将圆柱壳划分为矩形板子单元的思路用于研究潜艇声弹性问题，低频段需要考虑子单元之间的相互作用等问题。

9.4   腔体内部声场及声振耦合求解的数值方法

虽然飞机和潜艇舱室接近于圆柱腔，列车舱室接近于矩形腔。但严格来说，它们都不是理想的圆柱腔和矩形腔，尤其舰艇声呐罩和汽车车厢更是复杂形状的腔体。在这种情况下，解析模态法就不再适用，即使是下一章将要介绍的统计能量法虽然不涉及具体的模态函数表式，但对于复杂形状的内部区域，所需的模态密度等参数，也难以得到解析表达式，且只适用于高频，因此采用有限元等数值方法，求解内部声场及其与壁面结构振动的相互作用，无疑是一种有效的方法。Young 和 Kagawa[49-51] 采用有限元方法计算消声器及轴对称腔体的声传输特征和声传递损失，应该是有限元方法计算有限区域声场的最早应用。

Petyt 和 Lim 等 [52] 采用变分原理建立了完整的任意结构与内部声场耦合的有限元运动方程，求解时采用结构振动模态和腔内声模态分别展开结构振动位移和内部声压，并将耦合矩阵方程化为标准本征值方程，一方面可以提高计算效率，另一方面可以求解得到耦合共振频率。7.3 节已经介绍了有限元的基本概念和建模方法，这里重点介绍有限元方法建立结构振动与内部声场的耦合模型。考虑如图 9.4.1 所示的任意形状腔体，设体积为 V，表面积为 S，腔内为理想介质，声压满足 Helmholtz 方程

$$\nabla^2 p + k_0^2 p = 0 \tag{9.4.1}$$

腔体壁面为弹性边界，满足边界条件：

$$\frac{\partial p}{\partial n} = \omega^2 \rho_0 W \qquad (9.4.2)$$

式中，n 为外法线方向，W 为腔壁法向振动位移。

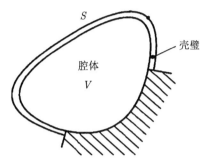

图 9.4.1 任意腔体与结构相互作用模型

(引自文献 [22], fig1)

(9.4.1) 式及 (9.4.2) 式的解等效为变分原理：

$$\delta \left\{ \frac{1}{2} \int_V \left[(\nabla p)^2 - k_0^2 p^2 \right] \mathrm{d}V + \int_S \omega^2 \rho_0 W p \mathrm{d}S \right\} = 0 \qquad (9.4.3)$$

采用有限元方法可以得到 (9.4.3) 式的近似解，如果任意腔体内部离散为三维声有限元，每个单元内声压可以近似的表示为

$$p = [N_a]\{p_e\} \qquad (9.4.4)$$

式中，$[N_a]$ 为单元形状函数矩阵，$\{p_e\}$ 为单元节点声压矩阵。

对于每一个声学单元，有

$$\int_{V_e} (\nabla p)^2 \mathrm{d}V = \frac{1}{2} \{p_e\}^{\mathrm{T}} [k_a] \{p_e\} \qquad (9.4.5)$$

式中，$[k_a]$ 为声学单元刚度矩阵，V_e 为单元体积。

$$[k_a] = \int_{V_e} [B_a]^{\mathrm{T}} [B_a] \mathrm{d}V \qquad (9.4.6)$$

式中，

$$[B_a] = \left[\frac{\partial}{\partial x}, \frac{\partial}{\partial y}, \frac{\partial}{\partial z} \right]^{\mathrm{T}} [N_a]$$

同时有

$$\int_{V_e} \frac{1}{C_0^2} p^2 \mathrm{d}V = \frac{1}{2} \{p_e\}^{\mathrm{T}} [m_a] \{p_e\} \tag{9.4.7}$$

式中，$[m_a]$ 为声学单元质量矩阵。

$$[m_a] = \int_{V_e} \frac{1}{C_0^2} [N_a]^{\mathrm{T}} [N_a] \, \mathrm{d}V \tag{9.4.8}$$

为了计算 (9.4.3) 式中的第三项，设腔体壁面法向振动位移 W 可以近似表示为

$$W = [N_s][q_e] \tag{9.4.9}$$

式中，$[N_s]$ 为腔壁结构单元的形状函数，$[q_e]$ 为结构单元节点位移列矩阵。将 (9.4.9) 代入 (9.4.3) 式第三项，则有

$$\int_{S_e} \rho_0 W p \mathrm{d}S = \{p_e\}^{\mathrm{T}} [s][q_e] \tag{9.4.10}$$

式中，$[s]$ 为单元耦合矩阵，S_e 为结构单元面积。

$$[s] = \int_{S_e} \rho_0 [N_a]^{\mathrm{T}} [N_s] \mathrm{d}S \tag{9.4.11}$$

对单元矩阵 $[k_a], [m_a], [s]$ 进行整合，由 (9.4.3) 式可得腔体内声压及其与壁面振动耦合的有限元方程：

$$\{[K_a] - \omega^2 [M_a]\} \{p\} + \omega^2 [S] \{q\} = 0 \tag{9.4.12}$$

式中，$[K_a]$ 和 $[M_a]$ 分别为声有限元总刚度矩阵和总质量矩阵，$[S]$ 为腔内声场与壁面振动耦合矩阵，$\{p\}$ 和 $\{q\}$ 分别为腔内节点声压列矩阵和壁面节点法向振动位移列矩阵。

腔体壁面结构与外力激励及内部声场耦合作用下的有限元方程为

$$\{[K_s] - \omega^2 [M_s]\} \{q\} = \{F_m\} + \{F_a\} \tag{9.4.13}$$

式中，$[K_s]$ 和 $[M_s]$ 分别腔件壁面结构总刚度矩阵和总质量矩阵。$[F_m]$ 和 $[F_a]$ 分别为对应激励力和腔内声压的广义节点力列矩阵。

作用在腔壁结构单元的广义节点力为

$$\{f_a\} = -\int_{S_e} [N_s]^{\mathrm{T}} [N_a] \mathrm{d}S \{p_e\} = -\frac{1}{\rho_0} [s]^{\mathrm{T}} \{p_e\} \tag{9.4.14}$$

相应地，整个腔壁结构上声压对应的广义节点力列矩阵为

$$\{F_a\} = -\frac{1}{\rho_0}[S]^{\mathrm{T}}\{p\} \tag{9.4.15}$$

将 (9.4.15) 式代入 (9.4.13) 式有

$$\{[K_s] - \omega^2[M_s]\}\{q\} + \frac{1}{\rho_0}[S]^{\mathrm{T}}\{p\} = \{F_m\} \tag{9.4.16}$$

联立 (9.4.12) 式和 (9.4.16) 式，可以求解外力激励下腔体结构振动及内部声场。一般来说有两种方法，一种方法为直接求解 (9.4.12) 式和 (9.4.16) 式的联立线性方程组，另一种方法为模态展开法求解，可以提高计算效率，为此将腔壁结构振动位移采用其真空中的振动模态展开：

$$\{q\} = [\varphi]\{\alpha\} \tag{9.4.17}$$

式中，$\{\alpha\}$ 为腔壁结构振动模态位移列矩阵，$[\varphi]$ 为本征值组成的矩阵，本征值满足腔壁结构自由振动的有限元方程：

$$([K_s] - \omega^2[M_s])\{q\} = 0 \tag{9.4.18}$$

且满足归一化条件：

$$[\varphi]^{\mathrm{T}}[M_s][\varphi] = [I] \tag{9.4.19}$$

在腔体壁面为刚性边界条件的假设下，求解腔内声场的有限元方程：

$$([K_a] - \omega^2[M_a])\{p\} = 0 \tag{9.4.20}$$

得到腔内声模态的本征值，并以此本征值展开腔内声压：

$$\{p\} = [\psi]\{\beta\} \tag{9.4.21}$$

式中，$\{\beta\}$ 为腔内模态声压列矩阵，$[\psi]$ 为腔内声模态本征矢量组成的矩阵，且满足归一化条件：

$$[\psi]^{\mathrm{T}}[M_a][\psi] = [I] \tag{9.4.22}$$

将 (9.4.17) 式和 (9.4.21) 式分别代入 (9.4.12) 式和 (9.4.16) 式，再分别右乘 $[\varphi]^{\mathrm{T}}$ 和 $[\psi]^{\mathrm{T}}$，得到腔壁结构振动和腔内声场的模态耦合方程：

$$([\Lambda_s] - \omega^2[I])\{\alpha\} + \frac{1}{\rho_0}[G]^{\mathrm{T}}\{\beta\} = [\varphi]^{\mathrm{T}}\{F_m\} \tag{9.4.23}$$

$$\left([\Lambda_a] - \omega^2[I]\right)\{\beta\} + \omega^2[G]\{\alpha\} = 0 \tag{9.4.24}$$

式中，$[\Lambda_s], [\Lambda_a]$ 分别为腔壁结构振动模态本征值和腔内声模态本征值组成的对角阵。矩阵 $[G]$ 为腔壁结构振动与腔内声压模态耦合矩阵。

$$[G] = [\psi]^{\mathrm{T}}[S][\varphi] \tag{9.4.25}$$

因为 (9.4.20) 式的最小本征值为零，对应腔内均匀声场，将 (9.4.24) 式分为两部分：

$$\begin{bmatrix} -\omega^2 & 0 \\ 0 & \Lambda_a - \omega^2[I] \end{bmatrix} \left\{ \begin{array}{c} \beta_0 \\ \beta_1 \end{array} \right\} + \omega^2 \left(\begin{array}{c} [G_0] \\ [G_1] \end{array} \right) \{\alpha\} = 0 \tag{9.4.26}$$

式中，$\{\beta_0\}$ 为对应零本征值的模态声压，$\{\beta_1\}$ 为 $\{\beta\}$ 中除了 $\{\beta_0\}$ 以外的模态声压组成的列矩阵，$[G_0]$ 为 $[G]$ 中第一行元素组成的矩阵，$[G_1]$ 为矩阵 $[G]$ 中除出第一行的其他元素组成的矩阵。

由 (9.4.26) 式可得

$$\beta_0 = [G_0]\{\alpha\} \tag{9.4.27}$$

$$\left([\Lambda_a] - \omega^2[I]\right)\{\beta_1\} + \omega^2[G_1]\{\alpha\} = 0 \tag{9.4.28}$$

同样，(9.4.23) 式也分为两部分：

$$\left([\Lambda_s] - \omega^2[I]\right)\{\alpha\} + \frac{1}{\rho_0}\left([G_0]^{\mathrm{T}} \quad [G_1]^{\mathrm{T}} \right) \left\{ \begin{array}{c} [\beta_0] \\ [\beta_1] \end{array} \right\} = [\varphi]^{\mathrm{T}}\{F_m\} \tag{9.4.29}$$

将 (9.4.27) 式代入 (9.4.29) 式，有

$$\left([\Lambda_s] - \omega^2[I]\right)\{\alpha\} + \frac{1}{\rho_0}[G_0]^{\mathrm{T}}[G_0]\{\alpha\} + \frac{1}{\rho_0}[G_1]^{\mathrm{T}}\{\beta_1\} = [\varphi]^{\mathrm{T}}\{F_m\} \tag{9.4.30}$$

联立 (9.4.28) 和 (9.4.30) 式，得到对称形式的耦合方程：

$$\left\{ \begin{array}{cc} \rho_0\left([\Lambda_s] - \omega^2[I]\right) + [G_0]^{\mathrm{T}}[G_0] & [G_1]^{\mathrm{T}} \\ [G_1] & \dfrac{1}{\omega^2}[\Lambda_a] - [I] \end{array} \right\} \left\{ \begin{array}{c} \{\alpha\} \\ \{\beta_1\} \end{array} \right\} = \left\{ \begin{array}{c} \rho_0[\varphi]^{\mathrm{T}}\{F_m\} \\ 0 \end{array} \right\} \tag{9.4.31}$$

另外，为了求解腔壁结构振动与腔内声场的耦合本征频率，将 (9.4.28) 式表示为

$$\{\beta_1\} = \omega^2[\Lambda_a]^{-1}\left\{[I]\{\beta_1\} - [G_1]\{\alpha\}\right\} \tag{9.4.32}$$

再将 (9.4.32) 式代入 (9.4.30) 式, 有

$$
\left([\Lambda_s] + \frac{1}{\rho_0}[G_0]^{\mathrm{T}}[G_0]\right)\{\alpha\}
$$
$$
= \omega^2\left([I]\{\alpha\} + \frac{1}{\rho_0}[G_1]^{\mathrm{T}}[\Lambda_a]^{-1}[G_1]\{\alpha\} - \frac{1}{\rho_0}[G_1][\Lambda_a]^{-1}\{\beta_1\}\right) \tag{9.4.33}
$$

联立 (9.4.32) 和 (9.4.33) 式可得

$$
\begin{bmatrix} \rho_0[\Lambda_s] + [G_0]^{\mathrm{T}}[G_0] & 0 \\ 0 & [I] \end{bmatrix}\begin{Bmatrix} \{\alpha\} \\ \{\beta_1\} \end{Bmatrix}
$$
$$
= \omega^2\begin{bmatrix} \rho_0[I] + [G_1]^{\mathrm{T}}[\Lambda_a]^{-1}[G_1] & -[G_1]^{\mathrm{T}}[\Lambda_a]^{-1} \\ -[\Lambda_a]^{-1}[G_1] & [\Lambda_a]^{-1} \end{bmatrix}\begin{Bmatrix} \{\alpha\} \\ \{\beta_1\} \end{Bmatrix} \tag{9.4.34}
$$

(9.4.34) 式为标准的本征值方程, 可求解得到腔壁结构振动与腔内声场耦合频率。由 (9.4.31) 式可求解得到腔壁结构振动模态系数 $\{\alpha\}$ 和腔内声场模态系数 $\{\beta_1\}$, 再由 (9.4.27) 式计算得到 β_0, 进一步可由 (9.4.17) 和 (9.4.21) 式计算腔壁结构振动位移和腔内声压。Tournour 和 Atalla[22] 以内部为水介质的矩形腔和内部为空气介质的圆柱壳腔为例, 计算了腔壁结构振动和腔内声场。矩形腔长 35cm、宽 29cm、深 14cm, 五面为刚性壁, 一面为简支铝板, 作用点离两边的距离分别为 7.8cm 和 3.9cm, 铝板和腔内水介质的阻尼因子均取 0.01, 建模时, 简支铝板采用 8 节点的四边形单元离散, 共 $9 \times 8 = 72$ 个单元, 腔体采用 20 节点的立方体单元离散, 共 $9 \times 8 \times 4 = 288$ 个单元, 计算得到的简支板均方振速和腔内均方声压由图 9.4.2 给出。图中比较了直接求解线性方程组和模态展开求解的结果, 模态展开求解时, 简支板振动和腔内声场都取了 50 个模态, 虽然简支板和腔体的第 50 阶模态的频率分别为 2800Hz 和 12000Hz, 但在计算的 $10 \sim 600$Hz 范围内, 计算结果尚未很好收敛。Tournour 和 Atalla 认为, 由于腔内为重质的水介质, 简支板模态与腔内模态耦合强, 而使低阶振动模态与高阶声模态也有较强的耦合, 为了达到收敛, 计算时需要考虑更多的模态数, 因此会影响计算效率。圆柱壳腔长 101cm、半径为 18.256cm、壁厚 0.1219cm, 两端为简支及声学刚性边界条件, 材料为钢质, 腔壁和腔内介质的阻尼损耗因子分别取 0.0006 和 0.0005, 点激励作用在 3/16 长度处。建模时圆柱结构采用 4 节点的四边形单元离散, 周向为 28 个单元, 纵向为 16 个单元; 腔体采用 6 节点的楔形单元离散, 沿周向分为 28 个节点, 轴向分为 17 个单元, 径向分为 15 个节点。图 9.4.3 同样给出了两种求解方法得到的圆柱壳均方振速和腔内均方声压, 模态展开法计算时, 圆柱壳模态取 42 个, 腔内模态取 80 个, 相应的模态频率分别为 760Hz 和 1700Hz。计

算结果表明，在 500Hz 以下频率范围内，两种求解方法计算圆柱壳均方振速能很好的吻合，但模态展开法计算的腔内均方声压没有收敛，而且有几个模态的贡献缺失了。同时注意到均方声压曲线对应的第一阶腔体控制模态峰值，没有出现在均方振速曲线中，这是因为刚性腔体声模态可能会与圆柱壳振动模态正交，使得它们对壳体振动响应没有作用，从物理概念上讲，这些模态对壳体振动响应应该没有贡献。

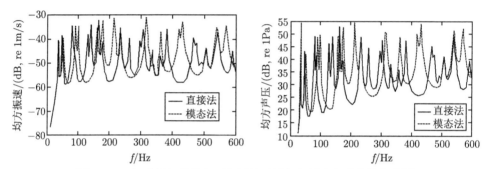

图 9.4.2　矩形板与腔体相互作用的平板均方振速和腔内均方声压

(引自文献 [22], fig3)

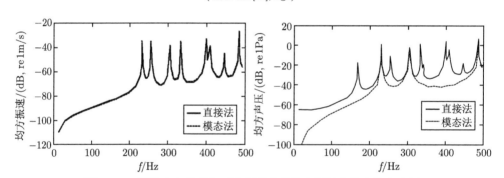

图 9.4.3　圆柱壳与腔体相互作用的壳体均方振速和腔内均方声压

(引自文献 [22], fig5)

在 7.4 节中，采用有限元和边界元方法计算任意形状结构受激振动及声辐射时，曾经考虑结构剩余模态对提高声辐射计算效率及精度的作用。这里进一步考虑任意形状腔壁结构的剩余振动模态和腔体的剩余声模态，用以提高腔壁结构振动和腔内声场计算精度。为了提高适用性，假设不仅腔壁结构受外力激励，而且腔体内有声源激励，相应地 (9.4.12) 表示为

$$\left\{[K_a] - \omega^2[M_a]\right\}\{p\} + \omega^2[S]\{q\} = \{Q\} \tag{9.4.35}$$

式中，$\{Q\}$ 为腔内激励声源对应的列矩阵。

采用模态法联立求解 (9.4.16) 和 (9.4.35) 式时，将腔壁结构振动模态和腔内声模态都分为选取模态和剩余模态两部分，类似于 (9.4.17) 和 (9.4.21) 式，腔壁结构振动和腔内声压的解则可表示为对应选取模态和剩余模态的两部分解。

$$\{q\} = [\varphi]\{\alpha\} + [\varphi_R]\{\alpha_R\} = [\varphi]\{\alpha\} + \{q_R\} \tag{9.4.36}$$

$$\{p\} = [\psi]\{\beta\} + [\psi_R]\{\beta_R\} = [\psi]\{\beta\} + \{p_R\} \tag{9.4.37}$$

式中，$[\varphi_R]$ 和 $[\psi_R]$ 分别为腔壁结构振动剩余模态和腔内声场剩余模态矢量组成的矩阵，$\{\alpha_R\}$ 和 $\{\beta_R\}$ 分别为剩余模态位移和剩余模态声压组成的列矩阵，q_R 和 p_R 分别为剩余振动位移和剩余声压。若不考虑剩余模态项，则 (9.4.36) 和 (9.4.37) 式退化为 (9.4.17) 和 (9.4.21) 式。

将 (9.4.36) 和 (9.4.37) 式分别代入 (9.4.16) 和 (9.4.35) 式，并利用模态的正交归一性，可得

$$([\Lambda_s^R] - \omega^2[I])\{q_R\} = [\varphi_R]^T \left(\{F_m\} - \frac{1}{\rho_0}[S]^T\{p\} \right) \tag{9.4.38}$$

$$([\Lambda_a^R] - \omega^2[I])\{p_R\} = [\psi_R]^T \left([Q] - \omega^2[S]\{q\} \right) \tag{9.4.39}$$

式中，$[\Lambda_s^R]$ 和 $[\Lambda_a^R]$ 分别为结构振动和内部声场剩余模态本征值组成的对角阵。

Tournour 和 Atalla[22] 提出的准静态修正方法，忽略 (9.4.38) 和 (9.4.39) 式左边惯性项，从而简化为

$$[\Lambda_s^R]\{\alpha_R\} = [\varphi_R]^T \left([F_m] - \frac{1}{\rho_0}[S]^T\{p\} \right) \tag{9.4.40}$$

$$[\Lambda_a^R]\{\beta_R\} = [\psi_R]^T \left([Q] - \omega^2[S]\{q\} \right) \tag{9.4.41}$$

这种近似处理实际上忽略腔壁结构振动剩余模态对应的动能和腔内剩余声模态对应的压缩能。在这种情况下，忽略 (9.4.16) 和 (9.4.35) 式中的惯性项，得到准静态振动位移和声压满足的方程：

$$[K_s]\{q^0\} = \{F_m\} - \frac{1}{\rho_0}[S]^T\{p\} \tag{9.4.42}$$

$$[K_a][p^0] = [Q] - \omega^2[S]\{q\} \tag{9.4.43}$$

在准静态近似下，设腔壁结构振动位移为

$$\{q^0\} = \{q_k^0\} + \{q_R\} \tag{9.4.44}$$

其中 $\{q_k^0\}$ 满足:

$$[K_s]\{q_k^0\} = \{F_m\} - \frac{1}{\rho_0}[S]^\mathrm{T}\{p\} \tag{9.4.45}$$

类似 (9.4.17) 式, 设

$$\{q_k^0\} = [\varphi]\{\alpha\} \tag{9.4.46}$$

将 (9.4.46) 式代入 (9.4.45) 式, 并左乘 $[\varphi]^\mathrm{T}$ 得到

$$[\Lambda_s]\{\alpha\} = [\varphi]^\mathrm{T}\left(\{F_m\} - \frac{1}{\rho_0}[S]^\mathrm{T}\{p\}\right) \tag{9.4.47}$$

(9.4.47) 式两边同乘以 $[\Lambda_s]^{-1}$ 后再代入 (9.4.46) 式, 得到准静态下选取振动模态的解:

$$\{q_k^0\} = [\varphi][\Lambda_s]^{-1}[\varphi]^\mathrm{T}\left(\{F_m\} - \frac{1}{\rho_0}[S]^\mathrm{T}\{p\}\right) \tag{9.4.48}$$

同理, 设准静态近似下腔内声压为

$$\{p^0\} = \{p_k^0\} + \{p_k\} \tag{9.4.49}$$

类似 (9.4.48) 式推导, 可得准静态近似下选取声模态的解:

$$\{p_k^0\} = [\psi][\Lambda_a]^{-1}[\psi]^\mathrm{T}\left([Q] - \omega^2[S]\{q\}\right) \tag{9.4.50}$$

由 (9.4.42) 和 (9.4.43) 式可得 $\{q^0\}$ 和 $\{p^0\}$ 的表达式, 连同 (9.4.48) 和 (9.4.50) 式一起代入 (9.4.44) 和 (9.4.49) 式, 得到腔壁结构剩余振动位移和腔内剩余声压

$$\{q_R\} = \left([K_s]^{-1} - [\varphi][\Lambda_s]^{-1}[\varphi]^\mathrm{T}\right)\left(\{F_m\} - \frac{1}{\rho_0}[S]^\mathrm{T}\{p\}\right) \tag{9.4.51}$$

$$\{p_R\} = \left([K_a]^{-1} - [\psi][\Lambda_a]^{-1}[\psi]^\mathrm{T}\right)\left(\{Q\} - \omega^2[S]\{q\}\right) \tag{9.4.52}$$

作为一级近似, 将 (9.4.21) 和 (9.4.17) 式分别代入 (9.4.51) 和 (9.4.52) 式, 则有

$$\{q_R\} = [K_s^R]^{-1}\left(\{F_m\} - \frac{1}{\rho_0}[S]^\mathrm{T}[\psi]\{\beta\}\right) \tag{9.4.53}$$

$$\{p_R\} = [K_a^R]^{-1}\left(\{Q\} - \omega^2[S][\varphi]\{\alpha\}\right) \tag{9.4.54}$$

其中,

$$[K_s^R]^{-1} = [K_s]^{-1} - [\varphi][\Lambda_s]^{-1}[\varphi]^\mathrm{T} \tag{9.4.55}$$

$$[K_a^R]^{-1} = [K_a]^{-1} - [\psi][\Lambda_a]^{-1}[\psi]^{\mathrm{T}} \tag{9.4.56}$$

将 (9.4.53) 和 (9.4.54) 式代入 (9.4.36) 和 (9.4.37) 式，再代入 (9.4.16) 和 (9.4.35) 式，并利用正交归一化条件，可以得到考虑了剩余模态作用的腔壁结构振动与腔内声场耦合的模态方程:

$$
\begin{pmatrix} [\Lambda_s] - \omega^2[I] - \omega^2[M_{am}] & [C_m]^{\mathrm{T}} \\ \omega^2[C_m] & [\Lambda_a] - \omega^2[I] - \omega^2[M_{sm}] \end{pmatrix} \begin{pmatrix} \{\alpha\} \\ \{\beta\} \end{pmatrix}
$$
$$
= \begin{pmatrix} [F_g] - [G_{am}][Q] \\ [Q_g] - \omega^2[G_{sm}]\{F_m\} \end{pmatrix} \tag{9.4.57}
$$

其中，

$$[M_{am}] = [\varphi]^{\mathrm{T}}[S][K_a^R]^{-1}[S]^{\mathrm{T}}[\varphi] \tag{9.4.58}$$

$$[M_{sm}] = [\psi]^{\mathrm{T}}[S]^{\mathrm{T}}[K_s^R]^{-1}[S][\psi] \tag{9.4.59}$$

$$[G_{sm}] = [\psi]^{\mathrm{T}}[S]^{\mathrm{T}}[K_s^R]^{-1} \tag{9.4.60}$$

$$[G_{am}] = [\varphi]^{\mathrm{T}}[S][K_a^R]^{-1} \tag{9.4.61}$$

$$[C_m] = [\varphi]^{\mathrm{T}}[S][\psi] \tag{9.4.62}$$

$$[F_g] = [\varphi]^{\mathrm{T}}[F_m] \tag{9.4.63}$$

$$[Q_g] = [\psi]^{\mathrm{T}}[Q] \tag{9.4.64}$$

由 (9.4.57) 式求解得到腔壁结构振动模态系数 $\{\alpha\}$ 和腔内声场模态系数 $\{\beta\}$，将它们代入 (9.4.53) 和 (9.4.54) 式计算 $\{q_R\}$ 和 $\{p_R\}$，进一步由 (9.4.36) 和 (9.4.37) 式计算腔壁结构振动位移和腔内声压:

$$\{q\} = [\varphi]\{\alpha\} + [K_s^R]^{-1}\{F_m\} - [G_{sm}]^{\mathrm{T}}\{\beta\} \tag{9.4.65}$$

$$\{p\} = [\psi]\{\beta\} + [K_a^R]^{-1}[S] - \omega^2[G_{am}]^{\mathrm{T}} \tag{9.4.66}$$

注意到一般情况下，矩阵 $[K_a]$ 因存在刚性腔体模态而不一定满足正定条件，在这种情况下，引入矩阵:

$$[A_a] = [I] - [M_a][\psi_r][\psi_r]^{\mathrm{T}} \tag{9.4.67}$$

式中，$[\psi_r]$ 为腔体刚性模态的本征矢量矩阵。

利用 (9.4.67) 式, 可以得到

$$[K_a^R]^{-1} = [A_a]^{\mathrm{T}}[K_{ac}]^{-1}[A_a] - [\psi_e][\Lambda_{ae}]^{-1}[\psi_e]^{\mathrm{T}} \tag{9.4.68}$$

式中, $[K_{ac}]$ 为矩阵 $[K_a]$ 的约束矩阵, 为正定阵, $[\psi_e]$ 为腔体弹性模态的本征矩阵, $[\Lambda_{ae}]$ 为腔体弹性模态本征值对角阵。

将 (9.4.68) 式代入 (9.4.58) 式, 有

$$[M_{am}] = [D_{cm}]^{\mathrm{T}}[K_{ac}]^{-1}[D_{cm}] - [C_m][\Lambda_a]^{-1}[C_m]^{\mathrm{T}} \tag{9.4.69}$$

式中, $[D_{cm}] = [A_a][S]^{\mathrm{T}}[\varphi]$。

同理, 针对腔壁结构刚度矩阵 $[K_s]$ 的非正定性, 引入

$$[A_s] = I - [M_s][\varphi_r][\varphi_r]^{\mathrm{T}} \tag{9.4.70}$$

式中, $[\varphi_r]$ 为腔壁结构刚性模态的本征矢量矩阵。

利用 (9.4.70) 式, 可得

$$[M_{sm}] = [D_{sm}]^{\mathrm{T}}[K_{sc}]^{-1}[D_{sm}] - [C_m]^{\mathrm{T}}[\Lambda_s]^{-1}[C_m]^{\mathrm{T}} \tag{9.4.71}$$

式中, $[K_{sc}]$ 为矩阵 $[K_s]$ 对应的约束矩阵, 为正定阵。$[D_{sm}] = [A_s][S][\psi]$。

注意到, (9.4.69) 和 (9.4.71) 式中, $[C_m][\Lambda_a]^{-1}[C_m]^{\mathrm{T}}$ 和 $[C_m]^{\mathrm{T}}[\Lambda_s]^{-1}[C_m]^{\mathrm{T}}$ 只含有腔壁结构的弹性模态本征矢量和腔体弹性模态的本征矢量。将 (9.4.69) 和 (9.4.71) 式代入 (9.4.57) 式, 可求解消除了腔壁结构振动和腔体内部声场刚性模态的耦合模态方程。消除刚性模态也可参考文献 [53]。采用准静态修正方法计算同样的矩形腔和圆柱壳腔壁振动内部声场, 计算的精度明显提高, 参见图 9.4.4 和图 9.4.5。计算表明 (9.4.57) 式中, 附加量矩阵 $[M_{am}]$ 项及声激励源修正项 $[G_{am}]$ 分别对提高腔壁振动和腔内声压计算精度的作用较大。

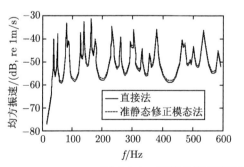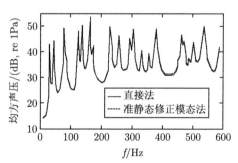

图 9.4.4　准静态修正法计算的矩形腔均方振速和声压

(引自文献 [22], fig7)

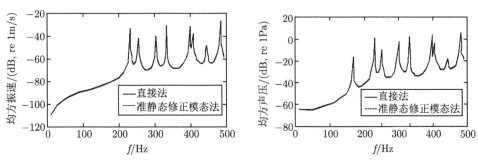

图 9.4.5   准静态修正法计算的圆柱壳腔体均方振速和声压

(引自文献 [22], fig9)

为了提高计算效率, 文献 [54] 和 [55] 针对腔内声场引入质点位移势函数 ϕ

$$\boldsymbol{U}_a = \nabla \phi \tag{9.4.72}$$

式中, $\boldsymbol{U}_a$ 为腔内声介质质点位移。

利用线性动量和质量守恒方程

$$\rho_0 \frac{\partial^2 \boldsymbol{U}_a}{\partial t^2} + \nabla p = 0 \tag{9.4.73}$$

$$p + C_0^2 \rho_0 \nabla \cdot \boldsymbol{U}_a = 0 \tag{9.4.74}$$

将 (9.4.72) 式分别代入 (9.4.73) 和 (9.4.74) 式, 可得

$$\rho_0 \nabla \frac{\partial^2 \phi}{\partial t^2} + \nabla p = 0 \tag{9.4.75}$$

$$p + \rho_0 C_0^2 \nabla^2 \phi = 0 \tag{9.4.76}$$

采用 Galerkin 方法及 Green 公式求解 (9.4.75) 和 (9.4.76) 式, 有

$$\frac{1}{\rho_0 C_0^2} \int_V p^2 \mathrm{d}V - \int_V \nabla p \cdot \nabla \phi \mathrm{d}V + \int_s p \nabla \phi \cdot \boldsymbol{n} \mathrm{d}S = 0 \tag{9.4.77}$$

$$\int_V \nabla p \cdot \nabla \phi \mathrm{d}V + \rho_0 \int \nabla \phi \cdot \nabla \frac{\partial^2 \phi}{\partial t^2} \mathrm{d}V = 0 \tag{9.4.78}$$

采用有限元求解 (9.4.77) 和 (9.4.78) 式, 可得矩阵方程:

$$[\bar{M}_a]\{p\} - [B]\{\phi\} + [\bar{S}]\{q\} = 0 \tag{9.4.79}$$

$$[B]^{\mathrm{T}}\{p\} + [K_a]\left\{\ddot{\phi}\right\} = 0 \tag{9.4.80}$$

式中，$\{\phi\}$ 为腔内节点位移势列矩阵，$[B]$ 为腔内声压与位移势耦合矩阵。且有

$$[\bar{S}] = \frac{1}{\rho_0}[S]$$

$$[\bar{M}_a] = \frac{1}{\rho_0}[M_a]$$

联立 (9.4.79) 式、(9.4.80) 及 (9.4.16) 式，得到对称形式的矩阵方程：

$$[\bar{M}]\{\ddot{X}\} + [\bar{K}]\{X\} = \{\bar{F}\} \tag{9.4.81}$$

式中，$[\bar{M}]$ 和 $[\bar{K}]$ 为腔壁结构振动和腔内声场耦合的质量矩阵和刚度矩阵。

$$[\bar{M}] = \begin{bmatrix} [M_s] & 0 & 0 \\ 0 & [K_a] & 0 \\ 0 & 0 & 0 \end{bmatrix}$$

$$[\bar{K}] = \begin{bmatrix} [K_s] & 0 & -[\bar{S}]^{\mathrm{T}} \\ 0 & 0 & [B]^{\mathrm{T}} \\ -[\bar{S}] & [B] & -[M_a] \end{bmatrix}$$

$$\{X\} = \{\{q\}, \{\phi\}, \{p\}\}^{\mathrm{T}}$$

$$\{\bar{F}\} = \{\{F_m\}, \{0\}, \{0\}\}^{\mathrm{T}}$$

(9.4.81) 式为标准对称形式的矩阵方程，便于求解，但需考虑 $[\bar{M}]$ 和 $[\bar{K}]$ 的正定性。Ding 和 Chen[55] 计算的弹性壁面矩阵腔的耦合频率与试验结果的偏差很小，且基于对称模型计算的腔内声压与试验结果的偏差小于非对称模型的结果。

随着腔壁结构振动和腔内声场耦合的有限元求解方法的成熟，已将这种方法用于汽车、飞机等民用运输工具的内部噪声及降噪效果计算分析 [56-58]，商用软件的普遍使用，也进一步推动任意腔体结构振动与声场耦合问题的研究，但对于声呐罩等水下腔体结构，不仅需要考虑内部声场的耦合作用，还需要考虑外场的耦合作用，相关的研究较少。为了提高有限元方法计算内部声场的精度、效率以及网格生成的自动化功能，Bausys 和 Wiberg[59] 在有限元求解中，设立误差估算功能，采用所谓的超级收敛局部矫正技术 (superconvergent patch recovery technique) 实现自适应的网格再生与细化。针对结构和流体中传播的声波波长不同，有限元网格的要求也不同，Guerich 和 Hamdi[60] 采用均匀三阶 B 型样条函数插值，处理结构和流体区域不兼容的有限元网格，在共用网格上解决流固耦合问题。为了将有限元方法扩展到中频，Chazot 等 [61] 将单位分解有限元 (partition of unity

finite element method) 引入到腔内声场计算。无论有限元方法如何改进，应该说
都无法克服中高频段单元数量大、矩阵方程阶数高阶所带来的计算量增大、精度
变差的缺陷。采用边界元方法计算内部声场，可以将三维问题简化为二维问题，大
大减少单元数量，而且也不受形状限制。Sestieri[62] 等采用结构有限元和声学边
界元方法，建立流固耦合方程，计算复杂形状腔体的内部声场。Suzuki[63] 等采用
声学边界元方法计算了三种边界条件组合的复杂边界腔体内部声场，这三种边界
条件为：其一，腔壁结构法向振动边界；其二，腔壁结构振动和声压耦合，已知
结构声导纳；其三，边界为开孔，声波可以泄露到外部无限区域，参见图 9.4.6。
实际上，采用结构有限元和声学边界元法求解腔壁振动和腔内声场的方法和过程
与求解结构振动和外场辐射声场一样，不同点在于边界积分的内外区域定义不同，
相应的边界元积分解：

$$\alpha(y)p(y) = \iint_S p(\xi)\frac{\partial}{\partial n}\left(\frac{\mathrm{e}^{\mathrm{i}k_0 d(y,\xi)}}{4\pi d(y,\xi)}\right)\mathrm{d}S - \mathrm{i}\omega\rho_0\iint_S v_n(\xi)\left(\frac{\mathrm{e}^{\mathrm{i}k_0 d(y,\xi)}}{4\pi d(y,\xi)}\right)\mathrm{d}S$$
(9.4.82)

式中，y 和 ξ 分别为场点和源点坐标，d 为场点和源点之间的距离，v_n 为腔壁法
向振动速度，系数 $\alpha(y)$ 取决于场点位置。

$$\alpha(y) = \begin{cases} 1, & y \text{ 位于腔体内部} \\ \dfrac{1}{2}, & y \text{ 位于腔体表面} \\ 0, & y \text{ 位于腔体外部} \end{cases}$$

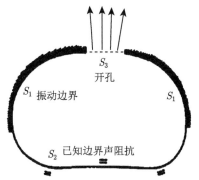

图 9.4.6 三种边界组合的复杂腔体

(引自文献 [63], fig3)

离散边界积分方程 (9.4.82) 式的第二式得到矩阵方程：

$$[A]\{p\} = [B]\{v_n\}$$
(9.4.83)

式中，$\{p\}, \{v_n\}$ 为腔壁节点声压和节点法向振速列矩阵，$[A]$ 和 $[B]$ 为影响矩阵，它们的矩阵元素为

$$A_{ij}(k_0) = \frac{1}{2}\delta_{ij} - \iint_{S_j} \frac{\partial}{\partial n}\left(\frac{\mathrm{e}^{\mathrm{i}k_0 d(y_i,\xi)}}{4\pi d(y_i,\xi)}\right)\mathrm{d}S \qquad (9.4.84)$$

$$B_{ij}(k_0) = \mathrm{i}\rho_0\omega \iint_{S_j} \frac{\mathrm{e}^{\mathrm{i}k_0 d(y_i,\xi)}}{4\pi d(y_i,\xi)}\mathrm{d}S \qquad (9.4.85)$$

为了提高计算效率，计算 (9.4.84) 和 (9.4.85) 式分为两部：第一步计算 A_{ij} $(k_0 = 0)$ 和 $B_{ij}(k_0 = 0)$，相当于计算 Laplace 方程的影响矩阵元素；第二步利用 $A_{ij}(0)$ 和 $B_{ij}(0)$ 计算 $A_{ij}(k_0)$ 和 $B_{ij}(k_0)$。考虑到

$$\frac{\partial}{\partial n}\left(\frac{\mathrm{e}^{\mathrm{i}k_0 d(y_i,\xi)}}{4\pi d(y_i,\xi)}\right) = \mathrm{e}^{\mathrm{i}k_0 d(y_i,\xi)}[1 - \mathrm{i}k_0 d(y_i,\xi)]\frac{\partial}{\partial n}\left[\frac{1}{4\pi d(y_i,\xi)}\right] \qquad (9.4.86)$$

当 $k_0 d(y_i,\xi_j) \geqslant 1$ 时，参见图 9.4.7，有近似关系

$$\mathrm{e}^{\mathrm{i}k_0 d(y_i,\xi)} \approx \mathrm{e}^{\mathrm{i}k_0 d(y_i,\xi_i)}$$

于是有

$$A_{ij}(k_0) = \mathrm{e}^{\mathrm{i}k_0 d(y_i,\xi_i)}\left[1 - \mathrm{i}k_0 d(y_i,\xi_j)\right]A_{ij}(0) \qquad (9.4.87)$$

$$B_{ij}(k_0) = \mathrm{e}^{\mathrm{i}k_0 d(y_i,\xi_i)}B_{ij}(0) \qquad (9.4.88)$$

当 $k_0 d(y_i,\xi_j) \leqslant 1$ 时，$\mathrm{e}^{\mathrm{i}k_0 d}$ 可以近似展开为

$$\mathrm{e}^{\mathrm{i}k_0 d} = 1 + \mathrm{i}k_0 d + \frac{1}{2}(\mathrm{i}k_0 d)^2 + \frac{1}{6}(\mathrm{i}k_0 d)^3 + \cdots \qquad (9.4.89)$$

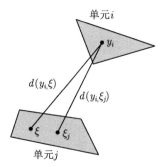

图 9.4.7　单元间距离关系

(引自文献 [63], figA1)

将 (9.4.89) 式分别代入 (9.4.84) 和 (9.4.85) 式，并考虑到 (9.4.86)，可得

$$A_{ij}(k_0) = A_{ij}(0) + \iint_{S_j} \left[\frac{k_0^2}{2} d^2(y_i,\xi) + \frac{\mathrm{i}k_0^3}{3} d^3(y_i,\xi) - \frac{k_0^4}{6} d^4(y_i,\xi) \right] \tag{9.4.90}$$
$$\times \frac{\partial}{\partial n}\left(\frac{1}{4\pi d(y_i,\xi)} \right) \mathrm{d}S$$

$$B_{ij}(k_0) = B_{ij}(0) + \frac{\mathrm{i}\rho_0\omega}{4\pi} \iint_{S_j} \left[\mathrm{i}k_0 - \frac{k_0^2}{2} d(y_i,\xi) - \frac{\mathrm{i}k_0^3}{6} d^2(y_i,\xi) \right] \mathrm{d}S \tag{9.4.91}$$

计算了 (9.4.83) 式中的矩阵元素 A_{ij} 和 B_{ij}，可以根据图 9.4.8 中已知的腔体壁面三种边界条件，将 (9.4.83) 式表示为

$$\begin{bmatrix} [A_{11}] & [A_{12}] & [A_{13}] \\ [A_{21}] & [A_{22}] & [A_{23}] \\ [A_{31}] & [A_{32}] & [A_{33}] \end{bmatrix} \begin{Bmatrix} \{p_1\} \\ \{p_2\} \\ \{p_3\} \end{Bmatrix} = \begin{bmatrix} [B_{11}] & [B_{12}] & [B_{13}] \\ [B_{21}] & [B_{22}] & [B_{23}] \\ [B_{31}] & [B_{32}] & [B_{33}] \end{bmatrix} \begin{Bmatrix} \{v_{n1}\} \\ \{v_{n2}\} \\ \{v_{n3}\} \end{Bmatrix} \tag{9.4.92}$$

在腔体表面 S_1 上，腔壁结构的振速已知为 $\{v_{s1}\}$，考虑到腔体表面 S_1 上敷设声学覆盖层，其外表面法向质点振速 $\{v_{n1}\}$ 与腔壁结构法向振速 $\{v_{s1}\}$ 之间存在相对振速 $\{v_{r1}\}$：

$$\{v_{r1}\} = \{v_{n1}\} - \{v_{s1}\} \tag{9.4.93}$$

且相对振速 $\{v_{r1}\}$ 与声压存在关系：

$$\{v_{r1}\} = [Y_c^{(1)}]\{p_1\} \tag{9.4.94}$$

式中，$[Y_c^{(1)}]$ 为表面 S_1 上声学覆盖层声导纳的对角矩阵。

将 (9.4.94) 式代入 (9.4.93) 式得到腔壁 S_1 面上的边界条件：

$$\{v_{n1}\} = \{v_{s1}\} + [Y_c^{(1)}]\{p_1\} \tag{9.4.95}$$

在腔体表面 S_2 上，腔壁结构受外力激励及腔内声压作用，结构的法向振速为

$$\{v_{s2}\} = [Y_f^{(2)}]\{f\} + [Y_a^{(2)}]\{p_2\} \tag{9.4.96}$$

式中，$\{f\}$ 为作用在表面 S_2 结构上的激励力对应的节点力列矩阵，$[Y_f^{(2)}]$ 和 $[Y_a^{(2)}]$ 分别为对应外激励力和腔内声压的结构导纳。

若在表面 S_2 上同样考虑声学覆盖层，则由 (9.4.96) 式，可得腔壁 S_2 面上的边界条件：

$$\{v_{n2}\} = [Y_f^{(2)}]\{f\} + [Y_a^{(2)}]\{p_2\} + [Y_c^{(2)}]\{p_2\} \tag{9.4.97}$$

式中，$[Y_c^{(2)}]$ 为表面 S_2 上声学覆盖层的声导纳对角矩阵。

在腔体表面 S_3 上，小开孔相当于在无限大声屏障板上的活塞声源向半无限空间辐射声源，辐射声压与声源振速满足 Rayleigh 积分方程，可以直接给出它们关系：

$$\{p_3\} = -[B_{33}]\{v_{n3}\} \tag{9.4.98}$$

为了将 (9.4.95) 式、(9.4.97) 及 (9.4.98) 式代入 (9.4.92) 式，先将 (9.3.92) 式表示为

$$\begin{bmatrix} [A_{11}] & [A_{12}] \\ [A_{21}] & [A_{22}] \\ [A_{31}] & [A_{32}] \end{bmatrix} \left\{ \begin{matrix} \{p_1\} \\ \{p_2\} \end{matrix} \right\} + \begin{bmatrix} [A_{13}] \\ [A_{23}] \\ [A_{33}] \end{bmatrix} \{p_3\}$$

$$= \begin{bmatrix} [B_{11}] \\ [B_{21}] \\ [B_{31}] \end{bmatrix} \{v_{n1}\} + \begin{bmatrix} [B_{12}] \\ [B_{22}] \\ [B_{23}] \end{bmatrix} \{v_{n2}\} + \begin{bmatrix} [B_{31}] \\ [B_{32}] \\ [B_{33}] \end{bmatrix} \{v_{n3}\} \tag{9.4.99}$$

将 (9.4.95) 式、(9.4.97) 式及 (9.4.98) 式代入 (9.4.99) 式，则有

$$\begin{bmatrix} [A_{11}] & [A_{12}] \\ [A_{21}] & [A_{22}] \\ [A_{31}] & [A_{32}] \end{bmatrix} \left\{ \begin{matrix} \{p_1\} \\ \{p_2\} \end{matrix} \right\} - \begin{bmatrix} [A_{13}] \\ [A_{23}] \\ [A_{33}] \end{bmatrix} [B_{33}]\{v_{n3}\}$$

$$= \begin{bmatrix} [B_{11}] \\ [B_{21}] \\ [B_{31}] \end{bmatrix} \left(\{v_{n1}\} + [Y_c^{(1)}]\{p_1\} \right)$$

$$+ \begin{bmatrix} [B_{12}] \\ [B_{22}] \\ [B_{23}] \end{bmatrix} \left([Y_f^{(2)}]\{f\} + [Y_a^{(2)}]\{p_2\} + [Y_c^{(2)}]\{p_2\} \right) + \begin{bmatrix} [B_{31}] \\ [B_{32}] \\ [B_{33}] \end{bmatrix} \{v_{n3}\} \tag{9.4.100}$$

重新排列可以得到

$$\begin{bmatrix} [A_{11}] - [B_{11}][Y_c^{(1)}] & [A_{12}] - [B_{12}]([Y_a^{(2)}] + [Y_c^{(2)}]) \\ [A_{21}] - [B_{21}][Y_c^{(1)}] & [A_{22}] - [B_{22}]([Y_a^{(2)}] + [Y_c^{(2)}]) \\ [A_{31}] - [B_{31}][Y_c^{(1)}] & [A_{32}] - [B_{32}]([Y_a^{(2)}] + [Y_c^{(2)}]) \end{bmatrix}$$

$$\times \begin{array}{c} -[A_{13}][B_{33}]-[B_{13}] \\ -[A_{23}][B_{33}]-[B_{23}] \\ -[A_{33}][B_{33}]-[B_{33}] \end{array} \left\{ \begin{array}{c} \{p_1\} \\ \{p_2\} \\ \{v_{n3}\} \end{array} \right\} = \left[\begin{array}{cc} [B_{11}] & [B_{12}] \\ [B_{21}] & [B_{22}] \\ [B_{31}] & [B_{32}] \end{array} \right] \left\{ \begin{array}{c} \{v_{n1}\} \\ [Y_f^{(2)}]\{f\} \end{array} \right\}$$

$$(9.4.101)$$

由 (9.4.101) 式可知, 已知腔壁 S_1 面上法向振速和 S_2 面的激励力, 即可计算得到 S_1 和 S_2 面的声压及 S_3 面的法向振速, 进一步由 (9.4.95) 和 (9.4.97) 式及 (9.4.98) 式, 分别计算得到 S_1 和 S_2 面上的法向振速及 S_3 面的声压, 再由离散的 (9.4.82) 式中的第一式计算腔体内部任一点的声压。针对 Guy 和 Bhattacharya[1,2] 研究的五面为刚性壁、一面为弹性板的矩形腔, 采用结构有限元求解弹性板振动, 采用声边界元求解腔内声场, 共有 144 个边界元离散单元, 其中每个刚性面 16 个单元, 弹性板壁面 64 个单元。计算的入射平面波与腔内底部声压的比值符合试验结果, 参见图 9.4.8。进一步计算 1:2 车厢模型的内部声场及壁面的吸声效果。模型由 3mm 厚铝板制作, 内部覆盖 30mm 的聚亚氨脂泡沫吸声材料。机械激励力作用在下部底板上, 计算时已知模型表面振动及覆盖层导纳, 并离散为 212 个单元, 将测量的腔壁振动及吸声层导纳作为输入参数, 计算的腔内声压与模型测量结果一致, 参见图 9.4.9。Kopuz 和 Lalor[64] 采用有限元和边界元方法计算比较了车厢内部声场, 两种计算结果一致性很好, 参见图 9.4.10。计算结果表明, 虽然边界元方法将三维声场计算转化为二维问题, 降低了求解方程的维数及数据维度, 但对于小尺度对象所需的计算时间比有限元方法多, 而且不如有限元方法更容易处理复杂边界条件。Succi[65] 还针对汽车车厢声场计算, 假设一个矩形腔, 先求解矩形腔的 Green 函数, 再利用积分方程计算腔内声场。

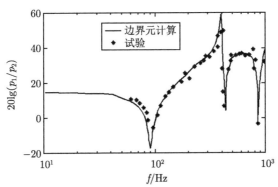

图 9.4.8　矩形腔内部声压比值计算与试验结果比较

(引自文献 [63], fig15)

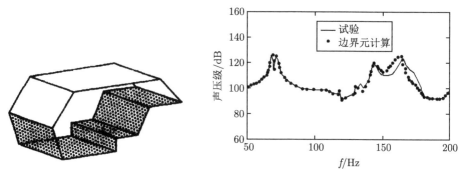

图 9.4.9　车厢模型及边界元法计算内部声声压

(引自文献 [63], fig17, fig22)

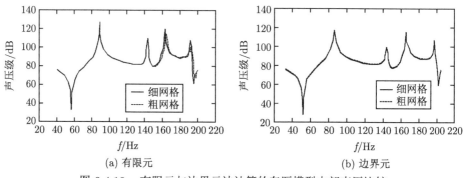

(a) 有限元　　　　　　　　　　　　(b) 边界元

图 9.4.10　有限元与边界元法计算的车厢模型内部声压比较

(引自文献 [64], fig 9)

有限元方法计算腔内声场时, 可以比较容易地采用标准形式计算腔内声场本征模态及本征值, 并扩展到求解腔壁结构振动与腔内声场耦合的本征问题。但采用边界元方法计算腔内声场时, 因为边界积分方程的核函数含有频率参数, 二维和三维情况下, 核函数为 Hankel 和指数函数, 隐含有非线性的频率参数, 为了解决这个问题, Banerjee[66] 和 Ali[67] 等引入了双互易法 (dual reciprocity method) 近似求解基于边界积分的腔体本征问题。为此, 将声压 p 分为两个分量, 一个分量为实际声压解 p_1, 另一个分量为补充声压 p_2:

$$p = p_1 + p_2 \tag{9.4.102}$$

设其中的补充声压满足 Laplace 方程:

$$\nabla^2 p_2 = 0 \tag{9.4.103}$$

而 p_1 满足:

$$\nabla^2 p_1 + k_0^2 p = 0 \tag{9.4.104}$$

鉴于 (9.4.104) 式不能直接求解 p_1，Banerjee 等引入 Nardini 和 Brebbia[68] 提出的方法，采用整体形状函数近似求解腔内声压，设腔内声压为

$$p(y) = \sum_{m=1}^{\infty} N(y, \xi_m)\chi(\xi_m) \tag{9.4.105}$$

式中，y 为腔内任一点坐标，ξ_m 为腔壁上节点 m 坐标，χ 为虚拟函数 (fictious function)，N 为形状函数，其简单形式可取为

$$N(y, \xi_m) = (d_0 - d) \tag{9.4.106}$$

其中，d_0 为腔体内任意两点的最大距离，d 为 y 和 ξ_m 之间的距离。

将 (9.4.105) 及 (9.4.106) 式代入 (9.4.104) 式，有

$$\nabla^2 p_1 + k_0^2 \sum_{m=1}^{\infty} (d_0 - d)\chi(\xi_m) = 0 \tag{9.4.107}$$

容易看出，下面给出的表达式：

$$p_1(y) = \sum_{m=1}^{\infty} k_0^2 D(y, \xi_m)\chi(\xi_m) \tag{9.4.108}$$

满足 (9.4.107) 式，其中，

$$D(y, \xi_m) = (c_1 d^3 - c_2 d_0 d^2) \tag{9.4.109}$$

式中，$c_1 = 1/3(i+1)$，$c_2 = 1/2i$，$i = 2$ 或 3，分别对应二维和三维问题。

由 (9.4.108) 式，可得

$$\frac{\partial p_1}{\partial n} = \sum_{m=1}^{\infty} k_0^2 T(y, \xi_m)\chi(\xi_m) \tag{9.4.110}$$

式中，

$$T(y, \xi_m) = (3c_1 d^2 - 2c_2 d_0 d)\frac{\partial d}{\partial n}$$

另外，(9.4.103) 式的积分解为

$$\alpha(y)p_2(\xi) = \int_S \left[G(y, \xi)\frac{\partial p_2(y)}{\partial n} - p_2(y)\frac{\partial G(y, \xi)}{\partial n} \right] dS \tag{9.4.111}$$

式中, $G(y, \xi)$ 为 Laplace 方程的 Green 函数, 注意到它与频率无关。

$$G(y, \xi) = \begin{cases} \dfrac{-1}{2\pi}\ln d, & \text{二维} \\ \dfrac{1}{4\pi d}, & \text{三维} \end{cases}$$

离散 (9.4.111) 式, 得到矩阵方程:

$$[E]\left\{\frac{\partial p_2}{\partial n}\right\} - [F]\{p_2\} = 0 \tag{9.4.112}$$

考虑到 (9.4.102) 式及关系:

$$\frac{\partial p}{\partial n} = \frac{\partial p_1}{\partial n} + \frac{\partial p_2}{\partial n} = 0 \tag{9.4.113}$$

由 (9.4.112) 式可得

$$[E]\left\{\frac{\partial p}{\partial n}\right\} - [F]\{p\} = [E]\left\{\frac{\partial p_1}{\partial n}\right\} - [F]\{p_1\} \tag{9.4.114}$$

(9.4.108) 和 (9.4.110) 式可以表示为

$$\{p_1\} = k_0^2[D]\{\chi\} \tag{9.4.115}$$

$$\left\{\frac{\partial p_1}{\partial n}\right\} = k_0^2[T]\{\chi\} \tag{9.4.116}$$

将 (9.4.115) 和 (9.4.116) 式代入 (9.4.114) 式, 可得

$$[E]\left\{\frac{\partial p}{\partial n}\right\} - [F]\{p\} = k_0^2\left([E][T] - [F][D]\right)\{\chi\} \tag{9.4.117}$$

另外, (9.4.105) 式也可表示为

$$\{p\} = [N]\{\chi\} \tag{9.4.118}$$

将 (9.4.118) 式代入 (9.4.117) 式, 消除 $\{\chi\}$ 得到

$$[E]\left\{\frac{\partial p}{\partial n}\right\} - [F]\{p\} = k_0^2[M]\{p\} \tag{9.4.119}$$

式中, $[M] = ([G][T] - [F][D])[N]^{-1}$。

(9.4.119) 式可进一步化为标准形式的本征方程:

$$[R_1]\{X\} - k_0^2[R_2]\{X\} = 0 \qquad (9.4.120)$$

式中,

$$[R_1] = \{-[F], [E]\}$$

$$[R_2] = \{[M], [0]\}$$

$$\{X\} = \left\{ \{p\}, \left\{ \frac{\partial p}{\partial n} \right\} \right\}^{\mathrm{T}}$$

从形式上看, 本征方程 (9.4.120) 式因与有限元方法得到的声腔本征方程一致。求解 (9.4.120) 式可以得到声腔的本征模式和本征值。Banerjee 针对二维车厢, 比较了有限元和边界元方法计算的模态频率与试验测量的模态频率, 边界元和有限元计算及测量的一阶、二阶和三阶模态频率的最大偏差 0.9%。如果仅仅计算腔体的本征值, Ali 等 [67] 以形状函数为参数, 推导了 Neumann 边界条件、Neumann 和 Dirichlet 混合边界条件及流固相互作用边界条件的本征值方程, 可以避免计算 $[N]^{-1}$, 详细过程可参考相关文献。Leblanc 和 Lavie[69] 进一步改进整体形状函数, 将上述方法扩展到局部阻抗边界情况, 除此之外, Chen 等 [70] 还针对本征模态退化的情况, 提出双重边界元方法求解声腔的本征问题。

边界元方法和等效源方法都是基于 Kirchhoff-Helmholtz 积分方程, 8.1 节曾采用等效源方法求解任意结构的外场声辐射, 作为边界元方法的一种替代方法。等效源方法用于求解腔内声场, 具有方程维数低和计算方便等优点, 而且简单声源布置在腔壁界面附近, 在界面上产生光顺连续的声压和振速分布。Johnson 等 [71] 考虑如图 9.4.11 所示的腔体, 其体积为 V_i, 面积为 S, 内部还有声源 $q(r_0)$。腔内声压可以表示为

$$p(y) = \int_S \left[p(\xi) \frac{\partial G(y, \xi)}{\partial n} - \mathrm{i}k_0 \rho_0 C_0 v_n(\xi) G(y, \xi) \right] \mathrm{d}S$$

$$+ \mathrm{i}k_0 \rho_0 C_0 \int_{V_i} q(y_0) G(y, y_0) \mathrm{d}V \qquad (9.4.121)$$

式中, $p(\xi)$ 和 $v_n(\xi)$ 为腔壁声压和法向振速, $q(y_0)$ 为腔内声源强度, $G(y, \xi)$ 为 Green 函数。

按照 Kirchhoff-Helmholtz 方程, 不考虑腔内声源情况下, 边界外围声源在腔内产生的声场可以由边界上的声压和法向振速确定。如果任意一组外围声源产生同样的界面声压和法向振速, 则在腔内产生的声场不变, 而且界面上声压和法向

振速相互不独立，已知一个可以求解另一个。因此，如果腔体表面法向振速已知，则在腔体界面另一侧设置声源，产生相同的表面法向振速及腔内声场。这样，由腔体壁面声压和法向振速及腔内声源产生的腔内声场等效为腔体外围声源及腔内声源产生的声场。

$$p(y) = \mathrm{i}k_0\rho_0 C_0 \left\{ \int_{V_i} q(y_0)G(y-y_0)\mathrm{d}V_i + \int_{V_e} q(y_e)G(y-y_e)\mathrm{d}V_e \right\} \quad (9.4.122)$$

式中，$q(y_e)$ 和 y_e 为等源声源的强度及位置，V_e 为腔体外围等效声源的包络体积，参见图 9.4.12。

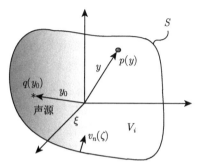

图 9.4.11　内部有声源的任意腔体

(引自文献 [71], fig1)

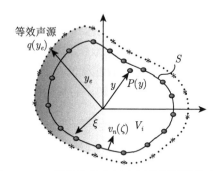

图 9.4.12　任意腔体内部声源的外围等效声源

(引自文献 [71], fig2)

腔体界面上的声压来源于外围等效声源和腔内声源两部分的贡献：

$$\{p\} = \{p_i\} + \{p_e\} \quad (9.4.123)$$

式中，$\{p\}$ 为腔体界面上不同位置声压组成的列矩阵，$\{p_i\}$ 和 $\{p_e\}$ 分别为腔内声源和外围声源在界面不同位置产生的声压组成的列矩阵。

若腔体外围等效声源为一组点声源，则有

$$\{p_e\} = [H]\{q_e\} \tag{9.4.124}$$

式中，$\{q_e\}$ 为外围点源强度组成的列矩阵，$[H]$ 为复传输阻抗矩阵，其元素为不同位置 y_n^e 的单位点源在界面不同位置 ξ_m 产生的声压。

$$H_{mn}^e = \mathrm{i}k_0\rho_0 C_0 G(\xi_m - y_n^e) \tag{9.4.125}$$

将 (9.4.124) 式代入 (9.4.123) 式，有

$$\{p\} = \{p_i\} + [H]\{q_e\} \tag{9.4.126}$$

同理，外围声源和腔内声源在腔体界面上产生的法向振速为

$$\{v_n\} = \{v_n^i\} + \{v_n^e\} = \{v_n^i\} + [T]\{q_e\} \tag{9.4.127}$$

式中，$\{v_n^i\}$ 和 $\{v_n^e\}$ 分别为腔内声源和外围声源在界面不同位置产生的法向振速组成的列矩阵，$[T]$ 为复传输矩阵，其元素为不同位置 y_n^e 的单位点源在界面不同位置 ξ_m 产生的法向振速，

$$T_{mn}^e = \frac{\partial G(|\xi_m - y_n^e|)}{\partial n} \tag{9.4.128}$$

如果已知腔壁结构声压与法向振速的关系：

$$\{v_n\} = [Y]\{p\} \tag{9.4.129}$$

式中，$[Y]$ 为腔壁结构的导纳矩阵。

则由 (9.4.126) 式、(9.4.127) 及 (9.4.129) 式可以求解得到外围等效声源的强度

$$\{q_e\} = -([T] - [Y][H])^{-1}\left(\{v_n^i\} - [Y]\{p_i\}\right) \tag{9.4.130}$$

由 (9.4.130) 求解得到等效声源强度，进一步可由 (9.4.123) 和 (9.4.124) 式计算腔内声场。如果复杂腔壁结构受外力激励，采用有限元求解腔壁振动，需要考虑腔内声场与腔壁振动的耦合，详细内容可参见 8.1 节。作为等效源方法求解腔内声场的一个算例，考虑一矩形腔，长 2.12m、宽 6.06m、高 2.12m，一个点声源放置在腔内 1.86m，0.26m 和 0.26m 处，声压计算点选取在腔内 0.1m，5.96m 和 2.02m 处。矩阵腔壁面的声反射采用一组布置腔体外面的点源模拟。Johnson 等将等效点源布置在包围矩形腔的远场球面上。研究表明，由于腔内存在点源及界面声反射，为了精确模拟腔体界面的振速，需要大量的等效源，但如果考虑腔内点源的一次虚源，则等效点源数量可以减少。在三维情况下，矩形腔的一次虚源数为 26

个。远场球面上的等效点源可按经线或纬线布置，大致等间距分布，图 9.4.13 和图 9.4.14 分别为矩形腔虚源和等效源布置及分布图，图中远场等效源布点在 8 条纬线上。图 9.4.15 和图 9.4.16 给出了等效源方法与模态法计算的腔内声压比较及不同等效源数量的收敛情况，取 222 个等效源与采用 245 个模态计算的结果完全一致，这里的等效源包括 26 个虚源和半径为 100m 球面上的 196 个等效源，腔体界面上的计算取点为 546 个。随着等效源从 5 条纬线 (38 个等效源) 增加到 7 条纬线 (70 个等效源)、9 条纬线 (110 个等效源)、11 条纬线 (166 个等效源)，最后到 12 条纬线 (196 个等效源)，计算结果完全收敛。计算矩形腔内部有一个点源的简单问题，需要 26 个虚源和 196 个等效源，应该说比较费事，若腔内有多个点源或复杂声源，则需要的模拟等效声源更多。如果不采用自由空间的 Green 函数，而是采用腔体内部声场的 Green 函数，可能计算模型要简化一些。

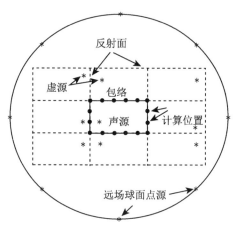

图 9.4.13　矩形腔内部声源的外部等效声源

(引自文献 [71], fig4)

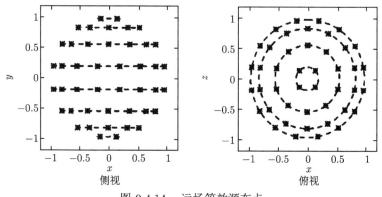

图 9.4.14　远场等效源布点

(引自文献 [71], fig5)

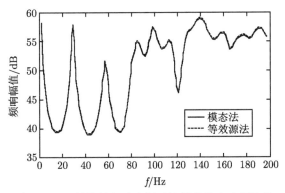

图 9.4.15   单位体积速度源时计算的腔内声压比较

(引自文献 [71], fig6)

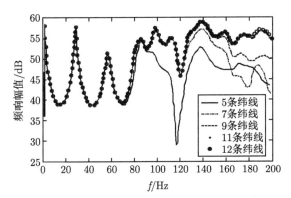

图 9.4.16   不同等效源数量时腔内声压的计算收敛性

(引自文献 [71], fig12)

参 考 文 献

[1] Guy R W, Bhattacharya M C. The transmission of sound through a cavity-backed finite plate. J. Sound and Vibration, 1973, 27(2): 207-223.

[2] Guy R W. The response of a cavity backed panel to external excitation: A general analysis. J. Acoust. Soc. Am., 1979, 65: 719-731.

[3] David J M, Menelle M. Validation of a medium frequency computational method for the coupling between a plate and a water-filled cavity. J. Sound and Vibration, 2003, 265: 841-861.

[4] David J M, Menelle M. Validation of a modal method by use of an appropriate static potential for a plate coupled to a water-filled cavity. J. Sound and Vibration, 2007, 301: 739-759.

[5] Narayanan S, Shanbhag R L. Sound transmission through elastically supported sandwich panels into a rectangular enclosure. J. Sound and Vibration, 1981, 77(2): 251-270.

[6] Oldham D J, Hillarby S N. The acoustical performance of small close finite enclosures, Part 1: Theoretical models. J. Sound and Vibration, 1991, 150(2): 261-281.

[7] Oldham D J, Hillarby S N. The acoustical performance of small close finite enclosures, Part 2: Experimental investigation. J. Sound and Vibration, 1991, 150(2): 283-300.

[8] Pan J, Bies D A. The effect of fluid-structural coupling on sound waves in an enclosure-theoretical part. J. Acoust. Soc. Am., 1990, 87(2): 691-707.

[9] Du J T, Li W L, et al. Vibro-acoustic analysis of a rectangular cavity bounded by a flexible panel with elastically restrained edges. J. Acoust. Soc. Am., 2012, 131(4): 2799-2810.

[10] Li W L, Zhang X F, et al. An exact series solution for the transverse vibration of rectangular plates with general elastic boundary supports. J. Sound and Vibration, 2009, 321: 254-269.

[11] Du J T, Li W L. Acoustic analysis of a rectangular cavity with general impedance boundary conditions. J. Acoust. Soc. Am., 2011, 130(2): 807-817.

[12] Dowell E H, Gorman G F, Smith D A. Acoustoelasticity: General theory, Acoustic natural modes and forced response to sinusoidal excitation, including comparisons with experiment. J. Sound and Vibration, 1977, 52(4): 519-542.

[13] Bokil V B, Shirahatti V S. A technique for the modal analysis of sound-structure interaction problems. J. Sound and Vibration, 1994, 173(1): 23-41.

[14] Ginsberg J H. On Dowell's simplification for acoustic cavity-structure interaction and consistent alternatives. J. Acoust. Soc. Am., 2010, 127(1): 22-32.

[15] Pan J, Bies D A. The effect of fluid-structural coupling on sound waves in an enclosure, Experimental part. J. Acoust. Soc. Am., 1990, 87(2): 708-716.

[16] Pan J. The forced response of an acoustic structural coupled system. J. Acoust. Soc. Am., 1992, 91(2): 949-956.

[17] Sum K S, Pan J. An analytical model for bandlimited responsed of acoustic structural coupled systems, I. Direct sound field excitation. J. Acoust. Soc. Am., 1998, 103(2): 911-923.

[18] Sum K S, Pan J. On acoustic and structural modal cross-couplings in plate-cavity systems. J. Acoust. Soc. Am., 2000, 107(4): 2021-2038.

[19] Kim S M, Brennan M J. A compact matrix formulation using the impedance and modility approach for the analysis of structural-acoustic systems. J. Sound and Vibration, 1999, 223(1): 97-113.

[20] Venkatesham B, Tiwari M, et al. Analytical prediction of the breakout noise from a rectangular cavity with one compliant wall. J. Acoust. Soc. Am., 2008, 124(5): 2952-2960.

[21] Magalhaes M D C, Ferguson N S. The development of a component mode synthesis(CMS) model for three-dimensional fluid-structure interaction. J. Acoust. Soc. Am., 2005, 118(6): 3679-3690.

[22] Tournour M, Atalla N. Pseudostatic corrections for the forced vibroacoustic response

of a structure-cavity systems. J. Acoust. Soc. Am., 2000, 107(5): 2379-2386.

[23] Li Y Y, Cheng L. Modification of acoustic modes and coupling due to leaning wall in a rectangular cavity. J. Acoust. Soc. Am., 2004, 116(6): 3312-3318.

[24] Li Y Y, Cheng L. Vibro-acoustic analysis of a rectangular-like cavity with a tilted wall. Applied Acoustics, 2007, 68: 739-751.

[25] Missaoui J, Cheng L. A combined integro-modal approach for predicting acoustic properties of irregular-shaped cavities. J. Acoust. Soc. Am., 1997, 101(6): 3313-3321.

[26] Ahn C G, Choi H G, Lee J M. Structural-acoustic coupling analysis of two cavities connected by boundary structures and small holes. J. of Vib. and Acoust., 2005, 127: 566-574.

[27] Lee J W, Lee J M. Forced vibro-acoustical analysis for a theoretical model of a passenger compartment with a trunk, Part I: Theoretical part. J. Sound and Vibration, 2007, 299(4-5): 900-917.

[28] Lee J W, Lee J M. An improved mode superposition method applicable to a coupled structural-acoustic system with a multiple cavity. J. Sound and Vibration, 2007, 301: 821-845.

[29] Puig J P, Ferran A R. Modal-based predicticn of sound transmission through slits and openings between rooms. J. Sound and Vibration, 2013, 332: 1265-1287.

[30] Dowell E H. Interior noise studies for single and double walled cylindrical shells. J of Aircraft, 1980, 17: 690-699.

[31] Narayanan S, Shanbhag R L. Sound transmission through layered cylindrical shell with applied damping treatment. J. Sound and Vibration, 1984, 92(4): 541-558.

[32] Markus S. Damping properties of layered cylindrical shell, vibrating in axially symmetric modes. J. Sound and Vibration, 1976, 48(4): 511-524.

[33] Pan H H. Axisymmetrical vibration of a circular sandwich shell with a viscoelactic cure layer. J. Sound and Vibration, 1969, 9(2): 338-348.

[34] Cheng L, Nicolas J. Free vibration analysis of a cylindrical shell-circular plate system with general coupling and various boundary conditions. J. Sound and Vibration, 1992, 155(2): 231-247.

[35] Cheng L, Nicolas J. Radiation of sound into a cylindrical enclosure from a point driven end plate with general boundary conditions. J. Acoust. Soc. Am., 1992, 91(3): 1504-1513.

[36] Cheng L. Fluid-structural coupling of a plate-ended cylindrical shell: Vibration and internal sound field. J. Sound and Vibration, 1994, 174(5): 641-654.

[37] Missaoui J, Cheng L. Free and forces vibration of a cylindrical shell with a floor partition. J. Sound and Vibration, 1996, 190(1): 21-40.

[38] Missaoui J, Cheng L. Vibroacoustic analysis of a finite cylindrical shell with internal floor partition. J. Sound and Vibration, 1999, 226(1): 101-123.

[39] Li D S, Cheng L. Analysis of structural acoustic coupling of a cylindrical shell with an floor partition. J. Sound and Vibration, 2002, 250(5): 903-921.

[40]　曹钢. 具有浮动甲板的环肋圆柱壳振动声辐射性能分析. 武汉: 华中科技大学博士论文, 2003.

[41]　俞孟萨. 随机声弹性理论及声呐罩声学设计研究. 无锡: 中国船舶科学研究中心博士论文, 2007.

[42]　Pope L D, Wilby E G, et al. Aircraft interior noise models: Sidewall trim, stiffened structures, and cabin acoustics with flour partition. J. Sound and Vibration, 1983, 89(3): 371-417.

[43]　Graham W R. The influence of curvature on the sound radiated by vibrating panels. J. Acoust. Soc. Am., 1995, 98(2): 1581-1595.

[44]　Henry J K, Clark R L. Noise transmission from a curved panel into a cylindrical enclosure : Analysis of structural acoustic coupling. J. Acoust. Soc. Am., 2001, 109(4): 1456-1463.

[45]　Wu J H, et al. A method to predict sound radiation from a plate-ended cylindrical shell excited by an external force. J. Sound and Vibration, 2000, 237(5): 793-803.

[46]　Wu J H, Chen H L. A method to predict sound radiation from an enclosed multicavity structure. J. Sound and Vibration, 2001, 249(3): 417-427.

[47]　Wu J H, Chen H L. Structure modified influence of the interior sound field and acoustic shape sensitivity analysis. J. Sound and Vibration, 2002, 251(5): 905-918.

[48]　Thamburaj P, et al. Acoustic response of a non-circular cylindrical enclosure using conformal mapping. J. Sound and Vibration, 2001, 241(2): 283-295.

[49]　Young C J, Crocker M J. Prediction of transmission loss in mufflers by the finite element method. J. Acoust. Soc. Am., 1975, 57(1): 144-148.

[50]　Kagawa Y, Omote T. Finite element simulation of acoustic filters of arbitrary profile with circular cross-section. J. Acoust. Soc. Am., 1976, 60(5): 1003-1013.

[51]　Kagawa Y, Yamabuchi T, Mori A. Finite element simulation of an axisymmetric acoustic transmission system with a sound absorbing wall. J. Sound and Vibration, 1977, 53(3): 357-374.

[52]　Petyt M, Lim S P. Finite element analysis of the noise inside a mechanically excited cylinder. Inter. J. for Num. Meth in Eng., 1978, 13: 109-122.

[53]　倪振华. 振动力学. 西安: 西安交通大学出版社, 1989, 第四章.

[54]　Sandberg G, Göransson P. A symmetric finite element formulation for acoustic fluid-structure interaction analysis. J. Sound and Vibration, 1988, 123(3): 507-515.

[55]　Ding W P, Chen H L. A symmetrical finite element model for structure-acoustic coupling analysis of an elastic,thin-walled cavity. J. Sound and Vibration, 2001, 243(3): 545-559.

[56]　Shuku T, Ishihara K. The analysis of the acoustic field in irregularly shaped rooms by the finite element method. J. Sound and Vibration, 1973, 29(1): 67-76.

[57]　Richards T L, Jha S K. A simplified finite element method for studying acoustic characteristics inside a car cavity. J. Sound and Vibration, 1979, 63(1): 61-72.

[58]　Nefske D J, Wolf J A, Howell L J. Structural-acoustic finite element analysis of the automobile passenger compartment: A review of current practice. J. Sound and Vibration,

1982, 80(2): 247-266.

[59] Bausys R, Wiberg N E. Adaptive finite element strategy for acoustic problems. J. Sound and Vibration, 1999, 226(5): 905-922.

[60] Guerich M, Hamdi M A. A numerical method for vibro-accoustic problems with incompatible finite element meshes using B-spline functions. J. Acoust. Soc. Am., 1999, 105(3): 1682-1694.

[61] Chazot J D, Nennig B, Debain E P. Performances of the partition of unity finite element method for the analysis of two-dimensional interior sound field with absorbing materials. J. Sound and Vibration, 2013, 332: 1918-1929.

[62] Sestieri A, Vescovo D D, Lucibello P. Structural-acoustic coupling in complex shaped cavities. J. Sound and Vibration, 1984, 96(2): 219-233.

[63] Suzuki S. Boundary element analysis of cavity noise problems with complicated boundary conditions. J. Sound and Vibration, 1989, 130(1): 79-91.

[64] Kopuz S, Lalor N. Analysis of interior acoustic fields using the finite element method and the boundary element method. Applied Acoust., 1995, 45: 193-210.

[65] Succi G P. The interior acoustic field of an automobile cabin. J. Acoust. Soc. Am., 1987, 81(6): 1688-1694.

[66] Banerjee P K, Ahmad S, Wang H C. A new BEM formulation for the acoustic eigenfrequency analysis. Inter. J. for Num. Meth. in Eng., 1988, 26: 1299-1309.

[67] Ali A, Rajakumar C, Yunus S M. On the formulation of the acoustic boundary element eigenvalue problems. Inter. J. for Num. Meth. in Eng., 1991, 31: 1271-1282.

[68] Nardini D, Brebbia C. Boundary integral formulation of mass matrices for dynamic analysis, in boundary element research. Berlin: Springer-verlag, 1985, 2: 191-208.

[69] Leblanc A, Lavie A. Numerical analysis of eigenproblem for cavities by a particular integral method with a low frequency approximation of surface admittance. J. Acoust. Soc. Am., 2012, 131(5): 3876-3882.

[70] Chen J T, Chen K H, Chyuan S W. Numerical experiments for acoustic modes of a square cavity using the dual boundary element method. App. Acoust., 1999, 57: 293-352.

[71] Johnson M E, Elliott S J, et al. An equivalent source technique for calculating the sound field inside an enclosure containing scattering objects. J. Acoust. Soc. Am., 1998, 104(3): 1221-1231.

第 10 章　弹性结构高频振动和声辐射

　　无论是积分变换法、模态叠加法等解析方法，还是有限元、边界元等数值方法求解弹性结构受激振动和声辐射，当计算频率较高，一般来说波长小于结构尺寸时，计算振动和声辐射需要的模态数或单元数较大，使待解方程组的维数迅速上升，振动和噪声计算的不确定性随之增加。结构动力特性和几何特性复杂程度的增加，采用解析法和数值法计算振动和噪声的难度也增加。室内声学较早遇到类似的问题，并采用"扩散场"概念建立了室内声场的统计特性。实际上，在频率较高的频段，结构和腔室被激发的振动或声模态密集，它们叠加的结果使结构振动响应分布或空间声场分布趋于均匀，不再存在明显的空间峰点或谷点分布，因而描述系统的振动和声场特性可以不再以振动模态、模态频率、振动和声响应等参数作为基本参量，而是充分利用一定频带内存在多个模态的特性，采用统计量描述系统振动和声辐射特性。

　　Lyon[1-3] 以"能量"作为独立的动力特性变量，建立了"统计能量法"(SEA)。统计能量法适用于复杂声振系统，整个系统由多个子系统模拟，子系统之间可以相互耦合，其中的一个或多个子系统受宽带平稳随机力激励，通过建立子系统能量及子系统之间功率流的平衡方程，估算子系统的能量。因为作用力和子系统声振参数采用统计方法描述，能量平衡方程中的能量和功率流参数，一方面进行了时间平均，另一方面在一定频带内对模态进行平均，所取的频带宽度要求频带内包含统计意义上有效的模态数。一般来说，子系统是有限的线性弹性系统，经过平均以后，在一定频带内原来需要用多个模态描述的子系统，只需用能量密度等少量几个参数描述即可，从而使结构振动和声辐射计算大为简化。

　　本章分三节介绍统计能量法，分别为统计能量法的基本理论、参数获取方法及算例，在此基础上，进一步介绍结构振动和声辐射的其他高频方法，包括渐近模态法、功率流方法，同时考虑到统计能量法适用于高频情况，为了扩展其中频适用性，还将介绍数值与统计混合法。

10.1　统计能量法基本理论

　　从统计意义上讲，每个子系统在每个频带内的共振频率认为是均匀分布的，每个共振模态具备能量，子系统的能量为其所有模态的能量和。假设在每个分析频带内，子系统能量由每个模态均分，相应地，可以得到每个子系统在分析频带内的平均振动和平均声压，不再有振动能和声能的频率分布和空间分布。为了建立统计能量法计算结构振动和声辐射的模型，进一步假设激励力的输入功率谱为宽带的，耦合的两个子系统不会产生能量，但有可能消耗能量，子系统分析频带内所有模态的阻尼因子相等，子系统模态之间不存在相互作用，相关效应可以忽略。基于这些假设，可以先考虑两个耦合的单自由度振子作为两个子系统，建立能量平衡的统计关系。

Burroughs 等 [4] 在 Lyon 考虑两个振子具有弹性耦合、质量耦合、回转耦合及阻尼耦合的基础上，重点考虑了弹性耦合和回转耦合的保守双振子系统，参见图 10.1.1。两个振子的耦合振动方程为

$$m_1\ddot{\xi}_1 + c_1\dot{\xi}_1 + k_1\xi_1 + B\dot{\xi}_2 + S_{12}(\xi_2 - \xi_1) = f_1 \tag{10.1.1}$$

$$m_2\ddot{\xi}_2 + c_2\dot{\xi}_2 + k_2\xi_2 - B\dot{\xi}_1 + S_{12}(\xi_1 - \xi_2) = f_2 \tag{10.1.2}$$

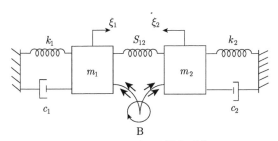

图 10.1.1 双振子耦合系统

(引自文献 [4], fig1)

式中，m_1 和 m_2 为两个振子的质量，c_1 和 c_2 为阻尼系数，k_1 和 k_2 为弹性系数，B 为回转常数，S_{12} 为耦合弹性系数，f_1 和 f_2 为作用在振子质量上的激励力。

令 $S_1 = k_1 - S_{12}$，$S_2 = k_2 - S_{12}$，(10.1.1) 和 (10.1.2) 式表示为

$$m_1\ddot{\xi}_1 + c_1\dot{\xi}_1 + S_1\xi_1 + B\dot{\xi}_2 + S_{12}\xi_2 = f_1 \tag{10.1.3}$$

$$m_2\ddot{\xi}_2 + c_2\dot{\xi}_2 + S_2\xi_2 - B\dot{\xi}_1 + S_{12}\xi_1 = f_2 \tag{10.1.4}$$

在简谐时间情况下，由 (10.1.3) 和 (10.1.4) 式可以求解得到两个振子的振速：

$$v_1 = -\mathrm{i}\omega\xi_1 = \frac{\mathrm{i}\omega}{m_1 m_2 D(\omega)}\left[m_2\left(\omega^2 + 2\mathrm{i}\omega\delta_2 - \omega_2^2\right)f_1 \right. \\ \left. + (-\mathrm{i}\omega B + S_{12})f_2\right] \tag{10.1.5}$$

$$v_2 = -\mathrm{i}\omega\xi_2 = \frac{\mathrm{i}\omega}{m_1 m_2 D(\omega)}\left[(\mathrm{i}\omega B + S_{12})f_1 \right. \\ \left. + m_1\left(\omega^2 + 2\mathrm{i}\omega\delta_1 - \omega_1^2\right)f_2\right] \tag{10.1.6}$$

式中,

$$D(\omega) = \omega^4 + 2\mathrm{i}\omega^3(\delta_1 + \delta_2) - \omega^2\left(\omega_1^2 + \omega_2^2 + 4\delta_1\delta_2 + \frac{B^2}{m_1 m_2}\right)$$
$$- 2\mathrm{i}\omega(\delta_1\omega_1^2 + \delta_2\omega_2^2) - \frac{S_{12}}{m_1 m_2} + \omega_1^2\omega_2^2 \tag{10.1.7}$$

这里 $\omega_i = (S_i/m_i)^{1/2}\ (i = 1, 2)$ 为振子的本征频率, $\delta_i = c_i/2m_i$ 为表示阻尼特性的振子半功率点宽带。在 (10.1.4) 式中, 振子 1 给振子 2 的作用力为

$$f_{12} = B\dot{\xi}_1 - S_{12}\xi_1 = (-\mathrm{i}\omega B - S_{12})\,\xi_1 \tag{10.1.8}$$

由振子 1 传输给振子 2 的功率流定义为

$$P_{12} = \frac{1}{2}\mathrm{Re}\left[f_{12}v_2^*\right] \tag{10.1.9}$$

将 (10.1.6) 和 (10.1.8) 式代入 (10.1.9) 式, 经推导可得

$$P_{12} = \frac{\omega^2 S_{12}^2 + \omega^4 B^2}{m_1^2 m_2^2\,|D\,(\omega)|^2}\left[m_2\delta_2\,|f_1|^2 - m_1\delta_1\,|f_2|^2\right] + R\,(f_1, f_2) \tag{10.1.10}$$

式中, $R\,(f_1, f_2)$ 为含有 $f_1 f_2$ 的余项。

(10.1.10) 式为单频情况下两个振子的功率流,当激励力为平坦的宽带谱时,需要对频带内的功率流进行积分得到宽带功率流,为此,假设频带的上限频率和下限频率远大于和远小于两个振子的固有频率,这样,频带积分可以扩展到 $(-\infty, \infty)$。同时注意到作用在两个振子上的激励力相互独立, (10.1.10) 式中 $R\,(f_1, f_2)$ 项对积分没有贡献。利用积分关系 [5]:

$$\int_{-\infty}^{\infty} \frac{g_4\,(x)\,\mathrm{d}x}{h_4\,(x)\,h_4\,(-x)}$$
$$= \mathrm{i}\pi \frac{b_0\,(-a_1 a_4 + a_2 a_3) - a_0 a_3 b_1 + a_0 a_1 b_2 + \dfrac{a_0}{a_4}b_3\,(a_0 a_3 - a_1 a_2)}{a_0\,(a_0 a_3^2 + a_1^2 a_4 - a_1 a_2 a_3)}$$

其中,

$$g_4\,(x) = b_0 x^6 + b_1 x^4 + b_2 x^2 + b_3$$
$$h_4\,(x) = a_0 x^4 + a_1 x^3 + a_2 x^2 + a_3 x + a_4$$

由 (10.1.10) 式积分可得两个振子在一定频带内的平均功率流:

$$\bar{P}_{12} = \frac{\pi}{2\Delta\omega}\left[\frac{|f_1|^2}{\delta_1 m_1} - \frac{|f_2|^2}{\delta_2 m_2}\right] \cdot \frac{(\delta_1\omega_2^2 + \delta_2\omega_1^2)B + (\delta_1 + \delta_2)S_{12}^2}{m_1 m_2 Q} \tag{10.1.11}$$

式中,

$$Q = \left(\omega_1^2 - \omega_2^2\right) + 4\left(\delta_1 + \delta_2\right) \cdot \left(\delta_1\omega_2^2 + \delta_2\omega_1^2\right)$$

$$+ \left(\delta_1 + \delta_2\right) \cdot \left(\frac{\omega_1^2}{\delta_2} + \frac{\omega_2^2}{\delta_1}\right)\frac{B^2}{m_1 m_2} + \frac{\left(\delta_1 + \delta_2\right)^2 S_{12}^2}{\delta_1 \delta_2 m_1 m_2}$$

两个振子的能量定义为

$$E_i = \frac{m_i}{2} v_i v_i^*, \quad i = 1, 2 \tag{10.1.12}$$

类似 (10.1.11) 式的推导,可以得到振子在一定频带内的平均能量

$$\bar{E}_1 = \frac{\pi}{2\Delta\omega} \left\{ \frac{|f_1|^2}{m_1 \delta_1} \left[\frac{\left(\omega_1^2 - \omega_2^2\right)^2 / 2 + \left(\delta_1 + \delta_2\right)\left(\delta_1 \omega_2^2 + \delta_2 \omega_1^2\right)}{Q} \right] \right\}$$

$$+ \frac{\left[S_{12}^2 \left(\delta_1 + \delta_1\right) + B\left(\delta_1 \omega_2^2 + \delta_2 \omega_1^2\right)\right] \cdot \left(m_2 |f_1|^2 + m_1 |f_2|^2\right)}{2 m_1^2 m_2^2 \delta_1 \delta_2 Q} \tag{10.1.13}$$

振子 2 在一定频带内的平均能量可在 $\bar{E}_1$ 的表达式中交换下标 1 和 2 得到,于是两个振子的能量差为

$$\bar{E}_1 - \bar{E}_2 = \frac{\pi}{2\Delta\omega} \left[\frac{|f_1|^2}{m_1 \delta_1} - \frac{|f_2|^2}{m_2 \delta_2} \right] \cdot \frac{\left(\omega_1^2 - \omega_2^2\right)^2 / 2 + \left(\delta_1 + \delta_2\right)\left(\delta_1 \omega_2^2 + \delta_2 \omega_1^2\right)}{Q}$$

$$\tag{10.1.14}$$

注意到,(10.1.13) 式中的第二项对于两个振子是对称的,相减时消除了。将 (10.1.11) 式与 (10.1.14) 式相除,则得到两个振子的传输功率流与它们能量之间的关系:

$$\bar{P}_{12} = \alpha(\bar{E}_1 - \bar{E}_2) \tag{10.1.15}$$

式中,

$$\alpha = \frac{2}{m_1 m_2} \frac{\left(\delta_1 \omega_2^2 + \delta_2 \omega_1^2\right) B^2 + \left(\delta_1 + \delta_2\right) S_{12}^2}{\left(\omega_1^2 - \omega_2^2\right)^2 + 2\left(\delta_1 + \delta_2\right)\left(\delta_1 \omega_2^2 + \delta_2 \omega_1^2\right)} \tag{10.1.16}$$

(10.1.15) 式为统计能量法最基本的原理表达式,它表明两个振子传输的功率流正比于它们的能量差,并从高能量振子流向低能量振子,传输系数 α 取决于两个振子的参数 $(\delta_1, \delta_2, \omega_1$ 和 $\omega_2)$ 和耦合系数 $(B$ 和 $S_{12})$,而与振子的能量无关。

进一步考虑双振子平均能量方程 (10.1.15) 式,若振子 1 受宽带激励力作用,振子 2 没有受到激励,则由振子 1 传输到振子 2 的净功率应该等于振子 2 耗散的功率 P_{2d},即

$$\bar{P}_{12} = \alpha\left(\bar{E}_1 - \bar{E}_2\right) = P_{2d} \tag{10.1.17}$$

考虑到

$$\bar{E}_i = \frac{1}{2} m_i \bar{v}_i^2, \quad i = 1, 2 \tag{10.1.18}$$

$$P_{2d} = \frac{1}{2} c_2 \bar{v}_2^2 \tag{10.1.19}$$

则由 (10.1.17) 式可得

$$\frac{m_2 \left|\bar{v}_2\right|^2}{m_1 \left|\bar{v}_1\right|^2} = \frac{1}{1 + c_2/m_2\alpha} \tag{10.1.20}$$

由 (10.1.20) 式可见，因为 $c_2/m_2\alpha > 0$，受激励的振子 1 的能量总是大于非受激励的振子 2 的能量。当振子 2 的阻尼系数 c_2 较小，满足 $c_2/m_2\alpha \ll 1$，两个振子为强耦合，此时有

$$m_2 \left|\bar{v}_2\right|^2 = m_1 \left|\bar{v}_1\right|^2 \tag{10.1.21}$$

若振子 2 的阻尼系数 c_2 较大，满足 $c_2/m_2\alpha \gg 1$，两个振子为弱耦合，则有

$$m_2 \left|\bar{v}_2\right|^2 \ll m_1 \left|\bar{v}_1\right|^2 \tag{10.1.22}$$

两个振子强耦合时，它们的能量基本相等，且来回传输的能量大于振子耗散的能量。两个振子弱耦合时，由振子 1 传输到振子 2 的能量较小，且容易被耗散。

Sun[6] 和 Fahy[7] 等将保守耦合振子扩展到非保守耦合振子，参见图 10.1.2。设振子 1 和振子 2 满足的振动方程为

$$m_1 \ddot{\xi}_1 + c_1 \dot{\xi}_1 + k_1 \xi_1 + S_{12} \left(\xi_1 - \xi_2\right) + c_{12} \left(\dot{\xi}_1 - \dot{\xi}_2\right) = f_1 \tag{10.1.23}$$

$$m_2 \ddot{\xi}_2 + c_2 \dot{\xi}_2 + k_2 \xi_2 + S_{12} \left(\xi_2 - \xi_1\right) + c_{12} \left(\dot{\xi}_2 - \dot{\xi}_1\right) = f_2 \tag{10.1.24}$$

式中，c_{12} 为两个振子的阻尼耦合系数，其他参数含义同 (10.1.1) 和 (10.1.2) 式，注意图 10.1.2 中振子 2 的振动方向定义与图 10.1.1 相反。

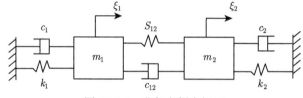

图 10.1.2　非保守耦合振子
(引自文献 [6],fig1)

为简单起见，(10.1.23) 和 (10.1.24) 式没有考虑质量耦合和回转耦合。由于考虑了耦合阻尼效应的能量耗散，由振子 1 进入弹性耦合单元的时间平均能量不

再等于振子 1 输入给振子 2 的时间平均能量，因而两个振子为非保守系统。将 (10.1.23) 和 (10.1.24) 式改写为

$$m_1\ddot{\xi}_1 + (k_1 + S_{12})\,\xi_1 + (c_1 + c_{12})\,\dot{\xi}_1 - S_{12}\xi_2 - c_{12}\dot{\xi}_2 = f_1 \tag{10.1.25}$$

$$m_2\ddot{\xi}_2 + (k_2 + S_{12})\,\xi_2 + (c_2 + c_{12})\,\dot{\xi}_2 - S_{12}\xi_1 - c_{12}\dot{\xi}_1 = f_2 \tag{10.1.26}$$

由 (10.1.25) 和 (10.1.26) 式，类似于 (10.1.10) 式的推导过程，得到两个振子具有阻尼的弹性耦合情况下的功率流：

$$P_{12} = \left[\left(\sigma\omega^2 + \varepsilon\omega^4\right)\big/m_1 m_2 D^2\right] \cdot \left(m_2\Delta_2\,|f_1|^2 - m_1\Delta_1\,|f_2|^2\right)$$

$$+ \left(2\,|f_2|^2\big/m_2 D^2\right) \cdot \left[\Delta_1\varepsilon^2 - \varepsilon\sigma\omega^2\left(\omega^2 - \omega_1^2\right)\right] + R\left(f_1, f_2\right) \tag{10.1.27}$$

式中，

$$D = \omega^4 + \mathrm{i}\omega^3\left(\Delta_1 + \Delta_2\right) - \omega^2\left(\omega_1^2 + \omega_2^2 + \Delta_1\Delta_2 - \varepsilon^2\right)$$

$$- \mathrm{i}\omega\left(\Delta_1\omega_2^2 + \Delta_2\omega_1^2 - 2\varepsilon\sigma\right) + \omega_1^2\omega_2^2 - \sigma^2$$

其中，ω_1 和 ω_2 为振子 1 和振子 2 的固有频率，Δ_1 和 Δ_2 为表示振子 1 和振子 2 阻尼及耦合阻尼的半功率带宽，ε 和 σ 分别为耦合阻尼参数和耦合刚度参数，它们的表达式为

$$\Delta_1 = \eta_1\omega_1 = (c_1 + c_{12})/m_1, \quad \Delta_2 = \eta_2\omega_2 = (c_2 + c_{12})/m_2$$

$$\omega_1 = \sqrt{(k_1 + S_{12})/m_1}, \quad \omega_2 = \sqrt{(k_2 + S_{12})/m_2}$$

$$\varepsilon = c_{12}/\sqrt{m_1 m_2}, \quad \sigma = S_{12}/\sqrt{m_1 m_2}$$

这里，η_1 和 η_2 分别为振子 1 和振子 2 的损耗因子。

考虑宽带激励时，两个振子在一定频带内的平均功率流为

$$\bar{P}_{12} = \gamma_1\left(\frac{\pi\,|f_1|^2}{m_1\Delta_1} - \frac{\pi\,|f_2|^2}{m_2\Delta_2}\right) + \gamma_2\frac{\pi\,|f_1|^2}{m_1\Delta_1} + \gamma_3\frac{\pi\,|f_2|^2}{m_2\Delta_2} \tag{10.1.28}$$

式中，

$$\gamma_1 = \frac{\Delta_1\Delta_2}{Q\Delta\omega}\sigma^2\left(\Delta_1 + \Delta_2\right)$$

$$\gamma_2 = \frac{\Delta_1\Delta_2}{Q\Delta\omega}\varepsilon^2\left(\Delta_1\omega_2^2 + \Delta_2\omega_1^2 - 2\varepsilon\sigma\right)$$

$$\gamma_3 = \frac{\Delta_1 \Delta_2}{Q \Delta \omega} \left[\varepsilon^2 \left(\Delta_1 \omega_2^2 + \Delta_2 \omega_1^2 - 2\varepsilon\sigma \right) + 2\varepsilon\sigma \left(\omega_1^2 - \omega_2^2 \right) + 4\varepsilon^2 \sigma^2 / \Delta_1 \right]$$

$$Q = \Delta_1 \Delta_2 \left[\left(\omega_1^2 - \omega_2^2 \right)^2 + \left(\Delta_1 + \Delta_2 \right) \left(\Delta_1 \omega_2^2 + \Delta_2 \omega_1^2 - 2\varepsilon\sigma \right) \right]$$

$$+ \sigma^2 \left(\Delta_1 + \Delta_2 \right)^2 - \varepsilon^2 \left(\Delta_1 + \Delta_2 \right) \cdot \left(\Delta_1 \omega_2^2 + \Delta_2 \omega_1^2 - 2\varepsilon\sigma \right)$$

$$+ 2\varepsilon\sigma \left[\left(\Delta_1 \omega_2^2 + \Delta_2 \omega_1^2 - 2\varepsilon\sigma \right) - \left(\Delta_1 \omega_1^2 + \Delta_2 \omega_2^2 \right) \right]$$

进一步可推导得到两个振子的频带平均能量

$$\bar{E}_1 = A_1 \frac{\pi |f_1|^2}{m_1 \Delta_1} + B_2 \frac{\pi |f_2|^2}{m_2 \Delta_2} \tag{10.1.29}$$

$$\bar{E}_2 = A_2 \frac{\pi |f_2|^2}{m_2 \Delta_2} + B_1 \frac{\pi |f_1|^2}{m_1 \Delta_1} \tag{10.1.30}$$

式中,

$$A_1 = \frac{\Delta_1 \Delta_2}{Q \Delta \omega} \left[\left(\omega_1^2 - \omega_2^2 \right) + \left(\Delta_1 + \Delta_2 \right) \left(\Delta_1 \omega_1^2 + \Delta_2 \omega_1^2 \right) \right]$$

$$- \frac{\Delta_1}{Q} \left\{ \varepsilon^2 \left(\Delta_1 \omega_2^2 + \Delta_2 \omega_1^2 - 2\varepsilon\sigma \right) - \sigma^2 \left(\Delta_1 + \Delta_2 \right) \right.$$

$$\left. + 2\varepsilon\sigma \left[\left(\omega_1^2 - \omega_2^2 \right) + \Delta_2 \left(\Delta_1 + \Delta_2 \right) \right] \right\}$$

$$B_2 = \frac{\Delta_2}{Q \Delta \omega} \left[\sigma^2 \left(\Delta_1 + \Delta_2 \right) + \varepsilon^2 \left(\Delta_1 \omega_2^2 + \Delta_2 \omega_1^2 - 2\varepsilon\sigma \right) \right]$$

A_2 和 B_1 的表达式可以由 A_1 和 B_2 表达式交换下标 1 和 2 得到。

两个振子的能量差为

$$\bar{E}_1 - \bar{E}_2 = \beta_1 \left(\frac{\pi |f_1|^2}{m_1 \Delta_1} - \frac{\pi |f_2|^2}{m_2 \Delta_2} \right) + \beta_2 \frac{\pi |f_1|^2}{m_1 \Delta_1} + \beta_3 \frac{\pi |f_2|^2}{m_2 \Delta_2} \tag{10.1.31}$$

式中,

$$\beta_1 = \frac{\Delta_1 \Delta_2}{Q \Delta \omega} \left[\left(\omega_1^2 - \omega_2^2 \right)^2 + \left(\Delta_1 + \Delta_2 \right) \left(\Delta_1 \omega_2^2 + \Delta_2 \omega_1^2 \right) \right]$$

$$\beta_2 = -\frac{2\varepsilon \Delta_2}{Q \Delta \omega} \left[\varepsilon \left(\Delta_1 \omega_2^2 + \Delta_2 \omega_1^2 - 2\varepsilon\sigma \right)^2 + \sigma \left(\omega_1^2 - \omega_2^2 \right) + \Delta_2 \sigma \left(\Delta_1 + \Delta_2 \right) \right]$$

(10.1.31) 式中 β_3 的表达式可以改变 β_2 表达式前面的负号并交换下标 1 和 2 得到。注意到 β_1 的分子项只与两个振子的参数有关,β_2 和 β_3 的分子项则与两个振子的耦合参数有关。由 (10.1.28) ~ (10.1.31) 式可得非保守系统的两个振子的平均传输功率流与它们的平均能量之间的关系:

$$\bar{P}_{12} = \alpha_1 \left(\bar{E}_1 - \bar{E}_2 \right) + \alpha_2 \bar{E}_1 + \alpha_3 \bar{E}_2 \tag{10.1.32}$$

式中,

$$\alpha_1 = \sigma^2 \left(\Delta_1 + \Delta_2 \right) \Big/ \left[\left(\omega_1^2 - \omega_2^2 \right)^2 + \left(\Delta_1 + \Delta_2 \right) \left(\Delta_1 \omega_2^2 + \Delta_2 \omega_1^2 \right) \right]$$

$$\alpha_2 = \alpha_1 \frac{\left(\beta_2 + \gamma_2/\alpha_1 \right) A_2 + \left(\beta_3 - \gamma_3/\alpha_1 \right) B_1}{A_1 A_2 - B_1 B_2}$$

$$\alpha_3 = -\alpha_1 \frac{\left(\beta_2 + \gamma_2/\alpha_1 \right) B_2 + \left(\beta_3 - \gamma_3/\alpha_1 \right) A_1}{A_1 A_2 - B_1 B_2}$$

注意到,$\alpha_i (i = 1, 2, 3)$ 与两个振子的参数及耦合参数有关。(10.1.32) 式表明,非保守的两个振子在独立的宽带力激励下,它们的平均功率流不仅与两个振子的平均能量差有关,还与每个振子的平均能量有关。若进一步推导 $\bar{P}_{21}$ 的表达式,可以发现在非保守情况下,两个振子不同方向的功率流不相等,即 $\bar{P}_{12} \neq \bar{P}_{21}$。这里列出了非保守的两个振子能量关系的推导结果,可见非保守双振子系统能量关系要比保守双振子系统复杂得多,具体过程可参考文献 [6] 和 [7]。

针对非保守双振子系统,(10.1.25) 式两边同乘上 $\dot{\xi}_1$,并利用 (10.1.32) 式,在稳态情况下,可以得到振子 1 的能量平衡方程

$$\Delta_1 \bar{E}_1 + \left(\alpha_1 + \alpha_2 \right) \bar{E}_1 - \left(\alpha_1 - \alpha_3 \right) \bar{E}_2 = \bar{P}_1 \tag{10.1.33}$$

同理,振子 2 的能量平衡方程为

$$\Delta_2 \bar{E}_2 + \left(\alpha_1' + \alpha_2' \right) \bar{E}_2 - \left(\alpha_1' - \alpha_3' \right) \bar{E}_1 = \bar{P}_2 \tag{10.1.34}$$

其中,$\bar{P}_1$ 和 $\bar{P}_2$ 为激励力对振子 1 和振子 2 的平均输入能量,α_1', α_2' 和 α_3' 为振子 2 传输到振子 1 的功率流表达式中的系数,类似 α_1, α_2 和 α_3,详细表达式可参见文献 [6]。由于 α_i 和 $\alpha_i' (i = 1, 2, 3)$ 为振子参数的复杂函数,难以确定 (10.1.33) 和 (10.1.34) 式中的能量关系及参数的影响。为此考虑两个简单的情况。第一种情况为两个振子的耦合阻尼系数远小于振子的阻尼系数,即 $c_{12} \ll c_1$ 和 c_2,在这种情况下,α_2 和 α_3 远小于 α_1,(10.1.32) 式可退化为

$$\bar{P}_{12} = -\bar{P}_{21} = \alpha \left(\bar{E}_1 - \bar{E}_2 \right) \tag{10.1.35}$$

(10.1.35) 式形式上与 (10.1.15) 式一样,当两个振子的耦合阻尼系数远小于振子的阻尼系数时,其耦合效应可以不考虑。

第二种情况为小阻尼振子，耦合阻尼系数与振子的阻尼系数接近，即 $c_{12} \approx c_1$ 和 c_2，此时，耦合阻尼系数的作用不可忽略。同时假设耦合阻尼系数也不比振子阻尼系数大很多。在这种情况下，α_2 和 α_3 可以简化为

$$\alpha_2 = \alpha_2' = -\alpha_1 \frac{\Delta_1 \Delta_2}{Q} \cdot \frac{4\varepsilon^2 \sigma^2}{Q} \left(\Delta_1 + \Delta_2\right)\left(\Delta_1 \omega_2^2 + \Delta_2 \omega_1^2\right) \tag{10.1.36}$$

$$\alpha_3 = \alpha_3' = \alpha_1 2\varepsilon \left(\omega_1^2 - \omega_2^2\right) / \sigma \left(\Delta_1 + \Delta_2\right) \tag{10.1.37}$$

分析可知 α_2 与 α_3 相比是一个小量，可以忽略，于是 (10.1.32) 式简化为

$$\bar{P}_{12} = \bar{P}_{21} = \alpha_1 \left(\bar{E}_1 - \bar{E}_2\right) + \alpha_1 k \bar{E}_2 \tag{10.1.38}$$

能量平衡方程 (10.1.33) 和 (10.1.34) 式简化为

$$\bar{P}_1 = \Delta_1 \bar{E}_1 + \alpha_1 \bar{E}_1 - \alpha_1 (1-k) \bar{E}_2 \tag{10.1.39}$$

$$\bar{P}_2 = \Delta_2 \bar{E}_2 + \alpha_1 \bar{E}_2 - \alpha_1 (1+k) \bar{E}_1 \tag{10.1.40}$$

其中，

$$k = 2\varepsilon \left(\omega_1^2 - \omega_2^2\right) / \sigma \left(\Delta_1 + \Delta_2\right)$$

可见，在耦合阻尼系数 c_{12} 不远大于振子阻尼系数 c_1 和 c_2 的情况下，两个振子的功率流及能量平衡表达式有比较简单的形式。当两个振子的固有频率相等，即 $\omega_1 = \omega_2$ 时，(10.1.38) 式给出的 k 值为零，相应地，保守和非保守双振子功率流近似相等。

前面将两个振子作为两个子系统，依据动力学方程，建立了功率流和能量平衡方程，现在需要扩展到两个多模态的耦合子系统。假设在分析的频带内，子系统 1 有 N_1 个模态，子系统 2 有 N_2 个模态。子系统 1 的第 m_1 个模态与子系统 2 的第 m_2 个模态之间的功率流和模态能量，类似于两个振子的情况，相应的平均能量关系可以表示为

$$\bar{P}_{m_1 m_2} = \alpha_{m_1 m_2} \left(\bar{E}_{m_1} - \bar{E}_{m_2}\right) \tag{10.1.41}$$

式中，$\bar{P}_{m_1 m_2}$ 为子系统 1 的 m_1 模态与子系统 2 的 m_2 模态的平均功率流，$\bar{E}_{m_1}$ 和 $\bar{E}_{m_2}$ 分别为 m_1 模态和 m_2 模态的平均能量，$\alpha_{m_1 m_2}$ 类似于 (10.1.6) 式中的 α，为两个子系统中典型模态的能量传输系数。

假设在分析频带内，子系统 1 的能量由每个模态均分，且每个模态的阻尼因子相同。这样，子系统 1 的 N_1 个模态与子系统 2 的第 m_2 模态耦合，功率流为

$$\bar{P}_{1 m_2} = \langle \alpha_{m_1 m_2} \rangle_{N_1} N_1 \left(\bar{E}_{m_1} - \bar{E}_{m_2}\right) \tag{10.1.42}$$

式中，$\langle\rangle_{N_1}$ 表示在子系统 1 中对 N_1 个模态进行平均。

进一步将能量平衡扩展到子系统 1 的 N_1 个模态与子系统 2 的 N_2 个模态耦合，平均功率流为

$$\bar{P}_{12} = \langle\alpha_{m_1 m_2}\rangle_{N_1 N_2} N_1 N_2 \left(\bar{E}_{m_1} - \bar{E}_{m_2}\right) \tag{10.1.43}$$

注意 (10.1.43) 式中 $\bar{P}_{12}$ 为子系统 1 传输到子系统 2 的功率流。

若定义

$$\eta_{12} = \frac{\langle\alpha_{m_1 m_2}\rangle_{N_1 N_2} N_2}{\omega} \tag{10.1.44}$$

$$\eta_{21} = \frac{N_1 \eta_{12}}{N_2} \tag{10.1.45}$$

则 (10.1.43) 式可以表示为

$$\bar{P}_{12} = \omega \left(\eta_{12}\bar{E}_1 - \eta_{21}\bar{E}_2\right) \tag{10.1.46}$$

式中，$\bar{E}_1 = N_1\bar{E}_{m_1}, \bar{E}_2 = N_2\bar{E}_{m_2}$ 分别为子系统 1 和子系统的平均能量，η_{12} 和 η_{21} 为耦合损耗因子，ω 为分析频带的中心频率。

(10.1.46) 式右边第一项和第二项分别表示从子系统 1 到子系统 2 的功率和子系统 2 到子系统 1 的功率。针对两个子系统引入模态密度：

$$n_1 = \frac{N_1}{\Delta\omega}, \quad n_2 = \frac{N_2}{\Delta\omega}$$

相应地，(10.1.45) 式则表示为

$$\eta_{21} = \frac{n_1}{n_2}\eta_{12} \tag{10.1.47}$$

由 (10.1.47) 式可见，当子系统 1 的模态密度 n_1 大于子系统 2 的模态密度 n_2，则从子系统 2 到子系统 1 的耦合损耗因子大于从子系统 1 到子系统 2 的耦合损耗因子，也可以说，在给定频带内模态密度越大，贮存能量的模态越多。一般来说，子系统的模态密度相对耦合损耗因子而言比较容易计算获得，(10.1.47) 式可用于估算其中一个耦合损耗因子。

作用在子系统 1 上的激励力所做的功，应该等于子系统 1 自身耗散的能量加上传输给子系统 2 的能量，即

$$\bar{P}_1 = \bar{P}_{12} + \bar{P}_{1d} \tag{10.1.48}$$

子系统 1 自身耗散的能量为

$$\bar{P}_{1d} = \omega\eta_1\bar{E}_1 \tag{10.1.49}$$

式中，η_1 为子系统 1 的阻尼损耗因子。

将 (10.1.46) 和 (10.1.49) 式代入 (10.1.48) 式，得到子系统 1 的平均能量平衡方程：

$$\bar{P}_1 = \omega\left[(\eta_1 + \eta_{12})\bar{E}_1 - \eta_{21}\bar{E}_2\right] \tag{10.1.50}$$

同理，子系统 2 的平均能量平衡方程为

$$\bar{P}_2 = \omega\left[(\eta_2 + \eta_{21})\bar{E}_2 - \eta_{12}\bar{E}_1\right] \tag{10.1.51}$$

由 (10.1.50) 和 (10.1.51) 式可见，耦合损耗因子的物理意义类似于子系统的阻尼损耗因子，所不同的是阻尼损耗因子表示子系统自身耗散能量的特性，也可称为自损耗因子，而耦合损耗因子则表示能量从一个子系统传输到另一个子系统的特性，对输出能量的子系统来说，输出的能量也是一种能量"损耗"，因此，耦合损耗因子也称为传递损耗因子，相应的能量平衡关系参见图 10.1.3[8]。将 (10.1.50) 和 (10.1.51) 式推广到 N 个子系统，平均能量平衡方程为

$$\bar{P}_i = \omega\left[\left(\eta_i + \sum_{i\neq j}^{N}\eta_{ij}\right)\bar{E}_i - \sum_{i\neq j}^{N}\eta_{ji}\bar{E}_j\right], \quad i = 1, 2, \ldots, N \tag{10.1.52}$$

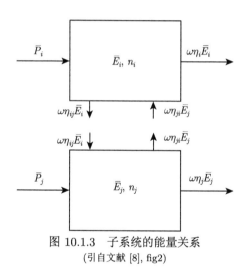

图 10.1.3　子系统的能量关系
(引自文献 [8], fig2)

(10.1.52) 式为统计能量法的基本方程，若已知每个子系统的输入能量 $\bar{P}_i$ 及自损耗因子 η_i 和耦合损耗因子 η_{ij}，即可计算每个子系统的能量 $\bar{E}_i$。

如果将 (10.1.50) 和 (10.1.51) 式相加，两个子系统的能量与输入功率存在关系：

$$\bar{P}_1 + \bar{P}_2 = \omega\left(\eta_1\bar{E}_1 + \eta_2\bar{E}_2\right) \tag{10.1.53}$$

可见，两个子系统输入的平均能量之和等于它们耗散的平均能量之和，此能量平衡关系与两个子系统的耦合强度无关。设两个子系统在强耦合情况下的平均能量分别为 $\bar{E}_1'$ 和 $\bar{E}_2'$，则有

$$\eta_1\bar{E}_1 + \eta_2\bar{E}_2 = \eta_1\bar{E}_1' + \eta_2\bar{E}_2' \tag{10.1.54}$$

在强耦合情况下，自损耗因子 η_1 和 η_2 远小于耦合损耗因子 η_{12} 和 η_{21}，(10.1.50) 式可简化为

$$\bar{P}_1 = \omega\left(\eta_{12}\bar{E}_1' - \eta_{21}\bar{E}_2'\right) \tag{10.1.55}$$

如果保持输入功率 $\bar{P}_1$ 不变而增加耦合损耗因子，作为一种极限情况，由 (10.1.55) 式可得

$$\eta_{12}\bar{E}_1' = \eta_{21}\bar{E}_2' \tag{10.1.56}$$

由 (10.1.54) 和 (10.1.56) 式及 (10.1.50) 和 (10.1.51) 式，推导得到

$$\bar{E}_i - \bar{E}_i' = \frac{\bar{P}_i/\omega\eta_i - \bar{E}_i'}{1+\eta} \tag{10.1.57}$$

式中，

$$\eta = \frac{\eta_{12}}{\eta_1} + \frac{\eta_{21}}{\eta_2} \tag{10.1.58}$$

在 (10.1.57) 式中，当 $\eta \ll 1$ 时，可得 $\omega\eta_i\bar{E}_i = \bar{P}_i$，输入到两个子系统的能量主要耗散在阻尼损耗上，此时两个子系统为弱耦合系统。当 $\eta \gg 1$ 时，两个子系统则为强耦合系统，所以两个子系统中只要有一个子系统的耦合损耗因子大于自损耗因子，则两个子系统为强耦合，这与前面采用阻尼和耦合系数分析两个子系统耦合的强弱特性是一致的。

在建立多模态子系统的能量平衡方程时，有两个假设，一是能量的模态均分，二是共振模态相应于简单的振子。针对梁、板、壳体及声腔等具体对象，需要确定这两个假设的合理性。Maxit 和 Guyader[9,10] 针对两个耦合关系如图 10.1.4 所示弹性结构与声腔子系统，设子系统 1 由位移矢量 $W_i(\boldsymbol{x},t)$ 表征，子系统 2 由应力张量 $\sigma_{ij}(\boldsymbol{y},t)$ 表征 (i 和 $j=1,2,3$)，$\boldsymbol{x}$ 和 $\boldsymbol{y}$ 表示子系统 1 和 2 的位置，采用两个子系统非耦合时的模态分别表征它们的位移和应力：

$$W_i(\boldsymbol{x},t) = \sum_{n=1}^{N_1} a_n(t)\varphi_n^{(i)}(\boldsymbol{x}) \tag{10.1.59}$$

$$\sigma_{ij}(\boldsymbol{y},t) = \sum_{m=1}^{N_2} b_m(t)\psi_m^{(ij)}(\boldsymbol{y}) \tag{10.1.60}$$

式中，$a_n(t)$ 和 $b_m(t)$ 分别为子系统 1 和 2 的模态系数，$\varphi_n^{(i)}(\boldsymbol{x})$ 和 $\psi_m^{(ij)}(\boldsymbol{y})$ 分别为子系统 1 和 2 的模态函数，N_1 和 N_2 分别为子系统 1 和 2 的模态数。

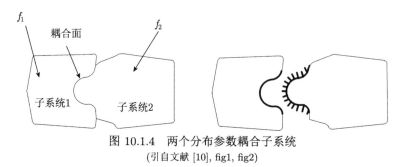

图 10.1.4　两个分布参数耦合子系统
(引自文献 [10], fig1, fig2)

利用模态变量代换 $b_q(t) = \dot{c}_q(t)$，推导得到两个子系统的模态耦合运动方程：

$$\ddot{a}_p(t) + \Delta_p \dot{a}_p(t) + \omega_p^2 a_p(t) + \frac{1}{M_p} \sum_{m=1}^{N_2} \dot{c}_m(t) H_{mp} = \frac{f_p}{M_p}, \quad p = 1, 2, \ldots, N_1$$

(10.1.61)

$$\ddot{c}_q(t) + \Delta_q \dot{c}_q(t) + \omega_q^2 c_q(t) - \frac{1}{\omega_q^2 M_q} \sum_{n=1}^{N_1} \dot{a}_n(t) H_{nq} = \frac{f_q}{\omega_q^2 M_q}, \quad q = 1, 2, \ldots, N_2$$

(10.1.62)

式中，Δ_p 和 Δ_q 为表征两子系统模态阻尼的半功率宽带，ω_p 和 ω_q 为两个子系统未耦合时的模态频率，M_p 和 M_q 为模态质量，f_p 和 f_q 为广义模态力，H_{pq} 为子系统 1 的 p 模态与子系统 2 的 q 模态之间的耦合系数。

$$H_{pq} = \int_{S_c} \varphi_p^{(i)} \psi_q^{(ij)} n_j^{(2)} \mathrm{d}S$$

(10.1.63)

其中，S_c 为两个子系统的耦合表面，$n_j^{(2)}$ 为子系统 2 的外法线矢量。

由 (10.1.61) 和 (10.1.62) 式可见，一个子系统中的某个模态与另一个子系统的若干模态耦合，但与本子系统的其他模态不耦合。两个子系统不同模态的耦合关系参见图 10.1.5。为了考虑子系统 1 的 p 模态与子系统 2 的 q 模态的能量传输，在 (10.1.61) 和 (10.1.62) 式中，将这两个模态分离出来，得到

$$\ddot{a}_p(t) + \Delta_p \dot{a}_p(t) + \omega_p^2 a_p(t) + \sqrt{\frac{\omega_p^2 M_q}{M_p}} \gamma_{pq} \dot{c}_q(t) = f_p'(t)$$

(10.1.64a)

$$\ddot{c}_q(t) + \Delta_q \dot{c}_q(t) + \omega_q^2 c_q(t) - \sqrt{\frac{M_p}{\omega_q^2 M_p}} \gamma_{pq} \dot{a}_p(t) = f_q'(t)$$

(10.1.64b)

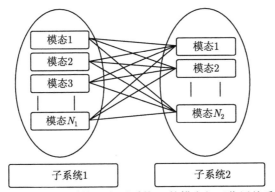

图 10.1.5 子系统 1 与子系统 2 的模态相互作用关系
(引自文献 [10], fig3)

式中,

$$f_p'(t) = \frac{f_p(t)}{M_p} - \sum_{\substack{m=1 \\ m \neq q}}^{N_2} \frac{H_{mp}}{M_p} \dot{c}_m(t) \tag{10.1.65}$$

$$f_q'(t) = \frac{f_q(t)}{\omega_q^2 M_q} + \sum_{\substack{n=1 \\ n \neq p}}^{N_1} \frac{H_{nq}}{\omega_q^2 M_q} \dot{a}_n(t) \tag{10.1.66}$$

$$\gamma_{pq} = \frac{H_{pq}}{\sqrt{M_p \omega_q^2 M_q}} \tag{10.1.67}$$

这里,将除 q 模态以外的子系统 2 其他模态对子系统 1 的 p 模态的相互作用, 等效为对子系统 1 的模态作用力, 将除 p 模态以外的子系统 1 其他模态对子系统 2 的 q 模态的相互作用, 等效为对子系统 2 的模态作用力。从方程形式上看, (10.1.64a) 式和 (10.1.64b) 式与不考虑弹性耦合的 (10.1.1) 和 (10.1.2) 式一致, 只有回转耦合。Maxit 和 Guyader[10] 认为相互作用力 $f_p'(t)$ 和 $f_q'(t)$ 为不相关的白噪声作用力, 于是, 类似于 (10.1.15) 式, 两个子系统的 p 模态与 q 模态的传输能量为

$$\bar{P}_{pq} = \alpha_{pq}(\bar{E}_p - \bar{E}_q) \tag{10.1.68}$$

式中, α_{pq} 为模态耦合损耗因子, 其表达式为

$$\alpha_{pq} = \frac{H_{pq}^2}{M_p \omega_q^2 M_q} \frac{\Delta_p \omega_q^2 + \Delta_q \omega_p^2}{(\omega_p^2 - \omega_q^2) + (\Delta_p + \Delta_q)(\Delta_p \omega_q^2 - \Delta_q \omega_p^2)} \tag{10.1.69}$$

(10.1.69) 式与 (10.1.16) 式取 $S_{12} = 0$ 时的形式一致, 只是参数 Δ_p 和 Δ_q 与 δ_1 和 δ_2 的定义略有不同, 使 (10.1.69) 式与 (10.1.16) 式分母上的系数不完全一致。

依据能量守恒原理, 子系统 1 的 p 模态平均能量平衡方程为

$$\bar{P}_i^p = \bar{P}_d^p + \sum_{q=1}^{N_2} \bar{P}_{pq}, \quad p = 1, 2, \cdots, N_1 \tag{10.1.70}$$

类似 (10.1.49) 式, 考虑到 p 模态的耗散能量为

$$\bar{P}_d^p = \omega_p \eta_p \bar{E}_p \tag{10.1.71}$$

式中, $\eta_p = \Delta_p / \omega_p$ 为 p 模态阻尼因子。

将 (10.1.68) 式及 (10.1.71) 式代入 (10.1.70) 式, 得到子系统 1 中 p 模态能量平衡方程

$$\bar{P}_i^p = \omega_p \eta_p \bar{E}_p + \sum_{q=1}^{N_2} \omega \alpha_{pq} \left(\bar{E}_p - \bar{E}_q \right) \tag{10.1.72}$$

或者表示为

$$\bar{P}_i^p = \left(\omega_p \eta_p + \sum_{q=1}^{N_2} \omega \alpha_{pq} \right) \bar{E}_p - \sum_{q=1}^{N_2} \omega \alpha_{pq} \bar{E}_q \tag{10.1.73}$$

同理, 子系统 2 中 q 模态的能量平衡方程为

$$\bar{P}_i^q = - \sum_{p=1}^{N_1} \omega \alpha_{pq} \bar{E}_p + \left(\omega_q \eta_q + \sum_{p=1}^{N_1} \omega \alpha_{pq} \right) \bar{E}_q, \quad q = 1, 2, \cdots, N_2 \tag{10.1.74}$$

Maxit 和 Guyader 将 (10.1.73) 和 (10.1.74) 式称为统计模态能量分布分析 (SmEdA, Statistical modal energy distribution analysis), 从中可以看到实际结构耦合时的能量关系。两个子系统的总能量为每个模态能量之和:

$$\bar{E}_1 = \sum_{p=1}^{N_1} \bar{E}_p \tag{10.1.75}$$

$$\bar{E}_2 = \sum_{q=1}^{N_2} \bar{E}_q \tag{10.1.76}$$

如果两个子系统的能量按模态均分, 有

$$\bar{E}_p = \frac{\bar{E}_1}{N_1} \tag{10.1.77}$$

$$\bar{E}_q = \frac{\bar{E}_2}{N_2} \tag{10.1.78}$$

在这种情况下，(10.1.73) 和 (10.1.74) 式则简化为 (10.1.50) 和 (10.1.51) 式。Burroughs 等 [4] 比较了有限结构与简单振子的频带均方振速，认为多模态的子系统受随机宽带力激励时，有限结构的模态振速均方值类似于简单振子的均方振速，当模态阻尼相等时，则子系统的能量按模态均分，在分析频带内，子系统能量正比于模态数量，考虑能量关系时，一个子系统只需考虑一个模态。Maxit 和 Guyader 在处理作用力 (10.1.65) 和 (10.1.66) 式时，没有很明确地给出两个子系统的输入能量与 f'_p 和 f'_q 的关系。实际上，Lyon[1] 曾仔虑过模态相互作用的等效力项。由 (10.1.64a) 和 (10.1.64b) 式，可以得到两个子系统 p 模态和 q 模态的能量平衡方程：

$$\Delta_p \left\langle \dot{a}_p^2 \right\rangle + \alpha_{pq} \left[\left\langle f'_p \dot{a}_p \right\rangle / \Delta_p - \left\langle f'_q \dot{c}_q \right\rangle / \Delta_q \right] = \left\langle f'_p \dot{a}_p \right\rangle \tag{10.1.79}$$

$$\Delta_q \left\langle \dot{c}_q^2 \right\rangle - \alpha_{pq} \left[\left\langle f'_p \dot{a}_p \right\rangle / \Delta_p - \left\langle f'_q \dot{c}_q \right\rangle / \Delta_q \right] = \left\langle f'_q \dot{c}_q \right\rangle \tag{10.1.80}$$

再由 (10.1.65) 和 (10.1.66) 式，可得

$$\left\langle f'_p \dot{a}_p \right\rangle = \left\langle f_p \dot{a}_p \right\rangle - \sum_{m \neq q} \alpha_{pm} \left[\left\langle f'_p \dot{a}_p \right\rangle / \Delta_p - \left\langle f'_m \dot{a}_m \right\rangle / \Delta_m \right] \tag{10.1.81}$$

$$\left\langle f'_q \dot{c}_q \right\rangle = \left\langle f_q \dot{c}_q \right\rangle + \sum_{n \neq p} \alpha_{nq} \left[\left\langle f'_n \dot{c}_n \right\rangle / \Delta_n - \left\langle f'_q \dot{c}_q \right\rangle / \Delta_q \right] \tag{10.1.82}$$

(10.1.79)~(10.1.82) 式的详细推导可见文献 [1]，将此四式两两合并，可得

$$\Delta_p \left\langle \dot{a}_p^2 \right\rangle + \sum_q \alpha_{pq} \left[\left\langle f'_p \dot{a}_p \right\rangle / \Delta_p - \left\langle f'_q \dot{c}_q \right\rangle / \Delta_q \right] = \left\langle f_p \dot{a}_p \right\rangle \tag{10.1.83}$$

$$\Delta_q \left\langle \dot{c}_q^2 \right\rangle - \sum_p \alpha_{pq} \left[\left\langle f'_p \dot{a}_p \right\rangle / \Delta_p - \left\langle f'_q \dot{c}_q \right\rangle / \Delta_q \right] = \left\langle f_q \dot{c}_q \right\rangle \tag{10.1.84}$$

Lyon 认为，只有在模态频率 ω_p 附近频带内的结构振动模态与声场模态才会对功率流有贡献，也就是说，结构与声场的相互作用限定在相同的频带内，可以单独考虑每个频带内的模态相互作用。在 (10.1.79) 和 (10.1.80) 式中，左边第二项相对于第一项为小量，但在 (10.1.83) 和 (10.1.84) 式中，左边第二项因求和增大而不再为小量。(10.1.83) 式左边第一项正比于结构耗散的功率，第二项正比于结构辐射的净功率，等式右边正比于结构上激励力的输入功率，比例常数为 M。

当结构只受到随机外力激励时，Lyon 和 Maidanik 认为 (10.1.84) 式中 $\langle f_q \dot{c}_q \rangle$ 和 $\langle f_q' c_q \rangle$ 为零，有

$$\Delta_q \left\langle \dot{c}_q^2 \right\rangle = \sum_p \alpha_{pq} \left\langle f_p' \dot{a}_p \right\rangle / \Delta_p \tag{10.1.85}$$

且 (10.1.79) 式左边第二项为小量，得到

$$\Delta_p \left\langle \dot{a}_p^2 \right\rangle = \left\langle f_p' \dot{a}_p \right\rangle \tag{10.1.86}$$

假设声模态的损耗因子相等，再由 (10.1.85) 和 (10.1.86) 式，推导可得声腔内声压谱密度函数与结构振动加速度谱密度函数的关系：

$$\frac{\Phi_p(\omega)}{\Phi_a(\omega)} = \frac{\rho_0}{C_0} \frac{R_a}{\Delta_a} \frac{1}{2\pi^2 n_a(\omega)} \tag{10.1.87}$$

式中，$\Phi_p(\omega)$ 和 $\Phi_a(\omega)$ 分别为声场声压和结构振动加速度的谱密度函数，Δ_a 为声场声模态损耗因子，与模态数无关，$n_a(\omega)$ 为声腔模态密度，R_a 为结构辐射阻抗，

$$R_a = M \sum_q \alpha_{pq} \tag{10.1.88}$$

当仅有声场受激励时，$\langle f_p \dot{a}_p \rangle$ 为零，但 $\langle f_p' \dot{a}_p \rangle$ 不为零，考虑到某一频带内声模态较多，(10.1.79) 式左边第二项远小于第一项，近似有

$$\Delta_p \left\langle \dot{a}_p^2 \right\rangle = \left\langle f_p' \dot{a}_p \right\rangle \tag{10.1.89}$$

若假设声模态能量相等，则可以近似推导得到结构振动加速度谱密度函数与腔内声压谱密度函数的关系：

$$\frac{\Phi_a(\omega)}{\Phi_p(\omega)} = \frac{2\pi^2 C_0}{\rho_0 M} \frac{R_a}{R_m + R_a} \tag{10.1.90}$$

式中，R_m 为结构机械阻抗，其表达式为

$$R_m = \Delta_p M \tag{10.1.91}$$

(10.1.87) 和 (10.1.90) 式的详细推导参见文献 [1]。Maxit[11] 进一步研究认为，当腔内为重质声介质时，采用双振子模型建立结构振动与腔内声场传输能量的统计模型，不仅需要考虑激励频带内共振模型的耦合，而且需要考虑激励频带外 "非共振模态" 引起的附加质量和附加刚度，参见图 10.1.6，不能从轻质声介质直接扩展到重质声介质情况。应该说，在结构振动与空腔声场耦合中，结构的 "非共

振模态" 与空腔 "共振模态" 之间的能量传输起到重要作用, 不可以忽略。Maxit 给出了考虑 "非共振模态" 影响的结构与空腔能量的表达式, 且计算得到的结构响应和腔内声压与解析解的结果十分一致, 但并没有给出相应的能量传输表达式, 也就是说没有给出重质声介质情况下, 结构与空腔两个子系统耦合损耗因子的计算模型。

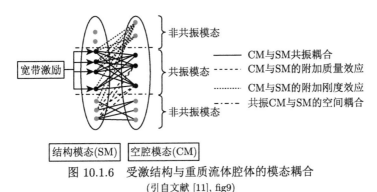

图 10.1.6　受激结构与重质流体腔体的模态耦合
(引自文献 [11], fig9)

针对两个多模态子系统, Keane 和 Price[12] 将 (10.1.46) 式及 (10.1.45) 式表示为

$$\bar{P}_{12} = K_1 \left[\bar{E}_1 - K_2 \bar{E}_2 \right] \tag{10.1.92}$$

式中, K_1 和 K_2 为两个比例常数

$$K_1 = \omega \eta_{12} \tag{10.1.93}$$

$$K_2 = N_1 / N_2 \tag{10.1.94}$$

基于子系统输入导纳, 子系统 1 的平均输入功率可以表示为

$$\bar{P}_1 = \langle H_{11}(\omega) \rangle \Phi_{f_1 f_1}(\omega) \tag{10.1.95}$$

式中, $H_{11}(\omega)$ 为子系统 1 的输入导纳, $\Phi_{f_1 f_1}(\omega)$ 为作用在子系统 1 上的激励力功率谱, $\langle \rangle$ 表示平均值。

子系统 1 耗散的平均能量为

$$\bar{P}_{1d} = c_1 \bar{E}_1(\omega) \tag{10.1.96}$$

由子系统 1 传输到子系统 2 的平均功率为

$$\bar{P}_{12} = \langle H_{12}(\omega) \rangle \Phi_{f_1 f_1} - \langle H_{21}(\omega) \rangle \Phi_{f_2 f_2} \tag{10.1.97}$$

式中, $H_{12}(\omega)$ 和 $H_{21}(\omega)$ 为子系统的传递导纳

利用 (10.1.95)～(10.1.97) 式，并考虑 (10.1.48) 式，可以推导得到 (10.1.92) 式中比例常数 K_1 和 K_2 的表达式：

$$K_1 = \frac{c_1 \langle H_{12}(\omega) \rangle}{\langle H_{11}(\omega) \rangle} \left[1 - \frac{\langle H_{12}(\omega) \rangle}{\langle H_{11}(\omega) \rangle} - \frac{\langle H_{21}(\omega) \rangle}{\langle H_{22}(\omega) \rangle} \right]^{-1} \tag{10.1.98}$$

$$K_2 = \frac{c_2 \langle H_{11}(\omega) \rangle \langle H_{21}(\omega) \rangle}{c_1 \langle H_{22}(\omega) \rangle \langle H_{12}(\omega) \rangle} \tag{10.1.99}$$

由 (10.1.98) 和 (10.1.99) 式可见，只要已知两个子系统的输入导纳和传递导纳，就可以得到两个子系统的传递能量与子系统能量的比例常数，它们只与子系统参数有关，而与子系统的能量及外部激励无关。应该说明，这里的输入导纳 $H_{11}(\omega)$ 和 $H_{22}(\omega)$ 及传递导纳 $H_{12}(\omega)$ 和 $H_{21}(\omega)$ 是能量意义上的导纳。需要由子系统的输入能量和传递能量表达式才能获得，详细的内容可参见文献 [13] 和 [14]。原则上讲，利用 Keane 和 Price 提出的模型，可以针对弹性结构振动与水介质腔体声场的强耦合，建立能量传递统计关系，但其过程肯定十分复杂和困难。应该说，强耦合和非保守是统计能量法的两大难题，尤其是强耦合。为了能够更深入地了解强耦合情况下的统计能量平衡关系，下面介绍 Langley[15] 提出的统计能量分析模型的一般推导方法。

设系统由 N 个子系统组成，第 i 个子系统的响应为 $W_i(\boldsymbol{x}, t)$，这里 $\boldsymbol{x}$ 为子系统的空间坐标。若梁结构单元有轴向、扭转及横向和垂向四个方向振动，则需要四个子系统表征，平板弯曲振动只需一个子系统表征，腔体内部声场也由一个子系统表征。在简谐时间情况下，子系统 i 的振动方程为

$$(1 + \mathrm{i}c_{i1}) L_i(W_i) - \rho_i \omega^2 (1 - \mathrm{i}c_{i2}) W_i = f_i(\boldsymbol{x}, \omega) + f_i^c(\boldsymbol{x}, \omega) \tag{10.1.100}$$

式中，$W_i(\boldsymbol{x}, t)$ 为子系统 i 的响应，c_{i1} 和 c_{i2} 为损耗因子，ρ_i 为密度，$f_i(\boldsymbol{x}, \omega)$ 为激励外力，$f_i^c(\boldsymbol{x}, \omega)$ 为其他子系统的耦合作用力，L_i 为微分算子，满足关系：

$$\int_{V_i} W_i^* L_i(W_i) \, \mathrm{d}V = 2 \int_{V_i} \Pi_i(W_i^*, W_i) \, \mathrm{d}V + \int_{S_i} D_i^{\mathrm{T}}(W_i^*) A_i(W_i) \, \mathrm{d}S \tag{10.1.101}$$

式中，V_i 为子系统 i 的体积，S_i 为子系统 i 的表面积，一般为与其他子系统耦合的面积，Π_i 为应变能函数，D_i 和 A_i 分别为位移和表面作用力的函数。

基于 Green 函数法，耦合系统的响应可以表示为

$$W_i(\boldsymbol{x}, \omega) = \sum_j \int_{V_j} G_{ij}(\boldsymbol{x}, \boldsymbol{y}, \omega) f_j(\boldsymbol{y}, \omega) \, \mathrm{d}V' \tag{10.1.102}$$

式中, $G_{ij}(\boldsymbol{x}, \boldsymbol{y}, \omega)$ 为 Green 函数, 表示子系统 j 上 $\boldsymbol{y}$ 点受简谐激励时子系统 i 上 $\boldsymbol{x}$ 点的响应。

相应地, 子系统 i 的平均输入功率为

$$\bar{P}_i = \frac{1}{2}\mathrm{Re}\left\{\mathrm{i}\omega\int_{V_i} W_i^*(\boldsymbol{x},\omega)f_i(\boldsymbol{x},\omega)\,\mathrm{d}V\right\} \tag{10.1.103}$$

由 (10.1.100) 式乘以 $\mathrm{i}\omega W_i^*$ 并对 V_i 积分, 利用 (10.1.101) 式, 可得

$$2(c_{i1}\omega+\mathrm{i}\omega)\int_{V_i}\Pi_i(W_i^*,W_i)\mathrm{d}V+(c_{i1}\omega+\mathrm{i}\omega)\cdot\int_{S_i}D_i^{\mathrm{T}}(W_i^*)A_i(W_i)\,\mathrm{d}S$$

$$+(c_{i2}\omega-\mathrm{i}\omega)\omega^2\int_{V_i}\rho_i W_i^* W_i\mathrm{d}V=\mathrm{i}\omega\int_{V_i}W_i^* f_i\mathrm{d}V+\mathrm{i}\omega\int_{V_i}W_i^* f_i^c\mathrm{d}V \tag{10.1.104}$$

假设算子 L_i 为自轭的, Π_i 为对称的, 则由 (10.1.104) 式取实部, 并考虑 (10.1.103) 式, 可以得到平均输入功率:

$$\bar{P}_i = 2\omega c_{i1}\bar{E}_i + 2\omega c_{i2}\bar{T} + \bar{R}_i \tag{10.1.105}$$

式中, $\bar{E}_i$ 和 $\bar{T}_i$ 分别为子系统的平均应变能和动能, $\bar{R}_i$ 为输入到其他子系统的平均能量。

$$\bar{E}_i = \frac{1}{2}\int_{V_i}\Pi_i(W_i^*,W_i)\mathrm{d}V \tag{10.1.106}$$

$$\bar{T}_i = \frac{1}{4}\int_{v_i}\omega^2\rho_i W_i^* W_i\mathrm{d}V \tag{10.1.107}$$

$$\bar{R}_i = \frac{1}{2}\mathrm{Re}\left\{(c_{i1}\omega+\mathrm{i}\omega)\int_{S_i}D_i^{\mathrm{T}}(W_i^*)A_i(W_i)\,\mathrm{d}S+\mathrm{i}\omega\int_{V_i}W_i^* f_i^c\mathrm{d}V\right\} \tag{10.1.108}$$

将 (10.1.102) 式代入 (10.1.106) 式, 有

$$\bar{E}_i = \frac{1}{2}\sum_j\sum_k\int_{V_i}\int_{V_j}\int_{V_k}$$

$$\Pi_i\left[G_{ij}^*(\boldsymbol{x},\boldsymbol{y},\omega),G_{ik}^*(\boldsymbol{x},\boldsymbol{z},\omega)\right]f_j^*(\boldsymbol{y},\omega)f_k(\boldsymbol{z},\omega)\,\mathrm{d}V\mathrm{d}V'\mathrm{d}V'' \tag{10.1.109}$$

如果 $f_j(\boldsymbol{y},t)$ 和 $f_k(\boldsymbol{z},t)$ 为随机激励力, 则在一定频带 $\Delta\omega$ 内 $\bar{E}_i$ 的统计平均为

$$\bar{E}_i = \sum_j\sum_k\int_{V_i}\int_{V_j}\int_{V_k}\int_{\Delta\omega}$$

$$\Pi_i \left[G_{ij}^* \left(\boldsymbol{x}, \boldsymbol{y}, \omega \right), G_{ik}^* \left(\boldsymbol{x}, \boldsymbol{z}, \omega \right) \right] F_{jk} \left(\boldsymbol{y}, \boldsymbol{z}, \omega \right) \mathrm{d} V \mathrm{d} V' \mathrm{d} V'' \mathrm{d} \omega \qquad (10.1.110)$$

式中，$F_{ij} \left(\boldsymbol{y}, \boldsymbol{z}, \omega \right)$ 为激励力 $f_j \left(\boldsymbol{y}, t \right)$ 和 $f_k \left(\boldsymbol{z}, t \right)$ 的互谱函数。

　　按照统计能量法要求，假设激励力 $f_j \left(\boldsymbol{y}, t \right)$ 和 $f_k \left(\boldsymbol{z}, t \right)$ 为统计独立的，空间相关为 δ 函数，互谱函数 $F_{ij} \left(\boldsymbol{y}, \boldsymbol{z}, \omega \right)$ 可以表示为

$$F_{jk} \left(\boldsymbol{y}, \boldsymbol{z}, \omega \right) = \Phi_j(\omega) \delta \left(\boldsymbol{y} - \boldsymbol{z} \right) \qquad (10.1.111)$$

式中，Φ_j 为子系统 i 上点激励力的频率谱函数。

　　将 (10.1.111) 式代入 (10.1.110) 式，得到

$$\bar{E}_i = \sum_j \int_{V_i} \int_{V_j} \int_{\Delta\omega} \Pi_i \left[G_{ij}^* \left(\boldsymbol{x}, \boldsymbol{y}, \omega \right), G_{ij} \left(\boldsymbol{x}, \boldsymbol{y}, \omega \right) \right] \Phi_j(\omega) \mathrm{d} V \mathrm{d} V' \mathrm{d} \omega \qquad (10.1.112)$$

(10.1.112) 式表示为矩阵形式：

$$\left\{ \bar{E} \right\} = [B] \left\{ \Phi \right\} \qquad (10.1.113)$$

式中，$\left\{ \bar{E} \right\}$ 和 $\left\{ \Phi \right\}$ 分别为 $\bar{E}_i$ 和 Φ_j 组成的列矩阵，矩阵 $[B]$ 的元素为

$$B_{ij} = \int_{V_i} \int_{V_j} \int_{\Delta\omega} \Pi_i \left[G_{ij}^* \left(\boldsymbol{x}, \boldsymbol{y}, \omega \right), G_{ij} \left(\boldsymbol{x}, \boldsymbol{y}, \omega \right) \right] \mathrm{d} V \mathrm{d} V' \mathrm{d} \omega \qquad (10.1.114)$$

同理，由 (10.1.107) 式可以得到统计平均的动能表达式

$$\left\{ \bar{T} \right\} = [M] \left\{ \Phi \right\} \qquad (10.1.115)$$

式中，$\left\{ \bar{T} \right\}$ 为 $\bar{T}_i$ 组成的列矩阵，矩阵 $[M]$ 的元素为

$$M_{ij} = \frac{1}{2} \int_{V_i} \int_{V_j} \int_{\Delta\omega} \omega^2 \rho_i \left| G_{ij} \left(\boldsymbol{x}, \boldsymbol{y}, \omega \right) \right|^2 \mathrm{d} V \mathrm{d} V' \mathrm{d} \omega \qquad (10.1.116)$$

　　考虑 (10.1.103) 式，输入功率的统计平均表达式为

$$\left\{ \bar{P} \right\} = [Q] \left\{ \Phi \right\} \qquad (10.1.117)$$

式中，$\{P\}$ 为 $\bar{P}_i$ 组成的列矩阵，对角阵 $[Q]$ 的元素为

$$Q_i = \mathrm{Re} \left[\iint_{V_i} \int_{\Delta\omega} \mathrm{i} \omega G_{ii} \left(\boldsymbol{x}, \boldsymbol{x}, \omega \right) \mathrm{d} V \mathrm{d} \omega \right] \qquad (10.1.118)$$

一般来说，(10.1.100) 式中的耦合作用力为相邻子结构表面作用力 A_m 的某一个分量，设 f_i^c 为表面作用力 A_m 的第 k 个分量 A_{mk}，并考虑 (10.1.108) 式，则子结构的传输能量为

$$\{\bar{R}\} = [N]\{\Phi\} \tag{10.1.119}$$

式中，$\{\bar{R}\}$ 为 $\bar{R}_i$ 组成的列矩阵，矩阵 $[N]$ 的元素为

$$
\begin{aligned}
N_{ij} = \mathrm{Re}\bigg\{ & \int_{S_i}\int_{V_j}\int_{\Delta\omega} (c_{i1}\omega + \mathrm{i}\omega) D_i^{\mathrm{T}}\left[G_{ij}^*\left(\boldsymbol{x},\boldsymbol{y},\omega\right)\right] \\
& \times A_i\left[G_{ij}\left(\boldsymbol{x},\boldsymbol{y},\omega\right)\right]\mathrm{d}S\mathrm{d}V'\mathrm{d}\omega \\
& - \int_{V_i}\int_{V_j}\int_{\Delta\omega} \mathrm{i}\omega G_{ij}^*\left(\boldsymbol{x},\boldsymbol{y},\omega\right)A_{mk}\left[G_{mj}\left(\boldsymbol{x},\boldsymbol{y},\omega\right)\right]\mathrm{d}V\mathrm{d}V'\mathrm{d}\omega\bigg\}
\end{aligned} \tag{10.1.120}
$$

为了能够得到能量平衡统计方程，由 (10.1.113) 式、(10.1.115) 和 (10.1.117) 式推导得到平均输入功率与子系统平均能量之间的关系：

$$\{\bar{P}\} = [Q][M]^{-1}\{\bar{T}\} \tag{10.1.121}$$

$$\{\bar{P}\} = [Q][B]^{-1}\{\bar{E}\} \tag{10.1.122}$$

$$\{\bar{P}\} = [Q]([M]+[B])^{-1}(\{\bar{E}\}+\{\bar{T}\}) \tag{10.1.123}$$

如果将 (10.1.52) 式表示为矩阵形式，则有

$$\{\bar{P}\} = [H]\{\bar{E}/n\} \tag{10.1.124}$$

式中，$\{\bar{E}/n\}$ 为 E_i/n_i 组成的列矩阵，矩阵 $[H]$ 的元素为

$$H_{ii} = \omega\left(\eta_i + \sum_{j\neq i}\eta_{ij}\right)n_i$$

$$H_{ij} = -\omega\eta_{ij}n_i, \quad i\neq j$$

若将矩阵 $\{\bar{T}\},\{\bar{E}\}$ 或 $\{\bar{T}\}+\{\bar{E}\}$ 视为矩阵 $\{E\}$，(10.1.121)~ (10.1.123) 式形式上都与 (10.1.124) 式一致，但式中的关系矩阵都不能构建对称的矩阵 $[H]$，为此，假设子系统 i 的密度 ρ_i 为常数，将 (10.1.121) 式改写为

$$\{\bar{P}\} = \frac{1}{\pi}[Q][M]^{-1}[Q]\left(\pi[\rho]^{-1}[Q]^{-1}\{\bar{T}\}\right) \tag{10.1.125}$$

式中，$[\rho]$ 为密度 ρ_i 组成的对角阵，矩阵 $[M]$ 的元素重新表示为

$$M_{ij} = \frac{1}{2} \int_{V_i} \int_{V_j} \int_{\Delta\omega} \omega^2 \left| G_{ij}\left(\boldsymbol{x}, \boldsymbol{y}, \omega\right) \right|^2 \mathrm{d}V \mathrm{d}V' \mathrm{d}\omega \qquad (10.1.126)$$

因为 Green 函数满足互易关系，由 (10.1.126) 式给定的矩阵 $[M]$ 为对称的，于是定义:

$$[H] = \frac{1}{\pi} [Q] [M]^{-1} [Q] \qquad (10.1.127)$$

$$[E] = \pi [\rho]^{-1} [Q]^{-1} [\bar{T}] \qquad (10.1.128)$$

则 (10.1.125) 式满足对称要求。当子系统为质量比例阻尼时 (即 $c_{i1} = 0$)，则由 (10.1.105) 式可得

$$\{\bar{P}\} = 2\omega [C] \{\bar{T}\} + \{\bar{R}\} \qquad (10.1.129)$$

式中，$[C]$ 为损耗因子 c_{i2} 组成的对角阵。

利用 (10.1.115) 式、(10.1.119) 式、(10.1.128) 和 (10.1.129) 式，可推导得到

$$\{\bar{P}\} = \frac{2}{\pi}\omega [C] [\rho] [Q] \{E\} + \frac{1}{\pi} [N] [M]^{-1} [\rho] [Q] \{E\} \qquad (10.1.130)$$

(10.1.130) 式中右边第一项表示子系统耗散的能量，第二项表示子系统之间传递的能量。由此可见，当子系统密度为常数及阻尼为质量比例阻尼时，能量平衡的统计关系符合一般的统计能量平衡方程。如果这两个条件不满足，也可以得到相应的能量关系及表达式。实际上，基于 (10.1.100) 式推导能量平衡统计关系时，假设了一个子系统对应一个响应变量，而实际结构往往是多个振动位移响应相互耦合，在这种情况下，Langley 建立了更一般的能量关系，这里不再详述。应该说，Langley 建立的模型，虽然基于结构的基本动态特性，具有一定的普适性，但由于具体的能量关系及表达式十分复杂，这种模型的价值不在其实用性，而在于提供了一种建立统计能量分析模型的方法和思路。在此基础上，Keane[16] 和 Beshara[8] 基于 Green 函数及能量导纳概念，针对任意组合的多模态子系统，建立了较完整和普适的统计能量法模型，并扩展到非保守系统。

设有任意组合的 N 个子系统，它们之间有 M 个点耦合，每个耦合包含刚度和阻尼两种耦合，耦合的两端分别标记为 A 和 B，参见图 10.1.7。一般来说，所有子系统作为一个完整的系统，应有 $M \geqslant N - 1$。设子系统未耦合连接时受激励力作用下的连接点振动位移为 $\{\xi\}_{A0}$ 和 $\{\xi\}_{B0}$；耦合连接状态下子系统连接点的振动位移为 $\{\xi\}_A$ 和 $\{\xi\}_B$；另外，在没有激励力作用情况下，由其他耦合元件引起的耦合子系统 A 端和 B 端位移记为 $\{\xi\}_{Au}$ 和 $\{\xi\}_{Bu}$，这里的位移都是由 M

个元素组成的位移列矢量，则当全部子系统的所有耦合元件产生相对振动位移时，$\{\xi\}_{Au}$ 和 $\{\xi\}_{Bu}$ 可以表示为

$$\{\xi\}_{Au} = [G_A]\,(\{\xi\}_{Bu} - \{\xi\}_{Au}) \tag{10.1.131}$$

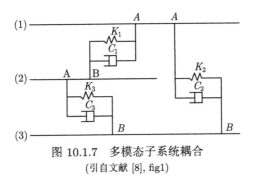

图 10.1.7　多模态子系统耦合

(引自文献 [8], fig1)

式中，$[G_A]$ 为非耦合情况下子系统的 Green 函数与复耦合系数的乘积组成的矩阵，每个耦合元件对应一列，子系统之间没有直接连接的对应元素为零，可表示为

$$G_{ij}^A = R_i G_a\,(x_i, x) \tag{10.1.132}$$

式中，R_i 为第 i 个元件耦合系数，$R_i = K_i + \mathrm{i}c_i$，$K_i$ 和 c_i 分别为元件刚度和阻尼系数；$G_a\,(x_i, x)$ 为子系统 a 的 Green 函数，表示在非耦合情况下作用在子系统 a 的 x 点上单位简谐激励力引起的 x_i 点振动位移响应。

当任意组合系统受外力激励时，子系统连接端的振动位移为外力产生的振动位移与连接耦合产生的振动位移两部分的叠加：

$$\{\xi\}_A = \{\xi\}_{Ao} - [G_A]\,(\{\xi\}_A - \{\xi\}_B) \tag{10.1.133}$$

$$\{\xi\}_B = \{\xi\}_{Bo} - [G_B]\,(\{\xi\}_B - \{\xi\}_A) \tag{10.1.134}$$

(10.1.133) 与 (10.1.134) 式相减，得到

$$\{\xi\}_A - \{\xi\}_B = \{\Delta\xi\} = \{\Delta\xi\}_0 - ([G_A] + [G_B])\,\{\Delta\xi\} \tag{10.1.135}$$

式中，$\{\Delta\xi\}_0$ 为没有耦合情况下耦合元件连接点位移变化量矢量，$\{\Delta\xi\}$ 为元件位移压缩量矢量。

$$\{\Delta\xi\}_0 = \{\xi\}_{A0} - \{\xi\}_{B0}$$

$$\{\Delta\xi\} = \{\xi\}_A - \{\xi\}_B$$

由 (10.1.135) 式可得

$$\{\Delta\xi\} = [D]^{-1}\{\Delta\xi\}_0 \tag{10.1.136}$$

式中,

$$[D] = [I] + [G_A] + [G_B] \tag{10.1.137}$$

将 (10.1.136) 式分别代入 (10.1.133) 和 (10.1.134) 式, 并利用 (3.1.137) 式, 则有

$$\begin{aligned}
\{\xi\}_A &= \{\xi\}_{A0} - [G_A][D]^{-1}\{\Delta\xi\}_0 \\
&= [([I]+[G_B]),[G_A]]\begin{bmatrix} [D]^{-1} & 0 \\ 0 & [D]^{-1} \end{bmatrix}\begin{Bmatrix} \{\xi\}_{A0} \\ \{\xi\}_{B0} \end{Bmatrix}
\end{aligned} \tag{10.1.138}$$

$$\begin{aligned}
\{\xi\}_B &= \{\xi\}_{B0} - [G_B][D]^{-1}\{\Delta\xi\}_0 \\
&= [[G_B],([I]+[G_A])]\begin{bmatrix} [D]^{-1} & 0 \\ 0 & [D]^{-1} \end{bmatrix}\begin{Bmatrix} \{\xi\}_{A0} \\ \{\xi\}_{B0} \end{Bmatrix}
\end{aligned} \tag{10.1.139}$$

可见, 子系统耦合元件连接点的振动位移取决于子系统性质及未耦合时的响应。考虑到子系统之间的能量流与连接元件两端振动位移 $\{\xi\}_A^*\{\xi\}_B^{\mathrm{T}}$ 的对角元素和元件刚度的乘积相关, 由 (10.1.138) 和 (10.1.139) 式, 有

$$\begin{aligned}
\{\xi\}_A^*\{\xi\}_B^{\mathrm{T}} &= \left[([I]+[G_B])^*,[G_A]^*\right]\begin{bmatrix} [D]^{-1} & 0 \\ 0 & [D]^{-1} \end{bmatrix}^* \\
&\quad \times \begin{Bmatrix} \{\xi\}_{A0}^* \\ \{\xi\}_{B0}^* \end{Bmatrix}\cdot\begin{Bmatrix} \{\xi\}_{A0}^{\mathrm{T}} & \{\xi\}_{B0}^{\mathrm{T}} \end{Bmatrix}\begin{bmatrix} [D]^{-1} & 0 \\ 0 & [D]^{-1} \end{bmatrix} \\
&\quad \times [[G_B],([I]+[G_A])]^{\mathrm{T}}
\end{aligned} \tag{10.1.140}$$

为了计算 (10.1.140) 式, 需进一步确定 $\{\xi\}_{A0}$ 和 $\{\xi\}_{B0}$, 考虑作用在系统 a 上的激励力为 $f_a(x,t)$, 在没有耦合情况下, 子系统 a 的 A 端第 i 个耦合元件连接点的振动位移为

$$\xi_{i0}^A = \int_a G_a(x_i,x)f_a(x,t)\,\mathrm{d}x \tag{10.1.141}$$

如果激励力的时间坐标与空间坐标可以分离, $f_a(x,t) = F_a(t)\cdot f_a(x)$, 其中 $f_a(x)$ 仅为空间坐标的函数, 则

$$\xi_{i0}^A = F_a(t)\int_a G_a(x_i,x)f_a(x)\,\mathrm{d}x \tag{10.1.142}$$

同理，可得 ξ_{i0}^B 的表达式，于是有

$$\left\{ \begin{array}{c} \{\xi\}_{A0} \\ \{\xi\}_{B0} \end{array} \right\} = [G_f]\{F\} \tag{10.1.143}$$

式中，$[G_f]$ 为由 (10.1.142) 式中积分项组成的 $2M \times N$ 阶矩阵，每一列对应一个子系统，每一行对应一个元件连接点；$\{F\}$ 为作用在每个子系统上的激励力时间相关项组成的列矩阵。

由 (10.1.143) 式可得

$$\left\{ \begin{array}{c} \{\xi\}_{A0}^* \\ \{\xi\}_{B0}^* \end{array} \right\} \left\{ \begin{array}{cc} \{\xi\}_{A0}^{\mathrm{T}} & \{\xi\}_{B0}^{\mathrm{T}} \end{array} \right\} = [G_f]^* [\Phi_{FF}] [G_f]^{\mathrm{T}} \tag{10.1.144}$$

式中，$[\Phi_{FF}]$ 为激励力自谱和互谱组成的矩阵，若各子系统激励力为非相关的，则此矩阵为对角阵。

这样 (10.1.140) 式简化为

$$\{\xi\}_A^* \{\xi\}_B^{\mathrm{T}} = \left[([I] + [G_B])^*, [G_A]^* \right] \left[\begin{array}{cc} [D]^{-1} & 0 \\ 0 & [D]^{-1} \end{array} \right]$$
$$\times [G_f]^* [\Phi_{FF}] [G_f]^{\mathrm{T}} \left[\begin{array}{cc} [D]^{-1} & 0 \\ 0 & [D]^{-1} \end{array} \right] \left[[G_B], ([I] + [G_A]) \right]^{\mathrm{T}} \tag{10.1.145}$$

注意到，(10.1.145) 式只需考虑矩阵的 M 个对角元素，对应 M 个耦合元件的能量流。如果作用在子系统上的激励力不是空间和时间项可分离的，则 $[G_f]^* [\Phi_{FF}] [G_f]^{\mathrm{T}}$ 应作为一项考虑。类似弹簧振子功率流的定义，通过子系统第 i 个耦合元件的能量流为

$$P_i^A = \mathrm{Re}\{i\omega R_i \xi_{Ai}^* \xi_{Bi}\} \tag{10.1.146}$$

式中，$\xi_{Ai}^* \xi_{Bi}$ 为 (10.1.145) 式给出的矩阵的第 i 行。

当作用在各子系统上的激励力为非相关力，不考虑激励力互谱，则通过第 i 个耦合元件 A 端的能量流

$$P_i^A = \sum_{a=1}^N H_{ia} \Phi_{F_a F_a} \tag{10.1.147}$$

相应地，通过所有耦合元件的能量流则为

$$\{P_A\} = [H_A]\{\Phi_{F_a F_a}\} \tag{10.1.148}$$

这里, $\Phi_{F_a F_a}$ 为作用在子系统 a 的激励力自谱, $\{\Phi_{F_a F_a}\}$ 为激励力自谱列矩阵。H_{ia} 为耦合导纳, 表征作用在子系统 a 上的激励力通过耦合元件 i 的能量流, $[H_A]$ 为元素 H_{ia} 组成的矩阵。

$$
\begin{aligned}
H_{ia} = -\,&\omega R_i \mathrm{Im} \left\{ \left[\begin{array}{cc} \left([I] + [G_B] \right)^* & [G_A] \end{array} \right] \cdot \left[\begin{array}{cc} [D]^{-1} & 0 \\ 0 & [D]^{-1} \end{array} \right]^* \right]_i \right. \\
&\times [G_f]_a^* [G_f]_a^{\mathrm{T}} \left[\begin{array}{cc} [D]^{-1} & 0 \\ 0 & [D]^{-1} \end{array} \right]^{\mathrm{T}} \left[[G_B], \left([I] + [G_A] \right)^{\mathrm{T}} \right]_i \right\}
\end{aligned}
\tag{10.1.149}
$$

同样, 通过所有耦合元件 B 端的能量流为

$$
\{P_B\} = [H_B] \{\Phi_{F_a F_a}\}
\tag{10.1.150}
$$

作用在子系统 a 上的激励力所产生的输入功率等于激励力与该点振速的乘积,

$$
P_{\mathrm{in}} = -\omega \mathrm{Im} \left\{ \int \{\xi(x,t)\}^* \{f(x,t)\}^{\mathrm{T}} \mathrm{d}x \right\}
\tag{10.1.151}
$$

利用 (10.1.133) 和 (10.1.134) 式计算子系统耦合元件连接点振动位移, 也可以计算其他点的振动位移, 只是 Green 函数的响应点有所不同。于是, 子系统任意点的振动响应为

$$
\{\xi(x,t)\} = \left\{ \begin{array}{c} \xi_a(x_a,t) \\ \xi_b(x_b,t) \\ \vdots \\ \xi_N(x_N,t) \end{array} \right\} = \left\{ \begin{array}{c} \displaystyle\int_a G_a(x_a,x) f_a(x,t)\,\mathrm{d}x \\ \displaystyle\int_b G_b(x_b,x) f_b(x,t)\,\mathrm{d}x \\ \vdots \\ \displaystyle\int_N G_N(x_N,x) f_N(x,t)\,\mathrm{d}x \end{array} \right\} + [G(x)] \{\Delta\xi\}
\tag{10.1.152}
$$

式中, $f_a(x,t), \cdots, f_N(x,t)$ 分别为作用在子系统 a 到子系统 N 上的激励力, $\xi_a(x_a,t), \cdots, \xi_N(x_N,t)$ 分别为子系统 a 到子系统 N 任意点的振动位移, $[G(x)]$ 为 $N \times M$ 维矩阵, 其元素类似于矩阵 $[G_A]$ 和 $[G_B]$。

将 (10.1.152) 式代入 (10.1.151), 并考虑到 (10.1.136) 式和 (10.1.143) 式, 假设不同子系统的激励力相互独立, 给定子系统的激励力时间和空间变量可以分离, 于是可得子系统 a 的输入功率为

$$
P_{\mathrm{in}}^a = H_a \Phi_{F_a F_a}
\tag{10.1.153}
$$

所有子系统的输入功率为

$$\{P_{\text{in}}\} = [H_a]\{\Phi_{F_aF_a}\} \tag{10.1.154}$$

式中，$[H_a]$ 为元素 H_a 组成的对角阵，H_a 为输入导纳，其表达式为

$$
\begin{aligned}
H_a = &- \omega\text{Im}\bigg\{\iint_a\int_a G_a(x,y)f_a(x)f_a(x')\text{d}x\text{d}x' \\
&\pm \sum_{l=1}^{M}\sum_{m=1}^{M}R_l[D]_{lm}^{-1}\int_a\int_a G_a(x,x_l)G_a(x_m,x)f_a(x)f_a(x')\text{d}x\text{d}x'\bigg\}
\end{aligned} \tag{10.1.155}
$$

式中，$f_a(x)$ 为子系统 a 上激励力的空间分布函数，若耦合元件两端的 x_l 和 x_m 都是 A 端或都是 B 端，则求和前取 "$-$"，否则取 "$+$"，$[D]_{ml}^{-1}$ 为矩阵元素，其下标 m 和 l 表征耦合连接子系统 a 的任一对耦合端。R_l 的含义见 (10.1.132) 式。

(10.1.155) 式右边第一项表示子系统耦合可以忽略不计时的输入功率，第二项表示子系统的耦合效应所引起的输入功率，在弱耦合情况下，经典统计能量法不考虑第二项的贡献。实际上，(10.1.137) 式定义的矩阵 $[D]$ 的行列式值大小表征子系统耦合的强弱，当其趋于 1 时即为弱耦合，也可以理解为当矩阵 $[D]$ 为单位矩阵时，子系统为弱耦合。

求解得到了子系统的传输能量和输入功率，进一步考虑能量平衡关系。设子系统输出的能量为 $\{P_{\text{out}}\}$，它与子系统 A 端和 B 端的能量流相关，定义为

$$\{P_{\text{out}}\} = [CON]\left\{\begin{array}{c}\{P_A\} \\ \{P_B\}\end{array}\right\} \tag{10.1.156}$$

式中，矩阵 $[CON]$ 为连接矩阵，其元素为 1 或 0，表示两个子系统之间有或者没有直接耦合连接。

将 (10.1.148) 和 (10.1.150) 式代入 (10.1.156) 式，有

$$\{P_{\text{out}}\} = [H_{\text{out}}]\{\Phi_{F_aF_a}\} \tag{10.1.157}$$

式中，

$$[H_{\text{out}}] = [CON]\left[\begin{array}{c}[H_A] \\ [H_B]\end{array}\right]$$

子系统耗散的能量等于输入的能量减去传输的能量，考虑 (10.1.154) 和 (10.1.157) 式，则有

$$\{P_d\} = ([H_a] - [H_{\text{out}}])\{\Phi_{F_aF_a}\} \tag{10.1.158}$$

对于多个子系统，耗散能量可以表示为

$$\{P_d\} = [C]\{E\} \tag{10.1.159}$$

式中，$[C]$ 为子系统阻尼系数组成的对角阵，$\{E\}$ 为子系统能量组成的列矩阵。由 (10.1.158) 和 (10.1.159) 式求解得到 $\{\Phi_{F_aF_a}\}$，再代入 (10.1.148) 和 (10.1.150) 式，得到子系统通过耦合元件的能量流与子系统能量的关系：

$$\{P_A\} = [\beta_A][C]\{E\} \tag{10.1.160}$$

$$\{P_B\} = [\beta_B][C]\{E\} \tag{10.1.161}$$

式中，

$$[\beta_A] = [H_A]([H_a] - [H_{\text{out}}])^{-1}$$

$$[\beta_B] = [H_B]([H_a] - [H_{\text{out}}])^{-1}$$

再将 (10.1.160) 和 (10.1.161) 式代入 (10.1.156) 式，得到

$$\{P_{\text{out}}\} = [\alpha][C]\{E\} \tag{10.1.162}$$

式中，

$$[\alpha] = [CON]\begin{bmatrix} [\beta_A] \\ [\beta_B] \end{bmatrix} \tag{10.1.163}$$

其元素为

$$\alpha_{ij} = \sum_{k=1}^{M} CON_{ik}\beta_{kj}^A + \sum_{k=1}^{M} CON_{i,k+M}\beta_{kj}^B \tag{10.1.164}$$

利用能量平衡关系及 (10.1.159) 和 (10.1.162) 式，则有能量平衡方程：

$$\{P_{\text{in}}\} = ([I] + [\alpha])[C]\{E\} \tag{10.1.165}$$

注意到，这里 $[\beta_A]$ 和 $[\beta_B]$ 为 $M \times N$ 阶矩阵，$\beta_{ij}^A c_j$ 表示第 i 个耦合元件 A 端的能量流与子系统 j 能量的比例常数，$\beta_{ij}^B c_j$ 为第 i 个耦合元件 B 端的能量流与子系统 j 能量的比例常数。$\alpha_{ij}c_j$ 则表示子系统 i 的能量流与子系统 j 能量的比例常数。一般来说，连接元件任一端传输的能量不仅与其直接相连的两个子系统能量有关，而且与所有子系统的能量有关。同样，子系统 i 的能量流不仅与其相连的子系统能量有关，而且与所有子系统有关，也就是说，不仅有直接耦合，而且有间接耦合。如果系统为保守系统，所有子系统耦合连接中，元件耦合系数中阻尼系数 c_i 为零 (见 (10.1.132) 式中 R_i)，整个系统的输入能量只是由每个子系统

的内部阻尼耗散, 于是, 所有子系统的传递能量之和应该为零, 即 $\{P_{\text{out}}\}$ 为零, 由 (10.1.162) 式可知, 矩阵 $[\alpha]$ 每一列的元素之和为零, 这样, 可得

$$\alpha_{ii} = -\sum_{j \neq i}^{N} \alpha_{ji}, \quad i = 1, 2, \cdots, N \tag{10.1.166}$$

将 (10.1.166) 式代入 (10.1.165) 式, 得到子系统 i 的能量平衡方程:

$$P_{\text{in}}^{(i)} = c_i E_i - \sum_{j \neq i}^{N} [\alpha_{ji} c_i E_i - \alpha_{ij} c_j E_j] \tag{10.1.167}$$

进一步考虑对 (10.1.167) 式进行系综平均, 从而得到保守系统的经典能量平衡方程:

$$\bar{P}_{\text{in}}^{(i)} = \omega \eta_i \bar{E}_i + \sum_{j \neq i}^{N} \left(\omega \eta_{ij} \bar{E}_i - \omega \eta_{ji} \bar{E}_j \right) \tag{10.1.168}$$

(10.1.168) 式所表示的能量及其传递关系如图 10.1.3 所示, 应该指出, 给出 (10.1.168) 式时, 实际上认为存在以下关系:

$$\omega \eta_{ji} = -c_j \bar{\alpha}_{ij} \tag{10.1.169}$$

式中, $\bar{\alpha}_{ij}$ 为 α_{ij} 的系综平均。

一般来说, (10.1.169) 式是不成立的。这是因为 $c_j \bar{\alpha}_{ij}$ 为子系统 i 的能量流与子系统 j 能量之间的平均比例常数, 它不仅仅与子系统 i 和 j 的耦合相关, 而且直接与子系统 i 连接的所有耦合特性相关, 而 $-\omega \eta_{ji}$ 为子系统 i 和 j 耦合的能量流与子系统 j 能量之间的比例常数。如果将 $c_j \bar{\alpha}_{ij}$ 等同为子系统 i 在 A_k 点的直接耦合, 即 $c_j \bar{\beta}_{kj}^A$, 或者在 B_k 点的直接耦合, 即 $c_j \bar{\beta}_{kj}^B$, 可表示为

$$\bar{\beta}_{kj}^A (\text{或} \bar{\beta}_{kj}^B) = \bar{\alpha}_{ij} \tag{10.1.170}$$

则比较 (10.1.169) 与 (10.1.164) 式可见, 系统只有两个相互耦合的子系统时, 可以认为 (10.1.169) 式成立, 但有多个子系统时, 即使耦合损耗系数能精确估算, 也会产生误差。只有在弱耦合情况下, 经过耦合单元的能量流主要取决于子系统 i 和 j 的能量, (10.1.170) 式的近似引起较小的误差, 也就是说, 在弱耦合情况下, 统计能量法考虑直接耦合, 能得到较精确的计算结果。

Beshara 和 Keane[8] 进一步将上述模型扩展到非保守系统, 不仅考虑子系统内部阻尼的能量耗散, 而且考虑子系统之间耦合阻尼的能量耗散, 而且这种耦合

阻尼的能量耗散也不仅仅与直接连接的子系统能量相关，而且与所有子系统能量相关。在弱耦合情况下，可以得到非保守系统的统计能量平衡方程为

$$\bar{P}_{\text{in}}^{(i)} = \omega\eta_i\bar{E}_i + \sum_{j\neq i}^{N}\left[\omega\left(\eta_{ij}+\zeta_{ij}\right)\bar{E}_i - \omega\eta_{ji}\bar{E}_j\right] \tag{10.1.171}$$

式中，ζ_{ij} 为子系统耦合阻尼影响到能量传输到引起的附加损耗系数，称为耦合阻尼损耗因子。

非保守系统的能量及其传递关系见图 10.1.8，在弱耦合情况下，引入耦合阻尼损耗因子，将子系统的耦合阻尼效应纳入统计能量平衡方程，形式上类似经典的耦合损耗因子，从而使统计能量方程的形式保持不变，此模型同时也可以用于评估耦合阻尼损耗因子对统计能量法计算精度的影响。无论是保守系统还是非保守系统，在弱耦合假设的前提下，可以得到经典形式的统计能量平衡方程，但是实际问题往往难以满足弱耦合条件，尤其是水下结构的振动和声辐射问题，有必要考虑强耦合情况下，扩展经典的统计能量平衡方程。除了弱耦合假设产生误差外，统计能量法的系综平均也会产生误差，Ji 和 Mace[17] 采用耦合振子专门研究了复杂结构振动系综平均产生的方差。

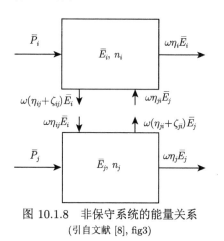

图 10.1.8　非保守系统的能量关系
(引自文献 [8], fig3)

10.2　统计能量法参数获取方法

10.1 节建立了系统的统计能量平衡方程，只要已知每个子系统的输入功率、模态密度及子系统传递损耗因子和自损耗因子，通过简单求解线性方程组，即可计算子系统平均能量，进一步计算结构振动和辐射声压。本节将分别介绍这几种参数的获取方法。

采用统计能量法计算结构振动和噪声，有三种常见的激励方式需要计算相应的输入功率，其一为机械激励力作用在结构上的输入声功率；其二为湍流边界层脉动压力激励结构的输入声功率；其三为腔室内点声源或分布声源辐射的声功率。Lyon 和 DeJong[18] 给出了这三种输入功率的基本计算方法。文献 [19] 和 [20] 详细介绍了湍流边界层脉动激励结构的输入功率计算方法。考虑到这里重点讨论机械系统产生的结构振动及声辐射，下面将主要介绍机械设备激励结构的输入功率。

机械设备安装在弹性结构上，安装点的尺寸远小于结构波长，机械激励可以认为是点激励。如果激励力 f 作用在结构的某一点上，该点产生的振速为 v，则由该点输入的声功率为[21]

$$P = \frac{1}{2}\mathrm{Re}\,[f^*v] = \frac{1}{2}\mathrm{Re}\,[fv^*] = \frac{1}{2}\,|f|^2\,\mathrm{Re}(Y) = \frac{1}{2}\,|v|^2/\mathrm{Re}(Y) \tag{10.2.1}$$

式中，Y 为激励力作用点的结构导纳。

实际的机械设备一般都是多点及弹性安装，针对这种情况，Moorhouse 和 Gibbs[22,23] 建立更有普适性的输入声功率计算方法。结构某点的振动响应不仅与该点的激励力有关，还与其他点的激励力有关。按照叠加原理，多点激励情况下，某点的振动速度响应为

$$v_i = f_1Y_{1i} + f_2Y_{2i} + \cdots + f_iY_{ii} + \cdots + f_NY_{Ni} \tag{10.2.2}$$

式中，Y_{ii} 为 i 点的点导纳，Y_{ji} 为 j 点与 i 点之间的传递导纳，表征 j 点与 i 点的相互作用。

将 (10.2.2) 式代入 (10.2.1) 式，得到 i 点的输入声功率

$$P_i = \frac{1}{2}\mathrm{Re}\left\{f_i^*\sum_{j=1}^{N}Y_{ji}f_j\right\} \tag{10.2.3}$$

理论上讲，考虑传递导纳，结构上某一点的输入声功率有可能为负值，也就是说能量不仅会 "流入" 结构，也可能 "流出" 结构，但是所有作用点输入功率之和应为正值。对 (10.2.3) 式的 P_i 求和，得到 N 个激励力的输入功率：

$$P = \frac{1}{2}\sum_{i=1}^{N}\mathrm{Re}\left\{f_i^*\sum_{j=1}^{N}Y_{ji}f_j\right\} \tag{10.2.4}$$

由于设备 N 个安装点的相互作用，(10.2.4) 式给出的输入功率有 N^2 项，需要进行简化。为此可以引入有效导纳概念[24]。所谓有效点导纳定义为所有安装点作用力在某点产生的振速之和与该点的作用力的比值，其表达式为

$$Y_{eff} = \sum_{j=1}^{N}Y_{ji}f_j/f_i \tag{10.2.5}$$

利用有效点导纳, (10.2.4) 式可以表示为

$$P = \frac{1}{2} \sum_{i=1}^{N} |f_i|^2 \, \mathrm{Re}\, [Y_{eff}] \tag{10.2.6}$$

将等效导纳代替点导纳, 相当于增加了安装点结构的柔性。Peterson 和 Plunt[25] 研究认为, 点导纳比传输导纳约大一个量级, 当频率高于 50 Hz 时, 只需考虑点导纳, 有效点导纳近似等于点导纳。

将 (10.2.4) 式重新表示为

$$P = \frac{1}{2} \sum_{i=1}^{N} \left\{ |f_i|^2 \, \mathrm{Re}\, [Y_{ii}] + \sum_{\substack{j=1 \\ j \neq i}}^{N} |f_i| \, |f_j| \, |Y_{ji}| \cos \varphi_{ji} \right\} \tag{10.2.7}$$

式中右边第一项表示每个安装点自导纳对应的输入功率, 第二项表示表示各安装点相互耦合的互导纳对应的输入功率。当互导纳远小于自导纳时, 第二项与第一项相比可以忽略, 这样设备的输入功率等于各安装点独立的输入功率之和。在统计能量法计算的高频段, 这样的近似是合理的。当然在一般情况下, 耦合项不能忽略, 为此需要考虑各点互导纳 Y_{ji} 及相对相位角 φ_{ji}。相位角 φ_{ji} 由激励力 f_i 和 f_j 的相位差及传输导纳 Y_{ji} 的相位角两部分组成, 一般为随机取值, 相应地, (10.2.7) 式的第二项或正或负, $\cos \varphi_{ji}$ 的期望值及方差分别为 0 和 $1/\sqrt{2}$。于是, 由 (10.2.7) 式得到 N 个安装点的平均输入功率及方差为

$$\bar{P} = \frac{1}{2} \sum_{i=1}^{N} |f_i|^2 \, \mathrm{Re}\, [Y_{ii}] \tag{10.2.8}$$

$$\Delta P = \frac{1}{2} \sum_{i=1}^{N} \sum_{\substack{j=1 \\ j \neq i}}^{N} |f_i| \, |f_j| \, |Y_{ji}| / \sqrt{2} \tag{10.2.9}$$

进一步采用激励力及导纳的平均值简化 (10.2.8) 式, 为此将其表示为

$$\bar{P} = \frac{1}{2} \sum_{i=1}^{N} \left(|F_0|^2 + |\Delta f_i|^2 \right) \mathrm{Re}\, \left(\bar{Y} + \Delta Y_{ii} \right) \tag{10.2.10}$$

式中, $|F_0|^2$ 和 $\bar{Y}$ 分别为所有安装点激励力的均方值和点导纳平均值, $|\Delta f_i|^2$ 和 ΔY_{ii} 为每个安装点激励力和点导纳与其平均值的偏差值。

将 (10.2.10) 式展开为

$$\bar{P} = \frac{1}{2} \sum_{i=1}^{N} |F_0|^2 \operatorname{Re}(\bar{Y}) + \frac{1}{2} \operatorname{Re}(\bar{Y} \sum_{i=1}^{N} |\Delta f_i|^2)$$
$$+ \frac{1}{2} |F_0|^2 \sum_{i=1}^{N} \Delta Y_{ii} + \frac{1}{2} \sum_{i=1}^{N} |\Delta f_i|^2 \Delta Y_{ii} \tag{10.2.11}$$

(10.2.11) 式中的第二和第三项中, $|\Delta f_i|^2$ 和 ΔY_{ii} 的求和值为零, 第四项为小量可以忽略. 这样采用激励力和导纳的平均值, N 个安装点的输入功率平均值可以简化为

$$\bar{P} = \frac{N}{2} |F_0|^2 \operatorname{Re}(\bar{Y}) \tag{10.2.12}$$

相应的方差为

$$\Delta P = \frac{1}{2} |F_0|^2 \sqrt{N(N-1)/2} |Y_t| \tag{10.2.13}$$

式中, $|Y_t|$ 为多个安装点的平均传输导纳.

将 (10.2.12) 和 (10.2.13) 式合并, 得到设备多点安装的输入功率简化计算表达式:

$$P = \frac{1}{2} |F_0|^2 \operatorname{Re}(\bar{Y}) \left\{ N \pm \sqrt{\frac{N(N-1)}{2}} \frac{|Y_t|}{\operatorname{Re}(\bar{Y})} \right\} \tag{10.2.14}$$

由 (10.2.14) 式可见, 计算输入功率, 需要已知结构的点导纳、传输导纳及激励力. 原则上讲, 确定结构的导纳可以采用有限元方法计算或激励试验测量获得, 计算船体基座导纳时, 需要考虑流体负载的作用. 但对于统计能量法的高频计算来讲, 可以采用近似估算的方法确定导纳. 由于阻尼和辐射效应, 输入结构的能量在传输过程中有所衰减, 因此, 有限结构的导纳也可以用无限结构的导纳近似表示, Pinnington 等[26] 通过测量有限梁和无限梁弯曲振动的导纳后认为在宽频带激励情况下, 频带内有限结构的导纳平均值近似等于无限结构的导纳, 可以用后者代替前者.

在船体结构上安装机械设备, 通常借助于中间安装构件——基座, 基座面板的机械阻抗由基座和船体机械阻抗串联而成[27]:

$$Z = \frac{Z_f Z_s}{Z_f + Z_s} \tag{10.2.15}$$

式中, Z_f 和 Z_s 分别为基座面板阻抗和船体阻抗.

低频段, 基座面板阻抗估算需要考虑船体阻抗的影响, 针对不同的基座形式, 可以采用合成方法计算其面板阻抗[25]. 在高频段, 只需考虑基座面板的阻抗即可, 这给统计能量法计算的参数获取带来了便利.

除了基座导纳外，计算设备的输入声功率，还需要已知机械激励力。长期以来，人们一直致力于确定激励力的大小[28]，但实际测量存在较大的困难，尤其对于在线的大型机械设备，不可能将测力传感器串入机械设备的安装底座中，且测量的结果还会受到基座振动的影响。采用互易原理和等效力方法测定激励力也因诸多问题而没有普遍应用[29,30]。为此，Moorhouse[31] 提出了一种设备弹性安装时的激励力估算方法。设备通过弹性安装作用在基座上的激励力为

$$f = Z_{22}v_2 + Z_{12}v_1 \tag{10.2.16}$$

式中，v_1 和 v_2 分别为隔振器上端 (即设备) 振动速度和隔振器下端 (即基座) 振动速度，Z_{22} 和 Z_{12} 为隔振器的输入阻抗和传递阻抗。在隔振器驻波共振频率以下频段有 $Z_{22} \approx Z_{12}$，而隔振器上端振速远大于下端振速，于是，(10.2.16) 式的第一项可以忽略不计，激励力简化为

$$f \approx Z_{12}v_1 \tag{10.2.17}$$

当频率高于设备安装频率三倍以上时，振速 v_1 可以用自由速度 v_0 来代替。所谓自由速度 (free velocity) 为设备自由悬置时的振动速度，最早由 Breeuwer[32] 和 Plunt[33] 提出，可以近似描述机械设备弹性安装时的振动强度。将 (10.2.17) 式代入 (10.2.1) 式，得到以自由速度为输入参数的输入声功率：

$$P = \frac{1}{2} |v_0|^2 |Z_{12}|^2 \operatorname{Re}(Y) \tag{10.2.18}$$

在多点安装情况下，由 (10.2.14) 式可得

$$P = \frac{1}{2} |v_0|^2 |Z_{12}|^2 \operatorname{Re}(\bar{Y}) \left\{ N \pm \sqrt{\frac{N(N-1)}{2} \frac{|Y_t|}{\operatorname{Re}(\bar{Y})}} \right\} \tag{10.2.19}$$

式中，$\bar{Y}$ 和 Y_t 为基座安装点平均点导纳及传递导纳。

由 (10.2.19) 式可见，确定输入声功率，需要已知三个参数：其一，设备的平均自由速度；其二，隔振器的传递阻抗；其三，基座安装点的点导纳和传递导纳。这三个参数相互独立，可以单独确定。前面已经介绍了基座导纳 (阻抗) 的确定途径，隔振器的传递阻抗可以由测量获得，详细的方法可见文献 [34]。设备自由速度测量时，隔振器上下端振速相差 20dB 以上，可以认为弹性支撑满足测量自由速度的悬置要求，且频率大于安装频率一个倍频程以上，弹性安装的设备振速可以作为自由速度。文献 [35] 针对 90kW 的风机，测量的自由速度、预报的输入声功率及其与测量结果的比较，可参见图 10.2.1～ 图 10.2.3。计算与测量的输入声功率曲线比较一致，但测量结果比计算结果要大 5~8dB，其原因并不是所建立的计算方法存在较大的误差，而是测量结果包含了法兰、管路振动传递及空气噪声等因素的影响。

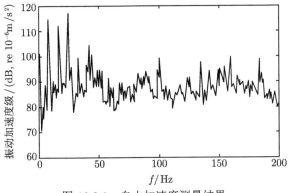

图 10.2.1 自由加速度测量结果

(引自文献 [35], fig8)

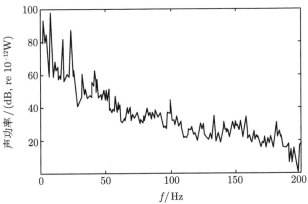

图 10.2.2 基于自由速度计算的输入声功率

(引自文献 [35], fig7)

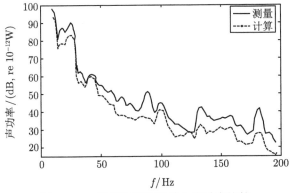

图 10.2.3 计算与测量的输入声功率比较

(引自文献 [35], fig11)

　　Moorhouse 和 Gibbs 提出的方法适用于弹性安装设备，对于直接安装在基座上的设备，Yap 等 [36,37] 采用互易原理，提出了输入声功率的间接测量方法，将 (10.2.1) 式改写为

$$P = \frac{1}{2}\mathrm{Re}\,[f_i v_i^*] = \frac{1}{2}\mathrm{Re}\,[f_i v_i^* v_j / v_j] \tag{10.2.20}$$

式中，f_i 和 v_i 为安装点 i 的激励力和振速，v_j 为 i 点激励时参考点 j 的振速。

　　将 (10.2.20) 式表示为

$$P = \frac{1}{2}\mathrm{Re}\,[v_i^* v_j / Y_{ji}] \tag{10.2.21}$$

式中，Y_{ji} 为 i 点与 j 点的传递导纳，$Y_{ji} = v_j / f_i$。

　　考虑到互易原理，有

$$Y_{ji} = Y_{ij} \tag{10.2.22}$$

式中，$Y_{ij} = v_i / f_j$。

　　故有

$$P = \frac{1}{2}\mathrm{Re}\,[v_i^* v_j / Y_{ij}] \tag{10.2.23}$$

由 (10.2.23) 式可知，测量了安装点 i 和参考点 j 的振速及参考点与安装点之间的传递导纳，即可计算设备在 i 点的输入声功率，此方法可推广到多点安装及力矩激励情况。

　　设备输入给结构的声功率，不仅与设备振动特性有关，还与设备安装点的导纳特性有关，要精确地估算输入声功率，需要充分表征振源的特性，前面在设备弹性安装情况下采用自由速度表征声源特征，实际上只表征了设备振动强度，而没有表征设备安装点的导纳特性。这里将振源设备与安装结构等效为四端网络 [38]，采用自由速度和安装点导纳作为设备的源特性参数，它们与安装基座接收点导纳的关系见图 10.2.4。由等效电路可知，接收点的作用力和振速分别为

$$f = f_r = \frac{v_0}{Y_s + Y_r} \tag{10.2.24}$$

$$v = v_r = \frac{v_0 Y_r}{Y_s + Y_r} \tag{10.2.25}$$

式中，Y_s 和 Y_r 分别为振源安装点和接收结构安装点的导纳。

　　将 (10.2.24) 和 (10.2.25) 式代入 (10.2.1) 式，得到输入声功率表达式：

$$P = \frac{1}{2}|v_0|^2 \mathrm{Re}\left[\frac{Y_r}{(Y_s + Y_r)^2}\right] \tag{10.2.26}$$

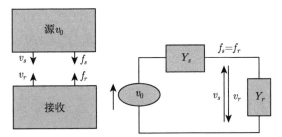

图 10.2.4 振动设备与基座结构四端网络及等效电路图
(引自文献 [38], fig1)

可见，设备激励结构的输入声功率，不仅与表征其振动强度的自由速度有关，而且还与振源和接收结构点的导纳有关。若假设振源设备安装点的导纳小于接收结构安装点导纳，且接收结构安装点导纳主要取决于隔振器的阻抗，则 (10.2.26) 式可近似等价为 (10.2.18) 式。Moorhouse[39] 将 (10.2.26) 式推广到多点安装的情况，并分析认为当振源安装点导纳与接收结构导纳满足 $Y_r = Y_s$ 关系时，给定振源输入给接收结构的声功率最大。依据 (10.2.26) 式，可以计算一般情况下的设备输入声功率，接收结构可以是设备直接安装的基座，也可以是弹性安装的隔振器输入端，当然也可以是浮筏隔振系统。由于控制船舶水下噪声及舱室空气噪声的需要，机械系统一般都采用浮筏系统进行隔振安装，统计能量法建模时，可以将浮筏系统与船体结构一同建模，也可以单独计算浮筏系统作用船体结构的输入声功率，作为船体结构振动及声辐射计算的输入参数。浮筏系统作用船体结构的输入声功率计算，可参阅文献 [40] 和 [41] 采用矢量四端网络法建立的输入声功率计算方法。

保证统计能量法计算的精度，重要的一个环节是精确估算子系统的传递损耗因子。常见的传递损耗因子估算主要有结构与结构、空腔与结构、空腔与空腔等对象，Cremer[21] 采用半无限模型及波动法，详细给出了角型、十字型、L 型和 T 型等多种平板连接形式的传递损耗因子估算公式及曲线。Lyon 和 DeJong[18] 针对一维、二维和三维结构，建立了点连接、线连接和面连接情况下的传递损耗因子计算方法。他们的这些方法为统计能量法应用提供了基本的传递损耗因子计算方法。为了提高统计能量法的计算精度及适用性，需要考虑有限结构情况下传递损耗因子的估算方法，10.1 节在建立子系统能量平衡关系时，提出了子系统的能量传递模型，下面将针对具体的结构形式，介绍几种传递损耗因子的计算方法。

基于 Newland[42] 和 Scharton-Lyon[2] 的振子模型，Crandall 和 Lotz[43] 早期针对梁结构，提出了固有频率偏移法 (natural frequency-shift method) 计算传递损耗因子。他们考虑两个子系统未耦合时的典型模态频率，计算子系统耦合时模态频率的增值，由此估算传递损耗因子。在弱耦合情况下，估算结果与波动法一致。在 10.1 节中，介绍了 Langley 采用 Green 函数法推导的统计能量平衡的一般

方程 (10.1.124) 式，相应的矩阵表达式由 (10.1.127) 式、(10.1.128) 及 (10.1.126) 和 (10.1.118) 式给出。Langley 在文献 [44] 中将 (10.1.126) 式定义的矩阵 $[M]$ 展开为

$$[M] = [\lambda] + [\Lambda_1] + [\Lambda_2] + \cdots [\Lambda_m] \tag{10.2.27}$$

式中，$[\lambda]$ 为矩阵 $[M]$ 的对角阵，$[\Lambda_i]\,(i=1,2\cdots m)$ 为矩阵 $[M]$ 的每个非对角阵，其中矩阵 $[\Lambda_1]$ 的 ij 元素为第 i 个与第 j 个子系统的直接耦合项，否则为零，矩阵 $[\Lambda_2]$ 的 ij 元素为第 i 个和第 j 个子系统与间隔为 1 的子系统的耦合项，否则为零，依此类推。

可以直接证明，矩阵 $[M]$ 的逆矩阵可以表示为

$$[M]^{-1} = [\lambda]^{-1} - [\lambda]^{-1}\,[\Lambda_1]\,[\lambda]^{-1} - [\lambda]^{-1}\,[\Lambda_2]\,[\lambda]^{-1} + \cdots \tag{10.2.28}$$

取 (10.2.28) 式的前两项代入 (10.1.127) 式，可得

$$[H] = \frac{1}{\pi}\,[Q]\,[\lambda]^{-1}\,[Q] - \frac{1}{\pi}\,[Q]\,[\lambda]^{-1}\,[\Lambda_1]\,[\lambda]^{-1}\,[Q] \tag{10.2.29}$$

在弱耦合情况下，对角阵 $[\lambda]$ 的元素近似等于子系统 i 未耦合时的矩阵元素 M_{ii}，相应的 Green 函数为

$$G_{ii}\,(\boldsymbol{x}, \boldsymbol{y}, \omega) = \frac{1}{\rho_i} \sum_{n=1}^{\infty} \frac{\varphi_n\,(\boldsymbol{x})\,\varphi_n\,(\boldsymbol{y})}{\omega_n^2 - \omega^2 + \mathrm{i}c_i\omega^2} \tag{10.2.30}$$

将 (10.2.30) 式代入 (10.1.126) 式，参照文献 [19] 的处理方法，积分可得

$$\lambda_i \approx M_{ii} = \frac{\pi}{4\rho_i^2 c_i} \sum_n \frac{1}{\omega_n} \tag{10.2.31a}$$

在给定频带内，(10.2.31a) 式中的求和项等于频带中心频率 ω_{ci} 乘以频带内模态数 N_i，故有

$$\lambda_i = \frac{\pi N_i}{4\rho_i^2 c_i \omega_{ci}} \tag{10.2.31b}$$

同理，由 (10.1.118) 式可得

$$\rho_i Q_i = \frac{\pi}{2} N_i \tag{10.2.32}$$

于是，将 (10.2.31b) 式代入 (10.2.29) 式，并考虑到 (10.2.32) 式得到

$$[H] = [\omega_c c N] - \frac{4}{\pi}\,[\omega_c c \rho]\,[\Lambda_1]\,[\omega_c c \rho] \tag{10.2.33}$$

(10.2.33) 式第一项为自损耗因子，第二项则为传输损耗因子：

$$\omega \eta_i = \omega_{ci} c_i \tag{10.2.34}$$

$$\omega \eta_{ij} N_i = \frac{4}{\pi} \omega_{ci} \omega_{cj} c_i c_j \rho_i \rho_j \Lambda_{1ij} \tag{10.2.35}$$

(10.2.35) 式中 Λ_{1ij} 为第 i 与第 j 个子系统直接耦合项。按照 (10.2.27) 式中 $[\Lambda_1]$ 的定义，(10.2.35) 式代入 (10.1.126) 式，可得

$$\omega \eta_{ij} N_i = \frac{2}{\pi} \omega_{ci} \omega_{cj} c_i c_j \rho_i \rho_j \int_{V_i} \int_{V_j} \int_{\Delta\omega} \omega^2 \left| G_{ij}\left(\boldsymbol{x}, \boldsymbol{y}, \omega\right) \right|^2 \mathrm{d}V \mathrm{d}V' \mathrm{d}\omega \tag{10.2.36}$$

可见，只要已知 Green 函数 $G_{ij}\left(\boldsymbol{x}, \boldsymbol{y}, \omega\right)$ 即可计算子系统 i 与 j 的传递损耗因子。为此，可以采用波动法求解子系统的 Green 函数。

考虑如图 10.2.5 所示的两块连接的平板子系统 i 和 j，若子系统 i 在 $\boldsymbol{x}$ 处受简谐点力激励，产生向外传播的波，并在边界上形成反射波，由于存在阻尼，波传播过程中逐渐衰减，如果波传播衰减的长度小于波来回反射的平均自由程，则可以认为子系统边界上只有入射波，而没有反射波，点源的输入能量不受子系统边界的影响。设平均输入能量为 P_0，若无阻尼存在，则在方向角宽 $\mathrm{d}\theta$ 内由 $\boldsymbol{x}$ 点向外传播的能量流为 $P_0\mathrm{d}\theta/2\pi$，考虑阻尼的衰减效应，从 $\boldsymbol{x}$ 点向外传播距离 r_i，对应的衰减因子为 $\mathrm{e}^{-c_i\omega r_i/C_{gi}}$，这里 C_{gi} 为子系统 i 波传播的相速度。这样，在 $\mathrm{d}\theta$ 范围内从 $\boldsymbol{x}$ 点向外传播 r_i 距离的功率流为

$$\mathrm{d}P_i = P_0 \frac{\mathrm{d}\theta}{2\pi} \mathrm{e}^{-c_i\omega r_i/C_{gi}} \tag{10.2.37}$$

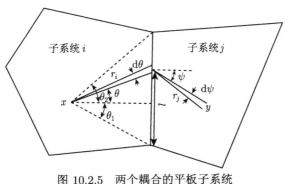

图 10.2.5　两个耦合的平板子系统
(引自文献 [44], fig1)

相应地，透射到子系统 j 的功率流为 $\tau(\theta)\mathrm{d}P_i$，$\tau(\theta)$ 为边界的透射系数。设透射到子系统的能量按函数 $\Gamma(\psi)$ 分布，则子系统 j 在方向角宽 $\mathrm{d}\psi$ 的功率流为

$$\mathrm{d}P_j = \tau(\theta)\,\Gamma(\psi)\,\mathrm{d}P_i\mathrm{d}\psi\mathrm{e}^{-c_j\omega r_j/C_{gj}} \bigg/ \int_{-\frac{\pi}{2}}^{\frac{\pi}{2}} \Gamma(\psi)\mathrm{d}\psi \tag{10.2.38}$$

式中，C_{gj} 为子系统 j 波传播的相速度，r_j 为子系统 j 中离能量透射边界的距离。

将子系统 j 传播的波等效为平面波，其传播宽度为 $r_j\mathrm{d}\psi$，设平面波振幅为 a_j，相应的能量密度为 $\omega\rho_j|a_j|^2/2$，能量流则为 $\omega\rho_j a_j^2 C_{gj}/2$，于是由 (10.2.38) 式及 (10.2.37) 式可得平面波振幅为

$$|a_j|^2 = \frac{2dP_j}{\rho_j C_{gj}\omega^2 r_j\mathrm{d}\psi} = f(\boldsymbol{x},\theta,r_j,\psi)\,\mathrm{d}\theta \tag{10.2.39}$$

式中，

$$f(\boldsymbol{x},\theta,r_j,\psi) = \frac{\tau(\theta)\,\Gamma(\psi)\,P_0}{\pi\rho_j C_{gj}\omega^2 r_j}\mathrm{e}^{-c_j\omega r_j/C_{gj}}\cdot\mathrm{e}^{-c_i\omega r_i/C_{gi}}\mathrm{d}\theta\frac{1}{\displaystyle\int_{-\frac{\pi}{2}}^{\frac{\pi}{2}}\Gamma(\psi)\,\mathrm{d}\psi} \tag{10.2.40}$$

振幅 a_j 可以认为是方向角宽 $\mathrm{d}\theta$ 的能量在子系统 j 的 $\boldsymbol{y}$ 点产生的波动响应，$\boldsymbol{y}$ 点总的响应为入射到子系统 i 与 j 边界的全部 θ 角范围内能量的贡献之和，这样 Green 函数可以表示为

$$|G_{ij}(\boldsymbol{x},\boldsymbol{y},\omega)|^2 = \int_{-\theta_1}^{\theta_2} f(\boldsymbol{x},\theta,r_j,\psi)\,\mathrm{d}\theta \tag{10.2.41}$$

将 Green 函数 (10.2.41) 式代入 (10.2.36) 式进行积分，假设子系统 j 中的透射波传播衰减的距离小于平均自由程，可将其考虑为半无限的，对 $\boldsymbol{y}$ 的积分则表示为 $r_j\mathrm{d}r_j\mathrm{d}\psi$，相应的积分区域为 $0\sim\infty$ 和 $-\pi/2\sim\pi/2$，再考虑 (10.2.40) 式，则有

$$\int_{V_j}|G_{21}(\boldsymbol{y},\boldsymbol{x},\omega)|^2\mathrm{d}V' = \int_{-\theta_1}^{\theta_2}\int_{-\frac{\pi}{2}}^{\frac{\pi}{2}}\int_0^\infty f(\boldsymbol{x},\theta,r_j,\psi)\mathrm{d}\psi r_j\mathrm{d}r_j\mathrm{d}\theta$$
$$= \int_{-\theta_1}^{\theta_2} g(\boldsymbol{x},\theta)\,\mathrm{d}\theta \tag{10.2.42}$$

式中，

$$g(\boldsymbol{x},\theta) = \frac{\tau(\theta)\,P_0}{\pi\rho_2 c_j\omega^3}\mathrm{e}^{-c_i\omega r_i/C_{gi}}$$

进一步考虑对 $\boldsymbol{x}$ 积分 $r_i \mathrm{d} r_i \mathrm{d}\theta$，并利用关系 $r_i \mathrm{d}\theta = \cos\theta \mathrm{d}l$，积分区域为 $0 \sim l$，同时认为子系统 i 也是半无限的，有

$$\int_{V_i} \int_{V_j} |G_{21}(\boldsymbol{y}, \boldsymbol{x}, \omega)|^2 \mathrm{d}V \mathrm{d}V' = \int_0^l \int_{-\theta_1}^{\theta_2} \int_0^\infty g(\boldsymbol{x}, \theta) \cos\theta \mathrm{d}l \mathrm{d}\theta \mathrm{d}r_i \tag{10.2.43}$$

$$= 2 C_{gi} l \langle\tau\rangle P_0 / \pi \rho_2 c_1 c_2 \omega^4$$

式中，$\langle\tau\rangle$ 为 $\theta_1 \sim \theta_2$ 范围内的平均透射系数。

$$\langle\tau\rangle = \int_{-\theta_1}^{\theta_2} \tau(\theta) \cos\theta \mathrm{d}\theta \tag{10.2.44}$$

另外，考虑到单位简谐点激励下的输入功率可以表示为

$$P = \frac{1}{2} \mathrm{Re}\{\mathrm{i}\omega G_{ii}(\boldsymbol{x}, \boldsymbol{x}, \omega)\} \tag{10.2.45}$$

对 (10.2.45) 式进行空间和频率平均，并考虑到 (10.1.118) 式，可得平均输入功率为

$$P_0 = Q_i / 2 A_i \Delta\omega \tag{10.2.46}$$

式中，A_i 为子系统 i 的长度、面积或体积。

将 (10.2.32) 式代入 (10.2.46) 式，得到子系统 i 的平均输入功率：

$$P_0 = \frac{\pi n_i}{4 \rho_i A_i} \tag{10.2.47}$$

式中，$n_i = N_i / \Delta\omega$ 为模态密度。

再将 (10.2.47) 式代入 (10.2.43) 式后，由 (10.2.36) 式可得

$$\omega \eta_{ij} N_i = \frac{l \omega_{ci} \omega_{cj}}{\pi A_i} \int_{\Delta\omega} \frac{C_{gi} n_i \langle\tau\rangle}{\omega^2} \mathrm{d}\omega \tag{10.2.48}$$

考虑到在宽带频带内，$\omega_{ci} \approx \omega_{cj} \approx \omega$，且 C_{gi}, n_i 和 $\langle\tau\rangle$ 近似为常数，这样近似得到子系统的传递损耗因子：

$$\eta_{ij} = C_{gi} l \langle\tau\rangle / \pi \omega A_i \tag{10.2.49}$$

(10.2.49) 式可以扩展到三维和一维情况：

$$\eta_{ij} = C_{gi} S \langle\tau\rangle / 4\omega A_i \ (\text{三维}) \tag{10.2.50}$$

$$\eta_{ij} = C_{gi}\tau/2\omega A_i \text{ (一维)} \tag{10.2.51}$$

这里，A_i 分别为子系统 i 的体积和长度，S 为子系统的连接面积。(10.2.49)$\sim$ (10.2.50) 式与 Lyon 给出的结果一致，(10.2.50) 式为两个空腔耦合的传递损耗因子。我们知道，这三个公式的推导，没有考虑子系统边界的反射。如果考虑边界的反射波，则 (10.2.37) 式改变为

$$\mathrm{d}P_i = \frac{1}{2}P_0 \left\{ \sum_{n=0}^{\infty} \mathrm{e}^{-c_i\omega(r_i+2nA_i)/C_{gi}} + \sum_{n=0}^{\infty} \mathrm{e}^{c_i\omega(r_i-2nA_i)/C_{gi}} \right\} \tag{10.2.52}$$

式中第一项表示激励点力产生的波传输距离 r_i，到达子系统界面反射，然后被回来反射，每次传输距离为 $2A_i$；第二项表示激励点力产生的波传输距离 $A_i - r_i$，到达子系统边界被反射，全程传输距离为 $2A_i - r_i$，然后也被来回反射，每次距离同样为 $2A_i$。通过求和运算，(10.2.52) 式重新表示为

$$\mathrm{d}P_i = \frac{1}{2}P_0 \left\{ \left[\mathrm{e}^{-c_1\omega r_i/C_{gi}} + \mathrm{e}^{c_i\omega(r_i-2A_i)/C_{gi}} \right] \Big/ \left[1 - \mathrm{e}^{-2c_i\omega A_i/C_{gi}} \right] \right\} \tag{10.2.53}$$

接下来类似 (10.2.49) 式的推导过程，并注意到 r_i 的积分区域为有限区域 $0 \sim A_i$，积分结果中忽略小量 $\mathrm{e}^{-2c_i\omega A_i/C_{gi}}$，可以得到 (10.2.51) 式给出的一维情况的传递损耗因子，同样也可以得到考虑边界反射情况下二维和三维的传递损耗因子。应该指出，这里的推导过程假设了反射波是不相关的。波动法还可以扩展到三个子系统串联情况下的传递损耗因子求解，但需要忽略间接耦合的效应。还应注意到，波动法推导过程中，假设存在传输阻尼，认为波传播受阻尼衰减影响，可以不考虑边界反射，但得到的传递损耗因子中并不会含有阻尼的作用。一般来说，波动法适用于模态重叠因子等于和大于 1 的情况，也就是子系统阻尼较大，耦合为弱耦合的情况。Mace[45] 采用波动法计算传递损耗因子时，不仅考虑了子系统的传递能量，而且也考虑了子系统有限空间的能量反射，给出了强耦合和弱耦合情况下反射系数对传递损耗因子影响的修正量。当然利用 (10.2.36) 式，也可以采用模态法而不是波动法求解 Green 函数，进一步求解得到弱耦合情况的传递损耗因子，具体的过程可见文献 [44]。这里不作详细介绍。采用波动法，Langley 等 [46-48] 还计算了多块平板与梁、曲面平板及任意数量半无限梁与无限板连接的传递损耗因子。同样采用波动法，Bosmans 等 [49,50] 则计算了各向异性板的传递损耗因子。

除了波动法，直接基于模态法解析求解有限结构子系统的传递损耗因子，早期有 Davies[51] 等针对耦合梁的传递损耗因子研究。Dimitriadis 和 Pierce[52] 将 Davies 的方法扩展到 L 型连接平板强耦合情况的传递损耗因子求解。考虑如

图 10.2.6 所示的两块呈直角连接的薄板。两薄板长为 l_2，宽分别为 l_1 和 l_3，厚度分别为 h_1 和 h_2，并分别受分布力 $f_1(x,y,t)$ 和 $f_2(x,y,t)$ 激励。两平板在连接线处的力和力矩平衡，一般来说，力和力矩都传递功率，但如果连接边界为简支边界条件，则支撑力相反，相应的功率传递为零，而它们在连接线处受到的力矩大小相同，方向相反，可将其作为每一块平板的外载荷，并采用偶极子作用力等效，表示为 $M_y\delta'(x-0^+)$ 和 $M_y\delta'(z-0^+)$，这里 $\delta'(\cdot)$ 为 δ 函数的一阶导数。于是，平板子系统的弯曲振动位移 W_1 和 W_2 满足：

$$m_{s1}\ddot{W}_1(x,y,t)+c_1\dot{W}_1(x,y,t)+D_1\nabla^4W_1(x,y,t)-$$
$$M_y(y,t)\delta'(x-0^+)=f_1(x,y,t) \tag{10.2.54}$$

$$m_{s2}\ddot{W}_2(z,y,t)+c_2\dot{W}_2(z,y,t)+D_2\nabla^4W_2(z,y,t)-$$
$$M_y(y,t)\delta'(z-0^+)=f_2(z,y,t) \tag{10.2.55}$$

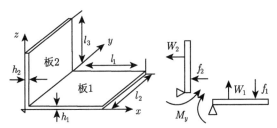

图 10.2.6　垂直连接平板及其相互作用
(引自文献 [52], fig1)

式中，$m_{s1},m_{s2},c_1,c_2,D_1,D_2$ 分别为平板 1 和 2 的面密度、阻尼系数和弯曲刚度，f_1 和 f_2 为作用在平板 1 和 2 上的平稳随机激励力。

两平板子系统的传递功率定义为力矩 $M_y(y,t)$ 与振动位移斜率的时间导数 $\dot{S}(y,t)$ 的乘积，为此需要求解确定这两个物理量，才能计算传递功率。在平稳随机力激励下，平板振动参数也是平稳随机量，Dimitriadis 和 Pierce 认为，不能采用常规的积分变换方法，而应采用广义简谐分析方法求解 (10.2.54) 和 (10.2.55) 式，为此将物理量 W_1,W_2,M_y 和 $\dot{S}$ 等参数作 Fourier 级数展开：

$$A(t)=\sum_{u=-\infty}^{\infty}\tilde{A}(\omega_\mu)\mathrm{e}^{-\mathrm{i}\omega_\mu t} \tag{10.2.56}$$

式中，

$$A(\omega_\mu)=\frac{1}{2T}\int_{-T}^{T}A(t)\mathrm{e}^{\mathrm{i}\omega_\mu t}\mathrm{d}t$$

$$\omega_\mu = 2\pi\mu/2T, \quad \mu \in (-\infty, +\infty)$$

按定义, 平板 1 和 2 的平均传递功率为

$$\bar{P}_{12} = \left\langle \int_0^{l_2} M_y(y,t) \dot{S}(y,t)\,\mathrm{d}y \right\rangle \tag{10.2.57}$$

考虑 (10.2.56) 式及等式:

$$\left\langle \mathrm{e}^{-\mathrm{i}(\omega_\mu - \omega_\lambda)} \right\rangle = \begin{cases} 0, & \lambda \neq \mu \\ 1, & \lambda = \mu \end{cases}$$

(10.2.57) 式可表示为

$$\bar{P}_{12} = \int_0^{l_2} \sum_{u=-\infty}^{\infty} \tilde{M}_y(y,\omega_\mu)\tilde{S}^*(y,\omega_\mu)\,\mathrm{d}y \tag{10.2.58}$$

可见, 只要已知 $\tilde{M}_y(y,\omega_\mu)$ 和 $\tilde{S}^*(y,\omega_\mu)$, 即可计算子系统传递功率。为此采用 Fourier 级数展开求解 (10.2.54) 和 (10.2.55) 式, 有

$$\left(m_{s1}\omega_\mu^2 - \mathrm{i}c_1\omega_\mu + D_1\nabla^4 \right)\tilde{W}_1 - \tilde{M}_y\delta'(x - 0^+) = \tilde{f}_1 \tag{10.2.59}$$

$$\left(m_{s2}\omega_\mu^2 - \mathrm{i}c_2\omega_\mu + D_2\nabla^4 \right)\tilde{W}_2 - \tilde{M}_y\delta'(z - 0^+) = \tilde{f}_2 \tag{10.2.60}$$

进一步采用模态函数求解 (10.2.59) 和 (10.2.60) 式, 设

$$\tilde{W}_1(x,y,\omega_\mu) = \sum_{m=0}^{\infty}\sum_{n=0}^{\infty} A_{mn}\psi_{1m}(x)\varphi_{1n}(y) \tag{10.2.61}$$

$$\tilde{W}_2(z,y,\omega_\mu) = \sum_{p=0}^{\infty}\sum_{q=0}^{\infty} B_{pq}\psi_{2p}(z)\varphi_{2q}(y) \tag{10.2.62}$$

将 (10.2.61) 和 (10.2.62) 式代入 (10.2.59) 和 (10.2.60) 式, 得到

$$\frac{S_1}{4}Z_{1mn}A_{mn} + \psi'_{1m}(0)T_n = F_{1mn} \tag{10.2.63}$$

$$\frac{S_2}{4}Z_{2pq}B_{pq} - \psi'_{2p}(0)T_q = F_{2pq} \tag{10.2.64}$$

式中, S_1 和 S_2 分别为平板 1 和 2 的面积。对于平板 1 有

$$Z_{1mn} = m_{s1}\left(\omega_{mm}^2 - \omega_\mu^2 \right) - \mathrm{i}c_1\omega_\mu \tag{10.2.65}$$

$$T_n = \int_0^{l_2} \tilde{M}_y (y, \omega_\mu) \varphi_{1n} (y) \, \mathrm{d}y \tag{10.2.66}$$

$$F_{1mn} = \iint_S \tilde{f}_1 (x, y, \omega_\mu) \psi_{1m} (x) \varphi_{1n} (y) \, \mathrm{d}x \mathrm{d}y \tag{10.2.67}$$

平板 2 的 Z_{2pq}, T_q 和 F_{2pq} 表达式类似 (10.2.65)~(10.2.67) 式。

由 (10.2.66) 式可知，T_n 为力矩 $\tilde{M}_y$ 的展开系数，$\tilde{M}_y$ 可表示为

$$\tilde{M}_y (y, \omega_\mu) = \sum_{n=0}^{\infty} T_n (\omega_\mu) \varphi_{1n} (y) \tag{10.2.68}$$

为了求解得到 $T_n (\omega_\mu)$，考虑直角连接平板的几何条件，即连接线处两平板振动位移的斜率相等：

$$\left. \frac{\partial \tilde{W}_1}{\partial x} \right|_{x=0} = \left. \frac{\partial \tilde{W}_2}{\partial z} \right|_{z=0} \tag{10.2.69}$$

将 (10.2.61) 和 (10.2.62) 式代入 (10.2.69) 式，并考虑到 y 方向两平板的模态函数相等，即 $\varphi_{1n} (y) = \varphi_{2q} (y)$，于是得到关系：

$$\sum_{m=0}^{\infty} A_{mn} (\omega_\mu) \psi'_{1m} (0) = \sum_{p=0}^{\infty} B_{pn} (\omega_\mu) \psi'_{2p} (0), \quad n = 0, 1, 2, \cdots \tag{10.2.70}$$

由 (10.2.63) 和 (10.2.64) 式分别求解 $A_{mn} (\omega_\mu)$ 和 $B_{pq} (\omega_\mu)$，再分别乘以 $\psi'_{1m}(0)$ 和 $\psi'_{2p}(0)$，并对 m 和 p 求和，注意到下标 $n = q$，这样可求解得到展开系数 T_n 的表达式：

$$T_n (\omega_\mu) = [F_{1n} (\omega_\mu) - F_{2n} (\omega_\mu)]/[H_{1n} (\omega_\mu) + H_{2n} (\omega_\mu)] \tag{10.2.71}$$

式中，

$$F_{1n} = \frac{1}{S_1} \sum_{m=0}^{\infty} F_{1mn} \psi'_{1m} (0)/Z_{1mn}, \quad F_{2n} = \frac{1}{S_2} \sum_{p=0}^{\infty} F_{2pn} \psi'_{2p} (0)/Z_{2pn}$$

$$H_{1n} = \frac{1}{S_1} \sum_{m=0}^{\infty} \psi'_{1m}{}^2 (0)/Z_{1mn}, \quad H_{2n} = \frac{1}{S_2} \sum_{p=0}^{\infty} \psi'_{2p}{}^2 (0)/Z_{2pn}$$

考虑到平板振动位移斜率的时间导数为

$$\dot{S} (y, t) = \left. \frac{\partial}{\partial t} \left(\frac{\partial W_1}{\partial x} \right) \right|_{x=0} \tag{10.2.72}$$

利用 (10.2.56) 式、(10.2.61) 及 (10.2.63) 式，可以推导得到

$$\tilde{S}(y,\omega_\mu) = \mathrm{i}4\omega_\mu \sum_{n=0}^{\infty} [F_{1n}(\omega_\mu) - T_n(\omega_\mu) H_{1n}(\omega_\mu)] \cdot \varphi_n(y) \tag{10.2.73}$$

将 (10.2.68) 和 (10.2.73) 式代入 (10.2.58) 式，并考虑到 (10.2.71) 式，对 y 积分可得平板子系统的平均传递功率

$$\bar{P}_{12} = 4 \sum_{\mu=-\infty}^{\infty} \mathrm{i}\omega_\mu \sum_{n=0}^{\infty} \frac{H_{2n}^* |F_{1n}|^2 - H_{1n}^* |F_{2n}|^2 + H_{1n}^* F_{1n} F_{2n}^* - H_{2n}^* F_{1n}^* F_{2n}}{|H_{1n} + H_{2n}|^2} \tag{10.2.74}$$

对于两简支边界条件的平板，(10.2.74) 式为严格有效的解，对其他边界条件的平板，也有较好的精度。为了求解得到传递损失因子表达式，还需要求解平板子系统的平均能量。平板 1 的时间平均动能表达式为

$$\bar{E}_1 = \left\langle \frac{1}{2} m_{s1} \int_{s_1} \dot{W}_1^2 \mathrm{d}S \right\rangle \tag{10.2.75}$$

将 (10.2.61) 及 (10.2.56) 式代入 (10.2.75) 式，并积分，可得到

$$\bar{E}_1 = \frac{S_1}{8} m_{s1} \sum_{\mu=-\infty}^{\infty} \omega_\mu^2 \sum_{m=0}^{\infty} \sum_{n=0}^{\infty} |A_{mn}(\omega_\mu)|^2 \tag{10.2.76}$$

再由 (10.2.63) 式求解得到 A_{mn} 代入 (10.2.76) 式，并利用 (10.2.71) 式，可以得到平板 1 的平均能量表达式：

$$\bar{E}_1 = \frac{2m_{s1}}{S_1} \sum_{\mu=-\infty}^{\infty} \omega_\mu^2 \sum_{m=0}^{\infty} \sum_{n=0}^{\infty} \left\{ \frac{|F_{1mn}|^2}{|Z_{1mn}|^2} + \frac{\psi_{1m}'^2(0)}{|Z_{1mn}|^2} \frac{|F_{1n} - F_{2n}|^2}{|H_{1n} + H_{2n}|^2} \right.$$
$$\left. - 2\mathrm{Re}\left[\frac{F_{1mn}^* \psi_{1m}'(0)}{|Z_{1mn}|^2} \frac{F_{1n} - F_{2n}}{H_{1n} + H_{2n}} \right] \right\} \tag{10.2.77}$$

同样，平板 2 的平均能量为

$$\bar{E}_2 = \frac{2m_{s2}}{S_2} \sum_{\mu=-\infty}^{\infty} \omega_\mu^2 \sum_{p=0}^{\infty} \sum_{n=0}^{\infty} \left\{ \frac{|F_{2pn}|^2}{|Z_{2pn}|^2} + \frac{\psi_{2p}'^2(0)}{|Z_{2pn}|^2} \frac{|F_{1n} - F_{2n}|^2}{|H_{1n} + H_{2n}|^2} \right.$$
$$\left. - 2\mathrm{Re}\left[\frac{F_{2pn}^* \psi_{2p}'(0)}{|Z_{2pn}|^2} \frac{F_{1n} - F_{2n}}{H_{1n} + H_{2n}} \right] \right\} \tag{10.2.78}$$

下面推导功率流与能量谱密度及激励力之间的传递损耗关系, 先考虑 (10.2.74) 式中的第一项, 即

$$J = 4 \sum_{\mu=-\infty}^{\infty} \mathrm{i}\omega_\mu \sum_n \frac{H_{2n}^* |F_{1n}|^2}{|H_{1n} + H_{2n}|^2} \tag{10.2.79}$$

式中,

$$|F_{1n}|^2 = \frac{1}{S_1^2} \sum_m \sum_k \frac{\psi'_{1m}(0)\,\psi'_{1k}(0)}{Z_{1mn} Z_{1kn}^*} F_{1mn} F_{1kn}^* \tag{10.2.80}$$

按照谱统计理论, 当 $T \to \infty$ 时, μ 求和号下的模态力乘积项 $F_{1mn}F_{1kn}^*$ 期望值定义为模态力乘积项的谱密度函数 $\Phi_{mk}^{(1,1)}$, 由 (10.2.79) 及 (10.2.80) 式, 可以得到 (10.2.79) 式对应的谱密度函数:

$$\Phi_J = \frac{4\omega}{S_1^2} \sum_n \frac{\mathrm{Im}\,(H_{2n})}{|H_{1n} + H_{2n}|^2} \sum_m \sum_\gamma \frac{\psi'_{1m}(0)\,\psi'_{1k}(0)}{Z_{1mn} Z_{1kn}^*} \cdot \Phi_{mk}^{(1,1)} \tag{10.2.81}$$

(10.2.74) 式中的其他项也可以做类似处理, 从而得到子系统传递功率流的谱密度函数:

$$\begin{aligned}
\Phi_{p_{12}} = {} & \frac{4\omega}{S_1^2} \sum_n \frac{\mathrm{Im}\,(H_{2n})}{|H_{1n} + H_{2n}|^2} \sum_m \sum_k \frac{\psi'_{1m}(0)\,\psi'_{1k}(0)}{Z_{1mn} Z_{1kn}^*} \Phi_{mk}^{(1,1)} \\
& - \frac{4\omega}{S_2^2} \sum_n \frac{\mathrm{Im}\,(H_{1n})}{|H_{1n} + H_{2n}|^2} \sum_p \sum_r \frac{\psi'_{2p}(0)\,\psi'_{2r}(0)}{Z_{2pn} Z_{2rn}^*} \Phi_{pr}^{(2,2)} \\
& + \frac{4\omega}{S_1 S_2} \mathrm{Re} \left\{ \sum_n \frac{\mathrm{i}H_{1n}^*}{|H_{1n} + H_{2n}|^2} \sum_m \sum_p \frac{\psi'_{1m}(0)\,\psi'_{2p}(0)}{Z_{1mn} Z_{2pn}^*} \Phi_{mp}^{(1,2)} \right. \\
& \left. - \sum_n \frac{\mathrm{i}H_{2n}^*}{|H_{1n} + H_{2n}|^2} \sum_m \sum_p \frac{\psi'_{1m}(0)\,\psi'_{2p}(0)}{Z_{1mn} Z_{2pn}^*} \Phi_{mp}^{(1,2)} \right\}
\end{aligned} \tag{10.2.82}$$

式中, $\Phi_{pr}^{(2,2)}$ 为平板 2 上模态力 F_{2pn} 和 F_{2rn} 的互谱密度函数, $\Phi_{pm}^{(1,2)}$ 为平板 1 上模态力 F_{1mn} 与平板 2 上的模态力 F_{2pn} 的互谱密度函数。

当作用在平板 1 和平板 2 的激励力为非相干的激励力, 则 (10.2.82) 式后两项消除。同理, 平板 1 的能量谱密度为

$$\Phi_{E_1} = \frac{2m_{s1}\omega^2}{S_1} \sum_{n=0}^{\infty} \left\{ \sum_{m=0}^{\infty} \frac{1}{|H_{1mn}|^2} \Phi_{mm}^{(1,1)} \right.$$

$$+ \frac{1}{S_1^2 |H_{1n} + H_{2n}|^2} \sum_{m=0}^{\infty} \frac{\psi_{1m}'^2(0)}{|Z_{1mn}|^2} \sum_{k=0}^{\infty} \sum_{l=0}^{\infty} \frac{\psi_{1k}'(0)\,\psi_{1l}'(0)}{Z_{1kn} Z_{1ln}^*} \Phi_{kl}^{(1,1)}$$

$$- \frac{2}{S_1} \mathrm{Re}\left[\frac{1}{|H_{1n}+H_{2n}|^2} \sum_{m=0} \frac{\psi_{1m}'(0)}{|H_{1m}|^2} \sum_{k=0}^{\infty} \frac{\psi_{1k}'(0)}{Z_{1kn}} \Phi_{mk}^{(1,1)} \right.$$

$$\left. + \frac{1}{S_2^2 |H_{1n}+H_{2n}|^2} \sum_{m=0}^{\infty} \frac{\psi_{1m}'^2(0)}{|Z_{1mn}|^2} \sum_{p=0}^{\infty}\sum_{r=0}^{\infty} \frac{\psi_{2p}'(0)\,\psi_{2r}'(0)}{Z_{2pn} Z_{2rn}^*} \Phi_{pr}^{(2,2)} \right] \Bigg\}$$

$$(10.2.83)$$

平板 2 有类似的表达式，(10.2.82) 和 (10.2.83) 式给出了子系统功率流和能量谱密度与激励力互谱密度的关系，为了进一步表示为统计能量法的标准形式，需要确定激励力的特性，为此假设激励力为时间和空间上的随机分布脉冲。Dimitriadis 和 Pierce 认为，这种激励力对应的模态力互谱密度项为零，只有模态力自谱密度，且与模态数无关，这样，(10.2.82) 式前两项中的双重求和变为单重求和，且 $\Phi_{mm}^{(1,1)}$ 和 $\Phi_{pp}^{(2,2)}$ 与模态数无关，于是平板 1 和 2 上模态自谱密度简记为 $\Phi_1(\omega)$ 和 $\Phi_2(\omega)$。进一步假设平板 1 和 2 的阻尼系数 c_1 和 c_2 与模态无关，利用 H_{1n} 和 Z_{1mn} 的表达式，并令 $\omega = \omega_{mm}$，(10.2.82) 式可以简化表示为

$$\Phi_{p_{12}} = H_1(\omega)\Phi_1(\omega) - H_2(\omega)\Phi_2(\omega) \qquad (10.2.84)$$

式中，

$$H_1(\omega) = \sum_n \frac{4}{c_1 S_1} \frac{\mathrm{Im}(H_{1n})\mathrm{Im}(H_{2n})}{|H_{1n}+H_{2n}|^2} \qquad (10.2.85)$$

$$H_2(\omega) = \frac{c_1 S_1}{c_2 S_2} H_1(\omega) \qquad (10.2.86)$$

类似于功率流，(10.2.83) 式给出的平板子系统能量谱密度也不考虑模态力的互谱项，且设平板阻尼系数 c_1 和 c_2 与模态无关，则 (10.2.83) 式可以表示为

$$\Phi_{E_1} = R_{11}(\omega)\Phi_1(\omega) + R_{12}(\omega)\Phi_2(\omega) \qquad (10.2.87)$$

同理，对于平板 2 有

$$\Phi_{E_2} = R_{21}(\omega)\Phi_1(\omega) + R_{22}(\omega)\Phi_2(\omega) \qquad (10.2.88)$$

式中，

$$R_{11}(\omega) = \frac{2m_{s1}\omega^2}{S_1} \sum_n \left\{ \sum_m \frac{1}{|H_{1mn}|^2} + \frac{\mathrm{Im}^2(H_{1n})}{c_1^2\omega^2|H_{1n}+H_{2n}|^2} \right.$$

$$- \frac{2}{S_1} \mathrm{Re} \frac{1}{|H_{1n} + H_{2n}|^2} \sum_m \frac{\psi_{1m}'^2(0)}{|Z_{1mn}|^2 Z_{1mn}} \Bigg\}$$

$$R_{22}(\omega) = \frac{2m_{s2}\omega^2}{S_2} \sum_n \Bigg\{ \sum_p \frac{1}{|Z_{2pn}|^2} + \frac{\mathrm{Im}^2(H_{2n})}{c_2^2\omega^2 |H_{1n} + H_{2n}|^2}$$

$$- \frac{2}{S_2} \mathrm{Re} \frac{1}{|H_{1n} + H_{2n}|^2} \sum_p \frac{\psi_{2p}'^2(0)}{|Z_{2pn}|^2 Z_{2pn}} \Bigg\}$$

$$R_{12}(\omega) = \frac{m_{s1}S_1}{m_{s2}S_2} R_{21}(\omega) = \frac{2m_{s1}}{S_2} \sum_n \frac{\mathrm{Im}(H_{1n})\,\mathrm{Im}(H_{2n})}{c_1 c_2 |H_{1n} + H_{2n}|^2}$$

由 (10.2.87) 和 (10.2.88) 式求解得到 $\Phi_1(\omega)$ 和 $\Phi_2(\omega)$，再代入 (10.2.84) 式，则有

$$\Phi_{p12} = \frac{H_1 R_{22} + H_2 R_{21}}{R_{11}R_{22} - R_{12}R_{21}} \left[\Phi_{E_1} - \frac{H_1 R_{12} + H_2 R_{11}}{H_1 R_{22} + H_2 R_{21}} \Phi_{E_2} \right] \qquad (10.2.89)$$

在频带 $\Delta\omega$ 内对 (10.2.89) 式积分，并假设在频带内 $\Phi_{E_1}, \Phi_{E_2}, \Phi_{p12}$ 为常数，每个模态均分能量，可以得到统计能量平衡方程，且传递损耗因子及模态密度比值表达式为

$$\omega\eta_{12} = \int_{\Delta\omega} \frac{H_1 R_{22} + H_2 R_{21}}{R_{11}R_{22} - R_{12}R_{21}} \mathrm{d}\omega \qquad (10.2.90)$$

$$\frac{n_1}{n_2} = \int_{\Delta\omega} \frac{H_1 R_{12} + H_2 R_{11}}{H_1 R_{22} + H_2 R_{21}} \mathrm{d}\omega \qquad (10.2.91)$$

由 (10.2.90) 式直接积分计算，即可得到两垂直连接平板的传递损耗因子。图 10.2.7 给出了传递损耗因子 η_{12} 随平板阻尼损耗因子的变化，可见，子系统阻尼增加，相应的子系统能量交换减少，传递损耗因子降低。此结果与波动法不能给出阻尼对传递损耗因子的影响有所不同。

在 10.1 节中介绍了 Maxit 和 Guyader[10] 建立的多模态子系统的模态耦合损耗因子表达式 (10.1.69) 式，利用此表达式进一步也可推导子系统的传递损耗因子计算公式 [53]。两个子系统之间的传递能量等于所有模态的传递能量之和，由 (10.1.68) 式可得

$$\bar{P}_{12} = \sum_{p=1}^{N_1} \sum_{q=1}^{N_2} \bar{P}_{pq} = \sum_{p=1}^{N_1} \sum_{q=1}^{N_2} \alpha_{pq} \left(\bar{E}_p - \bar{E}_q \right) \qquad (10.2.92)$$

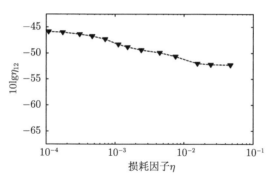

图 10.2.7　传递损耗系数 η_{12} 与损耗因子 η 的关系
(引自文献 [52], fig4)

假设子系统模态均分能量，$\bar{E}_p = E_1/N_1$，$\bar{E}_q = E_2/N_2$，由 (10.2.92) 式可以得到子系统传递能量与子系统能量的关系：

$$\bar{P}_{12} = \omega \eta_{12} \left(E_1 - \frac{N_1}{N_2} E_2 \right) \tag{10.2.93}$$

式中，

$$\eta_{12} = \frac{1}{N_1 \omega} \sum_{p=1}^{N_1} \sum_{q=1}^{N_2} \alpha_{pq} \tag{10.2.94}$$

将 (10.1.69) 式代入 (10.2.94) 式，得到子系统的传递损耗因子表达式：

$$\eta_{12} = \frac{1}{N_1 \omega} \sum_{p=1}^{N_1} \sum_{q=1}^{N_2} \left[\frac{H_{pq}^2}{M_p \omega_q^2 M_q} \frac{\Delta p \omega_q^2 + \Delta q \omega_p^2}{\left(\omega_p^2 - \omega_q^2 \right)^2 + \left(\Delta p + \Delta q \right) \left(\Delta p \omega_q^2 - \Delta q \omega_p^2 \right)} \right] \tag{10.2.95}$$

利用 (10.2.95) 式，Maxit 和 Guyader[54] 计算了如图 10.2.8 所示的两根连接梁的传递损耗因子。

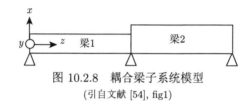

图 10.2.8　耦合梁子系统模型
(引自文献 [54], fig1)

假设梁 1 比梁 2 薄一些，这样可认为梁 1 在连接点为固支边界，梁 2 在连接点为简支边界。两个梁子系统的能量传递取决于梁 1 模态 p 的弯矩与梁 2 模态

q 的角位移之间的耦合。利用解析解可以求解得到梁 1 和梁 2 的模态频率和模态质量:

$$\omega_p = \sqrt{\frac{E_1 I_1}{\rho_1 S_1}} k_p^2 \tag{10.2.96}$$

$$M_p = \rho_1 S_1 l_1 \tag{10.2.97}$$

$$\omega_q = \sqrt{\frac{E_2 I_2}{\rho_2 S_2}} k_q^2 \tag{10.2.98}$$

$$M_q = \frac{1}{2} \rho_2 S_2 l_2 \tag{10.2.99}$$

式中, $E_i, I_i, \rho_i, S_i, l_i \ (i = 1, 2)$ 分别为梁 1 和 2 的杨氏模量、截面惯性矩、密度及截面积和长度, k_p 和 k_q 为模态波数。通过求解梁 1 和 2 的振动位移, 进一步分别求解它们的模态弯矩和模态角位移 (斜率), 便可给出梁子系统 1 的 p 模态与梁子系统 2 的 q 模态的耦合系数:

$$H_{pq} = 2k_p^2 E_1 I_1 k_q \tag{10.2.100}$$

将 (10.2.97)~(10.2.100) 式代入 (10.2.95) 式, 得到两根连接梁子系统在一定频带内的传递损耗因子计算公式:

$$
\eta_{12} = \frac{1}{N_1 \omega_c} \sum_{p=N_1^{(1)}}^{N_2^{(1)}} \sum_{p=N_1^{(2)}}^{N_2^{(2)}} \left\{ \frac{8k_q^2 E_1 I_1}{l_1 l_2 \rho_2 S_2} \right.
$$
$$
\left. \times \left[\frac{\eta_1 \omega_p \omega_q^2 + \eta_2 \omega_q \omega_p^2}{(\omega_p^2 - \omega_q^2) + (\eta_1 \omega_p + \eta_2 \omega_q)(\eta_1 \omega_p \omega_q^2 - \eta_2 \omega_q \omega_p^2)} \right] \right\} \tag{10.2.101}
$$

式中, $\eta_1 = \Delta p / \omega_p$, $\eta_2 = \Delta q / \omega_q$, ω_c 为频带中心频率, $N_1^{(1)}$ 和 $N_2^{(1)}$ 为梁子系统 1 在频带内的最低和最高模态阶数, $N_1^{(2)}$ 和 $N_2^{(2)}$ 为梁子系统 2 在频带内的最低和最高模态阶数。

针对长为 $l_1 = 2.5\text{m}$, $l_2 = 3.5\text{m}$, 宽为 $b_1 = b_2 = 0.01\text{m}$, 厚为 $h_1 = 0.001\text{m}$, 阻尼因子 $\eta_1 = \eta_2 = 0.01$ 的两根梁, 计算了厚度比 $h_2/h_1 = 3$ 和 4 时的传递损耗因子, 计算结果与统计能量反演方法的结果吻合较好, 参见图 10.2.9。图 10.2.10 给出了人为分为两个子系统的等厚等宽梁传递损耗因子计算结果, 并与波动法等结果作了比较, 可见在严格强耦合情况下, 计算结果还大致可以。

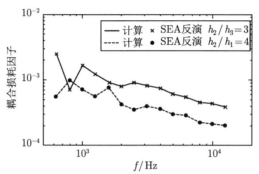

图 10.2.9 耦合梁子系统传递损耗因子计算结果及比较

(引自文献 [54], fig4c, fig4d)

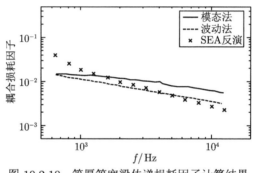

图 10.2.10 等厚等宽梁传递损耗因子计算结果

(引自文献 [54], fig5)

前面介绍的模态法求解子系统传递损耗因子，都是基于子系统未耦合时的模态建立能量平衡方程。一般来说，传递损耗因子与子系统阻尼密切相关，小阻尼耦合子系统传递损耗因子的变化正比于子系统阻尼因子。按照热声类比，在子系统阻尼趋近于零的极限情况下，传递损耗因子也趋于零，模态均分能量的假设不再适用，也就是说，子系统阻尼很小时，两个子系统的模态能量近似相等，失去了分析传递能量的前提。为了解决小阻尼情况下统计能量分析问题，Yap 和 Woodhouse[55]针对平板与平板连接子系统，发展了整体模态法 (global mode approach) 计算平板能量及能量流。整体模态为包括子系统和耦合单元的整个结构的模态，每一个整体模态包含了每一个耦合子系统的信息，有助于分析子系统阻尼对传递损耗因子的影响，适用于模态重叠因子 (modal overlap factors) 小于 1 的情况。他们针对三块连接铝板，面积分别为 1.74m², 1.0m², 2.0m²，厚度分别为 3.22mm, 1.0mm和 4.0mm，参见图 10.2.11，计算分析了传递损耗因子随子系统损耗因子和模态重叠因子的变化规律，不仅计算了直接传递损耗因子，还计算了间接传递损耗因子，参见图 10.2.12~ 图 10.2.14，图中模态重叠因子 = 模态密度 × 损耗因子 ×$\pi\omega/2$。

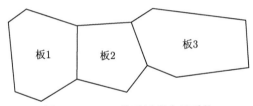

图 10.2.11 三块平板耦合子系统
(引自文献 [55], fig15)

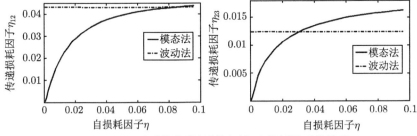

图 10.2.12 子系统传递损耗因子与自损耗因子的关系
(引自文献 [55], fig16, fig17)

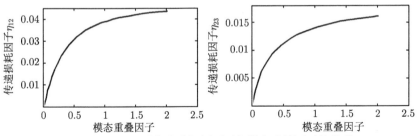

图 10.2.13 子系统传递损耗因子与模态重叠因子的关系
(引自文献 [55], fig20, fig21)

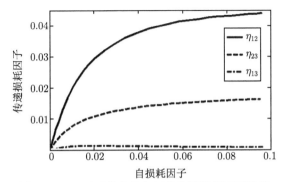

图 10.2.14 子系统直接与间接传递损耗因子比较
(引自文献 [55], fig22)

应该注意到，无论是 "波动法" 还是 "模态法"，采用解析法计算子系统的传递损耗因子，即使是连接的梁或板模型，计算都是十分复杂的，难以针对实际的结构计算传递损耗因子。另外，在低频段，由于模态数少，子系统耦合参数存在统计上的不确定性，使得统计能量法的计算精度下降。为此，Simmons[56] 提出采用有限元方法计算组合平板结构的空间和频带平均的振动位移，获得子系统传递损耗因子。考虑平板子系统受简谐点力激励，采用有限元方法计算平板结构振动位移的频率响应，并由振动位移计算一定频带内子系统 i 的平均能量：

$$\bar{E}_i = \sum_{n=1}^{N_i} \omega^2 m_{in} S_{in} W_{in}^2 \tag{10.2.102}$$

式中，N_i 为平板子系统 i 上选取的点数，W_{in} 为平板系统 i 所取点上的频带平均振动位移，m_{in} 和 S_{in} 分别为取点局部区域的面密度和面积。

计算获得了子系统的平均能量，可以利用统计能量方程计算传递损耗因子，以两块连接的平板 i 和 j 为例，设激励力作用在子系统 i 上，则由统计能量方程可得

$$\frac{\bar{E}_j}{\bar{E}_i} = \frac{\eta_{ij}}{\dfrac{n_i}{n_j}\eta_{ij} + \eta_j} \tag{10.2.103}$$

由 (10.2.103) 式求解得到传递损耗因子：

$$\eta_{ij} = \frac{\dfrac{n_j}{n_i}\eta_j}{\dfrac{n_j}{n_i}\dfrac{\bar{E}_i}{\bar{E}_j} - 1} \tag{10.2.104}$$

由此可见，在子系统 i 受激励情况下，采用有限元计算得到了子系统 i 和 j 的平均能量，再已知它们的模态密度 n_i 和 n_j，就可以计算得到传递损耗因子。如果多块平板耦合连接在一起，则需要计算多种激励情况下，每个平板子系统的平均能量，才能求解得到不同子系统之间的传递损耗因子。图 10.2.15 给出了有限元方法计算的 "H" 型结构的子系统平均能量比值，计算与试验结果基本吻合，而且出现了诸多峰值，不同于 Lyon 采用统计能量法给出的经典结果曲线。基于有限元方法，Fredö[57] 利用 (10.2.87) 和 (10.2.88) 式及 (10.2.84) 式，也推导了计算子系统功率流的公式：

$$\bar{P}_{ij} = \omega\eta_{ij}\bar{E}_j\left(\frac{E_i}{E_j} - \frac{\eta_{21}}{\eta_{12}}\right) \tag{10.2.105}$$

计算得到的平板子系统能量流与解析解的结果基本一致，参见图 10.2.16。

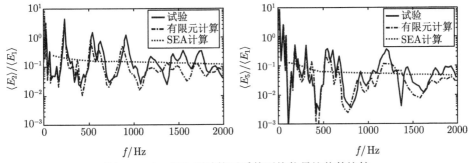

图 10.2.15 "H" 型结构子系统平均能量比值的比较

(引自文献 [56], fig4)

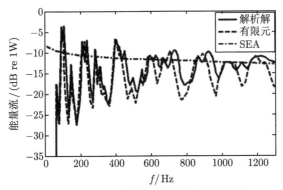

图 10.2.16 子系统能量流计算结果比较

(引自文献 [57], fig7)

Craik 等 [58] 通过试验认为,子系统传递损耗因子在低频的不确定性与子系统的点导纳变化有关。由于平板子系统在低频段存在离散模态,传递损耗因子的起伏与空间平均点导纳实部的起伏十分相似,可以采用经验公式表征平板子系统的传递损耗因子:

$$\eta_{ij}(t) = \eta_{ij}^{\infty} \cdot \left\{ \mathrm{Re}\left[Y_j(f)\right] / Y_j^{\infty}(f) \right\} \tag{10.2.106}$$

式中,η_{ij}^{∞} 为基于无限大平板的传递损耗因子,$\mathrm{Re}\left[Y_j(f)\right]$ 为平板空间平均点导纳的实部,Y_j^{∞} 为无限大平板点导纳:

$$Y_j^{\infty} = \frac{1}{2.3 m_s C_l h} \tag{10.2.107}$$

$$\mathrm{Re}\left[Y_j(f)\right] = \sum_i 1 / \left\{ m_s S \cdot 2\pi f_i \eta \left[1 + \left(\frac{f_i}{f} - \frac{f}{f_i} \right)^2 \frac{1}{\eta^2} \right] \right\} \tag{10.2.108}$$

式中, m_s, C_l, S, h 和 η 分别为平板的面密度、纵波声速、面积、厚度及阻尼损耗因子, f_i 为平板 i 阶模态的频率。

基于这种观点, Steel 和 Craik[59] 采用有限元方法计算子系统能量和空间平均点导纳, 再由子系统能量计算传递损耗因子, 或者将空间平均点导纳用于修正经验公式 (10.2.106)。针对典型结构, 两种方法的计算结果基本吻合, 参见图 10.2.17, 并与测量结果一致。

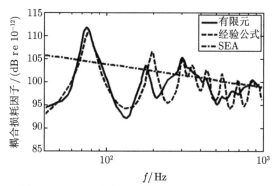

图 10.2.17　子系统传递损耗因子计算结果比较
(引自文献 [59], fig4)

采用有限元方法计算子系统传递损耗因子, 再用于统计能量法计算, 实际上结合了两种方法的优势, 可将统计能量法向中频扩展应用范围, Ben Souf[60] 等采用波有限元方法 (wave finite element technique) 计算周期性子系统的传递损耗因子, 进一步发展两种方法的优势。除了采用有限元数值计算外, 获取复杂结构子系统的传递损耗因子, 还可以采用试验测量方法。这两种方法获取的原理一样, 都是通过子系统能量和输入功率反算传递损耗因子, 只是获得子系统能量的方法不一样。Bies 和 Hamid[61] 将统计能量方程表示为

$$\bar{P}_{ik} = \omega \bar{E}_{ik} \sum_{j=1}^{N} \eta_{ij} - \omega^2 \sum_{\substack{j=1 \\ j \neq i}}^{N} \bar{E}_{jk} \eta_{ji} \tag{10.2.109}$$

式中, $\bar{P}_{ik}$ 为子系统 i 在第 k 种激励方式时的输入功率, $\bar{E}_{ik}$ 和 $\bar{E}_{jk}$ 为子系统 i 和 j 在第 k 种激励方式时的能量。指数 k 表示输入激励的方式, 一种方式对应一种子系统能量分布。一般来说, 如果 N 个子系统相互连接, 共有 $N(N-1)$ 个传递损耗因子, 加上 N 个自损耗因子, 共有 N^2 个待求量。设计 N 个输入方式 $\bar{P}_{ik}$, 并测量 N^2 个子系统能量 $\bar{E}_{ik}$, 原则上就可以求解 N^2 个传递损耗因子和自损耗因子。针对两个子系统连接的情况, 依据上面的思路, 直接利用统计能量方程:

$$\begin{bmatrix} \eta_1 + \eta_{12} & -\eta_{21} \\ -\eta_{12} & \eta_2 + \eta_{21} \end{bmatrix} \begin{Bmatrix} \bar{E}_1 \\ \bar{E}_2 \end{Bmatrix} = \begin{Bmatrix} \bar{P}_1/\omega \\ \bar{P}_2/\omega \end{Bmatrix} \tag{10.2.110}$$

可以求解传递损耗因子和自损耗因子, 考虑到 (10.2.110) 式左侧的矩阵非对称, 为了方便计算, Clarkson 和 Ranky[62] 将 (10.2.110) 式中子系统能量 $\bar{E}_1$ 和 $\bar{E}_2$ 设为子系统模态能量 $\bar{E}_i^* = \bar{E}_i/N_i\,(i=1,2)$, N_i 为频带内的模态数。这样, (10.2.110) 式重新表示为

$$\begin{bmatrix} L_{11} & L_{12} \\ L_{21} & L_{22} \end{bmatrix} \left\{ \begin{array}{c} \bar{E}_1^* \\ \bar{E}_2^* \end{array} \right\} = \left\{ \begin{array}{c} \bar{P}_1/\omega \\ \bar{P}_2/\omega \end{array} \right\} \tag{10.2.111}$$

式中, $L_{11} = (\eta_1 + \eta_{12})\,N_1$, $L_{12} = L_{21} = -\eta_{21}N_2$, $L_{22} = (\eta_2 + \eta_{21})\,N_2$。

由 (10.2.111) 式可得

$$\left\{ \begin{array}{c} \bar{E}_1^* \\ \bar{E}_2^* \end{array} \right\} = [T] \left\{ \begin{array}{c} \bar{P}_1/\omega \\ \bar{P}_2/\omega \end{array} \right\} \tag{10.2.112}$$

式中,

$$[T] = \begin{bmatrix} L_{11} & L_{12} \\ L_{21} & L_{22} \end{bmatrix}^{-1}$$

于是, 第一次测试时激励子系统 1, 由 (10.2.112) 式可以得到 $T_{11} = \bar{E}_1^*/(\bar{P}_1/\omega)$, $T_{21} = \bar{E}_2^*/(\bar{P}_1/\omega)$; 第二次测试时激励子系统 2, 可得 $T_{12} = \bar{E}_1^*/(\bar{P}_2/\omega)$, $T_{22} = \bar{E}_2^*/(\bar{P}_2/\omega)$, 利用前面的关系可以求解得到传递损耗因子 η_{12} 和 η_{21} 以及自损耗因子 η_1 和 η_2。三个子系统连接时, 激励子系统 1, 输入功率为 $\bar{P}_1^{(1)}$, 测定三个子系统的能量分别为 $\bar{E}_1^{(1)}$, $\bar{E}_2^{(1)}$, $\bar{E}_3^{(1)}$, 依次再分别激励子系统 2 和 3, 输入功率分别为 $\bar{P}_2^{(2)}$ 和 $\bar{P}_3^{(3)}$, 测定三个子系统的能量分别为 $\bar{E}_1^{(2)}$, $\bar{E}_2^{(2)}$, $\bar{E}_3^{(2)}$ 和 $\bar{E}_1^{(3)}$, $\bar{E}_2^{(3)}$, $\bar{E}_3^{(3)}$。利用损耗因子矩阵元素的关系进行整行相加处理, 并以损耗因子为待求参数, 可以得到方程组:

$$\begin{bmatrix} \bar{E}_1^{(1)} & \bar{E}_2^{(1)} & \bar{E}_3^{(1)} & 0 & 0 & 0 & 0 & 0 & 0 \\ 0 & \bar{E}_2^{(1)} & \bar{E}_3^{(1)} & -\bar{E}_1^{(1)} & \bar{E}_2^{(1)} & -\bar{E}_1^{(1)} & \bar{E}_3^{(1)} & 0 & 0 \\ 0 & 0 & \bar{E}_3^{(1)} & 0 & 0 & -\bar{E}_1^{(1)} & \bar{E}_3^{(1)} & -\bar{E}_2^{(1)} & \bar{E}_3^{(1)} \\ \bar{E}_1^{(2)} & \bar{E}_2^{(2)} & \bar{E}_3^{(2)} & 0 & 0 & 0 & 0 & 0 & 0 \\ 0 & \bar{E}_2^{(2)} & \bar{E}_3^{(2)} & -\bar{E}_1^{(2)} & \bar{E}_2^{(2)} & -\bar{E}_1^{(2)} & \bar{E}_3^{(2)} & 0 & 0 \\ 0 & 0 & \bar{E}_3^{(2)} & 0 & 0 & -\bar{E}_1^{(2)} & \bar{E}_3^{(2)} & -\bar{E}_2^{(2)} & \bar{E}_3^{(2)} \\ \bar{E}_1^{(3)} & \bar{E}_2^{(3)} & \bar{E}_3^{(3)} & 0 & 0 & 0 & 0 & 0 & 0 \\ 0 & \bar{E}_2^{(3)} & \bar{E}_3^{(3)} & -\bar{E}_1^{(3)} & \bar{E}_2^{(3)} & -\bar{E}_1^{(3)} & \bar{E}_3^{(3)} & 0 & 0 \\ 0 & 0 & \bar{E}_3^{(3)} & 0 & 0 & -\bar{E}_1^{(3)} & \bar{E}_3^{(3)} & -\bar{E}_2^{(3)} & \bar{E}_3^{(3)} \end{bmatrix} \left\{ \begin{array}{c} \eta_1 \\ \eta_2 \\ \eta_3 \\ \eta_{12} \\ \eta_{21} \\ \eta_{13} \\ \eta_{31} \\ \eta_{23} \\ \eta_{32} \end{array} \right\}$$

$$= \left\{ \begin{array}{c} \bar{P}_1^{(1)}/\omega \\ 0 \\ 0 \\ \bar{P}_2^{(2)}/\omega \\ \bar{P}_2^{(2)}/\omega \\ 0 \\ \bar{P}_3^{(3)}/\omega \\ \bar{P}_3^{(3)}/\omega \\ \bar{P}_3^{(3)}/\omega \end{array} \right\} \qquad\qquad (10.2.113)$$

对每个频带，通过测量子系统的激励力和振动响应，计算得到输入功率和子系统能量，再由 (10.2.113) 式同时计算获得传递损耗因子和自损耗因子，具体实施可参考文献 [63] 和 [64]。Hopkins[65] 针对二和三块平板连接成的 "L" 型和 "T" 型结构，直接给出了以子系统能量和输入功率为输入参数的损耗因子计算矩阵方程。Bies 和 Clarkson 测量得到的连接平板传递损耗因子如图 10.2.18 和图 10.2.19 所示，并比较了测量与理论结果的偏差。当有 N 个子系统时，Bies 和 Hamid[61]

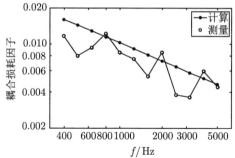

图 10.2.18　测量与估算的平板子系统传递损耗因子
(引自文献 [61], fig4)

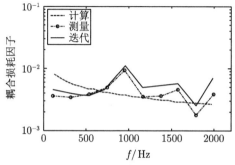

图 10.2.19　平板子系统传递损耗因子
(引自文献 [62], fig5)

及 Hodges 等 [66] 由测量结果采用最小二乘法求解确定传递损耗因子和自损耗因子。注意到损耗因子的估算精度与子系统能量密切相关，即使较小的能量偏差，也会带来损耗因子较大的偏差，而实际子系统能量测定时，难免存在一定的误差，因而使能量矩阵出现病态，导致求解得到的传递损耗因子和自损耗因子出现负值。

前面介绍了结构子系统传递损耗因子的几种获取方法，当然，Fahy[67] 认为传统的传递损耗因子，并不能很好表征结构子系统的能量传输，提出了"功率传输系数"(power transfer coefficient)，可采用试验方法获得，这里不再详述。针对空腔与空腔之间的传递损耗因子，Lyon 和 DeJong[18] 给出了计算公式，包括空腔之间有弹性板的情况，将弹性板作为透声部件处理。这里再进一步介绍弹性板振动与空腔声场之间的传递损耗因子。为此，依据 Langley 给出的 (10.2.36) 式进行推导，为了在形式上具有一致性，先将空腔中声场满足的波动方程改写为

$$\nabla^2 p + \frac{\omega^2 \rho_2 \left(1 - \mathrm{i}c_2\right)}{\beta_2} p = 0 \tag{10.2.114}$$

式中，ρ_2 和 β_2 为常数，它们与密度 ρ_0 和声速 C_0 有关。

在 (10.2.36) 式中，Green 函数 G_{21} 可以看作为结构 x 处受单位简谐作用时，空腔 y 处产生的声压，于是有

$$\int_{V_2} \left|G_{21}\left(x, y, \omega\right)\right|^2 \mathrm{d}V = \int_{V_2} pp^* \mathrm{d}V \tag{10.2.115}$$

令 $\alpha = \omega^2 \rho_2 \left(1 - \mathrm{i}c_2\right)/\beta_2$，可以直接证明：

$$\int_{V_2} \left|G_{21}\left(x, y, \omega\right)\right|^2 \mathrm{d}V = \frac{\beta_2}{2\mathrm{i}\omega^2 \rho_2 c_2} \int_{V_2} \left(\alpha^* p^* p - \alpha pp^*\right) \mathrm{d}V \tag{10.2.116}$$

利用 (10.2.114) 式，(10.2.116) 式的体积分可化为表面积分：

$$\begin{aligned}
\int_{V_2} \left(\alpha^* p^* p - \alpha pp^*\right) \mathrm{d}V &= \int_{V_2} \nabla \cdot \left(p^* \nabla p - p \nabla p^*\right) \mathrm{d}V \\
&= \int_S \left(p^* \nabla p - p \nabla p^*\right) \cdot \boldsymbol{n} \mathrm{d}S
\end{aligned} \tag{10.2.117}$$

将 (10.2.117) 式代入 (10.2.116) 式，并考虑到边界条件 $W = -\beta_2 \nabla p \cdot \boldsymbol{n}$，则有

$$\int_{V_2} \left|G_{21}\right|^2 \mathrm{d}V = \frac{1}{\omega^3 \rho_2 c_2} \int_S \mathrm{Re}\left\{-\mathrm{i}\omega W^* p\right\} \mathrm{d}S = \frac{2\bar{P}_i}{\omega^3 \rho_2 c_2} \tag{10.2.118}$$

式中，$\bar{P}_i$ 表示经表面输入给空腔声场的平均功率，W 为结构振动位移。

在结构表面，结构振动位移及声压可以采用模态展开：

$$W\left(\xi\right) = \sum_n A_n \varphi_n\left(\xi\right) \tag{10.2.119}$$

$$p = \mathrm{i}\omega \sum_n A_n\left(R_n + \mathrm{i}X_n\right)\varphi_n\left(\xi\right) \tag{10.2.120}$$

式中，$\varphi_n\left(\xi\right)$ 为模态函数，R_n 和 X_n 为模态阻抗的实部和虚部。

由 (10.2.119) 和 (10.2.120) 式可得声场的输入功率

$$\bar{P}_i = \frac{1}{2}\omega^2 \sum_n \left|A_n\right|^2 R_n \tag{10.2.121}$$

再将 (10.2.121) 式代入 (10.2.118) 式，并积分，注意到 A_n 相当于 (10.2.30) 式中 $\varphi_n\left(y\right)$ 的系数，类似 (10.2.31) 式的处理，可得

$$\int_{V_1}\int_{V_2}\int_{\Delta\omega} \omega^2 \left|G_{21}\right|^2 \mathrm{d}V\mathrm{d}V'\mathrm{d}\omega = \frac{2}{\rho_2 c_2}\int_{V_1}\int_{\Delta\omega} \frac{\bar{P}_i}{\omega}\mathrm{d}V\mathrm{d}\omega = \frac{\pi}{2c_1 c_2 \rho_2 \rho_1^2}\sum_n R_n/\omega_n^2 \tag{10.2.122}$$

(10.2.122) 式中的求和项，可以采用频带内的平均阻抗 $\bar{R}$ 代替，ω_n 则用频带中心频率 ω_c 近似，则有

$$\sum_n R_n/\omega_n^2 = \bar{R}N_1/\omega_c^2 \tag{10.2.123}$$

于是，由 (10.2.36) 和 (10.2.122) 式可得结构与空腔的传递损耗因子：

$$\eta_{12} = \frac{\bar{R}}{\rho_1 \omega_c} \tag{10.2.124}$$

注意到，这里的 R_n 为结构单位面积的辐射阻，$\bar{R}$ 则为单位面积的平均辐射阻。另外针对平板结构，密度 ρ_1 应为面密度 m_s，这样，(10.2.124) 式可以表示为

$$\eta_{12} = \frac{R_a}{\omega M_p} = \frac{\rho_0 C_0 \bar{\sigma}}{\omega m_s} \tag{10.2.125}$$

式中，R_a 为平板结构的辐射阻，$\bar{\sigma}$ 为平板平均辐射效率，M_p 为平板质量，相应有表达式

$$R_a = S\bar{R} = \rho_0 C_0 S\bar{\sigma}$$

$$M_p = S m_s$$

这里 S 为平板面积。(10.2.125) 式与 Lyon 及 Crocker 和 Price[68] 给出的结果完全一致。虽然 (10.2.125) 式可以计算结构与空腔的传递损耗因子，但是除平板和圆柱壳外，计算其他复杂结构的平均声辐射效率，还是比较困难的。Liu 和 Keane 等 [69] 通过测量子系统能量，求解液体空腔声场与结构振动的传递损耗因子，其方法与试验获取结构子系统传递损耗因子的方法类似。

统计能量法计算时，除了已知传递损耗因子外，还需要已知结构的自损耗因子。结构自损耗因子主要有两种产生机理，结构材料的滞后现象、结构连接处 (加强肋等) 摩擦及焊接应力集中。金属材料的损耗因子都是比较低的，文献 [21] 给出了铝和钢的损耗因子，一般来说，钢材损耗因子在 $10^{-3} \sim 10^{-4}$ 之间。结构损耗主要来源于结构连接。低频段，肋骨的振动能量比较大，由连接结构耗散一部分振动能；高频段，肋骨的振动相对减小，相邻肋骨间面单元振动的相互影响也减小，此时损耗与频率及肋骨和板接触面积有关。典型工程结构的损耗因子 η_s 约为 $2.5 \times 10^{-4} < \eta < 5.0 \times 10^{-2}$，且随频率增加而减小，大致符合 $f^{-1/2}$ 规律。文献 [70] 给出的加肋铝板损耗因子约为 0.004~0.04，比材料的损耗因子大一个量级左右。焊接钢船壳的结构损耗仍很低，但附加的机械、管道、设备会增加结构损耗，文献 [27] 给出了船舶结构的损耗因子，其中钢质船体损耗因子约为 0.002~0.01，铝合金船体损耗因子约为 0.003~0.03，铝合金比钢质船体损耗因子大的原因是其采用了铆接结构。一般来说，结构子系统的损耗因子除了结构阻尼因子 η_s 外，还有辐射阻尼因子 η_a 及结构边界能量耗散引起的阻尼因子 η_i。

在空气介质环境中，常常忽略辐射阻尼，结构阻尼 η_s 的测量也无需在真空中进行。如果考虑空气介质中的辐射阻尼，钢板损耗因子可近似表示为

$$\eta = 0.41 f^{-0.7} \tag{10.2.126}$$

式中，频率 f 的单位为 Hz，f 取 100Hz 时，$\eta = 0.016$，f 取 1kHz 时，$\eta = 0.0032$。

注意到在水介质中，由于特征阻抗 $\rho_0 C_0$ 值较大，结构的辐射阻抗因子接近或达到 10^{-2}，与结构阻尼因子相比不可忽略。

Hynna 等推荐的空气腔室子系统损耗因子估算公式为 [89]

$$\eta = \frac{C_0}{\pi f} \left[\alpha_i - \frac{S}{8V} \ln(1 - \bar{\alpha}) \right] \tag{10.2.127}$$

式中，S 和 V 分别腔室表面积和体积，α_i 为纯音的大气声吸收系数，单位为 Nep/m (注：1Nep=8.68dB)，$\bar{\alpha}$ 为表面平均吸声系数。

　　在标准大气压条件下, 空气温度为 20°C、相对湿度为 50% 时, 频率 $f = 1\text{kHz}$, 对应的 $\alpha_i = 0.466\text{dB}/100\text{m}$, 当 $f = 10\text{kHz}$, 则 $\alpha_i = 16.1\text{dB}/100\text{m}$。在低频段, 相对于表面吸声, 空气介质的声吸收是一个小量, 常常可以忽略。

　　对于工程结构来说, 结构连接产生的能量损耗, 原则上可以根据连接处的阻尼特征来预报, 但需要已知详细的连接部位的耗散及连接载荷特性, 计算的损耗因子缺少普适性。因此, 需要通过测量获得, 而且认为边界能量耗散阻尼 η_j 为零。Lyon 和 DeJong[18] 给出了简单结构自损耗因子的几种测量方法, 前面介绍的试验测定复杂结构子系统传递损耗因子, 同时也可以反演得到自损耗因子, 当然也有文献 [71] 采用波有限元法计算弹性复合板自损耗因子, 这里不作详细介绍了。

　　统计能量法的另外一个重要参数为模态密度, 定义为单位频带内的模态数。前面实际上已经多次用到了模态密度或模态数, 这里具体介绍模态密度的获取方法。Fahy[72] 罗列了简单结构模态密度的计算方法, 其中最常见的矩形平板的模态密度为

$$n(\omega) = \frac{S}{4\pi}\left(\frac{m_s}{D}\right)^{\frac{1}{2}} \tag{10.2.128}$$

式中, m_s 和 D 矩形平板面密度和弯曲刚度, S 为面积。

　　三维空腔的模态密度为

$$n(\omega) = \frac{2f^2 V}{C_0^3} + \frac{fS}{4C_0^2} + \frac{L}{16\pi C_0} \tag{10.2.129}$$

式中, f 为频率, V, S 和 L 分别为空腔体积、内表面积和总边长。

　　在文献 [73] 中, Szechenyi 给出了圆柱壳的模态密度:

$$n(f_i) = \frac{2.5a}{\pi h}(f_i/f_r)^{\frac{1}{2}}, \quad f_i/f_r \leqslant 0.48 \tag{10.2.130}$$

$$n(f_i) = \frac{3.6a}{\pi h}(f_i/f_r), \quad 0.48 < f_i/f_r \leqslant 0.83 \tag{10.2.131}$$

$$n(f_i) = \frac{a}{\pi h}\left[2 + \frac{0.23}{(F - 1/F)}\left(F\cos\frac{1.745}{F^2 f_i^2/f_r^2} - \frac{1}{F}\cos\frac{1.745F^2}{f_i^2/f_r^2}\right)\right], \quad f_i/f_r > 0.83$$
$$\tag{10.2.132}$$

式中, a 和 h 分别为圆柱壳半径和壁厚, f_i 和 f_r 分别为频带中心频率和圆柱壳环频, F 为频率带宽因子, 1/3Oct. 时取 1.22, 1/1Oct. 时取 1.414。

　　(10.2.130)~(10.2.132) 式可以给出较好精度的估算, 参见图 10.2.20, 形式也相对简单。

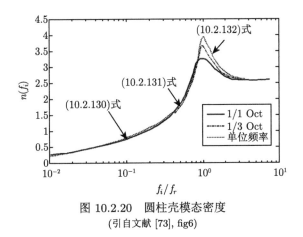

图 10.2.20 圆柱壳模态密度
(引自文献 [73], fig6)

实际上，在波数空间中，每个模态占据一定的波数面积，若已知一定频带的波数面积，则可求得频带内的模态数，由模态数的频率变化率即可得到模态密度。Langley[74] 针对图 10.2.21 所示的曲面板，详细推导了模态密度的计算公式。采用 Donnell 近似的圆柱壳振动方程，Szechenyi[73] 给出的频散方程为

$$\Omega^2 = k^4/\alpha^4 + k_x^4/k^4 \tag{10.2.133}$$

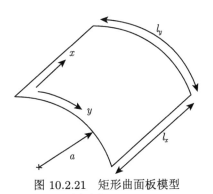

图 10.2.21 矩形曲面板模型
(引自文献 [74], fig1)

式中，$k^2 = k_x^2 + k_y^2$，$\alpha^2 = 12\left(1 - \nu^2\right)/ha$，$\Omega = \omega/\omega_1$，$\omega_1 = \dfrac{1}{a}\sqrt{E/\rho_s}$。在曲面板简支边界条件下，$k_x = m\pi/l_x$，$k_y = n\pi/l_y$，$l_x$ 和 l_y 为曲面板边长。

弹性波在圆柱壳中传输时，波数 k_x 和 k_y 可表示为 $k_x = k\cos\theta$ 和 $k_y = k\sin\theta$，这里 k 为螺旋波数，θ 为波传输方向与 x 轴的夹角。给定无量纲频率 Ω，可以得到 k_x 与 k_y 的关系曲线，当 $\Omega < 1$ 时，一个 k_x 值对应两个 k_y 值，$1 < \Omega < \sqrt{2}$ 时，只在限定的范围内一个 k_x 值对应两个 k_y 值，$\Omega > \sqrt{2}$ 时，一个 k_x 值对应一个 k_y 值。两个 k_y 值实际上表示两种不同形式的波动，大的 k_y

值称之为波型 1, 小的 k_y 值称之为波型 2, 在给定的频率 ω 范围内, 波数图如图 10.2.22 所示。图中波型 1 和波型 2 以 $\theta = \theta_1$ 为分界线, 对应于 $k = \alpha \cos \theta_1$, 也就是说所有波型 2 位于 $k = \alpha \cos \theta_1$ 曲线以下, 它们所占据的波数面积为

$$S_2 = \int_{\theta_0}^{\theta_1} \frac{1}{2} k^2 \mathrm{d}\theta + \int_{\theta_1}^{\pi/2} \frac{1}{2} \alpha^2 \cos^2 \theta \mathrm{d}\theta \tag{10.2.134}$$

式中, k 由 (10.2.133) 式得到, 第二项对应图 10.2.22 中阴影面积。θ_0 和 θ_1 分别为最小极角和对应最大 k_x 值的极角, 文献 [75] 给出了它们的表达式为

$$\cos \theta_0 = \begin{cases} \Omega^{1/2}, & \Omega < 1 \\ 1, & \Omega \geqslant 1 \end{cases}$$

$$\cos \theta_1 = \begin{cases} \Omega^{1/2}/2^{1/4}, & \Omega < \sqrt{2} \\ 1, & \Omega \geqslant \sqrt{2} \end{cases}$$

波型 1 占据的波数面积为

$$S_1 = \int_{\theta_1}^{\pi/2} \frac{1}{2} k^2 \mathrm{d}\theta - \int_{\theta_1}^{\pi/2} \frac{1}{2} \alpha^2 \cos^2 \theta \mathrm{d}\theta \tag{10.2.135}$$

简支边界条件下, 每个模态占据的面积为

$$S_0 = \Delta k_x \cdot \Delta k_y = \frac{\pi}{l_x} \frac{\pi}{l_y} = \frac{\pi^2}{S} \tag{10.2.136}$$

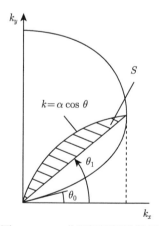

图 10.2.22　曲面矩形板波数图
(引自文献 [74], fig4)

于是, 考虑 (10.2.133) 式, 在 ω 以下频率范围, 两种波形的模态数为

$$N_2 = \frac{\alpha^2 S}{2\pi^2}\left\{\int_{\theta_0}^{\theta_1}\left[\Omega^2 - \cos^4\theta\right]^{1/2}\mathrm{d}\theta + R\left(\Omega\right)\right\} \tag{10.2.137}$$

$$N_1 = \frac{\alpha^2 S}{2\pi^2}\left\{\int_{\theta_1}^{\pi/2}\left[\Omega^2 - \cos^4\theta\right]^{1/2}\mathrm{d}\theta - R\left(\Omega\right)\right\} \tag{10.2.138}$$

其中,

$$
\begin{aligned}
R\left(\Omega\right) &= \int_{\theta_1}^{\pi/2}\cos^2\theta\mathrm{d}\theta \\
&= \begin{cases} \dfrac{1}{2}\left[\dfrac{\pi}{2} - \cos^{-1}\dfrac{\Omega^{1/2}}{2^{1/4}} - \left(\dfrac{\Omega}{2^{1/2}} - \dfrac{\Omega^2}{2}\right)^{1/2}\right], & \Omega < \sqrt{2} \\ \dfrac{\pi}{4}, & \Omega \geqslant \sqrt{2} \end{cases}
\end{aligned} \tag{10.2.139}
$$

对 (10.2.137) 和 (10.2.138) 式求导数, 得到两种波形的模态密度, 考虑到曲面板模态密度为两种波型模态密度之和, 可以不考虑 $R\left(\Omega\right)$ 的贡献, 于是有

$$n_2 = \frac{\partial N_2}{\partial\omega} = \frac{\alpha^2 S\Omega}{2\pi^2\omega_1}\int_{\theta_0}^{\theta_1}\left[\Omega^2 - \cos^4\theta\right]^{-1/2}\mathrm{d}\theta \tag{10.2.140}$$

$$n_1 = \frac{\partial N_1}{\partial\omega} = \frac{\alpha^2 S\Omega}{2\pi^2\omega_1}\int_{\theta_1}^{\pi/2}\left[\Omega^2 - \cos^4\theta\right]^{-1/2}\mathrm{d}\theta \tag{10.2.141}$$

作变量代换:

$$t^2 = 1 + \left(1 - \frac{1}{\Omega}\right)\mathrm{ctan}^2\theta, \quad \Omega < 1 \tag{10.2.142}$$

$$t^{-2} = 1 + \left(1 - \frac{1}{\Omega}\right)\mathrm{ctan}^2\theta, \quad \Omega > 1 \tag{10.2.143}$$

由 (4.2.142) 式, 可将 (10.2.140) 式和 (4.2.141) 式中的积分转化为椭圆积分:

$$\int\left(\Omega^2 - \cos^4\theta\right)^{-1/2}\mathrm{d}\theta = \frac{1}{\sqrt{2\Omega}}\int\left(1 - t^2\right)^{-1/2}\left(1 - mt^2\right)^{-1/2}\mathrm{d}t \tag{10.2.144}$$

式中,

$$m = \frac{1}{2}\left(1 + \Omega\right)$$

利用 (10.2.144) 式, 积分可得 $\Omega \leqslant 1$ 情况下两种波形的模态密度:

$$n_i = \frac{S}{4\pi}\left(\frac{m_s}{D}\right)^{1/2}\delta_i\left(\Omega\right), \quad i=1,2 \tag{10.2.145}$$

式中, m_s 为曲面板面密度, D 为弯曲刚度, $\delta_i\left(\Omega\right)$ 的表达式为

$$\delta_2\left(\Omega\right) = \frac{2}{\pi}\sqrt{\frac{\Omega}{2}}F\left(\varphi/m\right), \quad \Omega \leqslant 1 \tag{10.2.146}$$

$$\delta_1\left(\Omega\right) = \frac{2}{\pi}\sqrt{\frac{\Omega}{2}}K\left(m\right) - \delta_2\left(\Omega\right), \quad \Omega \leqslant 1 \tag{10.2.147}$$

且有 $\sin^2\varphi = \left(\sqrt{2}-1\right)\Big/\left(\sqrt{2}-\Omega\right)$。其中, $F\left(\varphi/m\right)$ 为第一类椭球函数, $K\left(m\right)$ 为完全椭球函数, 可参阅文献 [76]。

在 $\Omega \geqslant 1$ 情况下, 利用 (4.2.143) 式, 同样将 (10.2.140) 和 (10.2.141) 式中的积分化为椭圆积分, 可以得到两种波形的模态密度, 表达式与 (10.2.145) 式一样, 只是其中的 δ_i 函数为

当 $1 < \Omega \leqslant \sqrt{2}$ 时,

$$\delta_2\left(\Omega\right) = \frac{2}{\pi}\sqrt{\frac{\Omega}{1+\Omega}}F\left(\varphi/m\right) \tag{10.2.148}$$

$$\delta_1\left(\Omega\right) = \frac{2}{\pi}\sqrt{\frac{\Omega}{1+\Omega}}K\left(m\right) - \delta_2\left(\Omega\right) \tag{10.2.149}$$

其中, $m = \dfrac{2}{1+\Omega}$, $\sin^2\varphi = \dfrac{\sqrt{2}-\Omega}{\sqrt{2}-1}$。

当 $\Omega > \sqrt{2}$ 时,

$$\delta_2\left(\Omega\right) = 0 \tag{10.2.150}$$

$$\delta_1\left(\Omega\right) = \frac{2}{\pi}\sqrt{\frac{\Omega}{1+\Omega}}K\left(m\right) \tag{10.2.151}$$

其中, $m = \dfrac{2}{1+\Omega}$。

于是, 在三个不同频段, 将 n_1 与 n_2 相加而得到曲面板的模态密度。当 $\Omega \to \infty$ 时, 有 $\delta_2 \to 0$, $\delta_1 \to 1$, 曲面板的模态密度退化为平板模态密度。注意到, 在前面的推导过程中, 假设了曲面板为简支边界条件, Langley 认为, 模态密度与边界条件关系不大, 在简支边界条件下得到的模态密度也可用于其他边界条件。实

际上，这种观点适用于频率较高的情况，当频率较低时，还是需要考虑边界条件对模态密度影响的修正。Xie[77] 等针对矩形板，提出了简支、固支和自由等边界对模态密度影响的修正项。他们仍然先计算一定频率下的波数面积，再除以每个模态占据的波数面积，得到模态数，但是在计算波数面积时，考虑了不同边界条件下矩形板沿边界的面积修正，参见图 10.2.23，其中，实心方点为梁式模态，空心方点为刚体模态，实心圆心为板模态。以简支矩形板为例，在给定频率范围内模态数为

$$N(k) = \frac{\int \mathrm{d}k_x \mathrm{d}k_y}{\Delta k_x \Delta k_y} = \frac{\int_0^k \int_0^{\frac{\pi}{2}} k\mathrm{d}k\mathrm{d}\theta}{\Delta k_x \Delta k_y} = \frac{\frac{1}{4}\pi k^2}{\Delta k_x \Delta k_y} \tag{10.2.152}$$

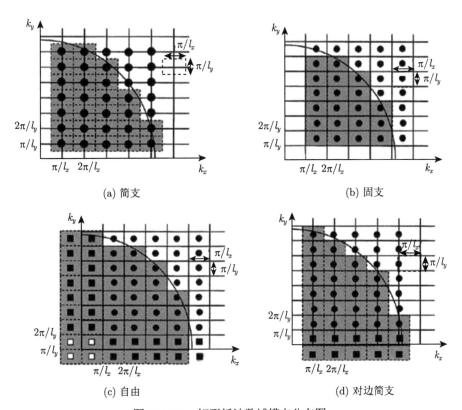

(a) 简支　　　　　　　　　　　　(b) 固支

(c) 自由　　　　　　　　　　　　(d) 对边简支

图 10.2.23　矩形板波数域模态分布图
(引自文献 [77], fig9)

但由图 10.2.23 可见，沿边界 $\pi/2l_x$ 和 $\pi/2l_y$ 宽度内波数面积不能算在 (10.2.152)

式的积分中，模态数应修正为

$$N(k) = \frac{\dfrac{1}{4}\pi k^2 - k\left(\dfrac{\pi}{2l_x} + \dfrac{\pi}{2l_y}\right) + \dfrac{\pi}{2l_x}\dfrac{\pi}{2l_y}}{\Delta k_x \Delta k_y} \qquad (10.2.153)$$

考虑到 (10.2.136) 式，则有

$$N(k) = \frac{k^2 S}{4\pi} - \frac{1}{2}k\left(\frac{l_x + l_y}{\pi}\right) + \frac{1}{4} \qquad (10.2.154)$$

(10.2.154) 式的第一项对应 (10.2.128) 式，后两项为边界条件影响的修正项，相应的模态密度为

$$n(\omega) = \frac{S}{4\pi}\left(\frac{m_s}{D}\right)^{1/2} - \frac{1}{4}\left(\frac{m_s}{D}\right)^{1/4}\left(\frac{l_x + l_y}{\pi}\right)\omega^{-1/2} \qquad (10.2.155)$$

同理，固支边界条件的矩形板模态密度为

$$n(\omega) = \frac{S}{4\pi}\left(\frac{m_s}{D}\right)^{1/2} - \frac{1}{2}\left(\frac{m_s}{D}\right)^{1/4}\left(\frac{l_x + l_y}{\pi}\right)\omega^{-1/2} \qquad (10.2.156)$$

但在四边为自由边界的情况下，还需要考虑到三个刚体模态及相应的梁式模态，得到的模态密度为

$$n(\omega) = \frac{S}{4\pi}\left(\frac{m_s}{D}\right)^{1/2} + \frac{1}{2}\left(\frac{m_s}{D}\right)^{1/4}\left(\frac{l_x + l_y}{\pi}\right)\omega^{-1/2} \qquad (10.2.157)$$

由 (10.2.155)~(10.2.157) 式可见，(10.2.128) 式为矩形板模态密度的高频近似表达式，针对参数为 0.4m×0.3m×2mm 的平板，图 10.2.24 给出的计算结果的比较曲线表明，1000Hz 频率附近，若不考虑修正，简支板的模态密度误差为 13%，固支和自由边界矩形板的误差为 26%。

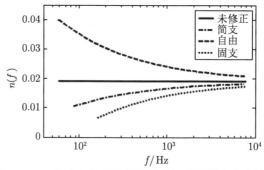

图 10.2.24　经典与修正方法计算的矩形板模态密度比较
(引自文献 [77], fig18)

除了边界条件影响模态密度外，还有一个重要的因素影响模态密度，这个因素就是流体负载。考虑流体负载后，结构的模态频率往低频压缩，使模态密度增加。Chandiramani[78] 考虑流体负载对平板群速度的影响，提出了流体负载对平板模态密度影响的修正因子。由平板耦合振动方程，有频散方程：

$$\rho_L \omega^2 = Dk^4 \tag{10.2.158}$$

式中，ρ_L 为考虑了流体负载的平板面密度

$$\rho_L = m_s + \rho_0 \left(k^2 - k_0^2\right)^{-1/2} \tag{10.2.159}$$

由 (10.2.158) 式，可得平板群速度：

$$
\begin{aligned}
C_g = \frac{\mathrm{d}\omega}{\mathrm{d}k} &= \frac{1}{2\omega\rho_L} \left[4Dk^3 + \frac{\rho_0 \omega^2 k}{\left(k^2 - k_0^2\right)^{3/2}} \right] \\
&= 2C_p \left[\frac{\rho_L \omega^2 + 0.25\rho_0 \omega^2 k^2 \left(k^2 - k_0^2\right)^{-3/2}}{\rho_L \omega^2} \right]
\end{aligned}
\tag{10.2.160}
$$

式中，C_p 为相速，其表达式为 $C_p = \omega/k$。

忽略 (10.2.154) 式的后两项，对 $N(k)$ 关于 ω 求导，得到模态密度：

$$n(\omega) = \frac{\mathrm{d}N}{\mathrm{d}\omega} = \frac{\mathrm{d}N}{\mathrm{d}k} \bigg/ \frac{\mathrm{d}\omega}{\mathrm{d}k} = \frac{1}{C_g} \frac{\mathrm{d}N}{\mathrm{d}k} \tag{10.2.161}$$

将 (10.2.160) 式代入 (10.2.161) 式，则有考虑流体负载的平板模态密度：

$$n(\omega) = \frac{Sk^2}{4\pi\omega} \frac{1}{R} \tag{10.2.162}$$

式中，R 为流体负载修正因子，其表达式为

$$R = \frac{\rho_L \omega^2 + 0.25\rho_0 \omega^2 k^2 \left(k^2 - k_0^2\right)^{-3/2}}{\rho_L \omega^2} \tag{10.2.163}$$

模态密度的计算实际上限于板、梁、圆柱壳及矩形空腔等简单形状，流体负载影响的修正，也是采用了无限大平板流体负载的简单修正，对于加肋圆柱壳等复杂结构及声呐罩等复杂腔体，都没有简单的模态密度计算公式。Langley[79] 依据模态共振所满足的波传播相位关系，计算周期结构的模态密度；Finnveden[80] 采用有限元方法计算薄壁结构的模态密度。针对实际的结构，尤其是水下结构，还是需要采用试验测量的方法，获得实用的模态密度特性。原理上讲，模态密度测量是一件简单的事，只需对结构进行正弦扫描激励，在每个频带内对模态峰值进

行计数即可，但对复杂结构来说，边界条件、周围介质等多种因素的互相作用，导致振动响应峰值复杂而难以计数，尤其是水下结构，辐射阻尼使振动响应峰值重叠而难以确认。Clarkson 和 Pope[81] 基于 Cremer[21] 的模态密度关系式，提出了模态密度的测量方法。在频率 $f_1 \sim f_2$ 范围内，具有平坦谱密度的随机宽带激励力作用在结构上，结构空间均方振速与激励力均方值及模态密度和损耗因子满足关系：

$$n\left(f\right) = \frac{1}{f_2 - f_1} \int_{f_1}^{f_2} \left\langle \frac{\overline{\langle v^2\left(t\right)\rangle}}{\overline{F^2\left(t\right)}} \right\rangle m_s^2 S^2 8\pi\eta_s f \mathrm{d}f \qquad (10.2.164)$$

式中，"$\langle\rangle$" 表示多点平均，"——" 表示时间平均。

考虑到平均输入功率等于平均耗散功率，有

$$\overline{F^2\left(t\right)} \mathrm{Re}\left(Y\right) = m_s S \overline{\langle v^2\left(t\right)\rangle} \eta_s 2\pi f \qquad (10.2.165)$$

这样，模态密度可以表示为

$$n\left(f\right) = \frac{1}{f_2 - f_1} \int_{f_1}^{f_2} 4m_s S\mathrm{Re}\left(Y\right) \mathrm{d}f \qquad (10.2.166)$$

式中，Y 为结构导纳，可以采用正弦扫描测量获得。

同时有损耗因子的表达式：

$$\eta_s\left(f\right) = \frac{1}{f_2 - f_1} \int_{f_1}^{f_2} \left\langle \frac{\overline{F^2\left(t\right)}}{\overline{\langle v^2\left(t\right)\rangle}} \right\rangle \frac{n\left(f\right)\mathrm{d}f}{8\pi f m_s^2 S^2} \qquad (10.2.167)$$

当瞬态激励力作用结构时，测量激励力和结构振动加速度响应，经 Fourier 变换，得到激励力频谱 $F\left(\mathrm{i}\omega\right)$ 和加速度频率 $A\left(\mathrm{i}\omega\right)$，于是，由 (10.2.166) 和 (10.2.167) 式可得模态密度及损耗因子为

$$n\left(f\right) = \frac{1}{f_2 - f_1} \int_{f_1}^{f_2} 4m_s S\mathrm{Re}\left\{ \frac{-\mathrm{i}A\left(\mathrm{i}f\right)}{2\pi f F\left(\mathrm{i}f\right)} \right\} \mathrm{d}f \qquad (10.2.168)$$

$$\eta_s\left(f\right) = \frac{\int_{f_1}^{f_2} \left|F\left(\mathrm{i}f\right)\right|^2 \mathrm{d}f}{\left\langle \int_{f_1}^{f_2} \left|A\left(\mathrm{i}f\right)\right|^2 \mathrm{d}f \right\rangle} \frac{\pi f n\left(f\right)}{2m_s^2 S^2} \qquad (10.2.169)$$

实际测量时，要求频带 $f_1 \sim f_2$ 范围内最少有 5 个模态，结构振动加速度测量需要布置多点进行空间平均，同时激励点也需要选择多点，并对测量结果进行平均。图 10.2.25 和图 10.2.26 给出了多点激励平均的矩形板和圆柱壳模态密度测量结果，它们与理论值符合较好。应该注意到，给出 (10.2.166) 式时，利用了 (10.2.165) 式，这对空气中的结构而言，结构受激励时辐射能量较小，可以认为输入功率近似等于其消耗的功率，但对于水下结构，辐射能量相对较大，还需要改进模态密度的测量方法。

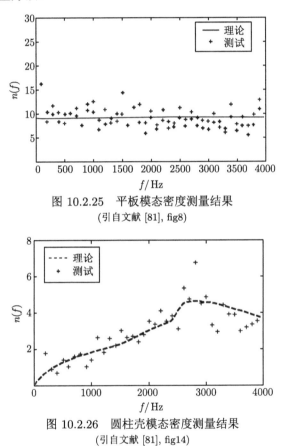

图 10.2.25　平板模态密度测量结果

(引自文献 [81], fig8)

图 10.2.26　圆柱壳模态密度测量结果

(引自文献 [81], fig14)

10.3　基于统计能量法的结构振动和声辐射算例

10.1 节和 10.2 节建立了统计能量平衡方程，并介绍了统计能量法参数的获取方法。这里进一步介绍统计能量法计算结构振动和声辐射的例子。第一个例子为经典的两个腔室及中间弹性平板的声传输特性计算[68]，如图 10.3.1 所示，腔室内布置有声源，弹性平板受激振机激励，能量的传输关系如图 10.3.2 所示。

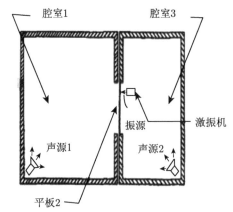

图 10.3.1 双腔室与平板子系统

(引自文献 [68], fig3)

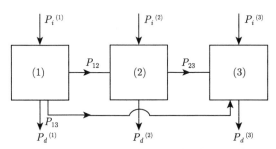

图 10.3.2 双腔室与平板子系统能量关系

(引自文献 [68], fig4)

将两个腔室和一板弹性平板分别作为一个子系统, 记为子系统 1, 3 和 2。三个子系统的能量平衡方程为

$$P_{i1} = P_{d1} + P_{12} + P_{13} \tag{10.3.1}$$

$$P_{i1} = \omega\eta_1 E_1 + \omega\eta_{12}n_1\left(\frac{E_1}{n_1} - \frac{E_2}{n_2}\right) + \omega\eta_{13}n_1\left(\frac{E_1}{n_1} - \frac{E_3}{n_3}\right) \tag{10.3.2}$$

$$P_{i2} = P_{d2} - P_{12} + P_{23} \tag{10.3.3}$$

$$P_{i2} = \omega\eta_2 E_2 - \omega\eta_{12}n_1\left(\frac{E_1}{n_1} - \frac{E_2}{n_2}\right) + \omega\eta_{23}n_2\left(\frac{E_2}{n_2} - \frac{E_3}{n_3}\right) \tag{10.3.4}$$

$$P_{i3} = P_{d3} - P_{13} - P_{23} \tag{10.3.5}$$

$$P_{i3} = \omega\eta_3 E_3 - \omega\eta_{13}n_1\left(\frac{E_1}{n_1} - \frac{E_3}{n_3}\right) - \omega\eta_{23}n_2\left(\frac{E_2}{n_2} - \frac{E_3}{n_3}\right) \tag{10.3.6}$$

式中，P_{ij} 和 P_{dj} $(j = 1, 2, 3)$ 分别为子系统输入功率和损耗功率，E_j 和 n_j $(j = 1, 2, 3)$ 为子系统能量和模态密度，η_i 和 η_{ij} $(i, j = 1, 2, 3)$ 分别为子系统损耗因子和传递损耗因子。

注意到，功率流 P_{13} 为考虑频带内平板子系统 2 没有被激模态情况下，腔室子系统 1 和 3 之间的功率流，也可以理解为指定频带外共振模态的贡献，相当于子系统 2 只是一个没有共振模态的耦合子系统。实际上，子系统 2 的共振模态直接与子系统 1 和 3 的耦合，体现在传输功率 P_{12} 和 P_{23} 上。假设平板子系统 2 受激振机激励，子系统 1 和 3 中的声源为零，即 $P_{i1} = P_{i3} = 0$，由 (10.3.3) 和 (10.3.5) 式，可得

$$0 = P_{d1} + P_{12} + P_{13} \tag{10.3.7}$$

$$0 = P_{d3} - P_{13} - P_{23} \tag{10.3.8}$$

将 (10.3.7) 和 (10.3.8) 式相加，并注意到 $P_{21} = -P_{12}$，有

$$P_{d1} + P_{d3} = P_{21} + P_{23} \tag{10.3.9}$$

再将 (10.3.9) 式代入 (10.3.3) 式，得到

$$P_{i2} = P_{d2} + P_{d1} + P_{d3} \tag{10.3.10}$$

考虑到子系统 2 及子系统 1 和 3 的能量分别为 $E_2 = M_p \Phi_a / \omega^2$, $E_2 = \Phi_{p_1} V_1 / \rho_1 C_1^2$, $E_3 = \Phi_{p_3} V_3 / \rho_3 C_3^2$，相应地，子系统的耗散功率为

$$P_{d2} = E_2 \frac{R_i}{M_p} = \frac{\Phi_a}{\omega^2} R_i \tag{10.3.11}$$

$$P_{d1} = \eta_1 E_1 = \eta_1 \frac{V_1 \Phi_{p_1}}{\rho_1 C_1^2} \tag{10.3.12}$$

$$P_{d3} = \eta_3 E_3 = \eta_3 \frac{V_3 \Phi_{p_3}}{\rho_3 C_3^2} \tag{10.3.13}$$

式中，R_i 和 M_p 分别为平板子系统 2 的机械阻抗和质量，η_1 和 η_3 分别为子系统 1 和 3 的能量损耗因子，Φ_a 和 Φ_{p_1}, Φ_{p_3} 分别为平板振动加速度的谱密度函数、腔室声压的谱密度函数，ρ_1, C_1 和 ρ_3, C_3 分别为子系统 1 和 3 声介质的密度和声速，V_1 和 V_3 为子系统 1 和 3 的体积。

子系统 2 的输入功率为

$$P_{i2} = E_2 \frac{R_t}{M_p} = \frac{\Phi_a}{\omega^2} R_t \tag{10.3.14}$$

式中，R_t 为平板的总阻抗，为机械阻抗 R_i 和辐射阻抗 R_a 之和。

将 (10.3.14) 式及 (10.3.11)～(10.3.13) 式代入 (10.3.10) 式，可得

$$\frac{\Phi_a}{\omega^2}R_t = \frac{\Phi_a}{\omega^2}R_i + \frac{V_1\Phi_{p1}}{\rho_1 C_1^2}\eta_1 + \frac{V_3\Phi_{p3}}{\rho_3 C_3^2}\eta_3 \tag{10.3.15}$$

考虑到

$$R_t = R_i + R_a \tag{10.3.16}$$

(10.3.15) 式可表示为

$$\begin{aligned}R_a &= \frac{\omega^2}{\Phi_a}\left[\frac{\Phi_{p1}V_1\eta_1}{\rho_1 C_1^2} + \frac{\Phi_{p3}V_3\eta_3}{\rho_3 C_3^2}\right]\\ &= \frac{2\pi^2}{\Phi_a}\left[\frac{C_1 n_1\eta_1}{\rho_1}\Phi_{p1} + \frac{C_3 n_3\eta_3}{\rho_3}\Phi_{p3}\right]\end{aligned} \tag{10.3.17}$$

可见，(10.3.17) 式与 (10.1.87) 式一致。

如果子系统 2 无激励，子系统 1 和 3 中有声源，则由 (10.3.3) 式可得

$$0 = P_{d2} - P_{12} - P_{32} \tag{10.3.18}$$

即

$$\eta_2 E_2 = \eta_{12}n_1\left(\frac{E_1}{n_1} - \frac{E_2}{n_2}\right) + \eta_{32}n_3\left(\frac{E_3}{n_3} - \frac{E_2}{n_2}\right) \tag{10.3.19}$$

因为 $\eta_{21} = \eta_{23} = \eta_a, \eta_2 = \eta_i$，在子系统 1 和 3 中声介质相同情况下，由 (10.3.19) 式，可以得到

$$\mu = \frac{\eta_a}{\eta_i + 2\eta_a} = \frac{E_2/n_2}{\dfrac{E_1}{n_1} + \dfrac{E_3}{n_3}} \tag{10.3.20}$$

考虑到 (10.3.11)～(10.3.13) 式中 E_1, E_2 和 E_3 与谱密度函数的关系,(10.3.20) 式可表示为

$$\mu = \frac{\Phi_a}{\Phi_{p1} + \Phi_{p3}}\Gamma^{-1} \tag{10.3.21}$$

式中，

$$\Gamma = \frac{2\pi^2 n_2}{M_p}\frac{C_1}{\rho_1} \tag{10.3.22}$$

在没有子系统 3 的情况下，(10.3.21) 式形式上退化为 (10.1.90) 式。在 $P_{i2} = 0$ 的情况下，(10.3.4) 式可表示为

$$\frac{E_2}{n_2} = \frac{\dfrac{E_1}{n_1}\eta_{21} + \dfrac{E_3}{n_3}\eta_{23}}{\eta_2 + \eta_{21} + \eta_{23}} \tag{10.3.23}$$

一般情况下，统计能量法适用的高频段，有 $E_1/n_1 \gg E_3/n_3$，(10.3.23) 式简化为

$$\frac{E_2}{n_2} = \frac{E_1}{n_1}\frac{\eta_a}{\eta_i + 2\eta_a} \tag{10.3.24}$$

再令 $P_{i3} = 0$，由 (10.3.6) 式可得

$$E_3 = \frac{E_1\eta_{13} + E_2\eta_{23}}{\eta_3 + \eta_{31} + \eta_{32}} \tag{10.3.25}$$

由 (10.3.25) 式可见，子系统 3 的能量来源于两部分，第一部分为系统 1 通过平板子系统 2 的非共振传输或质量定律传递的能量，第二部分由平板子系统 2 的共振模态传递的能量。将 (10.3.24) 式代入 (10.3.25) 式有

$$\frac{E_3}{E_1} = \frac{\eta_{13} + \eta_a^2\left(\dfrac{n_2}{n_1}\right)\bigg/(\eta_i + 2\eta_a)}{\eta_3 + \left(\dfrac{n_1}{n_3}\right)\eta_{13} + \left(\dfrac{n_2}{n_3}\right)\eta_a} \tag{10.3.26}$$

式中，E_3/E_1 表示由声源腔室到接收腔室的噪声降低值 NR。

$$NR = 10\lg\left[\eta_{13} + \eta_a^2\left(\frac{n_2}{n_1}\right)\bigg/(\eta_i + 2\eta_a)\right] - 10\lg\left[\eta_3 + \eta_{13}\left(\frac{n_1}{n_3}\right) + \eta_a\left(\frac{n_2}{n_3}\right)\right] \tag{10.3.27}$$

这里，n_1 和 n_3 的表达式为

$$n_1 = \frac{V_1\omega^2}{2\pi^2 C_1^3} \tag{10.3.28}$$

$$n_3 = \frac{V_3\omega^2}{2\pi^2 C_3^3} \tag{10.3.29}$$

η_a 及 η_{13} 和 η_3 分别由以下公式给出：

$$\eta_a = \frac{R_a}{\omega M_p} \tag{10.3.30}$$

$$\eta_{13} = C_1 S_2 \tau_{13}/4V_1\omega \tag{10.3.31}$$

$$\eta_3 = \frac{2.2}{fT_3} \tag{10.3.32}$$

式中，τ_{13} 为子系统 1 和 3 通过平板子系统 2 的声传输系数，T_3 为子系统 3 的混响时间，其表达式为

$$T_3 = 24V_3 \ln 10/\alpha_3 C_3 S_3 \tag{10.3.33}$$

其中，α_3 和 S_3 分别为子系统 3 的内壁吸声系数和面积。

在能量平衡状态，子系统 1 与子系统 3 的能量之比应等于它们的吸声系数之比，对于子系统 1 来说，τ_{13} 相当于其内壁吸声系数 α_1，于是可以得到平板子系统的传输损失为

$$TL = 10\lg\frac{1}{\tau_{13}} = NR + 10\lg\left(\frac{C_3 S_3 T_3}{24V_3 \ln 10}\right) \tag{10.3.34}$$

另外，考虑到子系统 1 和 2 的能量表达式，由 (10.3.24) 式可得平板振动加速度的谱密度函数：

$$\frac{M_p \Phi_a}{n_2 \omega^2} = \frac{\Phi_{p1} V_1}{\rho_1 C_1^2 n_1} \frac{\eta_a}{\eta_i + 2\eta_a} \tag{10.3.35}$$

Crocker 和 Price 计算的平板传输损失及其与测量结果的比较见图 10.3.3，两者吻合较好，在 300Hz 以下频段，偏差稍大，为 3～5dB。他们还将统计能量法用于腔室—平板—腔室—平板—腔室组成的五个子系统的声传输特性计算 [82]，相应的能量传输图如图 10.3.4 所示。在 $P_{i2} = P_{i3} = P_{i4} = P_{i5} = 0$ 的情况下，由腔室子系统 1 传输到腔室子系统 5 的能量比为

$$\frac{E_1}{E_5} =$$

$$\frac{\left(\eta_{5t}+\dfrac{\eta_{54}\eta_{35}}{\eta_{34}}\right)\left[\dfrac{\eta_{4t}}{\eta_{34}}\left(\eta_{3t}-\dfrac{\eta_{23}\eta_{32}}{\eta_{2t}}\right)-\eta_{43}\right]-\left(\eta_{45}+\dfrac{\eta_{4t}\eta_{35}}{\eta_{34}}\right)\left[\dfrac{\eta_{54}}{\eta_{34}}\left(\eta_{3t}-\dfrac{\eta_{23}\eta_{32}}{\eta_{2t}}\right)+\eta_{53}\right]}{\left(\eta_{45}+\dfrac{\eta_{4t}\eta_{35}}{\eta_{34}}\right)\left(\eta_{13}+\dfrac{\eta_{12}\eta_{23}}{\eta_{2t}}\right)} \tag{10.3.36}$$

式中，

$$\eta_{2t} = \eta_2 + \eta_{21} + \eta_{23}, \quad \eta_{3t} = \eta_3 + \eta_{31} + \eta_{32} + \eta_{34} + \eta_{35}$$

$$\eta_{4t} = \eta_4 + \eta_{43} + \eta_{45}, \quad \eta_{5t} = \eta_5 + \eta_{53} + \eta_{54}$$

选取厚为 0.318cm、面积为 155cm×197cm 的铝板作为子系统 2 和 4，当子系统 3 的宽度为 1cm, 20cm 和 40cm 时，依据 (10.3.36) 式计算得到传输损失由图 10.3.5 给出，由图可见，只在临界频率以上，增加子系统 3 的宽度才对传输损失有明显影响。

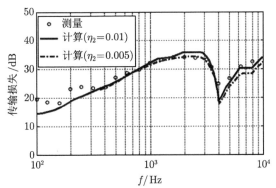

图 10.3.3 统计能量法计算的平板传输损失及其与试验比较
(引自文献 [68], fig16)

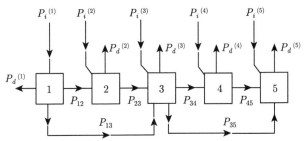

图 10.3.4 五个子系统的腔室和平板能量关系
(引自文献 [82], fig1)

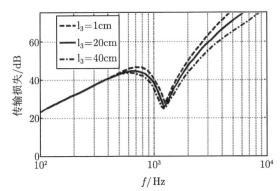

图 10.3.5 五个子系统腔室和平板传输损失
(引自文献 [82], fig10)

Oldham 和 Hillarby[83] 采用统计能量法计算腔内声源通过弹性平板产生的外场声辐射功率，他们将腔体作为子系统 1，弹性平板作为子系统 2，若已知腔内声源的声功率 P_{i1}，则能量平衡方程为

$$P_{i1} = E_1\omega\eta_1 + (E_1\omega\eta_{12} - E_2\omega\eta_{21}) \tag{10.3.37}$$

$$0 = E_2\omega\eta_{23} + E_2\omega\eta_2 + E_2\omega\eta_{21} - E_1\omega\eta_{12} \tag{10.3.38}$$

式中，η_{23} 为平板子系统向外场辐射的传递损耗因子。

注意到在 (10.3.38) 式中，平板子系统向外辐射的能量 $E_2\omega\eta_{23}$ 归算为自损耗能量的一部分，从而将向外辐射声能的非保守系统处理为由子系统 1 和 2 组成的保守系统。由 (10.3.38) 式可得

$$E_2 = \frac{E_1\eta_{12}}{\eta_{23} + \eta_2 + \eta_{21}} \tag{10.3.39}$$

将 (10.3.39) 式代入 (10.3.37) 式，有

$$E_2 = \frac{P_{i1}}{\omega} \frac{\eta_{12}}{(\eta_2 + \eta_{23} + \eta_{21})(\eta_1 + \eta_{12}) - \eta_{21}\eta_{12}} \tag{10.3.40}$$

由平板子系统 2 辐射的声功率为

$$P = E_2\omega\eta_{23} \tag{10.3.41}$$

将 (10.3.40) 式代入 (10.3.41) 式得到声源功率与辐射功率之比：

$$\frac{P_{i1}}{P} = \left(1 + \frac{\eta_1}{\eta_{12}} - \frac{\eta_{21}}{\eta_2 + \eta_{23} + \eta_{21}}\right)\left(1 + \frac{\eta_2 + \eta_{21}}{\eta_{23}}\right) \tag{10.3.42}$$

相应的声功率插入损失为

$$IL = 10\lg\frac{P_{i1}}{P} = 10\lg\left(1 + \frac{\eta_1}{\eta_{12}} - \frac{\eta_{21}}{\eta_2 + \eta_{23} + \eta_{21}}\right) + 10\lg\left(1 + \frac{\eta_2 + \eta_{21}}{\eta_{23}}\right) \tag{10.3.43}$$

利用平板子系统传递损耗因子与其平均辐射效率 $\bar{\sigma}$ 的关系：

$$\eta_{21} = \eta_{23} = \bar{\sigma}\rho_0 C_0/m_s\omega \tag{10.3.44}$$

并考虑平板和腔体模态密度，(10.3.43) 式可表示为

$$IL = 10\lg\left\{1 + \frac{\eta_1 m_s\omega^2 V C_l h}{\bar{\sigma}\rho_0 C_0^4\sqrt{3}S\pi} - \frac{\bar{\sigma}\rho_0 C_0}{2\bar{\sigma}\rho_0 C_0 + m_s\omega\eta_2}\right\} + 10\lg\left(2 + \frac{\eta_2 m_s\omega}{\bar{\sigma}\rho_0 C_0}\right) \tag{10.3.45}$$

式中，C_l, m_s, h, S 分别为平板纵波声速、面密度、厚度及面积。ρ_0, C_0, V 分别为空腔声介质密度、声速及空腔体积。

Oldham 和 Hillarby 在文献 [84] 中，采用统计能量计算的高频插入损失及其与低频解析解计算结果和试验结果的比较，可见图 10.3.6，图中 0.27m 和 0.37m 为声源与弹性板的间距。在 500Hz～3kHz 频率范围内，高频计算结果与试验结果吻合较好，在此频段解析解结果明显偏离试验结果。

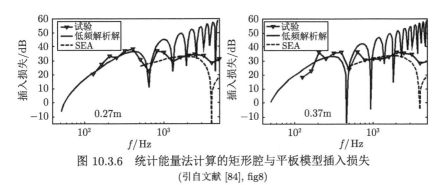

图 10.3.6　统计能量法计算的矩形腔与平板模型插入损失
(引自文献 [84], fig8)

统计能量法适用于有限结构和有限空间的保守系统，对于有外场辐射的非保守系统，前面提到了 Oldham 和 Hillarby 将外场传递损耗因子归算到子系统的自损耗因子中，在采用统计能量法计算水下结构振动和声辐射时，如计算声呐透声窗受湍流边界层脉动压力激励产生的自噪声，不仅要对外场传递损耗因子进行归算，而且还要将外场流体负载的等效质量归算到透声窗的面密度中，Muet[85] 采用这种方法将统计能量法用于声呐自噪声的计算，在文献 [86] 中，将透声窗和声腔作为两个子系统，采用统计能量法计算了湍流脉动压力激励下的声呐自噪声特性，透声窗面密度修正采用 Ross[87] 提出的近似公式：

$$m_L = m_s + m_a = \rho_L h \tag{10.3.46}$$

式中，m_a 为等效附加质量，ρ_L 为考虑流体负载的平板面密度。

$$\rho_L = (1 + 2\varepsilon) \rho_s \tag{10.3.47}$$

其中，

$$\varepsilon = \frac{2\rho_0 C_l}{\sqrt{12}\rho_s C_0} \frac{1}{M_f \sqrt{1 - M_f^2}} \tag{10.3.48}$$

这里，$M_f = \sqrt{f/f_c}$，f_c 为吻合频率。

同时将透声窗外向辐射噪声耗散的能量作为透声窗耗散的能量，自损失因子等于结构损耗因子 η_s 加上传递损失因子 η_{12}；对于声腔子系统来讲，能量的耗散包括声腔内声介质的声吸收及罩内非透声界面的声吸收,在声呐工作频率范围,水介质的声吸收很小,一般可以忽略不计。同时应该注意到,声腔内的噪声也会与透声窗相互作用,并将声能量输入给透声窗结构,对于声腔子系统,这也是一种能量耗散,也可以理解为透声界面的 "声吸收",因此,声呐罩非透声界面的声吸收与透声窗的透声,都归结为声腔子系统的能量耗散,它与罩内声场混响的关系为

$$\eta_2 + \eta_{21} = \frac{2.2}{fT_{60}} \tag{10.3.49}$$

由此可得

$$\eta_2 = \frac{2.2}{fT_{60}} - \frac{n_1}{n_2}\eta_{12} \tag{10.3.50}$$

式中 T_{60} 由 (10.3.32) 式计算。

文献 [86] 计算的声呐自噪声参见图 10.3.7,更多关于统计能量法计算湍流边界层脉动压力激励声呐透声窗产生的自噪声,可参阅文献 [88]。Burroughs[4] 针对船舶结构,介绍了几种统计能量法应用的例子。图 10.3.8 给出了统计能量法计算的柴油机基座和船底结构模型振动,模型由 12 块板焊接而成,计算比较了只考虑弯曲振动和同时考虑弯曲振动与纵振动的结果,在 2k～20kHz 频率范围内,同时考虑纵波的计算结果与试验结果吻合较好,而不考虑纵波的计算结果与试验结果存在明显的偏差。图 10.3.9 为科考船激励点到壳板振动响应的传递函数比较,激励部位分为推进电机位置和发电机位置,窄带测量结果与 1/3Oct 统计能量法计算结果吻合较好,只有推进电机位置激励工况的 7k～10kHz 频段、发电机位置激励工况的 10k～20kHz 频段,计算与测量存在约 10dB 的较大偏差。图 10.3.10 给出了统计能量法预报的舰船低频舰壳声呐发射机产生的舱室噪声及其与测试结果的比较,计算模型有 425 个子系统及 1513 个连接点,同时考虑弯曲波和纵波,以改善预报精度,在预报和测试的 22 个情况中,偏差一般都在 ±3dB 左右。

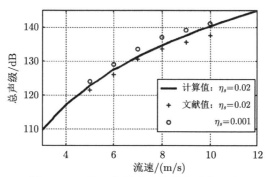

图 10.3.7 统计能量法计算的声呐自噪声
(引自文献 [86], fig3)

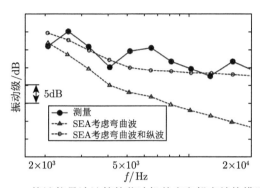

图 10.3.8　统计能量法计算的柴油机基座和船底结构模型振动

(引自文献 [4], fig5)

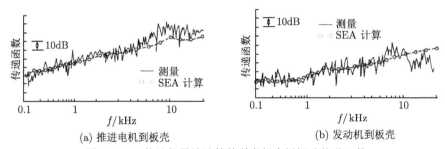

(a) 推进电机到板壳　　　　　　　　　(b) 发动机到板壳

图 10.3.9　统计能量法计算的科考船壳板振动传递函数

(引自文献 [4], fig7)

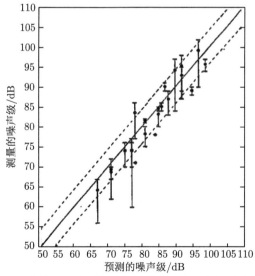

图 10.3.10　统计能量法预报的舰船舱室噪声及其与测试结果比较

(引自文献 [4], fig8)

目前，作为一种有效的工具，统计能量法已较普遍地用于船舶结构噪声和舱室空气噪声预报，并且通用商用软件 Auto SEA 也已应用多年，Hynna 等 [89] 详细归纳了统计能量法用于船舶噪声预报的具体方法。应用统计能量法计算时，首先要划分确定子系统，一般情况往往将结构几何部件作为子系统，不同的波型，弯曲波或纵波，对应不同的子系统。当然，子系统的划分还应考虑到是否有相应的模态密度、传递损耗因子和辐射阻抗计算公式，否则通过测量获得会带来不便。实际上子系统划分时都认为满足以下要求：子系统之间为线性耦合，且为弱耦合，激励为随机宽带激励，频带内模态等分能量，子系统的能量流正比于它们的能量差。

10.2 节给出了矩形板和矩形腔的模态密度计算公式，应该知道，它们也可用于估算近似矩形板和矩形腔的其他形状的平板和腔体子系统模态密度，甚至三角形平板，因为平板和腔体的模态密度正比于面积和体积。按照 Lyon 的要求，给定频带内子系统的模态数至少要达到 10，只要子系统的模态密度较大，且频带较宽，满足要求是没有问题的，但如果结构响应只包含了少量模态，模态密度偏低，模态数不能完全满足要求，而此结构也可以划分为一个子系统，统计能量法仍然可以在相应的频带给出较好的结果。对于给定频带的模态数达到 10，要求的结构和声腔子系统尺度及频带宽度都是比较大的。按照矩形板模态密度公式计算，若钢板厚 10mm，50Hz 为中心频率的 1/3Oct 频带有 10 个模态，则钢板面积应不小于 26.5m^2，以 63Hz 为中心频率的 1/1Oct 频带内有 10 个模态，钢板面积应达到 6.8m^2，如果钢板长度方向包含 8 档肋距，每个肋距为 0.6m，则钢板宽度应分别为 5.5m 和 1.4m，这样的尺寸在实际工程中不存在问题。如果船体甲板间距为 2.7m，则腔室体积为 $26.5\text{m}^2 \times 2.7\text{m} = 71.6\text{m}^3$，相应的模态密度为 $n(f) = 0.15$，50Hz 为中心频率的 1/3Oct 频带内的模态数为 1.7 个，明显不能满足要求。因此，在较低频段，统计能量法计算时常常放宽对模态数的要求。

10.2 节中重点介绍了子系统传递损耗因子计算的建模方法，为了便于计算，这里再罗列几种常见船舶结构传递损耗因子的计算公式 [89]。悬臂梁与平板连接的传递损耗因子：

$$\eta_{ij} = \frac{(2\rho_i C_{li} \kappa_i S_i)^2}{\omega M_i} \left| \frac{Z_j}{Z_j + Z_i} \text{Re}(Z_j^{-1}) \right| \tag{10.3.51}$$

式中，ρ_i，M_i，C_{li}，S_i 分别为梁的密度、质量、纵波声速和横截面积，κ_i 为梁的回转半径，Z_j 为平板力矩阻抗，它们的表达式分别为

$$\kappa_i = \sqrt{I_i / S_i} \tag{10.3.52}$$

$$Z_j = \frac{16 m_s \kappa_j^2 C_{lj}^2}{\omega (1 + i\Gamma)} \tag{10.3.53}$$

其中，I_i 梁横截面的惯性矩；m_s，C_{lj}，κ_j 分别为平板的面密度、纵波声速、截面回转半径，$\kappa_j = h/\sqrt{12}$，h 为平板厚度；$\Gamma = 4/\pi \ln (1.1/k_f a)$，这里，$k_f$ 为平板弯曲波数，a 为平板上产生力矩的一组点力的间距。

Z_i 为梁的力矩阻抗，其表达式为

$$Z_i = \rho_i C_{li}^2 s_i \kappa_i^2 k_b \omega^{-1} \left(1 + i\right) \tag{10.3.54}$$

其中，k_b 为梁弯曲波波数。

船舶上常见的焊接结构子系统的传递损耗因子为

$$\eta_{ij} = 2C_{fi} l \tau_{ij} / \pi \omega S_i \tag{10.3.55}$$

式中，C_{fi}，S_i 为子系统 i 的弯曲波波速和面积，l 为子系统连接线长度，τ_{ij} 为子系统连接处功率传输系数，它与波型及连接方式有关，Cremer[21] 详细给出了平板多种连接形式的传输系数计算方法。腔室与平板、腔室与腔室子系统的传递损耗因子已由 (10.3.30) 和 (10.3.31) 式给出，这里不再重复。

10.1 节给出了 N 个子系统的统计能量平衡方程：

$$\omega \begin{bmatrix} (\eta_1 + \sum_{i \neq 1} \eta_{1i})n_1 & -\eta_{12}n_1 & \cdots & -\eta_{1N}n_1 \\ -\eta_{21}n_2 & (\eta_2 + \sum_{i \neq 2} \eta_{2i})n_2 & \cdots & -\eta_{2N}n_2 \\ \vdots & \vdots & \ddots & \vdots \\ -\eta_{N1}n_N & -\eta_{N2}n_N & \cdots & (\eta_N + \sum_{i \neq N} \eta_{Ni})n_N \end{bmatrix} \begin{Bmatrix} \dfrac{\bar{E}_1}{n_1} \\ \dfrac{\bar{E}_2}{n_2} \\ \vdots \\ \dfrac{\bar{E}_N}{n_N} \end{Bmatrix} = \begin{Bmatrix} \bar{P}_1 \\ \bar{P}_2 \\ \\ \bar{P}_N \end{Bmatrix} \tag{10.3.56}$$

将 (10.3.56) 式简化表示为

$$[Y_s] \left\{ \dfrac{\bar{E}_i}{n_i} \right\} = \left\{ \bar{P}_i \right\} \tag{10.3.57}$$

式中，$[Y_s]$ 为子系统损耗因子矩阵，$\left\{ \bar{E}_i/n_i \right\}$ 和 $\left\{ \bar{P}_i \right\}$ 分别为子系统能量和输入功率组成的列矩阵。

我们知道，结构分析的有限元方程为

$$[K] \{U\} = \{F\} \tag{10.3.58}$$

从形式上讲，(10.3.57) 式与 (10.3.58) 式完全对应，子系统损耗因子矩阵对应结构刚度矩阵，子系统能量列矩阵 $\left\{ \bar{E}_i/n_i \right\}$ 对应结构节点位移矢量 $\{U\}$，子系统输入

功率列矩阵 $\{\bar{P}_i\}$ 则对应结构节点广义力矢量 $\{F\}$。由此可见，将子系统及其连接点看作为有限元的单元及节点，则可以借助有限元的建模思路进行大型复杂结构的统计能量法分析建模。有限元建模时，先形成结构单元刚度矩阵，再经整合得到结构总刚度矩阵：

$$[K] = \sum_i \left[k^{(i)} \right] \tag{10.3.59}$$

式中，$\left[k^{(i)} \right]$ 为第 i 个单元刚度矩阵。

统计能量法分析建模时，也对每个子系统的损耗因子矩阵进行整合，得到总损耗因子矩阵：

$$[Y_s] = \left[Y^{(d)} \right] + \sum_i \left[Y_s^{(i)} \right] \tag{10.3.60}$$

式中，求和应对所对子系统连接点求和。

$$\left[Y^{(d)} \right] = [\mathrm{dia}.\eta_{ii} n_i], \quad \eta_{ii} = \eta_i \tag{10.3.61}$$

$$\left[Y_s^{(i)} \right] = \begin{bmatrix} \eta_{ij} n_i & -\eta_{ij} n_i \\ -\eta_{ji} n_j & \eta_{ji} n_j \end{bmatrix} = \eta_{ij} n_i \begin{bmatrix} 1 & -1 \\ -1 & 1 \end{bmatrix} \tag{10.3.62}$$

船体结构的统计能量分析建模，重点考虑主要结构，包括带有纵梁和横梁的双层底、横舱壁、立柱、船壳板及带有梁和肋骨的甲板。声学腔室子系统只考虑设备舱等对船体结构有功率输入的舱室，位于甲板间的舱室因其对空气噪声的传递作用远小于结构噪声传递的作用，可以不考虑。

求解统计能量平衡方程，得到已知子系统输入功率条件下各子系统的能量，进一步可计算结构子系统的振动均方振速和腔室子系统的均方声压：

$$\left\langle \overline{v^2} \right\rangle = \frac{\bar{E}}{M_p} \tag{10.3.63}$$

$$\left\langle \overline{p^2} \right\rangle = \frac{\bar{E} \rho_0 C_0^2}{V} \tag{10.3.64}$$

表 10.3.1 罗列了统计能量法计算的三艘不同船舶舱室空气噪声与测量结果的偏差，图 10.3.11 给出了集装箱运输船 25 个舱室空气噪声级与测量值的偏差曲线，两者最大相差 $\pm 15\mathrm{dB}$ 左右，可见针对实船舱室噪声统计能量法预报的偏差还是比较大的，即使在 $5\mathrm{kHz}$ 以上的高频，偏差也有 $-10 \sim 5\mathrm{dB}$ 不等，图中粗虚线为 25 条偏差曲线的算术平均值。当然各舱室 A 声级的算术偏差和标准偏差分别为 $-2\mathrm{dB}$ 左右和 $3 \sim 6\mathrm{dB}$，统计能量法计算结果比测量结果要偏小一点。

表 10.3.1 实船舱室噪声的统计能量法计算结果比较 [89]

船名	主尺寸	子系统数量	计算与测量的算术偏差	计算的标准方差
Hydrographic echo sweeping vessel	32.9m(长) 10.4m(宽) 2.8(吃水)	241 个板子系统，86 个腔室子系统，耦合点 1148 个。	−2.1dB	5.0dB
Timber-container Carrier	131m(长) 20m(宽) 6.8m(吃水)	2445 个子系统，耦合点 7930 个。	−1.9dB	6.4dB
Passenger Cruise vessel	164m(长) 22.5m(宽) 5.4m(吃水)	5143 个子系统，其中板单元 3107 个，梁单元 611 个，三角形板单元 1357 个，腔室单元 68 个，耦合点 17449 个。	−1.6dB	3.4dB

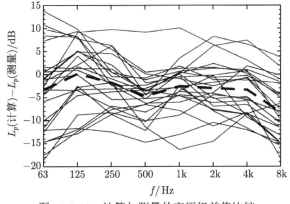

图 10.3.11 计算与测量的声压级差值比较
(引自文献 [89],fig6)

在统计能量法分析中，无论是计算腔体与结构的传递损耗因子，还是计算腔体的自损耗因子，都会涉及到结构的辐射阻抗或辐射效率，在第 3 和第 5 章中，详细介绍了矩形板和有限长圆柱壳的模态声辐射阻抗或辐射效率。由于统计能量法计算子系统的频带平均能量，因此需要已知平均声辐射阻抗或者辐射效率。Maidanik[90] 最早给出大家熟知的平板平均声辐射效率计算公式:

$$\sigma = \begin{cases} \dfrac{1}{\sqrt{1 - f_c/f}}, & f > f_c \\[2mm] \sqrt{l_x/\lambda_c} + \sqrt{l_y/\lambda_c}, & f = f_c \\[2mm] \dfrac{2\lambda\lambda_c f}{l_x l_y f_c} g_1\left(f/f_c\right) + \dfrac{L\lambda_c}{l_x l_y} g_2\left(f/f_c\right), & f < f_c \end{cases} \qquad (10.3.65)$$

式中，f_c 为平板吻合频率，$\lambda_c = C_0/f_c$ 为吻合波长，l_x 和 l_y 为平板边长，L 为周长，且有

$$g_1(\alpha) = \begin{cases} \dfrac{4}{\pi^4}(1 - 2\alpha^2) \Big/ \alpha(1 - \alpha^2)^{1/2}, & f < \dfrac{1}{2}f_c \\ 0, & f > \dfrac{1}{2}f_c \end{cases} \tag{10.3.66a}$$

$$g_2(\alpha) = \frac{\dfrac{1}{4\pi^2}\left[(1 - \alpha^2)\ln\dfrac{1+\alpha}{1-\alpha} + 2\alpha\right]}{(1 - \alpha^2)^{3/2}} \tag{10.3.66b}$$

其中，$\alpha = f/f_c$。

Blake[19] 按四个频段也归纳了平板平均声辐射效率的估算公式。

当 $f/f_c < \beta_0$ 时，

$$\sigma = \frac{32}{\pi^3}\frac{l_x l_y}{\lambda_c}\left(\frac{f}{f_c}\right)^2 \tag{10.3.67}$$

这里 β_0 取 $\beta = \lambda_c^2 \Big/ \left(2\pi\sqrt{l_x l_y}\right)$ 和 $\beta = \dfrac{\lambda_c^2}{2l_x l_y}(L^2/8l_x l_y - 1)^{1/2}$ 中较小者。

当 $\lambda_c/\pi l_x < f/f_c < 0.5, l_x > l_y$ 时，

$$\sigma = \frac{1}{\pi^2}\frac{\lambda_c^2}{l_x l_y}\left[\frac{2}{\pi}\sqrt{\frac{f_c}{f}} + \frac{L}{\lambda_c}\sqrt{\frac{f}{f_c}}\right] \tag{10.3.68}$$

当 $f = f_c$ 时，

$$\sigma = \frac{1}{\sqrt{2}}\sqrt{\frac{L}{\lambda_c}} \tag{10.3.69}$$

当 $f > f_c$ 时，

$$\sigma = (1 - f_c/f)^{-1/2} \tag{10.3.70}$$

(10.3.67)~(10.3.70) 式对应的平均声辐射效率随频率变化曲线可见图 10.3.12。

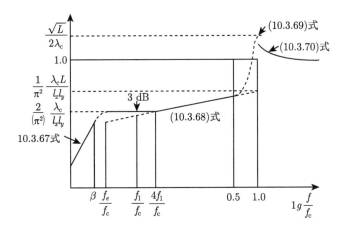

图 10.3.12 平板声辐射效率
(引自文献 [19], fig5.34)

Renji 和 Nair[91] 明确，平板双面声辐射的效率为单面的 2 倍，并提出了平板结构声辐射效率的简单测量方法，将平板布置在混响腔内，并采用激振机激励平板，测量混响腔的声压和平板振动速度，由此计算得到平板声辐射效率。为此设声腔为子系统 1，平板为子系统 2，因为声腔内没有其他声源，相应的输入声功率为零。由能量平衡方程可得子系统 1 和 2 的能量关系:

$$E_1 = \frac{\eta_{21} E_2}{\eta_1 + \eta_{12}} \qquad (10.3.71)$$

利用 (10.3.63) 式、(10.3.64) 式、(10.3.30) 和 (10.3.32) 式，可以得到平板的辐射阻:

$$R_a = \left\langle \overline{p^2} \right\rangle S\bar{\alpha} \Big/ \left\{ 4\rho_0 C_0 \left\langle \overline{v^2} \right\rangle - \left(n_2 C_0^2 / \pi f^2 M_p \right) \left\langle \overline{p^2} \right\rangle \right\} \qquad (10.3.72)$$

式中，$\bar{\alpha}$ 为声腔平均吸声系数，S 为声腔表面积。

在 10.33m×8.2m×13m 的腔室中，采用 2.19m×1.22m 的铝板，其厚度为 4.95mm，测量得到的声辐射阻及其理论结果的比较由图 10.3.13 给出，在 800Hz 以下存在一定的偏差。

Xie 等 [92] 利用声辐射效率的定义:

$$\sigma = \frac{R_a}{\rho_0 C_0 S} = \frac{P}{\rho_0 C_0 S \left\langle \overline{v^2} \right\rangle} \qquad (10.3.73)$$

式中，P 为平板声辐射功率。

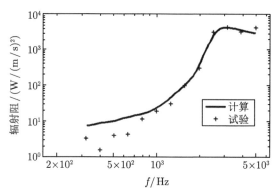

图 10.3.13　平板声辐射阻测量结果及其与理论值比较

(引自文献 [91], fig8)

将模态声辐射功率求和, 给出了平板声辐射效率:

$$\sigma = \frac{\displaystyle\sum_{m=1}^{\infty}\sum_{n=1}^{\infty} P_{mn}}{\rho_0 C_0 l_x l_y \left\langle \overline{v^2} \right\rangle} \tag{10.3.74}$$

式中, P_{mn} 为平板模态声辐射功率。

考虑模态声辐射功率, (10.3.74) 式可以表示为

$$\sigma = \frac{\displaystyle\sum_{m=1}^{\infty}\sum_{n=1}^{\infty} \sigma_{mn} \left\langle \bar{v}_{mn}^2 \right\rangle}{\left\langle \overline{v^2} \right\rangle} \tag{10.3.75}$$

这里, $\left\langle \overline{v^2} \right\rangle$ 为考虑所有位置激励力的平板均方振速的空间平均值, $\bar{v}_{mn}^2$ 为考虑所有位置激励力的平板模态均方振速的空间平均值。求解平板振动方程, 有

$$\left\langle \overline{v^2} \right\rangle = \frac{\omega^2 |F|^2}{2 M_p^2} \sum_{m=1}^{\infty}\sum_{n=1}^{\infty} \frac{1}{\left(\omega_{mn}^2 - \omega^2\right)^2 + \eta_s^2 \omega_{mn}^4} = \sum_{m=1}^{\infty}\sum_{n=1}^{\infty} \left\langle \bar{v}_{mn}^2 \right\rangle \tag{10.3.76}$$

式中, $|F|^2$ 为激励力均方值, ω_{mn}, η_s 和 M_p 分别为平板模态频率、阻尼因子和质量。

将 (10.3.76) 式代入 (10.3.75) 式, 得到平板平均声辐射效率的计算公式:

$$\sigma = \frac{\displaystyle\sum_{m=1}^{\infty}\sum_{n=1}^{\infty} \sigma_{mn} \left[\left(\omega_{mn}^2 - \omega^2\right)^2 + \eta_s^2 \omega_{mn}^4\right]^{-1}}{\displaystyle\sum_{m=1}^{\infty}\sum_{n=1}^{\infty} \left[\left(\omega_{mn}^2 - \omega^2\right)^2 + \eta_s^2 \omega_{mn}^4\right]^{-1}} \tag{10.3.77}$$

针对 $0.6\text{m} \times 0.5\text{m} \times 3\text{mm}$ 的铝板, 由 (10.3.77) 式计算的平均声辐射效率及其与模态声辐射效率的比较, 由图 10.3.14 给出。由图可见, 在 70Hz 以下频率频段, 平均辐射效率主要取决于一阶模态的声辐射效率。在此频率以上, 平均辐射效率有一个低谷, 然后上升到吻合频率时趋于 1。鉴于这样的情况, 将平板声辐射效率表达式修正为

$$\sigma = \begin{cases} \dfrac{4S}{C_0^2} f^2, & f < f_{1.1} \\[3mm] \dfrac{C_0^2}{f_c^2 S} \dfrac{D}{m_s}, & f_{1.1} < f < f_e \\[3mm] \dfrac{LC_0}{4\pi^2 S f_c} \dfrac{(1-\alpha^2)\ln \dfrac{1+\alpha}{1-\alpha} + 2\alpha}{(1-\alpha^2)^{3/2}}, & f_e < f < f_c \\[3mm] 0.45\sqrt{\dfrac{Lf_c}{C_0}}, & f = f_c \\[3mm] \left(1 - \dfrac{f_c}{f}\right)^{-\frac{1}{2}}, & f > f_c \end{cases} \qquad (10.3.78)$$

式中, $f_{1.1}$ 为平板一阶模态频率, $f_e = 3C_0/L$ 为特征频率, 其他参数含义同 (10.3.65) 式。

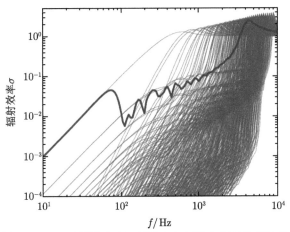

图 10.3.14 平板模态声辐射效率与平均声辐射效率比较
(引自文献 [92], fig3)

采用 (10.3.77) 式和 (10.3.78) 式计算的平板平均声辐射效率比较见图 10.3.15, 在平板基频 50~500Hz 左右的频段, 平均声辐射效率随频率变化有起伏, 此频段

对应平板的角模式辐射，在 500Hz 到吻合频率，平均声辐射效率随频率上升，此频段对应平板的边模式辐射。由 (10.3.77) 式可以直接计算分析平板阻尼对声辐射效率的影响，结果表明，在基频以下和吻合频率以上频段，平均声辐射效率基本与平板阻尼无关，而在基频到吻合频率范围内，随着阻尼的增加，平板声辐射效率有所增加，高于 Maidanik 公式的计算结果，参见图 10.3.16。这是因为平均声辐射效率计算考虑了频带内每个模态的声辐射效率，但每个模态的声辐射功率会有较大的不同，简单说，当奇数模态与偶数模态均方振速大致相等时，奇数模态的辐射功率会明显大于偶数模态的辐射功率，且阻尼对一个频带内的奇数模态还是偶数模态振动的作用也是大致相同的，即阻尼降低振动的作用大于降低声辐射功率的作用，从而使平均声辐射效率随着阻尼的增加而增加。

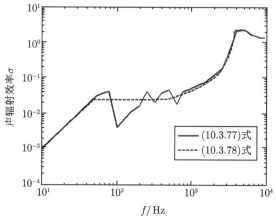

图 10.3.15　平板平均声辐射效率比较
(引自文献 [92], fig4)

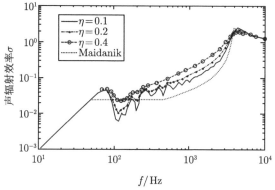

图 10.3.16　阻尼对平板平均声辐射效率的影响
(引自文献 [92], fig5)

我们知道，模态声辐射效率与模态振型分布，也就是与模态函数有关，而模态函数取决于平板的边界条件，文献 [93] 罗列了简支、固定、自由等三种边界条件及其组合情况的模态函数，利用这些模态函数，Squicciarini 等 [94] 发展 Xie 等的方法，研究了不同边界条件对平板平均声辐射效率的影响。在平板 (x_0, y_0) 处有简谐点激励情况下，平板振速的模态解为

$$A_{mn} = \frac{\mathrm{i}\omega F_0 \varphi_{mn}(x_0, y_0)}{(\omega^2 - \omega_{mn}^2) + \mathrm{i}\omega_{mn}^2 \eta_s} \tag{10.3.79}$$

式中，$\varphi_{mn}(x_0, y_0)$ 为不同边界条件下的模态函数，F_0 为激励力幅值。
相应的平板振速为

$$v(x, y) = \sum_{m=0}^{\infty} \sum_{n=0}^{\infty} A_{mn}\varphi_{mn}(x, y) = \sum_{m=0}^{\infty} \sum_{n=0}^{\infty} v_{mn} \tag{10.3.80}$$

式中，v_{mn} 表示模态 (m, n) 对平板振速 $v(x, y)$ 的贡献分量。注意到 (10.3.80) 式中的求和虽然都标注从 0 开始，但不同边界条件的平板，实际求和的起始值应有所不同。

考虑所有位置上的激励力，由 (10.3.80) 式可求得平板均方振速的空间平均值：

$$\left\langle \overline{v^2} \right\rangle = \sum_{m=0}^{\infty} \sum_{n=0}^{\infty} \frac{I_{mn}\omega^2 |F_0^2|}{|Z_{mn}|^2} \tag{10.3.81}$$

式中，Z_{mn} 为平板模态阻抗，$|F_0^2|$ 为激励力均方值，I_{mn} 表达式为

$$I_{mn} = \frac{1}{l_x l_y} \int_0^{l_x} \int_0^{l_y} \varphi_{mn}(x_0, y_0)\varphi_{mn}^*(x_0, y_0) \,\mathrm{d}x_0 \mathrm{d}y_0 \tag{10.3.82}$$

另外，利用模态法求解 Rayleigh 公式，平板辐射声压可以表示为

$$p(x, y) = \sum_{m=0}^{\infty} \sum_{n=0}^{\infty} A_{mn}H_{mn} \tag{10.3.83}$$

式中，

$$H_{mn} = \frac{-\mathrm{i}k_0\rho_0 C_0}{2\pi} \int_s \varphi_{mn} \frac{\mathrm{e}^{\mathrm{i}k_0 d}}{d} \mathrm{d}x\mathrm{d}y \tag{10.3.84}$$

相应的声辐射功率为

$$P = \sum_{m=0}^{\infty} \sum_{n=0}^{\infty} \sum_{p=0}^{\infty} \sum_{q=0}^{\infty} A_{mn} A_{pq}^*$$

$$\times \int_0^{2\pi} \int_0^{\pi/2} \frac{H_{mn} H_{pq}^*}{2\rho_0 C_0} R^2 \sin\theta \mathrm{d}\theta \mathrm{d}\varphi \tag{10.3.85}$$

将 (10.3.79) 式代入 (10.3.85) 式，可得

$$P = \sum_{m=0}^{\infty} \sum_{n=0}^{\infty} \frac{I_{mn} \omega^2 |F_0^2|}{|Z_{mn}|^2} R_{mn} \tag{10.3.86}$$

式中，

$$R_{mn} = \int_0^{2\pi} \int_0^{\pi/2} \frac{H_{mn} H_{mn}^*}{2\rho_0 C_0} R^2 \sin\theta \mathrm{d}\theta \mathrm{d}\varphi \tag{10.3.87}$$

于是，由 (10.3.81) 和 (10.3.86) 式可得平板的平均声辐射效率：

$$\sigma = \frac{P}{\rho_0 C_0 S \left\langle \overline{v^2} \right\rangle} = \frac{\displaystyle\sum_{m=0}^{\infty} \sum_{n=0}^{\infty} \frac{I_{mn} R_{mn}}{|Z_{mn}|^2}}{\rho_0 C_0 S \displaystyle\sum_{m=0}^{\infty} \sum_{n=0}^{\infty} \frac{I_{mn}}{|Z_{mn}|^2}} \tag{10.3.88}$$

(10.3.88) 式与 (10.3.77) 式是一致的，只是适用于不同边界条件的平板。由 (10.3.82) 式、(10.3.84) 和 (10.3.87) 式计算得到 I_{mn} 和 R_{mn}，即可由 (10.3.88) 式计算平板的平均辐射效率。采用 Maidanik 的平均声辐射效率进行归一，图 10.3.17 给出了 9 种不同边界条件平板的平均声辐射效率曲线。由图可见，在 $f/f_c < 0.8$ 频率范围内，四边简支 (SSSS) 平板的平均声辐射效率比 Maidanik 结果高 1~2dB，$f/f_c < 0.5$ 范围，四边固支 (CCCC) 平板则高 3~4dB，两种固支和简支组合的边界条件 (CCSS, CSCS) 下，平均声辐射效率基本一致，自由和固支组合边界条件时，平均声辐射比 Maidanik 结果也略高 1~2dB，而自由和简支组合边界条件则低 2dB 左右，四边自由边界条件平板的平均声辐射效率最低，比 Maidanik 结果低 6~8dB。在吻合频率附近及以上频段，不同边界条件平板的平均声辐射效率基本趋于一致。采用 (10.3.88) 式还可以计算分析不同长宽比和厚度平板的平均声辐射效率，当然也可以扩展到加肋平板。文献 [95] 将此方法扩展到水下结构的平均声辐射效率计算。

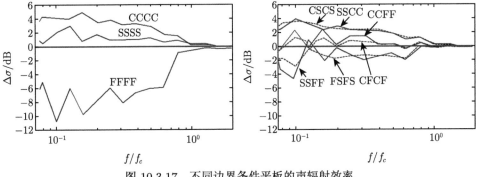

图 10.3.17 不同边界条件平板的声辐射效率

(引自文献 [94], fig11)

除了矩形平板外，常见的结构还有圆柱壳，在统计能量法应用时也需要计算平均声辐射效率。Fahy[96] 采用 Lyon 和 Maidanik[1] 定义的声辐射阻抗，求解圆柱壳内场声辐射的辐射效率，参见 (10.1.88) 式，频带平均的声辐射阻抗为

$$R_a = \frac{M}{N_s} \sum_{mp} \alpha_{mp} \tag{10.3.89}$$

式中，M 和 N_s 分别为圆柱壳的质量和频带模态数。

类似 (10.1.16) 和 (10.1.69) 式，α_{mp} 的表达式为

$$\alpha_{mp} = \frac{B_{mp}^2 \left(\Delta_m \omega_p^2 + \Delta_p \omega_m^2 \right)}{\left(\omega_m^2 - \omega_p^2 \right)^2 + \left(\Delta_m + \Delta_p \right) \left(\Delta_m \omega_p^2 + \Delta_p \omega_m^2 \right)} \tag{10.3.90}$$

其中 B_{mp} 为

$$B_{mp} = \left(\frac{C_0^2 \rho_0}{V M \varepsilon_p \varepsilon_m} \right)^{1/2} \int_s \psi_p(x) \varphi_m(x) \, \mathrm{d}V \tag{10.3.91}$$

这里，Δ_m, Δ_p 和 ω_m, ω_p 分别为圆柱壳和内部腔体的阻尼系数和模态频率，V 为圆柱壳内部腔体体积，C_0, ρ_0 为腔内介质声速和密度，ψ_p 和 φ_m 分别为腔体和壳体的模态函数，ε_p 和 ε_m 分别为 ψ_p 和 φ_m 的归一化系数。

$$\psi_p(r, \theta, z) = \begin{array}{c} \cos \\ \sin \end{array} \{ q\theta \} \cos \frac{p\pi z}{l} \mathrm{J}_q(\pi r_{qj}) \tag{10.3.92}$$

$$\varphi_m(\theta, z) = \begin{array}{c} \cos \\ \sin \end{array} \{ n(\theta + \beta) \} \sin \frac{m\pi z}{l} \tag{10.3.93}$$

式中, J_q 为 Bessel 函数, r_{qj} 为 $\mathrm{dJ}_q(\pi r)/\mathrm{d}r = 0$ 的第 j 个解, l 为圆柱壳长度, β 为结构振动与内部声场的相对相角。且有

$$\varepsilon_m = \frac{1}{S}\int \varphi_m^2 \mathrm{d}S, \varepsilon_p = \frac{1}{V}\int \psi_p^2 \mathrm{d}V$$

将 (10.3.92) 和 (10.3.93) 式代入 (10.3.91) 式, 有

$$B_{mp} = \begin{cases} \left(\dfrac{C_0^2\rho_0}{VM\varepsilon_p\varepsilon_m}\right)^{1/2} mla\cos(q\beta)\left[\dfrac{(-1)^{m+p}-1}{(p^2-m^2)}\right]\mathrm{J}_q(\pi r_{qj}), \\ \qquad\qquad\qquad q=n, m\neq p, (m+p)/2\neq \text{整数} \\ 0, \qquad\qquad q\neq n\text{或}m=p\text{或}(m+p)/2=\text{整数} \end{cases} \tag{10.3.94}$$

考虑到

$$V\varepsilon_p = \int_v \psi_p^2(x)\mathrm{d}V = \left(\pi a^2 l/4\right)\mathrm{J}_q^2(\pi r_{qj})\left[1-\left(\frac{p}{\pi r_{qj}}\right)^2\right] \tag{10.3.95}$$

式中, a 为圆柱壳半径。

将 (10.3.95) 式代入 (10.3.94) 式, 可得

$$B_{mp} = \left(\frac{4C_0^2\rho_0}{M\varepsilon_m\pi l}\right)^{1/2}\left[\frac{1}{1-(q/\pi r_{qj})^2}\right]^{1/2} ml\cos(q\beta)\left[\frac{(-1)^{m+p}-1}{p^2-m^2}\right], \tag{10.3.96}$$

$$q=n, m\neq p, (m+p)/2\neq\text{整数}$$

令 $p=m\pm k, m\geqslant 3$, k 为奇数, 则 (10.3.96) 式近似为

$$B_{mp} = \frac{2}{(k^2/2m)+k}\left[\frac{C_0^2\rho_0 l}{M\varepsilon_m\pi}\Big/\left(1-\frac{q}{\pi r_{qj}}\right)^2\right]^{1/2}\cos(q\beta) \tag{10.3.97}$$

(10.3.97) 式表明, 当 $q=0$, 取 $k=1$ 和 $q\neq 0$, 取 $k=1$, $q\approx\pi r_{gj}$, 则 B_{mp} 取最大值, 也就是圆柱壳振动与壳内声场的周向模态数相等, 轴向模态数相差半波长, 且腔内径向声压分布的 Bessel 函数阶数 q 满足 $q=\pi r_{qj}$ 时, 圆柱壳振动与腔内声场空间耦合最强。为此将 B_{mp} 分为两种情况。

$$B_{mp}^{(a)} \approx 2\left[\frac{C_0^2\rho_0 l}{M\varepsilon_m\pi}\right]^{1/2}\left[1-\left(1+0.8q^{-2/3}\right)\right]^{-1}\cos(q\beta) \tag{10.3.98}$$

$$k=1, q=n>1, j=0, m\geqslant 3$$

$$B_{mp}^{(b)} \approx 2 \left[\frac{C_0^2 \rho_0 l}{M \varepsilon_m \pi} \right]^{1/2} \cos (q\beta)$$

$$k = 1, q = n = 0, m \geqslant 3 \text{ 或 } k = 1, q = n \neq 0, j \neq 0, m \geqslant 3 \qquad (10.3.99)$$

Fahy 针对两种耦合情况, 求和计算 (10.3.89) 式中的 $\sum\limits_{mp} \alpha_{mp}$, 并考虑频带内的模态数, 求解得到 $f/f_r < 0.8$ 和 $f/f_c < 1$ 频率范围内的平均声辐射阻:

$$R_a = \frac{4\rho_0 a^2 l^2 \Delta\phi}{C_0 \pi^2 N_s \varepsilon_m} \left\{ \frac{fl (\Delta_r + \Delta_m)}{a\pi} \left[1 - (1 + 0.8q^{-2/3})^{-2} \right]^{-1} + 2\pi^2 f^2 \right\} \quad (10.3.100)$$

式中,

$$\Delta\phi = \arccos [(f/f_r) (1 - \Delta f/2f)]^{1/2} - \cos^{-1} [(f/f_r) (1 + \Delta f/2f)]^{1/2}$$

这里, f_r 为圆柱壳环频。

当 $f \gg f_c > f_r$ 时, 则有

$$R_a = \frac{4.4 \rho_0 C_0 al}{\pi \varepsilon_m} \qquad (10.3.101)$$

考虑到 (10.3.101) 式中 $\varepsilon_m = 0.25$, 可得相应的平均声辐射效率为 $\sigma = 0.9$, 接近于 1。另外在 $l/a < 10$ 情况下, (10.3.100) 式括号 {} 中的第二项比第一项大一个量级, 这样可将圆柱壳腔内声辐射阻抗与文献 [97] 给出的外场声辐射阻抗比较, 两者的比值约为 0.9, 近似相等。Szechenyi[73] 针对圆柱壳的外场声辐射, 基于 Maidanik 等的研究, 同样将圆柱壳振动模态分为声快和声慢两种模式, 依据波数图, 统计分析不同频率声快模式和声慢模式的贡献, 得到圆柱壳的平均声辐射效率为

$$\sigma = \frac{\mu^{3/2} f_r/f_c}{2n(\omega)(F - 1/F)} \left[1 - \mu \left(1 - \mu^2 (f_r/f_c)^2 \right)^{1/2} \right] \left[\frac{1}{(1/F - \mu)^{1/2}} - \frac{1}{(F - \mu)^{1/2}} \right]$$

$$\times \left[12 (1 - \nu^2) \right]^{1/2} \qquad (10.3.102)$$

式中, μ 为频率比值, $\mu = f/f_r$, F 取值见 (10.2.132) 式, ν 为泊松比。

如果满足条件 $\mu < 1/F$, $\mu < 0.65 \lg (3f_c/f_r)$ 或者 $f_r/f_c > 1.5$, $\mu < f_c/f_r$, 则 (10.3.102) 式计算的平均辐射效率的最大误差为

$$10 \lg \sigma = 0.3 \text{dB} \qquad (10.3.103)$$

当 μ 和 f_r/f_c 较小时，且满足 $\mu \leqslant 0.1\lg(17.8f_c/f_r)$，要求最大误差不超过 $10\lg\sigma = 0.3$dB 的情况下，(10.3.102) 式简化为

$$\sigma = \frac{\mu^{3/2}f_r/f_c}{2n(\omega)}\left[\frac{F^{1/2}-(1/F)^{1/2}}{F-1/F}\right]\left[12\left(1-\nu^2\right)\right]^{1/2} \tag{10.3.104}$$

在 $f_r/f_c < 0.52$，且 $1 < \mu < f_c/f_r$ 情况下，没有 "声快" 模式，圆柱壳平均声辐射效率为

$$\sigma = \frac{(h/al^2)^{1/2}\left[\ln\frac{1+(\mu f_r/f_c)^{1/2}}{1-(\mu f_r/f)^{1/2}}+2\left(\mu f_r/f_c\right)^{1/2}/(1-\mu f_r/f_c)\right]}{\left[12\left(1-\nu^2\right)\left(\mu^2-1\right)\right]^{1/4}\pi\left(1-\mu f_r/f_c\right)^{1/2}} \tag{10.3.105}$$

式中，h 为圆柱壳壁厚。

当 $f_r/f_c \gg 0.1$，且 $\mu > 1$，则 (10.3.105) 式简化为

$$\sigma = \frac{(ha/l^2)^{1/2}\left(\mu f_r/f_c\right)^{1/2}}{\left[12\left(1-\nu^2\right)\right]^{1/4}\pi\left(1-\mu f_r/f\right)^{3/2}} \tag{10.3.106}$$

在 $\mu \geqslant f_c/f_r$ 所有模态都是 "声快" 模式的频段，同样有 $\sigma \approx 1$。在圆柱壳环频和吻合频率之间的不同 f_r/f_c 时，$10\lg\sigma + 5\lg\left(l^2/ah\right)$ 随 μ 变化的曲线由图 10.3.18 给出。选取圆柱壳参数为 $l = 1.83$m，$a = 45.72$cm，$h = 4.76$mm，计算和测量的 1/3Oct 平均声辐射效率比较参见图 10.3.19，除了在 $\mu < 0.3$"声快" 模式较少的低频段外，两者吻合很好。文献 [98] 和 [99] 还给出了细长圆柱壳平均声辐射效率的结算公式，这里不再详述。

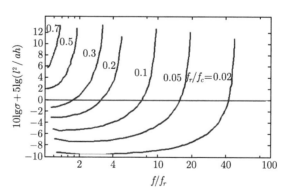

图 10.3.18　圆柱壳声辐射效率与频率的关系
(引自文献 [73], fig10)

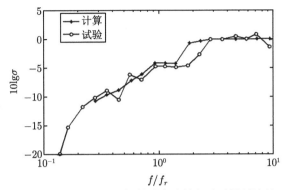

图 10.3.19 圆柱壳声辐射效率计算与试验结果比较

(引自文献 [73], fig11)

Fahy 与 Szechenyi 分别基于最基本的物理概念和特征, 建立了圆柱壳平均声辐射效率的估算方法, 但将他们的方法进一步推广到加肋圆柱壳等复杂结构, 会有很大的难度, 多年来没有见到后续的相关研究, 所以, 这里主要罗列了圆柱壳平均声辐射效率的计算公式, 没有重点介绍详细的过程。由于计算能力的显著提升, 计算加肋圆柱壳等复杂结构的平均声辐射效率, 扩展文献 [92] 和 [94] 提出的方法应更加有效和可行。前面给出的平板和圆柱壳平均声辐射效率估算方法, 都是针对结构振动与空气介质中的声场, 声场对结构振动的耦合作用可以忽略。如果声介质为水介质等重质介质时, 耦合作用不可忽略, 而且结构的负载不仅要考虑模态自阻抗, 还要考虑模态互阻抗, 相应的辐射阻尼将起主要作用, 不同于结构阻尼, 模态辐射阻尼本身就表征声辐射的效率。另外, 平板和圆柱壳的水中吻合频率比空气中的吻合频率增加 18 倍左右, 声波长增加 4 倍多, 它与模态波长的比值也相应增加, 使平板声辐射的面模式、边模式和角模式的比例发生变化。因此, 平板和圆柱壳的平均声辐射效率用于水下结构, 需要进行修正, 否则不一定适用。但对此问题未见有深入的研究, Rumerman[100] 针对一面为半无限声介质的无限大平板和半无限大平板, 研究比较了轻质和重质声介质情况下的声辐射效率, 平板厚为 1cm。在轻介质情况下, 图 10.3.20 给出了内侧固支的无限大平板和一边固支的半无限大平板的声辐射效率, 并与重介质情况下内侧简支的无限大平板和一边固支的半无限大平板声辐射效率进行比较。由图可见, 当 $\alpha < 1$, $\beta^2 < 0.13$ 时, 重介质情况的声辐射效率明显降低, 轻介质情况的两种平板声辐射效率一致。这里 $\alpha = \omega M / \rho_0 C_0$, $\beta = k_0 / k_f$, k_f 为平板弯曲波数。Rumerman 认为当 $\alpha < 1$ 时, 采用经典的轻介质情况声辐射效率公式, 估算一面为水介质的钢板声辐射效率, 结果将明显偏大, 两面为水介质时, 则在 $\alpha/2 < 1$ 的情况下估算结果偏大。具体地说, 钢板一面为水介质时, 频率与板厚之积小于 3kHzcm 时, 声辐射效率估算结果偏大。这个计算结果虽然明确了流体负载对声辐射效率的影响范围, 但

尚未解决统计能量法应用时水中结构平均声辐射效率的估算问题。当然，如果在 (10.3.76) 中考虑外声场的流体负载对平板振动的耦合作用，可以计算分析流体负载对平板平均声辐射效率的影响。

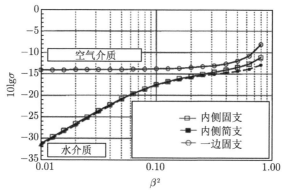

图 10.3.20   流体负载对声辐射效率的影响

(引自文献 [100], fig3)

统计能量法用于水下结构振动和声辐射计算时，将流体附加质量归算到结构面密度中，但 (10.3.46) 式给出的修正方法，是基于无限大平板附加质量的一种高频近似，若将统计能量法向低频段扩展，需要更精确的流体附加质量计算方法。Gélat 和 Lalor[101] 基于试验测量的子系统均方响应及损耗因子，提出了子系统等效质量的计算方法，有可能用于获取水下复杂结构子系统的附加质量。近年来，统计能量法作为一种有效的结构高频振动和声辐射计算方法，已经比较成熟，在向中频扩展的同时，发展的统计模态能量分布分析方法 [102]，用于车辆等舱室噪声能量空间分布计算，能够比统计能量法更加精细地计算分析舱室噪声特性。但是，应该说所涉及的问题大部分都是结构振动与空气声场的耦合，若应用到水下复杂结构的噪声预报，还需要深入研究传递损耗因子、平均声辐射效率及平均附加质量等计算方面的问题。

10.4   结构振动和声辐射的其他高频近似方法

在高频段，除了统计能量法以外，还有其他几种计算结构振动和声辐射的近似方法，诸如均值法 (mean-value method)、空间平均频响包络法 (spatially averaged frequency response envelopes)、渐近模态法 (asymptotic modal analysis) 及功率流方法 (power flow method) 等。Skudrzyk[103] 提出的均值法，利用模态叠加法推导几何平均的结构点导纳，在高频段，由于模态重叠，有限结构共振和反共振响应相互交错，使平均的有限结构导纳趋于无限结构的特征导纳。Torres 等 [104]

考虑了流体负载对 Skudrzyk 的均值响应的影响，提出估算公式修正结构等效密度及模态密度。Langley[105] 提出的空间平均响应包络法，对结构的模态响应进行空间平均时，取共振频率上的响应平均值为最大值，两共振频率中心点上的响应平均值为最小值，再考虑模态简并现象和模态频率的分布特征，得到振动响应空间均方值的上下包络线。它们都是基于平均的概念给出相对比较简单的结果，从这个意义上讲，模态渐近法更加完善一些，下面重点介绍这种方法。

考虑如图 10.4.1 所示的矩形板 [106]，受多个随机点激励力作用，即所谓的 "雨点力"(rain on-the-roof forces) 激励，采用模态法可以求解得到矩形板振动位移的功率密度函数与激励力功率谱密度函数的关系，详细推导可参见文献 [107]。

$$\Phi_w\left(\omega, x, y\right) = \sum_m \sum_m \varphi_m\left(x, y\right)\varphi_n\left(x, y\right) H_m\left(\omega\right) H_n^*\left(\omega\right)$$

$$\times \iiint \varphi_m\left(x, y\right)\varphi_n\left(x', y'\right)\Phi_f\left(\omega, x, y, x', y'\right)\mathrm{d}x\mathrm{d}y\mathrm{d}x'\mathrm{d}y' \quad (10.4.1)$$

式中，$\Phi_w\left(\omega, x, y\right)$ 和 $\Phi_f\left(\omega, x, y, x', y'\right)$ 分别为平板振动位移和激励力的功率谱密度函数，$\varphi_m\left(x, y\right)$ 为平板振动模态函数，$H_m\left(\omega\right)$ 为平板模态传递函数，其表达式为

$$H_m\left(\omega\right) = \frac{1}{M_m\left(\omega_m^2 + \mathrm{i}2\eta_m\omega_m\omega - \omega^2\right)} \quad (10.4.2)$$

其中，M_m, ω_m 和 η_m 为模态质量、频率及阻尼因子。

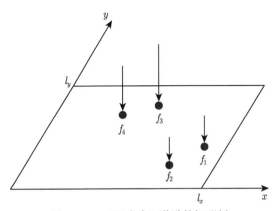

图 10.4.1 "雨点力" 激励的矩形板
(引自文献 [106], fig1)

为简单起见，忽略 (10.4.1) 式中的模态耦合项，并假设激励力功率谱密度函数相对于传递函数而言为频率的慢变函数，于是矩形板振动位移的均方值表示为

$$\bar{W}^2 = \int_0^\infty \Phi_w(\omega, x, y)\, \mathrm{d}\omega$$

$$= \frac{\pi}{4} \sum_m \frac{\varphi_m^2(x, y)}{M_m^2 \omega_m^3 \eta_m} \iiint \varphi_m(x, y)\, \varphi_m(x', y') \tag{10.4.3}$$

$$\times \Phi_f(\omega, x, y, x', y')\, \mathrm{d}x\mathrm{d}y\mathrm{d}x'\mathrm{d}y'$$

在多点激励情况下，矩形板受到的作用力表示为

$$f(x, y, t) = \sum_{i=1}^I \delta(x - x_i)\delta(y - y_i) f_i(t) \tag{10.4.4}$$

式中，x_i, y_i 为第 i 个点激励力的位置，$f_i(t)$ 为激励力的时域函数。对应 (10.4.4) 式，激励力功率谱密度函数为

$$\Phi_f(\omega, x, y, x', y') = \sum_{i=1} \sum_{j=1} \delta(x - x_i)\delta(y - y_i)\, \delta(x' - x_j')\delta(y' - y_j')\, \Phi_{fij}$$

$$\tag{10.4.5}$$

式中，Φ_{fij} 为点激励力的互功率谱密度函数。

将 (10.4.5) 式代入 (10.4.3) 式，可得

$$\bar{W}^2(x, y) = \frac{\pi}{4} \sum_m \frac{\varphi_m^2(x, y)}{M_m^2 \omega_m^3 \eta_m} \sum_i \sum_j \varphi_m(x_i, y_i)\varphi_m(x_j', y_j')\, \Phi_{fij}(\omega_m) \tag{10.4.6}$$

为了进一步简化，对矩形板振动位移进行空间平均，得到

$$\langle \bar{W}^2 \rangle = \frac{\pi}{4} \sum_m \frac{\langle \varphi_m^2 \rangle}{M_m^2 \omega_m^3 \eta_m} \sum_i \sum_j \varphi_m(x_i, y_i)\varphi_m(x_j', y_j')\, \Phi_{fij}(\omega_m) \tag{10.4.7}$$

式中，$\langle\ \rangle$ 表示空间平均，注意到这里取 $x_j = x_j'$，$y_j = y_j'$，下面将省略上标 " $'$ "。

应该说，(10.4.7) 式仍然为矩形板振动的模态解形式，如果模态数较多，则可以证明式中的 $i = j$ 项起主要作用，也可以说，即使点激励力为相关的，也认为它们是不相关的。

考虑 (10.4.7) 式模态函数的求和项：

$$A_{ij} = \sum_{m=M}^{M+\Delta M - 1} \varphi_m(x_i, y_i)\varphi_m(x_j, y_j) \tag{10.4.8}$$

式中, M 和 ΔM 为给定频带的模态起始数及模态数。

为简单起见, 仅考虑一维平板, 即取

$$\varphi_m(x) = \sin\frac{m\pi x}{l_x} \tag{10.4.9}$$

这样, 由 (10.4.8) 式, 当 $i = j$ 时, 有

$$
\begin{aligned}
A_{ii} &= \sum_{m=M}^{M+\Delta M-1} \sin^2\frac{m\pi x_i}{l_x} \\
&= \frac{1}{2}\Delta M - \frac{\sin\dfrac{\Delta M\pi x_i}{l_x}\cos\dfrac{(2M+\Delta M-1)\pi x_i}{l_x}}{2\sin\dfrac{\pi x_i}{l_x}}
\end{aligned}
\tag{10.4.10}
$$

对于给定的 ΔM, 随着 M 的变化, A_{ii} 在 $\Delta M/2$ 附近振荡, 相当于 A_{ii} 满足:

$$\frac{1}{2}\Delta M - \frac{\left|\sin\dfrac{\Delta M\pi x_i}{l_x}\right|}{2\sin\dfrac{\pi x_i}{l_x}} \leqslant A_{ii} \leqslant \frac{1}{2}\Delta M + \frac{\left|\sin\dfrac{\Delta M\pi x_i}{l_x}\right|}{2\sin\dfrac{\pi x_i}{l_x}} \tag{10.4.11}$$

当 $\Delta M \to \infty$ 时, 有

$$A_{ii} = \frac{\Delta M}{2} \tag{10.4.12}$$

若 $i \neq j$, 由 (10.4.8) 及 (10.4.9) 式, 有

$$
A_{ij} = \frac{1}{2}\left[\frac{\sin\dfrac{\Delta M\pi(x_i-x_j)}{2l_x}\cos\dfrac{\pi(2M+\Delta M-1)(x_i-x_j)}{2l_x}}{\sin\dfrac{\pi(x_i-x_j)}{2l_x}} \right.
\\ \left. - \frac{\sin\dfrac{\Delta M\pi(x_i+x_j)}{2l_x}\cos\dfrac{\pi(2M+\Delta M-1)(x_i+x_j)}{2l_x}}{\sin\dfrac{\pi(x_i+x_j)}{2l_x}} \right]
\tag{10.4.13}
$$

对于给定的 ΔM, 随着 M 的变化, A_{ij} 在 0 值附近振荡, 即

$$\left| \frac{A_{ij}}{A_{ii}} \right| \leqslant \left\{ \left| \frac{\sin \dfrac{\Delta M \pi \left(2 x_i + \Delta x\right)}{2 l_x}}{\sin \dfrac{\pi \left(2 x_i + \Delta x\right)}{2 l_x}} \right| \right.$$

$$\left. + \left| \frac{\sin \dfrac{\Delta M \pi \Delta x}{2 l_x}}{\sin \dfrac{\pi \Delta x}{2 l_x}} \right| \right\} \left/ \left[\Delta M - \left| \frac{\sin \dfrac{\Delta M \pi x_i}{l_x}}{\sin \dfrac{\pi x_i}{l_x}} \right| \right] \right. \tag{10.4.14}$$

式中, $\Delta x = x_j - x_i$。

由 (10.4.14) 式可见, 当 $\Delta M \to \infty$ 时, A_{ij}/A_{ii} 趋于零, 这样, (10.4.7) 式中 $i \neq j$ 的项可以不考虑, 于是简化为

$$\langle \bar{W}^2 \rangle = \frac{\pi}{4} \sum_m \frac{\langle \varphi_m^2 \rangle}{M_m^2 \omega_m^3 \eta_m} \sum_{i=1}^{I} \varphi_m^2 \left(x_i, y_i\right) \Phi_{fii} \left(\omega_m\right) \tag{10.4.15}$$

在给定频带内, M_m^2, ω_m^3, η_m, $\Phi_{fii}\left(\omega_m\right)$ 及 $\langle \varphi_m^2 \rangle$ 随模态数 m 的变化小于 $\varphi_m^2 \left(x_i, y_i\right)$ 的变化, (10.4.15) 式可以表示为

$$\langle \bar{W}^2 \rangle_{\Delta\omega} = \frac{\pi}{4} \frac{\langle \varphi_c^2 \rangle}{M_c^2 \omega_c^3 \eta_c} \sum_{i=1}^{I} \Phi_{fii} \left(\omega_c\right) \sum_m \varphi_m^2 \left(x_i, y_i\right) \tag{10.4.16}$$

式中, 下标 c 表示频带中心频率。

注意到, 单个空间点上模态形状函数 (平方值) 的模态平均等于单个模态形状函数 (平方值) 的空间平均:

$$\sum_{m=M}^{M+\Delta M+1} \frac{\varphi_m^2 \left(x_i, y_i\right)}{\Delta M} = \iint \varphi_M^2 \left(x, y\right) \mathrm{d}x \mathrm{d}y \left/ \iint \mathrm{d}x \mathrm{d}y = \langle \varphi_M^2 \rangle \right. \tag{10.4.17}$$

另外, 有

$$\iint m_s \varphi_M^2 \mathrm{d}x \mathrm{d}y = M_p \langle \varphi_M^2 \rangle \tag{10.4.18}$$

式中, M_p 为平板面积。

由 (10.4.17) 式和 (10.4.18) 式分别可得

$$\sum_{m=M}^{M+\Delta M-1} \varphi_m^2 \left(x_i, y_i\right) = \Delta M \langle \varphi_M^2 \rangle \tag{10.4.19}$$

$$M_c = M_p \left\langle \varphi_c^2 \right\rangle \tag{10.4.20}$$

注意到, (10.4.19) 与 (10.4.12) 式是完全一致的, 若将 (10.4.19) 和 (10.4.20) 式代入 (10.4.16) 式, 得到多点随机激励时矩形板振动频带均方位移响应的渐近模态解:

$$\left\langle \bar{W}^2 \right\rangle_{\Delta\omega} = \frac{\pi}{4} \frac{\Delta M}{\Delta \omega} \frac{\left\langle \bar{F}^2 \right\rangle_{\Delta\omega}}{M_p^2 \omega_c^3 \eta_c} \tag{10.4.21}$$

式中, $\left\langle \bar{F}^2 \right\rangle_{\Delta\omega}$ 为给定频带多点激励力的均方值。

$$\left\langle \bar{F}^2 \right\rangle_{\Delta\omega} = \sum_{i=1}^{I} \Phi_{fii} \left(\omega_c \right) \Delta \omega \tag{10.4.22}$$

应该指出, (10.4.21) 式完全等价统计能量法的结果。矩形板振动的均方响应正比于每个激励力均方值之和, 而与它们的相关性及激励点位置无关。另外, (10.1.21) 式中 ω_c 及 η_c 为频带中心频率及阻尼因子, 不涉及模态频率及模态阻尼因子, $\Delta M / \Delta \omega$ 为相应的频带模态密度。可以进一步证明, 在高频情况下, 渐近模态法与经典模态法的结果趋于一致。图 10.4.2 给出了两个点力激励时, 两种方法计算的平板均方位移比值在 $\Delta M \to \infty$ 时趋近于 1。图 10.4.3 为不同频率宽度情况下, 渐近模态法计算结果与经典模态法计算结果及试验测量结果的比值[108]。4 个不同的测量中心频率, 频率宽度较大时, 三种结果越接近。

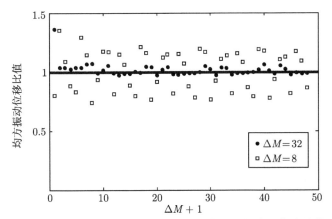

图 10.4.2 渐近模态法与经典模态法计算的平板均方位移比值
(引自文献 [106], fig5)

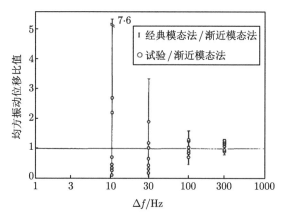

图 10.4.3　渐近模态法与经典模态法和试验结果的比值
(引自文献 [108], fig8)

Kubota 和 Dowell 等 [109-111] 还进一步研究了矩形板上分别有质量块和质量/弹簧振子时的渐近模态解，给出了矩形板上质量块和质量弹簧振子安装点的振动位移均方值 $\left\langle \overline{W_0}^2 \right\rangle$ 为

$$\left\langle \overline{W_0}^2 \right\rangle = \frac{\pi}{4} \frac{\Delta M}{\Delta \omega} \frac{\left\langle \overline{F}^2 \right\rangle_{\Delta \omega}}{M_p^2 \omega_c^3 \eta_c} g_c \tag{10.4.23}$$

式中，g_c 为质量块和质量/弹簧振子的修正因子，它们的表达式分别如下。

质量块：

$$g_c = \left(\frac{2}{\pi^2} \frac{\lambda_c^2 m_s}{M_0} \right)^2 \Big/ \left[1 + \left(\frac{2}{\pi^2} \frac{\lambda_c^2 m_s}{M_0} \right)^2 \right] \tag{10.4.24}$$

质量/弹簧振子：

$$g_c = \left(\frac{2}{\pi^2} \frac{\lambda_c^2 m_s}{M_0} \right)^2 \left(1 - \frac{\omega_c^2}{\omega_0^2} \right) \Big/ \left[1 + \left(\frac{2}{\pi^2} \frac{\lambda_c^2 m_s}{M_0} \right)^2 \right] \tag{10.4.25}$$

其中，m_s 为平板面密度，M_0 为质量块质量，ω_0 为质量/弹簧振子固有频率，λ_c 为频带内平板的平均波长。

针对 1.2m×0.8m×2mm 的铝板，上面布置有 24g 重的质量块，计算的平板及质量块加速级及其与试验测量结果的比较参见图 10.4.4，可见在较高频段质量块安装点的加速度级小于平板其他点的平均加速度级，且计算与试验结果吻合较好，试验与计算的修正因子 g_c 也基本一致，参见图 10.4.5。

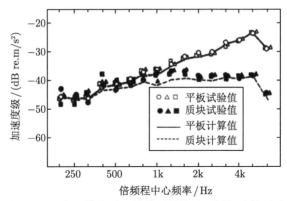

图 10.4.4 渐近模态法计算的质量块对平板振动的影响
(引自文献 [109], fig10)

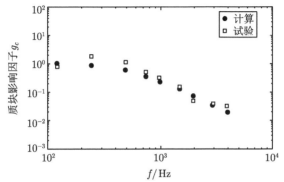

图 10.4.5 质量块影响因子 g_c 理论与试验值比较
(引自文献 [111], fig7)

Kubota 和 Dowell[112] 将渐近模态法扩展到求解腔室高频声场，利用内部声场和壁面振动的耦合方程，对模态函数进行空间平均，得到声压空间均方值的近似表达式，其结果与几何声学一致。考虑如图 10.4.6 所示的腔体，其体积为 V，内表面积为 S，部分内表面积 S_a 上敷设有吸声材料，其他部分为刚性表面。设腔体的声模态函数为 ψ_m，利用 (9.2.33) 式，模态声压 p_m 满足方程：

$$\ddot{p}_m + \frac{\rho_0 C_0^2 S_a}{V} \sum_r \frac{\dot{p}_r G_{mr}}{M_r} + \omega_m^2 p_m = \dot{Q}_m \tag{10.4.26}$$

式中，

$$M_r = \frac{1}{V} \int_V \psi_r^2 \mathrm{d}V \tag{10.4.27}$$

$$G_{mr} = \frac{1}{S_a} \int_{S_a} \beta \psi_m \varphi_r \mathrm{d}S \tag{10.4.28}$$

$$Q_m = \frac{1}{V} \int_V q\psi_m \mathrm{d}V \qquad (10.4.29)$$

其中，β 为敷有吸声层的内表面法向特征导纳，φ_r 为敷有吸声材料壁面的结构模态函数，q 为内部声源的单位体积速度。

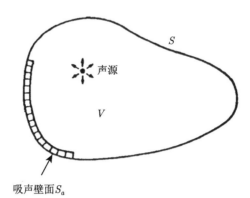

图 10.4.6　内表面敷设吸声材料的任意腔体模型
(引自文献 [112], fig1)

当内表面吸声层法向特征导纳 β 较小时，(10.4.26) 式中的模态耦合项可以忽略，简化为

$$\ddot{p}_m + 2\eta_m\omega_m\dot{p}_m + \omega^2 p_m = Q_m \qquad (10.4.30)$$

式中，

$$2\eta_m = \frac{\rho_0 C_0^2 S_a}{V} \frac{G_{mm}}{\omega_m M_m} \qquad (10.4.31)$$

类似于 (10.4.1) 式，腔体内部声压的功率谱密度函数可以表示为

$$\Phi_p\left(\omega, \bar{r}\right) = \left(\rho_0 C_0^2\right)^2 \sum_m \sum_n \frac{\psi_m\left(\boldsymbol{r}\right)}{M_m} \frac{\psi_n\left(\boldsymbol{r}\right)}{M_n} H_m\left(\omega\right) H_n^*\left(\omega\right) \frac{1}{V^2}$$

$$\int_V \int_V \psi_m\left(\boldsymbol{r}\right)\psi_n\left(\boldsymbol{r}'\right) \Phi_q\left(\omega, \boldsymbol{r}, \boldsymbol{r}'\right) \mathrm{d}V \mathrm{d}V' \qquad (10.4.32)$$

式中，ρ_0 和 C_0 分别为腔内声介质密度和声速，$\boldsymbol{r}$ 和 $\boldsymbol{r}'$ 为腔内位置矢量，Φ_q 为 $\boldsymbol{r}$ 和 $\boldsymbol{r}'$ 位置声源的互功率谱密度函数，H_m 为模态传递函数。

当声源为点源时，q 可以表示为

$$q\left(t, \boldsymbol{r}\right) = \sum_{i=1}^{N} \delta\left(\boldsymbol{r} - \boldsymbol{r}_i\right) Q_i\left(t\right) \qquad (10.4.33)$$

式中，$Q_i(t)$ 为第 i 个点声源的强度，r_i 为其位置。

将 (10.4.33) 式代入 (10.4.32) 式，可得

$$\Phi_p(\omega, r) = (\rho_0 C_0^2)^2 \sum_m \sum_n \frac{\psi_m(r)}{M_m} \frac{\psi_n(r)}{M_n} H_m(\omega) H_n^*(\omega) \frac{1}{V^2}$$

$$\otimes \sum_{i=1}^{N} \sum_{j=1} \psi_m(r_i) \psi_n(r_j) \Phi_{Q_{ij}}(\omega) \tag{10.4.34}$$

式中，$\Phi_{Q_{ij}}$ 为声源 Q_i 和 Q_j 之间的互功率谱密度函数。

由 (10.4.34) 式，可以计算得到腔内声压的均方值：

$$\bar{p}^2(r) = \int_0^\infty \Phi_p(\omega, r) \mathrm{d}\omega$$

$$= \frac{\pi}{4} \left(\frac{\rho_0 C_0^2}{V^2}\right)^2 \sum_m \frac{\psi_m^2(r)}{M_m^2 \omega_m^3 \eta_m} \sum_{i=1}^{N} \sum_{j=1}^{N} \psi_m(r_i) \psi_m(r_j) \Phi_{Q_{ij}}(\omega_m) \tag{10.4.35}$$

进一步作空间平均，则有

$$\langle \bar{p}^2 \rangle = \frac{\pi}{4} \left(\frac{\rho_0 C_0^2}{V}\right)^2 \sum_m \frac{\langle \psi_m^2 \rangle}{M_m^2 \omega_m^3 \eta_m} \sum_{i=1}^{N} \sum_{j=1}^{N} \psi_m(r_i) \psi_m(r_j) \Phi_{Q_{ij}}(\omega_m) \tag{10.4.36}$$

假设给定频带的带宽 $\Delta\omega$ 远小于其中心频率，且 (10.4.36) 式中 ω_m 和 η_m 随模态数 m 的变化为慢变量，再考虑到 $M_m = \langle \psi_m^2 \rangle$，于是 (10.4.36) 式改写为

$$\langle \bar{p}^2 \rangle_{\Delta\omega} = \frac{\pi (\rho_0 C_0^2)^2}{4V^2 \omega_c^3 \eta_c} \sum_{i=1}^{N} \sum_{j=1}^{N} \Phi_{Q_{ij}}(\omega_c) \cdot \sum_{m=M}^{M+\Delta M-1} \frac{\psi_m(r_i) \psi_m(r_j)}{\langle \psi_m^2 \rangle} \tag{10.4.37}$$

类似于平板受点力激励的情况，当 $\Delta\omega \to \infty$ 时，(10.4.37) 式中的 $\psi_m(r_i) \psi_m(r_j)$ 项在 $i \neq j$ 时振荡趋于零，而只需考虑 $i = j$ 情况下的求和，即

$$\sum_i \sum_j \sum_m \frac{\psi_m(r_i) \psi_m(r_j)}{\langle \psi_m^2 \rangle} = \sum_i \sum_m \frac{\psi_m^2(r)}{\langle \psi_m^2 \rangle} \tag{10.4.38}$$

这样，(10.4.37) 式可简化为

$$\langle \bar{p}^2 \rangle_{\Delta\omega} = \frac{\pi (\rho_0 C_0^2)^2}{4V^2 \omega_c^3 \eta_c} \sum_{i=1}^{N} \sum_{m=M}^{M+\Delta M-1} \Phi_{Q_{ij}}(\omega_c) \frac{\psi_m^2(r_i)}{\langle \psi_m^2 \rangle} \tag{10.4.39}$$

应该说, 当腔内点声源不相关时, (10.4.39) 式为 (10.4.37) 式的直接结果, 即使点声源相关时, 因为考虑了给定频带内模态数 $\Delta\omega$ 较大, (10.4.39) 式也是一个很好的渐近近似结果。声源间距较小时, 近似的误差会增大。类似于 (10.4.17) 式, 当 $\Delta\omega$ 较大时, 有

$$\sum_{m=M}^{M+\Delta M-1} \frac{\psi_m^2(\boldsymbol{r}_i)}{\langle\psi_m^2\rangle} = \Delta M \tag{10.4.40}$$

于是, 由 (10.4.39) 式可得腔体内部频带均方声压的渐近模态解

$$\langle\bar{p}^2\rangle = \frac{\pi(\rho_0 C_0^2)^2}{4V^2\omega_c\eta_c} \frac{\Delta M}{\Delta\omega} \bar{Q}_{\Delta\omega}^2 \tag{10.4.41}$$

式中, $\bar{Q}_{\Delta\omega}^2$ 为给定频带内声源强度均方值。

$$\bar{Q}_{\Delta\omega}^2 = \frac{1}{\omega_c^2} Q_{\Delta\omega}^2 = \frac{1}{\omega_c^2} \sum_{i=1}^{N} \Phi_{Q_{ij}}(\omega_c) \Delta\omega \tag{10.4.42}$$

由 (10.4.41) 式可见, 当给定频带内模态数较大时, 腔体内部均方声压 $\langle\bar{p}^2\rangle$ 不仅与每个模态特性无关, 而且与激励点声源位置及其空间相关性也无关。随着模态数的增加, 波动理论和渐近模态法计算的腔体内部声压均方值之比趋于 1, 参见图 10.4.7。Peretti 和 Dowell[113] 针对一面为矩形弹性, 其他五面为刚性壁面的矩形腔, 采用渐近模态法计算腔内声压, 当给定频带内有几十个模态以上时, 渐近模态法与经典模态法的计算结果相差 1dB 左右。

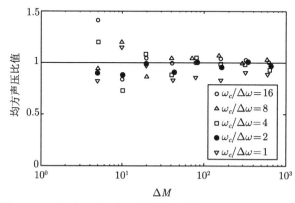

图 10.4.7　波动理论和渐近模态法计算的腔内均方声压比值
(引自文献 [112], fig5)

渐近模态法与统计能量法一样, 适用于高频振动和声压计算, 为了向中频扩展内部声场计算的适用频率范围, 弥补中频段模态数不足的局限, Sum 和

Pan[114,115] 在结构振动与腔内声场耦合方程的基础上, 提出了振动和声压的分频段空间均方值计算方法。设腔内声场由声压 $p(\boldsymbol{r},\omega)$ 表征, 腔壁结构振动由振速 $v(\boldsymbol{x},\omega)$ 表征, 采用模态法, 文献 [115] 推导得到的模态耦合方程为

$$
\left\{\begin{array}{c} p_1 \\ p_2 \\ \vdots \\ p_N \end{array}\right\} = \rho_0 C_0 \left[\begin{array}{ccc} G_{11}/R_{a1} & \cdots & G_{1M}/R_{a1} \\ & \vdots & \\ G_{N1}/R_{aN} & \cdots & G_{NM}/R_{aN} \end{array}\right] \left\{\begin{array}{c} v_1 \\ v_2 \\ \vdots \\ v_M \end{array}\right\} + \left\{\begin{array}{c} q_1 \\ q_2 \\ \vdots \\ q_N \end{array}\right\}
$$

$$(10.4.43)$$

$$
-\rho_0 C_0 \left[\begin{array}{ccc} R_{s1} & & 0 \\ & \ddots & \\ 0 & & R_{sM} \end{array}\right] \left\{\begin{array}{c} v_1 \\ v_2 \\ \vdots \\ v_M \end{array}\right\} = \left[\begin{array}{ccc} G_{11} & \cdots & G_{1N} \\ \vdots & & \vdots \\ G_{M1} & \cdots & G_{MN} \end{array}\right] \left\{\begin{array}{c} p_1 \\ p_2 \\ \vdots \\ p_N \end{array}\right\}
$$

$$(10.4.44)$$

式中, v_m, p_n 分别为腔壁模态振速和腔体模态声压, R_{sm}, R_{an}, G_{mn} 和 q_n 的表达式分别为

$$
R_{sm} = \mathrm{i} M_m \left(\omega_m^2 - \omega^2 + \mathrm{i}\eta_m\omega_m^2\right) / \omega\rho_0 C_0 S \tag{10.4.45}
$$

$$
R_{an} = \mathrm{i} M_n \left(\omega_n^2 - \omega^2 + \mathrm{i}\eta_n\omega_n^2\right) / \omega\rho_0 C_0 S \tag{10.4.46}
$$

$$
G_{mn} = \frac{1}{S} \int \psi_n\left(\boldsymbol{r},\omega\right) \varphi_m\left(\boldsymbol{x},\omega\right) \mathrm{d}S \tag{10.4.47}
$$

$$
q_n = \frac{-\rho_0 C_0}{S R_{an}} \int_V q(\boldsymbol{r},\omega)\psi_n \mathrm{d}V \tag{10.4.48}
$$

其中, M_m, ω_m, η_m 和 M_n, ω_n, η_n 分别为腔壁和腔体的模态质量、模态频率和模态阻尼, φ_m, ψ_n 分别为腔壁和腔体的模态函数, G_{mn} 为腔壁与腔体的模态耦合系数, S 为腔壁面积, $q(\boldsymbol{r},\omega)$ 为声源的单位体积速度。

将 (10.4.44) 式代入 (10.4.43) 式, 得到腔体模态声压:

$$
\left\{\begin{array}{c} p_1 \\ p_2 \\ \vdots \\ p_N \end{array}\right\} = \left[\begin{array}{ccc} 1+\sum\limits_{m=1}^{M}\dfrac{G_{1m}G_{m1}}{R_{a1}R_{sm}} & \cdots & \sum\limits_{m=1}^{M}\dfrac{G_{1m}G_{mN}}{R_{a1}R_{sm}} \\ \vdots & & \vdots \\ \sum\limits_{m=1}^{M}\dfrac{G_{Nm}G_{m1}}{R_{aN}R_{sm}} & \cdots & 1+\sum\limits_{m=1}^{M}\dfrac{G_{Nm}G_{mN}}{R_{aN}R_{sm}} \end{array}\right]^{-1} \left\{\begin{array}{c} q_1 \\ q_2 \\ \vdots \\ q_N \end{array}\right\}
$$

$$(10.4.49)$$

同时，将 (10.4.43) 式代入 (10.4.44) 式，得到腔壁模态振速

$$
\begin{Bmatrix} v_1 \\ v_2 \\ \vdots \\ v_M \end{Bmatrix} = -\frac{1}{\rho_0 C_0} \begin{bmatrix} R_{s1} + \sum_{n=1}^{N} \dfrac{G_{1n}G_{n1}}{R_{an}} & \cdots & \sum_{n=1}^{N} \dfrac{G_{1n}G_{1M}}{R_{an}} \\ \sum_{n=1}^{N} \dfrac{G_{Mn}G_{n1}}{R_{an}} & \cdots & R_{sM} + \sum_{n=1}^{N} \dfrac{G_{Mn}G_{nM}}{R_{cm}} \end{bmatrix}^{-1} \begin{bmatrix} \sum_{n=1}^{N} G_{1n}q_n \\ \vdots \\ \vdots \\ \sum_{n=1}^{N} G_{Mn}q_n \end{bmatrix}
$$

$$(10.4.50)$$

求解 (10.4.49) 和 (10.4.50) 式，得到腔体模态声压和腔壁模态振速，进一步可计算声压和振速的时空均方值：

$$\langle \bar{p}^2 \rangle = \frac{1}{2\rho_0 V} \sum_{n=1}^{N} p_n p_n^* M_n \tag{10.4.51}$$

$$\langle \bar{v}^2 \rangle = \frac{1}{2M_p} \sum_{m=1}^{M} v_m v_m^* M_m \tag{10.4.52}$$

但是，随着计算频率的提高，需要的模态数迅速增加，加上 (10.4.49) 和 (10.4.50) 式中的矩阵求逆计算，得到每个频率的均方声压和均方振速，计算量都比较大，进一步积分计算频带均方声压和均方振速，计算量更大。如果计算频带均方声压和均方振速，则可以对计算过程进行近似处理，为此，由 (10.4.43) 式、(10.4.44) 及 (10.4.48) 式可将模态声压和模态振速表示为

$$p_n = H_{an} \int_V q\psi_n \mathrm{d}V - H_{an} S \sum_{m=1}^{M} v_m G_{mn} \tag{10.4.53}$$

$$v_m = H_{sm} \sum_{k=1}^{N} p_k G_{mk} \tag{10.4.54}$$

式中，

$$H_{an} = -\rho_0 C_0 / S R_{an} \tag{10.4.55}$$

$$H_{sm} = -1/\rho_0 C_0 R_{sm} \tag{10.4.56}$$

将 (10.4.54) 式代入 (10.4.53) 式，可得

$$p_n \left[1 + H_{an} S \sum_{m=1}^{M} H_{sm} G_{mn}^2 \right] = H_{an} \int_V q\psi_n \mathrm{d}V - H_{an} S \sum_{k\neq n}^{N} p_k \sum_{m=1}^{M} H_{sm} G_{mn} G_{mk}$$

$$(10.4.57)$$

(10.4.57) 式右边第一项为腔内声源直接激励第 n 个模态的贡献，第二项为其他声模态与振动模态耦合产生的间接激励项，如果忽略声模态的相互耦合作用，(10.4.57) 式可简化为

$$p_n = H_{an} \int_V q\varphi_n \mathrm{d}V \left/ \left[1 + H_{an} S \sum_{m=1}^{M} H_{sm} G_{mn}^2 \right] \right. \tag{10.4.58}$$

实际上，(10.4.58) 式为 (10.4.49) 式中忽略非对角元素的结果。将 (10.4.55) 和 (10.4.56) 式代入 (10.4.58) 式，可以得到

$$p_n = \mathrm{i}\omega\rho_0^2 C_0^2 \int_v q\psi_n \mathrm{d}V \left/ \left\{ M_n \left[(\omega_{ne}^2 - \omega^2) + \mathrm{i}\eta_{ne}\omega_{ne}^2 \right] \right\} \right. \tag{10.4.59}$$

式中，ω_{ne}, η_{ne} 为第 n 个声模态的等效模态频率和等效模态阻尼因子，由声模态与振动模态耦合效应引起，它们的表达式为

$$\omega_{ne}^2 = \omega_n^2 - \frac{(S\rho_0 C_0)^2 \omega}{M_n} \sum_{m=1}^{M} \frac{G_{mn}^2}{\omega_m \eta_m M_m} \left[\frac{\varepsilon_m}{\varepsilon_m^2 + 1} \right] \tag{10.4.60a}$$

$$\eta_{ne} = \eta_n + \frac{(S\rho_0 C_0)^2 \omega}{M_n \omega_n^2} \sum_{m=1}^{M} \frac{G_{mm}^2}{\omega_m \eta_m M_m} \left[\frac{1}{\varepsilon_m^2 + 1} \right] \tag{10.4.60b}$$

其中，

$$\varepsilon_m = \left(\omega_m^2 - \omega^2 \right) / \eta_m \omega_m^2 \tag{10.4.61}$$

由 (10.4.59) 式可见，因为耦合效应，腔体声模态频率产生了频移，除了低频段以外，这种一定程度的频移对腔内声场响应来说是无关紧要的，可取 $\omega_{ne}^2 = \omega_n^2$，于是将 (10.4.59) 式代入 (10.4.51) 式，并在给定频带对声压均方值进行平均，得到频带均方声压：

$$\langle \bar{p}^2 \rangle_{\Delta\omega} = \frac{\rho_0^3 C_0^4}{2V\Delta\omega} \sum_{n=1}^{N} \frac{\left[\iint_V q\psi_n \mathrm{d}V \right]\left[\iint_V q^*\psi_n \mathrm{d}V \right]}{M_n} \int_{\Delta\omega} \frac{\omega^2}{(\omega_n^2 - \omega^2)^2 + (\bar{\eta}_{ne}\omega_n^2)^2} \mathrm{d}\omega \tag{10.4.62}$$

式中，$\bar{\eta}_{ne}$ 为腔体等效模态阻尼因子的频带平均值。

$$\bar{\eta}_{ne} = \bar{\eta}_n + \frac{(S\rho_0 C_0)^2 \omega_c}{M_n \omega_n^2} \sum_{m=1}^{M} \frac{G_{mn}^2}{\omega_m \eta_m M_m} \left[\frac{1}{\bar{\varepsilon}_m^2 + 1} \right] \tag{10.4.63}$$

其中，$\bar{\eta}_n$ 为腔体声模态的平均阻尼因子，$\bar{\varepsilon}_m$ 为 ε_m 的频带平均值。

因为腔壁的第 m 阶模态对 η_{ne} 有明显的作用，要求满足条件

$$|\omega_m - \omega| < \frac{1}{2}\eta_m\omega_m \tag{10.4.64}$$

若假设 $\omega_m \approx \omega$，则 (10.4.61) 式近似为

$$\varepsilon_m = 2(\omega_m - \omega)/\eta_m\omega_m \tag{10.4.65}$$

于是，取

$$\bar{\varepsilon}_m = 2(\omega_m - \omega_c)/\eta_m\omega_m \tag{10.4.66}$$

在腔内为点声源的情况下，考虑 (10.4.62) 式中的频率积分，可以得到给定频率频带内腔内时空平均均方声压：

$$\langle \overline{p}^2 \rangle_{\Delta\omega} = \frac{\langle \overline{Q} \rangle_{\Delta\omega} \rho_0^3 C_0^4}{2V} \sum_{n=1}^{N} \frac{\psi_n^2(\boldsymbol{r}_i)}{M_n} [I(\omega_1, \omega_n, \bar{\eta}_{ne}) - I(\omega_2, \omega_n, \bar{\eta}_{ne})] \tag{10.4.67}$$

式中，ω_1 和 ω_2 为频带的上下限频率，$\boldsymbol{r}_i$ 为点声源位置，I 为积分结果，$\langle \overline{Q} \rangle_{\Delta\omega}$ 为声源的功率谱密度函数，其表达式为

$$\langle \overline{Q} \rangle_{\Delta\omega} = \frac{Q_0^2}{\Delta\omega} \tag{10.4.68}$$

其中，Q_0 为声源强度。

注意到

$$\int_{\omega_1}^{\omega_2} \frac{\omega^2}{(\omega_n^2 - \omega^2)^2 + (\bar{\eta}_{ne}\omega_n^2)^2} \mathrm{d}\omega = I(\omega_1, \omega_n, \bar{\eta}_{ne}) - I(\omega_2, \omega_n, \bar{\eta}_{ne}) \tag{10.4.69}$$

式中，

$$I(\omega, \omega_n, \bar{\eta}_{ne}) = \frac{c_n A_n + d_n B_n}{2(A_n^2 + B_n^2)} \ln \frac{(\omega + A_n)^2 + B_n^2}{(\omega - A_n)^2 + B_n^2}$$
$$+ \frac{c_n B_n - d_n A_n}{2(A_n^2 + B_n^2)} \arctan \left[\frac{4B_n\omega(\omega^2 - A_n^2 - B_n^2)}{(\omega^2 - A_n^2 - B_n^2)^2 - (2B_n\omega)^2} \right] \tag{10.4.70}$$

其中，

$$A_n = \omega_n \sqrt{\left(1 + \sqrt{1 + \bar{\eta}_{ne}^2}\right)/2}, \quad B_n = \omega_n \sqrt{\left(\sqrt{1 + \bar{\eta}_{ne}^2} - 1\right)/2}$$

$$c_n = -1/2, \; d_n = 1/2\bar{\eta}_{ne}$$

同样的方法可以推导得到给定频带内腔壁振速的时空平均均方值 $\langle \bar{v}^2 \rangle$，详细过程可见文献 [114]。针对长、宽、高为 $1.15\text{m} \times 0.868\text{m} \times 1.0\text{m}$ 的矩形腔及一面厚度为 1mm 的简支矩形板，点声源布置在坐标原点。计算得到的腔内声压级和腔壁振速级及其与精确解的比较，由图 10.4.8 给出。由图可见，因为没有考虑共振频率的频移效应，在腔壁和腔体一阶模态频率附近的低频区，这里所提出的方法与精确解计算的声压和振速，确实存在共振频率错位的现象，但在中高频段，频移现象确实也没有对声压和振速的计算结果产生明显的影响。两种方法计算的频带声压级和振速级在分别在 100Hz 和 150Hz 以上频段吻合较好，但采用频带中心频率估算腔体和腔壁等效损耗因子，会给计算带来一定的误差。Sum 和 Pan 提出的方法不仅计算相对简便，避免了大量模态求和的运算，而且更主要适用于频带模态数偏小的中频段。

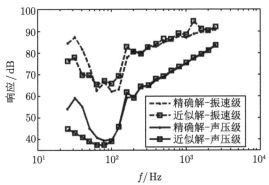

图 10.4.8 频带均值近似法与精确法计算结果比较
(引自文献 [114],fig2)

我们知道，统计能量法等高频方法只能给出结构的均方响应，不能描述结构振动响应的空间分布。在弹性介质中，利用能量密度与能量强度的转换关系、能量平衡及能量损耗关系，可建立能量流控制方程，Wohlever 和 Bernhard[116] 基于梁结构的能量流分析 (energy flow analysis)，发展可以求解结构中高频响应空间分布的方法及模型，Bouthier 和 Bernhard[117-119] 进一步建立了膜和平板结构振动的能量流控制方程。考虑一般情况，对于给定的封闭曲面，流经曲面的能量等于封闭曲面内能量的变化率：

$$\iiint \frac{\partial e}{\partial t} \mathrm{d}V = \iint \sigma \frac{\partial \boldsymbol{U}}{\partial t} \mathrm{d}S + \iiint (P_i - P_d) \mathrm{d}V \tag{10.4.71}$$

式中，e 为封闭曲面内控制体的能量密度，$\boldsymbol{U}$ 为控制体边界上任意质点的振动位

移矢量，σ 为应力张量，P_i 和 P_d 分别为输入功率密度和耗散功率密度，即单位
体积和单位时间的输入功率和耗散功率。

从控制体流出的局部单位面积的能量密度，即能量强度为

$$I = -\sigma \cdot \frac{\partial U}{\partial t} \tag{10.4.72}$$

能量强度是一个矢量，对于平板结构往往沿厚度方向积分，给出单位长度能量强
度的表达式：

$$I_x = -M_{xx} \frac{\partial^2 W}{\partial x \partial t} - M_{xy} \frac{\partial^2 W}{\partial y \partial t} + Q_x \frac{\partial W}{\partial t} \tag{10.4.73}$$

$$I_y = -M_{yy} \frac{\partial^2 W}{\partial y \partial t} - M_{yx} \frac{\partial^2 W}{\partial x \partial t} + Q_y \frac{\partial W}{\partial t} \tag{10.4.74}$$

式中，W 为平板弯曲振动位移，M_{xx}, M_{xy}, M_{yx} 和 M_{yy} 为平板弯矩，Q_x 和 Q_y
为平板剪切力。

(10.4.71) 式中右边第一项由 (10.4.72) 式替代，并利用散度定理，有

$$\iint \sigma \frac{\partial U}{\partial t} \mathrm{d}S = -\iint I \mathrm{d}S = -\iiint \nabla \cdot I \mathrm{d}V \tag{10.4.75}$$

再将 (10.4.75) 式代入 (10.4.71) 式，得到

$$\iiint \frac{\partial e}{\partial t} \mathrm{d}V = \iiint [P_i - P_d - \nabla \cdot I] \mathrm{d}V \tag{10.4.76}$$

于是有能量平衡方程：

$$\frac{\partial e}{\partial t} = P_i - P_d - \nabla \cdot I \tag{10.4.77}$$

在稳态情况下，能量密度随时间的变化为零，(10.4.77) 式简化为

$$P_i = P_d + \nabla \cdot I \tag{10.4.78}$$

由 (10.4.78) 式可见，输入到控制体的能量等于耗散的能量与流出的能量之
和。为了得到能量方程的具体形式，考虑耗散能为迟滞阻尼耗散，在 $\eta_s \ll 1$ 的小
阻尼情况下，振动弹性体一个周期内耗散的能量为 [21]

$$e_d = 2\pi \eta_s \bar{e} \tag{10.4.79}$$

式中，$\bar{e}$ 为时间平均能量密度。

考虑到振动周期为 $\tau = 2\pi/\omega$，则时间平均耗散功率密度为

$$\bar{P}_d = \frac{e_d}{\tau} = \eta_s \omega \bar{e} \tag{10.4.80}$$

针对小阻尼情况，弹性矩形板的弯曲振动方程可以表示为

$$\nabla^4 W - \frac{m_s}{D}\omega^2 (1 - \mathrm{i}\eta_s) W = 0 \tag{10.4.81}$$

为了简化计算，在远场条件下，(10.4.81) 式的解为

$$W = \left(A_x \mathrm{e}^{-\mathrm{i}k_x x} + B_x \mathrm{e}^{\mathrm{i}k_x x}\right)\left(A_y \mathrm{e}^{-\mathrm{i}k_y y} + B_y \mathrm{e}^{\mathrm{i}k_y y}\right) \tag{10.4.82}$$

式中，k_x 和 k_y 为波数，且有

$$k_x = k_{x_1}(1 - \mathrm{i}\eta_s/4) \tag{10.4.83}$$

$$k_y = k_{y_1}(1 - \mathrm{i}\eta_s/4) \tag{10.4.84}$$

$$k_{x_1}^2 + k_{y_1}^2 = m_s \omega^2/D \tag{10.4.85}$$

注意到 (10.4.82) 式为远场解，不是完整的解，只能得到平板振动远场的能量密度与能量强度关系。能量密度为动能和势能密度之和，平板的时间平均能量密度为

$$\bar{e} = \frac{D}{4}\left[\frac{\partial^2 W}{\partial x^2}\left(\frac{\partial^2 W}{\partial x^2}\right)^* + \frac{\partial^2 W}{\partial y^2}\left(\frac{\partial^2 W}{\partial y^2}\right)^* + 2\nu\frac{\partial^2 W}{\partial x^2}\left(\frac{\partial^2 W}{\partial y^2}\right)^*\right.$$
$$\left. + 2\nu(1-\nu)\frac{\partial^2 W}{\partial x \partial y}\left(\frac{\partial^2 W}{\partial x \partial y}\right)^* + \frac{m_s}{D}\frac{\partial W}{\partial t}\left(\frac{\partial W}{\partial t}\right)^*\right] \tag{10.4.86}$$

将 (10.4.82) 式代入 (10.4.86) 式，可以计算得到平板的远场时间平均能量密度。同时将 (10.4.82) 式代入 (10.4.73) 和 (10.4.74) 式，则可以计算平板的远场时间平均能量强度，但会发现，需要对远场的时间平均能量密度和能量强度进行平滑简化处理，才能得到它们的关系。这种平滑处理实际上是一种空间平均，平均的范围为 x 和 y 方向的弯曲波半波长。空间平滑的平板平均能量密度为

$$\langle \bar{e} \rangle = \frac{k_x k_y}{\pi^2} \int_{x-\pi/2k_x}^{x+\pi/2k_x} \int_{y+\pi/2k_y}^{y+\pi/2k_y} \bar{e}\,\mathrm{d}x\mathrm{d}y \tag{10.4.87}$$

将 (10.4.86) 式及 (10.4.82) 式代入 (10.4.87) 式，经复杂运算，可以得到

$$\langle \bar{e} \rangle = \frac{D}{4}\left\{\left|k_x^2\right|^2 + \left|k_y^2\right|^2 + 2\nu k_x^2 \left(k_y^2\right)^* + 2(1-\nu)\cdot\left|k_x k_y\right|^2 + \frac{m_s}{D}\omega^2\right\}$$

$$\times \left\{ |A_x|^2 |A_y|^2 \, \mathrm{e}^{-\eta_s \left(k_{x_1} x + k_{y_1} y\right)} + |A_x|^2 |B_y|^2 \, \mathrm{e}^{-\eta_s \left(k_{x_1} x - k_{y_1} y\right)} \right.$$

$$\left. + |B_x|^2 |A_y|^2 \, \mathrm{e}^{\eta_s \left(k_{x_1} x - k_{y_1} y\right)} + |B_x|^2 |B_y|^2 \, \mathrm{e}^{\eta_s \left(k_{x_1} x + k_{y_1} y\right)} \right\}$$

$$+ \frac{D}{4} \left\{ \left|k_x^2\right|^2 + \left|k_y^2\right|^2 + 2\nu k_x^2 \left(k_y^2\right)^* + 2 \left(1 - \nu\right) \cdot \left|k_x k_y\right|^2 + \frac{m_s}{D} \omega^2 \right\}$$

$$\times \left\{ |A_x|^2 A_y B_y^* \mathrm{e}^{-\left(\eta_s k_{x_1} x + 2\mathrm{i} k_{y_1} y\right)} + |A_x|^2 B_y A_y^* \mathrm{e}^{-\eta_s k_{x_1} x + 2\mathrm{i} k_{y_1} y} \right.$$

$$\left. + |B_x|^2 A_y B_y^* \mathrm{e}^{\eta_s k_{x_1} x - 2\mathrm{i} k_{y_1} y} + |B_x|^2 B_y A_y^* \mathrm{e}^{\eta_s k_{x_1} x + 2\mathrm{i} k_{y_1} y} \right\}$$

$$+ \frac{D}{4} \left\{ \left|k_x^2\right|^2 + \left|k_y^2\right|^2 + 2\nu k_x^2 \left(k_y^2\right)^* + 2 \left(1 - \nu\right) \cdot \left|k_x k_y\right|^2 + \frac{m_s}{D} \omega^2 \right\}$$

$$\times \left\{ A_x B_x^* |A_y|^2 \mathrm{e}^{-\left(2\mathrm{i} k_{x_1} x + \eta_s k_{y_1} y\right)} + A_x B_x^* |B_y|^2 \mathrm{e}^{-2\mathrm{i} k_{x_1} x + \eta_s k_{y_1} y} \right.$$

$$\left. + B_x A_x^* |A_y|^2 \mathrm{e}^{2\mathrm{i} k_{y_1} y - \eta_s k_{x_1} x} + B_x A_x^* |B_y|^2 \mathrm{e}^{2\mathrm{i} k_{y_1} y + \eta_s k_{x_1} x} \right\}$$

$$+ \frac{D}{4} \left\{ \left|k_x^2\right|^2 + \left|k_y^2\right|^2 + 2\nu k_x^2 \left(k_y^2\right)^* + 2 \left(1 - \nu\right) \cdot \left|k_x k_y\right|^2 + \frac{m_s}{D} \omega^2 \right\}$$

$$\times \left\{ A_x B_x^* A_y B_y^* \mathrm{e}^{-2\mathrm{i} \left(k_{x_1} x + k_{y_1} y\right)} + A_x B_x^* B_y A_y^* \mathrm{e}^{-2\mathrm{i} \left(k_{x_1} x - k_{y_1} y\right)} \right.$$

$$\left. + B_x A_x^* A_y B_y^* \mathrm{e}^{2\mathrm{i} \left(k_{x_1} x - k_{y_1} y\right)} + B_x A_x^* B_y A_y^* \mathrm{e}^{2\mathrm{i} \left(k_{x_1} x + k_{y_1} y\right)} \right\} \tag{10.4.88}$$

实际上, (10.4.87) 式计算的空间平滑与统计能量法中的空间平均还有所不同, 后者是对整个子系统进行空间平均使得不再有空间分布的信息, 而这里的空间平滑处理后, 响应的空间特征仍然保留。同理, 可得到空间平滑的平均能量强度:

$$\langle \overline{I}_x \rangle = -\frac{D}{2} k_x \omega \left\{ k_x^2 + k_y^2 + k_x k_x^* + \nu k_y^2 + (1 - \nu) k_y k_y^* \right\}$$

$$\times \left\{ |A_x|^2 |A_y|^2 \, \mathrm{e}^{-\eta_s \left(k_{x_1} x + k_{y_1} y\right)} + |A_x|^2 |B_y|^2 \, \mathrm{e}^{-\eta_s \left(k_{x_1} x - k_{y_1} y\right)} \right.$$

$$\left. - |B_x|^2 |A_y|^2 \, \mathrm{e}^{\eta_s \left(k_{x_1} x - k_{y_1} y\right)} - |B_x|^2 |B_y|^2 \, \mathrm{e}^{\eta_s \left(k_{x_1} x + k_{y_1} y\right)} \right\}$$

$$- \frac{D}{2} k_x \omega \left\{ k_x^2 + k_y^2 + k_x k_x^* + \nu k_y^2 - (1 - \nu) k_y k_y^* \right\}$$

$$\times \left\{ |A_x|^2 A_y B_y^* \mathrm{e}^{-\left(\eta_s k_{x_1} x + 2\mathrm{i} k_{y_1} y\right)} + |A_x|^2 B_y A_y^* \mathrm{e}^{-\eta_s k_{x_1} x + 2\mathrm{i} k_{y_1} y} \right.$$

$$\left. - |B_x|^2 A_y B_y^* \mathrm{e}^{\eta_s k_{x_1} x - 2\mathrm{i} k_{y_1} y} - |B_x|^2 B_y A_y^* \mathrm{e}^{\eta_s k_{x_1} x + 2\mathrm{i} k_{y_1} y} \right\}$$

$$- \frac{D}{2} k_x \omega \left\{ k_x^2 + k_y^2 - k_x k_x^* - \nu k_y^2 + (1 - \nu) k_y k_y^* \right\}$$

$$\times \left\{ A_x B_x^* |A_y|^2 \, \mathrm{e}^{-\left(2\mathrm{i}kx_1 + \eta_s k_{y_1} y\right)} + A_x B_x^* |B_y|^2 \, \mathrm{e}^{-2\mathrm{i}kx_1 + \eta_s k_{y_1} y} \right.$$

$$\left. - B_x A_x^* |A_y|^2 \, \mathrm{e}^{2\mathrm{i}k_{y_1} y - \eta_s k_{x_1} x} - B_x A_x^* |B_y|^2 \, \mathrm{e}^{\left(2\mathrm{i}k_{y_1} y + \eta_s k_{x_1} x\right)} \right\}$$

$$- \frac{D}{2} k_x \omega \left\{ k_x^2 + k_y^2 - k_x k_x^* - \nu k_y^2 + (1-\nu) k_y k_y^* \right\}$$

$$\times \left\{ A_x B_x^* A_y B_y^* \mathrm{e}^{-2\mathrm{i}\left(k_{x_1} x + k_{y_1} y\right)} + A_x B_x^* B_y A_y^* \mathrm{e}^{-2\mathrm{i}\left(k_{x_1} x - k_{y_1} y\right)} \right.$$

$$\left. - B_x A_x^* A_y B_y^* \mathrm{e}^{2\mathrm{i}\left(k_{x_1} x - k_{y_1} y\right)} - B_x A_x^* B_y A_y^* \mathrm{e}^{2\mathrm{i}\left(k_{x_1} x + k_{y_1} y\right)} \right\} \tag{10.4.89}$$

$$\langle \bar{I}_y \rangle = - \frac{D}{2} k_y \omega \left\{ k_x^2 + k_y^2 + k_y k_y^* + \nu k_x^2 + (1-\nu) k_x k_x^* \right\}$$

$$\times \left\{ |A_x|^2 |A_y|^2 \, \mathrm{e}^{-\eta_s \left(k_{x_1} x + k_{y_1} y\right)} - |A_x|^2 |B_y|^2 \, \mathrm{e}^{-\eta_s \left(k_{x_1} x - k_{y_1} y\right)} \right.$$

$$\left. + |B_x|^2 |A_y|^2 \, \mathrm{e}^{\eta_s \left(k_{x_1} x - k_{y_1} y\right)} - |B_x|^2 |B_y|^2 \, \mathrm{e}^{\eta_s \left(k_{x_1} x + k_{y_1} y\right)} \right\}$$

$$- \frac{D}{2} k_y \omega \left\{ k_x^2 + k_y^2 - k_y k_y^* - \nu k_x^2 + (1-\nu) k_x k_x^* \right\}$$

$$\times \left\{ |A_x|^2 A_y B_y^* \mathrm{e}^{-\left(\eta_s k_{x_1} x + 2\mathrm{i}k_{y_1} y\right)} - |A_x|^2 B_y A_y^* \mathrm{e}^{-\eta_s k_{x_1} x + 2\mathrm{i}k_{y_1} y} \right.$$

$$\left. + |B_x|^2 A_y B_y^* \mathrm{e}^{\eta_s k_{x_1} x - 2\mathrm{i}k_{y_1} y} - |B_x|^2 B_y A_y^* \mathrm{e}^{\eta_s k_{x_1} x + 2\mathrm{i}k_{y_1} y} \right\}$$

$$- \frac{D}{2} k_y \omega \left\{ k_x^2 + k_y^2 + k_y k_y^* + \nu k_y^2 - (1-\nu) k_x k_x^* \right\}$$

$$\times \left\{ A_x B_x^* |A_y|^2 \, \mathrm{e}^{-\left(2\mathrm{i}k_{x_1} x + \eta_s k_{y_1} y\right)} - A_x B_x^* |B_y|^2 \, \mathrm{e}^{-2\mathrm{i}k_{x_1} x + \eta_s k_{y_1} y} \right.$$

$$\left. + B_x A_x^* |A_y|^2 \, \mathrm{e}^{2\mathrm{i}k_{y_1} y - \eta_s k_{x_1} x} - B_x A_x^* |B_y|^2 \, \mathrm{e}^{2\mathrm{i}k_{y_1} y + \eta_s k_{x_1} x} \right\}$$

$$- \frac{D}{2} k_y \omega \left\{ k_x^2 + k_y^2 - k_y k_y^* - \nu k_y^2 - (1-\nu) k_x k_x^* \right\}$$

$$\times \left\{ A_x B_x^* A_y B_y^* \, \mathrm{e}^{-2\mathrm{i}\left(k_{x_1} x + k_{y_1} y\right)} - A_x B_x^* B_y A_y^* \mathrm{e}^{-2\mathrm{i}\left(k_{x_1} x - k_{y_1} y\right)} \right.$$

$$\left. + B_x A_x^* A_y B_y^* \mathrm{e}^{2\mathrm{i}\left(k_{x_1} x - k_{y_1} y\right)} - B_x A_x^* B_y A_y^* \mathrm{e}^{2\mathrm{i}\left(k_{x_1} x + k_{y_1} y\right)} \right\} \tag{10.4.90}$$

比较 (10.4.88) 式与 (10.4.89) 和 (10.4.90) 式, 可以发现经空间平滑处理的平板平均能量密度与能量强度之间满足 Fourier 热传导定律, 可表示为

$$\langle \bar{I} \rangle = - \frac{C_g^2}{\eta_s \omega} \left[\boldsymbol{i} \frac{\partial \langle \bar{e} \rangle}{\partial x} + \boldsymbol{j} \frac{\partial \langle \bar{e} \rangle}{\partial y} \right] \tag{10.4.91}$$

式中, C_g 为平板弯曲波群速度, 其表达式为

$$C_g = 2 \left[\omega^2 \frac{D}{m_s} \right]^{1/4} \tag{10.4.92}$$

于是, 将 (10.4.80) 和 (10.4.91) 式代入 (10.4.78) 式, 得到空间平滑的平板平均能量密度控制方程:

$$-\frac{C_g^2}{\eta_s \omega} \nabla^2 \langle \bar{e} \rangle + \eta_s \omega \langle \bar{e} \rangle = \langle \bar{P}_i \rangle \tag{10.4.93}$$

式中, $\langle \bar{P}_i \rangle$ 为平板单位面积的平均输入功率密度。

为了简单起见, (10.4.93) 式常常表示为 [120]

$$-\frac{C_g^2}{\eta_s \omega} \nabla^2 e + \eta_s \omega e = P_i \tag{10.4.94}$$

Bouthier[119] 还将能量流方法扩展到三维封闭声场, 考虑声场的时间平均能量密度为动能和势能之和:

$$\bar{e} = \frac{1}{4} \left[\rho_0 \boldsymbol{v} \cdot \boldsymbol{v}^* + \frac{1}{\rho_0 C_0} p \cdot p^* \right] \tag{10.4.95}$$

式中, $\boldsymbol{v}$ 为质点速度矢量, 满足动量定律:

$$\boldsymbol{v} = -\frac{i}{\omega \rho_0} \nabla p \tag{10.4.96}$$

声场中时间平均声强表达式为

$$I_i = \frac{1}{2} \mathrm{Re}\,(p v_i^*), \quad i = x, y, z \tag{10.4.97}$$

采用平面波求解声场, 进一步计算时均能量密度和声强, 再经空间平滑处理, 同样得到声场的平均能量密度控制方程:

$$-\frac{C_0^2}{\eta_a \omega} \nabla^2 \langle \bar{e} \rangle + \eta_a \omega \langle \bar{e} \rangle = \langle \bar{P}_i \rangle \tag{10.4.98}$$

式中, η_a 为声介质的阻尼因子。

(10.4.98) 与 (10.4.93) 式形式上完全一样, 详细推导过程可见文献 [119], 一般也采用 (10.4.94) 式的简化形式表示。求解 (10.4.94) 式, 需要已知输入功率密度 P_i 及边界条件。Han 等 [120] 给出两种多点力激励的输入功率密度计算方法, 其

一为传递函数法，其二为阻抗法。类似于统计能量法中输入功率的计算方法，基于传递函数法的平板输入功率密度为

$$P_i^{(i)} = \sum_{j=1}^{N} \mathrm{Re} \left[\Phi_{ij} \left(\omega \right) \right] H_{ij}^* \left(\omega \right) \tag{10.4.99}$$

式中，$P_i^{(i)}$ 为 i 点激励力的输入功率密度，Φ_{ij} 为 i 与 j 点激励力的互谱密度函数，$H_{ij} \left(\omega \right)$ 为平板 i 与 j 点的传递函数。

多点激励情况下，基于无限大平板阻抗的平板输入功率密度为

$$P_i^{(i)} = \frac{1}{8 \left(Dm_s \right)^{1/2}} \sum_{j=1}^{N} \mathrm{Re} \left[\Phi_{ij} \left(\omega \right) \alpha_{ij} \right] \tag{10.4.100}$$

式中，α_{ij} 为修正因子，其表达式为

$$\alpha_{ij} = \left(1 + \mathrm{i}\eta_s/2 \right) \left[\mathrm{H}_0^{(1)} \left(k_f \left(1 + \mathrm{i}\eta_s/4 \right) r_{ij} \right) - \mathrm{H}_0^{(1)} \left(\mathrm{i}k_f \left(1 + \mathrm{i}\eta_s/4 \right) r_{ij} \right) \right] \tag{10.4.101}$$

其中，$\mathrm{H}_0^{(1)}$ 为零阶 Hankel 函数，k_f 为弯曲波数，r_{ij} 为激励力 i 和 j 的间距。

针对长和宽为 1m 的铝板，其厚度为 1mm、阻尼因子为 0.2，两个自谱相等的激励力分别作用在 $(x_1, y_1) = (0.3\mathrm{m}, 0.3\mathrm{m})$ 和 $(x_2, y_2) = (0.7\mathrm{m}, 0.7\mathrm{m})$ 处，采用两种方法计算的输入功率谱密度随相干系数的变化曲线如图 10.4.9 所示，由图可见，两种输入功率谱密度计算结果基本没有差别，且不随相干系数变化，采用无限大平板阻抗的输入功率谱密度近似算法也是可行的，不仅简单，而且不需要模态信息。

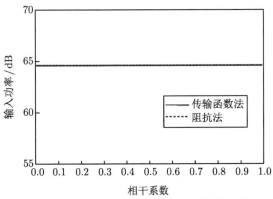

图 10.4.9 输入功率密度随相干系数的变化
(引自文献 [120], fig13)

Lase 等在文献 [121] 中给出了梁端点简化的能量密度边界条件。简支边界条件下，矩形板四边的能量通量为零，求解 (10.4.94) 式，能量密度 e 的形式解为

$$e = \sum_{m=0}^{\infty} \sum_{n=0}^{\infty} A_{mn} \cos \frac{m\pi x}{l_x} \cos \frac{n\pi y}{l_y} \tag{10.4.102}$$

式中，基函数 $\cos \dfrac{m\pi x}{l_x} \cos \dfrac{n\pi y}{l_y}$ 满足能量边界条件。

针对激励力情况，采用传递函数法和阻抗法计算输入功率谱密度，并采用 Fourier 展开，有

$$P_i(x) = \sum_{m=0}^{\infty} \sum_{n=0}^{\infty} B_{mn} \cos \frac{m\pi x}{l_x} \cos \frac{n\pi y}{l_y} \tag{10.4.103}$$

式中，

$$B_{mn} = \int_0^{l_x} \int_0^{l_y} P_i(x) \cos \frac{m\pi x}{l_x} \cos \frac{n\pi y}{l_y}$$

将 (10.4.102) 和 (10.4.103) 式代入 (10.4.94) 式，求解得到矩形板的能量密度：

$$e = \sum_{m=0}^{\infty} \sum_{n=0}^{\infty} \frac{B_{mn} \cos \dfrac{m\pi x}{l_x} \cos \dfrac{n\pi y}{l_y}}{\left(\dfrac{C_g^2}{\eta_s \omega}\right) \left[\left(\dfrac{m\pi}{l_x}\right)^2 + \left(\dfrac{n\pi}{l_y}\right)^2 + \eta_s \omega\right]} \tag{10.4.104}$$

当激励为宽频带激励时，总的能量密度由能量密度积分得到

$$e_t = \int_{\omega_1}^{\omega_2} e \, \mathrm{d}\omega = \sum_{\omega_1}^{\omega_2} e \delta \omega \tag{10.4.105}$$

Han 等针对激励力为不相干、部分相干和完全相干三种情况，计算了矩形板的能量密度分布，部分相干的两个随机力的相干系数假设为

$$\gamma = \mathrm{e}^{-0.005\omega|x_1-x_2|} \mathrm{e}^{-0.02\omega|y_1-y_2|} \tag{10.4.106}$$

可见，相干系数为激励力作用点间距的指数函数，随着频率和间距的增加而衰减。

采用两种输入功率谱密度方法，求解计算得到的矩形板能量密度沿对角线的分布见图 10.4.10，三种不同激励情况下，精确解与能量流方法得到的能量密度分布规律一致，但在激励点附近，后者计算结果小于前者，这是因为能量流方法不能有效模拟近场特性，在远场和边界附近，两者吻合较好。另外，在激励点及边界附

近, 激励力的相干性对能量分布的求解结果基本没有影响, 相干性只对矩形板中心位置的能量分布有影响。为了解决近场能量密度计算误差偏大的问题, Smith[122] 将平板振动分为直接场 (direct field) 和混响场 (reverberant field), 提出了混合能量法 (hybrid energy method), 求解矩形板能量密度分布, 不仅提高了计算精度, 而且增加了适用性。

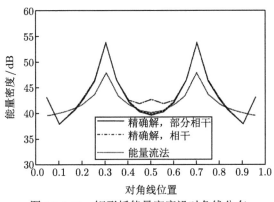

图 10.4.10　矩形板能量密度沿对角线分布
(引自文献 [120], fig20)

　　基于能量流方法, Cotoni 等 [123] 针对半无限的 L 型平板及内侧声介质, 将边界的声反射和声传输等效为二次源, 利用能量平衡关系, 求解得到能量场分布。Park 和 Hong[124,125] 利用能量法中的传递损耗因子, 建立了一维、二维和三维子系统的混合功率流分析方法 (hybrid power flow analysis)。以两个相互连接的梁子系统为例, 假设梁子系统存在弯曲波和纵波, 且在连接部位会产生波型转换, 则梁 1 中 m 型波与梁 2 中 n 型波的传输功率为

$$P_{1m\to 2n} = \omega\eta_{12mn}E_{1m} = \omega\eta_{12mn}l_1e_{1m} \tag{10.4.107}$$

式中, m 和 n 表示波型, $m,n = f,l$, 分别表示弯曲波和纵波, E_{1m} 为梁 1 中 m 型波的总能量, e_{1m} 为梁 1 的 m 型波的单位长度能量密度, l_1 为梁 1 的长度, η_{12mn} 为梁 1 中 m 型波与梁 2 中 n 型波的耦合损耗因子, 其表达式为

$$\eta_{12mn} = \frac{C_{g1m}\langle\tau\rangle_{12mn}}{2\omega l_1} \tag{10.4.108}$$

其中, C_{g1m} 为梁 1 中 m 型波的相速度, $\langle\tau\rangle_{12mn}$ 为梁 1 中 m 型波转换为梁 2 中 n 型波的功率传输系数。

　　利用 (10.4.91) 式, 可以得到梁 1 到梁 2 的弯曲波传输净功率:

$$P_{1f2m} = -\frac{C_{g1f}^2}{\eta_{s1}\omega}\frac{\mathrm{d}e_{1f}}{\mathrm{d}x_1} = \sum_{m=f,l}\left[P_{1f\to 2m} - P_{2m\to 1f}\right]$$

$$= \sum_{m=f,l}\omega\left[l_1\eta_{12fm}e_{1f} - l_2\eta_{21mf}e_{2m}\right] \tag{10.4.109}$$

$$P_{1m2f} = -\frac{C_{g2f}^2}{\eta_{s2}\omega}\frac{\mathrm{d}e_{2f}}{\mathrm{d}x_2} = \sum_{m=f,l}\left[P_{1m\to 2f} - P_{2f\to 1m}\right]$$

$$= \sum_{m=f,l}\omega\left[l_1\eta_{12mf}e_{1m} - l_2\eta_{21fm}e_{2f}\right] \tag{10.4.110}$$

由梁 1 到梁 2 的纵波传输净功率为

$$P_{1l2m} = -\frac{C_{g1l}^2}{\eta_{s1}\omega}\frac{\mathrm{d}e_{1l}}{\mathrm{d}x_1} = \sum_{m=f,l}\left[P_{1l\to 2m} - P_{2m\to 1l}\right]$$

$$= \sum_{m=f,l}\omega\left[l_1\eta_{12lm}e_{1l} - l_2\eta_{21ml}e_{2m}\right] \tag{10.4.111}$$

$$P_{1m2l} = -\frac{C_{g2l}^2}{\eta_{s2}\omega}\frac{\mathrm{d}e_{2l}}{\mathrm{d}x_2} = \sum_{m=f,l}\left[P_{1m\to 2l} - P_{2l\to 1m}\right]$$

$$= \sum_{m=f,l}\omega\left[l_1\eta_{12lm}e_{1m} - l_2\eta_{21lm}e_{2l}\right] \tag{10.4.112}$$

(10.4.109)~(10.4.112) 式实际上给出了梁连接的混合能量边界条件,利用这些边界条件及已知的耦合损耗因子,可以求解连接结构中的能量密度分布。图 10.4.11 和图 10.4.12 给出了三根任意角度连接的梁子系统及计算得到的弯曲波和纵波能量密度分布。三根梁的尺寸分别为 2m×1cm×1cm, 2m×3cm×3cm, 2m×3cm×3cm,其中前两根梁为钢质,第三根梁为铝质,计算的中心频率为 5kHz。由图可见,能量流法的计算结果较平顺,而精确解的结果则在能量流法结果的附近有起伏波动,两种结果较为一致。混合能量流方法不仅可以扩展到多个梁子系统连接的结构及多个不同角度的分叉梁连接结构,每个子系统结构中可以有弯曲波、纵波,对于非面内连接情况,可以考虑扭转波型,还可以扩展到多个平板连接及平板与声腔耦合的情况。当然,这种做法的前提条件是已知耦合损耗因子,实际情况下,正如 9.2 节所介绍的,无论是计算还是试验测量,获取复杂结构耦合损耗因子都是有一定困难的工作。在这种情况下,依据能量密度控制方程,发展能量有限元方法,将具有更好的适用性。

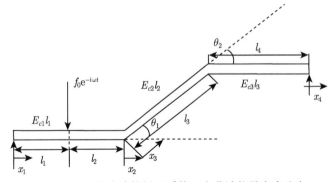

图 10.4.11 任意连接梁子系统及弯曲波能量密度分布
(引自文献 [124], fig3)

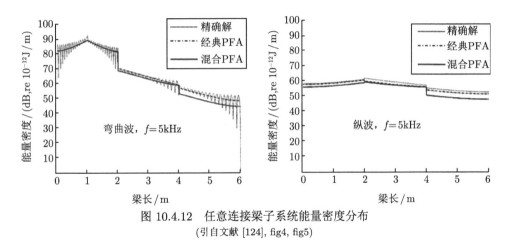

图 10.4.12 任意连接梁子系统能量密度分布
(引自文献 [124], fig4, fig5)

按照有限元方法, 基于能量密度控制方程 (10.4.94) 式的变分方程为 [117]

$$
\int_V \varphi \left[\frac{C_g^2}{\eta_s \omega} \nabla^2 e - \eta_s \omega e + P_i \right] \mathrm{d}V = \int_S \varphi \left(\boldsymbol{n} \cdot \frac{C_g^2}{\eta_s \omega} \nabla e \right) \mathrm{d}S
$$
$$
- \int_V \frac{C_g^2}{\eta_s \omega} \nabla \varphi \cdot \nabla e \mathrm{d}V - \int_V \eta_s \omega e \varphi \mathrm{d}V + \int_V \varphi P_i \mathrm{d}V = 0 \tag{10.4.113}
$$

式中, φ 为基函数.

采用 Galerkin 加权留数法求解 (10.4.113) 式, 设

$$
e = \sum_{i=1}^{N_e} e_i N_i \tag{10.4.114}
$$

且取,

$$\varphi = N_i \tag{10.4.115}$$

式中, e_i 为单元节点能量密度, N_i 为单元形状函数, N_e 为单元节点数。

　　将 (10.4.114) 和 (10.4.115) 式代入 (10.4.113) 式, 可以得到

$$f_i - \sum_j e_j k_{ij} - \sum_j e_j m_{ij} + P_i^{(i)} = 0 \tag{10.4.116}$$

式中, f_i 为单元边界的能量通量, $P_i^{(i)}$ 为单元节点的输入能量, k_{ij} 和 m_{ij} 为单元能量刚度矩阵和能量质量矩阵的元素, 它们的表达式分别为

$$f_i = \int_S \frac{C_g^2}{\eta_s \omega} N_i \left(\boldsymbol{n} \cdot \nabla e \right) \mathrm{d}S \tag{10.4.117}$$

$$P_i^{(i)} = \int_V P_i N_i \mathrm{d}V \tag{10.4.118}$$

$$k_{ij} = \int_V \frac{C_g^2}{\eta_s \omega} \nabla N_i \cdot \nabla N_j \mathrm{d}V \tag{10.4.119}$$

$$m_{ij} = \int_V \eta_s \omega N_i N_j \mathrm{d}V \tag{10.4.120}$$

　　类似常规的有限元方法, 对单元的能量刚度矩阵和能量质量矩阵进行整合, 可得能量有限元方法:

$$\{[K] + [M]\} \{e\} = \{F\} + \{P\} \tag{10.4.121}$$

式中, $\{P\} = \left\{ P_1^{(i)}, P_2^{(i)}, \cdots, P_N^{(i)} \right\}^{\mathrm{T}}$ 为总的输入能量矢量, $\{F\} = \{f_1, f_2, \cdots, f_N\}^{\mathrm{T}}$ 为总的能量通量矢量, $[K]$ 和 $[M]$ 分别为总能量刚度矩阵和总能量质量矩阵, N 为节点数。

　　注意到, (10.4.121) 式与常规的结构振动有限元方程形式稍有不同, 总能量质量矩阵 $[M]$ 前面没有系数项, 也可以将 $[K]$ 和 $[M]$ 合并为一个矩阵, 这样 (10.4.121) 式形式上就类似于结构静力分析的有限元方程。应该说, 将 (10.4.119) 和 (10.4.120) 式分别称为能量刚度矩阵和能量质量矩阵也只是名称而已。文献 [119] 采用能量有限元方法求解得到矩形板能量密度分布与解析解结果一致, 且进一步计算的能量强度也与解析解一致, 参见图 10.4.13 和图 10.4.14。

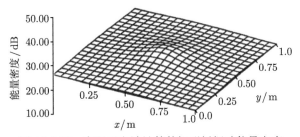

图 10.4.13　有限元方法计算的矩形板振动能量密度
(引自文献 [119], fig7.1)

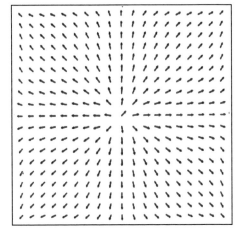

图 10.4.14　有限元方法计算的矩形板振动能量流
(引自文献 [119], fig7.2)

　　Zhang 等 [126,127] 采用无限大平板的流体附加质量和辐射阻尼因子，建立了有流体负载情况下的能量密度控制方程，并采用能量有限元方法，计算平板、圆柱壳、加肋圆柱壳及水下航行体壳体的能量密度分布，在 500Hz 以上的高频段计算结果与统计能量法结果一致，频率较低时偏差大一些。

　　我们知道，有限元方法适用于低频，而能量流方法则适用于高频，两者存在一定的矛盾。为了提高能量流方法的适用性，Santos 等 [128] 基于谱元法 (spectral element method) 概念，提出了能量谱元法 (energy spectral element method)，用于求解结构高频能量密度分布。考虑结构在材料、几何形状和结构形式等方面的不连续性，将其分为若干单元，在每个单元中求解能量密度方程，得到能量密度的传递矩阵，再考虑单元连接处的能量耦合关系，从而计算结构的能量密度分布，以梁结构纵振动为例，考虑如图 10.4.15 所示的均匀梁单元，求解能量密度控制方程，其形式解为

$$e = A\mathrm{e}^{\eta_s kx} + B\mathrm{e}^{-\eta_s kx} \qquad (10.4.122)$$

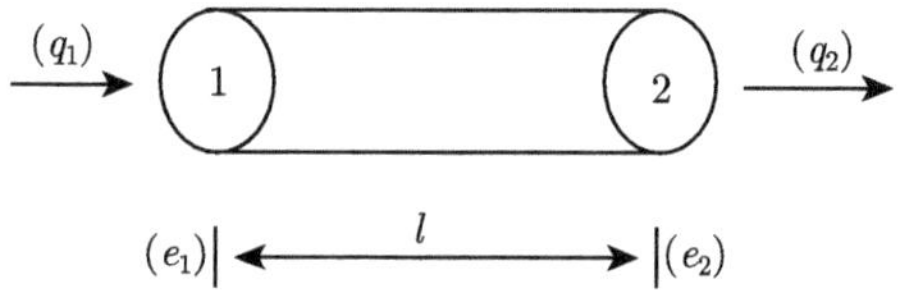

图 10.4.15　纵振动均匀梁单元
(引自文献 [128],fig2)

式中，A 和 B 为待定常数，由单元边界条件确定。

$$e_1 = e(0) = A + B \tag{10.4.123}$$

$$e_2 = e(l) = A\mathrm{e}^{\eta_s kl} + B\mathrm{e}^{-\eta_s kl} \tag{10.4.124}$$

式中，l 为单元长度。

由 (10.4.123) 和 (10.4.124) 式，可得待定常数：

$$\left\{ \begin{array}{c} A \\ B \end{array} \right\} = \left[\begin{array}{cc} 1 & 1 \\ \mathrm{e}^{\eta_s kl} & \mathrm{e}^{-\eta_s kl} \end{array} \right]^{-1} \left\{ \begin{array}{c} e_1 \\ e_2 \end{array} \right\} \tag{10.4.125}$$

利用能量流强度与能量密度的关系，在单元节点的能量流强度为

$$I_1 = I(0) = -\frac{C_g^2}{\eta_s \omega}\left[\eta_s k A - \eta_s k B\right] \tag{10.4.126}$$

$$I_2 = -I(l) = \frac{C_g^2}{\eta_s \omega}\left[\eta_s k A\mathrm{e}^{\eta_s kl} - \eta_s k B\mathrm{e}^{-\eta_s kl}\right] \tag{10.4.127}$$

由 (10.4.123)～(10.4.127) 式，可以推导得到单元节点的能量流强度与能量密度之间的关系：

$$\left\{ \begin{array}{c} I_1 \\ I_2 \end{array} \right\} = [H] \left\{ \begin{array}{c} e_1 \\ e_2 \end{array} \right\} \tag{10.4.128}$$

式中，$[H]$ 为单元谱能量流矩阵，其表达式为

$$[H] = \frac{C_g}{1 - \mathrm{e}^{2\eta_s kl}} \left[\begin{array}{cc} 1 + \mathrm{e}^{2\eta_s kl} & -2\mathrm{e}^{\eta_s kl} \\ -2\mathrm{e}^{\eta_s kl} & 1 + \mathrm{e}^{2\eta_s kl} \end{array} \right] \tag{10.4.129}$$

现在考虑单元连接处的能量耦合关系，为此，参见图 10.4.16，设连接处有一个连接单元，其左侧的节点 1 为单元 A 的端点，而连接单元右侧的节点 2 为单元 B 的端点。在单元连接处，左向传播的纵波一部分被反射，另一部透射，右向传播的纵波也是一部分被反射，一部分透射，使得单元 A 中的左向传输能量为其右向

传播纵波能量的反射分量与单元 B 中的左向透射纵波能量之和，单元 B 中的右向传输能量为其左向传播纵波的反射能量与单元 A 中的右向透射纵波能量之和。于是，在耦合单元中，能量流强度与单元 A 和 B 的反射系数和透射系数相关，耦合单元节点 1 和节点 2 的净能量流强度分别为

$$I_1^- = r_{11}I_1^+ + \tau_{21}I_2^+ \tag{10.4.130}$$

$$I_2^- = \tau_{12}I_1^+ + r_{22}I_2^+ \tag{10.4.131}$$

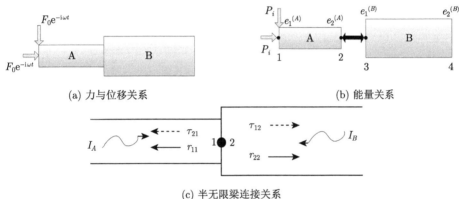

(a) 力与位移关系   (b) 能量关系

(c) 半无限梁连接关系

图 10.4.16 两个耦合梁的动力和能量关系

(引自文献 [128], fig3)

式中，$r_{ii}\,(i=1,2)$ 表示节点 i 的纵波声功率反射系数，$\tau_{ij}\,(i,j=1,2)$ 表示从节点 i 到节点 j 的纵波声功率透射系数。

(10.4.130) 式右边两项分别表示耦合单元节点 1 上，A 单元能量流强度经反射流进的部分和 B 单元能量流强度经透射流进的部分，(10.4.131) 式右边两项含义类同。考虑到互易原理 $\tau_{ij} = \tau_{ji}, r_{ii} = r_{jj}$ 及守恒关系 $\tau_{ij} + r_{ii} = 1$，由 (10.4.130) 和 (10.4.131) 式相加，可得单元 A 和 B 连接点的能量流强度平衡关系：

$$I_1^+ - I_1^- = I_2^+ - I_2^- \tag{10.4.132}$$

于是，耦合单元节点 1 和 2 的能量流强度为

$$I_1 = I_1^+ - I_1^- \tag{10.4.133}$$

$$I_2 = I_2^+ - I_2^- \tag{10.4.134}$$

利用能量流强度与能量密度的关系 (10.4.91) 式和 (10.4.122) 式，(10.4.133) 和 (10.4.134) 式可以表示为

$$I_1 = C_{ga}e_1^+ - C_{ga}e_1^- \tag{10.4.135}$$

$$I_2 = C_{gb}e_2^+ - C_{gb}e_2^- \tag{10.4.136}$$

式中，C_{ga} 和 C_{gb} 分别为单元 A 和 B 中的纵波相速。

将 (10.4.130) 式和 (10.4.131) 式分别代入 (10.4.133) 和 (10.4.134) 式，并考虑能量与能量密度的关系，可以得到

$$\left\{ \begin{array}{c} I_1 \\ I_2 \end{array} \right\} = \left[\begin{array}{cc} C_{ga}(1-r_{11}) & -C_{gb}\tau_{21} \\ -C_{ga}\tau_{21} & C_{gb}(1-r_{22}) \end{array} \right] \left\{ \begin{array}{c} e_1^+ \\ e_2^+ \end{array} \right\} \tag{10.4.137}$$

注意到，连接点的能量密度可以表示为正向和负向纵波的能量密度之和：

$$e_1 = e_1^+ + e_1^- \tag{10.4.138}$$

$$e_2 = e_2^+ + e_2^- \tag{10.4.139}$$

利用 (10.4.135)～(10.4.137) 式，(10.4.138) 和 (10.4.139) 式可以表示为

$$\left\{ \begin{array}{c} e_1^+ \\ e_2^+ \end{array} \right\} = [G]^{-1} \left\{ \begin{array}{c} e_1 \\ e_2 \end{array} \right\} \tag{10.4.140}$$

式中，

$$[G] = \left[\begin{array}{cc} 1+r_{11} & \dfrac{C_{gb}\tau_{21}}{c_{ga}} \\ \dfrac{C_{ga}\tau_{12}}{C_{gb}} & 1+r_{22} \end{array} \right]$$

再将 (10.4.140) 式代入 (10.4.137) 式，得到耦合单元节点能量流强度与能量密度的关系：

$$\left\{ \begin{array}{c} I_1 \\ I_2 \end{array} \right\} = \frac{\tau_{12}}{2r_{11}} \left[\begin{array}{cc} C_{ga} & -C_{gb} \\ -C_{ga} & C_{gb} \end{array} \right] \left\{ \begin{array}{c} e_1 \\ e_2 \end{array} \right\} \tag{10.4.141}$$

推导得到了梁单元 A 和 B 节点纵波能量流强度与能量密度关系 (10.4.128) 式及耦合单元节点能量流强度与能量密度的关系 (10.4.141) 式，将它们联立得到能量密度方程：

$$\left[\begin{array}{cccc} H_{11}^{(A)} & H_{12}^{(A)} & 0 & 0 \\ H_{21}^{(A)} & H_{22}^{(A)} - C_{ga}\dfrac{\tau_{23}}{2r_{22}} & C_{gb}\dfrac{\tau_{23}}{2r_{22}} & 0 \\ 0 & C_{ga}\dfrac{\tau_{23}}{2r_{22}} & H_{11}^{(B)} - C_{gb}\dfrac{\tau_{23}}{2r_{22}} & H_{12}^{(B)} \\ 0 & 0 & H_{21}^{(B)} & H_{22}^{(B)} \end{array} \right] \left\{ \begin{array}{c} e_1 \\ e_2 \\ e_3 \\ e_4 \end{array} \right\} = \{0\}$$

$$\tag{10.4.142}$$

式中, $e_i (i = 1, 2, 3, 4)$ 表示梁单元 A 和 B 节点能量密度, $H_{ij}^{(A)}$ 和 $H_{ij}^{(B)}$ 分别为梁单元 A 和 B 的谱能量流矩阵元素, r_{22} 和 τ_{23} 分别为梁单元 A 和 B 之间耦合单元的声能反射系数和透射系数。

这里采用能量谱元法建立的梁单元结构纵波能量密度分布计算方法, 可以推广到弯曲波情况。Santos 等针对长 3m、横截面积分别为 $4 \times 10^{-4} \mathrm{m}^2$ 和 16×10^{-4} m^2 的两个共线梁单元, 计算了纵波和弯曲波能量密度, 计算的 1/3Oct 带宽中心频率为 4kHz, 梁阻尼因子取 $\eta_s = 0.03$, 结果如图 10.4.17 所示, 能量谱元法与谱元法的计算结果吻合较好。

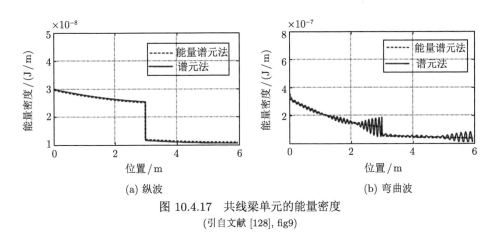

图 10.4.17　共线梁单元的能量密度

(引自文献 [128], fig9)

我们知道, 在高频段, 边界元方法要求的单元数量增加, 单元面积分计算量随之增加, 限制了边界元方法适用的频率范围。为了扩展边界元方法的适用频率范围, Franzoni 等 [129] 提出了能量边界元方法 (energy boundary element method), 将内部区域的边界用连续分布的宽带、不相关的能量 (或声强) 声源来代替, 某个单元声源在某点产生的声强正比于声源的强度, 反比于源点到场点的距离, 对所有声源分布点积分可以得到该场点的声强, 再考虑到边界反射的声强和声源的强度, 并利用能量守恒关系, 可以建立以能量为参数的空间某点的边界积分方程, 离散此积分方程, 求解得到分布的边界单元声强以及内部声压的空间均方值, 结果表明, 此方法具有较高的精度和计算效率。

10.5　结构振动和声辐射的数值与统计混合法

在第 8 章中, 为了提高计算效率和精度, 介绍了半解析半数值方法和解析数值混合方法, 求解结构耦合振动和声辐射。数值与统计混合法主要解决中频适用性及精度。我们知道, 随着频率的增高, 结构振动和声辐射计算的难度增大, 这是因为频率增高相应的结构振动波长减小，建立一个能够表征结构复杂响应的数学模型存在困难。在前面的章节中，将结构振动人为地分为两种分量：长波长分量和短波长分量，相应地，有限元方法适用于长波长分量，统计能量法适用于短波长分量，虽然提出了许多改进的方法以拓宽它们的适用频率范围，但都难以使它们兼顾到低频到高频的全频段响应计算，也就是说，有限元方法往高频扩展有局限、统计能量法往低频扩展也有局限，使得中频段结构振动和声辐射计算成为一个难点。为此，文献 [130] 和 [131] 提出了三维结构与内外声场耦合的中频计算模型。文献 [132] 基于有限元及正交分解的子结构方法，求解参数不确定的线性动力系统的中频响应。Jayachandran 和 Bonilha[133] 针对旋翼飞机机舱形状比较简单的特点，采用统计能量法计算舱壁振动，而采用模态叠加法计算机舱内部声场，在 40Hz 以上频段有较好的计算精度，这种混合方法拓展了统计能量法的适用范围，可用于中频段噪声预报。但是，这些方法没有建立比较普适的结构中频振动和声辐射计算模型。

实际上，结构振动和声辐射计算存在中频困境有以下原因：一方面，中频波长变短，精细描述结构振动特性的空间分辨率，需要更大维度的矩阵方程或更高阶的振动模态；另外一方面，结构中频响应对结构的细节更加敏感，即使非常详细的数学模型也难以完整表达结构的动力特性，或者说结构具有不确定性，还有在中频段结构响应计算对阻尼也比较敏感。为了建立适用于中频的振动和声辐射计算模型，将舰船和飞机等结构分为主结构和次结构，注意到舰船、飞机上的机械设备、隔舱壁、甲板及管道、电缆、仪表等部件占据了很大的重量，甚至可能与主结构重量相当，这些大量的子结构非刚性地固定在船体和机身结构上。针对附加在主结构上的次结构，Soize[134] 和 Strasberg[135] 引入了 "模糊结构"(structure fuzzy) 概念。所谓的主结构为力学性能、几何形状及边界条件和外激励已知、且有足够已知精度的主体结构，也可以扩展为提供主体刚度的其他结构部件及与结构有强耦合的内外轻质或重质流体介质，可以采用数值或解析方法模拟。次结构定义为附属于主结构的次要结构，其细节未知或不可精确已知，难以采用常规方法模拟，因而称为模糊结构。Soize 认为次结构作为船体和机身的一部分，在低频区建模计算，往往将它们作为附加质量处理，得到的响应计算结果能够与试验结果吻合，但在中频区，对于没有次结构的 "纯" 主结构，计算与试验的响应也吻合，若有次结构并将其作为附加质量处理，则响应计算结果存在较大误差。由于主结构的能量传递到了次结构，使能量耗散明显增加，为了有效预报主结构的中频响应，有必要合理模拟次结构的动力特性对主结构的影响。因此，在介绍中频混合方法前，先介绍作为次结构的模糊结构的模拟方法及其对主结构影响的动力效应。

为了着重研究模糊结构对主结构响应的影响，Soize 等采用有限元、边界元等常规方法处理主结构及内外流体的振动和声场问题，同时考虑模糊结构的随机特性，建立模糊结构的统计模型，得到模糊结构对主结构影响的平均定量效应。考虑到主结构的线性动力特性常常采用频域阻抗函数表征，引入边界阻抗概念模拟模糊结构对主结构的作用。因为模糊结构为随机的，边界阻抗及其对主结构的作用也为随机的参量。考虑包含了模糊结构的复杂声振耦合问题如图 10.5.1 所示，其中的主结构包括了主体结构及内外流体介质，模糊结构则为内部的附加次要结构。模糊结构的随机阻抗边界不是其固有的特性，而是取决于模糊结构与主结构共用边界的局部几何特性及主结构在此边界上的振动分布。假设主结构与模糊结构的共用边界为已知确定的，且模糊结构子系统为弱阻尼线性动力系统，主结构与模糊结构的耦合状态变量为共用边界的位移，模糊结构作用于主结构的动态力仅与主结构在连接点上的位移有关，通过建立模糊结构的随机本构关系，衍生一族随机振子，由随机变量表征简单振子特性，将模糊结构对主结构的作用等效为独立的无限自由度的振子，通过计算随机边界阻抗的期望值，得到模糊结构边界阻抗的平均值和随机脉动量，详细的表达式可参阅文献 [133]。在确定的截止频率以下，模糊结构等效为质量，在截止频率以上，模糊结构则表现为质量和阻尼效应。于是，Soize 结合考虑内外声场耦合的主结构耦合振动方程与模糊结构的边界阻抗方程，则带有模糊结构的主结构声振耦合方程为

$$\mathrm{i}\omega\left\{[Z_{mas}] + [Z_{fuz}(\omega)]\right\}\{X\} = \{F(\omega)\} \tag{10.5.1}$$

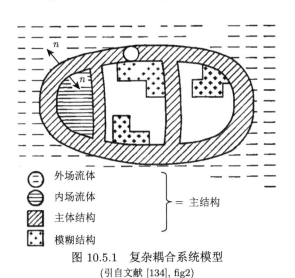

图 10.5.1 复杂耦合系统模型
(引自文献 [134], fig2)

式中，$[Z_{mas}]$ 为主结构阻抗矩阵，$[Z_{fuz}]$ 为模糊结构边界阻抗矩阵，$\{X\}$ 为状态变量列矩阵，$\{F(\omega)\}$ 为激励力列矩阵，它们的表达式分别为

$$\mathrm{i}\omega[Z_{mas}] = -\omega^2[M_1] + \mathrm{i}\omega[C_1] + [K_1] - \omega^2[G_0] \tag{10.5.2}$$

其中,

$$[M_1(\omega)] = \begin{bmatrix} [M_s] & 0 \\ 0 & -[M_a] \end{bmatrix} \tag{10.5.3}$$

$$[C_1(\omega)] = \begin{bmatrix} [C_s(\omega)] & -[H] \\ -[H]^{\mathrm{T}} & -[C_a] \end{bmatrix} \tag{10.5.4}$$

$$[K_1(\omega)] = \begin{bmatrix} [K_s(\omega)] & 0 \\ 0 & -[K_a] \end{bmatrix} \tag{10.5.5}$$

$$[G_0(\omega)] = \begin{bmatrix} [G(\omega)] & 0 \\ 0 & 0 \end{bmatrix} \tag{10.5.6}$$

这里, $[M_s]$, $[C_s]$, $[K_s]$ 为主体结构的质量矩阵、阻尼矩阵和刚度矩阵, $[M_a]$, $[C_a]$, $[K_a]$ 内部声介质的质量矩阵、阻尼矩阵和刚度矩阵, $[H]$ 和 $[G]$ 分别为内部声场和外部声场与主体结构振动的耦合矩阵。

$$[Z_{\mathrm{fuz}}(\omega)] = \begin{bmatrix} [\bar{Z}_{\mathrm{bound}}(\omega)] & 0 \\ 0 & 0 \end{bmatrix} + \begin{bmatrix} [Z_{\mathrm{rand}}(\omega)] & 0 \\ 0 & 0 \end{bmatrix} \tag{10.5.7}$$

其中, $[\bar{Z}_{\mathrm{bound}}(\omega)]$ 为模糊结构的平均边界阻抗矩阵, $[Z_{\mathrm{rand}}(\omega)]$ 为模糊结构的随机脉动边界阻抗矩阵。

$$\{X\} = \left\{ \begin{array}{c} \{U\} \\ \{p\} \end{array} \right\} \tag{10.5.8}$$

$$\{F\} = \left\{ \begin{array}{c} \{f_m\} + \{f_i\} \\ \{q\} \end{array} \right\} \tag{10.5.9}$$

这里, $\{U\}$ 和 $\{p\}$ 为主结构节点振动位移及节点声压列矩阵, $\{f_m\}, \{f_i\}, \{q\}$ 为对应机械激励外力、入射声波和内部声源的广义激励力列矩阵。

迭代求解 (10.5.1) 式原则上可以得到结构中频振动和声场解。由 (10.5.1) 式可知, 由于模糊结构对主结构的作用, 主结构的声振耦合方程中增加了附加质量和阻尼项。实际上, 因为大量附加在主结构上的次结构, 没有一个与主结构完全刚性连接的, 它们的动态特征更象具有一个或两个共振频率的弹簧质量振子, 如果一部分次结构的共振频率接近主结构的共振频率, 则它们会像动力吸振器一样吸收和耗散主结构的振动能量, 当一定频带内有足够多的弹簧质量振子共振吸收能量, 相当于增加了主结构的阻尼。Soize 的模糊结构理论模型虽然合理解释了大型结构在较宽频率范围内阻尼骤增的物理原因, 但是此理论涉及复杂的随机结构理论，难度较大，且作为一种理论框架模型，实际应用也比较困难。为了直观认识模糊结构及其对主结构作用的效应，这里进一步介绍 Pierce 等[136] 提出的简单模型，考虑一无限大刚性障板上的矩形平板及一侧为半无限声介质为主结构，矩形平板另一侧布放若干数量的小阻尼弹簧质量振子作为模糊结构，参见图 10.5.2。

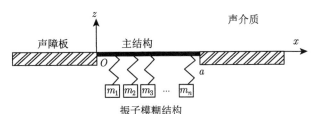

图 10.5.2 平板主结构及弹簧质量振子模拟的模糊结构
(引自文献 [136], fig1)

在外力作用下，并考虑辐射声场及附加弹簧质量振子的作用，矩形平板的弯曲振动方程为

$$m_s \frac{\partial^2 W}{\partial t^2} + D \left(\frac{\partial^2}{\partial x^2} + \frac{\partial^2}{\partial y^2} \right) W = f - p - \sum_{n=1}^{N} F_n(t) \delta(x - x_n) \delta(y - y_n) \quad (10.5.10)$$

式中，m_s 和 D 分别为矩形平板面密度和弯曲刚度，W 为矩形板弯曲振动位移，f 和 p 分别为作用在矩形板上的机械外力和声压，F_n 为弹簧质量振子沿 z 轴反向对矩形板的作用力，x_n 和 y_n 为矩形板上弹簧质量振子的坐标，N 为矩形板上弹簧质量振子的数量。

在有无限大声障板的情况下，矩形板弯曲振动的辐射声场由 Rayleigh 公式给出：

$$p(x, y, z, t) = \frac{\rho_0}{2\pi} \frac{\partial^2}{\partial t^2} \int_0^{l_x} \int_0^{l_y} \frac{W(\xi, \varsigma, t - d/C_0)}{d} \mathrm{d}\xi \mathrm{d}\varsigma \quad (10.5.11)$$

式中，ρ_0 和 C_0 为外场声介质的密度和声速，(ξ, ς) 为矩形板上源点坐标，d 为源点到场点的距离，其表达式为

$$d = \left[(x - \xi)^2 + (y - \varsigma)^2 + z^2 \right]^{1/2}$$

设附加在矩形板上的第 n 个弹簧质量振子的质量为 M_n、刚度为 K_n 及阻尼因子为 η_n，相应的共振频率为 Ω_n，它与矩形板耦合的振动位移 z_n 满足方程：

$$M_n \frac{\mathrm{d}^2 z_n}{\mathrm{d}t^2} + \eta_n M_n \Omega_n \left[\frac{\mathrm{d}z_n}{\mathrm{d}t} - \frac{\mathrm{d}W(x_n, y_n, t)}{\mathrm{d}t} \right] + M_n \Omega_n \left[z_n - W(x_n, y_n, t) \right] = 0$$

$$(10.5.12)$$

相应地，弹簧质量振子对矩形板的作用力为

$$F_n(t) = M_n \frac{\mathrm{d}^2 z_n}{\mathrm{d}t^2} \tag{10.5.13}$$

将 (10.5.12) 式中第 n 个弹簧振子位置上的矩形板振动位移 $W_n(t) = W(x_n, y_n, t)$ 视为已知量，求解可得弹簧质量振子的振动位移

$$z_n(t) = \int_{-\infty}^{t} W_n(\tau) G(t-\tau, \Omega_n, \eta_n)\,\mathrm{d}\tau \tag{10.5.14}$$

式中，

$$G(t, \Omega_n, \eta_n) = \frac{1}{\left[1-(\eta_n/2)^2\right]^{1/2}} \left[\Omega_n + 2\eta_n \frac{\mathrm{d}}{\mathrm{d}t}\right] \mathrm{e}^{-\frac{\eta_n}{2}\Omega_n t} \sin\left[\Omega_n \sqrt{1-(\eta_n/2)^2}\, t\right]$$

$$\tag{10.5.15}$$

将 (10.5.14) 式代入 (10.5.13) 式，有

$$F_n(t) = M_n \frac{\mathrm{d}^2}{\mathrm{d}t^2} \int_{-\infty}^{t} W_n(\tau) G(t-\tau, \Omega_n, \eta_n)\,\mathrm{d}\tau \tag{10.5.16}$$

于是，再将 (10.5.11) 和 (10.5.16) 式代入 (10.5.10) 式，得到矩形板与外声场和弹簧质量振子耦合的振动方程：

$$m_s \frac{\partial^2 W}{\partial t^2} + D\left(\frac{\partial^2}{\partial x^2} + \frac{\partial^2}{\partial y^2}\right) W = f - \frac{\rho_0}{2\pi} \frac{\partial^2}{\partial t^2} \int_0^{l_x} \int_0^{l_y} \frac{W(\xi, \varsigma, t-d/C_0)}{d}\,\mathrm{d}\xi\mathrm{d}\varsigma$$

$$- \sum_{n=1}^{N} \delta(x-x_n)\delta(y-y_n) M_n \frac{\mathrm{d}^2}{\mathrm{d}t^2} \int_{-\infty}^{t} W_n(\tau) G(t-\tau, \Omega_n, \eta_n)\,\mathrm{d}\tau$$

$$\tag{10.5.17}$$

按照 Soize 提出的概念，这里的矩形板作为主结构，其几何尺寸 l_x, l_y 及面密度 m_s 和弯曲刚度 D 都是已知的，附加在矩形板上的弹簧质量振子作为模糊结构，它们的动力参数是不完全已知的，实际上也没有必要完全知道振子的数量 N、安装点位置 (x_n, y_n) 及每个振子的质量 M_n、弹簧刚度 K_n 和阻尼因子 η_n，而只需知道它们的统计特性。在 (10.5.17) 式中，只有等号右边最后一项与模糊结构相关，其他项都只与主结构相关，为此将最后一项另列为

$$F_{uzzy} = -\sum_{n=1}^{N} \delta(x-x_n)\delta(y-y_n) M_n \frac{\mathrm{d}^2}{\mathrm{d}t^2} \int_{-\infty}^{t} W_n(\tau) G(t-\tau, \Omega_n, \eta_n)\,\mathrm{d}\tau$$

$$\tag{10.5.18}$$

为了进一步分析模糊结构的特征及其对主结构的作用，将频率范围分为若干频带，记为 B，其上限频率为 Ω_B，频带宽度为

$$\Delta\Omega_B = \Omega_B - \Omega_{B-1} \tag{10.5.19}$$

同时将矩形板分为若干子单元，记为 i 和 j，共有 $N_i N_j$ 个单元，类似频带宽度，单元的宽度和长度为

$$\Delta x_i = x_i - x_{i-1} \tag{10.5.20}$$

$$\Delta y_j = y_j - y_{j-1} \tag{10.5.21}$$

这样，(10.5.18) 式可以表示为

$$F_{uzzy} = \sum_{B=1}^{\infty} \sum_{i=1}^{N_i} \sum_{j=1}^{N_j} (F_{uzzy})_{B,i,j} \tag{10.5.22}$$

式中，

$$(F_{uzzy})_{B,i,j} = -\sum{}' \delta(x - x_n)\delta(y - y_n) M_n \frac{\mathrm{d}^2}{\mathrm{d}t^2} \int_{-\infty}^{t} W_n(\tau) G(t - \tau, \Omega_n, \eta_n)\mathrm{d}\tau \tag{10.5.23}$$

其中求和号 $\sum{}'$ 表示只对 x_n 位于第 i 个区域、y_n 位于第 j 个区域、ω 位于第 B 个频带内的 n 求和。考虑到 $\Delta x_i, \Delta y_j$ 和 $\Delta\Omega_B$ 都足够窄，且矩形板刚度较大，子单元内矩形板振动位移变化可以忽略，(10.5.23) 式中的 $\Omega_n, W_n(t)$ 可近似表示为 Ω_B 和 $W(x_i, y_i, t)$。于是，(10.5.23) 式可以近似表示为

$$(F_{uzzy})_{B,i,j} \approx -\frac{\mathrm{d}^2}{\mathrm{d}t^2} \int_{-\infty}^{t} W(x_i, y_i, \tau) \bar{G}_\eta(t - \tau, \Omega_B)\mathrm{d}\tau$$

$$\times \sum{}' \delta(x - x_n)\delta(y - y_n) M_n \tag{10.5.24}$$

式中，$\bar{G}_\eta$ 为响应函数 G 的平均值，其表达式为

$$\bar{G}_\eta(t - \tau, \Omega) = \int G(t - \tau, \Omega, \eta') P_\eta(\eta')\mathrm{d}\eta' \tag{10.5.25}$$

其中，P_η 为阻尼因子的概率密度函数。这里假设阻尼因子与弹簧质量振子的位置、质量及共振频率无关。

在 (10.5.24) 式中，$\sum{}' \delta(x - x_n)\delta(y - y_n) M_n$ 可以表示为

$$\sum{}' \delta(x - x_n)\delta(y - y_n) M_n$$

$$= \frac{1}{\Delta x_i \Delta y_j} \sum {}' M_n H_i\left(x\right) H_j\left(y\right) \int_{x_{i-1}}^{x_i} \int_{y_{j-1}}^{y_j} \delta\left(x - x_n\right) \delta\left(y - y_n\right) \mathrm{d}x\mathrm{d}y$$

$$= \frac{M_{B,i,j}}{\Delta x_i \Delta y_j} H_i\left(x\right) H_j\left(y\right) \tag{10.5.26}$$

式中, $M_{B,i,j}$ 为所有 x 方向位于第 i 个区域、y 方向位于第 j 个区域, 且频率位于第 B 个频带的弹簧质量振子的质量, $H_i\left(x\right)$ 和 $H_j\left(y\right)$ 分别为 x 位于 Δx_i, y 位于 Δy_j 时为 1, 其他情况为零的函数。

从统计平均的角度, $M_{B,i,j}$ 可以表示为

$$M_{B,i,j} = \Delta x_i \Delta y_j \frac{\mathrm{d}\bar{m}_F}{\mathrm{d}\Omega} \Delta \Omega_B \tag{10.5.27}$$

式中, $\mathrm{d}\bar{m}_F/\mathrm{d}\Omega$ 为单位频率的模糊结构的面质量。

这样, $M_{B,i,j}$ 可以理解为频带 $\Delta \Omega_B$ 内、单元面积 $\Delta x_i \Delta y_j$ 内的弹簧质量振子的质量。将 (10.5.27) 式代入 (10.5.26) 式, 再代入 (10.5.24) 式, 并将频带求和替换为频率积分, 由 (10.5.22) 式可以得到

$$F_{uzzy} = -\int_0^\infty \frac{\mathrm{d}\bar{m}_F}{\mathrm{d}\Omega} \left[\frac{\partial^2}{\partial t^2} \int_{-\infty}^t W\left(x,y,\tau\right) \bar{G}_\eta\left(t - \tau, \Omega\right) \mathrm{d}\tau\right] \mathrm{d}\Omega \tag{10.5.28}$$

改变 (10.5.28) 式中的积分秩序, 可得

$$F_{uzzy} = -\bar{m}_F\left(\infty\right) \frac{\partial^2}{\partial t^2} \int_{-\infty}^t W\left(x,y,\tau\right) S_F\left(t - \tau\right) \mathrm{d}\tau \tag{10.5.29}$$

式中, $S_F\left(t\right)$ 可以称为模糊时域记忆函数, 其表达式为

$$S_F\left(t\right) = \begin{cases} \dfrac{1}{m_F\left(\infty\right)} \displaystyle\int_0^\infty \dfrac{\mathrm{d}\bar{m}_F}{\mathrm{d}\Omega} \bar{G}_\eta\left(t, \Omega\right) \mathrm{d}\Omega, & t > 0 \\ 0, & t < 0 \end{cases} \tag{10.5.30}$$

其中, $m_F\left(\infty\right)$ 为全频段的模糊结构面质量。

将简化的模糊结构项 (10.5.29) 式代入 (10.5.17) 式, 则有

$$m_s \frac{\partial^2 W}{\partial t^2} + D\left[\frac{\partial^2}{\partial x^2} + \frac{\partial^2}{\partial y^2}\right]^2 W = f - \frac{\rho_0}{2\pi} \frac{\partial^2}{\partial t^2} \int_0^{l_x} \int_0^{l_y} \frac{W\left(\xi, \varsigma, t - R/C_0\right)}{R} \mathrm{d}\xi \mathrm{d}\varsigma$$

$$- \bar{m}_F\left(\infty\right) \frac{\partial^2}{\partial t^2} \int_{-\infty}^t W\left(x,y,\tau\right) S_F\left(t - \tau\right) \mathrm{d}\tau \tag{10.5.31}$$

(10.5.31) 式与 (10.5.17) 式相比, 不同之处在于后者包含的次结构的不完全已知参数, 已由统计意义上的相关已知参数所替代, 前者已变为确定性参数方程。为了进一步求解 (10.5.31) 式, 对其作时域 Fourier 变换, 得到

$$-\omega^2 m_s \tilde{W} + D\left[\frac{\partial^2}{\partial x^2} + \frac{\partial^2}{\partial y^2}\right]^2 \tilde{W} = \tilde{f} + \omega^2 \frac{\rho_0}{2\pi} \int_0^{l_x} \int_0^{l_y} \frac{\tilde{W}(\xi,\varsigma,\omega)}{d} e^{ik_0 d} d\xi d\varsigma$$

$$+ \omega^2 \bar{m}_F(\infty) \tilde{W}(x,y,\omega) \int_{-\infty}^0 e^{-i\omega\tau'} S_F(-\tau') d\tau' \tag{10.5.32}$$

式中, $\tilde{W}, \tilde{f}$ 分别为 W, f 的时域 Fourier 变换量。

假设所有弹簧质量振子都是小阻尼, 且考虑到即使在统计意义上, 也难以定量已知弹簧质量振子的阻尼特征, 为简单起见, 认为每个振子的阻尼因子相等, 相当于 (10.5.25) 式中概率密度函数 $P_\eta(\eta')$ 为 $\delta(\eta')$ 函数, 这样, 将 (10.5.15) 式代入 (10.5.30) 式, 可得

$$S_F(t) = \frac{1}{\bar{m}_F(\infty)} \int_0^\infty \frac{d\bar{m}_F}{d\Omega} \left\{ \frac{1}{\sqrt{1-(\eta/2)^2}} \left(\Omega + \eta \frac{d}{dt}\right) e^{-\frac{\eta}{2}\Omega t} \right.$$

$$\left. \times \sin\left[\Omega\sqrt{1-(\eta/2)^2}t\right] \right\} d\Omega \tag{10.5.33}$$

注意到, 当 $t < 0$ 时, $S_F(t) = 0$, 对 (10.5.33) 式作时域 Fourier 变换, 有

$$2\pi \tilde{S}_F(\omega) = \int_{-\infty}^0 e^{-i\omega\tau'} S_F(-\tau') d\tau' = \int_{-\infty}^\infty e^{i\omega t} S_F(t) dt$$

$$= \frac{1}{\bar{m}_F(\infty)} \int_0^\infty \frac{d\bar{m}_F}{d\Omega} \cdot \frac{\Omega}{2\sqrt{1-(\eta/2)^2}} \left[\frac{B_1}{A_1} - \frac{B_2}{A_2}\right] d\Omega \tag{10.5.34}$$

式中,

$$A_{1,2} = \frac{i\eta}{2}\Omega + \omega \pm \Omega\sqrt{1-(\eta/2)^2} \tag{10.5.35}$$

$$B_{1,2} = 1 - \frac{\eta^2}{2} \pm i\eta\sqrt{1-(\eta/2)^2} \tag{10.5.36}$$

进一步的代数计算可得

$$2\pi \tilde{S}_F(\omega) = \frac{1}{\bar{m}_F(\infty)} \int_0^\infty \frac{d\bar{m}_F}{d\Omega} \cdot \left[\frac{\Omega^2[\Omega^2 - \omega^2 + \omega^2\eta^2] + i\eta\omega^3\Omega}{[\Omega^2 - \omega^2]^2 + (\eta\omega\Omega)^2}\right] d\Omega \tag{10.5.37}$$

将 (10.5.37) 式代入 (10.5.32) 式，得到考虑了模糊结构效应的矩阵板声振耦合方程：

$$-\omega^2\left[m_s + m_F\right]\tilde{W} - \mathrm{i}\omega R_F\tilde{W} + D\left[\frac{\partial^2}{\partial x^2} + \frac{\partial^2}{\partial y^2}\right]^2\tilde{W}$$

$$= f + \omega^2\frac{\rho_0}{2\pi}\int_0^{l_x}\int_0^{l_y}\frac{\tilde{W}\left(\xi,\varsigma,\omega\right)}{d}\mathrm{e}^{\mathrm{i}k_0 d}\mathrm{d}\xi\mathrm{d}\varsigma \tag{10.5.38}$$

式中，m_F 和 R_F 分别为模糊结构引起的附加面质量和附加的单位面积阻尼，它们的表达式分别为

$$m_F = \int_0^{\infty}\frac{\mathrm{d}\bar{m}_F}{\mathrm{d}\Omega}\frac{\Omega^2\left[\Omega^2 - \omega^2 + \omega^2\eta^2\right]}{\left[\Omega^2 - \omega^2\right]^2 + \left(\eta\omega\Omega\right)^2}\mathrm{d}\Omega \tag{10.5.39}$$

$$R_F = \int_0^{\infty}\frac{\mathrm{d}\bar{m}_F}{\mathrm{d}\Omega}\frac{\eta\omega^4\Omega}{\left[\Omega^2 - \omega^2\right]^2 + \left(\eta\omega\Omega\right)^2}\mathrm{d}\Omega \tag{10.5.40}$$

由此可见，模糊结构对主结构的作用，从统计角度可以等效为附加质量和附加阻尼。当矩形板上附加的弹簧质量振子的阻尼足够小时，(10.5.39) 和 (10.5.40) 式可以简化为

$$m_F = \int_0^{\infty}\frac{\mathrm{d}\bar{m}_F}{\mathrm{d}\Omega}\frac{\Omega^2}{\left[\Omega^2 - \omega^2\right]}\mathrm{d}\Omega \tag{10.5.41}$$

$$R_F = \frac{\pi\omega^2}{2}\frac{\mathrm{d}\bar{m}_F}{\mathrm{d}\omega} \tag{10.5.42}$$

简化的详细过程可参阅文献 [136]。为了能够定量分析模糊结构对主结构影响的质量和阻尼效应，设模糊结构的面质量频谱函数取以下形式：

$$\bar{m}_F\left(\Omega\right) = \bar{m}_F\left(\infty\right)\left[1 - \mathrm{e}^{-\Omega^2/2\Omega_F^2}\right] \tag{10.5.43}$$

式中，Ω_F 为模糊结构最大可能的共振频率，在此频率上单位频率的模糊结构面质量最大。

由 (10.5.43) 式可得

$$\frac{\mathrm{d}\bar{m}_F}{\mathrm{d}\Omega} = \bar{m}_F\left(\infty\right)\frac{\Omega}{\Omega_F^2}\mathrm{e}^{-\Omega^2/2\Omega_F^2} \tag{10.5.44}$$

可见，当 $\Omega/\Omega_F = 1$ 时，$\frac{\Omega_F}{\bar{m}_F\left(\infty\right)}\cdot\frac{\mathrm{d}\bar{m}_F}{\mathrm{d}\Omega}$ 有最大值。再将 (10.5.44) 式代入 (10.5.41) 式，得到模糊结构的面密度：

$$m_F = \bar{m}_F\left(\infty\right)\int_0^{\infty}\frac{\Omega^2}{\Omega^2 - \omega^2}\frac{\Omega}{\Omega_F^2}\mathrm{e}^{-\Omega^2/2\Omega_F^2}\mathrm{d}\Omega \tag{10.5.45}$$

令 $\alpha = \Omega^2/2\Omega_F^2$，(10.5.45) 式可表示为

$$m_F = \bar{m}_F(\infty) \int_0^\infty \frac{\alpha}{\alpha - \beta} \mathrm{e}^{-\alpha} \mathrm{d}\alpha \qquad (10.5.46)$$

式中，$\beta = \omega^2/2\Omega_F^2$。

(10.5.46) 式积分可得

$$m_F = \bar{m}_F(\infty) \left[1 - \beta \mathrm{e}^{-\beta} E_i(\beta) \right] \qquad (10.5.47)$$

式中，

$$E_i(\beta) = -\int_{-\beta}^\infty \frac{\mathrm{e}^{-x}}{x} \mathrm{d}x$$

由 (10.5.47) 式计算得到的比值 $m_F/\bar{m}_F(\infty)$ 随无量纲频率 ω/Ω_F 变化的曲线由图 10.5.3 给出。由图可见，当频率趋于零时，模糊结构的附加质量等于所有次结构的质量，这是在很低频率时，可以认为次结构与主结构刚性连接。当频率从零开始增加时，模糊结构的附加质量会有一个最大值，且大于所有次结构的质量和。在低频段，作为次结构的弹簧质量振子都在它们的共振频率以下随主结构作同相振动，它们的振动位移大于连接点的振动位移，相应的动能也大于它们与主结构刚性连接时的动能。当频率进一步增大到 $\omega = 0.863\Omega_F$，模糊结构的附加质量逐渐下降到小于全部次结构的质量，而当 $\omega > 1.641\Omega_F$ 时，模糊结构的附加质量为负值，这是因为在高频段，弹簧质量振子的振动频率大于它们的共振频率，相应的振动与矩形板结构振动反相，这种反相振动表明弹簧质量振子作用于矩形板的力与矩形板加速度方向一致，其效应相当于减去了矩形板的质量。弹簧质量振子不同阻尼因子时，相应的模糊结构附加阻尼随频率 ω/Ω_F 的变化曲线参见图 10.5.4，当 $\omega/\Omega_F < 1$ 时，模糊结构的附加阻尼较小，当 ω/Ω_F 在 2 附近时，附加阻尼达到最大值，随着频率的增加，附加阻尼也逐渐减小。另外，模糊结构的附加阻尼与弹簧质量振子的阻尼因子有一定关系，振子阻尼因子为零时，附加阻尼的峰值最大，但振子阻尼因子增加，附加阻尼的峰值变宽。

虽然 Lyon[137] 认为模糊结构方法本质上与经典统计能量法是一致的，只是前者没有按随机量处理主结构动力特性。但是模糊结构作为一种新的概念，其应用还是有所扩展，Weaver[138] 和 Fernandez[139] 分别将模糊结构理论用于带次结构的主结构声散射和隔声计算。应该注意到，模糊结构理论实际上解决了求解主结构响应时次结构对其的作用问题，可将主结构的响应计算往中频扩展，并不能求解主结构对次结构的作用及次结构本身的响应，因而不适用于中高频。可以说模糊结构是一种修正方法，还不是一种中高频混合方法，但是模糊结构理论为建立中高频混合方法支撑了理论概念。Pratellesi 等[140] 将低频有限元方法和高频平

滑积分法 (smooth integral formulation) 组合, 将结构的确定和统计振动响应计算扩展到中频段。Langley 和 Bremner[141] 借鉴模糊结构分类处理随机结构和确定结构的方法, 将结构响应分为对应整体模式和局部模式两部分, 分别对应低频和高频, 求解整体响应时, 采用模糊结构法考虑局部模态对整体的作用, 求解局部响应时, 采用统计能量法处理, 并考虑整体模态对局部的作用。

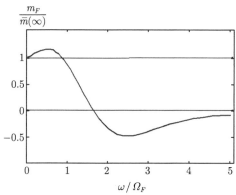

图 10.5.3　模糊结构产生的附加质量
(引自文献 [136], fig4)

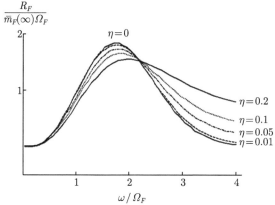

图 10.5.4　模糊结构产生的附加阻尼
(引自文献 [136], fig5)

考虑由梁、板、壳及声腔组成的一般结构系统, 在坐标系 $\boldsymbol{x} = (x_1, x_2, x_3)^{\mathrm{T}}$ 下, 结构系统的位移 $\boldsymbol{U}$ 可表示为

$$\boldsymbol{U}(\boldsymbol{x}, t) = \sum_{n=1}^{\infty} q_n(t) \varphi_n(\boldsymbol{x}) \tag{10.5.48}$$

式中, $\varphi_n(\boldsymbol{x})$ 为 n 阶基函数, $q_n(t)$ 为广义位移。

采用有限元等数值方法, 可以得到结构系统的频域动态方程:

$$[D]\{q\} = \{F\} \tag{10.5.49}$$

式中, $\{q\}$ 和 $\{F\}$ 分别为结构系统广义位移及广义激励力列矩阵, $[D]$ 为结构系统的动刚度矩阵, 其表达式为

$$[D] = -\omega^2 [M] + \mathrm{i}\omega [C] + [K] \tag{10.5.50}$$

其中, $[M], [K]$ 和 $[C]$ 分别为结构系统的质量矩阵、刚度矩阵和阻尼矩阵, 阻尼矩阵为质量矩阵和刚度矩阵的线性组合。它们及广义激励力列矩阵的元素分别为

$$M_{mn} = \sum_{r=1}^{N_s} \int_{V_r} \rho_r(\boldsymbol{x}) \varphi_m^{\mathrm{T}}(\boldsymbol{x}) \varphi_n(\boldsymbol{x}) \,\mathrm{d}V \tag{10.5.51}$$

$$K_{mn} = \sum_{r=1}^{N_s} \int_{V_r} \left(\nabla_r \varphi_m\right)^{\mathrm{T}} D_r(\nabla_r \varphi_n) \mathrm{d}V \tag{10.5.52}$$

$$F_m(t) = \sum_{r=1}^{N_s} \int_{V_r} f_r^{\mathrm{T}}(\boldsymbol{x}, t) \varphi_m(\boldsymbol{x}) \,\mathrm{d}V \tag{10.5.53}$$

这里, ρ_r 为第 r 个子系统的密度, ∇_r, D_r 为第 r 个子系统微分算子和本构矩阵, $f_r(\boldsymbol{x}, t)$ 为作用在第 r 个子系统上的分布载荷, N_s 为子系统数量, V_r 为第 r 个子系统的体积。

由于在中高频段结构变形波长短, 需要很高阶的基函数才能表征结构响应特性, 实现存在困难。为此将基函数分为 "长波长函数" 和 "短波长函数", 分别对应结构系统的整体响应和局部响应。

$$\boldsymbol{U}(\boldsymbol{x}, t) = \sum_{n=1}^{N_g} q_n^g(t) \varphi_n^g(\boldsymbol{x}) + \sum_{n=1}^{N_l} q_n^l \varphi_n^l(\boldsymbol{x}) \tag{10.5.54}$$

式中, g 和 l 分别表示整体和局部, N_g 和 N_l 分别为整体子系统数和局部子系统数, $q_n^g(t)$ 和 φ_n^g 分别为整体广义位移和整体基函数, 表征整体响应, q_n^l 和 φ_n^l 为局部广义位移和局部基函数, 表征局部响应。

(10.5.54) 式将 (10.5.48) 式分为整体和局部两部分, 相应地, (10.5.49) 式也可以表示为

$$\begin{pmatrix} [D_{gg}] & [D_{gl}] \\ [D_{gl}]^{\mathrm{T}} & [D_{ll}] \end{pmatrix} \begin{pmatrix} \{q^g\} \\ \{q^l\} \end{pmatrix} = \begin{pmatrix} \{F^g\} \\ \{F^l\} \end{pmatrix} \tag{10.5.55}$$

式中, $\{q^g\}, \{q^l\}$ 和 $\{F^g\}, \{F^l\}$ 分别为对应整体和局部的广义位移列矩阵、广义激励力列矩阵。$[D_{gg}]$ 和 $[D_{ll}]$ 分别为结构系统对应整体和局部的动刚度矩阵, $[D_{gl}]$ 则为结构系统整体与局部相互影响的动刚度矩阵, 它们对应的质量矩阵和刚度矩阵元素表达式分别为

$$M_{nn}^{ll} = \int_{V_r} \rho(\boldsymbol{x}) \varphi_n^{l\mathrm{T}}(\boldsymbol{x}) \varphi_n^l(\boldsymbol{x}) \, \mathrm{d}V \tag{10.5.56}$$

$$K_{nn}^{ll} = \int_{V_r} \left(\nabla_r \varphi_n^l \right)^{\mathrm{T}} D_r \left(\nabla_r \varphi_n^l \right) \mathrm{d}V \tag{10.5.57}$$

$$M_{mn}^{gl} = \int_{V_r} \rho(\boldsymbol{x}) \varphi_m^{g\mathrm{T}}(\boldsymbol{x}) \varphi_n^l(\boldsymbol{x}) \, \mathrm{d}V \tag{10.5.58}$$

$$K_{mn}^{gl} = \int_{V_r} \left(\nabla_r \varphi_m^g \right)^{\mathrm{T}} D_r \left(\nabla_r \varphi_n^l \right) \mathrm{d}V \tag{10.5.59}$$

另外, 不失一般性, 总是可以选择整体广义位移使 $[D_{gg}]$ 为对角矩阵, 其元素为

$$[D_{gg}]_{nn} = \omega_n^2 \left(1 + \mathrm{i}\eta_n \right) - \omega^2 \tag{10.5.60}$$

式中, ω_n, η_n 为第 n 个整体模态的本征频率及损耗因子。

应该指出, 这里的整体基函数为归一化的函数, 虽然结构系统的实际响应模式不仅仅与 $\{q^g\}$ 有关, 而且还与 $\{q^l\}$ 有关, 但是整体基函数 $\varphi_n^g(\boldsymbol{x})$ 则用于表征整体模态; 每一个局部基函数只属于一个子系统, 对于其他子系统均为零。考虑到整体基函数相对于局部基函数为长波长函数, 相应的波数小, 有 $O\left(\nabla_r \varphi_m^g \right) / O\left(\varphi_m^g \right) \ll O\left(\nabla_r \varphi_n^l \right) / O\left(\varphi_n^l \right)$ 存在, 且在局部共振情况下有 $O\left(\omega^2 M_{nm}^{ll} \right) = O\left(K_{nn}^{ll} \right)$, 由 (10.5.56)~(10.5.59) 式, 可以推论有 $O\left(K_{mn}^{gl} \right) \ll O\left(\omega^2 M_{mn}^{gl} \right)$, 加上一般情况下阻尼矩阵 $[C]$ 都比较小。因此, 在稳态情况下, 整体与局部的惯性耦合对矩阵 $[D_{gl}]$ 起主要作用, 刚度项可以忽略, 于是有

$$[D_{gl}] \approx -\omega^2 [M_{gl}] \tag{10.5.61}$$

由 (10.5.55) 式, 结构系统整体和局部响应可以分开表示为

$$\left([D_{gg}] - [D_{gl}] [D_{ll}]^{-1} [D_{gl}]^{\mathrm{T}} \right) \{q^g\} = \{F^g\} - [D_{gl}] [D_{ll}]^{-1} \{F^l\} \tag{10.5.62}$$

$$[D_{ll}] \{q^l\} = \{F^l\} - [D_{gl}]^{\mathrm{T}} \{q^g\} \tag{10.5.63}$$

由 (10.5.62) 和 (10.5.63) 式可见, 结构系统的整体响应不仅与整体动刚度矩阵和整体广义激励力有关, 还与局部动刚度矩阵、整体和局部耦合动刚度矩阵及局部

广义激励力有关，同样，局部响应不仅局部动刚度矩阵和局部激励力有关，也还与整体和局部耦合动刚度矩阵及整体响应有关。(10.5.62) 式给出的整体动刚度矩阵的附加矩阵项 $[D_{gl}][D_{ll}]^{-1}[D_{gl}]^{\mathrm{T}}$，其元素可以表示为

$$\left([D_{gl}][D_{ll}]^{-1}[D_{gl}]^{\mathrm{T}}\right)_{mn} = \sum_{j=1}^{N_l}\sum_{k=1}^{N_l}[D_{gl}]_{mj}[D_{ll}]_{jk}^{-1}[D_{gl}]_{nk} \tag{10.5.64}$$

注意到 (10.5.64) 式中的求和为对局部子系统求和，类似于统计能量法的假设，认为局部子系统为弱耦合，相应的 $[D_{ll}]$ 为对角矩阵，如果局部基函数取子系统未耦合时的归一化模态函数，则 (10.5.64) 式可表示为

$$\left([D_{gl}][D_{ll}]^{-1}[D_{gl}]^{\mathrm{T}}\right)_{mn} = \sum_{j=1}^{N_l}[D_{gl}]_{mj}[D_{gl}]_{nj}\left[\omega_j^2\left(1+\mathrm{i}\eta_j\right)-\omega^2\right]^{-1} \tag{10.5.65}$$

式中，ω_j 和 η_j 分别为局部模态的本征频率及损耗因子。

如果整个系统有 N_s 个子系统，第 r 个子系统有 N_r 个模态，则在全部模态序列中，(10.5.65) 式可以表示为

$$\left([D_{gl}][D_{ll}]^{-1}[D_{gl}]^{\mathrm{T}}\right)_{mn}$$
$$= \sum_{r=1}^{N_s}\sum_{k=1}^{N_r}[D_{gl}]_{mj(k,\,r)}[D_{gl}]_{nj(k,\,r)}\left[(\omega_k^r)^2\left(1+\mathrm{i}\eta_k^r\right)-\omega^2\right]^{-1} \tag{10.5.66}$$

式中，ω_k^r,η_k^r 分别为子系统 r 第 k 阶局部模态的本征频率及损耗因子，参数 $j(k,\,r)$ 表示子系统 r 的第 k 阶模态在全部局部模态中的序列位置。

利用 (10.5.58) 和 (10.5.61) 式，(10.5.66) 式右边矩阵元素的乘积项可以表示为

$$[D_{gl}]_{mj(k,\,r)}[D_{gl}]_{nj(k,\,r)} = \omega^4 J_{rmn}^2(k) \tag{10.5.67}$$

式中，

$$J_{rmn}^2(k) = \int_{V_r}\int_{V_r}\rho(\boldsymbol{x})\rho(\boldsymbol{x}')\varphi_m^{g\mathrm{T}}(\boldsymbol{x})\cdot R_r(\boldsymbol{x},\boldsymbol{x}',k)\varphi_n^g(\boldsymbol{x}')\,\mathrm{d}V\mathrm{d}V' \tag{10.5.68}$$

其中，

$$R_r(\boldsymbol{x},\boldsymbol{x}',k) = \varphi_{j(k,r)}^l(\boldsymbol{x})\varphi_{j(k,r)}^{l\mathrm{T}}(\boldsymbol{x}') \tag{10.5.69}$$

这里，$R_r(\boldsymbol{x},\boldsymbol{x}',k)$ 可以看作子系统 r 的局部模态相关系数，J_{rmn}^2 则相当于系统 r 的局部模态与整体模态的联合导纳函数 (joint acceptance functions)。将 (10.5.67)

式代入 (10.5.66) 式, 有

$$\left([D_{gl}][D_{ll}]^{-1}[D_{gl}]^{\mathrm{T}}\right)_{mn} = \omega^4 \sum_{r=1}^{N_s} \sum_{k=1}^{N_r} J_{rmn}^2(k) \left[\left(\omega_k^r\right)^2\left(1+\mathrm{i}\eta_k^r\right) - \omega^2\right]^{-1}$$

(10.5.70)

为了进一步简化 (10.5.70) 式给出局部模态产生的附加刚度矩阵, 将分两种情况考虑: 其一为局部模态共振 ($\omega_k^r \approx \omega$) 的贡献, 其二为惯性主导局部模态 ($\omega_k^r \ll \omega$) 的贡献, 局部模态动刚度项的贡献忽略不计。为此先考虑:

$$S_r = \sum_{k=1}^{N_r} \left[\left(\omega_k^r\right)^2\left(1+\mathrm{i}\eta_k^r\right) - \omega^2\right]^{-1}$$

(10.5.71)

Langley 在文献 [105] 中认为: 一维和二维结构部件的空间均方响应限于上下包络线内。当子系统模态重叠因子较高时, 直接引用 Langley 的结果:

$$S_r = \begin{cases} \mathrm{Im}\,(S_r) = -\pi n_r / 2\omega \\ \mathrm{Re}\,(S_r) = 0 \end{cases}$$

(10.5.72)

式中, n_r 为子系统 r 的模态密度。

将 (10.5.72) 式代入 (10.5.70) 式, 得到

$$\left([D_{gl}][D_{ll}]^{-1}[D_{gl}]^{\mathrm{T}}\right)_{mn} = -\mathrm{i}\frac{\pi\omega^3}{2} \sum_{r=1}^{N_s} \bar{J}_{rmn}^2 n_r$$

(10.5.73)

式中, $\bar{J}_{rmn}^2$ 为 J_{rmn}^2 的平均值。

(10.5.73) 式表明: 对整体模态来说, 局部模态的作用相当于阻尼效应, 仅仅考虑 $m = n$ 项, 则 (10.5.73) 式可以表示为一个简单的等效阻尼项:

$$\eta_m^{\mathrm{eff}} = \frac{\pi\omega}{2} \sum_{r=1}^{N_s} \bar{J}_{rmn}^2 n_r$$

(10.5.74)

Langley 认为这个简单的结果与模糊结构理论完全一致。模糊结构对主结构产生的附加阻尼作用, 一定程度上与次结构的模态密度有关, 而与次结构的损耗因子关系不大。(10.5.74) 式给出的结果, 相当于局部模态对应次结构, 整体模态对应主结构。而且, 模糊结构理论中不需要考虑次结构的细节, (10.5.74) 式中的参数 $\bar{J}_{rmn}^2$ 取决于整体模态函数及表示为相关函数 R_r 的局部模态的平均特性, 也不需要局部模态形状及本征频率。因此, 这里所建立的模型考虑了局部模态响应对整体响应的影响, 可以认为是模糊结构理论的一种扩展应用。

对于惯性主导的局部模态的贡献，当 $\omega_k^r \ll \omega$ 时，由 (10.5.70) 式可得

$$\left([D_{gl}] [D_{ll}]^{-1} [D_{gl}]^{\mathrm{T}} \right)_{mn} = -\omega^2 \sum_{r=1}^{N_s} \sum_{k=1}^{N_r'} J_{rmn}^2 (k) \qquad (10.5.75)$$

式中，N_r' 表示惯性主导模态的数量。

(10.5.75) 式给出的结果取决于 $J_{rmn}^2 (k)$，在 $\omega_k^r \ll \omega$ 的高频段，局部模态对整体模态的作用相当于负质量效应，这与前面 Pierce[136] 的结果一致。

在 (10.5.62) 式中，局部模态除了对整体刚度有影响外，对整体激励力也有影响，激励力修正项的第 m 阶分量为

$$\left([D_{gl}] [D_{ll}]^{-1} \{F^l\} \right)_m = \sum_{j=1}^{N_l} [D_{gl}]_{mj} q_j^{lB} \qquad (10.5.76)$$

式中，q_j^{lB} 为阻塞局部模态响应 (blocked local mode response) 列矢量 $\{q^{lB}\}$ 的元素，而 $\{q^{lB}\}$ 即为假定整体响应为零时的局部模态响应，其表达式为

$$\{q^{lB}\} = [D_{ll}]^{-1} \{F^l\} \qquad (10.5.77)$$

将 (10.5.61) 及 (10.5.58) 式代入 (10.5.76) 式，并考虑 (10.5.77) 式及 (10.5.66) 式中的参数 $j(k,r)$，则有

$$\left([D_{gl}] [D_{ll}]^{-1} \{F^l\} \right)_m = \sum_{r=1}^{N_s} \sum_{k=1}^{N_r} \left\{ -\omega^2 \int_{V_r} \rho(\boldsymbol{x}) \varphi_m^{g\mathrm{T}}(\boldsymbol{x}) \varphi_{j(k,r)}^l(\boldsymbol{x}) \mathrm{d}V \right\} q_{j(k,r)}^{lB}$$
$$\qquad (10.5.78)$$

在 (10.5.78) 式中交换求和与积分秩序，得到

$$\left([D_{gl}] [D_{ll}]^{-1} \{F^l\} \right)_m = \sum_{r=1}^{N_s} -\omega^2 \int_{V_r} \rho(\boldsymbol{x}) \varphi_m^{g\mathrm{T}}(\boldsymbol{x}) U_r^B(\boldsymbol{x}) \mathrm{d}V \qquad (10.5.79)$$

式中，$U_r^B(\boldsymbol{x})$ 表示子系统 r 的阻塞局部响应，其表达式为

$$U_r^B(\boldsymbol{x}) = \sum_{k=1}^{N_r} q_{j(k,r)}^{lB} \varphi_{j(k,r)}^l(\boldsymbol{x}) \qquad (10.5.80)$$

如果计算得到了子系统 r 的阻塞局部响应 $U_r^B(\boldsymbol{x})$，就可以求解得到局部模态对整体激励力的修正项，进一步可由 (10.5.62) 式联立 (10.5.73) 式、(10.5.75) 和

(10.5.79) 式, 计算结构系统的整体响应 $\{q^g\}$。若激励力为随机变量, 则由 (10.5.62) 式计算得到传递函数, 再由谱分析方法计算响应谱和均方值。注意到, 计算整体激励力修正项 (10.5.79) 式, 对局部广义激励力的相关性未作要求, 针对不相关的局部广义激励力, Langley 还提出了相应的整体激励力修正项的估算方法 [141]。

以上求解了结构系统的整体响应 (10.5.62) 式, 还需要进一步求解局部响应方程 (10.5.63) 式。为此, 考虑每个子系统的短波长局部模态, 采用统计能量法求解, 一个子系统设置一个能量平衡方程, 相应的统计能量方程组为

$$\omega\eta_r E_r + \omega \sum_{j=1}^{N_s} \eta_{rj} n_r \left(\frac{E_r}{n_r} - \frac{E_j}{n_j} \right) = P_r \qquad r = 1,2,3,\cdots,N_s \qquad (10.5.81)$$

在 (10.5.81) 式中, 参数的含义与 10.1 节一致, 求解此方程组最主要的问题是估算子系统的输入功率。这个输入功率包含了两部分, 其一为对应 (10.5.63) 式中局部激励力的输入功率, 其估算可采用 10.2 节中介绍的方法, 其二为整体与局部耦合的等效激励力产生的输入功率, 这里重点介绍第二部分输入功率的估算方法。为此, 先考虑子系统中一个局部模态受整体模态作用的输入功率, 并忽略局部模态的相互耦合, 相当于在统计能量法中计算非耦合子系统的输入功率, 子系统的耦合对输入功率的影响可以忽略, 这种近似在高频段是合理的。于是, 由 (10.5.63) 式可得子系统 r 的局部模态 k 的运动方程:

$$\left[(\omega_k^r)^2 + (1+\mathrm{i}\eta_k^r) - \omega^2 \right] q_{j(k,r)}^l = F_{j(k,r)}^l - \left([D_{gl}]^{\mathrm{T}}\{q^g\} \right)_{j(k,r)} \qquad (10.5.82)$$

为简单起见, 令 $F_{j(k,r)}^l = 0$, 则时间平均的模态输入功率为

$$P_{r,k}^g = \frac{1}{2}\mathrm{Re}\left\{ -\mathrm{i}\omega q_{j(k,r)}^l \left([D_{gl}]^{\mathrm{T}}\{q^g\} \right)_{j(k,r)}^* \right\}$$

$$= \frac{1}{2}\mathrm{Re}\left\{ \frac{\mathrm{i}\omega \left| \left([D_{gl}]^{\mathrm{T}}\{q^g\} \right)_{j(k,r)} \right|^2}{(\omega_k^r)^2(1+\mathrm{i}\eta_k^r) - \omega^2} \right\} \qquad (10.5.83)$$

子系统 r 的输入功率为 N_r 个模态输入功率的叠加:

$$P_r^g = \sum_{k=1}^{N_r} \frac{1}{2}\mathrm{Re}\left\{ \frac{\mathrm{i}\omega \left| \left([D_{gl}]^{\mathrm{T}}\{q^g\} \right)_{j(k,r)} \right|^2}{(\omega_k^r)^2(1+\mathrm{i}\eta_k^r) - \omega^2} \right\} \qquad (10.5.84)$$

利用简化 (10.5.66) 和 (10.5.67) 式的方法简化 (10.5.84) 式, 其中分子上对 k 求平均, 分母上采用 (10.5.72) 式的近似, 从而得到

$$P_r^g = \frac{\omega^4 \pi n_r}{4} \sum_{m=1}^{N_g} \sum_{n=1}^{N_g} \bar{J}_{rmn}^2 q_m^g q_n^{g*} \qquad (10.5.85)$$

式中, $\bar{J}_{rmn}^2$ 表示 $J_{rmn}^2(k)$ 的平均值, 与 (10.5.73) 式一样。N_g 为整体模态数, 即求和为对所有整体模态求和。

注意到, 在 (10.5.73) 式中结构系统的局部响应对整体响应产生的等效阻尼所耗散的能量, 等于 (10.5.85) 式给出的整体响应对局部响应的输入功率。另外, 如果局部激励力 $F_{j(k,r)}^l \neq 0$, 则子系统输入功率的计算原则上需要考虑局部激励力与整体等效激励力的相互作用, 若这两项激励力为不相关的, 则总的输入功率为两部分独立计算的输入功率之和。在弱耦合情况下, 非相关假设带来的输入功率的估算偏差也可符合统计能量法计算的近似要求。

已知了输入功率, 可以由 (10.5.81) 式计算子系统局部响应的能量密度, 前提条件是已经求解得了整体模态响应。应该指出, 将结构系统分为对应 "长波长"和 "短波长" 的整体与局部两部分, 分别采用有限元等确定性数值方法和统计能量法求解低中频整体响应和高频局部响应, 所建立的模型是一个直接求解的过程, 先求整体响应, 再求局部响应, 而不需一个迭代的过程。Langley 和 Bremner 以图 10.5.5 所示的耦合棒为例, 计算验证了混合方法的计算精度。定义无量纲参数:

$$\Omega = (\omega l_1/\pi)\sqrt{\rho_1/E_1} \qquad (10.5.86)$$

$$n_R = n_2/n_1 = (l_2/l_1)\sqrt{E_1\rho_2/E_2\rho_1} \qquad (10.5.87)$$

$$D_R = \sqrt{E_2\rho_2/E_1\rho_1} \qquad (10.5.88)$$

$$L_R = l_2/l_1 \qquad (10.5.89)$$

式中, E_i, ρ_i, l_i, n_i $(i=1,2)$ 分别为棒 1 和棒 2 的杨氏模量、密度、长度和模态密度。

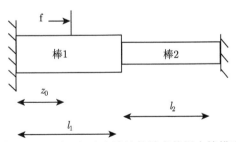

图 10.5.5 验证混合方法计算精度的耦合棒模型
(引自文献 [141], fig2)

当激励载荷沿轴向激励棒 1 时, 计算了三组不同参数情况下棒 1 和棒 2 的响应, 其中取 $n_R = 0.117$, $D_R = 10.0$, $L_R = 1.17$ 时, 计算得到的棒 1 和棒 2 无量纲能量如图 10.5.6 所示。由图可见, 在计算的频率范围 $0.5 < \Omega < 80$ 内混合解

与精确解的结果都基本吻合，且在高频段与统计能量法计算的棒 1 无量纲能量吻合，但由于棒 2 的模态重叠因子较低，即使在高频段统计能量法计算的棒 2 无量纲能量与混合解和精确解结果有一定偏差。

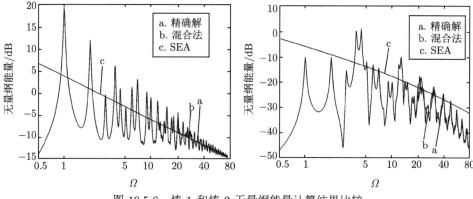

图 10.5.6 棒 1 和棒 2 无量纲能量计算结果比较

(引自文献 [140], fig6, fig7)

Cotoni,Shorter 和 Langley[142] 针对一个薄板与框架的螺栓连接结构，其中薄板在 50Hz 以上频率的弯曲波长远小于其尺寸，并在薄板上附加了一定数量的随机分布的小质量块，而框架结构刚性较强，在较宽频带内只有少量模态出现。在激励力作用于框架的情况下，采用蒙特卡洛 (Monte-Carlo) 分析方法，计算不同质量块分布情况下的结构响应。计算结果表明，针对质量块不同分布的随机样本计算得到的结构响应偏差较大，需要采用系综平均表征响应的统计特性，而系综平均响应又有与框架结构动力特性明显相关的峰值，参见图 10.5.7。这是统计能量法所不能计算而有限元方法又需要庞大计算量的一种情况。

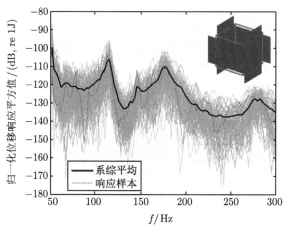

图 10.5.7 不同质量块分布情况下薄板与框架结构计算响应

(引自文献 [142], fig1)

鉴于上种情况，在文献 [141] 研究的基础上，Shorter 和 Langley[143] 进一步基于波动概念并组合有限元法和统计能量法，建立了更一般的结构振动计算混合方法。在研究的频率范围内，针对一些子系统表现为短波长振动，另一些子系统为长波长振动的情况，将每个子系统的边界分为可精确已知其几何特性的确定边界 (deterministic boundary) 和边界特性不确定的随机边界 (random boundary)。由于外部激励或与其他子系统连接而可以有能量输入或输出的边界区域为连接区域，并认为这种连接区域为子系统的确定边界，参见图 10.5.8，图中实线为确定边界，虚线为随机边界，双向箭头表示相互连接，单向箭头表示外部激励。如果子系统确定边界包含了不同的非邻接的连接区域，则对于同一个子系统的任意两个连接区域，它们的相对位置可以是已知的或者未知的，相应的子系统区域分别称为相干耦合和非相干耦合，典型情况下，大致位于一个波长内的连接区域假设为相干耦合，分隔几个波长的连接区则假设为非相干耦合。若子系统整个边界为确定边界，则此子系统为确定子系统，否则为统计子系统。不同子系统的连接区域有几种结合方式，其一为只有确定子系统的确定性结合，其二为只有统计子系统的统计结合，其三为包含有确定和统计子系统的混合结合。当然也可以将确定结合的子系统视为一个子系统。由多个子系统组成的结构系统，确定子系统采用有限元方法模拟，随机子系统采用统计能量法模拟。所有确定子系统及其与统计子系统结合区的振动位移响应 $\{q_d\}$ 满足：

$$[D_d]\{q_a\} = \{f_d\} \tag{10.5.90}$$

式中，$[D_d]$ 为确定子系统的整体动刚度矩阵，$\{f_d\}$ 为作用在确定自由度 $\{q_d\}$ 的广义力列矩阵。

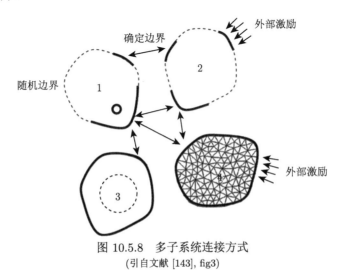

图 10.5.8　多子系统连接方式

(引自文献 [143], fig3)

对于统计子系统，理论上讲，也可以 "精确" 描述其动力特性，前提条件是精确已知其基本性质，但实际上因为子系统的不确定性而往往难以做到，因而采用统计的方法描述这种子系统的动力特性，问题还在于如何定义不确定子系统的统计特性？为此 Shorter 和 Langley[144] 基于波动理论，考虑图 10.5.9 所示子系统，其边界分为确定边界 (实线) 和随机边界 (虚线) 两部分。将统计子系统的振动响应分为直接场和混响场两部分，其中直接场表征没有随机边界时向外传输的振动位移响应，它与特定的确定边界上的振动位移有关，但不必满足随机边界条件。直接场与随机边界无关，参见图 10.5.10。在确定边界上满足零位移的阻塞边界条件情况下，混响场则与直接场在随机边界的散射相关。当混响场叠加到直接场时，它在随机边界上满足特定的边界条件，并对随机边界的特性敏感。如随机边界为固支边界，则直接场位移与混响场位移在随机边界上相加应为零，且确定边界为阻塞边界。将结构系统的振动响应分为表征确定边界的响应 $\{q_d\}$ 和表征随机边界的响应 $\{q_r\}$，在给定的频率下广义位移 $\{q_d\}$ 和 $\{q_r\}$ 与广义位移力 $\{f_d\}$ 和 $\{f_r\}$ 满足方程：

$$\begin{pmatrix} [H_{dd}] & [H_{dr}] \\ [H_{rd}] & [H_{rr}] \end{pmatrix} \begin{pmatrix} \{q_d\} \\ \{q_r\} \end{pmatrix} = \begin{pmatrix} [G_{dd}] & [G_{dr}] \\ [G_{rd}] & [G_{rr}] \end{pmatrix} \begin{pmatrix} \{f_d\} \\ \{f_r\} \end{pmatrix} \tag{10.5.91}$$

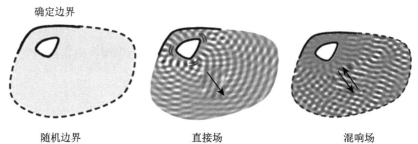

确定边界

随机边界　　　　　　　　　　　直接场　　　　　　　　　　　混响场

图 10.5.9　统计子系统振动响应的直接场和混响场
(引自文献 [144], fig2, fig3, fig4)

式中，$[H_{ij}]$, $[G_{ij}](i,j=d,r)$ 为数值方法离散结构系统方程得到的矩阵，注意到这里为边界元方法得到的矩阵方程，下标 d 和 r 分别表示确定边界和随机边界。

考虑到随机边界的不确定性，(10.5.91) 式中消除随机边界自由度，简化为

$$[D_{dir}]\{q_d\} = \{f_d\} + \{f_{rev}\} \tag{10.5.92}$$

式中，$[D_{dir}]$ 为对应确定自由度的直接场动刚度矩阵，其表达式为

$$[D_{dir}] = [G_{dd}]^{-1}[H_{dd}] \tag{10.5.93}$$

$\{f_{rev}\}$ 为作用在确定边界上的阻塞混响力列矩阵，表示随机边界的影响，并与随机边界条件有关。在固支随机边界条件下，$\{q_r\} = 0$，则有

$$\{f_{rev}\} = ([G_{dd}]^{-1}[G_{dr}][G_{rr}]^{-1}[H_{rd}])\{q_d\}$$
$$- ([G_{dd}]^{-1}[G_{dr}][G_{rr}]^{-1}[G_{rd}])\{f_d\} \tag{10.5.94}$$

在自由随机边界条件下，$\{f_r\} = 0$，则有

$$\{f_{rev}\} = ([G_{dd}]^{-1}[H_{dr}][H_{rr}]^{-1}[H_{rd}])\{q_d\}$$
$$- ([G_{dd}]^{-1}[H_{dr}][H_{rr}]^{-1}[G_{rd}])\{f_d\} \tag{10.5.95}$$

对于结构系统的第 m 个统计子系统来说，由 (10.5.92) 式可得非耦合时的运动方程：

$$[D_{dir}^{(m)}]\{q_d\} = \{f_d\} + \{f_{rev}^{(m)}\} \tag{10.5.96}$$

式中，$[D_{dir}^{(m)}]$ 为第 m 个随机子系统的直接场动刚度矩阵，$\{f_{rev}^{(m)}\}$ 为第 m 个随机子系统的混响场产生的阻塞混响力列矩阵。

注意到，直接场动刚度也表征在没有随机边界的情况下，产生第 m 个子系统直接场而作用在连接自由度上的作用力。在连接区为相干耦合情况时，子系统直接场动刚度计算需要考虑所有连接，在非相干耦合时，单独计算每个连接对直接场动刚度的贡献。将 (10.5.90) 和 (10.5.96) 式组合得到确定和统计子系统的运动方程 [143]：

$$[D_{tot}]\{q_d\} = \{f_{ext}\} + \sum_m \{f_{rev}^{(m)}\} \tag{10.5.97}$$

式中，$\{f_{ext}\}$ 为作用在耦合系统上的外力对应的广义力列矩阵，$[D_{tot}]$ 为总动刚度矩阵，由确定子系统动刚度矩阵与统计子系统的直接场动刚度矩阵相加得到

$$[D_{tot}] = [D_d] + \sum_m [D_{dir}^{(m)}] \tag{10.5.98}$$

考虑到统计子系统的随机边界具有不确定性，(10.5.97) 式中的阻塞混响力为随机变量，为此，采用互谱函数形式表征 (10.5.97) 式，并对随机边界进行系综平均，则有

$$\langle[\Phi_{qq}]\rangle = [D_{tot}]^{-1} \langle[\Phi_{ff}]\rangle [D_{tot}]^{-H} \tag{10.5.99}$$

式中，$\langle\rangle$ 表示系综平均，$\langle[\Phi_{qq}]\rangle$ 和 $\langle[\Phi_{ff}]\rangle$ 分别为确定边界响应 $\{q_d\}$ 和广义激励

力 $\{f_{ext}\}$ 的系综平均互谱函数矩阵，且有

$$\langle[\Phi_{ff}]\rangle = [\Phi_{ff}^{ext}] + \sum_m \left(\{f_{ext}\}\langle\{f_{rev}^{(m)}\}^H\rangle + \langle\{f_{rev}^{(m)}\}\rangle\{f_{ext}\}^H\right) \tag{10.5.100}$$
$$+ \sum_{mn} \langle\{f_{rev}^{(m)}\}\{f_{rev}^{(n)}\}^H\rangle$$

这里，上标 H 表示矩阵的共轭转置。

当统计子系统的随机边界不确定性增大时，文献 [144] 研究表明：

$$\langle\{f_{rev}^{(m)}\}\rangle = 0 \tag{10.5.101}$$

$$\langle\{f_{rev}^{(m)}\{f_{rev}^{(m)}\}^H\rangle = \alpha_m \mathrm{Im}[D_{dir}^{(m)}] \tag{10.5.102}$$

式中，

$$\alpha_m = \frac{4E_m}{\pi\omega n_m} \tag{10.5.103}$$

其中，E_m 为第 m 个子系统混响场的能量，n_m 为第 m 个子系统的模态密度。

于是，(10.5.100) 式简化为

$$\langle[\Phi_{ff}]\rangle = [\Phi_{ff}^{ext}] + \sum_m [\Phi_{ff}^{m,rev}] \tag{10.5.104}$$

式中，

$$[\Phi_{ff}^{m,rev}] = \alpha_m \mathrm{Im}[D_{dir}^{(m)}] \tag{10.5.105}$$

将 (10.5.104) 及 (10.5.105) 式代入 (10.5.99) 式，得到

$$\langle[\Phi_{qq}]\rangle = [D_{tot}]^{-1}\left([\Phi_{ff}^{ext}] + \sum_m \alpha_m\mathrm{Im}[D_{dir}^{(m)}]\right)[D_{tot}]^{-H} \tag{10.5.106}$$

(10.5.106) 式为带有不确定边界的耦合子系统的系综平均响应，求解它需要先已知统计子系统混响场的幅度系数 α_m，而这个幅度系数又是响应 $\langle\Phi_{qq}\rangle$ 的函数，因此需要考虑统计子系统混响场的能量守恒关系，参见图 10.5.10。第 m 个混响场满足能量平衡方程：

$$P_{\mathrm{in},dir}^{(m)} = P_{\mathrm{out},rev}^{(m)} + P_{dis}^{(m)} \tag{10.5.107}$$

式中，$P_{\mathrm{in},dir}^{(m)}$ 为第 m 个子系统直接场的能量通过随机边界输入到混响场的能量，$P_{\mathrm{out},rev}^{(m)}$ 为第 m 个子系统的阻塞混响力对连接区自由度所做的功率，其中一部分能量耗散在连接区及确定子系统，另一部分能量传输到邻近统计子系统的直接场；$P_{dis}^{(m)}$ 为混响场耗散的能量。

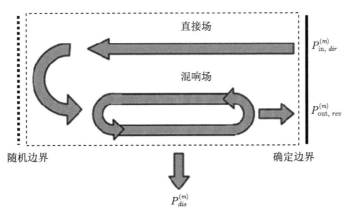

图 10.5.10 确定和随机边界情况下耦合子系统能量关系
(引自文献 [143], fig8)

第 m 个统计子系统的时间和系综平均输入功率可以表示为

$$P_{\text{in},dir}^{(m)} = \frac{\omega}{2} \sum_{ik} \text{Im} \left[D_{dir}^{(m)} \right]_{jk} \left\langle [\Phi_{qq}]_{jk} \right\rangle \tag{10.5.108}$$

将 (10.5.106) 式及 (10.5.103) 式代入 (10.5.108) 式, 有

$$P_{\text{in},dir}^{(m)} = P_{\text{in},0}^{(m)} + \sum_n h_{nm} \frac{E_n}{n_n} \tag{10.5.109}$$

式中,

$$P_{\text{in},0}^{(m)} = \frac{\omega}{2} \sum_{ik} \text{Im} \left[D_{dir}^{(m)} \right]_{jk} \left([D_{tot}]^{-1} \left[\Phi_{ff}^{ext} \right] [D_{tot}]^{-H} \right)_{jk} \tag{10.5.110}$$

$$h_{nm} = \frac{2}{\pi} \sum_{ik} \text{Im} \left[D_{dir}^{(m)} \right]_{jk} \left([D_{tot}]^{-1} \text{Im} \left[D_{dir}^{(n)} \right] [D_{tot}]^{-H} \right)_{jk} \tag{10.5.111}$$

由 (10.5.109) 式可见, 第 m 个子系统直接场的系综平均输入功率由两部分组成, 其一为外部激励的输入功率, 其二为每个统计子系统混响场相关的混响载荷的贡献, 其中, 系数 h_{nm} 表示第 n 个子系统混响场的单位模态能量密度传输给第 m 个子系统直接场的系综平均输入功率, 类似于经典统计能量法中的传递损耗因子, 有

$$h_{nm} = \omega n_n \eta_{nm} \tag{10.5.112}$$

利用 (10.5.112) 和 (10.5.111) 式, 可计算统计子系统的传递损耗因子 η_{nm}。

另外，考虑 (10.5.106) 式右边第 2 项为 m 个子系统混响场产生的响应系综平均互谱函数矩阵 $[\Phi_{qq}^{m,rev}]$ 及 (10.5.103) 式，第 m 个子系统混响场的系综平均输出能量可以表示为

$$P_{\text{out},rev}^{(m)} = \frac{\omega}{2} \sum_{jk} \left[\Phi_{qq}^{m,rev}\right]_{jk} \text{Im}\,[D_{tot}]_{jk} = \frac{E_m}{n_m} h_{tot,m} \tag{10.5.113}$$

式中，

$$h_{tot,m} = \frac{\pi}{2} \sum_{jk} \text{Im}\,[D_{tot}]_{jk} \left([D_{tot}]^{-1} \text{Im}\left[D_{dir}^{(m)}\right] [D_{tot}]^{-H}\right)_{jk} \tag{10.5.114}$$

其中，$h_{tot,m}$ 为功率传输系数，表示第 m 个混响场单位模态能量密度输出的能量。

在总动刚度矩阵 (10.5.98) 式中，阻性分量包括了各个统计子系统直接场动刚度的阻性分量及作用于确定子系统的阻尼项，有

$$\text{Im}\,[D_{tot}]_{jk} = \text{Im}\,[D_d]_{jk} + \sum_m \text{Im}\left[D_{dir}^{(m)}\right]_{jk} \tag{10.5.115}$$

将 (10.5.115) 式代入 (10.5.114) 式，再代入 (10.5.113) 式，可得

$$P_{\text{out},rev}^{(m)} = \frac{E_m}{n_m} \left[h_m^\alpha + \sum_n h_{nm}\right] \tag{10.5.116}$$

式中，h_m^α 为第 m 个混响场中单位模态能量密度所对应的确定子系统耗散的能量，其表达式为

$$h_m^\alpha = \frac{2}{\pi} \sum_{jk} \text{Im}\,[D_d]_{jk} \left([D_{tot}]^{-1} \text{Im}\left[D_{dir}^{(m)}\right] [D_{tot}]^{-H}\right)_{jk} \tag{10.5.117}$$

同时，第 m 个混响场耗散的系综平均能量为

$$P_{dis}^{(m)} = \omega \eta_m E_m \tag{10.5.118}$$

式中，η_m 为阻尼损耗因子。

(10.5.118) 式也可以表示为

$$P_{dis}^{(m)} = \alpha_m \frac{E_m}{n_m} \tag{10.5.119}$$

式中，α_m 为第 m 个混响场的模态重叠因子，$\alpha_m = \omega n_m \eta_m$。

将 (10.5.109) 式、(10.5.113) 和 (10.5.119) 式代入 (10.5.107) 式, 得到第 m 个混响场的能量平衡方程:

$$(\alpha_m + h_{tot,m}) \frac{E_m}{n_m} - \sum_n h_{mn} \frac{E_n}{n_n} = P_{\mathrm{in},0}^{(m)} \tag{10.5.120}$$

考虑到 (10.5.116) 式, 联立每个混响场的能量平衡方程, 有

$$\begin{bmatrix} \alpha_1 + h_1^{\alpha} + \sum_{n \neq 1} h_{n1} & \cdots & -h_{1m} \\ \vdots & & \vdots \\ -h_{m1} & \cdots & \alpha_m + h_m^{\alpha} + \sum_{n \neq 1} h_{m1} \end{bmatrix} \begin{bmatrix} \dfrac{E_1}{n_1} \\ \vdots \\ \dfrac{E_m}{n_m} \end{bmatrix} = \begin{bmatrix} P_{\mathrm{in},0}^{(1)} \\ \vdots \\ P_{\mathrm{in},0}^{(m)} \end{bmatrix} \tag{10.5.121}$$

若确定子系统损耗因子 h_m^{α} 为零, 则 (10.5.121) 式在形式上与传统统计能量法平衡方程一样。在现在的计算模型中, 包含了统计子系统的传递损耗系数, 可以得到物理上没有连接的统计子系统之间的 "间接" 传递损耗因子。利用 (10.5.111) 和 (10.5.117) 式, 可以由数值方法计算得到 (10.5.121) 式中的统计能量参数, 求解 (10.5.121) 式得到统计子系统的模态平均能量密度, 再由 (10.5.106) 和 (10.5.103) 式计算确定子系统的系综平均模态响应。

Cotoni 等[142] 采用有限元与统计能量混合法, 计算图 10.5.8 提到的薄板与框架连接结构模型的振动响应。该结构模型由一个梁形立方体框架和四块薄板组成, 材料均为铝质, 每块薄板由四个螺栓固定在框架上。框架梁为长 0.7m 的方形截面管, 外形边长为 25.4mm, 壁厚为 3.2mm; 薄板尺寸为 0.6×1.1m, 厚为 1mm, 螺栓直径为 5mm, 同一梁上相邻螺栓的间距为 0.2m。框架和薄板的阻尼损耗因子分别取为 0.05% 和 2%。在每块薄板上随机布置小质块, 使结构随机化, 每个小质量块的质量为薄板的 2%, 改变小质块位置分布, 可以有 200 个计算样本。另外, 激励力位置有两个, 一个为横向作用在薄板 1 上, 另一个垂向作用在框架的下水平梁上。依据研究频率范围内波长的情况, 将整个结构分为确定子系统和统计子系统。在 300Hz 时薄板剪切波和拉伸波的波长为 18m 和 16m, 这种面内振动应采用有限元处理, 在 100Hz 和 300Hz 时, 薄板弯曲波波长分别为 0.31m 和 0.18m, 薄板最小尺度内有 2~4 个波长, 所以薄板面外振动应采用统计能量法处理。在 50Hz 以下, 薄板弯曲波长较大, 则不宜采用统计能量法而是采用有限元方法求解。同样在 300Hz, 框架梁中四种波 (扭转波、拉伸波及两个弯曲波) 的波长都大于 1m、因而都采用有限元方法求解。若整个结构都采用有限元建模, 在 300Hz 以下频段, 共有 10481 个自由度, 而采用混合方法建模, 相应的有限元模型只有 1184 个自由度, 其中梁和螺栓的有限元模型没有变化, 只有薄板

的面内振动采用了粗网格的三角单元。确定子系统和统计子系统的耦合为 16 个
点连接，且假设每个点连接之间不相关，局部的直接场动刚度矩阵可以单独计算，
图 10.5.11 为有限元模型与混合法模型的比较。采用这两种模型计算得到的框架
梁和薄板的均方振速响应如图 10.5.12 所示，并同时给出了传统统计能量法的计
算结果。由图可见，混合法的结果与有限元方法的得到系综平均结果吻合较好，且
混合法能够有效地"捕捉"到框架结构的模态特性。由于框架梁振动及薄板面内
振动相应的长波长子系统之间的强耦合，使传统统计能量法的计算偏大，尤其在
100Hz 以下的低频段。

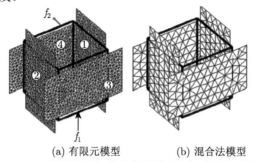

(a) 有限元模型   (b) 混合法模型
图 10.5.11   薄板与框架结构的有限元与混合法模型比较
(引自文献 [142], fig2)

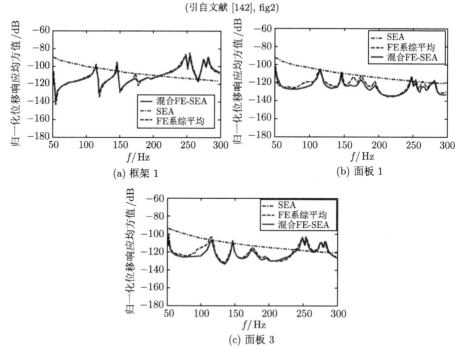

图 10.5.12   有限元与混合法模型计算的框架梁和薄板均方振速
(引自文献 [142], fig3)

文献 [145]～[148] 进一步将有限元和统计能量混合方法用于求解平板和矩形腔、腔体与腔体、腔体/弹性板/腔体系统的声振耦合响应，这里不再详细介绍，这些研究在高频段采用统计能量法考虑结构的随机性及其对确定结构响应的影响，将确定结构的有限元计算扩展到中频，建模过程中重点考虑结构子系统本征频率和模态的统计特性，并不涉及结构不确定特性的细节。Cicirello 和 Langley[149,150] 将这种模型称为不确定性的非参数化模型 (non-parametric uncertainty)，用于统计能量法建模中。他们进一步引入参数化不确定性概念 (parametric uncertainty)，扩展用于在低频段考虑随机结构的有限元建模，并可与统计能量法的非参数化建模组合。

在 8.4 节中，介绍了适用于高频的能量流方法及能量有限元方法，Zhao 和 Vlahopoulos[151,152] 将有限元和能量有限元方法混合，同样用于求解结构系统的中频响应，其中，结构尺寸远小于波长的子结构称为短部件，采用有限元求解，结构尺寸远大于波长的子结构称为长部件，采用能量有限元求解，激励力作用在短部件上。短部件的共振特性及其受长部件影响的边界条件，确定结构系统的输入功率，长部件的特性不仅影响短部件的动态性能，而且影响部件子系统之间的功率流。应该明确，这里所谓的短部件和长部件，并不是以它们的实际长度来区分的，而是以部件尺度与波长之比来区分的，低频段结构尺度远小于波长称为短部件，高频段结构尺度远大于波长称为长部件。

采用有限元方法建立短部件结构模型，其振动方程为

$$[Z]\{U\} = \{F_I\} + \{F_M\} \tag{10.5.122}$$

式中，$[Z] = -\omega^2[M] + i\omega[C] + [K]$，$[M]$, $[C]$, $[K]$ 分别为结构系统的总质量矩阵、总阻尼矩阵和总刚度矩阵，$\{U\}$ 为振动位移列矩阵，$\{F_I\}$ 为邻近的长部件作用在短部件边界上的内力和内力矩列矩阵，$\{F_M\}$ 为激励外力和外力矩列矩阵。

将 (10.5.122) 式分为长部件结构界面的自由度和其他自由度两部分，为了有一个直观的认识，考虑如图 10.5.13 所示的梁结构，即一个短部件连接有两个长部件，分别记为部件 2 及部件 1 和 3。且为了简单起见，一个部件中只考虑一种波，于是 (10.5.122) 式可表示为

$$\begin{bmatrix} Z_{11} & Z_{12} \\ Z_{21} & Z_{22} \end{bmatrix} \left\{ \begin{array}{c} U_m \\ \dfrac{\mathrm{d}U_m}{\mathrm{d}z} \\ U_n \\ \dfrac{\mathrm{d}U_n}{\mathrm{d}z} \\ \{U_2\} \end{array} \right\} = \left\{ \begin{array}{c} 0 \\ 0 \\ 0 \\ 0 \\ \{F_{M2}\} \end{array} \right\} + \left\{ \begin{array}{c} F_m \\ M_m \\ F_n \\ M_n \\ \{0\} \end{array} \right\} \tag{10.5.123}$$

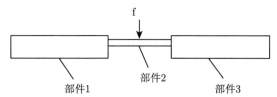

图 10.5.13   验证有限元与能量有限元混合法的三梁模型

(引自文献 [151], fig2)

式中，下标 m 表示短部件与左侧长部件连接点的振动位移 U_m 及导数 $\mathrm{d}U_m/\mathrm{d}z$，下标 n 表示短部件与右侧长部件连接点的振动位移 U_n 及导数 $\mathrm{d}U_n/\mathrm{d}z$，$F_m$，$M_m$，$F_n$ 和 M_n 为长部件在连接点处作用于短部件上的内力和内力矩，下标 1 表示连接点的有限元自由度，下标 2 表示其他自由度，$\{F_{M2}\}$，$\{U_2\}$ 分别表示除了连接点以外其他任意位置上的激励外力和力矩列矩阵、振动位移列矩阵。

在 (10.5.123) 式中，振动位移 $\{U_2\}$ 可以由连接点的有限元自由度表示，从而得到压缩的振动方程：

$$[S]\left\{\begin{array}{c} U_m \\ \dfrac{\mathrm{d}U_m}{\mathrm{d}z} \\ U_n \\ \dfrac{\mathrm{d}U_n}{\mathrm{d}z} \end{array}\right\} = \left\{\begin{array}{c} F_m \\ M_m \\ F_n \\ M_n \end{array}\right\} + \left\{\begin{array}{c} F_{Rm} \\ M_{Rm} \\ F_{Rn} \\ M_{Rn} \end{array}\right\} \tag{10.5.124}$$

式中，

$$[S] = [Z_{11}] - [Z_{12}][Z_{22}]^{-1}[Z_{21}]$$

$$\{F_{Rm}, M_{Rm}, F_{Rn}, M_{Rn}\} = -[Z_{12}][Z_{22}]^{-1}\{F_{M2}\}$$

展开 (10.5.124) 式，可以将长部件与短部件在连接点的相互作用力和力矩表示为

$$S_{11}U_m + S_{12}\frac{\mathrm{d}U_m}{\mathrm{d}z} + S_{13}U_n + S_{14}\frac{\mathrm{d}U_n}{\mathrm{d}z} - F_{Rm} = F_m \tag{10.5.125}$$

$$S_{21}U_m + S_{22}\frac{\mathrm{d}U_m}{\mathrm{d}z} + S_{23}U_n + S_{24}\frac{\mathrm{d}U_n}{\mathrm{d}z} - M_{Rm} = M_m \tag{10.5.126}$$

$$S_{31}U_m + S_{32}\frac{\mathrm{d}U_m}{\mathrm{d}z} + S_{33}U_n + S_{34}\frac{\mathrm{d}U_n}{\mathrm{d}z} - F_{Rn} = F_n \tag{10.5.127}$$

$$S_{41}U_m + S_{42}\frac{\mathrm{d}U_m}{\mathrm{d}z} + S_{43}U_n + S_{44}\frac{\mathrm{d}U_n}{\mathrm{d}z} - M_{Rm} = M_n \tag{10.5.128}$$

式中，$S_{ij}(i,j=1\sim4)$ 为矩阵 $[S]$ 的元素。

为了考虑长部件对短部件有限元模型的影响，将短部件左右两侧的长部件近似为半无限长结构，采用解析方法求解半无限结构中的波对短部件的作用。在简谐情况下，设左侧和右侧半无限结构中波动的形式解分别为

$$W_m(z_m) = A_m\mathrm{e}^{-ik_m z_m} + C_m\mathrm{e}^{ik_m z_m} + D_m\mathrm{e}^{k_m z_m} \tag{10.5.129}$$

$$W_n(z_n) = A_n\mathrm{e}^{-ik_n z_n} + B_n\mathrm{e}^{-k_n z_n} + C_n\mathrm{e}^{ik_n z_n} \tag{10.5.130}$$

式中，m 和 n 分别表示左侧和右侧的半无限结构，A_m, A_n 和 B_n 分别表示右向传输的远场波和近场波，C_m, C_n 和 D_m 分别表示左向传输的远场波和近场波。波数 k_m 和 k_n 分别为

$$k_m = \left[\frac{\omega^2\rho_m S_m}{E_m I_m}\right]^{1/4}, \quad k_n = \left[\frac{\omega^2\rho_n S_n}{E_n I_n}\right]^{1/4}$$

其中，ρ_i 为密度，S_i 为截面积，$E_i I_i$ 为弯曲刚度，$i=m,n$。

在 (10.5.129) 和 (10.5.130) 式中，A_m 和 C_n 对应长部件中入射到短部件的波，它们与长部件的能量相关，使得短部件传输到相邻长部件的功率流取决于长部件中的能量。利用短部件与半无限结构在连接点的振动位移及其导数的连续条件、力和力矩的平衡条件，可以得到 $U_m, \mathrm{d}U_m/\mathrm{d}z, U_n, \mathrm{d}U_n/\mathrm{d}z$ 和 C_m, D_m, A_n, B_n 与 A_m, C_n 及外激励力和力矩的关系：

$$[R]\{X\} = [A]A_m + [C]C_n + [D] \tag{10.5.131}$$

式中，

$$\{X\} = \left\{\begin{array}{cccccccc} U_m & \dfrac{\mathrm{d}U_m}{\mathrm{d}z} & U_n & \dfrac{\mathrm{d}U_n}{\mathrm{d}z} & C_m & D_m & A_n & B_n \end{array}\right\}^{\mathrm{T}}$$

$$[A] = \left\{\begin{array}{cccccccc} 1 & ik_m & 0 & 0 & iE_m I_m k_m^3 & E_m I_m k_m^2 & 0 & 0 \end{array}\right\}$$

$$[C] = \left\{\begin{array}{cccccccc} 0 & 0 & 1 & ik_n & 0 & 0 & iE_n I_n k_n^3 & -E_n I_n k_n^2 \end{array}\right\}$$

$$[D] = \left\{\begin{array}{cccccccc} 0 & 0 & 0 & 0 & F_{Rm} & M_{Rm} & F_{Rn} & M_{Rn} \end{array}\right\}$$

$$[R] = \begin{bmatrix} 1 & 0 & 0 & 0 & -1 & -1 & 0 & 0 \\ 0 & -1 & 0 & 0 & \mathrm{i}k_m & k_m & 0 & 0 \\ 0 & 0 & 1 & 0 & 0 & 0 & -1 & -1 \\ 0 & 0 & 0 & 1 & 0 & 0 & \mathrm{i}k_n & k_n \\ S_{11} & S_{12} & S_{13} & S_{14} & \mathrm{i}E_m I_m k_m^3 & -E_m I_m k_m^3 & 0 & 0 \\ S_{21} & S_{22} & S_{23} & S_{24} & -E_m I_m k_m^2 & E_m I_m k_m^2 & 0 & 0 \\ S_{31} & S_{32} & S_{33} & S_{34} & 0 & 0 & \mathrm{i}E_n I_n k_n^3 & E_n I_n k_n^3 \\ S_{41} & S_{42} & S_{43} & S_{44} & 0 & 0 & E_n I_n k_n^2 & -E_n I_n k_n^2 \end{bmatrix}$$

在 (10.5.131) 式中, 待求系数共有 8 个, 其中四个为连接点的振动位移及导数, 另外四个为半无限结构中反射的远场波和近场波幅值, 已知的激励参数为压缩的激励外力和力矩, 还有半无限结构中的入射波幅值, 求解 (10.5.131) 式可以得到待求参数。注意到 C_m 和 A_n 为远场反射波的幅值, 由于短部件传输到左右长部件的远场功率流 P_m 和 P_n 与长部件中的远场入射波和反射波幅值相关, 可表示为

$$P_m = -E_m I_m k_m^3 \omega \left(|A_m|^2 - |C_m|^2 \right) \tag{10.5.132}$$

$$P_n = E_n I_n k_n^3 \omega \left(|A_n|^2 - |C_n|^2 \right) \tag{10.5.133}$$

这里定义右向功率流为正, P_m 为左向功率流, 故其前面有负号。一旦求解得到了功率流 P_m 和 P_n, 就可以确定长部件与短部件连接点的功率边界条件。为了便于计算, 假设在两个长部件与短部件的连接点输入单位功率, 从而可以采用 10.4 节介绍的功率流方法计算长部件中的能量密度, 得到单位输入功率时左右长部件在连接点的能量密度分别为 $\bar{e}_m$ 和 $\bar{e}_n$, 当连接点的输入功率为 P_m 和 P_n 时, 相应的左右连接点能量密度为

$$e_m = \bar{e}_m P_m \tag{10.5.134}$$

$$e_n = \bar{e}_n P_n \tag{10.5.135}$$

另外, 在左侧长部件与短部件连接点, 能量密度为左侧长部件中入射波和反射波对应的能量密度之和

$$e_m = e_m^+ + e_m^- \tag{10.5.136}$$

相应的功率流为

$$P_m = - \left(P_m^+ - P_m^- \right) = -C_{gm} S_m \left(e_m^+ - e_m^- \right) \tag{10.5.137}$$

式中，e_m^+, e_m^- 和 P_m^+, P_m^- 分别对应右向传输波和左向传输波的能量密度和功率流，C_{gm} 和 S_m 分别为左侧长部件的相速和截面积。

求解 (10.5.136) 和 (10.5.137) 式，可以得到

$$e_m^+ = \frac{e_m}{2} - \frac{P_m}{2C_{gm}S_m} = \left(\frac{\bar{e}_m}{2} - \frac{1}{2C_{gm}S_m} \right) P_m \qquad (10.5.138)$$

同理，对于右侧长部件，可以得到

$$e_n^- = \frac{e_n}{2} - \frac{P_n}{2C_{gn}S_n} = \left(\frac{\bar{e}_n}{2} - \frac{1}{2C_{gn}S_n} \right) P_n \qquad (10.5.139)$$

在左侧和右侧半无限结构中，入射波的能量密度与其幅值的关系分别为

$$e_m^+ = \frac{1}{2} \rho_m \omega^2 \left| A_m \right|^2 \qquad (10.5.140)$$

$$e_m^- = \frac{1}{2} \rho_n \omega^2 \left| C_n \right|^2 \qquad (10.5.141)$$

这样，(10.5.125)~(10.5.128) 式为求解短部件振动的有限元方程，(10.5.134) 和 (10.5.135) 式为短部件输入给长部件的功率与连接点的能量密度之间的关系，(10.5.131) 式则为长部件和短部件连接点的连续方程，它们构成了混合求解结构系统响应的方程组。在激励力作用在短部件情况下，由短部件传输给长部件的功率流，除了激励力外，还取决于短部件和长部件的特性及短部件响应和长部件的能量密度，而长部件的能量密度又与短部件传输给长部件的功率有关。整个结构系统的输入功率则取决于短部件的共振特性及其与长部件连接的边界条件。因此，结构系统响应的有限元与能量有限元混合模型的求解需要采用迭代方法。设定 A_m 和 C_n 的初始值，由 (10.5.131) 式求解 U_m, $\mathrm{d}U_m/\mathrm{d}z$, C_m, D_m 等参数，再由 (10.5.134) 和 (10.5.135) 式计算连接点功率流边界条件 P_m 和 P_n。在连接点上假设单位功率输入，由能量有限元计算得到连接点的能量密度 $\bar{e}_m$ 和 $\bar{e}_n$，采用 (10.5.138) 和 (10.5.139) 式计算连接点在 P_m 和 P_n 输入条件下的能量密度 e_m 和 e_n，然后由 (10.5.138) 和 (10.5.139) 式计算半无限结构入射波能量密度 e_m^+ 和 e_n^-，并由 (10.5.140) 和 (10.5.141) 式计算入射波幅值 A_m 和 C_n，完成一个迭代过程，如果 A_m 和 C_n 已收敛，可由 A_m, C_m, D_m, A_n, B_n, C_n 等参数计算连接点的内力和内力矩，再由 (10.5.123) 式计算短部件的振动响应。

针对图 10.5.13 给出的两个长部件和一个短部件组成的结构系统，采用解析解验证有限元和能量有限元混合解的精度。三个部件为钢质材料，阻尼因子约为 0.02，其中长部件长 3m，横截面为 25.4mm×7.62mm，惯性矩为 $9.36×10^{-10}\mathrm{m}^4$，短

部件长 1m，横截面为 12.7mm×3.81mm，惯量矩为 $5.85×10^{-11}m^4$。由解析法、混合法及能量有限元计算得到的空间平均总能量密度和部件能量密度见图 10.5.14。由图可见，混合法与解析法的计算结果相当一致，说明混合法能够有效地模拟计算给定激励力的输入功率及能量平衡和耗散特性，而能量有限元作为一种高频方法，计算结果偏差较大，其原因是该方法不能有效表征结构共振特性对输入功率的影响。在 Zhao 和 Vlahopoulos 研究的基础上，Hong 等[153] 将有限元和能量有限元混合法扩展到复杂结构的振动响应计算。他们在结构系统的刚性与柔性部件连接部位引入阻尼单元，模拟连接部位的功率流，表征柔性部件对刚性部件响应的影响，并采用部件模态合成 (component mode synthesis) 及解析方法，计算连接部位的声导 (conductance)，用于确定阻尼单元参数。一旦计算得到刚性部件振动响应及阻尼单元耗散的能量，即可再由能量有限元计算柔性部件的振动能量。Zhu 和 Chen[154] 在 Shorter 和 Langley 基于有限元和统计能量法建立的混合法框架下，采用有限元和能量有限元方法建立了混合法模型，重点将统计能量法改变为能量有限元方法，用于计算分布载荷下结构系统的中频响应。采用有限元和能量有限元方法建立的混合法，还需要进一步扩展到声振耦合的结构系统。

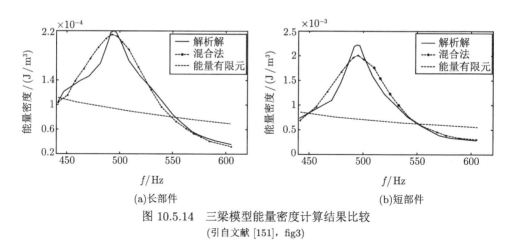

图 10.5.14　三梁模型能量密度计算结果比较
(引自文献 [151]，fig3)

参 考 文 献

[1] Lyon R H, Maidanik G. Power flow between linearly coupled oscillators. J. Acoust. Soc. Am., 1962, 34157: 623-639.

[2] Scharton T D, Lyon R H. Power flow and energy sharing in random vibration. J. Acoust. Soc. Am., 1968, 43(6): 1332-1342.

[3] Lyon R H. Statistical energy analysis of dynamical systems//Theory and applications. Cambrige: The MIT Press, 1975.

[4] Burroughs C B, Fischer R W, Kern F R. An introduction to statistical energy analysis. J. Acoust. Soc. Am., 1997, 101(4): 1779-1789.

[5] Gradshteyn I S, Ryzhik I M. Tables of Integrals, Series and Products. 7th ed. New York: Academic Press, 2007: 253.

[6] Sun J C, Lalor N, Richards E J. Power flow and energy balance of non-conservatively coupled structures, Part I: Theory. J. Sound and Vibration, 1987, 112(2): 321-330.

[7] Fahy F J, Yao D Y. Power flow between non-conservatively coupled oscillators. J. Sound and Vibration, 1987, 114(1): 1-11.

[8] Beshara M, Keane A J. Statistical energy analysis of multiple,non-conservatively coupled systems. J. Sound and Vibration, 1996, 198(1): 95-122.

[9] Maxit L, Guyader J L. Estimation of SEA coupling loss factors using a dual formulation and FEM modal information, Part I: Theory. J. Sound and Vibration, 2001, 239(5): 907-930.

[10] Maxit L, Guyader J L. Extension of SEA model to subsystems with non-uniform modal energy distribution. J. Sound and Vibration, 2003, 265: 337-358.

[11] Maxit L. Analysis of the modal energy distribution of an excited vibrating panel coupled with a heavy fluid cavity by a dual modal formulation. J. Sound and Vibration, 2013, 332: 6703-6724.

[12] Keane A J, Price W G. Statistical energy analysis of strongly coupled systems. J. Sound and Vibration, 1987, 117(2): 363-386.

[13] Keane A J. Statistical energy analysis of engineering structures. London: Brunel University Ph. D., 1988.

[14] Keane A J, Price W G. A note on the power flowing between two conservatively coupled multi-modal subsystems. J. Sound and Vibration, 1991, 144(2): 185-196.

[15] Langley R S. A general derivation of the statistical energy analysis equations for coupled dynamic systems. J. Sound and Vibration, 1989, 135(3): 499-508.

[16] Keane A J. Energy flow between arbitrary configurations of conservatively coupled multi-modal elastic subsystems. Proc. R. Soc. Lond. A, 1992, 436: 537-568.

[17] Ji L, Mace B R. Statistical energy analysis modelling of coupled structures as coupled sets of oscillators:Ensemble mean and variance of energy. J. Sound and Vibration, 2008, 317: 760-780.

[18] Lyon R H, DeJong R G. Theory and application of statistical energy analysis. Butterworth-Heinemann, 1995.

[19] Blake W K. Mechanics of flow induced sound and vibration. Orlando: Academic Press INC, 1986.

[20] Han F, et al. Prediction of flow-induced structural vibration and sound radiation using energy flow analysis. J. Sound and Vibration, 1999, 227(4): 685-709.

[21] Cremer L, Heekl M. Structure-borne sound. Berlin: Spring-Verlag, 1973.

[22] Moorhouse A T, Gibbs B M. Prediction of the structure borne noise emission of mechanics: development of a methodology. J. Sound and Vibration, 1993, 167(2): 223-237.

[23] Moorhouse A T. On the characteristic power of structure-borne sound sources. J. Sound and Vibration, 2001, 248(3): 441-459.

[24] Petersson B, Plunt J. On effective mobilities in the predictions of structure-borne sound transmission between a source structure and a receiving structure, Part I, Theoretical background and basic experimental studies. J. Sound and Vibration, 1982, 82(4): 517-529.

[25] Petersson B, Plunt J. On effective mobilities in the predictions of structure-borne sound transmission between a source structure and a receiving structure, Part 2, Procedures for the estimation of mobilities. J. Sound and Vibration, 1982, 82(4): 531-540.

[26] Pinnington R J, White R G. Power flow through machine isolators to resonant and non-resonant beams. J. Sound and Vibration, 1981, 75(2): 179-197.

[27] 阿. 斯. 尼基福罗夫. 船体结构声学设计. 谢信, 卫轲译校. 北京: 国防工业出版社, 1998.

[28] 大川平一郎, 平松友孝. 机械设备激励力特性的研究 (日文). 日本音响学会志, 1994, 50(4): 312-318.

[29] Verheij J W. Acoustic modelling of machinery excitation. Inter. Sym. Shipboard Acoustics 76' Proceeding, 1976.

[30] Steenhoek H F. The reciprocal measurement of mechanical-acoustical transfer functions. Acustia,1970, 23: 301-305.

[31] Moorhouse A T, Gibbs B M. Measurement of the structure borne noise emission from resiliently mounted machine in situ. J. Sound and Vibration, 1995, 180(1): 143-161.

[32] Breeuwer R, Tukker J C. Resilient mounting systems in building. App. Acoust. 1976, 9: 77-101.

[33] Plunt J. The use of experimental structure borne sound source data for prediction. San Francisco: Proceedings of Inter-noise'82,1982:445-448.

[34] 巴普轲夫 B N, 巴普轲夫 C B. 机械与结构振动. 杨立华等译. 北京: 国防工业出版社, 2015.

[35] Moorhouse A T, Gibbs B M. Structure borne sound power emission from resiliently mounted fans: case studies and diagnosis. J. Sound and Vibration, 1995, 186(5): 781-803.

[36] Yap S H, Gibbs B M. Structure-borne sound transmission from machines in buildings, Part I, Indirect measurement of force at the machine-receiver interface of a single and multi-point connected systems by a reciprocal method. J. Sound and Vibration, 1999, 222(1): 85-98.

[37] Yap S H, Gibbs B M. Structure-borne sound transmission from machines in building, Part 2, Indirect measurement of force and moment at the machine-receiver interface of a single point connected systems by a reciprocal method. J. Sound and Vibration, 1999, 222(1): 99-113.

[38] Mondot J M, Petersson B. Characterization of structure-borne sound source:The source description and the coupling function. J. Sound and Vibration, 1987, 114(3): 507-518.

[39] Moorhouse A T. On the characteristic power of structure-borne sound source. J. Sound and Vibration, 2001, 248(3): 441-459.

[40] 张峰. 空间桁架浮筏声学设计方法及降噪特性研究. 无锡: 中国船舶研究院博士论文, 2012.

[41] 张峰, 俞孟萨. 浮筏隔振系统功率流传递的矢量四端网络参数方法. 中国造船, 2010, 51(4): 118-126.

[42] Newland D E. Power flow between class of coupled oscillators. J. Acoust. Soc. Am., 1968, 43: 553-559.

[43] Crandall S H, Lotz R. On the coupling loss factor in statistical energy analysis. J. Acoust. Soc. Am., 1971, 49(1): 352-356.

[44] Langley R S. A derivation of the coupling loss factors used in statistical energy analysis. J. Sound and Vibration, 1990, 141(2): 207-219.

[45] Mace B R. The statistical energy analysis of two continuous one-dimensional subsystems. J. Sound and Vibration, 1993, 166(3): 429-461.

[46] Langley R S, Heron K H. Elastic wave transmission in through plate/beam junctions. J. Sound and Vibration, 1990, 143(2): 241-253.

[47] Langley R S. Elastic wave transmission coefficients and coupling loss factors for structural junctions between curved panels. J. Sound and Vibration, 1994, 169: 297-318.

[48] Langley R S, Shorter P J. The wave transmission coefficients and coupling loss factors of point connected structures. J. Acoust. Soc. Am., 2003, 113(4): 1947-1964.

[49] Bosmans I, Mees P, Vermeir G. Structure-borne sound transmission between thin orthotropic plates: Analytical solutions. J. Sound and Vibration, 1996, 191: 75-90.

[50] Bosmans I, Vermeir G, Mees P. Coupling loss factors for coupled anisotropic plates. J. Sound and Vibration, 2002, 250(2): 351-355.

[51] Davies H G, Wahab M A. Ensemble averages of power flow in randomly excited coupled beams. J. Sound and Vibration, 1981, 77(3): 311-321.

[52] Dimitriadis E K, Pierce A D. Analytical solution for the power exchange between strongly coupled plates under random excitation: A test of statistical energy analysis concepts. J. Sound and Vibration, 1988, 123(3): 397-412.

[53] Maxit L, Guyader J L. Estimation of SEA coupling loss factors using a dual formulation and FEM modal information, Part I: Theory. J. Sound and Vibration, 2001, 239(5): 907-930.

[54] Maxit L, Guyader J L. Estimation of SEA coupling loss factors using a dual formulation and FEM modal information, Part II: Numerical applications. J. Sound and Vibration, 2001, 239(5): 931-948.

[55] Yap F F, Woodhouse J. Investigation of damping effects on statistical energy analysis of coupled structures. J. Sound and Vibration, 1996, 197(3): 351-371.

[56] Simmons C. Structure-borne sound transmission through plate junction and estimates of SEA coupling loss factors using the finite element method. J. Sound and Vibration, 1991, 144(2): 215-227.

[57] Fredö C R. A SEA-like approach for the derivation of energy flow coefficients with a finite element model. J. Sound and Vibration, 1997, 199(4): 645-666.

[58] Craik R J M, Steel J A, Evans D I. Statistical energy analysis of structure-borne sound transmission at low frequency. J. Sound and Vibration, 1995, 144(1): 95-107.

[59] Steel J A, Craik R J M. Statistical energy analysis of structure-borne sound transmission by finite element methods. J. Sound and Vibration, 1994, 178(4): 553-561.

[60] Ben Souf M A, et al. Variability of coupling loss factors through a wave finite element technique. J. Sound and Vibration, 2013, 332: 2179-2190.

[61] Bies D A, Hamid S. In situ determination of loss and coupling loss factors by the power injection method. J. Sound and Vibration, 1980, 70(2): 187-204.

[62] Clarkson B L, Ranky M F. On the measurement of the coupling loss factor of structural connections. J. Sound and Vibration, 1984, 94(2): 249-261.

[63] Manik D N. A new method for determining coupling loss factors for SEA. J. Sound and Vibration, 1998, 211: 521-526.

[64] Langhe K D, Sas P. Statistical analysis of the power injection method. J. Acoust. Soc. Am., 1996, 100(1): 294-303.

[65] Hopkins C. Statistical energy analysis of coupled plate systems with low modal density and low modal overlap. J. Sound and Vibration, 2002, 251(2): 193-214.

[66] Hodges C H, Nash P, Woodhouse J. Measurement of coupling loss factors by matrix fitting: An investigation of numerical procedures. Applied Acoust, 1987, 22: 47-69.

[67] Fahy F J. An alternative to the SEA coupling loss factors: Rationale and method for experimental determination. J. Sound and Vibration, 1998, 214(2): 261-267.

[68] Crocker M J, Price A J. Sound transmission using statistical energy analysis. J. Sound and Vibration, 1969, 9(3): 469-486.

[69] Liu M, Keane A J, Taylor R E. Modeling liquid-structure interactions with the frame work of statistical energy analysis. J. Sound and Vibration, 2000, 38(4): 547-574.

[70] Ungar E E. The status of engineering knowledge concerning the damping of built-up structures. J. Sound and Vibration, 1973, 26(1): 141-154.

[71] Manconi E, Mace B R. Estimation of the loss factor of viscoelastic laminated panels from finite element analysis. J. Sound and Vibration, 2010, 329(19): 3928-3939.

[72] Fahy F J. Statistical energy analysis//Noise and Vbration.Chichester:Ellis Horwood Limited, 1982.

[73] Szechenyi E. Modal densities and radiation efficiencies of unstiffened cylinders using statistical methods. J. Sound and Vibration, 1971, 19(1): 65-81.

[74] Langley R S. The modal density and mode count of thin cylinders and curved panels. J. Sound and Vibration, 1994, 169(1): 43-53.

[75] Langley R S. Wave motion and energy flow in cylindrical shell. J. Sound and Vibration, 1994, 169(1): 29-42.

[76] Abramowitz M, Stegun I A. Handbook of Mathematical Functions. New York: Duver, 1965.

[77] Xie G, Thompson D J, Jones C J C. Mode count and modal density of structure systems:relationships with boundary conditions. J. Sound and Vibration, 2004, 274:

621-651.

[78] Chandiramani K L. Vibration response of fluid-loaded structures to low-speed flow noise. J. Acoust. Soc. Am., 1977, 61(6): 1460-1470.

[79] Langley R S. On the modal density and energy flow characteristics of periodic structures. J. Sound and Vibration, 1994, 172(4): 491-511.

[80] Finnveden S. Evaluation of modal density and group velocity by a finite element method. J. Sound and Vibration, 2004, 273: 51-75.

[81] Clarkson B L, Pope R J. Experimental determination of modal densities and loss factors of flat plates and cylinders. J. Sound and Vibration, 1981, 77(4): 535-549.

[82] Price A J, Crocker M J. Sound transmission through double panels using statistical energy analysis. J. Acoust. Soc. Am., 1970, 47(3): 683-693.

[83] Oldham O J, Hillarby S N. The acoustical performance of small close finite enclosures,Part I, Theoretical models. J. Sound and Vibration, 1991, 150(2): 261-281.

[84] Oldham O J, Hillarby S N. The acoustical performance of small close finite enclosures, Part II, Experimental investigation. J. Sound and Vibration, 1991, 150(2): 283-300.

[85] Muet Le, Bruit d'origine hydrody-namique rayonne' a' l'inte'rieur d'un dome sonar: e'tudes expe'rimentales et e'valuation SEA. Journd d'Acoustic, 1987, 21(82): 111-116.

[86] 俞孟萨, 李东升. 统计能量法计算声呐自噪声的水动力噪声分量. 船舶力学, 2004, 8(1): 99-105.

[87] Ross D. Mechanics of underwater noise. Oxford: Pergamon Press, 1976.

[88] 俞孟萨. 随机声弹性理论及声呐罩声学设计研究. 无锡: 中国舰船研究院博士论文, 2007.

[89] Hynna P, Klinge P, Vuoksinen J. Prediction of structure-boren sound transmission in large welded ship structures using statistical energy analysis. J. Sound and Vibration, 1995, 180(4): 583-607.

[90] Maidanik G. Response of ribbed panels to reverberant acoustic fields. J. Acoust. Soc. Am., 1962, 34(6): 809-826.

[91] Renji K, Nair P S. On acoustic radiation resistance of plates. J. Sound and Vibration, 1998, 212(4): 583-598.

[92] Xie G, Thompson D J, Jones C J C. The radiation efficiency of baffled plated and strips. J. Sound and Vibration, 2005, 280: 181-209.

[93] Leissa A W. The free vibration of rectangular plates. J. Sound and Vibration, 1973, 31: 257-293.

[94] Squicciarini G, Thompson D J, Corradi R. The effect of different combinations of boundary conditions on the average radiation efficiency of rectangular plates. J. Sound and Vibration, 2014, 333(17): 3931-3948.

[95] 程钊, 范军, 王斌. 水中矩形板的共振声辐射. 声学学报, 2013, 1: 51-58.

[96] Fahy F J. Response of a cylinder to random sound in the contained fluid. J. Sound and Vibration, 1970, 13(2): 171-194.

[97] Manning J E, Maidanik G. Radiation proportion of cylindrical shells. J. Acoust. Soc. Am., 1964, 36: 1691-1698.

[98]   Richards E J, Westcott M E, Jeyapalan R K. On the prediction of impact noise, II: Ringing noise. J. Sound and Vibration, 1979, 65: 419-451.

[99]   Wang C, Lai J C S. The sound radiation efficiency of finite length circular cylindrical shells under mechanical excitation, II: Limilations of the infinite length model. J. Sound and Vibration, 2001, 241(5): 825-838.

[100] Rumerman M L. The effect of fluid loading on radiation efficiency. J. Acoust. Soc. Am., 2002, 111(1): 75-79.

[101] Gélat P, Lalor N. The role and experimental determination of equivalent mass in complex SEA models. J. Sound and Vibration, 2002, 255(1): 97-110.

[102] Totaro N, Guyader J L. Extension of the statistical modal energy distribution analysis for estimating energy density in coupled subsystems. J. Sound and Vibration, 2012, 331: 3114-3129.

[103] Skudrzyk E. The mean-value method of predicting the dynamic response of complex vibration. J. Acoust. Soc. Am., 1980, 67: 1105-1135.

[104] Torres R R, et al. Modification of Skudrzyk's mean-value theory parameters of predict fluid-loaded plate vibration. J. Acoust. Soc. Am., 1997, 102(1): 342-347.

[105] Langley R S. Spatially averaged frequency response envelopes for one and two dimensional structural components. J. Sound and Vibration, 1995, 178(4): 483-500.

[106] Dowell E H, Kubota Y. Asymptotic modal analysis and statistical energy analysis of dynamical systems. J. of Applied Mechanics, 1985, 52: 949-957.

[107] 何祚镛. 结构振动与声辐射. 哈尔滨: 哈尔滨工程大学出版社, 2001.

[108] Kubota Y, Dowell E H. Experimental investigation of asymptotic modal analysis for a rectangular plate. J. Sound and Vibration, 1986, 106(2): 203-216.

[109] Kubota Y, Sekimoto S, Dowell E H. The high-frequency response of a plate carrying a concentrated mass. J. Sound and Vibration, 1990, 138(2): 321-333.

[110] Dowell E H, Tang D. The high-frequency response of a plate carrying a concentrated mass spring system. J. Sound and Vibration, 1998, 213(5): 843-863.

[111] Doherty S M, Dowell E H. Experimental study of asymptotic modal analysis applied to a rectangular plate with concentrated masses. J. Sound and Vibration, 1994, 170(5): 671-681.

[112] Kubota Y, Dowell E H. Asymptotic modal analysis for sound fields of a reverberant chamber. J. Acoust. Soc. Am., 1992, 92(2): 1106-1112.

[113] Peretti L F, Dowell E H. Asymptotic modal analysis of a rectangular acoustic cavity excited by wall vibration. AIAA. J., 1992, 30(5): 1191-1198.

[114] Sum K S, Pan J. An analytical model for bandlimited response of acoustic-structural coupled systems, I. Direct sound field excitation. J. Acoust. Soc. Am., 1998, 103(2): 911-923.

[115] Pan J. The forced response of an acoustic-structural coupled system. J. Acoust. Soc. Am., 1992, 91(2): 949-956.

[116] Wohlever J C, Bernhard R J. Mechanical energy flow models of rods and beams. J. Sound and Vibration, 1992, 153(1): 1-19.

[117] Bouthier O M, Bernhard R J. Models of space-averaged energy of plates. AIAA. J., 1992, 30(3): 616-623.

[118] Bouthier O M, Bernhard R J. Simple models of energy flow in vibrating plates. J. Sound and Vibration, 1995, 182(1): 149-166.

[119] Bouthier O M. Energetics of vibrating systems. Lafayette: Purdue University West PH. D. thesis, 1992.

[120] Han F, Bernhard R J, Mongeau L G. Energy flow analysis of vibrating beams and plates for discrete random excitations. J. Sound and Vibration, 1997, 208(5): 841-859.

[121] Lase Y, Ichchou M N, Jezequel L. Energy flow analysis of bars and beams: Theoretical formulations. J. Sound and Vibration, 1996, 192(1): 281-305.

[122] Smith M J. A hybrid energy method for predicting high frequency vibrational response of point-loaded plates. J. Sound and Vibration, 1997, 202(3): 375-394.

[123] Cotoni V, LeBot A, Jezequel L. High-frequency radiation of L-Shaped plates by a local energy flow approach. J. Sound and Vibration, 2002, 250(3): 431-444.

[124] Park Y H, Hong S Y. Hybrid power flow analysis using coupling loss factor of SEA for low-damping system, Part 1: Formulation of 1-D and 2-D cases. J. Sound and Vibration, 2007, 299: 484-503.

[125] Park Y H, Hong S Y. Hybrid power flow analysis using coupling loss factor of SEA for low-damping system, Part 2: Formulation of 3-D case and hydrid PEFEM. J. Sound and Vibration, 2007, 299: 460-483.

[126] Zhang W, et al. High-frequency vibration analysis of thin elastic plates under heavy fluid loading by an energy finite element formulation. J. Sound and Vibration, 2003, 263: 21-46.

[127] Zhang W, et al. An energy finite element formulation for high frequency vibration analysis of externally fluid-loaded cylindrical shells with periodic circumferential stiffeners, Subjected to axis-sysmmetric excitation. J. Sound and Vibration, 2005, 282: 679-700.

[128] Santos E R O, et al. Modeling of coupled structural systems by an energy spectral element method. J. Sound and Vibration, 2008, 316(1): 1-24.

[129] Franzoni L P, Bliss D B, Rouse J W. An acoustic boundary element method based on energy and intensity variables for prediction of high-frequency broadband sound fields. J. Acoust. Soc. Am., 2001, 110(6): 3071-3080.

[130] Soize C. Reduced models in the medium-frequency range for generated structured-acoustic systems. J. Acoust. Soc. Am., 1998, 103(6): 3393-3466.

[131] Soize C. Reduced models for structures in the medium-frequency range coupled with internal acoustic cavities. J. Acoust. Soc. Am., 1999, 106(6): 3362-3374.

[132] Sarkar A. A substructure approach for the midfrequency vibration of stochastic systems. J. Acoust. Soc. Am., 2003, 113(4): 1922-1924.

[133] Jayachandran V, Bonilha M W. A hybrid SEA/modal technique for modeling structural-acoustic interior noise in rotocraft. J. Acoust. Soc. Am., 2003, 113(3): 1448-1454.

[134] Soize C. A model and numerical method in the medium frequency range for vibroacoustic predictions using the theory of structural fuzzy. J. Acoust. Soc. Am., 1993, 94(2): 849-865.

[135] Strasberg M, Feit D. Vibration damping of large structures induced by attached small resonant structures. J. Acoust. Soc. Am., 1996: 335-344.

[136] Pierce A D, Sparrow V W, Russell D A. Fundamental structural-acoustic idealizations for structures with fuzzy internals. J. of Vib. and Acoust, 1995, 117: 339-348.

[137] Lyon R H. Statistical energy analysis structural fuzzy. J. Acoust. Soc. Am., 1995, 97(5): 2878-2881.

[138] Weaver R L. Multiple-scattering theory for mean response in a plate with sprung masses. J. Acoust. Soc. Am., 1997, 101(6): 3466-3474.

[139] Fernandez C, Soize C. Fuzzy structure theory modeling of sound-insulation layers in complex vibroacoustic uncertain systems: Theory and experimental validation. J. Acoust. Soc. Am., 2009, 125(1): 138-153.

[140] Pratellesi A, Viktorovitch M, et al. A hybrid formulation for mid-frequency analysis of assembled structures. J. Sound and Vibration, 2008, 309: 545-568.

[141] Langley R S, Bremner P. A hybrid method for the vibration analysis of complex structural-acoustic systems. J. Acoust. Soc. Am., 1999, 105(3): 1657-1671.

[142] Cotoni V, Shorter P, Langley R. Numerical and experimental validation of a hybrid finite element-statistical energy analysis method. J. Acoust. Soc. Am., 2007, 122(1): 259-270.

[143] Shorter P J, Langley R S. Vibro-acoustic analysis of complex systems. J. Sound and Vibration, 2005, 288: 669-699.

[144] Shorter P J, Langley R S. On the reciprocity relationship between direct field radiation and diffuse reverberant loading. J. Acoust. Soc. Am., 2005, 117(1): 85-95.

[145] Langley R S, Cordioli J A. Hybrid deterministic-statistical analysis of vibro-acoustic systems with domain couplings on statistical components. J. Sound and Vibration, 2009, 321: 893-912.

[146] Maksimov D N, Tanner G. A Hybrid approach for predicting the distribution of vibro-acoustic energy in complex built-up structures. J. Acoust. Soc. Am., 2011, 130(3): 1337-1347.

[147] Wang X. Deterministic-statistical analysis of a structural-acoustic system. J. Sound and Vibration, 2011, 330: 4827-4850.

[148] Reynders E, Langley R S, et al. A hybrid finite element-statistical energy analysis approach to robust sound transmission modeling. J. Sound and Vibration, 2014, 333: 4621-4636.

[149] Cicirello A, Langley R S. The vibro-acoustic analysis of built-up systems using a hybrid method with parametric and non-parametric uncertainties. J. Sound and Vibration,

2013, 332: 2165-2178.

[150] Cicirello A, Langley R S. Efficient parametric uncertainty analysis with the hybrid finite element/statistical energy analysis method. J. Sound and Vibration, 2014, 333: 1698-1717.

[151] Zhao X, Vlahopoulos N. A hybrid finite element formulation for mid-frequency analysis of systems with excitation applied on short members. J. Sound and Vibration, 2000, 237(2): 181-202.

[152] Vlahopoulos N, Zhao X. An investigation of power flow in the mid-frequency range for systems of co-linear beams based on a hybrid finite element formulation. J. Sound and Vibration, 2001, 242(2): 445-473.

[153] Hong S B, Wang A, Vlahopoulos N. A hybrid finite element formulation for a beam-plate systems. J. Sound and Vibration, 2006, 298: 233-256.

[154] Zhu D, Chen H, et al. A hybrid finite element-energy finite element method for mid-frequency vibration of built-up structures under multi-distributed loadings. J. Sound and Vibration, 2014, 333: 5723-2745.

"现代声学科学与技术丛书"已出版书目

(按出版时间排序)